移动学习版

Altium Designer 17 电路设计与仿真从入门到精通

张正文 魏勇 编著

人民邮电出版社
北京

图书在版编目（CIP）数据

Altium Designer 17电路设计与仿真从入门到精通 / 张正文，魏勇编著. -- 北京 : 人民邮电出版社, 2018.8
ISBN 978-7-115-48428-4

Ⅰ. ①A… Ⅱ. ①张… ②魏… Ⅲ. ①印刷电路－计算机辅助设计－应用软件 Ⅳ. ①TN410.2

中国版本图书馆CIP数据核字(2018)第096902号

内 容 提 要

全书以 Altium Designer 17 为平台，讲解了电路设计的方法和技巧，主要包括 Altium Designer 17 概述、原理图简介、原理图的环境设置、原理图的基础操作、原理图的高级应用、层次原理图设计、电路仿真系统、PCB 设计入门、PCB 的高级编辑、电路板的后期制作、信号完整性分析、创建元器件库及元器件封装、可编程逻辑器件设计等内容。为了体现 Altium 的高端分析功能，本书特意讲解了 FPGA、VHDL 编程等相关知识；通过各个方面的实例应用介绍，让读者在掌握电路绘图技术的基础上学会电路设计的一般方法和技巧。全书内容讲解翔实，图文并茂，思路清晰。

本书可以作为初学者的入门教材，也可以作为电路设计行业工程技术人员及各院校相关专业师生的学习参考书。

◆ 编　　著　张正文　魏　勇
　责任编辑　俞　彬
　责任印制　马振武
◆ 人民邮电出版社出版发行　　北京市丰台区成寿寺路 11 号
　邮编　100164　　电子邮件　315@ptpress.com.cn
　网址　http://www.ptpress.com.cn
　中国铁道出版社印刷厂印刷
◆ 开本：787×1092　1/16
　印张：26.5
　字数：726 千字　　2018 年 8 月第 1 版
　印数：1 – 3 000 册　　2018 年 8 月北京第 1 次印刷

定价：69.00 元

读者服务热线：(010) 81055410　印装质量热线：(010) 81055316
反盗版热线：(010) 81055315
广告经营许可证：京东工商广登字 20170147 号

前言

PREFACE

Altium 系列软件是进入我国较早的电子设计自动化软件，一直以易学易用而深受广大电子设计者的喜爱。它的前身是由 Protel Technology 公司以其强大的研发能力推出的 Protel 软件，于 2006 年更名为 Altium Designer 软件。

Altium Designer 17 是第 28 次升级，整合了在过去 12 个月中所发布的一系列更新，包括新的 PCB 特性以及核心 PCB 和原理图工具更新。作为新一代的板卡级设计软件，其独一无二的 DXP 技术集成平台为设计系统提供了所有工具和编辑器的兼容环境。

Altium Designer 17 是一套完整的板卡级设计系统，真正实现了在单个应用程序中的集成。Altium Designer 17 PCB 线路图设计系统完全利用了 Windows 平台的优势，具有更好的稳定性、增强的图形功能和超强的用户界面，设计者可以选择适当的设计途径以优化的方式工作。

本书以 Altium Designer 17 为平台，介绍了电路设计的方法和技巧。全书共 13 章，各部分内容如下。

第 1 章主要介绍 Altium Designer 17 基础知识。

第 2 章主要介绍原理图。

第 3 章主要介绍原理图的环境设置。

第 4 章主要介绍原理图设计的基础操作。

第 5 章主要介绍原理图的高级应用。

第 6 章主要介绍层次原理图的设计。

第 7 章主要介绍电路仿真系统。

第 8 章主要介绍 PCB 的基础知识。

第 9 章主要介绍 PCB 的高级编辑。

第 10 章主要介绍电路板的后期制作。

第 11 章主要介绍信号完整性分析。

第 12 章主要介绍元器件库及元器件封装的创建。

第 13 章主要介绍可编程逻辑器件设计。

为了保证读者能够从零开始学习，本书对基础概念的讲解比较全面，在编写过程中由浅入深，后面的实例具有典型性、代表性。在介绍过程中，编者根据自己多年的经验及教学心得，适当地给出总结和相关提示，以帮助读者快捷地掌握所学知识。全书内容讲解翔实，图文并茂，思路清晰。

本书是适合初、中级用户的一本实用教程，也可以作为电路设计行业工程技术人员及各院校相关专业师生的学习参考书。

云课

为了方便读者学习，本书以二维码的形式提供了大量视频教程，扫描“云课”二维码，即可播放全书视频，也可扫描正文中的二维码观看对应章节的视频。

本书除利用传统的纸面讲解外，随书配送了丰富的学习资源，扫描“资源下载”二维码，即可获得下载方式。资源中共有“源文件”“动画演示”“超值赠送”三个子目录。

资源下载

本书由三维书屋工作室总策划，国家电网河北省电力有限公司信息通信分公司的张正文工程师和魏勇高级工程师主编，其中张正文编写了第 1 章～第 7 章，魏勇编写了第 8 章～第 13 章。闫聪聪、胡仁喜、刘昌丽、康士廷、王培合、解江坤、王艳池、王玉秋、王义发、卢园、孟培、杨雪静、李亚莉、吴秋彦、王玮、王敏、井晓翠、王泽朋、卢思梦、张亭、秦志霞、刘丽丽、毛瑢等也参加了部分章节的编写工作。

由于时间仓促，加上编者水平有限，书中不足之处在所难免，望广大读者发送邮件到 win760520@126.com 批评指正，编者将不胜感激，也欢迎广大读者登录我们的服务 QQ 群 477013282 参与交流探讨。

编　者

2018 年 4 月

目 录
CONTENTS

1 Chapter

第1章 Altium Designer 17 概述

Protel 系列是进入我国较早的电子设计自动化软件，一直以易学易用而深受广大电子设计者的喜爱。2001 年 8 月 Protel 公司更名为 Altium 公司，2008 年 5 月推出 Altium Designer 系列。Altium Designer 作为新一代的板卡级设计软件，以 Windows XP 的界面风格为主，同时，Altium 独一无二的 DXP 技术集成平台也为设计系统提供了所有工具和编辑器的兼容环境，友好的界面环境及智能化的性能为电路设计者提供了优质的服务。

Altium Designer 17 版本有什么特点？如何安装 Altium Designer 17？PCB 电路板的总体设计流程有哪些？这些都是本章要讲解的内容。

本章将从 Altium Designer 17 的功能特点讲起，介绍 Altium Designer 17 的安装与卸载，Altium Designer 17 的界面汉化，以使读者能对该软件有一个大致的了解。

1.1 Altium Designer 17 的主要特点

Altium Designer 17 是一套完整的板卡级设计系统，真正地实现了在单个应用程序中的集成。该设计系统的目的是支持整个设计过程，该版本增加了全新的功能，让用户能尽情享受创新激情，同时脱离琐碎的工作任务，更多关注设计本身。Altium Designer 17 PCB 线路图设计系统完全利用了 Windows 平台的优势，具有改进的稳定性、增强的图形功能和超强的用户界面，设计者可以选择最适当的设计途径以及优化的方式工作。

Altium Designer 17 包括以下特点。

（1）DRC 具有灵活性：最大化设计时间，并使正在进行的工作项目按照正式的约束条件进行发布。

（2）对象定义禁入区：通过预定义的禁入区和自动放置功能，保证相关对象类型处于规定的板禁入区之外。

（3）PCB 布线功能增强：对 PCB 布线工作流程的精确控制及其卓越性能，使我们更容易处理不断增强的工程复杂性的挑战。

- Active Route：通过高性能的指导性布线技术，在短时间内进行高质量的 PCB 布线。
- 跟踪修线：运用布线路径自动对准功能，轻松优化 PCB 网络的长度和质量。
- 动态选择：运用全新的基于任意形状的选择工具，快速分组、编辑设计对象。

（4）设计效率增强：凭借高速设计、设计文档以及 PCB 布线的效率增强，提升用户的工程体验。

- 动态铺铜：通过便捷的编辑模式及自定义边界，节约修改多边形铺铜的时间。
- 背钻孔：通过对钻孔的完全控制，减少高速设计时对信号完整性的干扰。
- 自动交叉搜索：通过在原理图及电路板间交叉引用，可以在设计工程的多个文件中快速导航。

1.2 Altium Designer 17 的运行环境

Altium Designer 17 软件的最低运行环境和推荐系统配置如下。

1. 安装 Altium Designer 17 软件的最低配置要求

- Windows XP SP2 Professional。
- 英特尔奔腾 1.8 GHz 处理器或同等处理器。
- 1.7 GB RAM（内存）。
- 3.8 GB 硬盘空间（系统安装 + 用户文件）。
- 主显示器的屏幕分辨率至少为 1280 像素 ×1024 像素（强烈推荐）。
- 次显示器的屏幕分辨率不得低于 1024 像素 ×768 像素。
- NVIDIA GeForce 6000/7000 系列 128 MB 显卡或同等显卡。
- 并口（连接 NanoBoard-NB1）。
- USB 2.0 端口（连接 NanoBoard-NB2）。
- Adobe Reader 8 或更高版本。
- DVD 驱动器。

2. 安装 Altium Designer 17 软件的推荐配置

- Windows XP SP2 Professional 或更高的版本。
- 英特尔酷睿 2 双核 / 四核 2.66 GHz 处理器或同等以及更快的处理器。
- 2 GB RAM。
- 10 GB 硬盘空间（系统安装 + 用户文件）。
- 双重显示器，屏幕分辨率至少为 1680 像素 ×1050 像素（宽屏）或 1600 像素 ×1200 像素（4 : 3）。
- NVIDIA GeForce 80003 系列 256 MB 显卡或更高级显卡。
- 并口（连接 NanoBoard-NB1）。
- USB 2.0 端口（连接 NanoBoard-NB2）。
- Adobe Reader 8 或更高版本。
- DVD 驱动器。
- 因特网连接，获取更新和在线技术支持。

1.3 Altium Designer 17 软件的安装和卸载

1.3.1 Altium Designer 17 的安装

Altium Designer 17 虽然对运行系统的要求有点高，但安装起来却是很简单的。

Altium Designer 17 的安装步骤如下。

（1）将安装光盘装入光驱后，打开该光盘，从中找到并双击 AltiumInstaller.exe 文件，弹出 Altium Designer 17 的安装界面，如图 1-1 所示。

图 1-1　安装界面

（2）单击“Next（下一步）”按钮，进入 Altium Designer 17 的安装协议界面。无须选择语言，选择“I accept the agreement（我接受协议）”选项，如图 1-2 所示。

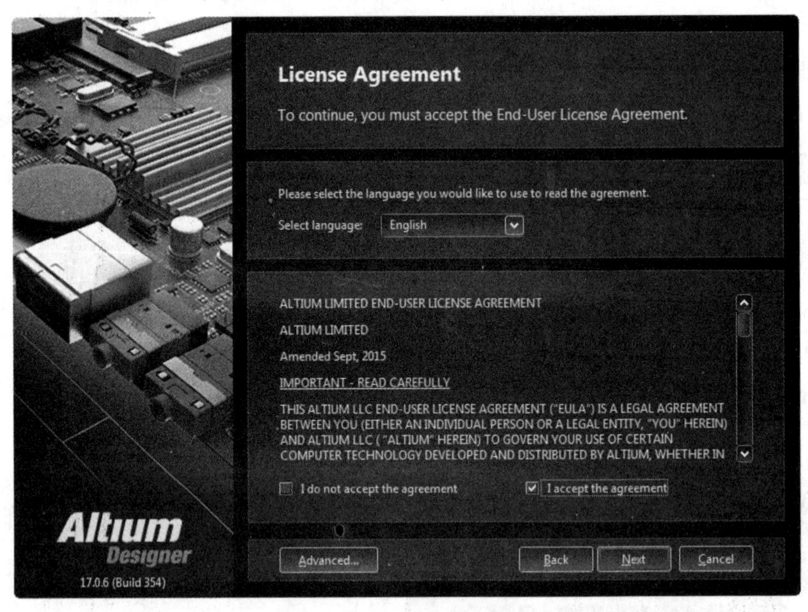

图 1-2　安装协议界面

（3）单击左下角的“Advanced（高级）”按钮，弹出“Advanced Settings（高级设置）”对话框，选择文件安装路径，如图 1-3 所示。单击“OK”按钮，关闭“Advanced Settings”对话框。

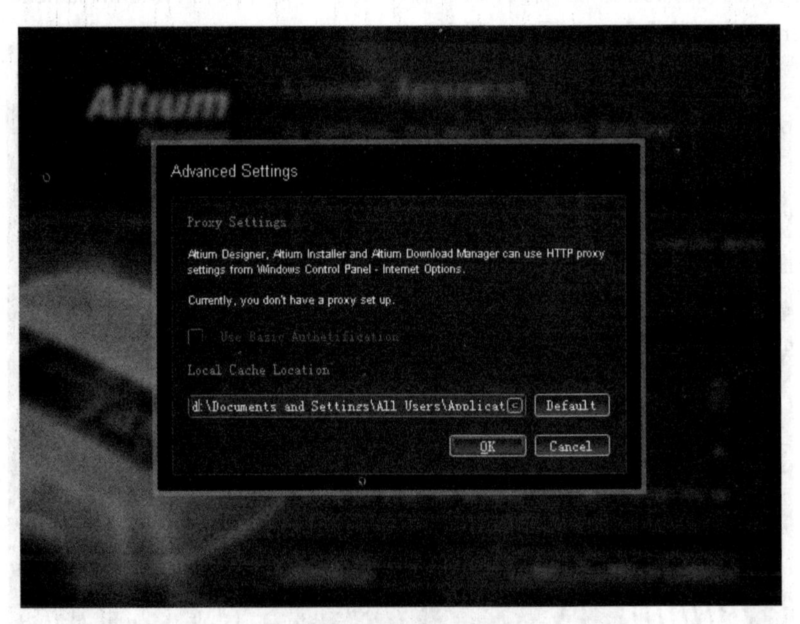

图 1-3　设置安装路径

（4）单击“Next（下一步）”按钮，进入选择安装类型界面，如果只做 PCB 设计，选中第 1 个复选框即可，系统默认全选，如图 1-4 所示。

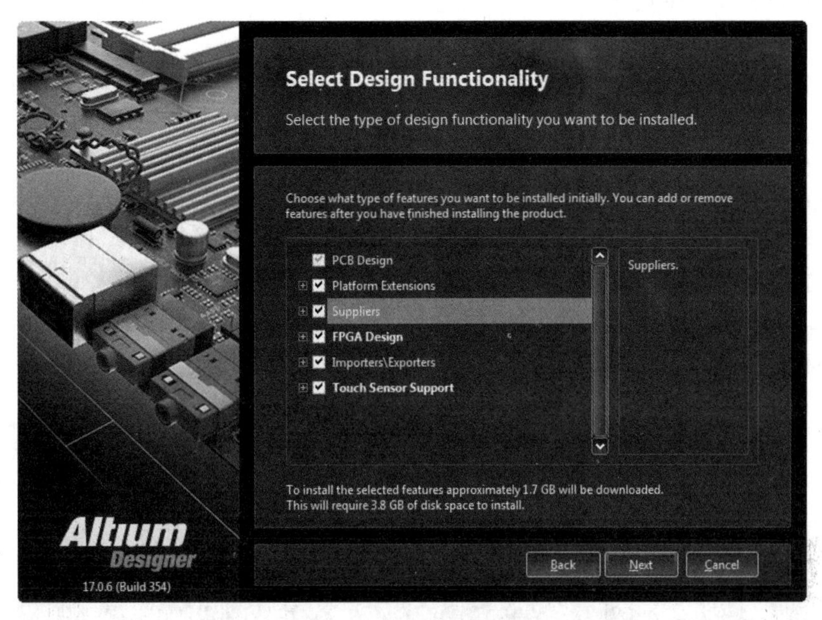

图 1-4　选择安装类型

（5）设置完成后，单击“Next（下一步）”按钮，进入选择 Altium Designer 17 的安装路径界面。系统默认的安装路径为“C:\Program Files（x86）\Altium\AD17”，用户可以通过单击“Default（默认）”按钮来自定义其安装路径，如图 1-5 所示。

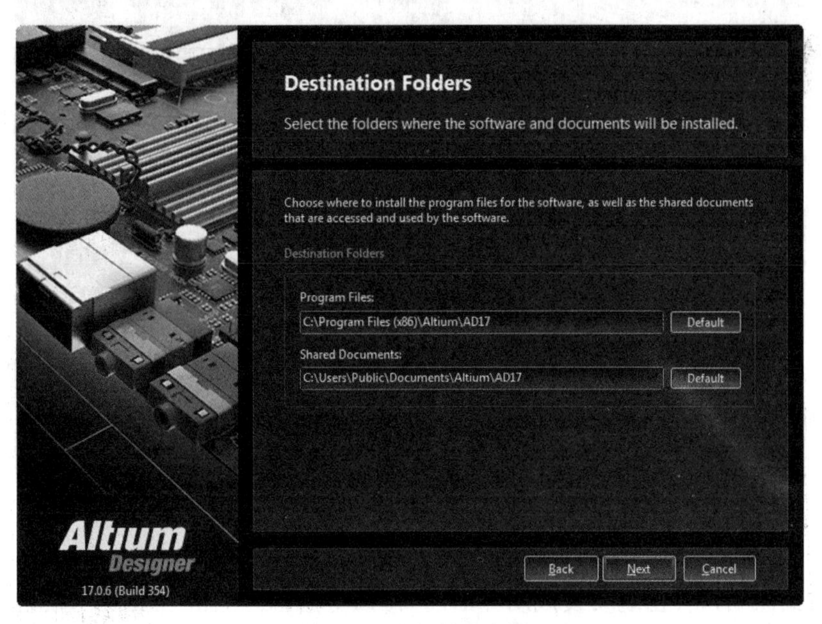

图 1-5　选择安装路径

（6）选择好安装路径后，单击“Next（下一步）”按钮，进入确认安装界面，如图 1-6 所示。

继续单击“Next（下一步）”按钮，此时界面内会显示安装进度，如图 1-7 所示。由于系统需要复制大量文件，所以需要等待几分钟。

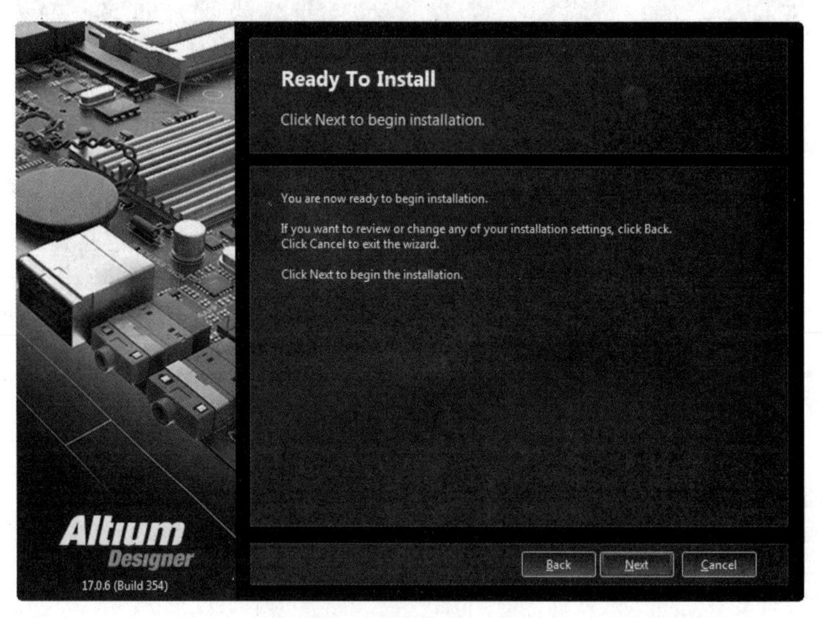

图 1-6　确认安装界面

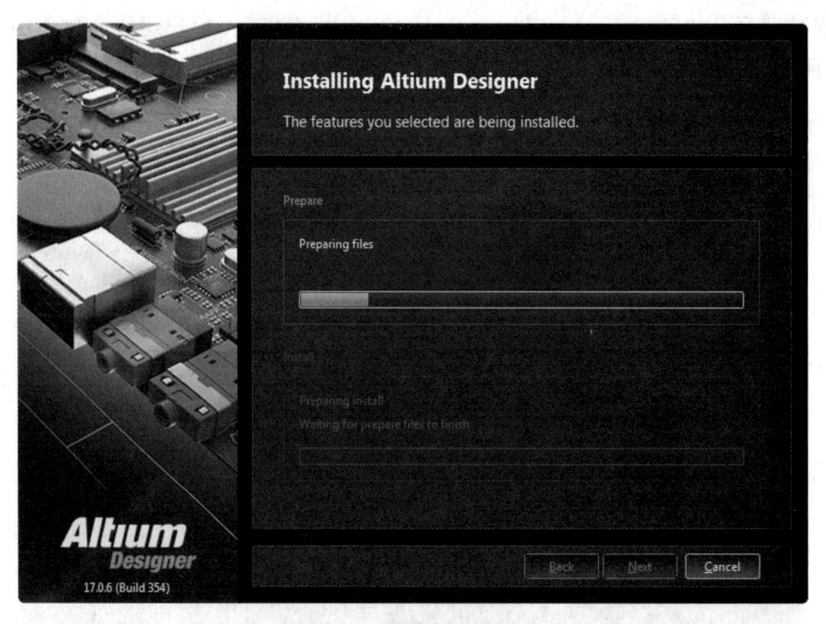

图 1-7　安装进度界面

（7）安装结束后，会出现安装成功界面，如图 1-8 所示。单击“Finish”按钮，完成 Altium Designer 17 的安装工作。

在安装过程中，可以随时单击“Cancel（取消）”按钮来终止安装过程。安装完成以后，在 Windows 的“开始”→“所有程序”子菜单中创建了一个 Altium Designer 17 菜单。

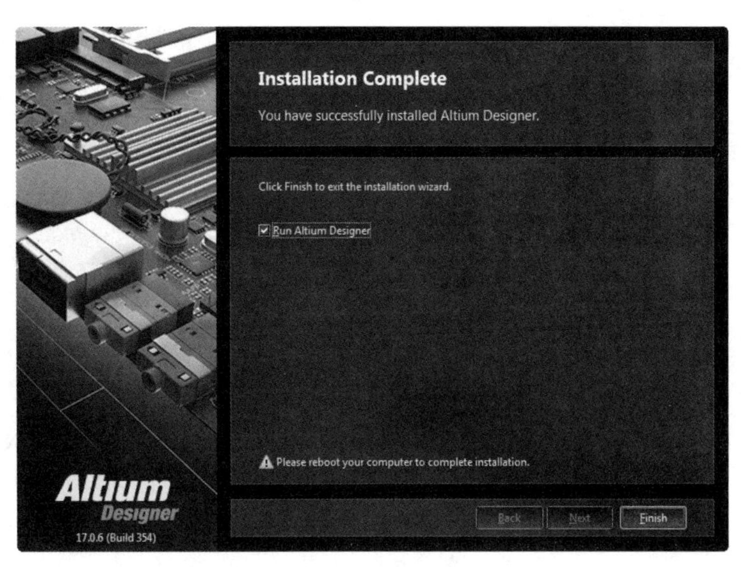

图 1–8　安装成功界面

1.3.2　Altium Designer 17 的汉化

安装完成后界面是英文的，用户可以调出中文界面。选择菜单栏中的“DXP”→“Preferences（参数选择）”命令，在打开的“Preferences（参数选择）”对话框中选择“System”→“General”→“Localization（本地化）”选项，选中“Use localized resources（使用本地资源）”复选框，如图 1-9 所示，保存设置后，重新启动程序就有中文菜单了，如图 1-10 所示。

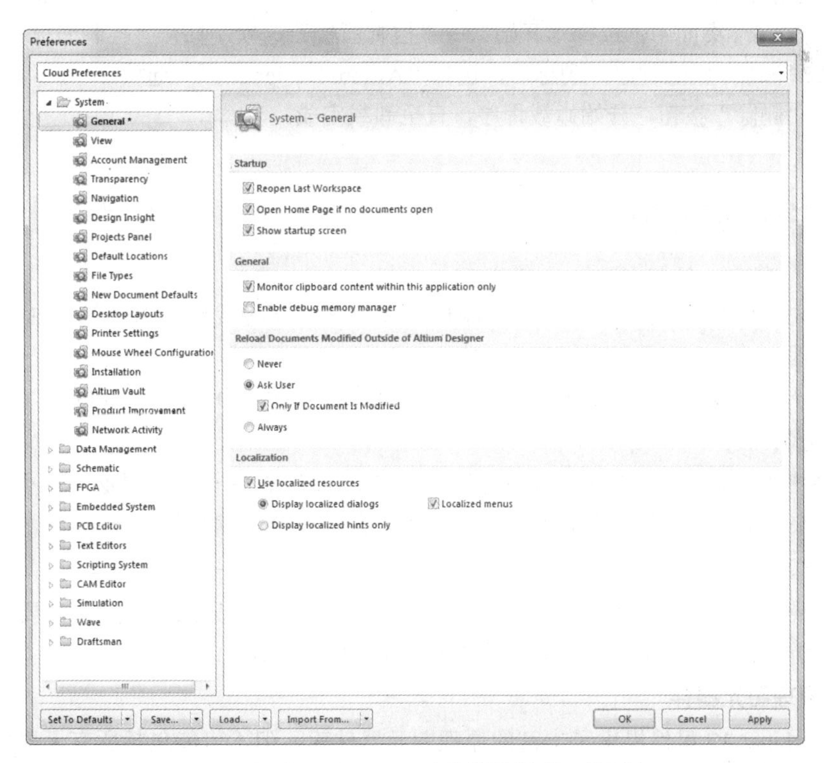

图 1–9　“Preferences（参数选择）”对话框

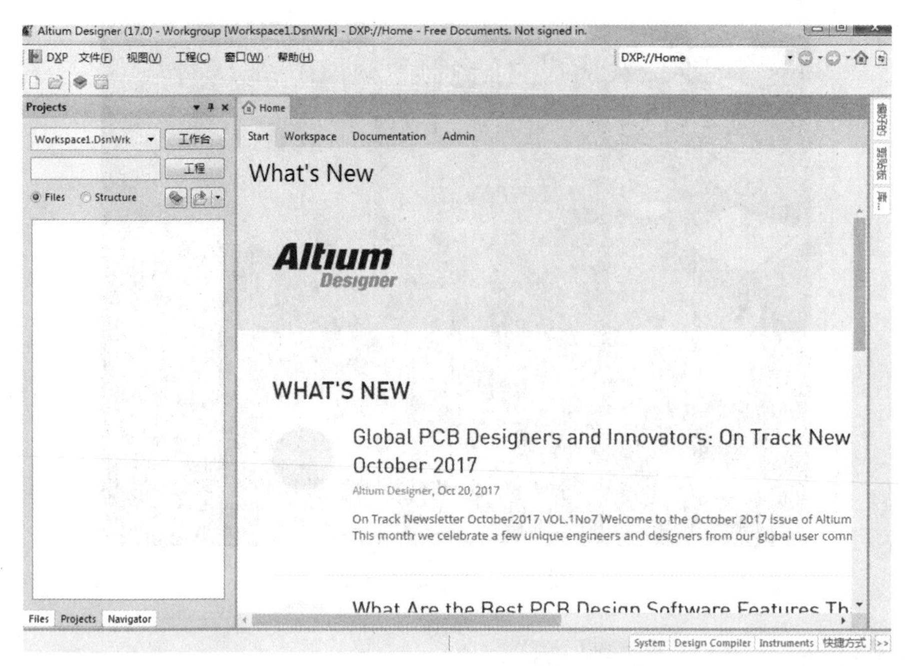

图 1-10　中文界面

1.3.3　Altium Designer 17 的卸载

Altium Designer 17 的卸载步骤如下。

（1）在 Windows 桌面中，选择“开始”→“控制面板”选项，打开“控制面板”窗口。

（2）双击“添加 / 删除程序”图标后，选择“Altium Designer 17”选项。

（3）单击“删除”按钮，开始卸载程序，直至卸载完成。

1.4 PCB 总体设计流程

为了让用户对电路设计过程有一个整体的认识和理解，下面我们介绍一下 PCB（印制电路板）的总体设计流程。

通常情况下，从接到设计要求书到最终制作出 PCB，主要经历以下几个流程。

1. 案例分析

这个步骤严格来说并不是 PCB 设计的内容，但对后面的 PCB 设计又是必不可少的。案例分析的主要任务是来决定如何设计电路原理图，同时也影响到 PCB 如何规划。

2. 电路仿真

在设计电路原理图之前，有时候对某一部分电路设计并不十分确定，因此需要通过电路仿真来验证。电路仿真还可以用于确定电路中某些重要元器件的参数。

3. 绘制原理图元器件

Altium Designer 17 虽然提供了丰富的原理图元器件库，但不可能包括所有元器件，必要时需动手设计原理图元器件，建立自己的元器件库。

4. 绘制电路原理图

找到所有需要的原理图元器件后，就可以开始绘制原理图了。根据电路复杂程度决定是否需要使用层次原理图。完成原理图后，用 ERC（电气规则检查）工具查错，如果发现错误，则找到出错原因并修改原理图电路，重新查错直到没有原则性错误为止。

5. 绘制元器件封装

与原理图元器件库一样，Altium Designer 17 也不可能提供所有元器件的封装，需要时自行设计并建立新的元器件封装库。

6. 设计 PCB

确认原理图没有错误之后，开始绘制 PCB 图。首先绘出 PCB 图的轮廓，确定工艺要求（使用几层板等），然后将原理图传输到 PCB 图中，在网络表（简单介绍来历功能）、设计规则和原理图的引导下布局和布线，最后利用 DRC（设计规则检查）工具查错。此过程是电路设计时另一个关键环节，它将决定该产品的实用性能，需要考虑的因素很多，不同的电路有不同的要求。

7. 文档整理

对原理图、PCB 图及元器件清单等文件予以保存，以便以后维护、修改。

Chapter 2

第 2 章 原理图简介

Altium Designer 17 强大的集成开发环境使得电路设计中绝大多数的工作可以迎刃而解，从构建设计原理图开始到复杂的 FPGA 设计，从电路仿真到多层 PCB 的设计，Altium Designer 17 都提供了具体的一体化应用环境，使从前需要多个开发环境的电路设计变得简单。

本章详细介绍关于原理图设计的一些基础知识，具体包括原理图的组成、原理图编辑器的界面、原理图绘制的一般流程、新建与保存原理图文件等。

在整个电子设计过程中，电路原理图的设计是最基础的环节。同样，在 Altium Designer 17 中，只有设计出符合需要和规则的电路原理图，然后才能对其顺利进行仿真分析，最终变为可以用于生产的 PCB 文件。

2.1 Altium Designer 17 的启动

成功安装 Altium Designer 17 后，系统会在 Windows 的“开始”菜单中加入程序项，并在桌面上建立 Altium Designer 17 的启动快捷方式。

启动 Altium Designer 17 的方法很简单，与其他 Windows 程序没有什么区别。在 Windows 的“开始”菜单中找到“Altium Designer”选项并单击，或在桌面上双击“Altium Designer”快捷方式，即可启动 Altium Designer 17。

启动 Altium Designer 17 时，将有一个 Altium Designer 的启动画面出现，通过启动画面区别于其他的 Altium 版本，如图 2-1 所示。

图 2−1　Altium Designer 17 启动画面

2.2 Altium Designer 17 的主窗口

Altium Designer 17 成功启动后便进入主窗口，如图 2-2 所示。用户可以使用该窗口进行项目文件的操作，如创建新项目、打开文件等。

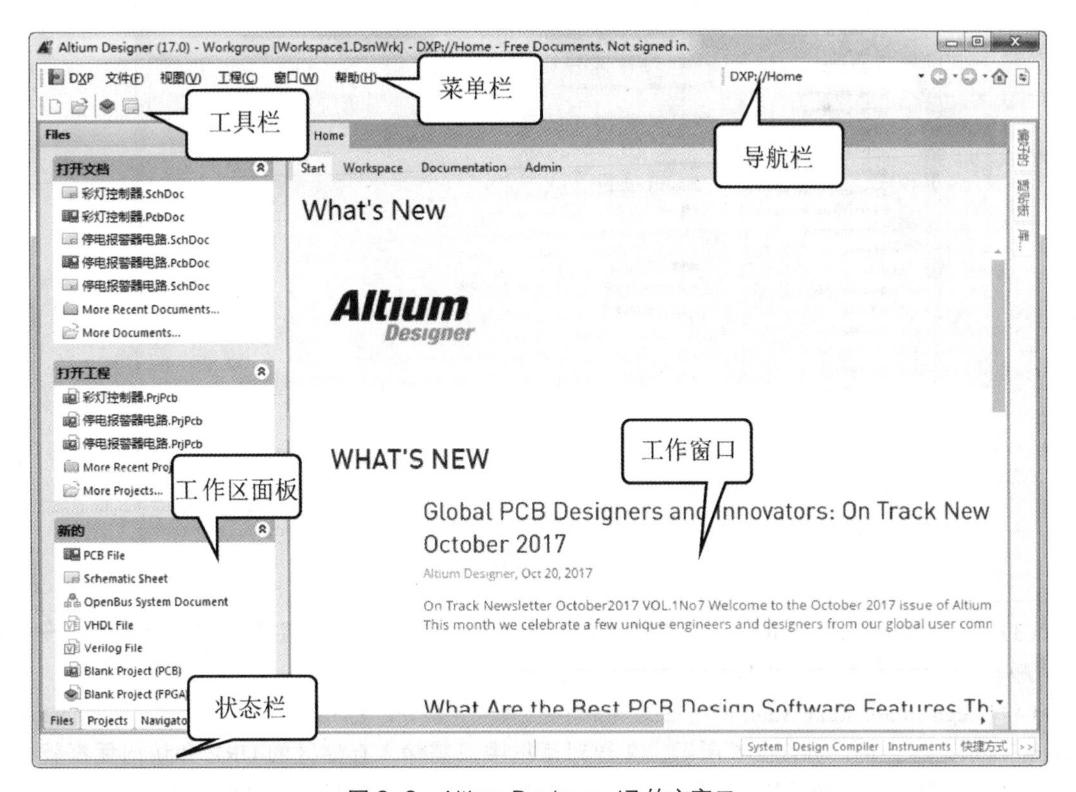

图 2−2　Altium Designer 17 的主窗口

主窗口类似于 Windows 的界面风格，它主要包括 6 个部分，分别为菜单栏、工具栏、工作窗口、工作区面板、状态栏及导航栏。

2.2.1 菜单栏

菜单栏包括 1 个用户配置按钮 DXP 和“文件”“视图”“工程”“窗口”“帮助” 5 个菜单。

1. 用户配置按钮 DXP

单击用户配置按钮，弹出如图 2-3 所示的用户配置菜单，该菜单中包括一些用户配置选项。

图 2-3 用户配置菜单

（1）“我的账户”菜单项：帮助用户自定义界面，如移动、删除、修改菜单栏或菜单选项，创建或修改快捷键等。

（2）“参数选择”菜单项：单击该菜单项，弹出“参数选择”对话框，如图 2-4 所示，用于设置 Altium Designer 的工作状态。

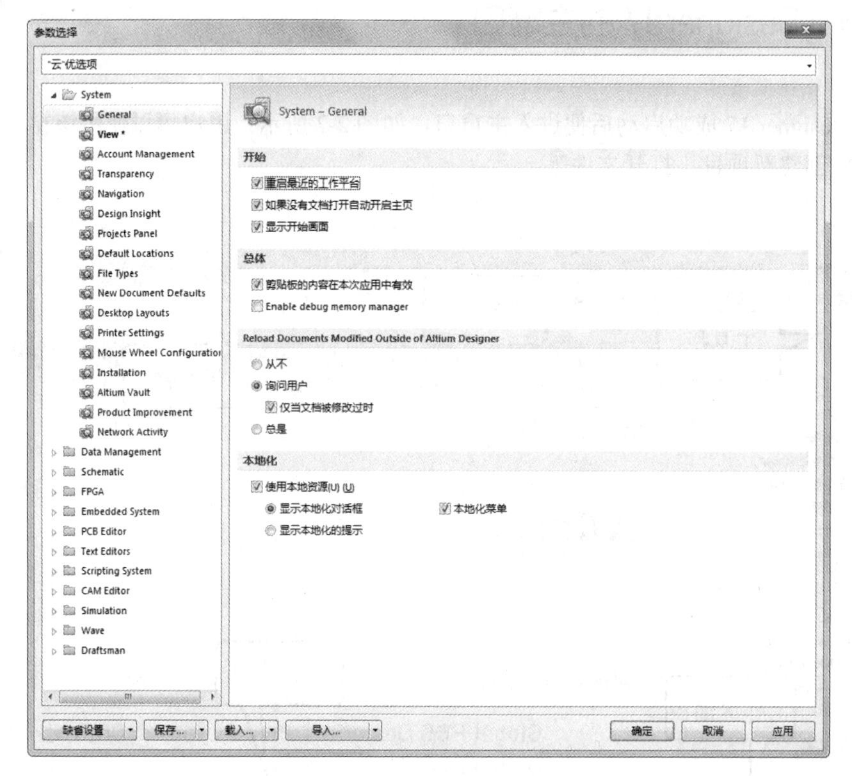

图 2-4 “参数选择”对话框

（3）“Extensions and Updates（插件与更新）”命令：用于检查软件更新。单击该命令，在主窗口右侧弹出如图 2-5 所示的“Home（首页）”选项卡。

（4）“Sign in to Altium Vault（登录到奥腾保险库）”命令：单击该命令，弹出“Connecting to Altium Vault”对话框，如图 2-6 所示。在该对话框中只需输入存储区的 URL 和访问凭据就可以登录保险库，创建一个新的托管项目。该保险库拥有基于云的存储库，提供设计辅助资料（包括电路板模板、特定于供应商的组件系列以及包括电容器和电阻器在内的通用组件）。

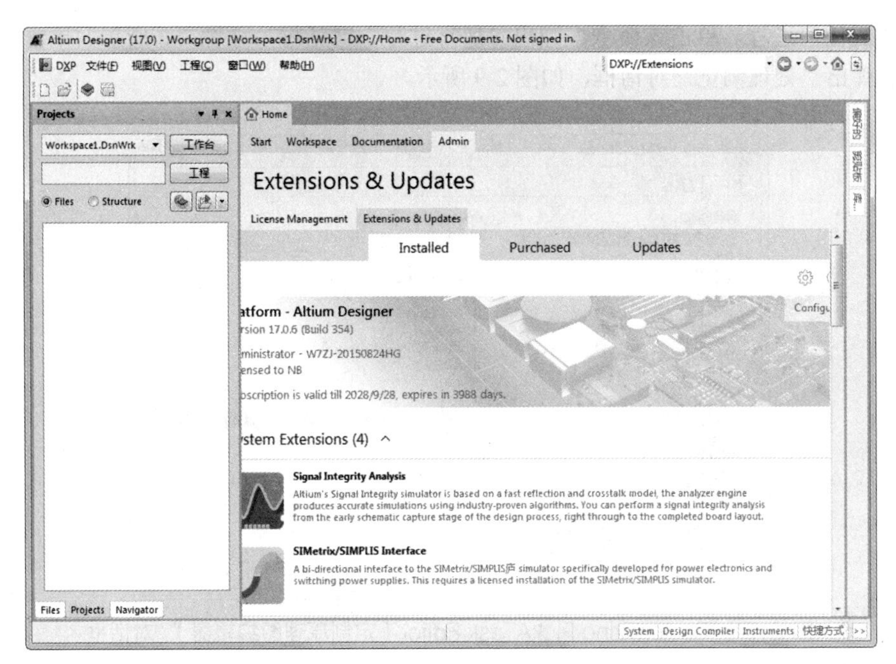

图 2-5　“Home（首页）”选项卡

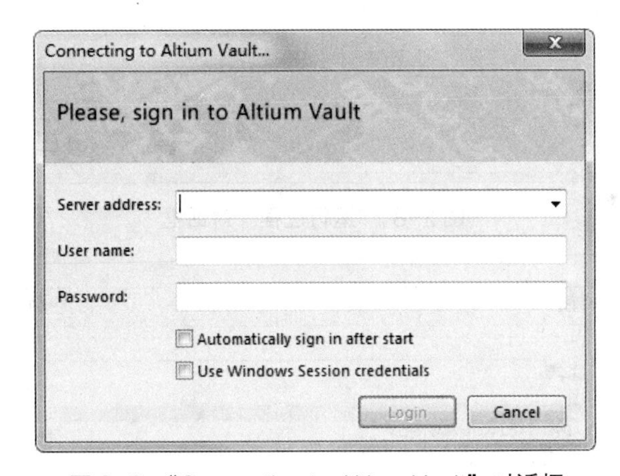

图 2-6　“Connecting to Altium Vault”对话框

（5）“数据保险库浏览器”命令：用于打开“Vaults（保险库）”对话框，连接浏览器，显示数据保险库。

（6）“Altium 论坛”命令：单击该命令，在主窗口右侧弹出“Altium 论坛”网页，显示关于 Altium 的讨论内容。

（7）“Documentation（文档）”命令：单击该命令，弹出“Altium Designer Documentation”网页，显示关于 Altium 的内容。

（8）“自定制”命令：用于自定义用户界面，如移动、删除、修改菜单栏或菜单选项，创建或修改快捷键等。单击该命令，弹出“Customizing PickATask Editor（定制原理图编辑器）”对话框，如图 2-7 所示。

（9）“运行进程”命令：Altium Designer 17 提供了以命令行方式启动某个进程的功能，可以启动系统提供的任何进程。单击该命令，弹出“运行过程”对话框，如图 2-8 所示，单击其中的“浏览”按钮，弹出“处理浏览”对话框，如图 2-9 所示。

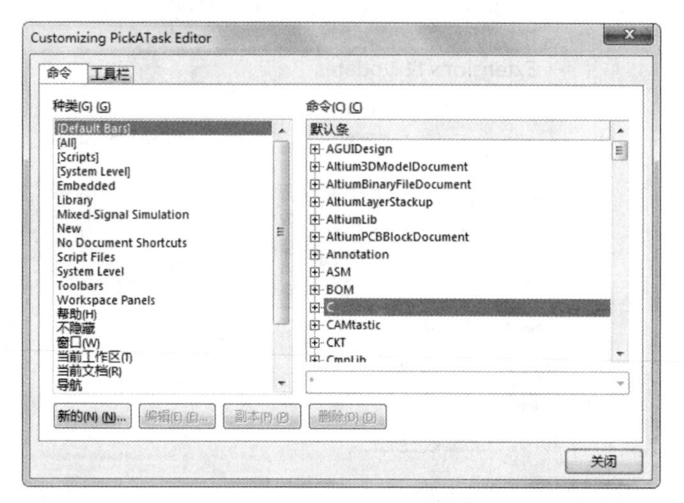

图 2-7 “Customizing PickATask Editor（定制原理图编辑器）”对话框

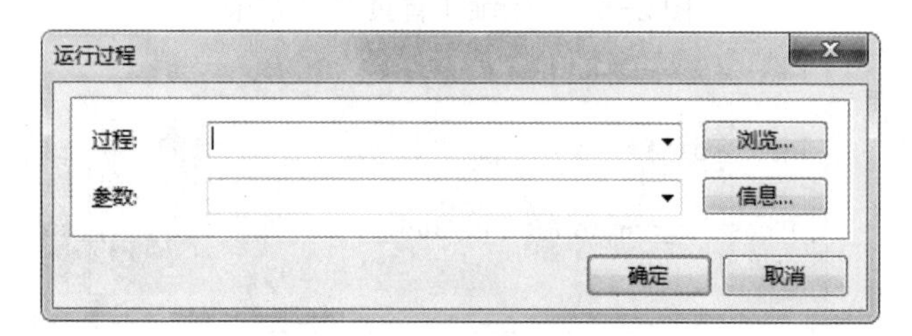

图 2-8 “运行过程”对话框

图 2-9 “处理浏览”对话框

（10）“运行脚本”命令：用于运行各种脚本文件，如用 Delphi、VB、Java 等语言编写的脚本文件。

2. “文件”菜单

“文件”菜单主要用于文件的新建、打开和保存等，如图 2-10 所示。下面详细介绍“文件”菜单中的各命令及其功能。

- “New（新建）”命令：用于新建一个文件，其子菜单如图 2-10 所示。
- “打开”命令：用于打开已有的 Altium Designer 17 可以识别的各种文件。
- “关闭”命令：用于关闭已打开的文件。
- “打开工程”命令：用于打开各种工程文件。
- “打开设计工作区”命令：用于打开设计工作区。
- “检出”命令：用于从设计储存库中选择模板。
- “保存工程”命令：用于保存当前的工程文件。
- “保存工程为”命令：用于另存当前的工程文件。
- “保存设计工作区”命令：用于保存当前的设计工作区。
- “保存设计工作区为”命令：用于另存当前的设计工作区。
- “全部保存”命令：用于保存所有文件。
- “智能 PDF”命令：用于生成 PDF 格式设计文件的向导。
- “导入向导”命令：用于将其他 EDA 软件的设计文档及库文件，如 Protel 99SE、CADSTAR、Orcad、P-CAD 等设计软件生成的设计文件导入 Altium Designer 的导入向导。
- “元件发布管理器”命令：用于设置发布文件参数及发布文件。
- “当前文档”命令：用于列出最近打开过的文件。
- “最近的工程”命令：用于列出最近打开过的工程文件。
- “当前工作区”命令：用于列出最近打开过的设计工作区。
- “退出”命令：用于退出 Altium Designer 17。

3. “视图”菜单

“视图”菜单主要用于工具栏、工作区面板、命令行及状态栏的显示和隐藏，如图 2-11 所示。

（1）“Toolbars（工具栏）”命令：用于控制工具栏的显示和隐藏，其子菜单如图 2-11 所示。

图 2-10 “文件”菜单

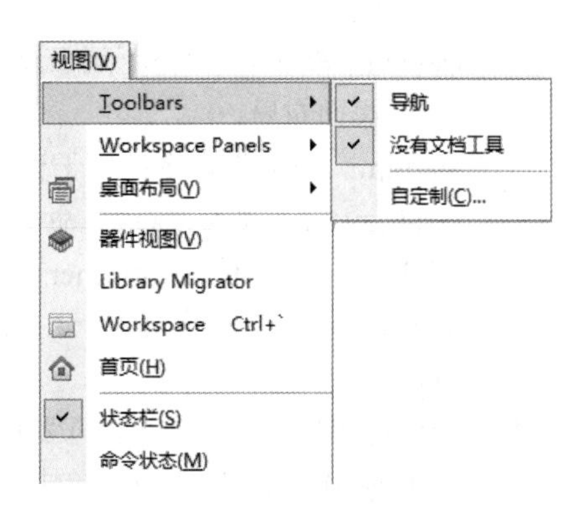

图 2-11 “视图”菜单

（2）“Workspace Panels（工作区面板）”命令：用于控制工作区面板的打开与关闭，其子菜单如图 2-12 所示。

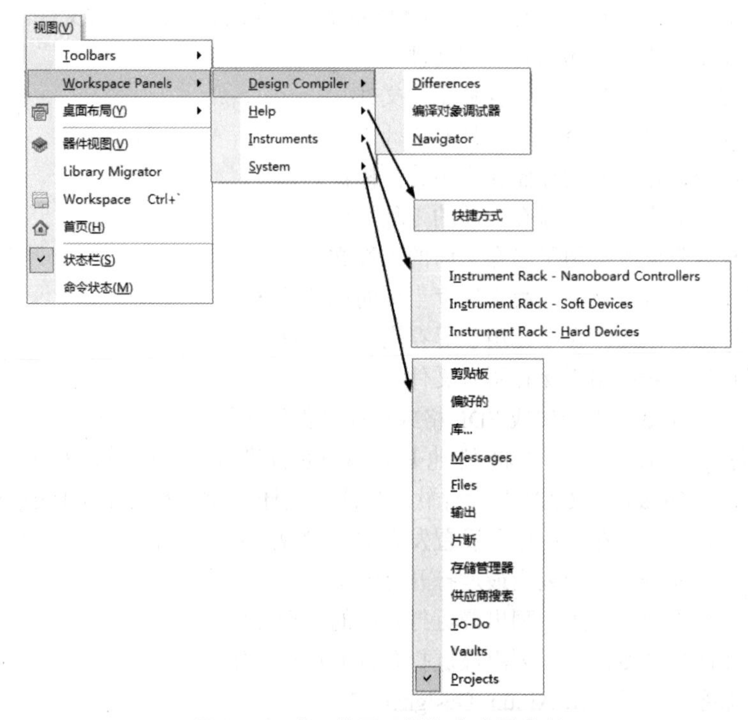

图 2-12 “工作区面板”命令子菜单

- “Design Compiler（设计编译器）”命令：用于控制设计编译器相关面板的打开与关闭，包括编译过程中的差异、编译错误信息、编译对象调试器及编译导航等面板。
- “Help（帮助）”命令：用于控制帮助面板的打开与关闭。
- “Instruments（设备）”命令：用于控制设备机架面板的打开与关闭，其中包括 Nanoboard 控制器、软件设备和硬件设备 3 个部分。
- “System（系统）”命令：用于控制系统工作区面板的打开和隐藏。其中，“库”“Messages（信息）”“Files（文件）”和“Projects（工程）”工作区面板比较常用，后面的章节将详细介绍。

（3）“桌面布局”命令：用于控制桌面的显示布局，其子菜单如图 2-13 所示。

- “Default（默认）”命令：用于设置 Altium Designer 17 为默认桌面布局。
- “Startup（启动）”命令：用于当前保存的桌面布局。
- “Load layout（载入布局）”命令：用于从布局配置文件中打开一个 Altium Designer 17 已有的桌面布局。
- “Save layout（保存布局）”命令：用于保存当前的桌面布局。

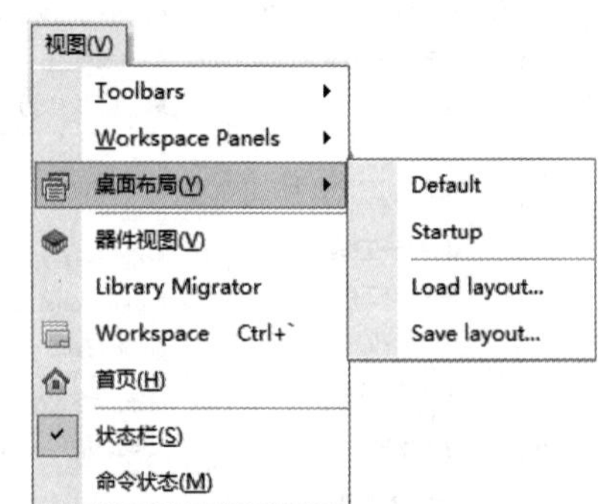

图 2-13 “桌面布局”命令子菜单

（4）“器件视图”命令：用于打开器件视图窗口，如图 2-14 所示。

（5）“Library Migrator”命令：单击该命令，弹出“Connecting to Altium Vault”对话框，在该对话框中只需输入存储区的 URL 和访问凭据就可以登录保险库。

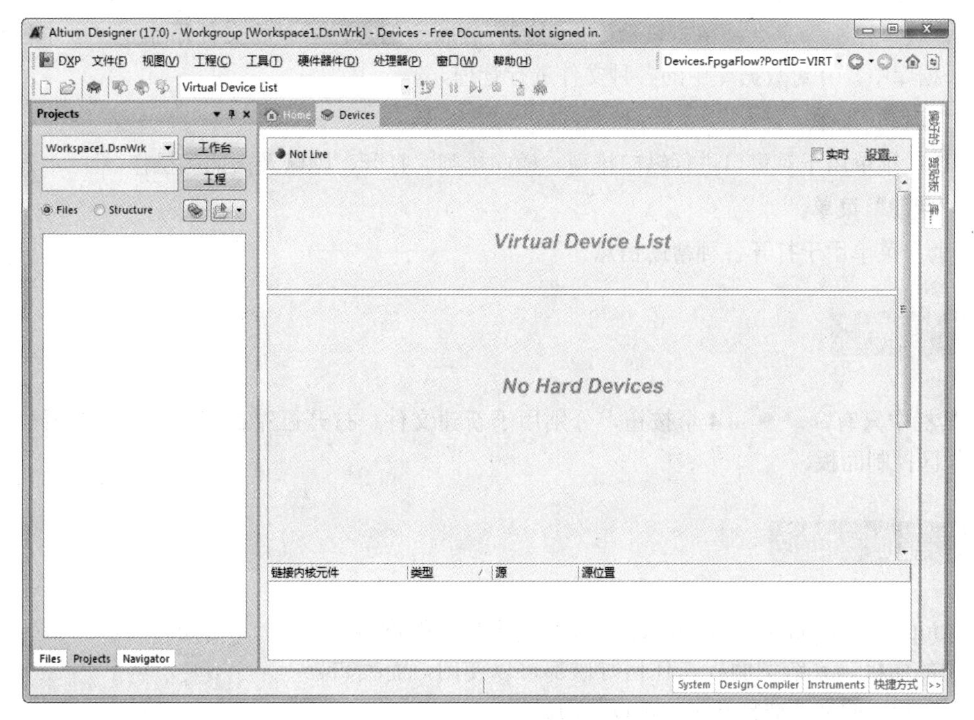

图 2-14　器件视图窗口

（6）“Workspace（工作区）”命令：单击该命令打开工作区。

（7）“首页”命令：用于打开首页窗口，一般与默认的窗口布局相同。

（8）“状态栏”命令：用于控制工作窗口下方状态栏上标签的显示与隐藏。

（9）“命令状态”命令：用于控制命令行的显示与隐藏。

4. “工程”菜单

“工程”菜单主要用于工程文件的管理，包括工程文件的编译、添加、删除、差异显示和版本控制等，如图 2-15 所示。这里主要介绍“显示差异”和“版本控制”两个命令。

- “显示差异”命令：单击该命令，将弹出如图 2-16 所示的“选择文档比较”对话框。勾选“高级模式”复选框，可以进行文件之间、文件与工程之间、工程之间的比较。

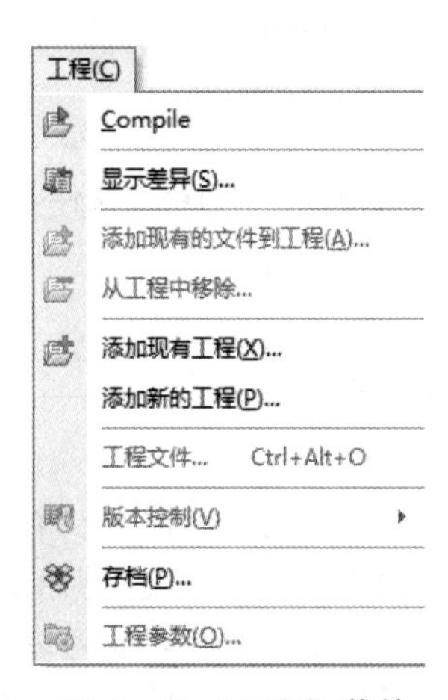

图 2-15　“工程”菜单

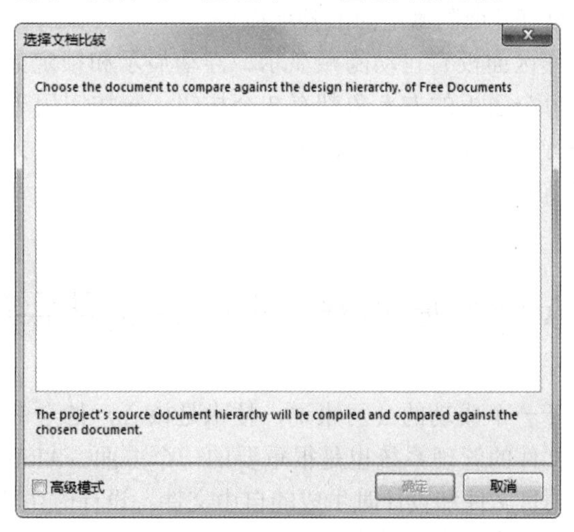

图 2-16　“选择文档比较”对话框

- “版本控制”命令：单击该命令，可以查看版本信息，可以将文件添加到“版本控制”数据库中，并对数据库中的各种文件进行管理。

5. “窗口”菜单

“窗口”菜单用于对窗口进行纵向排列、横向排列、打开、隐藏及关闭等操作。

6. “帮助”菜单

“帮助”菜单用于打开各种帮助信息。

2.2.2 工具栏

工具栏中只有4个按钮，分别用于新建文件、打开已存在的文件、打开器件视图和打开工作区控制面板。

2.2.3 工作区面板

在 Altium Designer 17 中，可以使用系统型面板和编辑器面板两种类型的面板。系统型面板在任何时候都可以使用，而编辑器面板只有在相应的文件被打开时才可以使用。

使用工作区面板是为了便于设计过程中的快捷操作。Altium Designer 17 被启动后，系统将自动激活“Files（文件）”面板、“Projects（工程）”面板和“Navigator（导航）”面板，可以单击面板底部的标签，在不同的面板之间切换。下面简单介绍“Files（文件）”面板，其余面板将在随后的原理图设计和 PCB 设计中详细讲解。展开的“Files(文件)”面板如图 2-17 所示。

图 2-17 “Files（文件）”面板

“Files（文件）”面板主要用于打开、新建各种文件和工程，分为“打开文档”“打开工程”“新的”“从已有文件新建文件”和“从模板新建文件”5 个选项栏，单击每一部分右上角的双箭头按钮即可打开或隐藏里面的各项命令。

工作区面板有自动隐藏显示、浮动显示和锁定显示 3 种显示方式。每个面板的右上角都有 3 个按钮，▼按钮用于在各种面板之间进行切换操作，🖈按钮用于改变面板的显示方式，✖按钮用于关闭当前面板。

2.3 Altium Designer 17 的文件管理系统

对于一个成功的公司来说，技术是核心，健全的管理体制则是关键。同样，评价一个软件的好坏，文件的管理系统也是很重要的一个方面。Altium Designer 17 的“工程”面板提供了两种文件——项目文件和设计时生成的自由文件。设计时生成的文件可以放在项目文件中，也可以移出放入自由文件中。在文件存盘时，文件将以单个文件的形式存入，而不是以项目文件的形式整体存盘，被称为存盘文件。下面简单介绍一下这 3 种文件类型。

2.3.1 项目文件

Altium Designer 17 支持项目级别的文件管理，在一个项目文件中包括设计中生成的一切文件。比如，要设计一个收音机电路板，则可将收音机的电路图文件、PCB 图文件、设计中生成的各种报表文件以及元器件的集成库文件等放在一个项目文件中，这样非常便于文件的管理。一个项目文件类似于 Windows 系统中的“文件夹”，在项目文件中可以执行对文件的各种操作，如新建、打开、关闭、复制与删除等。但需要注意的是，项目文件只是起到管理的作用，在保存文件时，项目中的各个文件是以单个文件的形式保存的。

图 2-18 所示为任意打开的一个“.PrjFpg”项目文件，可以看出该项目文件包含了与整个设计相关的所有文件。其中，文件右侧不显示图标表示打开但没有进行过任何操作或已保存好的文件，黑色的 * 图标表示编辑过但没有保存的文件。

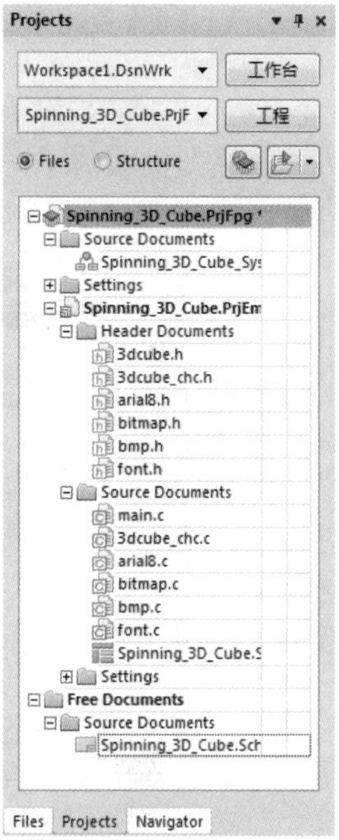

图 2-18 项目文件

2.3.2 自由文件

自由文件是指游离于文件之外的文件，Altium Designer 17 通常将这些文件存放在唯一的“Free Documents”文件夹中。自由文件有以下两个来源。

（1）当将某文件从项目文件夹中删除时，该文件并没有从“Projects”面板消失，而是出现在“Free Documents”中，成为自由文件。

（2）打开 Altium Designer 17 的存盘文件（非项目文件）时，该文件将出现在“Free Documents”中而成为自由文件。

自由文件的存在方便了设计的进行，当将文件从“Free Documents”文件夹中删除时，文件将会彻底删除。

2.3.3 存盘文件

存盘文件就是在将项目文件存盘时生成的文件。Altium Designer 17 保存文件时并不是将整个项目文件保存，而是单个保存，项目文件只起到管理的作用。这样的保存方法有利于进行大型电路的设计。

2.4 Altium Designer 17 的开发环境

本节我们简单了解一下 Altium Designer 17 几种主要开发环境的风格。

1. Altium Designer 17 原理图开发环境

图 2-19 所示为 Altium Designer 17 原理图开发环境，在操作界面上有相应的菜单和工具栏。

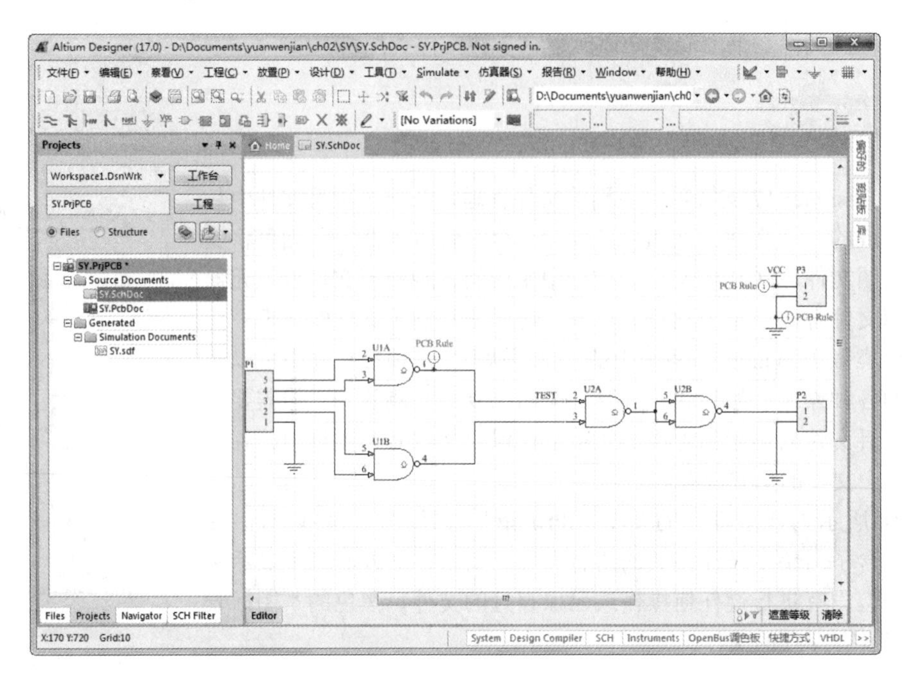

图 2-19　Altium Designer 17 原理图开发环境

2. Altium Designer 17 印制板电路开发环境

图 2-20 所示为 Altium Designer 17 印制板电路开发环境。

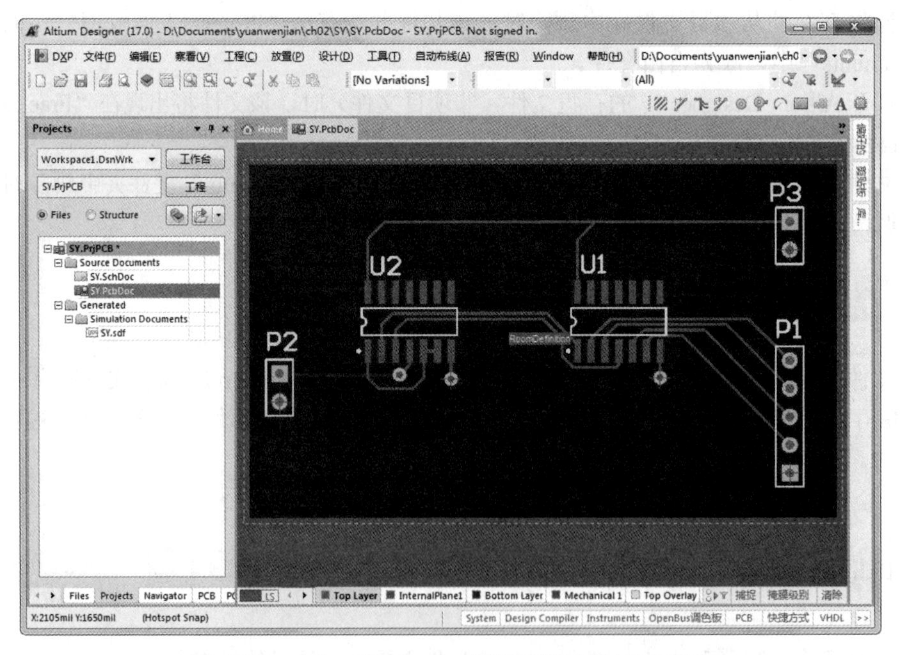

图 2-20　Altium Designer 17 印制板电路开发环境

3. Altium Designer 17 仿真编辑环境

图 2-21 所示为 Altium Designer 17 仿真编辑环境。

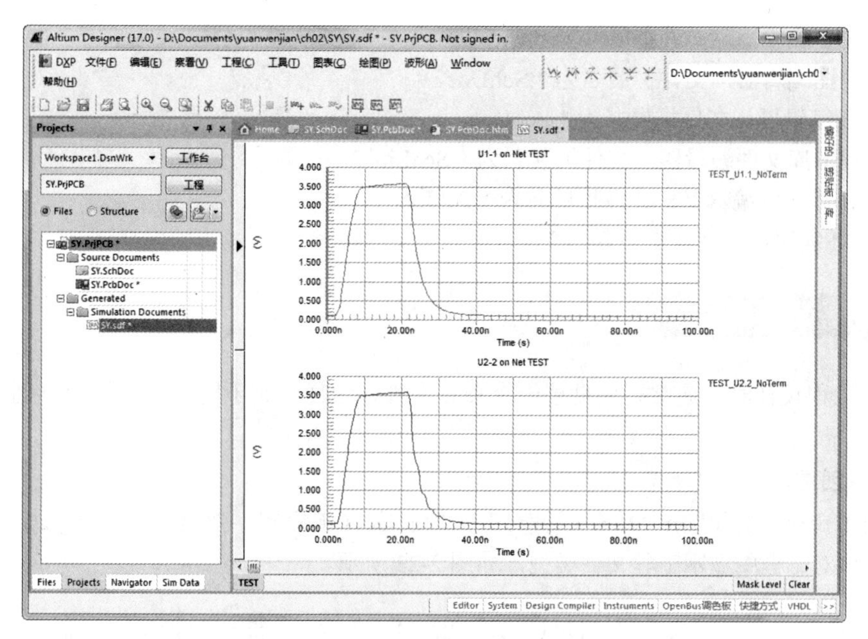

图 2-21　Altium Designer 17 仿真编辑环境

4. Altium Designer 17 VHDL 编辑环境

图 2-22 所示为 Altium Designer 17 VHDL 编辑环境。

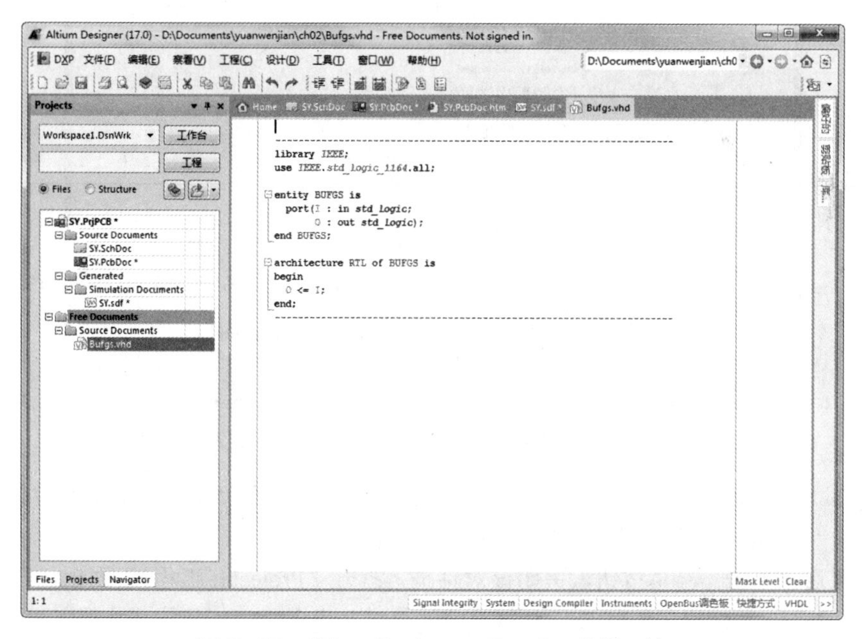

图 2-22　Altium Designer 17 VHDL 编辑环境

2.5 常用编辑器的启动

Altium Designer 17 的常用编辑器有以下 6 种。

- VHDL 编辑器，文件扩展名为 *.vhd。
- 原理图编辑器，文件扩展名为 *.SchDoc。
- PCB 编辑器，文件扩展名为 *.PcbDoc。
- 原理图库文件编辑器，文件扩展名为 *.SchLib。
- PCB 库文件编辑器，文件扩展名为 *.PcbLib。
- CAM 编辑器，文件扩展名为 *.cam。

2.5.1 创建新的项目文件

在进行工程设计时，通常要先创建一个项目文件，这样有利于对文件的管理。创建项目文件有两种方法。

1. 菜单创建

执行菜单命令“文件”→“New（新建）”→“Project（工程）”，弹出“New Project（新建工程）”对话框，在该对话框中显示工程文件类型，如图 2-23 所示。

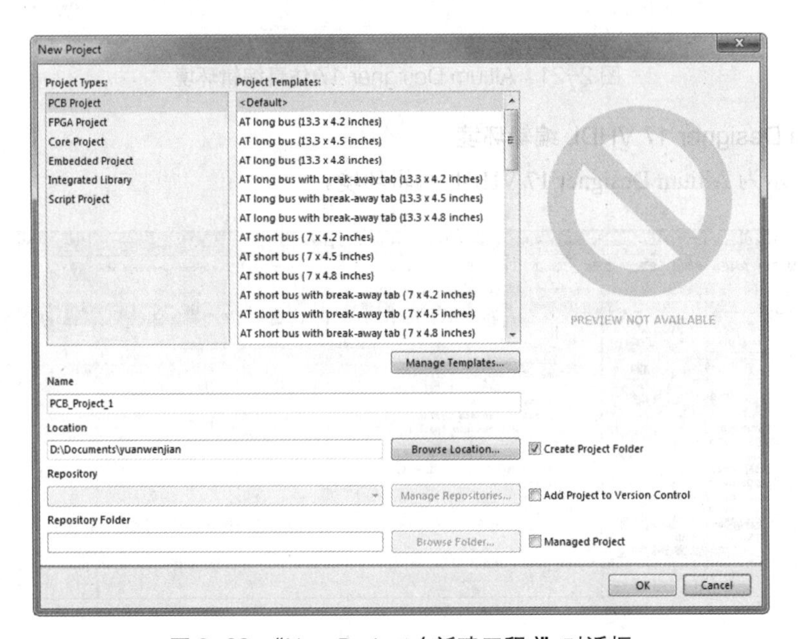

图 2-23 “New Project（新建工程）”对话框

默认选择“PCB Project”选项及“Default（默认）”选项，在“Name（名称）”文本框中输入文件名称，在“Location（路径）”文本框中选择文件路径。

完成设置后，单击 OK 按钮，关闭该对话框，打开“Project（工程）”面板。在面板中出现了新建的工程类型，系统提供的默认名为 PCB_Project1. PrjPcb。

2. “Files（文件）”面板创建

打开“Files（文件）”面板，在“新的”栏中列出了各种空白工程，如图 2-24 所示，单击选择即可创建工程文件。

用户要新建一个自己的工程，必须将默认的工程另存为其他的名称，如“MyProject（我的工程）”。执行“文件”菜单中的“保存工程为”命令，则弹出工程保存对话框。选择保存路径并键入工程名，单击“保存”按钮后，即可建立自己的 PCB 工程“MyProject.PrjPcb”。

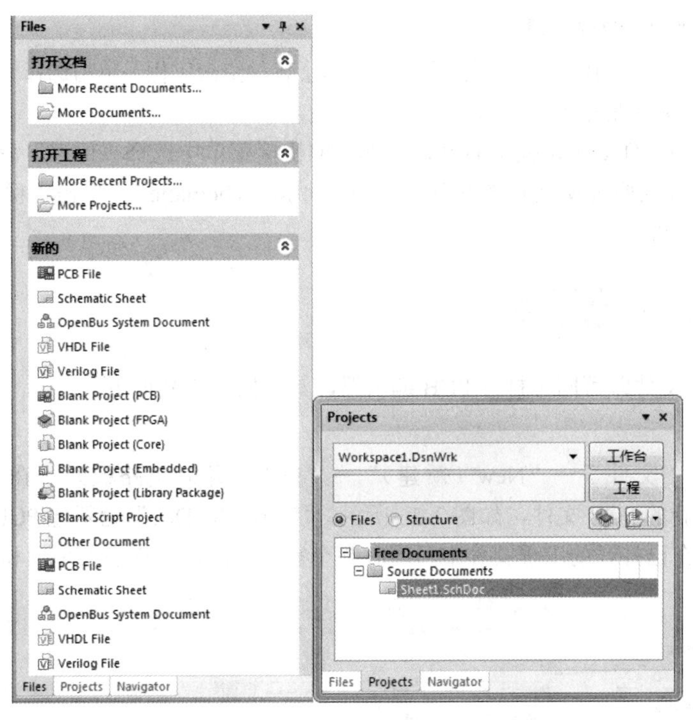

图 2-24　“Files（文件）”面板创建工程文件

2.5.2　原理图编辑器的启动

新建一个原理图文件即可同时打开原理图编辑器，具体操作步骤如下。

1. 菜单创建

执行菜单命令“文件”→“New（新建）”→“原理图”，“Projects（工程）”面板中将出现一个新的原理图文件，如图 2-25 所示。“Sheet1.SchDoc”为新建文件的默认名称，系统自动将其保存在已打开的工程文件中，同时整个窗口新添加了许多菜单项和工具项。

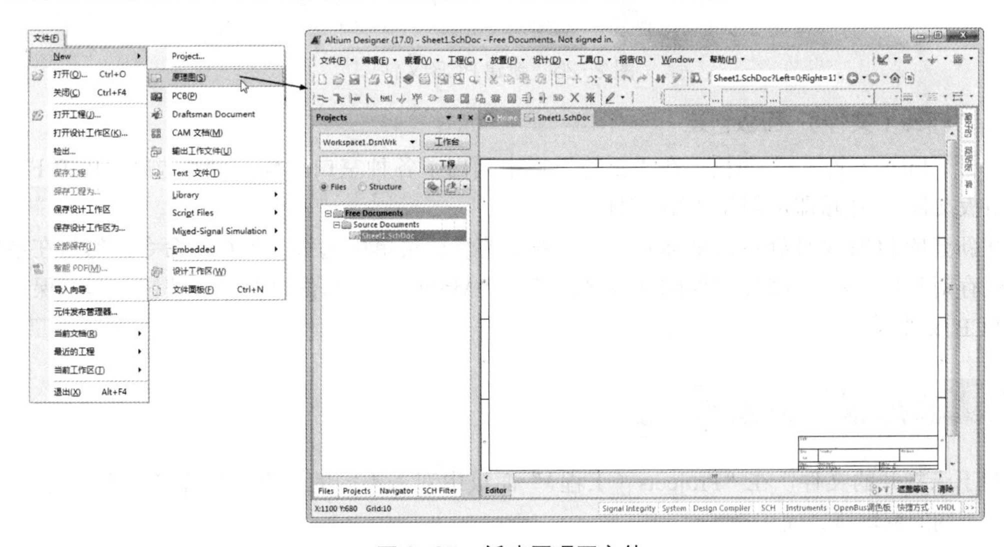

图 2-25　新建原理图文件

2. “Files（文件）”面板创建

打开“Files（文件）”面板，在“新的”栏中列出了各种空白工程，单击选择“Schematic Sheet（原理图）”选项即可创建原理图文件。

在新建的原理图文件处单击鼠标右键，在弹出的快捷菜单中选择“保存”命令，然后在系统弹出的保存对话框中键入原理图文件的文件名，例如“MySchematic”，单击“保存”按钮，即可保存新创建的原理图文件。

2.5.3 PCB 编辑器的启动

新建一个 PCB 文件即可同时打开 PCB 编辑器，具体操作步骤如下。

1. 菜单创建

执行菜单命令“文件”→“New（新建）”→“PCB（印制电路板）”，在“Projects（工程）”面板中将出现一个新的 PCB 文件，如图 2-26 所示。“PCB1.PcbDoc”为新建 PCB 文件的默认名称，系统自动将其保存在已打开的工程文件中，同时整个窗口新添加了许多菜单项和工具项。

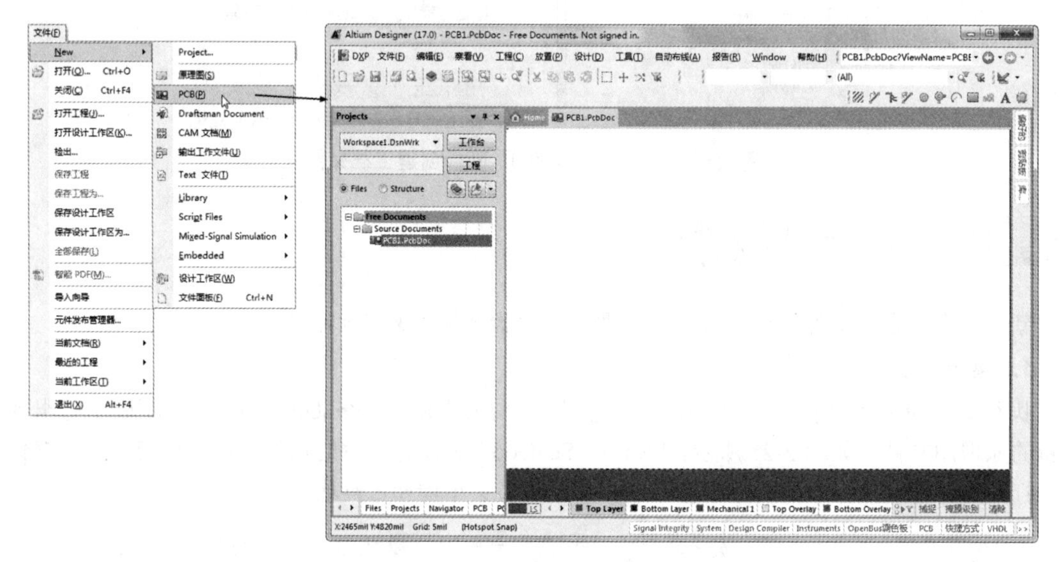

图 2-26　新建 PCB 文件

2. “Files（文件）”面板创建

打开“Files（文件）”面板，在“新的”栏中列出了各种空白工程，单击选择“PCB File（印制电路板文件）”选项即可创建 PCB 文件。

在新建的 PCB 文件处单击鼠标右键，在弹出的快捷菜单中选择“保存”命令，然后在系统弹出的保存对话框中键入 PCB 文件的文件名，例如“MyPCB”，单击“保存”按钮，即可保存新创建的 PCB 文件。

2.5.4 不同编辑器之间的切换

对于未打开的文件，在“Projects（工程）”面板中双击不同的文件，这样打开不同的文件后，即可在不同的编辑器之间切换。

对于已经打开的文件，单击“Projects（工程）”面板中不同的文件或单击工作窗口最上面的文件标签，即可在不同的编辑器之间切换。若要关闭某一文件，如“PCB1.PcbDoc”，在“Projects（工程）”面板中或在工作窗口的标签上右键单击该文件，在弹出的快捷菜单中选择“Close PCB1.PcbDoc”菜单项即可，如图 2-27 所示。

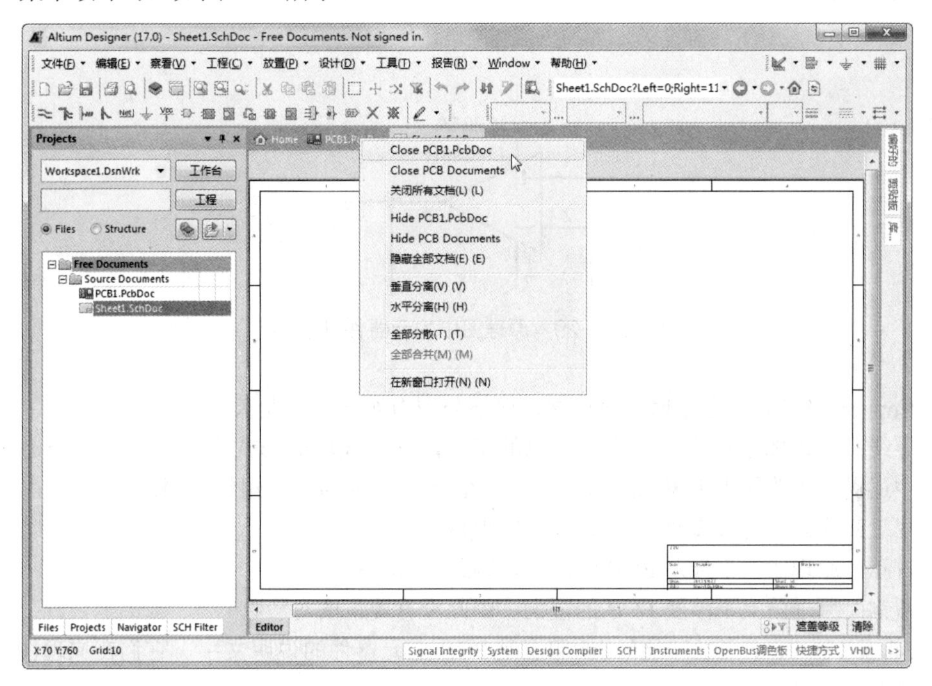

图 2-27　关闭文件

2.6 原理图的组成

原理图，即为电路板在原理上的表现，它主要由一系列具有电气特性的符号构成。图 2-28 是一张用 Altium Designer 17 绘制的原理图，在原理图上用符号表示了所有的 PCB 板组成部分。PCB 各个组成部分在原理图上的对应关系具体如下。

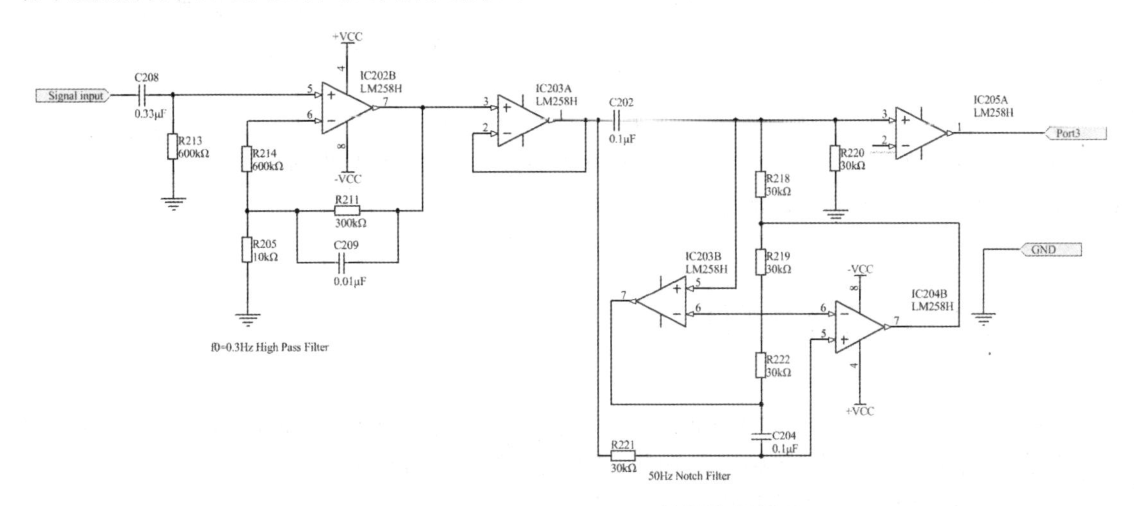

图 2-28　Altium Designer 17 绘制的原理图

（1）Component（元器件）：在原理图设计中，元器件将以元器件符号的形式出现。元器件符号主要由元器件管脚和边框组成，其中元器件管脚需要和实际的元器件一一对应。

图 2-29 所示为图 2-28 中采用的一个元器件符号，该符号在 PCB 上对应的是一个运算放大器。

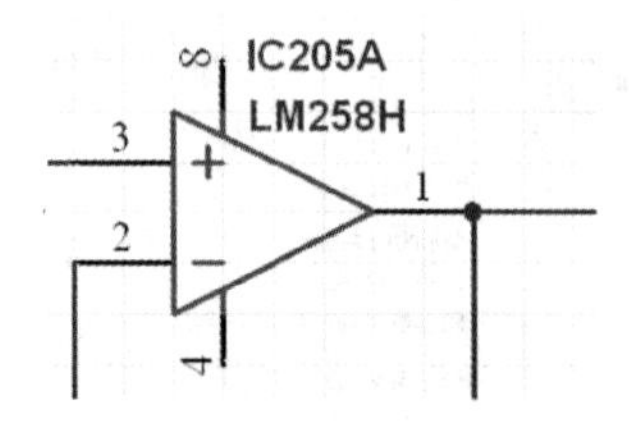

图 2-29　原理图中的元器件符号

（2）Copper（铜箔）：在原理图设计中，铜箔分别由如下几项表示。

- 导线：原理图设计中导线也有自己的符号，它以线段的形式出现。在 Altium Designer 17 中还提供了总线用于表示一组信号，它在 PCB 上将对应一组铜箔组成的导线。
- 焊盘：元器件的管脚对应 PCB 板上的焊盘。
- 过孔：原理图上不涉及 PCB 的走线，因此没有过孔。
- 覆铜：原理图上不涉及 PCB 的覆铜，因此没有覆铜的对应物。

（3）Silkscreen Level（丝印层）：丝印层是 PCB 上元器件的说明文字，它们在原理图上对应于元器件的说明文字属性。

（4）Port（端口）：在原理图编辑器中引入的端口不是指硬件端口，而是为了建立跨原理图电气连接而引入的具有电气特性的符号。原理图中采用了一个端口，该端口就可以和其他原理图中同名的端口建立一个跨原理图的电气连接。

（5）Net Label（网络标号）：网络标号和端口类似，通过网络标号也可以建立电气连接。原理图中网络标号必须附加在导线、总线或元器件管脚上。

（6）Supply（电源符号）：这里的电源符号只是标注原理图上的电源网络，并非实际的供电器件。

总之，绘制的原理图由各种元器件组成，它们通过导线建立电气连接。在原理图上除了元器件之外，还有一系列其他组成部分帮助建立起正确的电气连接，整个原理图能够和实际的 PCB 对应起来。

原理图作为一张图，它是绘制在原理图图纸上的，在绘制过程中引入的全部是符号，没有涉及实物，因此原理图上没有任何尺寸概念。原理图最重要的用途就是为 PCB 板设计提供元器件信息和网络信息，并帮助用户更好地理解设计原理。

2.7 原理图编辑器的界面简介

在打开一个原理图设计文件或创建了一个新的原理图文件的同时，Altium Designer 17 的原理图编辑器将被启动，即打开了电路原理图的编辑环境，如图 2-30 所示。

下面将简单介绍一下该编辑环境中的主要组成部分。

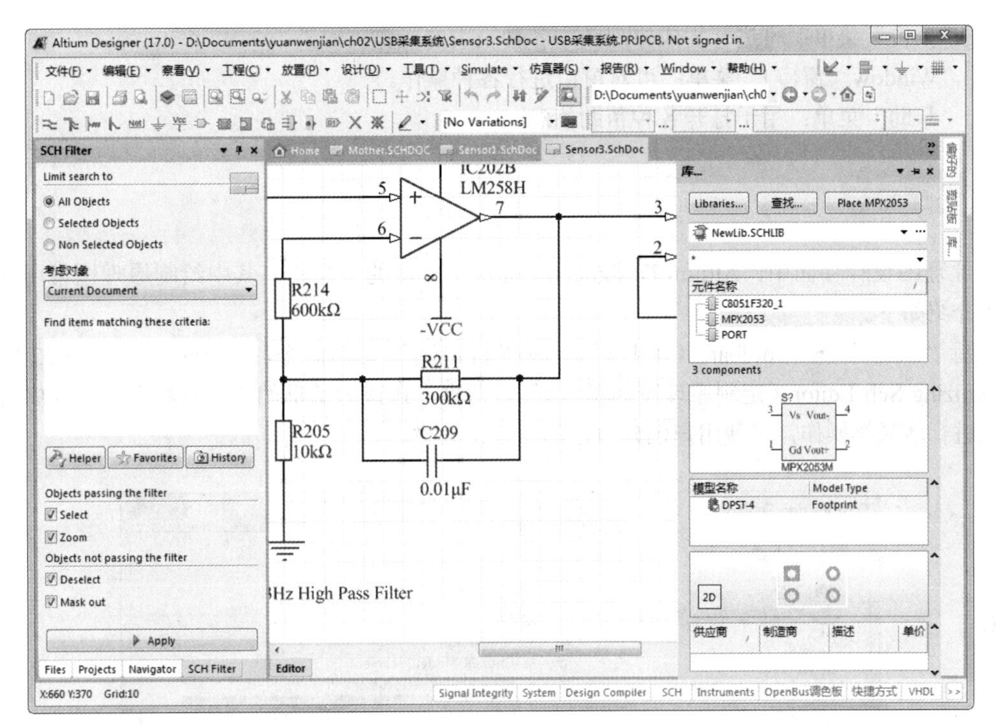

图 2-30　原理图编辑环境

2.7.1　菜单栏

Altium Designer 17 设计系统对于不同类型的文件进行操作时，菜单栏的内容会发生相应的改变。在原理图编辑环境中，菜单栏如图 2-31 所示。在设计过程中，对原理图的各种编辑操作都可以通过菜单栏中的相应命令来完成。

图 2-31　原理图编辑环境中的菜单栏

- “文件”菜单：主要用于文件的新建、打开、关闭、保存与打印等操作。
- “编辑”菜单：用于对象的选取、复制、粘贴与查找等编辑操作。
- “察看”菜单：用于视图的各种管理，如工作窗口的放大与缩小，各种工具、面板、状态栏及节点的显示与隐藏等。
- “工程”菜单：用于与工程有关的各种操作，如工程文件的打开与关闭、工程文件的编译及比较等。
- “放置”菜单：用于放置原理图中的各种组成部分。
- “设计”菜单：用于对元器件库进行操作、生成网络表等操作。
- “工具”菜单：可为原理图设计提供各种工具，如元器件快速定位等操作。
- “Simulate（仿真）”菜单：对仿真分析进行设置，同时生成分析文件。
- “仿真器”菜单：可为原理图文件选择仿真分析方法。

- “报告”菜单：可进行生成原理图中各种报表的操作。
- “Window（窗口）”菜单：可对窗口进行各种操作。
- “帮助”菜单：用于打开各种帮助信息。

2.7.2 工具栏

在原理图设计界面中，Altium Designer 17 提供了丰富的工具栏，其中绘制原理图常用的工具栏具体介绍如下。

执行“察看”→“Toolbars（工具栏）”→“自定制”菜单命令，系统弹出如图 2-32 所示的“Customizing Sch Editor（定制原理图编辑器）”对话框，在该对话框的“工具栏”选项卡中可以对工具栏进行增减等操作，以便用户创建自己的个性工具栏。

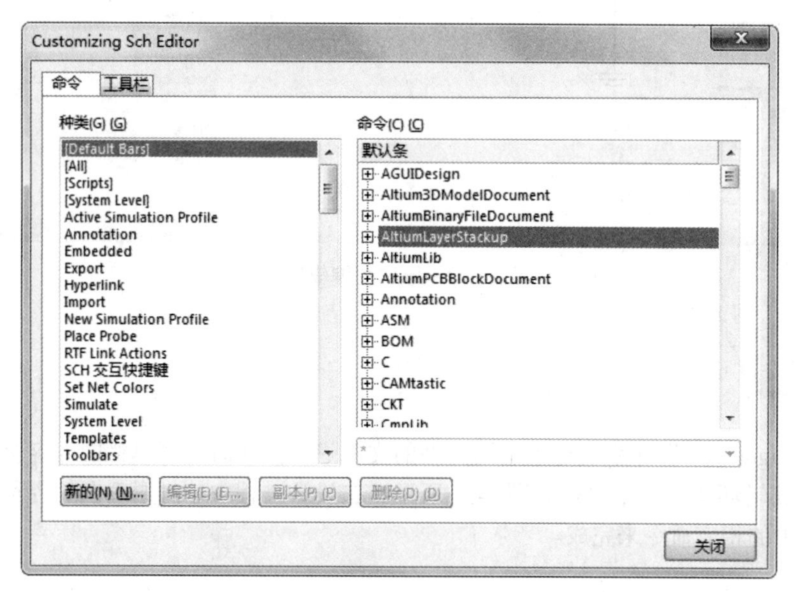

图 2-32 “Customizing Sch Editor”对话框

1. “原理图标准”工具栏

“原理图标准”工具栏中为用户提供了一些常用的文件操作快捷方式，如打印、缩放、复制和粘贴等，并以按钮图标的形式表示出来，如图 2-33 所示。如果将光标悬停在某个按钮图标上，则该按钮所要完成的功能就会在图标下方显示出来，便于用户操作。

图 2-33 “原理图标准”工具栏

2. “布线”工具栏

“布线”工具栏主要用于放置原理图中的元器件、电源、接地、端口、图纸符号和未用引脚标志等，同时完成连线操作，如图 2-34 所示。

图 2-34 原理图编辑环境中的“布线”工具栏

3. “实用”工具栏

“实用”工具栏用于在原理图中绘制所需要的标注信息，不代表电气连接，如图 2-35 所示。

用户可以尝试操作其他的工具栏。总之，在“察看”菜单下“Toolbars（工具栏）”子菜单中列出了所有原理图设计中的工具栏，在工具栏名称左侧有“√”标记则表示该工具栏已经被打开了，否则该工具栏是被关闭的，如图 2-36 所示。

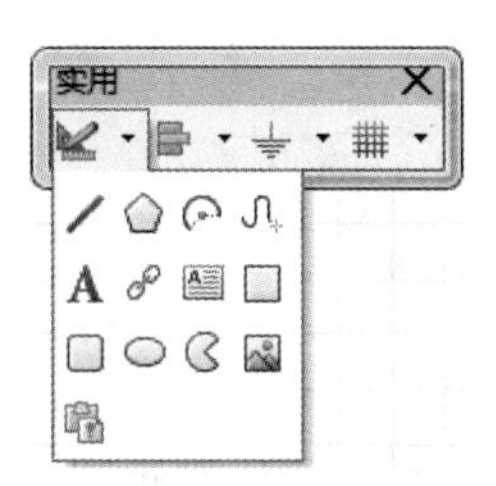

图 2-35 原理图编辑环境中的“实用”工具栏

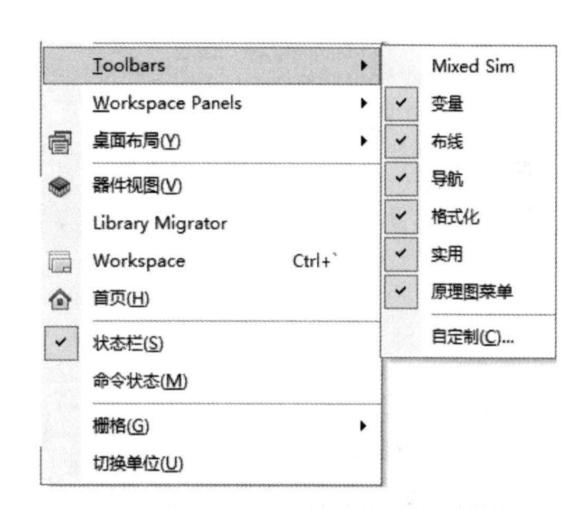

图 2-36 “Toolbars（工具栏）”子菜单

2.7.3 工作窗口和工作面板

工作窗口就是进行电路原理图设计的工作平台。在此窗口内，用户可以新画一个原理图，也可以对现有的原理图进行编辑和修改。

在原理图设计中经常用到的工作面板有“Projects（工程）”面板、“库”面板及“Navigator（导航）”面板。

1. “Projects（工程）”面板

“Projects（工程）”面板如图 2-37 所示，其中列出了当前打开工程的文件列表及所有的临时文件，提供了所有关于工程的操作功能，如打开、关闭和新建各种文件，以及在工程中导入文件、比较工程中的文件等。

2. “库”面板

“库”面板如图 2-38 所示。这是一个浮动面板，当光标移动到其标签上时，就会显示该面板，也可以通过单击标签在几个浮动面板间进行切换。在该面板中可以浏览当前加载的所有元器件库，也可以在原理图上放置元器件，还可以对元器件的封装、3D 模型、SPICE 模型和 SI 模型进行预览，同时还能够查看元器件供应商、单价、生产厂商等信息。

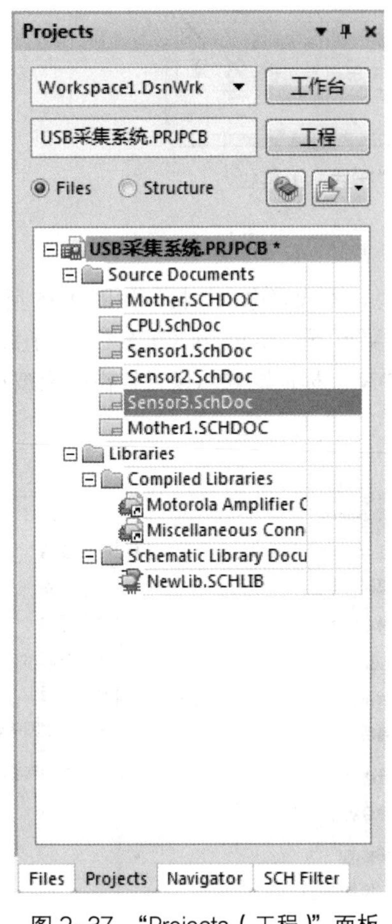

图 2-37 “Projects（工程）”面板

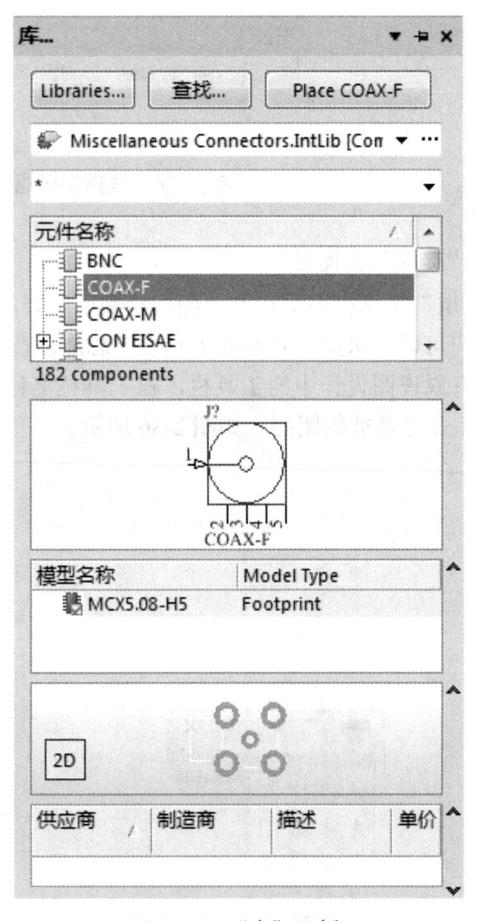

图 2-38 “库”面板

3. “Navigator（导航）”面板

“Navigator（导航）”面板能够在分析和编译原理图后提供关于原理图的所有信息，通常用于检查原理图。

2.8 原理图设计的一般流程

原理图设计是电路设计的第一步，是制板、仿真等后续步骤的基础。因而，一幅原理图正确与否，直接关系到整个设计的成功与失败。另外，为方便自己和他人读图，原理图的美观、清晰和规范也是十分重要的。

Altium Designer 17 的原理图设计大致可分为如图 2-39 所示的 9 个步骤。

1. 新建原理图

这是设计一幅原理图的第一个步骤。

2. 图纸设置

图纸设置就是要设置图纸的大小、方向等属性。图纸设置要根据电路图的内容和标准化要求来进行。

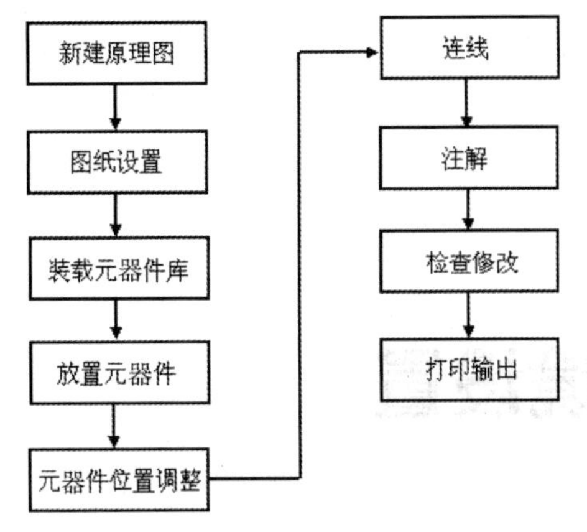

图 2-39　原理图设计的一般流程

3. 装载元器件库

装载元器件库就是将需要用到的元器件库添加到系统中。

4. 放置元器件

从装入的元器件库中选择需要的元器件放置到原理图中。

5. 元器件位置调整

根据设计的需要，将已经放置的元器件调整到合适的位置和方向，以便连线。

6. 连线

根据所要设计的电气关系，用导线和网络将各个元器件连接起来。

7. 注解

为了设计的美观、清晰，可以对原理图进行必要的文字注解和图片修饰，这些都对后来的 PCB 设置没有影响，只是为了方便自己和他人读图。

8. 检查修改

设计基本完成后，应该使用 Altium Designer 17 提供的各种校验工具，根据各种校验规则对设计进行检查，发现错误后进行修改。

9. 打印输出

设计完成后，根据需要，可选择对原理图进行打印，或制作各种输出文件。

Chapter 3

第 3 章 原理图的环境设置

本章将详细介绍原理图设计的应用环境设置，目的是让读者对 Altium Designer 17 的应用界面，以及各项基本管理功能有个初步的了解。

Altium Designer 17 强大的集成开发环境使得电路设计中绝大多数的工作可以迎刃而解，从构建设计原理图开始到复杂的 Integrity 设计；从电路仿真到多层 PCB 板的设计，Altium Designer 17 都提供了具体的一体化应用环境，使从前需要多个开发环境的电路设计变得简单。在整个电子电路的设计过程中，电路原理图的图纸设置，环境设置、图形工具设置是最重要的基础性工作。本章帮助读者加深对软件的熟悉程度，让读者知其然，并知其所以然。

3.1 原理图图纸设置

在原理图绘制过程中，可以根据所要设计的电路图的复杂程度，先对图纸进行设置。虽然在进入电路原理图编辑环境时，Altium Designer 17 系统会自动给出默认的图纸相关参数，但是在大多数情况下，这些默认的参数不一定适合用户的要求，尤其是图纸尺寸的大小。用户可以根据设计对象的复杂程度来对图纸的大小及其他相关参数重新定义。

单击菜单栏中的“设计”→“文档选项”命令，或在编辑窗口中右键单击，在弹出的快捷菜单中选择“选项”→“文档选项”命令，或按快捷键 D + O，系统将弹出“文档选项”对话框，如图 3-1 所示。

图 3-1　“文档选项”对话框

在该对话框中，有“方块电路选项”“参数”“单位”和“Template（模板）”4 个选项卡，利用其中的选项可进行如下设置。

1. 设置图纸尺寸

单击“方块电路选项”选项卡，这个选项卡的右半部分为图纸尺寸的设置区域。Altium Designer 17 给出了两种图纸尺寸的设置方式，一种是标准风格，另一种是自定义风格，用户可以根据设计需要选择这两种设置方式，默认的格式为标准样式。

使用标准风格方式设置图纸，可以在“标准风格”下拉列表框中选择已定义好的图纸标准尺寸，包括公制图纸尺寸（A0 ～ A4）、英制图纸尺寸（A ～ E）、CAD 标准尺寸（CAD A ～ CAD E）及其他格式（Letter、Legal、Tabloid 等）的尺寸，然后单击对话框右下方的“从标准更新”按钮，对目前编辑窗口中的图纸尺寸进行更新。

使用自定义风格方式设置图纸，勾选“使用自定义风格”复选框，则自定义功能被激活，在“定制宽度”“定制高度”“X 区域计数”“Y 区域计数”及“刃带宽”5 个文本框中可以分别输入自定义的图纸尺寸。

在设计过程中，除了对图纸的尺寸进行设置外，往往还需要对图纸的其他选项进行设置，如图纸的方向、标题栏样式和图纸的颜色等。这些设置可以在“方块电路选项”选项卡左侧的“选项”选项组中完成。

2. 设置图纸方向

图纸方向可通过“定位”下拉列表框设置，可以设置为水平方向（如 Landscape），即横向；也可以设置为垂直方向（如 Portrait），即纵向。一般在绘制和显示时设为横向，在打印输出时可根据需要设为横向或纵向。

3. 设置图纸标题栏

图纸标题栏是对设计图纸的附加说明，可以在该标题栏中对图纸进行简单的描述，也可以作为以后图纸标准化时的信息。Altium Designer 17 中提供了两种预先定义好的标题块，即 Standard（标准）格式和 ANSI（美国国家标准学会）格式。

4. 设置图纸参考说明区域

在“方块电路选项”选项卡中，通过“显示零参数”复选框可以设置是否显示参考说明区域。勾选该复选框表示显示参考说明区域，否则不显示参考说明区域。一般情况下，应该选择显示参考说明区域。

5. 设置图纸边框

在“方块电路选项”选项卡中，通过“显示边界”复选框可以设置是否显示边框。勾选该复选框表示显示边框，否则不显示边框。

6. 设置显示模板图形

在“方块电路选项”选项卡中，通过“显示绘制模板”复选框可以设置是否显示模板图形。勾选该复选框表示显示模板图形，否则表示不显示模板图形。所谓显示模板图形，就是显示模板内的文字、图形和专用字符串等，如自己定义的标志区块或公司标志。

7. 设置边框颜色

在“方块电路选项”选项卡中，单击“板的颜色”显示框，然后在弹出的“选择颜色”对话框中选择边框的颜色，如图 3-2 所示，单击“确定”按钮即可完成修改。

8. 设置图纸颜色

在“方块电路选项”选项卡中，单击“方块电路颜色”显示框，然后在弹出的“选择颜色”对话框中选择图纸的颜色，如图 3-2 所示，单击“确定”按钮即可完成修改。

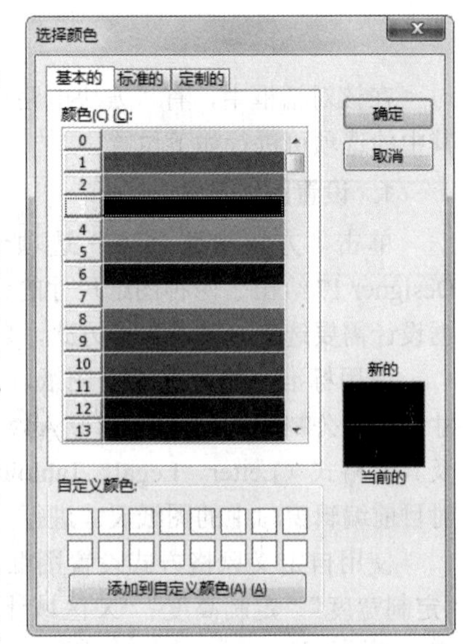

图 3-2 “选择颜色”对话框

9. 设置图纸网格点

进入原理图编辑环境后，编辑窗口的背景是网格型的，这种网格就是可视网格，是可以改变的。网格为元器件的放置和线路的连接带来了极大的方便，使用户可以轻松地排列元器件，整齐地走线。Altium Designer 17 提供了“捕捉”“可见的”和“电栅格”3 种网格。

在如图 3-1 所示的“文档选项”对话框中，“栅格”和“电栅格”选项组用于对网格进行具体设置，如图 3-3 所示。

- “捕捉”复选框：用于控制是否启用捕捉网格。所谓捕捉网格，就是光标每次移动的距离大小。勾选该复选框后，光标移动时，以右侧文本框的设置值为基本单位，系统默认值为 10 个像素点，用户可根据设计的要求输入新的数值来改变光标每次移动的最小间隔距离。

- “可见的”复选框：用于控制是否启用可视网格，即在图纸上是否可以看到的网格。勾选该复选框后，可以对图纸上网格间的距离进行设置，系统默认值为 10 个像素点。取消勾选该复选框，则表示在图纸上将不显示网格。
- “使能”复选框：如果勾选了该复选框，则在绘制连线时，系统会以光标所在位置为中心，以“栅格范围”文本框中的设置值为半径，向四周搜索电气节点。如果在搜索半径内有电气节点，则光标将自动移到该节点上，并在该节点上显示一个圆亮点，搜索半径的数值可以自行设定。取消勾选该复选框，则取消了系统自动寻找电气节点的功能。

单击菜单栏中的“查看”→“栅格”命令，其子菜单中有用于切换 3 种网格启用状态的命令，如图 3-4 所示。单击其中的“设置跳转栅格”命令，系统将弹出如图 3-5 所示的“Choose a snap grid size（选择捕获网格尺寸）”对话框，在该对话框中可以输入捕获网格的参数值。

图 3-3　网格设置

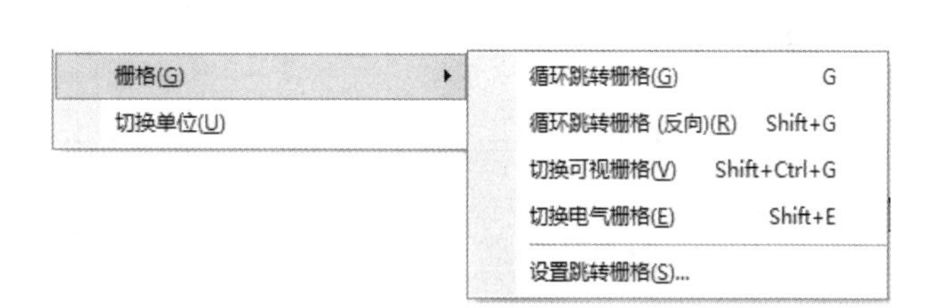

图 3-4　“栅格”命令子菜单

10. 设置图纸所用字体

在“方块电路选项”选项卡中，单击“更改系统字体”按钮，系统将弹出如图 3-6 所示的“字体”对话框。在该对话框中对字体进行设置，将会改变整个原理图中的所有文字，包括原理图中的元件引脚文字和注释文字等。通常字体采用默认设置即可。

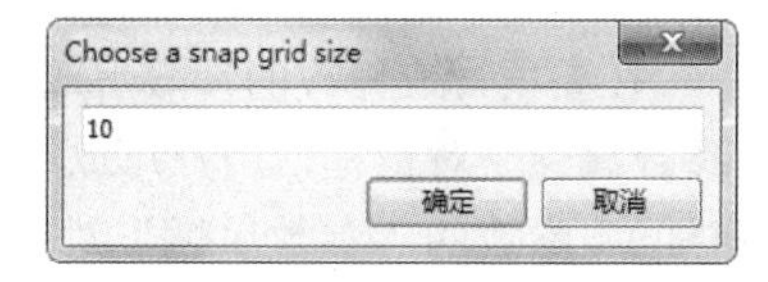

图 3-5　“Choose a snap grid size（选择捕获网格尺寸）”对话框

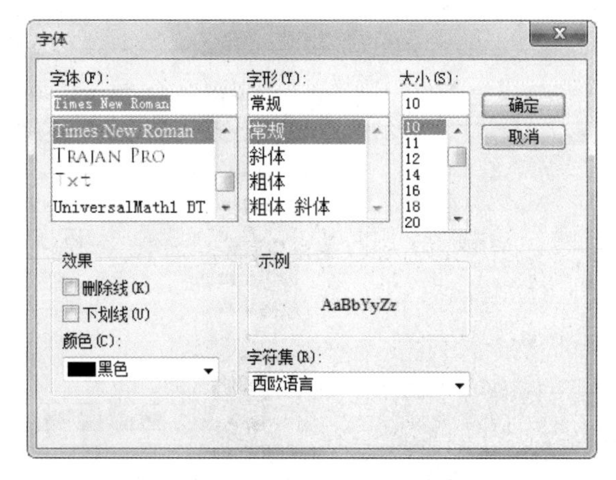

图 3-6　“字体”对话框

11. 设置图纸参数信息

图纸的参数信息记录了电路原理图的参数信息和更新记录。这项功能可以使用户更系统、更有效地对自己设计的图纸进行管理。

建议用户对此项进行设置。当设计项目中包含很多图纸时，图纸参数信息就显得非常有用了。

在“文档选项”对话框中，单击“参数”选项卡，即可对图纸参数信息进行设置，如图 3-7 所示。

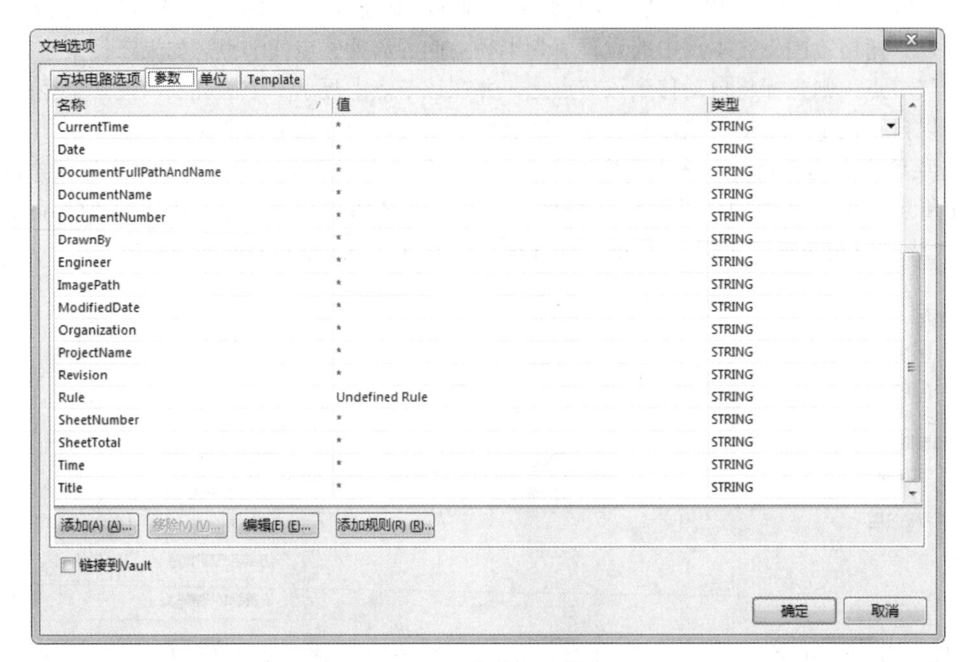

图 3-7 “参数”选项卡

在要填写或修改的参数上双击，或选中要修改的参数后单击“编辑”按钮，系统会弹出相应的“参数属性”对话框，用户可以在该对话框中修改各个设定值。图 3-8 所示为“ModifiedDate（修改日期）”参数的“参数属性”对话框，在“值”选项组中填入修改日期后，单击“确定”按钮，即可完成该参数的设置。

图 3-8 “参数属性”对话框

12. 设置图纸单位

在“文档选项”对话框中，单击“单位”选项卡，即可对图纸单位系统进行设置，如图 3-9 所示。

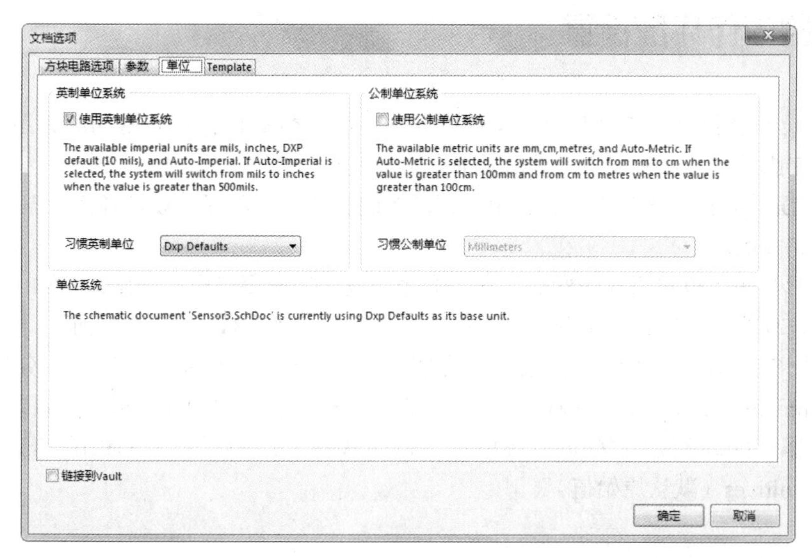

图 3-9 “单位”选项卡

选项卡中主要有“使用英制单位系统”和“使用公制单位系统”两个复选框，勾选其中一个复选框，选择不同单位系统。

13. 选择图纸模板

在“文档选项”对话框中，单击“Template（模板）”选项卡，即可对图纸单位系统进行设置，如图 3-10 所示。

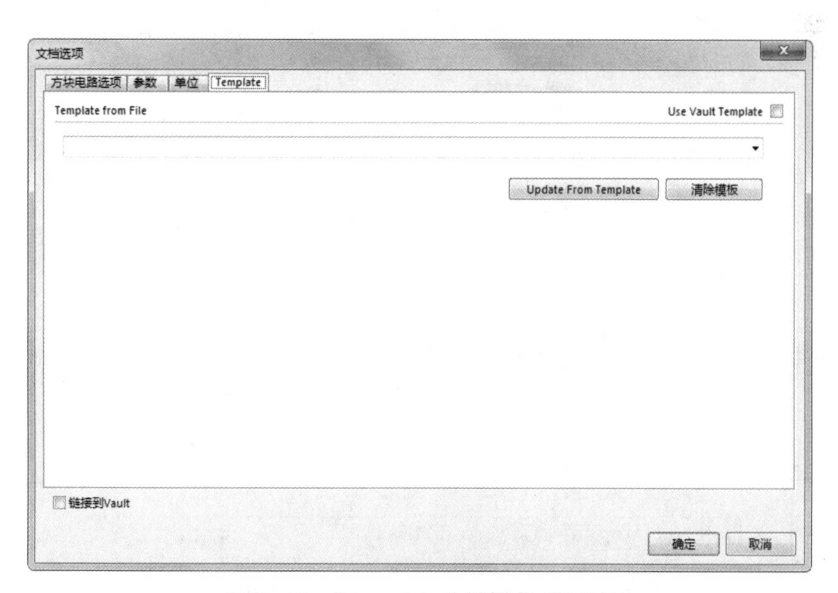

图 3-10 “Template（模板）”选项卡

在“Template from File（模板文件）”下拉列表中选择“A”“A0”等模板，单击 Update From Template 按钮，更新模板文件。

完成图纸设置后，单击“文档选项”对话框中的“确定”按钮，进入原理图绘制的流程。

3.2 原理图工作环境设置

在原理图绘制过程中，其效率和正确性往往与环境参数的设置有着密切的关系。参数设置的合理与否，直接影响到设计过程中软件的功能是否能充分发挥。

在 Altium Designer 17 电路设计软件中，原理图编辑器的工作环境设置是由原理图“参数选择”设定对话框来完成的。

执行“工具”→“设置原理图参数”菜单命令，或在编辑窗口内单击鼠标右键，在弹出的快捷菜单中执行“选项”→“设置原理图参数”命令，将会打开“参数选择”对话框。

“参数选择”对话框中“Schematic（原理图）”选项下主要有 9 个标签页，分别为“General（常规）”“Graphical Editing（图形编辑）”“Compiler（编译器）”“AutoFocus（自动聚焦）”“Library AutoZoom（元器件自动缩放）”“Grids（栅格）”“Break Wire（切割连线）”“Default Units（默认单位）”和“Default Primitives（默认原始值）”。

3.2.1 设置原理图的常规环境参数

电路原理图的常规环境参数设置通过“General（常规）”设置标签页来实现，如图 3-11 所示。

图 3-11 “General（常规）”设置标签页

1. “选项”区域

- “Break Wires At Autojunctions（自动添加结点）”复选框：勾选该复选框后，在两条交叉线处自动添加节点后，节点两侧的导线将被分割成两段。

- “Optimize Wires Buses（最优连线路径）”复选框：选中该复选框后，在进行导线和总线的连接时，系统将自动选择最优路径，并且可以避免各种电气连线和非电气连线的相互重叠。此时，下面的“元件割线”复选框也呈现可选状态。若不选中该复选框，则用户可以自己进行连线路径的选择。
- “元件割线”复选框：勾选该复选框后，会启动元器件分割导线的功能，即当放置一个元器件时，若元器件的两个引脚同时落在一根导线上，则该导线将被分割成两段，两个端点分别自动与元器件的两个引脚相连。
- “能使 In-Place 编辑”复选框：选中该复选框后，在选中原理图中的文本对象时，如元器件的序号、标注等，两次单击后可以直接进行编辑、修改，而不必打开相应的对话框。
- “Ctrl+ 双击打开图纸”复选框：选中该复选框后，按住 Ctrl 键，同时双击原理图文档图标即可打开该原理图。
- “转换交叉点”复选框：选中该复选框后，用户在画导线时，在重复的导线处自动连接并产生节点，同时终结本次画线操作。若没有选择此复选框，则用户可以随意覆盖已经存在的连线，并可以继续进行画线操作。
- “显示 Cross-Overs（显示交叉点）”复选框：选中此复选框后，非电气连线的交叉处会以半圆弧显示出横跨状态。
- “Pin 方向（引脚说明）”复选框：选中该复选框后，单击元器件某一引脚时，会自动显示该引脚的编号及输入输出特性等。
- “图纸入口方向”复选框：选中该复选框后，在顶层原理图的图纸符号中会根据子图中设置的端口属性，显示是输出端口、输入端口或其他性质的端口。图纸符号中相互连接的端口部分则不跟随此项设置改变。
- “端口方向”复选框：选中该复选框后，端口的样式会根据用户设置的端口属性，显示是输出端口、输入端口或其他性质的端口。
- “未连接从左到右”复选框：选中该复选框后，由子图生成顶层原理图时，左右可以不进行物理连接。
- “使用 GDI+ 渲染文本 +”复选框：勾选该复选框后，可使用 GDI 字体渲染功能，精细到字体的粗细、大小等功能。
- “直角拖拽”复选框：选中该复选框后，在原理图上拖动元器件时，与元器件相连接的导线只能保持直角。若不选中该复选框，则与元器件相连接的导线可以呈现任意的角度。
- “Drag Step”下拉列表：在原理图上拖动元器件时，拖动速度包括 Medium、Large、Small、Smallest 4 种。

2. “包括剪贴板”选项组

- “No-ERC 标记（忽略 ERC 符号）”复选框：选中该复选框后，在复制、剪切到剪贴板或打印时，均包含图纸的忽略 ERC 符号。
- “参数集”复选框：选中该复选框后，在使用剪贴板进行复制操作或打印时，包含元器件的参数信息。

3. “Alpha 数字后缀（字母和数字后缀）”选项组

用来设置某些元器件中包含多个相同子部件的标识后缀，每个子部件都具有独立的物理功能。在放置这种复合元器件时，其内部的多个子部件通常采用“元器件标识：后缀”的形式来加以区别。

- “字母”选项：选中该单选按钮，子部件的后缀以字母表示，如U：A，U：B等。
- “数字”选项：选中该单选按钮，子部件的后缀以数字表示，如U：1，U：2等。

4. “管脚余量”选项组

- “名称”文本框：用来设置元器件的引脚名称与元器件符号边缘之间的距离，系统默认值为5mil。
- “数量”文本框：用来设置元器件的引脚编号与元器件符号边缘之间的距离，系统默认值为8mil。

5. “过滤和选择的文档范围”下拉列表

用来设置过滤器和执行选择功能时默认的文件范围，有两个选项。

- “Current Document（当前文件）”选项：表示仅在当前打开的文档中使用。
- “Open Document（打开文件）”选项：表示在所有打开的文档中都可以使用。

6. “分段放置”选项组

用来设置元器件标识序号及引脚号的自动增量数。

- “首要的”文本框：用来设置在原理图上连续放置同一种元器件时，元器件标识序号的自动增量数，系统默认值为1。
- “次要的”文本框：用来设定创建原理图符号时，引脚号的自动增量数，系统默认值为1。

7. “端口交叉参考”选项区域

该区域用于设置“图纸类型”与“位置类型”两个选项。

8. “Default Blank Sheet Template or Size（默认空图表尺寸）”选项

该区域用来设置默认的空白原理图图纸的尺寸大小，即在新建一个原理图文件时，系统默认的图纸大小。

单击“Sheet Size（图纸大小）”下三角按钮进行选择设置，并会在旁边给出相应尺寸的具体绘图区域范围，帮助用户进行选择。

在“模板”下拉列表中选择模板文件，选择后模板文件名称将出现在“模板”文本框中，每次创建一个新文件时，系统将自动套用该模板。如果不需要模板文件，则“模板”文本框中显示“No Default Template File（没有默认模板文件）”。

3.2.2 设置图形编辑的环境参数

图形编辑的环境参数设置通过“Graphical Editing（图形编辑）”标签页来完成，如图3-12所示，主要用来设置与绘图有关的一些参数。

1. “选项”选项区域

“选项”选项区域主要包括如下设置。

- 剪贴板参数：剪贴板参数用于设置将选取的元器件复制或剪切到剪贴板时，是否要指定参考点。如果选定此复选框，进行复制或剪切操作时，系统会要求指定参考点，对于复制一个将要粘贴回原来位置的原理图部分非常重要，该参考点是粘贴时被保留部分的点，建议选定此项。
- 添加模板到剪切板：加模板到剪切板上。若选定该复选框，当执行复制或剪切操作时，系统会把模板文件添加到剪切板上。若不选定该复选项，可以直接将原理图复制到Word文档中。建议用户取消选定该复选框。

图 3-12 “Graphical Editing”标签页

- 转化特殊字符：转换特殊字符，用于设置将特殊字符串转换成相应的内容。若选定此复选框，则在电路原理图中使用特殊字符串时，显示时会转换成实际字符串，否则将保持原样。
- 对象的中心：用来设置当移动元器件时，光标捕捉的是元器件的参考点还是元器件的中心。要想实现该选项的功能，必须取消“对象电气热点”复选框的选定。
- 对象电气热点：选定该复选框后，将可以通过距离对象最近的电气点移动或拖动对象。建议用户选定该复选框。
- 自动缩放：用于设置插入组件时，原理图是否可以自动调整视图显示比例，以适合显示该组件。建议用户选定该复选框。
- 否定信号“\”：单一“\”表示负，选定该复选框后，只要在网络标签名称的第 1 个字符前加一个“\”，就可以将该网络标签名称全部加上横线。
- 双击运行检查：若选定该复选框，则在原理图上双击一个对象时，弹出的不是“Properties for Schematic Component in Sheet（原理图元器件属性）”对话框，而是如图 3-13 所示的“SCH Inspector”对话框。建议用户不选该复选框。
- 确定被选存储清除：若选中该复选框，在清除选择存储器时，系统将会出现一个确认对话框；否则，确认对话框不会出现。通过这项功能可以防止由于疏忽而清除选择存储器，建议用户选定此复选框。

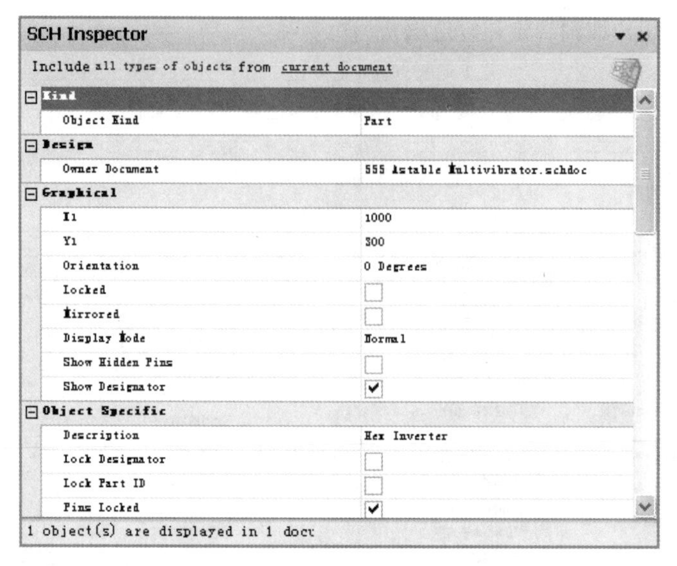

图 3-13 “SCH Inspector”对话框

- 掩膜手册参数：标记手动参数，用来设置是否显示参数自动定位被取消的标记点。
- 单击清除选择：单击取消选择对象，该选项用于单击原理图编辑窗口内的任意位置以取消对象的选取状态。不选定此项时，需要执行菜单命令“编辑”→“取消选中”→“所有打开的当前文件”，或单击工具栏图标按钮来取消元器件的选中状态。当选定该复选框后，取消元器件的选取状态可以有两种方法：其一，直接在原理图编辑窗口的任意位置单击鼠标左键，即可取消元器件的选取状态。其二，执行菜单命令“编辑”→“取消选中”→“所有打开的当前文件”，或单击工具栏图标按钮来取消元器件的选定状态。
- “Shift”+单击选择：选中该复选框后，只有在按下 Shift 键时，单击鼠标才能选中元器件。使用此功能会使原理图编辑很不方便，建议用户不要选择。
- 一直拖拉：选中该复选框后，当移动某一元器件时，与其相连的导线也会被随之拖动，保持连接关系；否则，移动元器件时，与其相连的导线不会被拖动。
- 自动放置图纸入口：勾选该复选框后，系统会自动放置图纸入口。
- 保护锁定的对象：勾选该复选框后，系统会对锁定的图元进行保护；取消勾选该复选框，则锁定对象不会被保护。
  - 图纸入口和端口使用 Harness 颜色：勾选该复选框后，设置图纸入口和端口颜色。
  - 重置粘贴的元件标号：勾选该复选框后，粘贴后的元器件标号进行重置。
  - Net Color Override（覆盖网络颜色）：勾选该复选框后，原理图中的网络显示对应的颜色。

2. “自动扫描选项”选项区域

该选项区域主要用于设置系统的自动摇景功能。自动摇景是指当鼠标处于放置图纸元器件的状态时，如果将光标移动到编辑区边界上，图纸边界自动向窗口中心移动。

该选项区域主要包括如下设置。

（1）“类型”下拉列表：单击该选项右边的下拉按钮，弹出如图 3-14 所示的下拉列表，其各项功能如下。

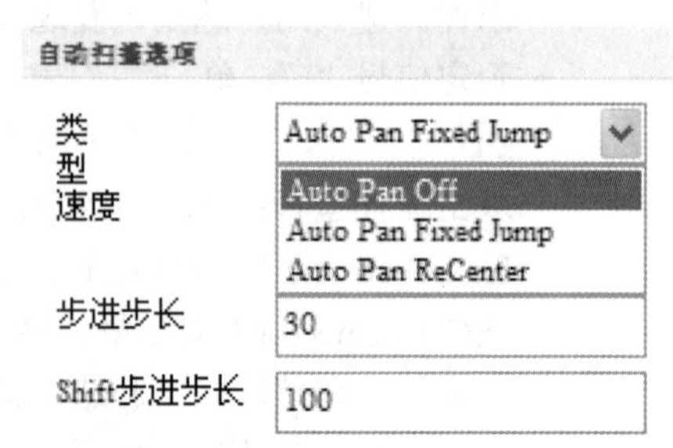

图 3-14 “类型”下拉列表

- Auto Pan Off：取消自动摇景功能。
- Auto Pan Fixed Jump：以“步进步长”和“Shift 步进步长”所设置的值进行自动移动。
- Auto Pan ReCenter：重新定位编辑区的中心位置，即以光标所指的边为新的编辑区中心。系统默认为 Auto Pan Fixed Jump。

（2）速度：用于调节滑块设定自动移动速度。滑块越向右，移动速度越快。

（3）步进步长：用于设置滑块每一步移动的距离值。系统默认值为 30。

（4）Shift 步进步长：用来设置在按下 Shift 键时，原理图自动移动的步长。一般该栏的值大于“步进步长”中的值，这样按下 Shift 键后，可以加速原理图图纸的移动速度。系统默认值为 100。

3. “撤销 / 取消撤销”选项区域

堆栈尺寸：用于设置堆栈次数。

4. “颜色选项”选项区域

用来设置所选对象的颜色。单击后面的颜色选择栏，即可自行设置。

5. “光标”选项

该选项主要用来设置光标的类型。

- “指针类型”下拉列表：光标的类型有 4 种选择，即“Large Cursor 90”（长十字形光标）、“Small Cursor 90”（短十字形光标）、“Small Cursor 45”（短 45° 交错光标）、“Tiny Cursor 45”（小 45° 交错光标）。系统默认为“Small Cursor 90”。

3.2.3 设置编译器的环境参数

利用 Altium Designer 17 的原理图编辑器绘制好电路原理图以后，并不能立即把它传送到 PCB 编辑器中，以生成 PCB 文件。因为实际应用中的电路设计都比较复杂，一般或多或少都会有一些错误或疏漏之处。Altium Designer 17 提供了编译器这个强大的工具，系统根据用户的设置，会对整个电路图进行电气检查，对检测出的错误生成各种报表和统计信息，帮助用户进一步修改和完善自己的设计工作。

编译器的环境设置通过“Compiler（编译器）”标签页来完成，如图 3-15 所示。

1. “错误和警告”选项区域

用来设置对于编译过程中出现的错误，是否显示出来，并可以选择颜色加以标记。系统错误有 3 种，分别是 Fatal Error（致命错误）、Error（错误）和 Warning（警告）。此选项区域采用系统默认即可。

2. “自动连接”选项区域

主要用来设置在电路原理图连线时，在导线的 T 字形连接处，系统自动添加电气节点的显示方式。

- 显示在线上：在导线上显示，若选中此复选框，导线上的 T 字形连接处会显示电气节点。电气节点的大小用“大小”下拉列表设置，有 4 种选择，如图 3-16 所示。在“颜色”选择框中可以设置电气节点的颜色。
- 显示在总线上：在总线上显示，若选中此复选框，总线上的 T 字形连接处会显示电气节点。电气节点的大小和颜色设置操作与前面的相同。

3. “手动连接状态”选项区域

该区域用来设置在原理图中进行连线时，手动添加电气节点的显示方式，包括显示的大小与颜色。

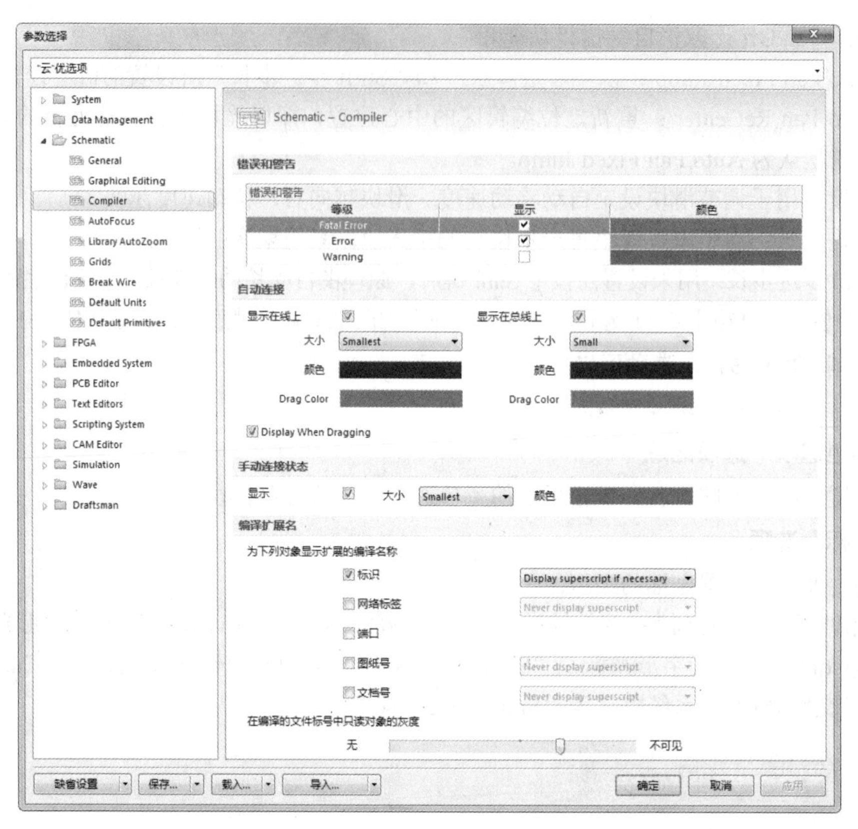

图 3-15 “Compiler”标签页

4. “编译扩展名”选项区域

该区域主要用来设置要显示对象的扩展名。若选中“标识”复选框后，在电路原理图上会显示标志的扩展名。其他对象的设置操作同上。

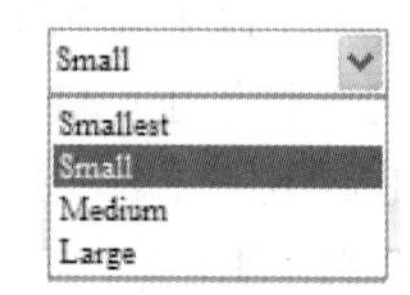

图 3-16 电气节点大小设置

3.2.4 原理图的自动聚焦设置

在 Altium Designer 17 系统中，提供了一种自动聚焦功能，能够根据原理图中的元器件或对象所处的状态（连接或未连接），分别进行显示，便于用户直观、快捷地查询或修改。该功能的设置通过“AutoFocus（自动聚焦）”标签页来完成，如图 3-17 所示。

1. “淡化未连接的目标”选项区域

该区域用来设置对未连接的对象的淡化显示。有 4 个复选框供选择，分别是“放置时”“移动时”“图形编辑时”和“编辑放置时”。单击 所有的打开 按钮可以全部选中，单击 所有的关闭 按钮可以全部取消选择。淡化显示的程度可以由右面的滑块来调节。

2. “使连接物体变厚”选项区域

该区域用来设置对连接对象的加强显示。有 3 个复选框供选择，分别是“放置时”“移动时”和“图形编辑时”。其他的设置同上。

3. “缩放连接目标”选项区域

该区域用来设置对连接对象的缩放。有 5 个复选框供选择，分别是“放置时”“移动时”“图形编辑时”“编辑放置时”和“仅约束非网络对象”。第 5 个复选框在选择了“编辑放置时”复选框后，才能进行选择。其他设置同上。

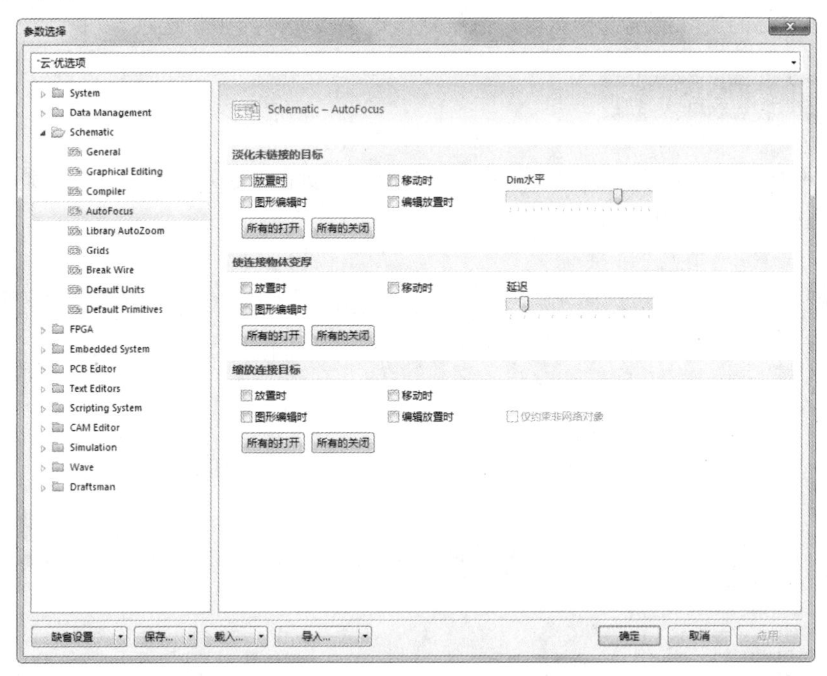

图 3-17　“AutoFocus”标签页

3.2.5　元器件自动缩放设置

可以设置元器件的自动缩放形式，主要通过“Library AutoZoom（元器件自动缩放）”标签页完成，如图 3-18 所示。

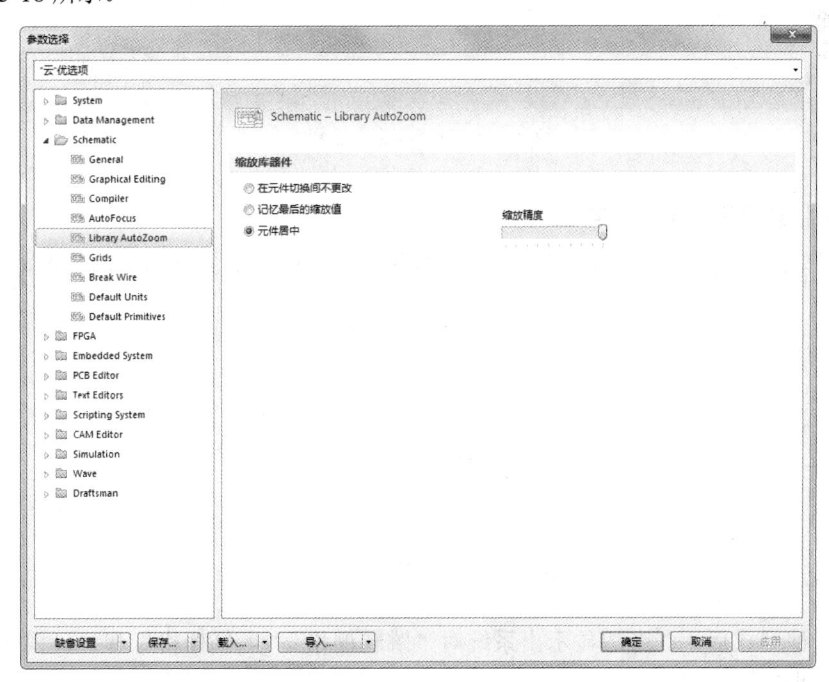

图 3-18　“Library AutoZoom”标签页

该标签页有 3 个选择项供用户选择："在元件切换间不更改""记忆最后的缩放值"和"元件居中"。用户根据自己的实际情况选择即可，系统默认选中"元件居中"选项。

3.2.6 原理图的网格设置

对于各种网格，除了数值大小的设置外，还有形状、颜色等也可以设置，主要通过"Grids（栅格）"标签页完成，如图 3-19 所示。

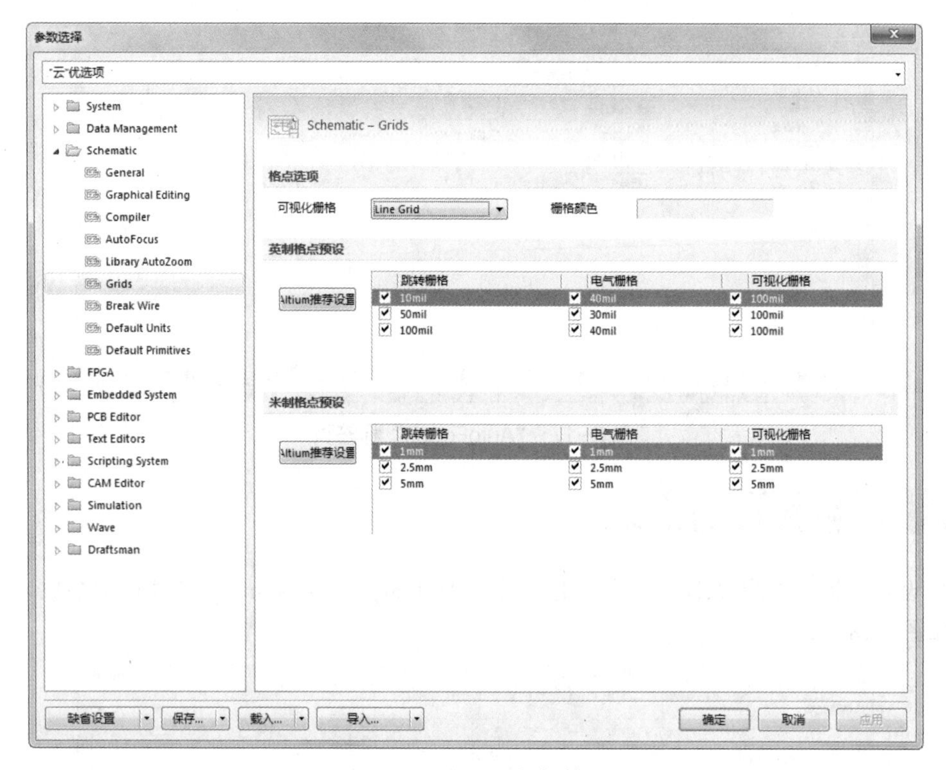

图 3-19 "Grids"标签页

1. "英制格点预设"选项区域

该区域用来设置英制网格形式。单击Altium推荐设置按钮，弹出如图 3-20 所示的菜单。

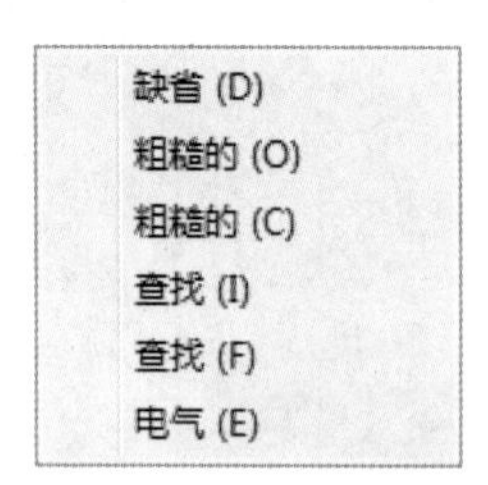

图 3-20 "推荐设置"菜单

选择某一种形式后，在旁边显示出系统对"跳转栅格""电气栅格"和"可视化栅格"的默认值。用户也可以自行设置。

2. “米制格点预设”选项区域

该区域用来设置公制网格形式，具体设置方法与“英制格点预设”相同。

3.2.7　原理图的连线切割设置

在原理图编辑环境中，在菜单项“编辑”的子菜单中，或在编辑窗口单击鼠标右键弹出的快捷菜单中，都提供了一项“Break Wire（切割连线）”命令，用于对原理图中的各种连线进行切割、修改。

在设计电路的过程中，往往需要擦除某些多余的线段，如果连接线条较长或连接在该线段上的元器件数目较多，且不希望删除整条线段，则此项功能可以使用户在设计原理图的过程中更加灵活。

与该命令有关的一些参数，通过“Break Wire（切割连线）”标签页来设置，如图 3-21 所示。

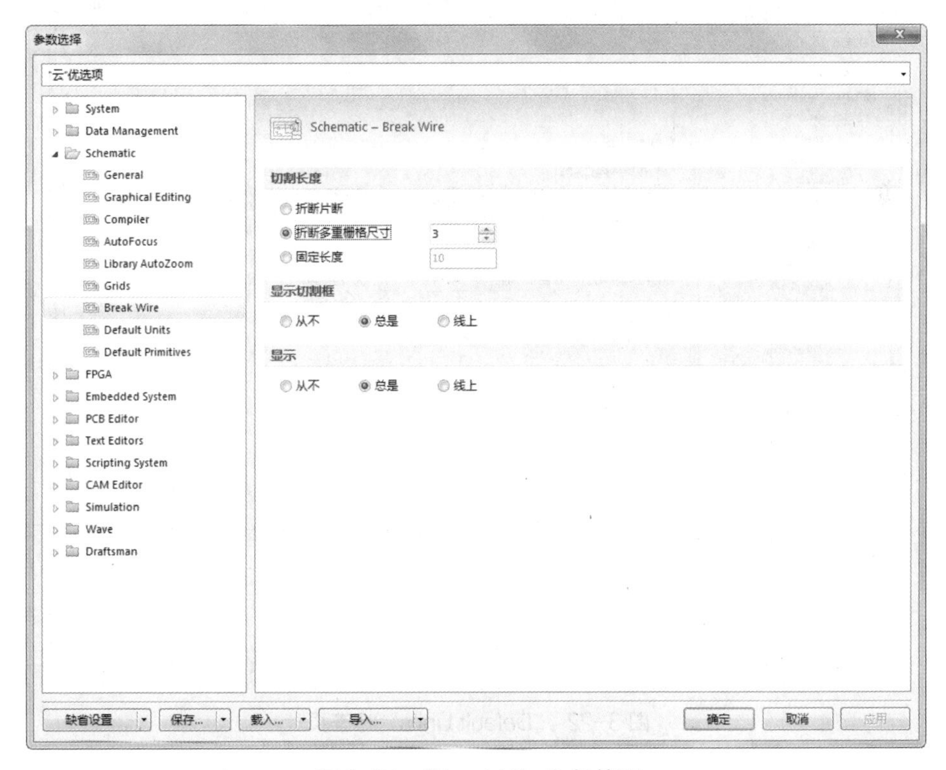

图 3-21　“Break Wire”标签页

1. “切割长度”选项区域

该区域用来设置当执行“Break Wire”命令时，切割连线的长度，有 3 个选择项。

- 折断片段：选择该项后，当执行“Break Wire”命令时，光标所在的连线被整段切除。
- 折断多重栅格尺寸：捕获网格的倍数，选择该项后，当执行“Break Wire”命令时，每次切割连线的长度都是网格的整数倍。用户可以在右边的数字栏中设置倍数，倍数的大小在 2 到 10 之间。
- 固定长度：选择该项后，当执行“Break Wire”命令时，每次切割连线的长度是固定的。用户可以在右边的数字栏中设置每次切割连线的固定长度值。

2. “显示切割框”选项区域

该区域用来设置当执行“Break Wire”命令时，是否显示切割框。有 3 个选项供选择，分别是

“从不”“总是”和“线上”。

3. “显示”选项区域

该区域用来设置当执行“Break Wire”命令时，是否显示导线的末端标记。有 3 个选项供选择，分别是“从不”“总是”和“线上”。

3.2.8 原理图的默认单位设置

在原理图绘制中，使用的单位系统可以是英制单位系统，也可以是公制单位系统，具体设置通过“Default Units（默认单位）”标签页完成，如图 3-22 所示。

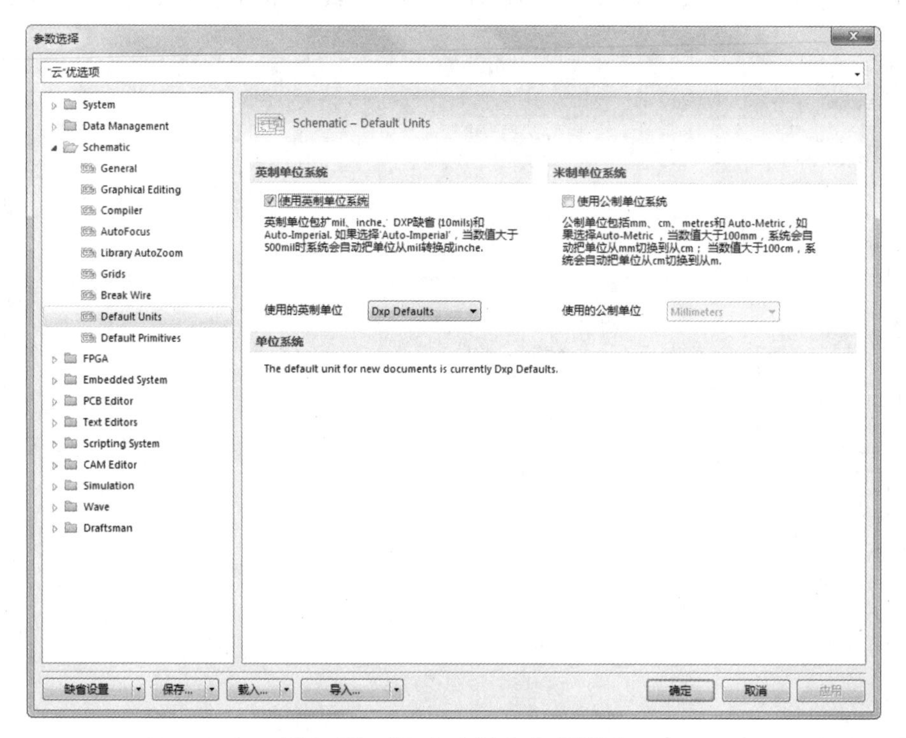

图 3-22 “Default Units”标签页

1. “英制单位系统”选项区域

当选中“使用英制单位系统”复选框后，下面的“使用的英制单位”下拉列表被激活，在下拉列表中有 4 种选择，如图 3-23 所示。对于每一种选择，在下面的“单位系统”中都有相应的说明。

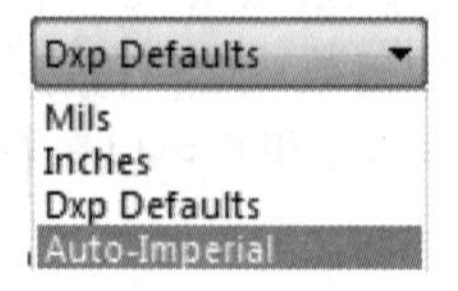

图 3-23 “使用的英制单位”下拉列表

2. “米制单位系统”选项区域

当选中“使用公制单位系统”复选框后，下面的“使用的公制单位”下拉列表被激活，其设置同上。

3.2.9　原理图的默认图元设置

“Default Primitives（原始默认值）”标签页用来设定原理图编辑时常用图元的原始默认值，如图 3-24 所示。这样，在执行各种操作时，如图形绘制、元器件插入等，就会以所设置的原始默认值为基准进行操作，简化了编辑过程。

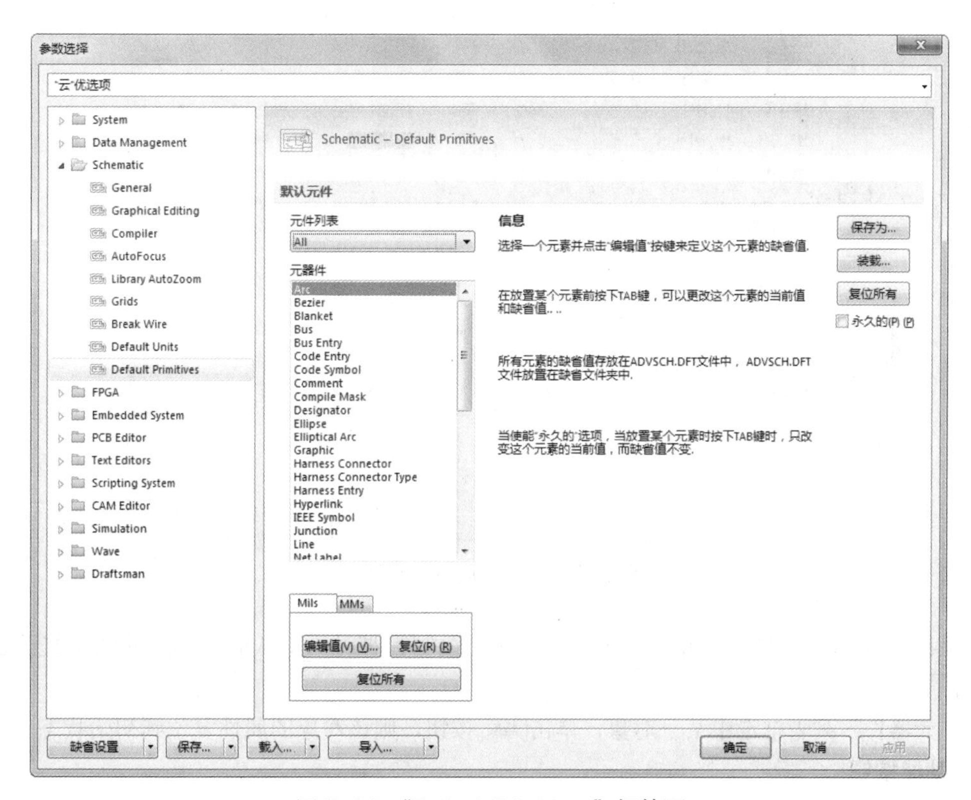

图 3-24　“Default Primitives”标签页

1. “元件列表”下拉列表

在“元件列表”下拉列表中，选择某一选项，该类型所包括的对象将在“元器件”列表框中显示。

- All：选择该项后，在下面的“元器件”列表框中将列出所有的对象。
- Wiring Objects：指绘制电路原理图工具栏所放置的全部对象。
- Drawing Objects：指绘制非电气原理图工具栏所放置的全部对象。
- Sheet Symbol Objects：指绘制层次图时与子图有关的对象。
- Library Objects：指与元器件库有关的对象。
- Other：指上述类别所没有包括的对象。

2. “元器件”列表框

可以选择“元器件”列表框中显示的对象，并对所选的对象进行属性设置或复位到初始状态。在“元器件”列表框中选定某个对象，例如选中“Pin（引脚）”，单击 编辑值(V) (V)... 按钮或双击对象，弹出“管脚属性”对话框，如图 3-25 所示。修改相应的参数设置，单击 确定 按钮即可返回。

图 3-25 “管脚属性”对话框

如果在此处修改相关的参数，那么在原理图上绘制管脚时，默认的管脚属性就是修改过的管脚属性。

在“元器件”列表框选中某一对象，单击复位按钮，则该对象的属性复位到初始状态。

3. 功能按钮

- 保存为：保存默认的原始设置。当所有需要设置的对象全部设置完毕后，单击保存为...按钮，弹出文件保存对话框，保存默认的原始设置。默认的文件扩展名为 *.dft，以后可以重新进行加载。
- 装载：加载默认的原始设置。要使用以前曾经保存过的原始设置，单击装载...按钮，弹出打开文件对话框，选择一个默认的原始设置档就可以加载默认的原始设置。
- 复位所有：恢复默认的原始设置。单击复位所有按钮，所有对象的属性都回到初始状态。

3.3 使用图形工具绘图

在原理图编辑环境中，与“布线”工具栏相对应，还有一个“实用”工具栏，用于在原理图中绘制各种标注信息，使电路原理图更清晰，数据更完整，可读性更强。“实用”工具栏中的各种图元均不具有电气连接特性，所以系统在做电气规则检查及转换成网络表时，它们不会产生任何影响，也不会附加在网络表数据中。

3.3.1　图形工具

单击“实用工具”图标，弹出各种图形工具按钮，这些图形工具与“放置”菜单下的“绘图工具”子菜单中的各项命令具有对应的关系，如图 3-26 所示。

这些图形工具的功能如下。

- ：绘制直线。
- ：绘制多边形。
- ：绘制椭圆弧线。
- ：绘制贝塞尔曲线。
- A：添加说明文字。
- ：放置超链接。
- ：放置文本框。
- ：绘制矩形。
- ：绘制圆角矩形。
- ：绘制椭圆。
- ：绘制扇形。
- ：在原理图上粘贴图片。
- ：灵巧粘贴。

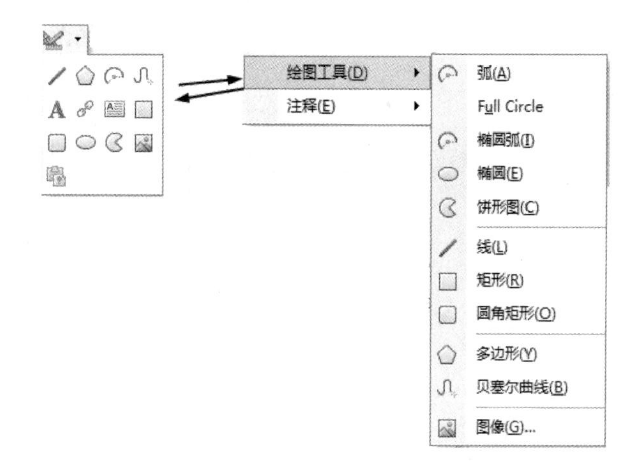

图 3-26　图形工具与“绘图工具”子菜单

3.3.2　绘制直线

在原理图中，直线可以用来绘制一些注释性的图形，如表格、箭头和虚线等，或在编辑元器件时绘制元器件的外形。直线在功能上完全不同于前面所说的导线，它不具有电气连接特性，不会影响到电路的电气结构。

直线的绘制步骤如下。

（1）执行“放置”→“绘图工具”→“线”菜单命令，或单击“实用”工具栏中的（放置线）按钮，这时光标变成十字形状。

（2）移动光标到需要放置直线位置处，单击鼠标左键确定直线的起点，多次单击确定多个固定点，一条直线绘制完毕后，单击鼠标右键退出当前直线的绘制状态。

（3）此时光标仍处于绘制直线的状态，重复步骤（2）的操作即可绘制其他的直线。

在直线绘制过程中，需要拐弯时，可以单击鼠标确定拐弯的位置，同时通过按下 Shift+ 空格键来切换拐弯的模式。在 T 形交叉点处，系统不会自动添加节点。

单击鼠标右键或按 Esc 键便可退出直线绘制状态。

（4）设置直线属性。

双击需要设置属性的直线（或在绘制状态下按 Tab 键），系统将弹出相应的直线属性编辑对话框，如图 3-27 所示。

在“绘图的”选项卡中可以对线宽、类型和直线的颜色等属性进行设置。

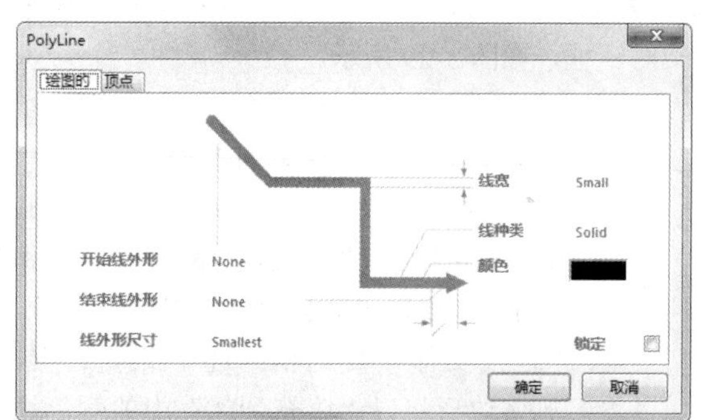

图 3-27　直线的属性编辑对话框

- 线宽：用于设置直线的线宽，有 Smallest（最小）、Small（小）、Medium（中等）和 Large（大）4 种线宽供用户选择。
- 线种类：用于设置直线的线型，有 Solid（实线）、Dashed（虚线）和 Dotted（点画线）3 种线型可供选择。
- 颜色：用于设置直线的颜色。

在“顶点”选项卡中对点坐标进行设置，如图 3-28 所示。

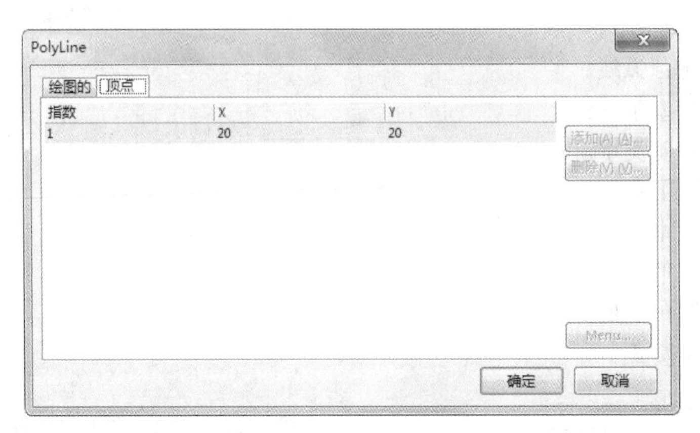

图 3-28 “顶点”选项卡

属性设置完毕后，单击 确定 按钮关闭设置对话框。

3.3.3 绘制多边形

多边形的绘制步骤如下。

（1）单击“放置”→“绘图工具”→“多边形”菜单命令，或单击“实用”工具栏中的 （放置多边形）按钮，这时光标变成十字形状。

（2）移动光标到需要放置多边形的位置处，单击鼠标左键确定多边形的一个顶点，接着每单击一下鼠标左键就确定一个顶点，绘制完毕后，单击鼠标右键退出当前多边形的绘制状态。

（3）此时光标仍处于绘制多边形的状态，重复步骤（2）的操作即可绘制其他的多边形。

单击鼠标右键或按 Esc 键便可退出多边形绘制状态。

（4）设置多边形属性。

双击需要设置属性的多边形（或在绘制状态下按 Tab 键），系统将弹出相应的多边形属性编辑对话框，如图 3-29 所示。

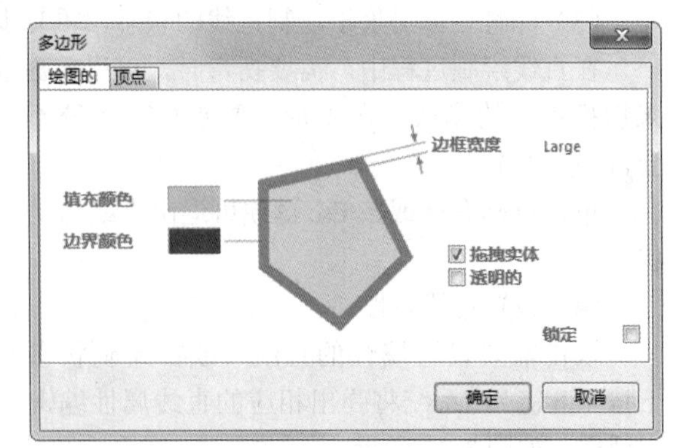

图 3-29 多边形的属性编辑对话框

- 填充颜色：设置多边形的填充颜色。
- 边界颜色：设置多边形的边框颜色。
- 边框宽度：设置多边形的边框粗细，有“Smallest”“Small”“Medium” 和“Large”4 种边框宽度可供用户选择。
- “拖拽实体”复选框：选中此复选框，则多边形将以“填充颜色”中的颜色填充多边形，此时单击多边形边框或填充部分都可以选中该多边形。

- “透明的”复选框：选中此复选框，则多边形为透明的，内无填充颜色。

属性设置完毕后，单击确定按钮关闭设置对话框。

3.3.4　绘制椭圆弧

圆弧与椭圆弧的绘制是同一个过程，圆弧实际上是椭圆弧的一种特殊形式。

椭圆弧的绘制步骤如下。

（1）执行“放置”→“绘图工具”→“椭圆弧”菜单命令，或单击“实用”工具栏中的（放置椭圆弧）按钮，这时光标变成十字形状。

（2）移动光标到需要放置椭圆弧的位置处，单击鼠标左键第 1 次确定椭圆弧的中心，第 2 次确定椭圆弧长轴的长度，第 3 次确定椭圆弧短轴的长度，第 4 次确定椭圆弧的起点，第 5 次确定椭圆弧的终点，从而完成椭圆弧的绘制。

（3）此时光标仍处于绘制椭圆弧的状态，重复步骤（2）的操作即可绘制其他的椭圆弧。

单击鼠标右键或按 Esc 键便可退出椭圆弧绘制状态。

（4）设置椭圆弧属性。

双击需要设置属性的椭圆弧（或在绘制状态下按 Tab 键），系统将弹出相应的椭圆弧属性编辑对话框，如图 3-30 所示。

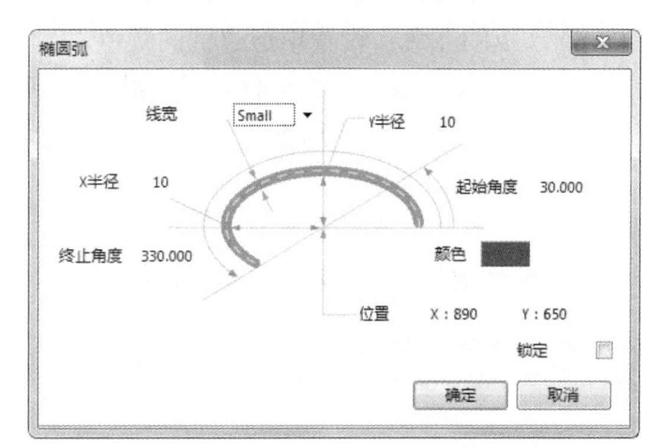

图 3-30　椭圆弧的属性编辑对话框

- 线宽：设置弧线的线宽，有“Smallest”“Small”“Medium”和“Large”4 种线宽可供用户选择。
- X 半径：设置椭圆弧 x 方向的半径长度。
- Y 半径：设置椭圆弧 y 方向的半径长度。
- 起始角度：设置椭圆弧的起始角度。
- 终止角度：设置椭圆弧的结束角度。
- 颜色：设置椭圆弧的颜色。
- 位置：设置椭圆弧的位置。

属性设置完毕后，单击确定按钮关闭设置对话框。

对于有严格要求的椭圆弧的绘制，一般应先在该对话框中进行设置，然后放置。这样在原理图中不移动光标，连续单击 5 次即可完成放置操作。

3.3.5　绘制矩形

矩形的绘制步骤如下。

（1）执行“放置”→“绘图工具”→“矩形”菜单命令，或单击“实用”工具栏中的（放置矩形）按钮，这时光标变成十字形状，并带有一个矩形图形。

（2）移动光标到需要放置矩形的位置处，单击鼠标左键确定矩形的一个顶点，移动光标到合适的位置再一次单击确定其对角顶点，从而完成矩形的绘制。

（3）此时光标仍处于绘制矩形的状态，重复步骤（2）的操作即可绘制其他的矩形。

单击鼠标右键或者按 Esc 键便可退出矩形绘制状态。

（4）设置矩形属性。

双击需要设置属性的矩形（或在绘制状态下按 Tab 键），系统将弹出相应的矩形属性编辑对话框，如图 3-31 所示。

- 板的宽度：设置矩形边框的宽度，有“Smallest”“Small”“Medium”和“Large”4 种宽度可供用户选择。
- “Draw Solid（拖拽实体）”复选框：选中此复选框，将以“填充色”中的颜色填充矩形框，此时单击边框或填充部分都可以选中该矩形。
- 填充色：设置矩形的填充颜色。
- 板的颜色：设置矩形边框的颜色。
- “Transparent（透明的）”复选框：选中该复选框，则矩形框为透明的，内无填充颜色。
- 位置：设置矩形起始与终止顶点的位置。

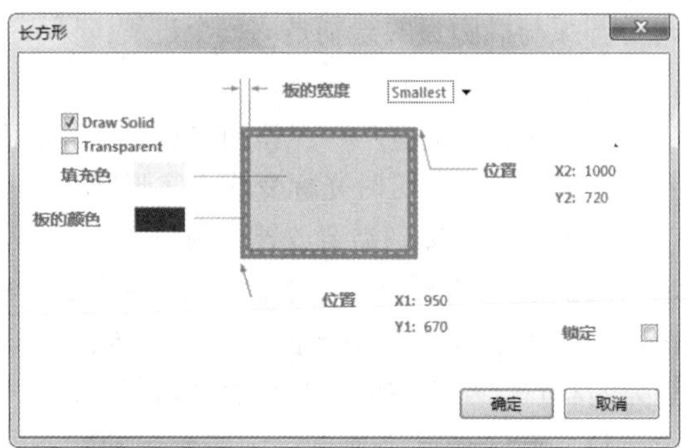

图 3-31　矩形的属性编辑对话框

属性设置完毕后，单击 确定 按钮关闭设置对话框。

3.3.6　绘制圆角矩形

圆角矩形的绘制步骤如下。

（1）执行“放置”→“绘图工具”→“圆角矩形”菜单命令，或单击“实用”工具栏中的（放置圆角矩形）按钮，这时光标变成十字形状，并带有一个圆角矩形图形。

（2）移动光标到需要放置圆角矩形的位置处，单击鼠标左键确定圆角矩形的一个顶点，移动光标到合适的位置再一次单击确定其对角顶点，从而完成圆角矩形的绘制。

（3）此时光标仍处于绘制圆角矩形的状态，重复步骤（2）的操作即可绘制其他的圆角矩形。

单击鼠标右键或按 Esc 键便可退出圆角矩形绘制状态。

（4）设置圆角矩形属性。

双击需要设置属性的圆角矩形（或在绘制状态下按 Tab 键），系统将弹出相应的圆角矩形属性编辑对话框，如图 3-32 所示。

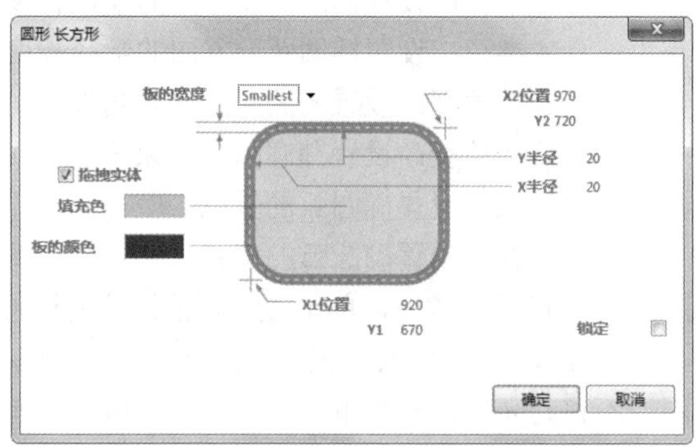

图 3-32　圆角矩形的属性编辑对话框

- 板的宽度：设置圆角矩形边框的宽度，有“Smallest”“Small”“Medium”和“Large”4 种宽度可供用户选择。
- X 半径：设置 1/4 圆角 x 方向的半径长度。
- Y 半径：设置 1/4 圆角 y 方向的半径长度。
- “拖拽实体”复选框：选中此复选框，将以“填充色”中的颜色填充圆角矩形框，此时单击边框或填充部分都可以选中该圆角矩形。
- 填充色：设置圆角矩形的填充颜色。
- 板的颜色：设置圆角矩形边框的颜色。

- X1 位置、X2 位置：设置圆角矩形起始与终止顶点的位置。

属性设置完毕后，单击 确定 按钮关闭设置对话框。

3.3.7　绘制椭圆

椭圆的绘制步骤如下。

（1）执行“放置”→“绘图工具”→“椭圆”菜单命令，或单击“实用”工具栏中的（放置椭圆）按钮，这时光标变成十字形状，并带有一个椭圆图形。

（2）移动光标到需要放置椭圆的位置处，单击鼠标左键第 1 次确定椭圆的中心，第 2 次确定椭圆长轴的长度，第 3 次确定椭圆短轴的长度，从而完成椭圆的绘制。

（3）此时光标仍处于绘制椭圆的状态，重复步骤（2）的操作即可绘制其他的椭圆。

单击鼠标右键或者按 Esc 键便可退出椭圆绘制状态。

（4）设置椭圆属性。

双击需要设置属性的椭圆（或在绘制状态下按 Tab 键），系统将弹出相应的椭圆属性编辑对话框，如图 3-33 所示。

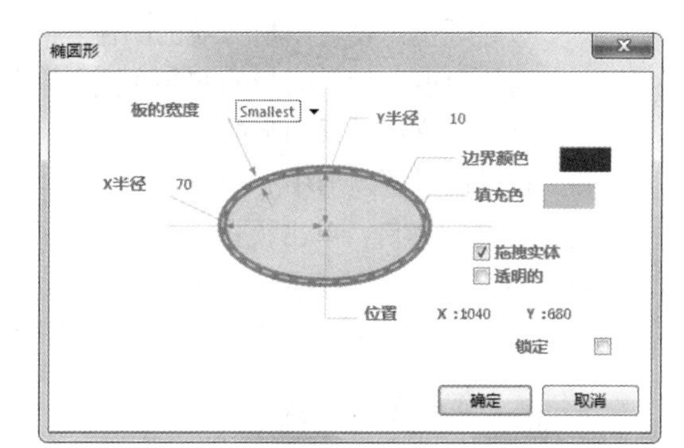

图 3-33　椭圆的属性编辑对话框

- 板的宽度：设置椭圆边框的宽度，有“Smallest”“Small”“Medium”和“Large”4 种宽度可供用户选择。
- X 半径：设置椭圆 x 方向的半径长度。
- Y 半径：设置椭圆 y 方向的半径长度。
- “拖拽实体”复选框：选中此复选框，将以“填充色”中的颜色填充椭圆框，此时单击边框或填充部分都可以选中该椭圆。
- 填充色：设置椭圆的填充颜色。
- 边界颜色：设置椭圆边框的颜色。
- “透明的”复选框：选中该复选框，则椭圆框为透明的，内无填充颜色。
- 位置：设置椭圆中心的位置。

属性设置完毕后，单击 确定 按钮关闭设置对话框。

对于有严格要求的椭圆的绘制，一般应先在该对话框中进行设置，然后放置。这样在原理图中不移动光标，连续单击 3 次即可完成放置操作。

3.3.8　绘制扇形

扇形的绘制步骤如下。

（1）执行“放置”→“绘图工具”→“饼形图”菜单命令，或单击“实用”工具栏中的（放置饼形图）按钮，这时光标变成十字形状，并带有一个扇形图形。

（2）移动光标到需要放置扇形的位置处，单击鼠标左键第 1 次确定扇形的中心，第 2 次确定扇形的半径，第 3 次确定扇形的起始角度，第 4 次确定扇形的终止角度，从而完成扇形的绘制。

（3）此时光标仍处于绘制扇形的状态，重复步骤（2）的操作即可绘制其他的扇形。

单击鼠标右键或者按 Esc 键便可退出扇形绘制状态。

（4）设置扇形属性。

双击需要设置属性的扇形（或在绘制状态下按 Tab 键），系统将弹出相应的扇形属性编辑对话框，如图 3-34 所示。

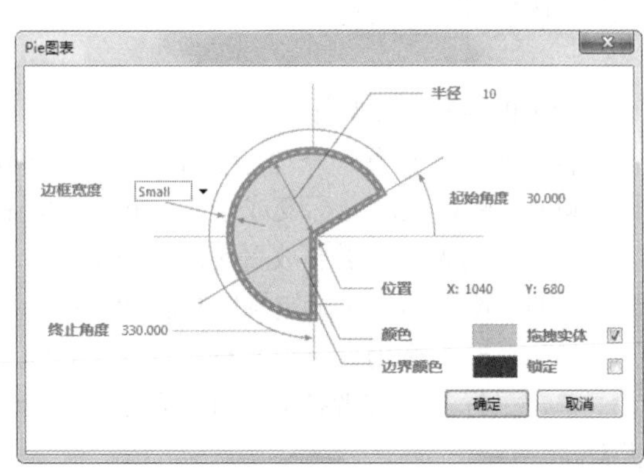

图 3-34 扇形的属性编辑对话框

- 边框宽度：设置扇形弧线的宽度，有“Smallest”“Small”“Medium”和“Large”4 种宽度可供用户选择。
- “拖拽实体”复选框：选中此复选框，将以“颜色”中的颜色填充扇形，此时单击边框或填充部分都可以选中该扇形。
- 颜色：设置扇形的填充颜色。
- 边界颜色：设置扇形弧线的颜色。
- 起始角度：设置扇形的起始角度。
- 终止角度：设置扇形的终止角度。
- 位置：设置扇形中心的位置。

属性设置完毕后，单击“确定”按钮关闭设置对话框。

对于有严格要求的扇形的绘制，一般应先在该对话框中进行设置，然后放置。这样在原理图中不移动光标，连续单击 4 次即可完成放置操作。

3.3.9 添加文本字符串

为了增加原理图的可读性，在某些关键的位置处应该添加一些文字说明，即放置文本字符串，便于用户之间的交流。

放置文本字符串的步骤如下。

（1）执行“放置”→“文本字符串”菜单命令，或单击“实用”工具栏中的 A（放置文本字符串）按钮，这时光标变成十字形状，并带有一个文本字符串“Text”标志。

（2）移动光标到需要放置文本字符串的位置处，单击鼠标左键即可放置该字符串。

（3）此时光标仍处于放置字符串的状态，重复步骤（2）的操作即可放置其他的字符串。

单击鼠标右键或按 Esc 键便可退出放置字符串状态。

（4）设置文本字符串属性。

双击需要设置属性的文本字符串（或在绘制状态下按 Tab 键），系统将弹出相应的文本字符串属性编辑对话框，如图 3-35 所示。

图 3-35 字符串的属性编辑对话框

- 颜色：设置文本字符串的颜色。
- Location（位置）：设置字符串的位置。
- 定位：设置文本字符串在原理图中的放置方向，有“0 Degrees”“90 Degrees”“180 Degrees”和“270 Degrees”4 个选项。
- 水平正确：调整文本字符串在水平方向上的位置，有“Left”“Center”和“Right”3 个选项。

- 垂直正确：调整文本字符串在竖直方向上的位置，有“Top”“Center”和“Bottom”3 个选项。
- “文本”输入框：用来输入文本字符串的具体内容，也可以在放置完毕后选中该对象，然后单击即可直接在窗口输入文本内容。
- 字体：设置文本字体。

属性设置完毕后，单击 确定 按钮关闭设置对话框。

3.3.10 添加文本框

上面放置的文本字符串只能是简单的单行文本，如果原理图中需要大段的文字说明，就需要用到文本框了。使用文本框可以放置多行文本，并且字数没有限制，文本框仅仅是对用户所设计的电路进行说明，本身不具有电气意义。

放置文本框的步骤如下。

（1）执行“放置”→“文本框”菜单命令，或单击“实用”工具栏中的 （放置文本框）按钮，这时光标变成十字形状。

（2）移动光标到需要放置文本框的位置处，单击鼠标左键确定文本框的一个顶点，移动光标到合适位置再单击一次确定其对角顶点，完成文本框的放置。

（3）此时光标仍处于放置文本框的状态，重复步骤（2）的操作即可放置其他的文本框。

单击鼠标右键或者按 Esc 键便可退出放置文本框状态。

（4）设置文本框属性。

双击需要设置属性的文本框（或在绘制状态下按 Tab 键），系统将弹出相应的文本框属性编辑对话框，如图 3-36 所示。

文本框设置和文本字符串大致相同，这里不再赘述。

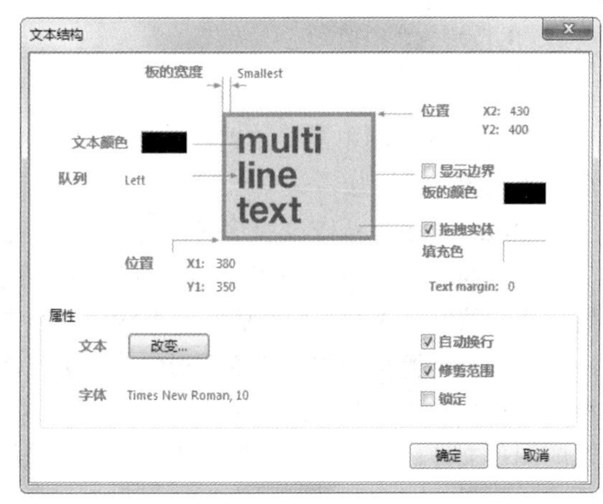

图 3-36　文本框的属性编辑对话框

3.3.11 添加贝塞尔曲线

贝塞尔曲线是一种表现力非常丰富的曲线，主要用来描述各种波形曲线，如正弦曲线和余弦曲线等。贝塞尔曲线的绘制与直线的绘制类似，固定多个顶点（最少 4 个，最多 50 个）后即可完成曲线的绘制。

添加贝塞尔曲线的步骤如下。

（1）执行“放置”→“绘图工具”→“贝塞尔曲线”菜单命令，或单击“实用”工具栏中的 （放置贝塞尔曲线）按钮，这时光标变成十字形状。

（2）移动光标到需要放置贝塞尔曲线的位置处，多次单击鼠标左键确定多个固定点。图 3-37 所示为绘制完成的余弦曲线的选中状态，移动 4 个固定点即可改变曲线的形状。

（3）此时光标仍处于放置贝塞尔曲线的状态，重复步骤（2）的操作即可放置其他的贝塞尔曲线。

单击鼠标右键或按 Esc 键便可退出贝塞尔曲线绘制状态。

（4）设置贝塞尔曲线属性。

双击需要设置属性的贝塞尔曲线（或在绘制状态下按 Tab 键），系统将弹出相应的贝塞尔曲线属性编辑对话框，如图 3-38 所示。

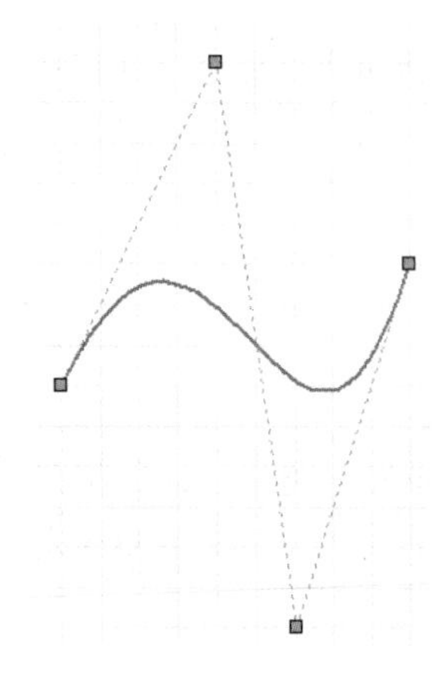

图 3-37　绘制好的贝塞尔曲线

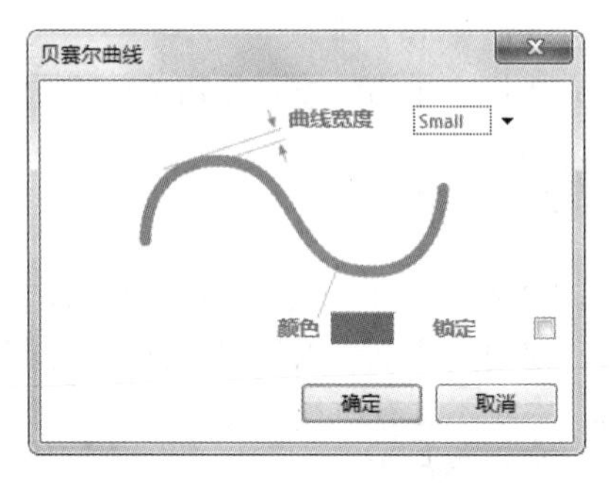

图 3-38　贝塞尔曲线的编辑对话框

在该对话框中可以对贝塞尔曲线的线宽和颜色进行设置。

属性设置完毕后，单击 确定 按钮关闭设置对话框。

3.3.12　添加图形

有时在原理图中需要放置一些图像文件，如各种厂家标志、广告等。通过使用粘贴图片命令可以实现图形的添加。

Altium Designer 17 支持多种图片的导入，添加图形的步骤如下。

（1）执行“放置”→“绘图工具”→“图像”菜单命令，或单击“实用”工具栏中的（放置图像）按钮，这时光标变成十字形状，并带有一个矩形框。

（2）移动光标到需要放置图形的位置处，单击鼠标左键确定图形放置位置的一个顶点，移动光标到合适的位置再次单击鼠标左键，此时将弹出如图 3-39 所示的“打开”对话框，从中选择要添加的图形文件，单击“打开”按钮，再移动光标到工作窗口中，然后单击左键，这时所选的图形将被添加到原理图窗口中。

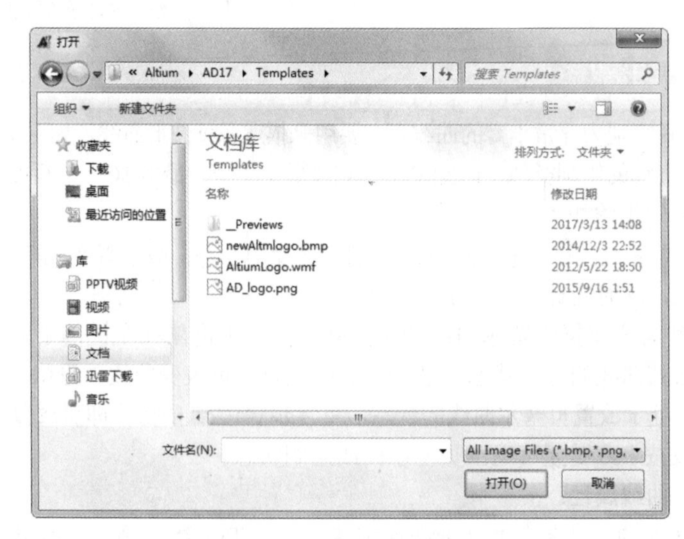

图 3-39　“打开”对话框

（3）此时光标仍处于放置图形的状态，重复步骤（2）的操作即可放置其他的图形。

单击鼠标右键或按Esc键便可退出放置图形状态。

（4）设置放置图形属性。

双击需要设置属性的图形（或在放置状态下按Tab键），系统将弹出相应的图形属性编辑对话框，如图3-40所示。

图3-40　图形属性编辑对话框

- 边界颜色：设置图形边框的颜色。
- 边框宽度：设置图形边框的宽度，有“Smallest”“Small”“Medium”和“Large”4种宽度可供用户选择。
- X1位置、X2位置：设置图形边框的对角顶点位置。
- “文件名”文本框：选择图片所在的文件路径名。
- “Border On（边界上）”复选框：设置是否显示图片的边框。
- “Embedded（嵌入式）”复选框：选中该复选框后，图片将被嵌入到原理图文件中，这样可以方便文件的转移。如果取消对该复选框的选中状态，则在文件传递时需要将图片的链接也转移过去，否则将无法显示该图片。
- “X:Y Ratio1:1”复选框：选中该复选框，则以1∶1的比例显示图片。

属性设置完毕后，单击 确定 按钮关闭设置对话框。

Chapter 4

第 4 章 原理图的基础操作

本章将详细介绍关于原理图设计的基础操作，具体包括原理图设计必不可少的加载库、放置元器件和绘制工具的应用。只有设计出符合需要和规则的电路原理图，然后才能对其顺利进行信号分析与仿真分析，最终变为可以用于生产的 PCB 文件。

4.1 Altium Designer 17 元器件库

Altium Designer 17 为用户提供了包含大量元器件的元器件库。在绘制电路原理图之前，首先要学会如何使用元器件库，包括元器件库的加载、卸载以及如何查找自己需要的元器件。

4.1.1 “库”面板

执行“设计”→“搜索库”命令或在电路原理图编辑界面的右下角单击“System（系统）”，在弹出的菜单中选择“库”选项，即可打开“库”面板，如图 4-1 所示。

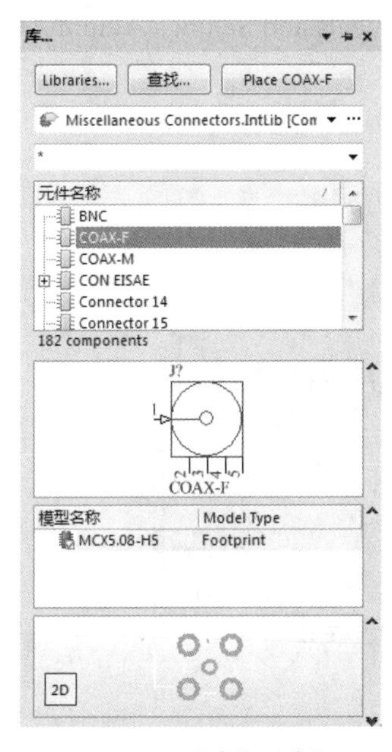

图 4-1　“库”面板

利用“库”面板可以完成元器件的查找、元器件库的加载和卸载等功能。

4.1.2 元器件的查找

当用户不知道元器件在哪个库中时，就要查找需要的元器件。

查找元器件的过程如下。

（1）单击“库”面板的查找...按钮或执行“工具”→“发现器件”命令，弹出如图 4-2 所示的“搜索库”对话框。

下面我们简单介绍一下这个对话框。

- “范围”设置区：用于设置查找范围。“在 ... 中搜索”下拉列表用来设置查找类型，有 4 种选择，分别是 Components（元器件）、Protel Footprints（Protel 封装）、3D Models（3D 模型）和 Database components（库元器件）。若选中“可用库”单选按钮，则在目前已经加载的元器件库中查找；若选中“库文件路径”单选按钮，则按照设置的路径进行查找。

- “路径”设置区：用于设置查找元器件的路径。主要由“路径”和“文件面具”选项组成，只有在选择了“库文件路径”时，才能进行路径设置。单击“路径”右边的打开文件按钮，弹出浏览文件夹对话框，可以选中相应的搜索路径。一般情况下，选中“路径”下方的“包括子目录”复选框。“文件面具”是文件过滤器，默认采用通配符。如果对搜索的库比较了解，可以键入相应的符号以减少搜索范围。
- 文本栏：用来输入要查找的元器件的名称。若文本框中有内容，单击 清除 按钮，可以将里面的内容清空，然后再输入要查找的元器件的名称。

（2）将“搜索库”对话框设置好后，单击 查找...(S) 按钮即可开始查找。例如，要查找 P80C51FA-4N 这个元器件，在文本栏里输入 P80C51FA-4N（或简化输入 80c51）；在“在 ... 中搜索”下拉列表中选择“Components（元器件）”；在“范围”设置区选择“库文件路径”；在“路径”设置区，路径为系统提供的默认路径“D:\Documents and Settings\Altium\AD 17\Library\”。单击 查找...(S) 按钮，查找到的结果如图 4-3 所示。

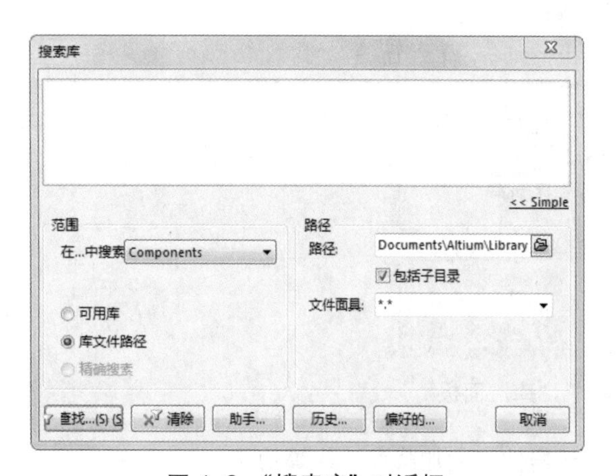

图 4-2 “搜索库”对话框

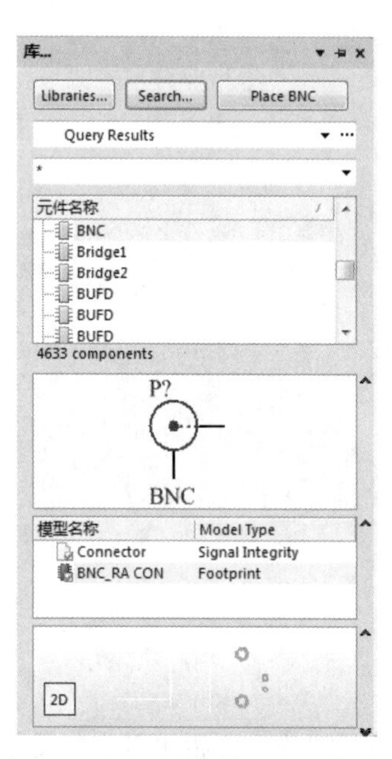

图 4-3 查找到的结果

4.1.3 元器件库的加载与卸载

由于加载到“库”面板的元器件库要占用系统内存，所以当用户加载的元器件库过多时，就会占用过多的系统内存，影响程序的运行。建议用户只加载当前需要的元器件库，同时将不需要的元器件库卸载掉。

1. 直接加载元器件库

当用户已经知道元器件所在的库时，就可以直接将其添加到“库”面板中。加载元器件库的步骤如下。

（1）在“库”面板中单击“Libraries（库）”按钮或执行菜单命令“设计”→“添加 / 移除库”，弹出如图 4-4 所示对话框。在此对话框中有 3 个选项卡，“工程”列出的是用户为当前设计项目自己创建的库文件；“Installed（已安装）”中列出的是当前安装的系统库文件；“搜索路径”列出的是查找路径。

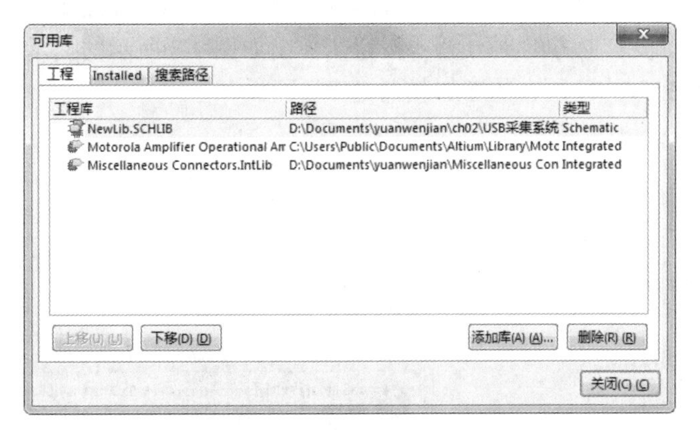

图 4-4　加载、卸载元器件库对话框

（2）加载元器件库。单击添加库(A) (A)...按钮，弹出“打开”对话框，如图 4-5 所示，然后根据设计项目需要决定安装哪些库就可以了。元器件库在列表中的位置影响了元器件的搜索速度，通常是将常用元器件库放在较高位置，以便对其先进行搜索。可以利用“上移”和“下移”两个按钮来调节元器件库在列表中的位置。

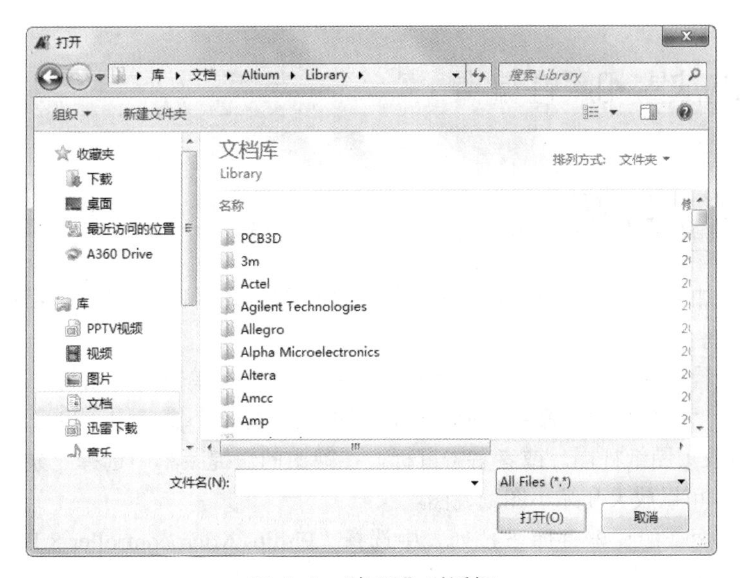

图 4-5　“打开”对话框

由于高版本的 Altium Designer 中元器件库的数量大量减少，不足以满足本书中原理图绘制所需的元器件，因此在随书赠送的资源中有大量元器件库（获取方式见前言），用于原理图中元器件的放置与查找。可以单击添加库(A) (A)...按钮，在“打开”对话框中选择自带元器件库中所需元器件库的路径，完成加载后进行使用。

2. 查找到元器件后，加载其所在的库

现在介绍一下如何将查找到的元器件所在的库加载到“库”面板中，有 3 种方法。

（1）选中所需的元器件，如 P80C51FA-4N，单击鼠标右键，弹出如图 4-6 所示的快捷菜单。执行“安装当前库”命令，即可将元器件 P80C51FA-4N 所在的库加载到“库”面板。

（2）在如图 4-6 所示的快捷菜单中执行“Place P80C51FA-4N”命令，系统弹出如图 4-7 所示的提示框，单击“是”按钮，即可将元器件 P80C51FA-4N 所在的库加载到“库”面板。

（3）单击“库”面板右上方的 Place P80C51FA-4N 按钮，弹出如图 4-7 所示的提示框，单击 是(Y) 按钮，也可以将元器件 P80C51FA-4N 所在的库加载到“库”面板。

图 4-6　快捷菜单

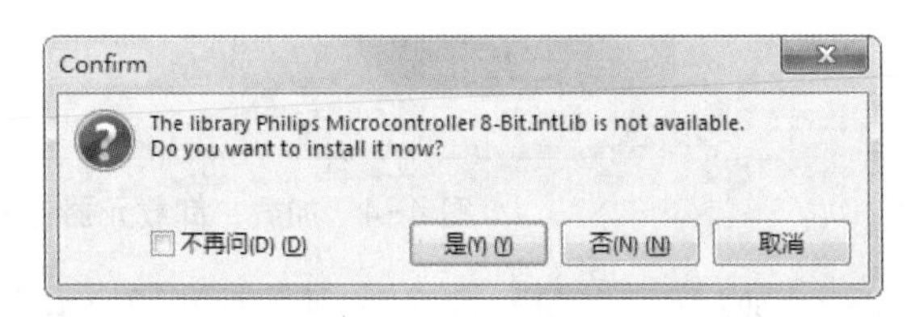

图 4-7　加载库文件提示框

3. 卸载元器件库

当不需要一些元器件库时，选中不需要的库，然后单击 删除(R) 按钮就可以将其卸载。

4.2 元器件的放置和属性编辑

4.2.1 在原理图中放置元器件

在当前项目中加载了元器件库后，就要在原理图中放置元器件，下面以放置 P80C51FA-4N 为例，说明放置元器件的具体步骤。

（1）执行“察看”→“适合文件”菜单命令，或在图纸上单击鼠标右键，在弹出的快捷菜单中选择“察看”→“适合文件”命令，使原理图图纸显示在整个窗口中。也可以按 Page Down 和 Page Up 键缩小和放大图纸视图。或者右击鼠标，在弹出的快捷菜单中选择“察看”→“放大”和“缩小”命令，同样可以放大和缩小图纸视图。

（2）在“库”面板的元器件库下拉列表中选择“Philips Microcontroller 8-Bit.IntLib”，使其成为当前库，同时库中的元器件列表显示在库的下方，找到元器件 P80C51FA-4N。

（3）使用“库”面板上的过滤器快速定位需要的元器件，默认通配符 * 列出当前库中的所有元器件，也可以在过滤器栏输入 P80C51FA-4N，直接找到 P80C51FA-4N 元器件。

（4）选中 P80C51FA-4N 后，单击 Place P80C51FA-4N 按钮或双击元器件名，光标变成十字形，同时光标上悬浮着一个 P80C51FA-4N 芯片的轮廓。若按 Tab 键，将弹出“Properties for Schematic Component in Sheet（原理图元器件属性）”对话框，可以对元器件的属性进行编辑，如图 4-8 所示。

（5）移动光标到原理图中的合适位置，单击鼠标把 P80C51FA-4N 放置在原理图上。按 Page Down 和 Page Up 键缩小和放大元器件，以便于观察元器件放置的位置是否合适。按空格键可以使元器件旋转，每按一下旋转 90°，用来调整元器件放置的合适方向。

（6）放置完元器件后，单击鼠标右键或按 Esc 键退出元器件放置状态，光标恢复为箭头形状。

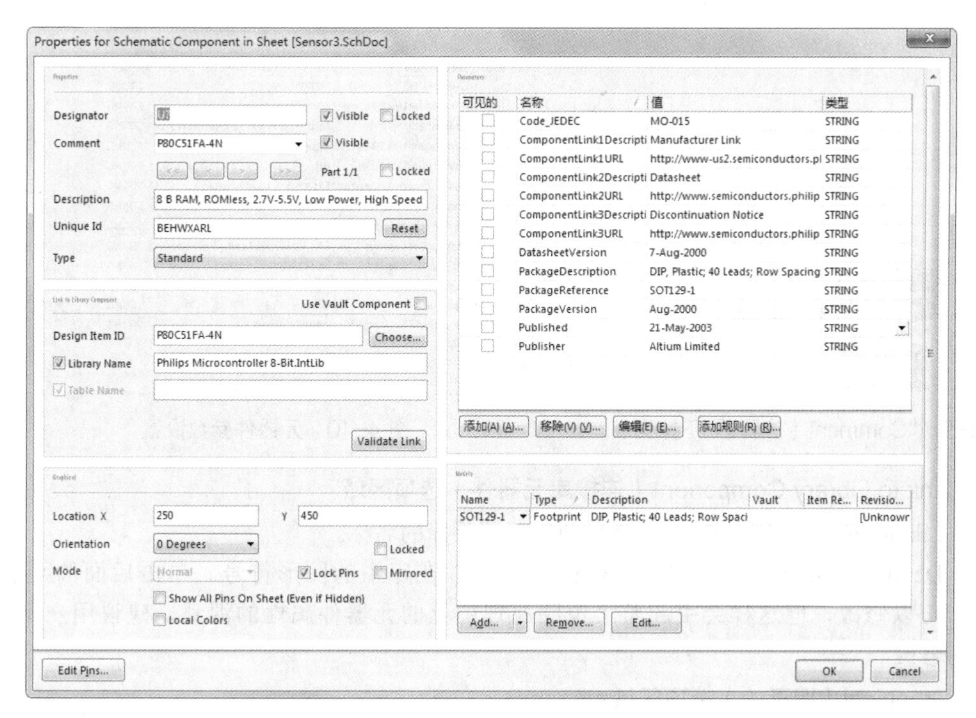

图 4-8　元器件属性对话框

4.2.2　编辑元器件属性

双击要编辑的元器件，打开“Properties for Schematic Component in Sheet（原理图元器件属性）”对话框，图 4-8 所示是 P80C51FA-4N 的属性编辑对话框。

下面介绍一下 P80C51FA-4N 的“Properties for Schematic Component in Sheet（原理图元器件属性）”对话框的设置。

1. Properties 选项区域

元器件属性设置主要包括元器件标识和命令栏的设置等。

- Designator（标识符）：用来设置元器件序号。在“Designator（标识符）”文本框中输入元器件标识，如 U1、R1 等。“Designator（标识符）”文本框右边的“Visible（可见的）”复选框用来设置元器件标识符在原理图上是否可见。
- Comment（注释）：用来说明元器件的特征。单击该选项的下拉按钮，弹出如图 4-9 所示的下拉列表。“Comment（注释）”选项右边的“Visible（可见的）”复选框用来设置“Comment（注释）”的内容在图纸上是否可见。在元器件属性对话框的右边可以看到与“Comment（注释）”选项的对应关系，如图 4-10 所示。“添加”“移除”“编辑”“添加规则”按钮是实现对“Comment（注释）”参数的编译，在一般情况下，没有必要对元器件属性进行编译。
- Description（描述）：对元器件功能的简单描述。
- Unique Id（唯一的地址）：在整个设计项目中系统随机给的元器件的唯一地址，用来与 PCB 同步，用户一般不要修改。
- Type（类型）：元器件符号的类型，单击后面的下拉按钮可以进行选择。

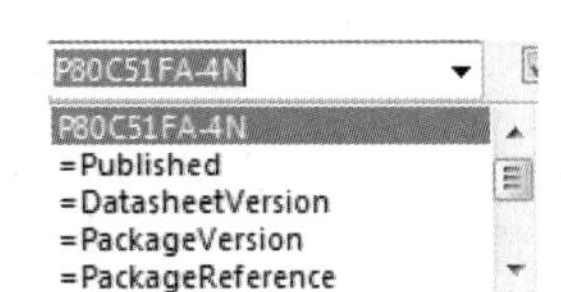

图 4-9 “Comment（注释）”下拉列表

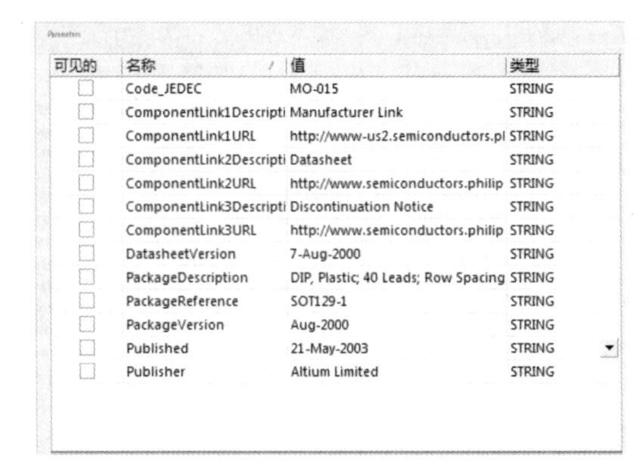

可见的	名称	值	类型
	Code_JEDEC	MO-015	STRING
	ComponentLink1Descripti	Manufacturer Link	STRING
	ComponentLink1URL	http://www-us2.semiconductors.pl	STRING
	ComponentLink2Descripti	Datasheet	STRING
	ComponentLink2URL	http://www.semiconductors.philip	STRING
	ComponentLink3Descripti	Discontinuation Notice	STRING
	ComponentLink3URL	http://www.semiconductors.philip	STRING
	DatasheetVersion	7-Aug-2000	STRING
	PackageDescription	DIP, Plastic; 40 Leads; Row Spacing	STRING
	PackageReference	SOT129-1	STRING
	PackageVersion	Aug-2000	STRING
	Published	21-May-2003	STRING
	Publisher	Altium Limited	STRING

图 4-10 元器件参数设置

2. Link to Library Component（连接库元器件）选项区域

- Library Name（库名称）：元器件所在元器件库的名称。
- Design Item ID（设计项目地址）：元器件在库中的图形符号。单击后面的Choose...按钮可以修改，但这样会引起整个电路原理图上的元器件属性的混乱，建议用户不要随意修改。

3. Graphical（图形的）选项区域

Graphical（图形的）选项主要包括元器件在原理图中位置、方向等属性设置。

- Location（地址）：主要设置元器件在原理图中的坐标位置，一般不需要设置，通过移动鼠标找到合适的位置即可。
- Orientation（方向）：主要设置元器件的翻转，改变元器件的方向。
- Mirrored（镜像）：选中“Mirrored”复选框，元器件翻转 180°。
- Show All Pins On Sheet（Even if Hidden）：显示图纸上的全部引脚（包括隐藏的）。TTL 器件一般隐藏了元器件的电源和地的引脚。
- Local Colors（局部颜色）：选中该复选框后，采用元器件本身的颜色设置。
- Lock Pins（锁定引脚）：选中该复选框后，元器件的管脚不可以单独移动和编辑。建议选择此项，以避免不必要的误操作 。

一般情况下，对元器件属性设置只需设置元器件标识和“Comment（注释）”参数，其他采用默认设置即可。

4.2.3 元器件的删除

当在电路原理图上放置了错误的元器件时，就要将其删除。在原理图上可以一次删除一个元器件，也可以一次删除多个元器件。这里以删除前面的 P80C51FA-4N 为例，具体步骤如下。

（1）执行“编辑”→“删除”命令，光标会变成十字形。将十字形光标移到要删除的 P80C51FA-4N 上，如图 4-11 所示。单击 P80C51FA-4N，即可将其从电路原理图上删除。

（2）此时，光标仍是十字形，可以继续单击删除其他元器件。若不需要删除元器件，单击鼠标右键或按 Esc 键，即可退出删除元器件命令状态。

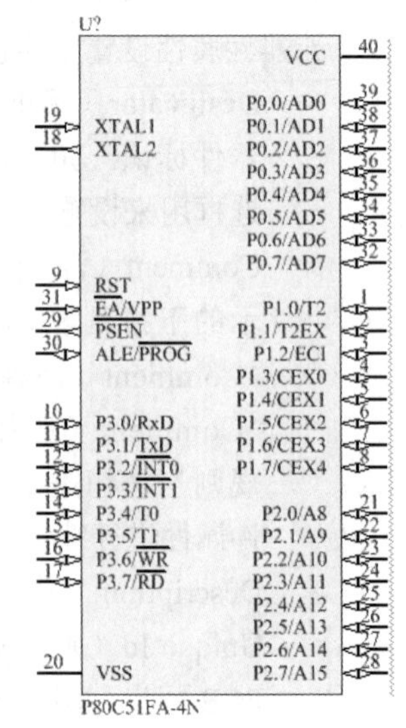

图 4-11 P80C51FA-4N

（3）也可以单击选取要删除的元器件，然后按 Delete 键将其删除。

（4）若需要一次性删除多个元器件，用鼠标选取要删除的多个元器件后，执行“编辑”→“删除”命令或按 Delete 键，即可以将选取的多个元器件删除。

对于如何选取单个或多个元器件将在 4.3.1 节做介绍。

4.2.4 元器件编号管理

对于元器件较多的原理图，当设计完成后，往往会发现元器件的编号变得很混乱或有些元器件还没有编号。用户可以逐个地手动更改这些编号，但是这样比较烦琐，而且容易出现错误。Altium Designer 17 提供了元器件编号管理的功能。

1. 元器件编号设置

执行菜单命令“工具”→“Annotation”→“注解”，系统将弹出如图 4-12 所示的“注释”对话框。在该对话框中，可以对元器件进行重新编号。

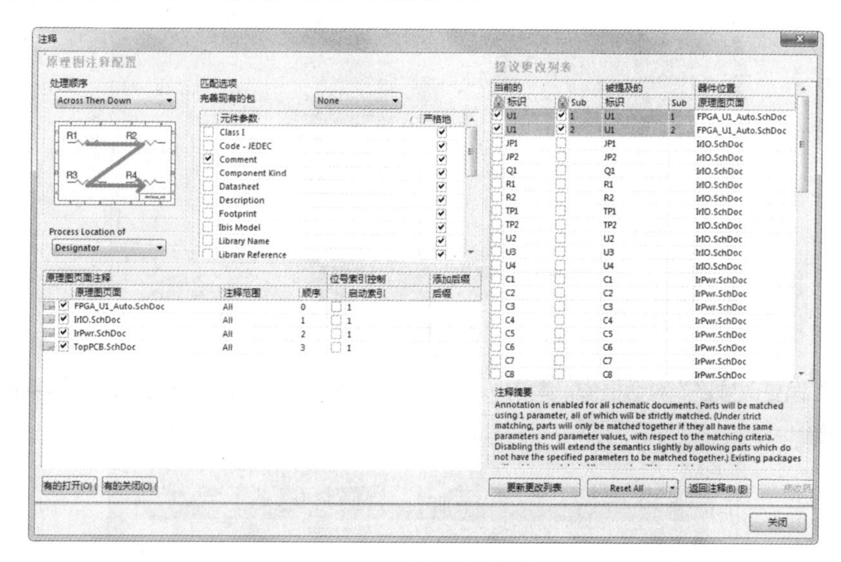

图 4-12 “注释”对话框

“注释”对话框分为两部分：左侧是“原理图注释配置”，右侧是“提议更改列表”。

（1）在左侧的“原理图页面注释”栏中列出了当前工程中的所有原理图文件。通过文件名前面的复选框，可以选择对哪些原理图进行重新编号。

在对话框左上角的“处理顺序”下拉列表中包含了 4 种编号顺序，即 Up Then Across（先向上后左右）、Down Then Across（先向下后左右）、Across Then Up（先左右后向上）和 Across Then Down（先左右后向下）。

在“匹配选项”选项组中列出了元器件的参数名称。通过勾选参数名前面的复选框，用户可以选择是否根据这些参数进行编号。

（2）在右侧的“当前的”栏中列出了当前的元器件编号，在“被提及的”栏中列出了新的编号。

2. 重新编号的方法

对原理图中的元器件进行重新编号的操作步骤如下。

（1）选择要进行编号的原理图。

（2）选择编号的顺序和参照的参数，在“注释”对话框中，单击“Reset All（全部重新编号）”

按钮，对编号进行重置。系统将弹出“Information（信息）”对话框，提示用户编号发生了哪些变化。单击“OK（确定）”按钮，重置后，所有的元器件编号将被消除。

（3）单击“更新更改列表”按钮，重新编号，系统将弹出如图 4-13 所示的“Information（信息）”对话框，提示用户相对前一次状态和相对初始状态发生的改变。单击“OK”按钮，关闭对话框。

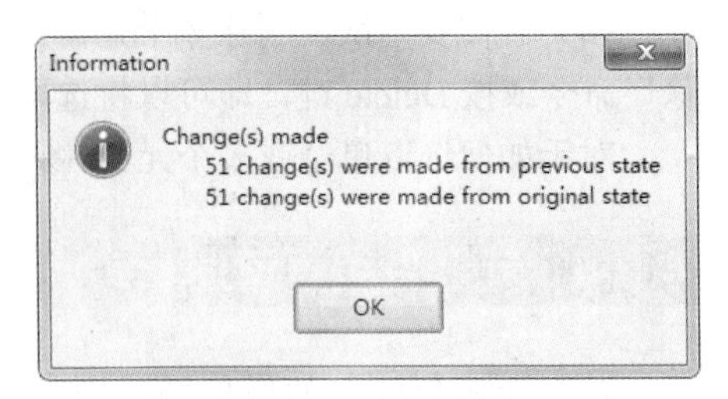

图 4-13 “Information（信息）”对话框

（4）如果对这种编号满意，则单击“接受更改”按钮，在弹出的“工程更改顺序”对话框中更新修改，如图 4-14 所示。

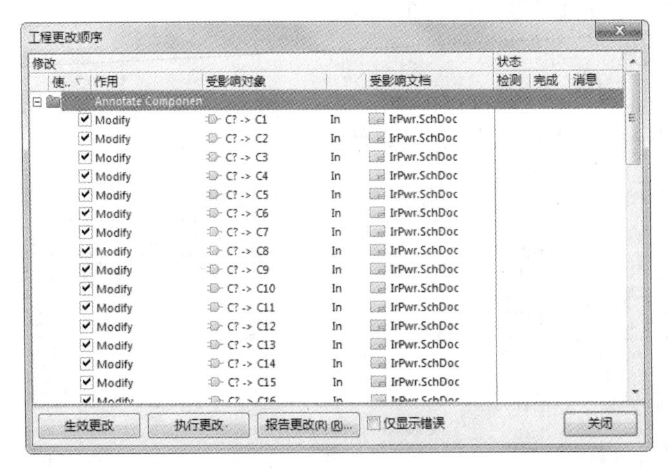

图 4-14 “工程更改顺序”对话框

（5）在“工程更改顺序”对话框中，单击“生效更改”按钮，可以验证修改的可行性，如图 4-15 所示。

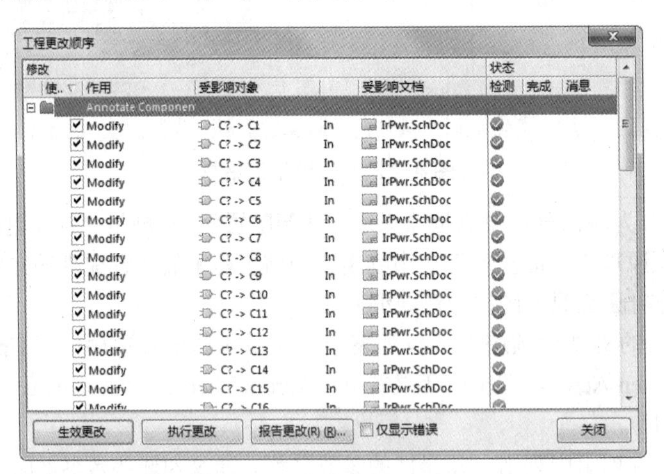

图 4-15 验证修改的可行性

（6）单击“报告更改”按钮，系统将弹出如图 4-16 所示的“报告预览”对话框，在其中可以将修改后的报表输出。单击“输出”按钮，可以将该报表进行保存，默认文件名为“PcbIrda.PrjPCB And PcbIrda.xls”，是一个 Excel 文件；单击“打开报告”按钮，可以将该报表打开；单击“打印”按钮，可以将该报表打印输出。

（7）单击“工程更改顺序”对话框中的“执行更改”按钮，即可执行修改，如图 4-17 所示，对元器件的重新编号便完成了。

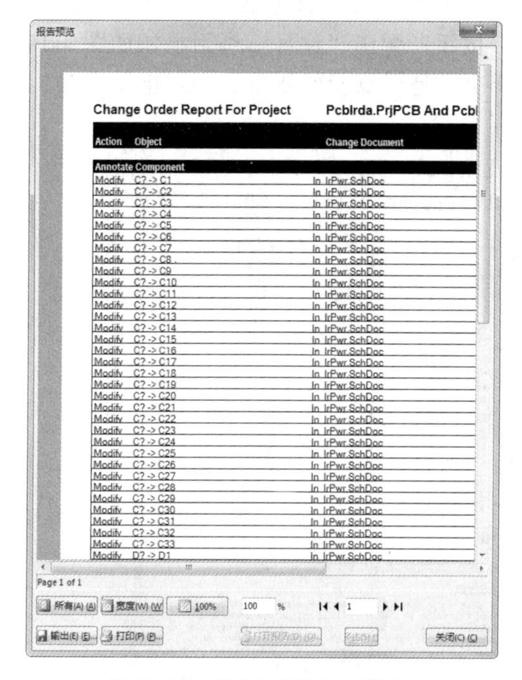

图 4-16　“报告预览”对话框

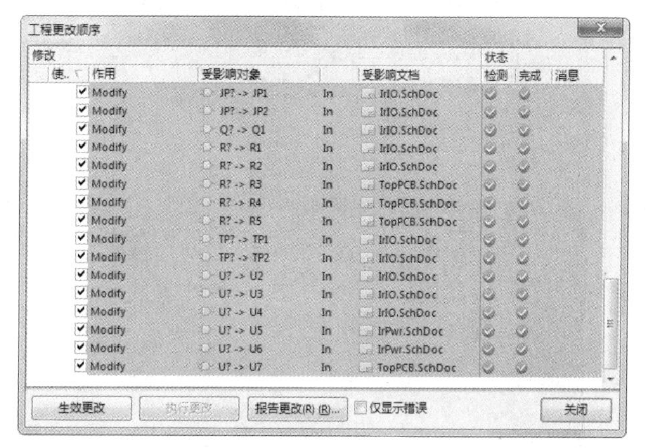

图 4-17　“工程更改顺序”对话框

4.2.5　回溯更新原理图元器件标号

“反向标注”命令用于从印制电路板回溯更新原理图元器件标号。在设计印制电路板时，有时可能需要对元器件重新编号，为了保持原理图和 PCB 图之间的一致性，可以使用该命令基于 PCB 图来更新原理图中的元器件标号。

执行“工具”→“Annotation”→“反向标注”菜单命令，系统将弹出一个对话框，如图 4-18 所示，要求选择 WAS-IS 文件，用于从 PCB 文件更新原理图文件的元器件标号。

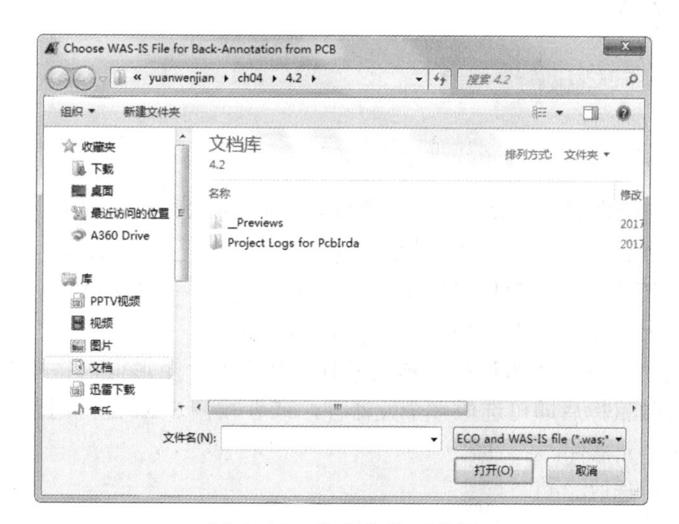

图 4-18　选择文件对话框

WAS-IS 文件是在 PCB 文档中执行“Reannotate（回溯标记）”命令后生成的文件。当选择 WAS-IS 文件后，系统将弹出一个消息框，报告所有将被重新命名的元器件。当然，这时原理图中的元器件名称并没有真正被更新。单击“确定”按钮，弹出“注释”对话框，如图 4-19 所示，在该对话框中可以预览系统推荐的重命名，然后决定是否执行更新命令，创建新的 ECO 文件。

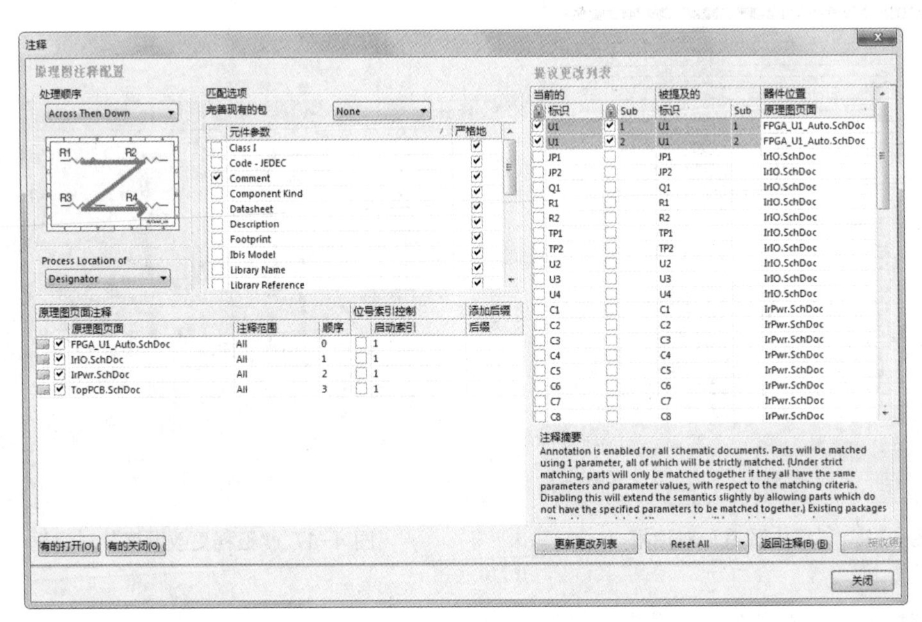

图 4-19 “注释”对话框

4.3 元器件位置的调整

元器件位置的调整就是利用各种命令将元器件移动到合适的位置以及进行元器件的旋转、复制与粘贴、排列与对齐等。

4.3.1 元器件的选取和取消选取

1. 元器件的选取

要实现元器件位置的调整，首先要选取元器件。选取的方法很多，下面介绍几种常用的方法。

（1）用鼠标直接选取单个或多个元器件。

对于单个元器件的情况，将光标移到要选取的元器件上单击即可选取。这时该元器件周围会出现一个绿色框，表明该元器件已经被选取，如图 4-20 所示。

对于多个元器件的情况，单击鼠标并拖动鼠标，拖出一个矩形框，将要选取的多个元器件包含在该矩形框中，释放鼠标后即可选取多个元器件，或者按住 Shift 键，用鼠标逐一单击要选取的元器件，也可选取多个元器件。

（2）利用菜单命令选取。

执行菜单命令“编辑”→“选中”，弹出如图 4-21 所示的菜单。

- Lasso Select（索套选中）：执行此命令后，光标变成十字形状，拖动鼠标，选取一个区域，则区域内的元器件被选取。
- 内部区域：执行此命令后，光标变成十字形状，用鼠标选取一个区域，则区域内的元器件被选取。
- 外部区域：操作同上，区域外的元器件被选取。
- 全部：执行此命令后，电路原理图上的所有元器件都被选取。
- 连接：执行此命令后，若单击某一导线，则此导线以及与其相连的所有元器件都被选取。
- 切换选择：执行此命令后，元器件的选取状态将被切换，即若该元器件原来处于未选取状态，则被选取；若处于选取状态，则取消选取。

2. 取消选取元器件

取消选取元器件也有多种方法，这里也介绍几种常用的方法。

（1）直接用鼠标单击电路原理图的空白区域，即可取消元器件的选取。

（2）单击“原理图标准”工具栏中的按钮，可以将图纸上所有被选取的元器件取消选取。

（3）执行“编辑”→“取消选中”菜单命令，弹出如图 4-22 所示菜单。

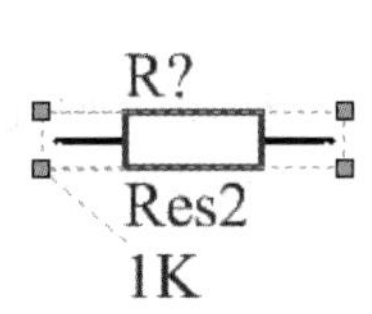
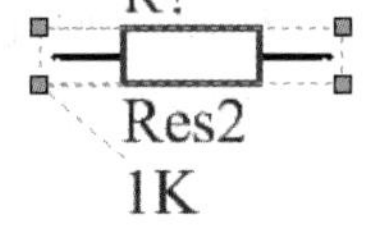

图 4-20　选取单个元器件

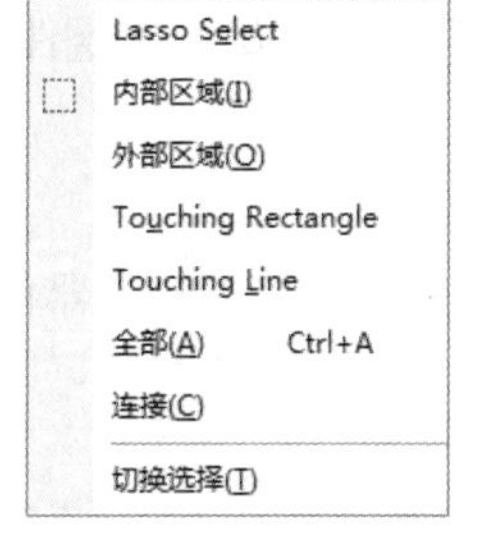

图 4-21　“选中”菜单

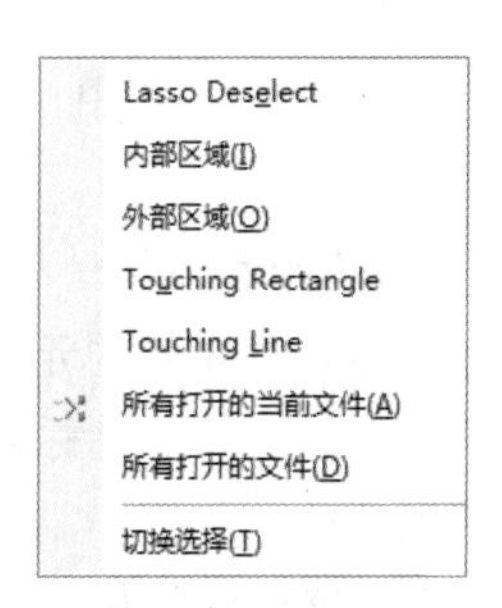

图 4-22　“取消选中”菜单

- Lasso Deselect（索套取消选中）：执行此命令后，取消区域内元器件的选取。
- 内部区域：取消区域内元器件的选取。
- 外部区域：取消区域外元器件的选取。
- 所有打开的当前文件：取消当前原理图中所有处于选取状态的元器件的选取。
- 所有打开的文件：取消当前所有打开的原理图中处于选取状态的元器件的选取。
- 切换选择：与图 4-21 中所示的此命令的作用相同。

（4）按住 Shift 键，逐一单击已被选取的元器件，可以将其取消选取。

4.3.2 元器件的移动

要改变元器件在电路原理图上的位置，就要移动元器件，包括移动单个元器件和同时移动多个元器件。

1. 移动单个元器件

移动单个元器件分为移动单个未选取的元器件和移动单个已选取的元器件两种。

（1）移动单个未选取的元器件的方法：将光标移到需要移动的元器件上（不需要选取），按住鼠标左键不放，拖动鼠标，元器件将会随光标一起移动，到达指定位置后松开鼠标左键，即可完成移动；或执行“编辑”→“移动”→“移动”菜单命令，光标变成十字形状，用鼠标左键单击需要移动的元器件后，元器件将随光标一起移动，到达指定位置后再次单击鼠标左键，完成移动。

（2）移动单个已选取的元器件的方法：将光标移到需要移动的元器件上（该元器件已被选取），同样按住鼠标左键不放，拖动至指定位置后松开鼠标左键，即可完成移动；或执行“编辑”→“移动”→“移动选择”菜单命令，将元器件移动到指定位置；或单击“原理图标准”工具栏中的按钮，光标变成十字形状，用左键单击需要移动的元器件后，元器件将随光标一起移动，到达指定位置后再次单击鼠标左键，完成移动。

2. 移动多个元器件

需要同时移动多个元器件时，首先要将所有要移动的元器件选中。在其中任意一个元器件上按住鼠标左键不放，拖动鼠标，所有选中的元器件将随光标整体移动，到达指定位置后松开鼠标左键，即可完成移动；或执行菜单命令“编辑”→“移动”→“移动选择”，将所有元器件整体移动到指定位置；或单击“原理图标准”工具栏中的按钮，将所有元器件整体移动到指定位置，完成移动。

4.3.3 元器件的旋转

在绘制原理图过程中，为了方便布线，往往要对元器件进行旋转操作。下面介绍几种常用的旋转方法。

1. 利用空格键旋转

单击选取需要旋转的元器件，然后按空格键可以对元器件进行旋转操作；或单击需要旋转的元器件并按住不放，等到光标变成十字形后，按空格键同样可以进行旋转。每按一次空格键，元器件逆时针旋转 90°。

2. 用 X 键实现元器件左右对调

单击需要对调的元器件并按住不放，等到光标变成十字形后，按 X 键可以对元器件进行左右对调操作，如图 4-23 所示。

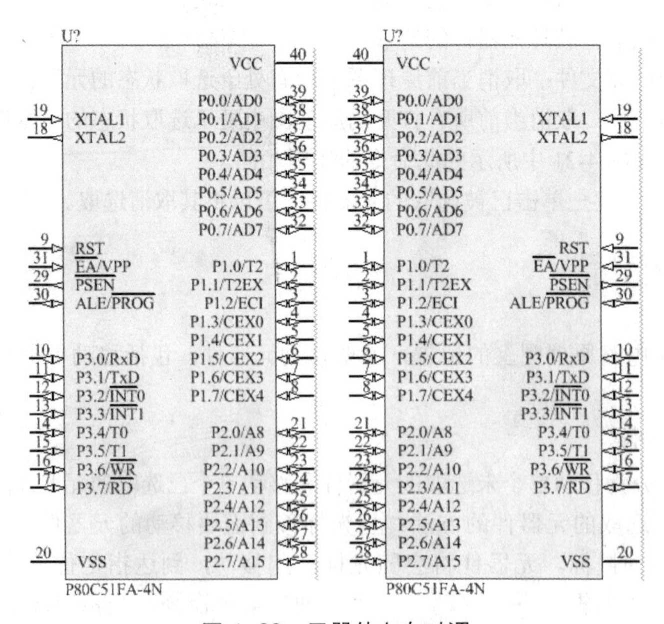

图 4-23 元器件左右对调

3. 用 Y 键实现元器件上下对调

单击需要对调的元器件并按住不放，等到光标变成十字形后，按 Y 键可以对元器件进行上下对调操作，如图 4-24 所示。

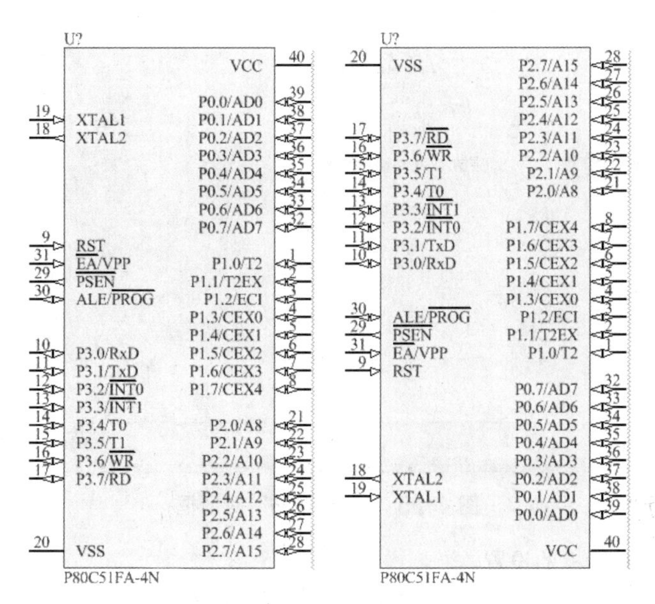

图 4-24 元器件上下对调

4.3.4 元器件的复制与粘贴

1. 元器件的复制

元器件的复制是指将元器件复制到剪贴板中。

（1）在电路原理图上选取需要复制的元器件或元器件组。

（2）进行复制操作，有以下 3 种方法。

① 执行“编辑”→“拷贝”菜单命令。

② 单击“原理图标准”工具栏中的（复制）按钮。

③ 使用快捷键 Ctrl+C 或 E+C。

2. 元器件的粘贴

元器件的粘贴就是把剪贴板中的元器件放置到编辑区里，有以下 3 种方法。

（1）执行“编辑”→“粘贴”菜单命令。

（2）单击“原理图标准”工具栏中的（粘贴）按钮。

（3）使用快捷键 Ctrl+V 或 E+P。

执行“粘贴”命令后，光标变成十字形状并带有欲粘贴元器件的虚影，在指定位置上单击鼠标左键即可完成粘贴操作。

3. 元器件的阵列式粘贴

元器件的阵列式粘贴是指一次性按照指定间距将同一个元器件重复粘贴到图纸上。

（1）启动阵列式粘贴。执行菜单命令“编辑”→“灵巧粘贴”或使用快捷键 Shift+Ctrl+V，弹出“智能粘贴”对话框，如图 4-25 所示。

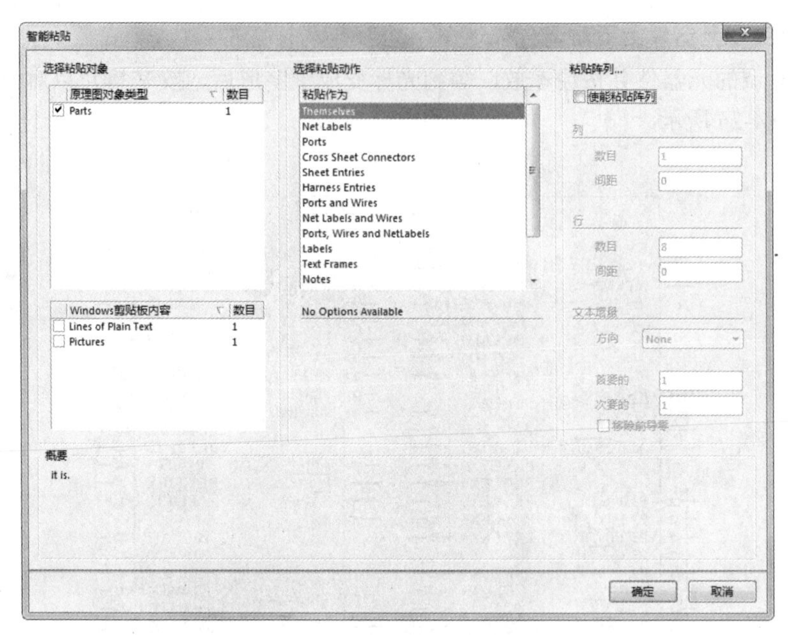

图 4-25 “智能粘贴”对话框

（2）“智能粘贴”对话框的设置。

进行阵列式粘贴操作时，需要选中“使能粘贴阵列”复选框。

- “列”选项区域：用于设置列参数，“数目”用于设置每一列中所要粘贴的元器件个数；“间距”用于设置每一列中两个元器件的垂直间距。
- “行”选项区域：用于设置行参数，“数目”用于设置每一行中所要粘贴的元器件个数；“间距”用于设置每一行中两个元器件的水平间距。

（3）阵列式粘贴具体操作步骤。首先，在每次使用阵列式粘贴前，必须通过复制操作将选取的元器件复制到剪贴板中。然后，执行“编辑”→“灵巧粘贴”菜单命令，在弹出的“智能粘贴”对话框中进行相应设置，单击“确定”按钮。在指定位置单击，即可实现选定元器件的阵列式粘贴。图 4-26 所示为放置的一组 3×3 的阵列式电阻。

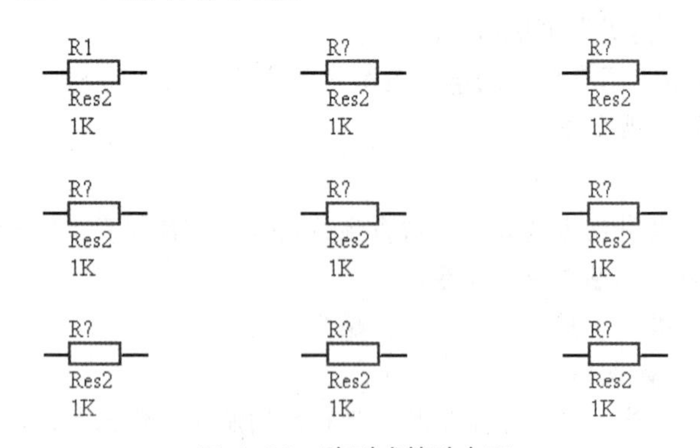

图 4-26 阵列式粘贴电阻

4.3.5 元器件的排列与对齐

执行菜单命令“编辑”→“对齐”，弹出元器件的对齐菜单命令，如图 4-27 所示。

其各项的功能如下。

- 左对齐：将选取的元器件向最左端的元器件对齐。
- 右对齐：将选取的元器件向最右端的元器件对齐。
- 水平中心对齐：将选取的元器件向最左端元器件和最右端元器件的中间位置对齐。
- 水平分布：将选取的元器件在最左端元器件和最右端元器件之间等距离放置。
- 顶对齐：将选取的元器件向最上端的元器件对齐。
- 底对齐：将选取的元器件向最下端的元器件对齐。
- 垂直中心对齐：将选取的元器件向最上端元器件和最下端元器件的中间位置对齐。
- 垂直分布：将选取的元器件在最上端元器件和最下端元器件之间等距离放置。

执行菜单命令“编辑”→“对齐”→“对齐”，弹出“排列对象”对话框，如图 4-28 所示。该对话框的设置主要包括 3 部分。

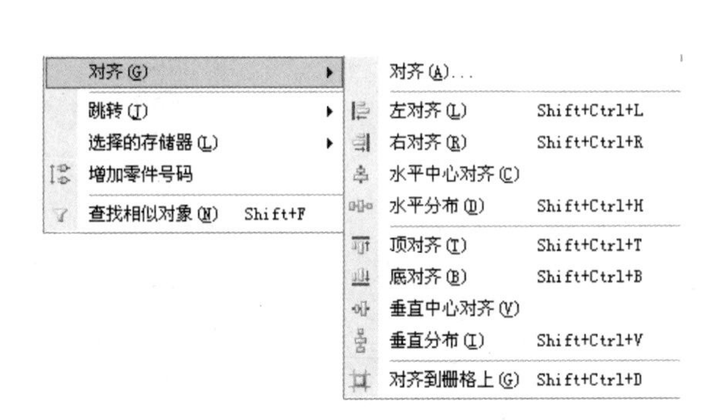

图 4-27　元器件的对齐菜单命令

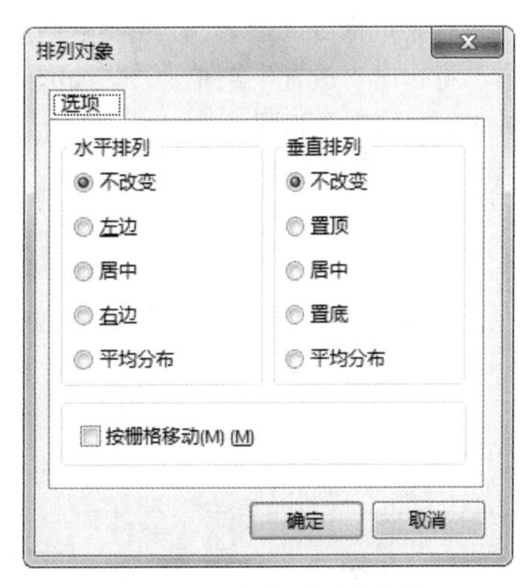

图 4-28　“排列对象”对话框

（1）“水平排列”选项区域：用来设置元器件在水平方向的排列方式。

- 不改变：水平方向上保持原状，不进行排列。
- 左边：水平方向左对齐，等同于“左对齐”命令。
- 居中：水平中心对齐，等同于“水平中心对齐”命令。
- 右边：水平右对齐，等同于“右对齐”命令。
- 平均分布：水平方向均匀排列，等同于“水平分布”命令。

（2）“垂直排列”选项区域：用来设置元器件在竖直方向的排列方式。

- 不改变：竖直方向上保持原状，不进行排列。
- 置顶：顶端对齐，等同于“顶对齐”命令。
- 居中：垂直中心对齐，等同于“垂直中心对齐”命令。
- 置底：底端对齐，等同于“底对齐”命令。
- 平均分布：竖直方向均匀排列，等同于“垂直分布”命令。

（3）“按栅格移动”复选框用于设定元器件对齐时，是否将元器件移动到网格上。建议用户选中此项，以便于连线时捕捉到元器件的电气节点。

4.4 绘制电路原理图

4.4.1 绘制原理图的工具

绘制电路原理图主要通过电路图绘制工具来完成，因此，熟练使用电路图绘制工具是必需的。启动电路图绘制工具的方法主要有两种。

1. 使用“布线”工具栏

执行“察看”→“Toolbars（工具栏）”→“布线”菜单命令，如图 4-29 所示，即可打开“布线”工具栏，如图 4-30 所示。

2. 使用菜单命令

执行菜单命令“放置”，或在电路原理图的图纸上单击鼠标右键，在快捷菜单中选择“放置”选项，将弹出“放置”菜单命令，如图 4-31 所示。这些菜单命令与“布线”工具栏的各个按钮相互对应，功能完全相同。

图 4-29 启动“布线”工具栏的菜单命令

图 4-30 “布线”工具栏

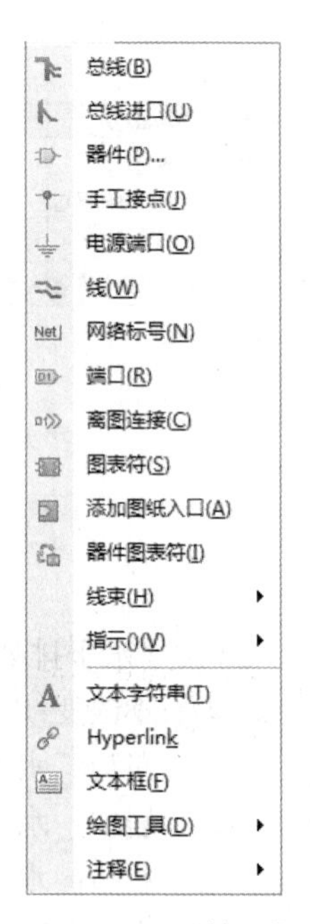

图 4-31 “放置”菜单命令

4.4.2 绘制导线和总线

1. 绘制导线

导线是电路原理图最基本的电气组件之一，原理图中的导线具有电气连接意义。下面介绍绘制导线的具体步骤和导线的属性设置。

（1）启动绘制导线命令。

启动绘制导线命令如下，主要有 4 种方法。

① 单击“布线”工具栏中的≈（放置线）按钮，进入绘制导线状态。

② 执行“放置”→“线”菜单命令，进入绘制导线状态。

③ 在原理图图纸空白区域单击鼠标右键，在弹出的快捷菜单中选择“放置”→“线”命令。

④ 使用快捷键 P+W。

（2）绘制导线。

进入绘制导线状态后，光标变成十字形。绘制导线的具体步骤如下。

① 将光标移到要绘制导线的起点，若导线的起点是元器件的引脚，当光标靠近元器件引脚时，会自动移动到元器件的引脚上，同时出现一个红色的 × 表示电气连接的意义。单击鼠标左键确定导线起点。

② 移动光标到导线折点或终点，在导线折点处或终点处单击鼠标左键确定导线的位置，每转折一次都要单击鼠标一次。导线转折时，可以通过按 Shift+ 空格键来切换选择导线转折的模式，共有 3 种模式，分别是直角、45° 角和任意角，如图 4-32 所示。

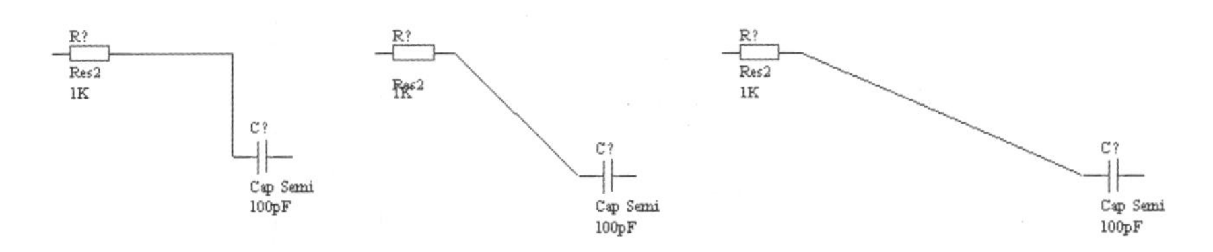

图 4-32　直角、45° 角和任意角转折

③ 绘制完第 1 条导线后，右击鼠标退出绘制第 1 根导线状态。此时系统仍处于绘制导线状态，将光标移动到新的导线的起点，按照上面的方法继续绘制其他导线。

④ 绘制完所有的导线后，单击鼠标右键退出绘制导线状态，光标由十字形变成箭头。

（3）导线属性设置。

在绘制导线状态下，按 Tab 键，弹出“线”属性对话框，如图 4-33 所示。或者在绘制导线完成后，双击导线同样会弹出“线”属性对话框。

在“线”属性对话框中，主要对导线的颜色和宽度进行设置。单击“颜色”右边的颜色框，弹出“选择颜色”对话框，如图 4-34 所示。选中合适的颜色作为导线的颜色即可。

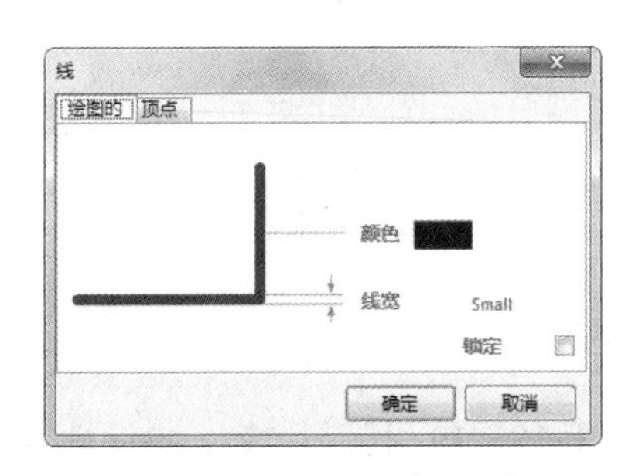

图 4-33　“线”属性对话框

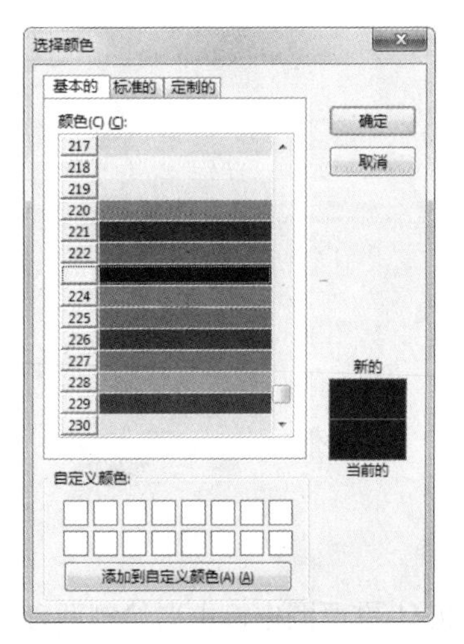

图 4-34　“选择颜色”对话框

导线的宽度设置是通过“线宽”右边的下拉按钮来实现的。有 4 种选择：Smallest（最细）、Small（细）、Medium（中等）、Large（粗）。一般不需要设置导线属性，采用默认设置即可。

（4）绘制导线实例。

这里以 80C51 原理图为例说明绘制导线工具的使用方法。80C51 原理图如图 4-35 所示。在后面介绍的绘图工具的使用都以 80C51 原理图为例。

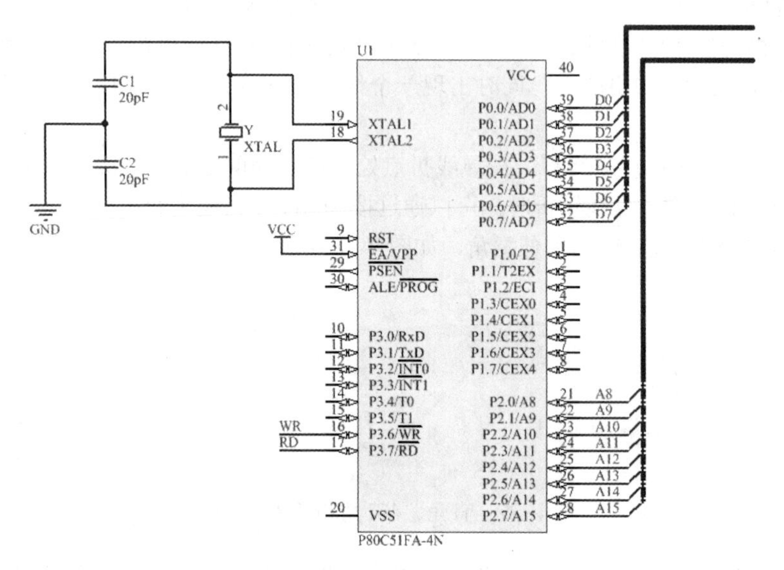

图 4-35　80C51 原理图

在前面已经介绍了如何在原理图上放置元器件。按照前面所讲在空白原理图上放置所需的元器件，如图 4-36 所示。

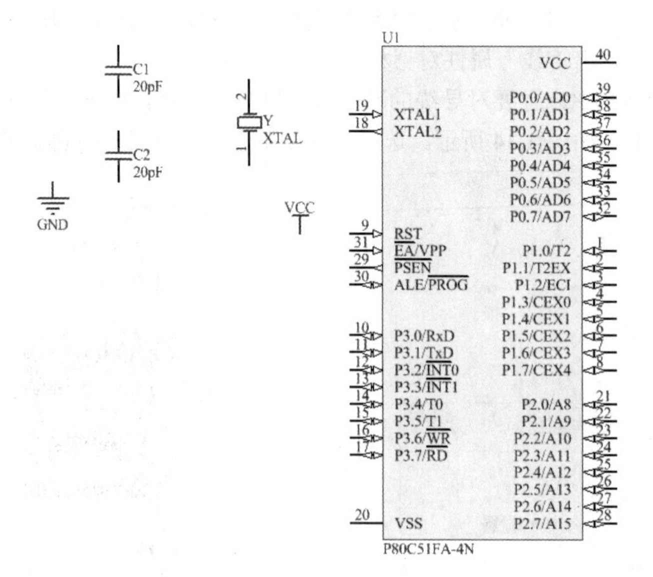

图 4-36　放置元器件

在 80C51 原理图中，主要绘制两部分导线。分别为第 18、19 引脚与电容、电源地等的连接以及第 31 引脚 VPP 与电源 VCC 的连接。其他地址总线和数据总线可以连接一小段导线，以便于后面网络标号的放置。

首先启动绘制导线命令，光标变成十字形。将光标移动到 80C51 的第 19 引脚 XTAL1 处，将在 XTAL1 的引脚上出现一个红色的 ×，单击鼠标左键确定。拖动鼠标到合适位置单击鼠标左键将导线转折后，将光标拖至元器件 Y 的第 2 引脚处，此时光标上再次出现红色的 ×，单击鼠标左键确定，第 1 根导线绘制完成，右击鼠标退出绘制第 1 根导线状态。此时光标仍为十字形，采用同样的方法绘制其他导线。只要光标为十字形状，就处于绘制导线命令状态下。若想退出绘制导线状态，右击鼠标即可，光标变成箭头后，才表示退出该命令状态。导线绘制完成后的 80C51 原理图如图 4-37 所示。

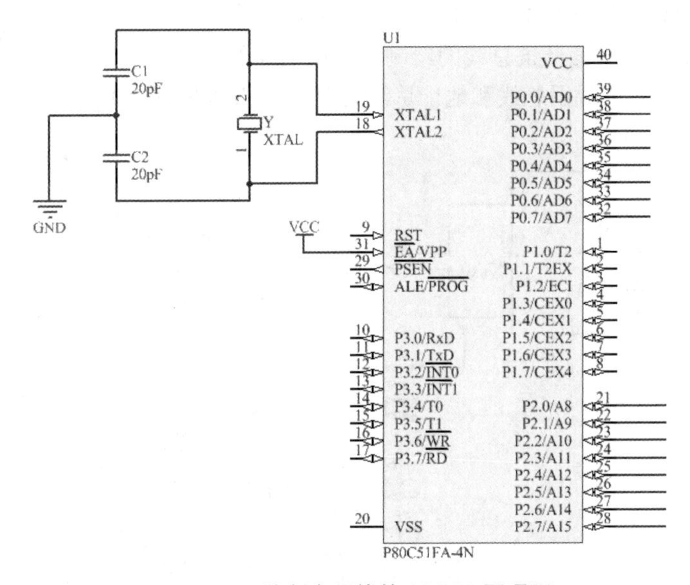

图 4-37　绘制完导线的 80C51 原理图

2. 绘制总线

总线就是用一条线来表达数条并行的导线，如常说的数据总线、地址总线等。这样做是为了简化原理图，便于读图。总线本身没有实际的电气连接意义，必须由总线接出的各个单一导线上的网络名称来完成电气意义上的连接。由总线接出的各个单一导线上必须放置网络名称，具有相同网络名称的导线表示实际电气意义上的连接。

（1）启动绘制总线的命令。

启动绘制总线的命令有如下 4 种方法。

① 单击电路图“布线”工具栏中的按钮。

② 执行菜单命令“放置”→“总线”。

③ 在原理图图纸空白区域右击鼠标，在弹出的快捷菜单中选择“放置”→“总线”命令。

④ 使用快捷键 P+B。

（2）绘制总线。

启动绘制总线命令后，光标变成十字形，在合适的位置单击鼠标左键确定总线的起点，然后拖动鼠标，在转折处单击鼠标或在总线的末端单击鼠标确定。绘制总线的方法与绘制导线的方法基本相同。

（3）总线属性设置。

在绘制总线状态下，按 Tab 键，弹出“总线”属性对话框，如图 4-38 所示。在绘制总线完成后，如果想要修改总线属性，双击总线，同样弹出“总线”属性对话框。

“总线”属性对话框的设置与导线设置相同，主要是对总线颜色和总线宽度的设置，在此不再重复讲述。一般情况下采用默认设置即可。

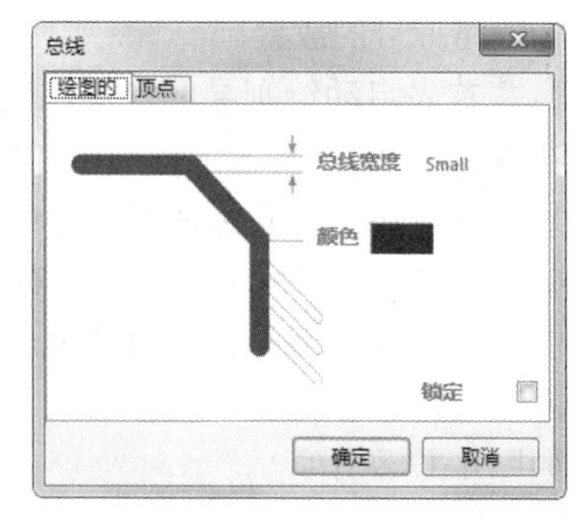

图 4-38 “总线”属性对话框

（4）绘制总线实例。

绘制总线的方法与绘制导线基本相同。启动绘制总线命令后，光标变成十字形，进入绘制总线状态后，在恰当的位置（P0.6 处空一格的位置，空的位置是为了绘制总线分支）单击鼠标左键确认总线的起点，然后在总线转折处单击鼠标左键，最后在总线的末端再次单击鼠标左键，完成第一条总线的绘制。采用同样的方法绘制剩余的总线。绘制完成数据总线和地址总线的 80C51 原理图如图 4-39 所示。

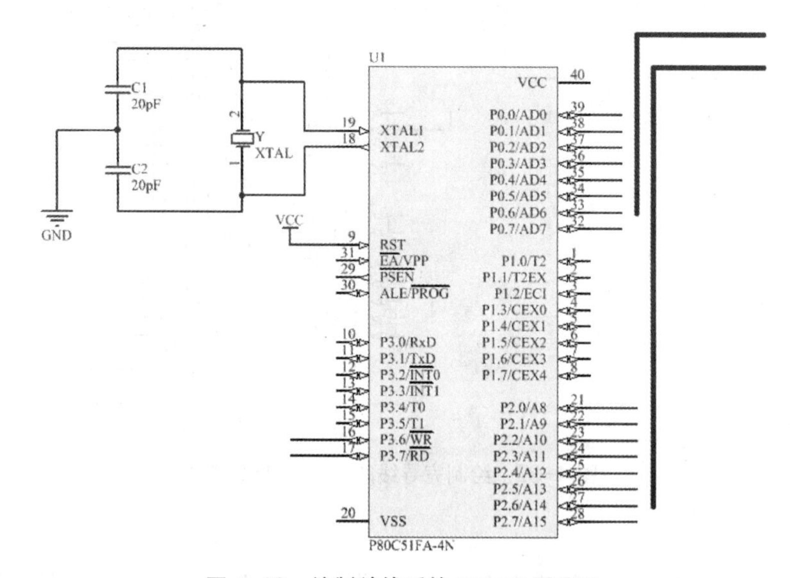

图 4-39 绘制总线后的 80C51 原理图

3. 绘制总线分支

总线分支是单一导线进出总线的端点。导线与总线连接时必须使用总线分支，总线和总线分支没有任何的电气连接意义，只是让电路图看上去更有专业水平，因此电气连接功能要由网路标号来完成。

（1）启动总线分支命令。

启动总线分支命令主要有以下 4 种方法。

① 单击电路图“布线”工具栏中的按钮。

② 执行菜单命令“放置”→“总线进口”。

③ 在原理图图纸空白区域右击鼠标，在弹出的快捷菜单中选择“放置”→“总线进口”命令。

④ 使用快捷键 P+U。

（2）绘制总线分支。

绘制总线分支的步骤如下。

① 执行绘制总线分支命令后，光标变成十字形，并有分支线“/”悬浮在游标上。如果需要改变分支线的方向，按空格键即可。

② 移动光标到所要放置总线分支的位置，光标上出现两个红色的十字叉，单击鼠标即可完成第 1 个总线分支的放置。依次可以放置所有的总线分支。

③ 绘制完所有的总线分支后，右击鼠标或按 Esc 键退出绘制总线分支状态。光标由十字形变成箭头。

（3）总线分支属性设置。

在绘制总线分支状态下，按 Tab 键，弹出“总线入口”属性对话框，如图 4-40 所示，或在退出绘制总线分支状态后，双击总线分支同样弹出该对话框。

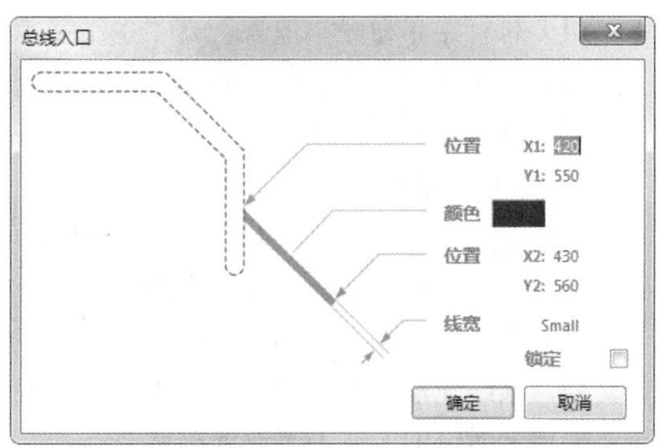

图 4-40　“总线入口”属性对话框

在“总线入口”属性对话框中，可以设置总线分支的颜色和线宽。“位置”一般不需要设置，采用默认设置即可。

（4）绘制总线分支的实例。

进入绘制总线分支状态后，十字光标上出现分支线“／”或“＼”。由于在 80C51 原理图中采用“／”分支线，所以通过按空格键调整分支线的方向。绘制分支线很简单，只需要将十字光标上的分支线移动到合适的位置，单击鼠标左键就可以了。完成了总线分支的绘制后，右击鼠标退出总线分支绘制状态。这一点与绘制导线和总线不同，当绘制导线和总线时，双击鼠标右键退出导线和总线绘制状态，右击鼠标表示在当前导线或总线绘制完成后，开始下一段导线或总线的绘制。绘制完总线分支后的 80C51 原理图如图 4-41 所示。

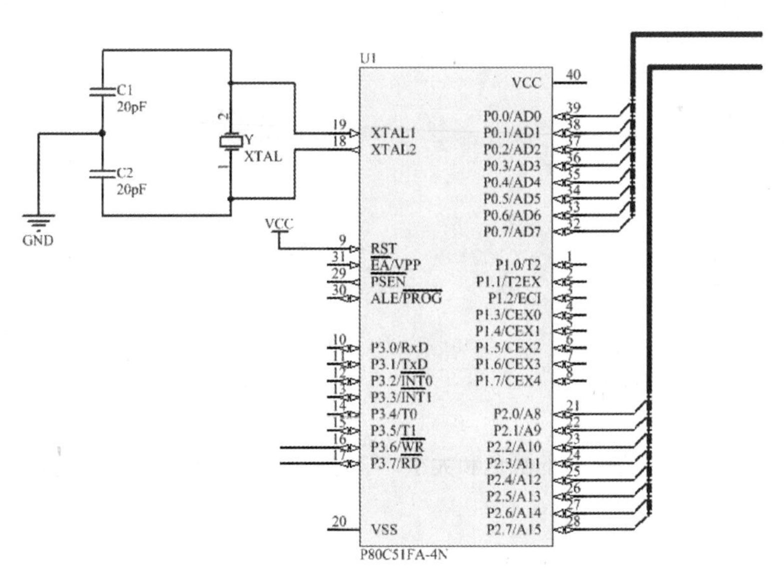

图 4-41　绘制总线分支后的 80C51 原理图

提示

在放置总线分支的时候，总线分支朝向的方向有时是不一样的，左边的总线分支向右倾斜，而右边的总线分支向左倾斜。在放置的时候，只需要按空格键就可以改变总线分支的朝向。

4.4.3 放置电路节点

电路节点是用来表示两条导线交叉处是否连接的状态。如果没有节点，表示两条导线在电气上是不相通的；若有节点，则认为两条导线在电气意义上是连接的。

1. 启动放置电路节点命令

启动放置电路节点命令有 3 种方式。

（1）执行菜单命令“放置”→“手工接点”。

（2）在原理图图纸空白区域右击鼠标，在弹出的快捷菜单中执行“放置”→“手工接点”命令。

（3）使用快捷键 P+J。

2. 放置电路节点

启动放置电路节点命令后，光标变成十字形，且光标上有一个红色的圆点，如图 4-42 所示。移动光标，在原理图的合适位置单击完成一个节点的放置。单击鼠标右键退出放置节点状态。

一般在布线时系统会在 T 形交叉处自动加入电路节点，免去手动放置节点的麻烦。但在十字交叉处，系统无法判断两根导线是否相连，就不会自动放置电路节点。如果导线确实是连接的，就需要采用上面讲的方法手工放置电路节点。

3. 电路节点属性设置

在放置电路节点状态下，按 Tab 键，弹出“连接”对话框，如图 4-43 所示，或者在退出放置节点状态后，双击节点也可以打开该对话框。

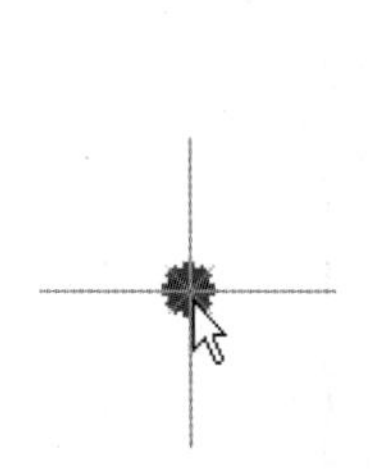

图 4-42 手工放置电路节点

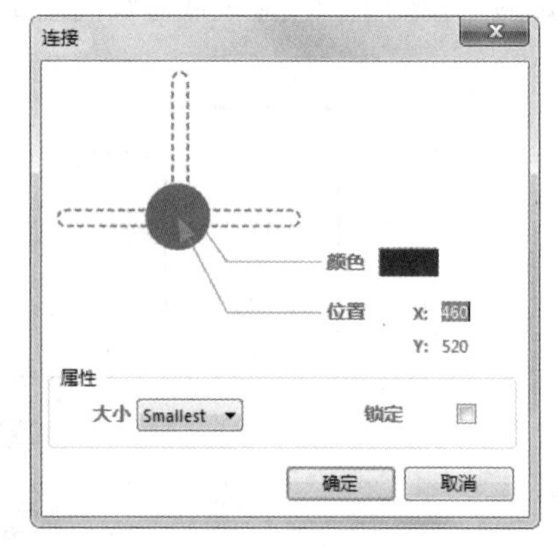

图 4-43 “连接”对话框

在该对话框中，可以设置节点的颜色和大小，“位置”一般采用默认的设置即可。

4.4.4 设置网络标号

在原理图绘制过程中，元器件之间的电气连接除了使用导线外，还可以通过设置网络标号来实现。网络标号实际上是一个电气连接点，具有相同网络标号的电气连接表明是连在一起的。网络标号主要用于层次原理图电路和多重式电路中的各个模块之间的连接。也就是说定义网络标号的用途是将两个和两个以上没有相互连接的网络，命名相同的网络标号，使它们在电气含义上属于同一网络，这在印制电路板布线时非常重要。在连接线路比较远或线路走线复杂时，使用网络标号代替实际走线会使电路图简化。

1. 启动放置网络标号命令

启动放置网络标号的命令有 4 种方法。

（1）执行菜单命令“放置”→“网络标号”。

（2）单击“布线”工具栏中的 按钮。

（3）在原理图图纸空白区域单击鼠标右键，在弹出的快捷菜单中执行“放置”→“网络标号”命令。

（4）使用快捷键 P+N。

2. 放置网络标号

放置网络标号的步骤如下。

（1）启动放置网络标号命令后，光标变成十字形，并出现一个虚线方框悬浮在光标上。此方框的大小、长度和内容由上一次使用的网络标号决定。

（2）将光标移动到放置网络名称的位置（导线或总线），光标上出现红色的 ×，此时单击鼠标左键就可以放置一个网络标号了，但是一般情况下，为了避免以后修改网络标号的麻烦，在放置网络标号前，按 Tab 键，设置网络标号的属性。

（3）移动鼠标到其他位置继续放置网络标号（放置完第一个网络标号后，不按鼠标右键）。在放置网络标号的过程中，如果网络标号的末尾为数字，那么这些数字会自动增加。

（4）右击鼠标或按 Esc 键退出放置网络标号状态。

3. 设置网络标号属性

启动放置网络标号命令后，按 Tab 键打开“网络标签”对话框，或者在放置网络标号完成后，双击网络标号打开该对话框，如图 4-44 所示。

“网络标签”对话框主要用来设置以下选项。

- 网络：定义网络标号。在文本栏中可以直接输入想要放置的网络标号，也可以单击后面的下拉按钮选取前面使用过的网络标号。
- 颜色：单击“颜色”选择框，弹出“选择颜色”对话框，用户可以选择自己喜欢的颜色。
- 位置：选项中的 X、Y 表明网络标号在电路原理图上的水平和竖直坐标。
- 定位：用来设置网络标号在原理图上的放置方向。在“定位”下拉列表中可以选择网络标号的方向，也可以用空格键实现方向的调整，每按一次空格键，改变 90°。
- 字体：单击字体，弹出“字体”对话框，如图 4-45 所示，用户可以选择自己喜欢的字体。

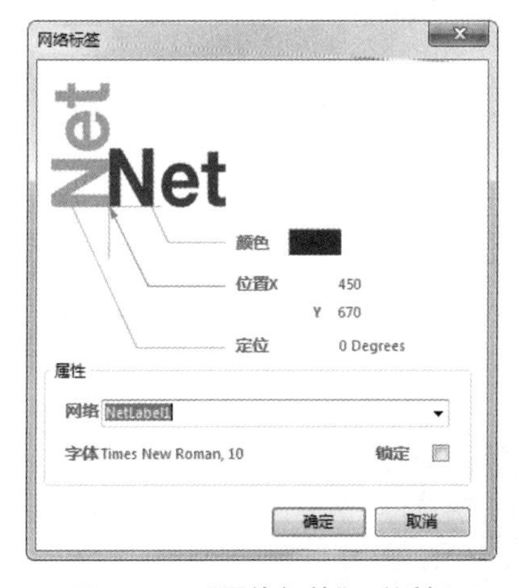

图 4-44　“网络标签”对话框

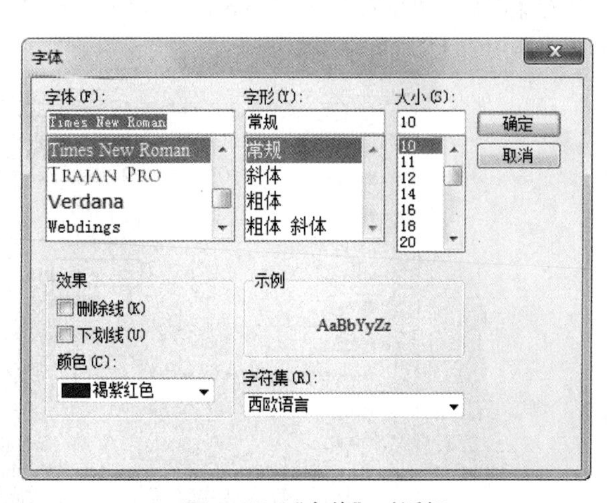

图 4-45　“字体”对话框

4. 放置网络标号实例

在 80C51 原理图中，主要放置 WR、RD、数据总线（D0 ～ D7）和地址总线（A8 ～ A15）的网络标号。首先进入放置网络标号状态，按 Tab 键将弹出“网络标签”对话框，在“网络”名称栏中键入 D0，其他采用默认设置即可。移动鼠标到 80C51 的 AD0 引脚，出现红色的 × 符号，单击鼠标，网络标号 D0 的设置完成。依次移动鼠标到 D1 ～ D7，会发现网络标号的末位数字自动增加。单击鼠标完成 D0 ～ D7 的网络标号的放置。用同样的方法完成其他网络标号的放置，单击鼠标右键退出放置网络标号状态。完成放置网络标号后的 80C51 原理图如图 4-46 所示。

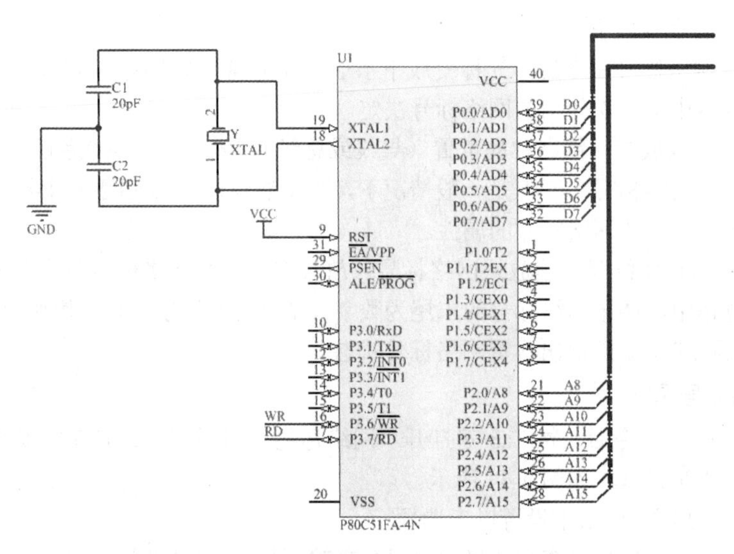

图 4-46　绘制完网络标号后的 80C51 原理图

4.4.5　放置电源和接地符号

放置电源和接地符号有多种方法，通常利用“实用”工具栏完成电源和接地符号的放置。

1. “实用”工具栏中的电源和接地符号

执行菜单命令“察看”→“Toolbars（工具栏）”，选中“实用”选项，在编辑窗口上出现如图 4-47 所示的“实用”工具栏。

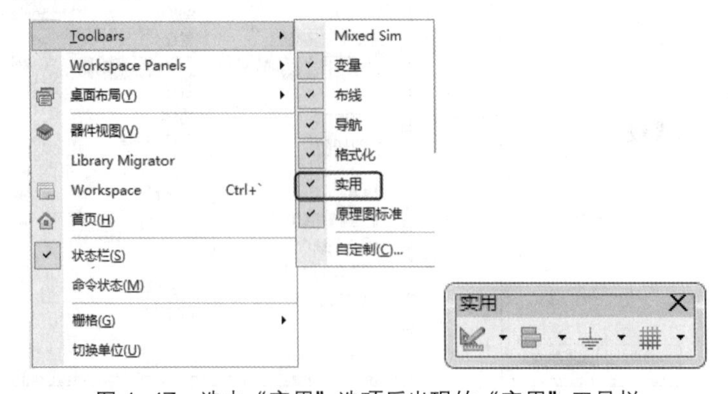

图 4-47　选中“实用”选项后出现的“实用”工具栏

单击“实用”工具栏中的按钮，弹出电源和接地符号下拉菜单，如图 4-48 所示。

在电源和接地符号下拉菜单中，单击电源和接地符号选项，可以得到相应的电源和接地符号，非常方便易用。

2. 放置电源和接地符号的方法与步骤

（1）放置电源和接地符号主要有 5 种方法。

① 单击“布线”工具栏中的或按钮。

② 执行菜单命令“放置”→“电源端口”。

③ 在原理图图纸空白区域单击鼠标右键，在弹出的快捷菜单中选择“放置”→“电源端口”命令。

④ 使用“实用”工具栏中的电源和接地符号。

⑤ 使用快捷键 P+O。

（2）放置电源和接地符号的步骤如下。

① 启动放置电源和接地符号的命令后，光标变成十字形，同时一个电源或接地符号悬浮在光标上。

② 在适合的位置单击或按 Enter 键，即可放置电源和接地符号。

③ 右击鼠标或按 Esc 键退出电源和接地符号放置状态。

3. 设置电源和接地符号的属性

启动放置电源和接地符号的命令后，按 Tab 键弹出“电源端口”对话框；或在放置电源和接地符号完成后，双击需要设置的电源或接地符号，也可以弹出“电源端口”对话框，如图 4-49 所示。

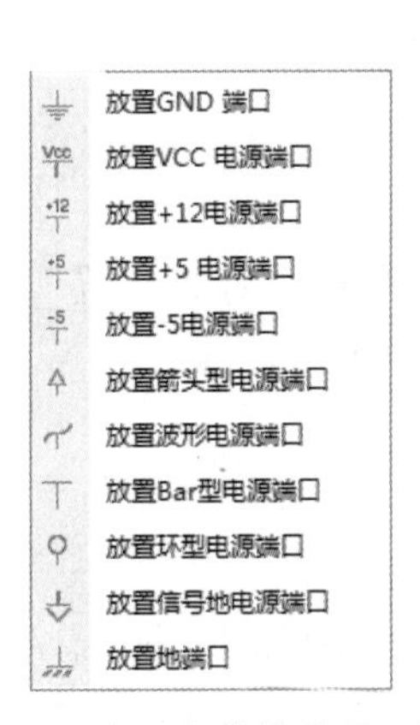

图 4-48　电源和接地符号下拉菜单

图 4-49　“电源端口”对话框

- 颜色：用来设置电源和接地符号的颜色。单击右边的色块，可以选择颜色。
- 定位：用来设置电源和接地符号的方向，在下拉列表中可以选择需要的方向，有 0 Degrees、90 Degrees、180 Degrees、270 Degrees。方向的设置也可以通过在放置电源和接地符号时按空格键实现，每按一次空格键，方向就变化 90°。
- 位置：可以定位 x、y 的坐标，一般采用默认设置即可。
- 类型：在“类型”下拉列表中，有 11 种不同的电源和接地类型，与图 4-48 中的电源和接地符号存在一一对应的关系。
- 网络：键入所需要的名字，比如 GND、VCC 等。

4. 放置电源与接地符号实例

在 80C51 原理图中，主要有电容与电源地的连接和 RST 与电源 VCC 的连接。下面采用两种方法放置电源和接地符号。

（1）利用“实用”工具栏中的电源和接地符号下拉菜单放置电源和接地符号。

单击图 4-48 中的 VCC 图标，光标变成十字形，同时有 VCC 图标悬浮在光标上，移动光标到合适的位置单击，完成 VCC 符号的放置。接地符号的放置与电源符号的放置完全相同，不再叙述。

（2）利用“布线”工具栏放置电源和接地符号。

单击“布线”工具栏的电源符号按钮，光标变成十字形，同时一个电源图示悬浮在光标上，其图示与上一次设置的电源或接地图示相同。按 Tab 键，弹出如图 4-49 所示的“电源端口”对话框，在“网络”栏中键入 VCC 作为网络标号，在“类型”下拉列表选中“Bar”，其他采用默认设置即可，单击“确定”按钮关闭对话框，移动光标到合适的位置单击，VCC 图标就出现在原理图上。此时系统仍处于放置电源和接地符号状态，采用上述同样的方法继续放置接地符号。右击鼠标退出放置电源和接地符号状态。放置电源和接地符号后的 80C51 原理图，如图 4-36 所示。

4.4.6 放置输入输出端口

在设计电路原理图时，一个电路网络与另一个电路网络的电气连接有 3 种形式：可以直接通过导线连接；也可以通过设置相同的网络标号来实现两个网络之间的电气连接；还有一种方法，即相同网络标号的输入输出端口，在电气意义上也是连接的。输入输出端口是层次原理图设计中不可缺少的组件。

1. 启动放置输入输出端口的命令

启动放置输入输出端口的命令主要有 4 种方法。

（1）单击“布线”工具栏中的按钮。

（2）执行菜单命令“放置”→“端口”。

（3）在原理图图纸空白区域单击鼠标右键，在弹出的快捷菜单中执行“放置”→“端口”命令。

（4）使用快捷键 P+R。

2. 放置输入输出端口

放置输入输出端口的步骤如下。

（1）启动放置输入输出端口命令后，光标变成十字形，同时一个输入输出端口图示悬浮在光标上。

（2）移动光标到原理图的合适位置，在光标与导线相交处会出现红色的 ×，这表明实现了电气连接。单击鼠标即可定位输入输出端口的一端，移动鼠标使输入输出端口大小合适，单击鼠标完成一个输入输出端口的放置。

（3）单击鼠标右键退出放置输入输出端口状态。

3. 输入输出端口属性设置

在放置输入输出端口状态下，按 Tab 键，或者在退出放置输入输出端口状态后，双击放置的输入输出端口符号，弹出“端口属性”对话框，如图 4-50 所示。

“端口属性”对话框主要包括如下属性设置。

- 高度：用于设置输入输出端口外形高度。
- 队列：用于设置输入输出端口名称在端口符号中的位置，有 3 种选择，可以设置为 Left、Right 和 Center。
- 文本颜色：用于设置端口内文字的颜色。单击后面的色块，可以进行设置。
- 类型：用于设置端口的外形，有 8 种选择，如图 4-51 所示。系统默认的设置是 Left & Right。

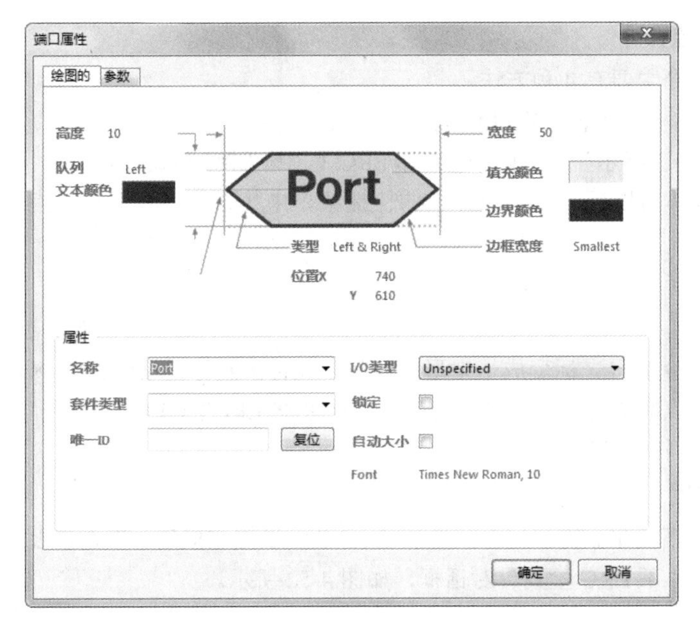

图 4-50 “端口属性”对话框

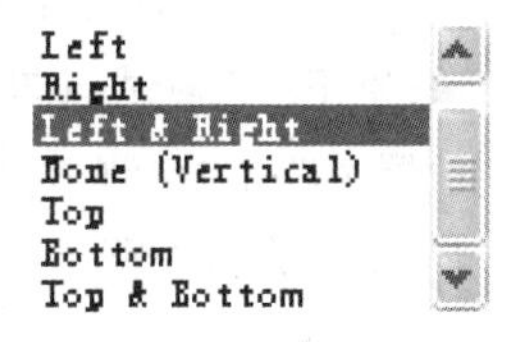

图 4-51 “类型”下拉列表

- 位置：用于定位端口的水平和竖直坐标。
- 宽度：用于设置端口的长度。
- 填充颜色：用于设置端口内的填充色。
- 边界颜色：用于设置端口边框的颜色。
- “名称”下拉列表：用于定义端口的名称，具有相同名称的输入输出端口在电气意义上是连接在一起的。
- “I/O 类型”下拉列表：用于设置端口的电气特性，为系统的电气规则检查（ERC）提供依据。端口的 I/O 类型设置有 4 种：Unspecified（未确定类型）、Output（输出端口）、Input（输入端口）、Bidirectional（双向端口）。
- 唯一 ID ：在整个项目中该输入输出端口的唯一 ID 号，用来与 PCB 同步。由系统随机给出，用户一般不需要修改。

4. 放置输入输出端口实例

启动放置输入输出端口命令后，光标变成十字形，同时输入输出端口图示悬浮在光标上。移动光标到 80C51 原理图数据总线的终点，单击鼠标确定输入输出端口的一端，移动光标到输入输出端口大小合适的位置单击鼠标确认。右击鼠标退出放置输入输出端口状态。此处图示里的内容是上一次放置输入输出端口时的内容。双击放置输入输出端口图示，弹出“端口属性”对话框。在“名称”一栏键入 D0 ～ D7，其他采用默认设置即可。地址总线的输入输出端口设置不再叙述，放置输入输出端口后的 80C51 原理图如图 4-35 所示。

4.4.7　放置忽略 ERC 测试点

放置忽略 ERC 测试点的主要目的是让系统在进行电气规则检查（ERC）时，忽略对某些节点的检查。例如，系统默认输入型引脚必须连接，但实际上某些输入型引脚不连接也是常事，如果不放置忽略 ERC 测试点，那么系统在编译时就会生成错误信息，并在引脚上放置错误标记。

1. 启动放置忽略 ERC 测试点命令

启动放置忽略 ERC 测试点命令主要有 4 种方法。

（1）单击“布线”工具栏中的 ×（放置忽略 ERC 测试点）按钮。

（2）执行菜单命令“放置”→“指示”→“Generic No ERC（忽略 ERC 测试点）”。

（3）在原理图图纸空白区域单击鼠标右键，在弹出的快捷菜单中执行“放置”→“指示”→“Generic No ERC”命令。

（4）使用快捷键 P+I+N。

2. 放置忽略 ERC 测试点

启动放置忽略 ERC 测试点命令后，光标变成十字形，并且在光标上悬浮一个红色的 ×，将光标移动到需要放置忽略 ERC 测试点的节点上，单击鼠标完成一个忽略 ERC 测试点的放置。右击鼠标或按 Esc 键退出放置忽略 ERC 测试点状态。

3. 忽略 ERC 测试点属性设置

在放置忽略 ERC 测试点状态下按 Tab 键，或在放置忽略 ERC 测试点完成后，双击需要设置属性的忽略 ERC 测试点符号，弹出“不 ERC 检查”对话框，如图 4-52 所示。

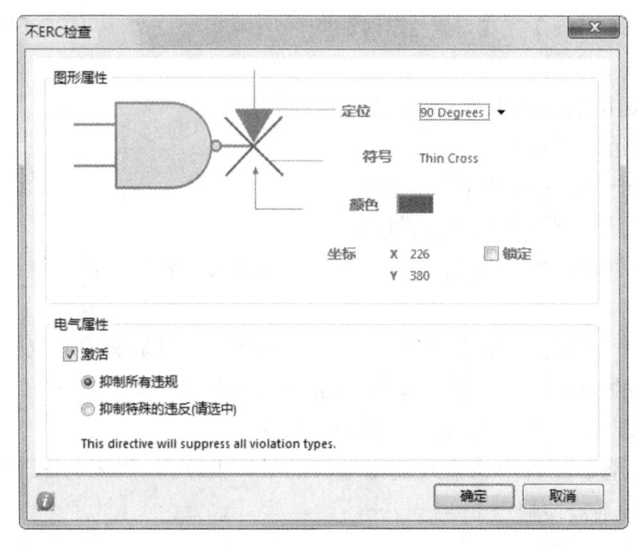

图 4-52 “不 ERC 检查”对话框

该对话框主要用来设置忽略 ERC 测试点的颜色和坐标位置，采用默认设置即可。

4.4.8 放置 PCB 布线标志

Altium Designer 17 允许用户在原理图设计阶段来规划指定网络的铜膜宽度、过孔直径、布线策略、布线优先权和布线板层属性。如果用户在原理图中对某些特殊要求的网络放置 PCB 布线标志，在创建 PCB 的过程中就会自动在 PCB 中引入这些设计规则。

1. 启动放置 PCB 布线标志命令

启动放置 PCB 布线标志命令主要有两种方法。

（1）执行菜单命令“放置”→“指示”→“PCB 布局”。

（2）在原理图图纸空白区域右击鼠标，在弹出的快捷菜单中执行“放置”→“指示”→“PCB

布局”命令。

2. 放置 PCB 布线标志

启动放置 PCB 布线标志命令后，光标变成十字形，“PCB Rule”图标悬浮在光标上，将光标移动到放置 PCB 布线标志的位置，单击鼠标左键，即可完成 PCB 布线标志的放置。单击鼠标右键，退出放置 PCB 布线标志状态。

3. PCB 布线标志属性设置

在放置 PCB 布线标志状态下，按 Tab 键，或者在已放置的 PCB 布线标志上双击鼠标，弹出“参数”对话框，如图 4-53 所示。

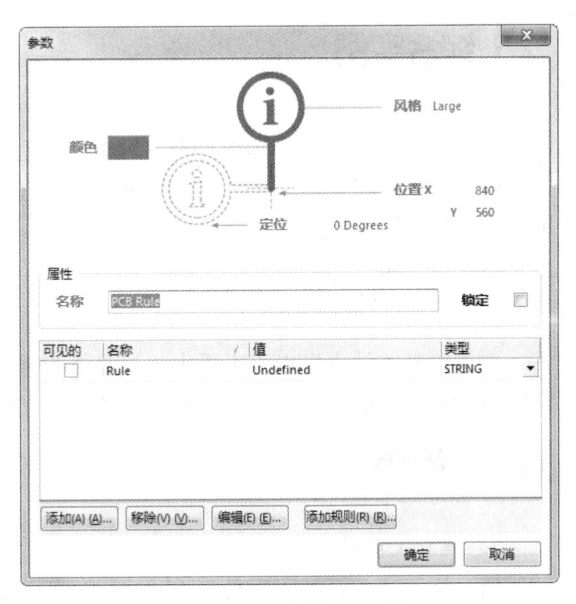

图 4-53 “参数”对话框

（1）“属性”选项区域：用于设置 PCB 布线标志的名称、放置位置和角度等。

- 名称：用来设置 PCB 布线标志的名称。
- 位置：用来设置 PCB 布线标志的坐标，一般采用移动鼠标实现。
- 定位：用来设置 PCB 布线标志的放置角度，有 0 Degrees、90 Degrees、180 Degrees、270 Degrees 4 种选择，也可以按空格键实现。

（2）参数列表：该表中列出了选中 PCB 布线标志所定义的变量及其属性，包括名称、数值及类型等。在列表中选中任一参数值，单击对话框下方的“编辑”按钮，打开“参数属性”对话框，如图 4-54 所示。

在“参数属性”对话框中，单击“编辑规则值”按钮，弹出“选择设计规则类型”对话框，如图 4-55 所示。该对话框中列出了 PCB 布线时用到的所有规则类型。

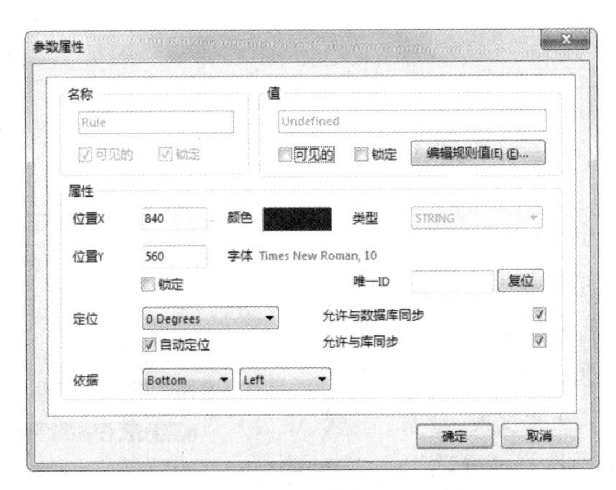

图 4-54 “参数属性”对话框

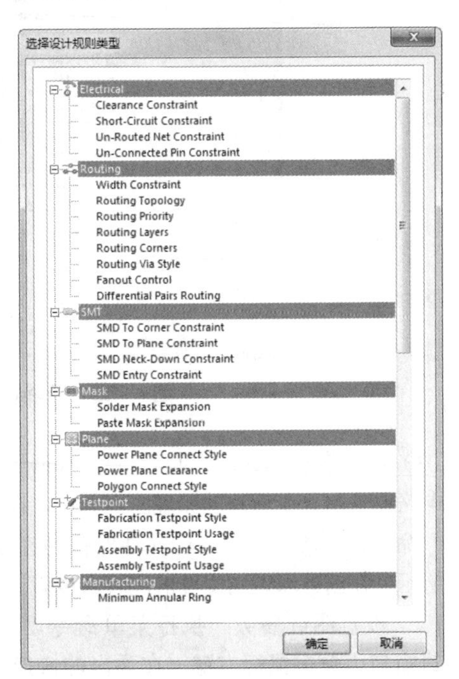

图 4-55 “选择设计规则类型”对话框

4.5 综合实例

通过前面的学习，相信用户对 Altium Designer 17 的原理图编辑环境、原理图编辑器的使用有了一定的了解，能够完成一些简单电路图的绘制。这一节，我们将通过具体的实例讲述完整地绘制出电路原理图的步骤。

4.5.1 绘制抽水机电路

本例绘制的抽水机电路主要由 4 只晶体管组成。潜水泵的供电受继电器的控制，继电器线圈中的电流是否形成，取决于晶体管 VT4 是否导通。

扫码看视频

【绘制步骤】

1. 建立工作环境

（1）执行菜单命令“文件”→“New（新建）”→“Project（工程）”，弹出“New Project（新建工程）”对话框。

（2）默认选择“PCB Project”选项及“Default（默认）”选项，在“Name（名称）”文本框中输入文件名称“抽水机电路”，在“Location（路径）”文本框中选择文件路径，如图 4-56 所示。完成设置后，单击 OK 按钮，关闭该对话框。

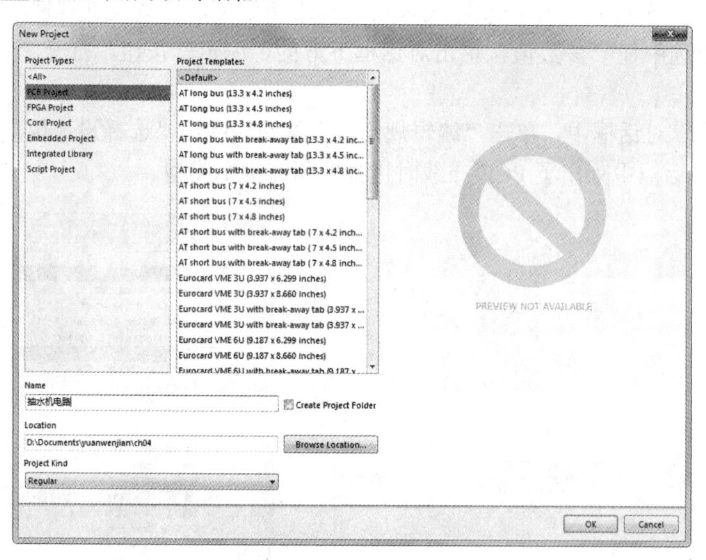

图 4-56 “New Project（新建工程）”对话框

（3）选择菜单栏中的“文件”→“New（新建）”→“原理图”命令，新建电路原理图。在新建的原理图上右击，在弹出的快捷菜单中选择“保存为”命令，将新建的原理图文件保存为“抽水机电路.SchDoc”，如图 4-57 所示。在创建原理图文件的同时，也就进入了原理图设计环境。

图 4-57 创建新原理图文件

（4）设置图纸参数。执行菜单命令“设计”→“文档选项”，或在编辑窗口内单击鼠标右键，在弹出的快捷菜单中选择“选项”→“文档选项”“文件参数”或“图纸”命令，弹出“文档选项”对话框，如

图 4-58 所示。

图 4-58　“文档选项”对话框

在此对话框中对图纸参数进行设置。这里将图纸的尺寸设置为 A4，“定位”设置为 Landscape，“标题块”设置为 Standard，其他采用默认设置，单击 确定 按钮，完成图纸属性设置。

2. 加载元器件库

选择“设计”→“添加 / 移除库”菜单命令，打开“可用库”对话框，然后在其中加载需要的元器件库。本例中需要加载的元器件库如图 4-59 所示。

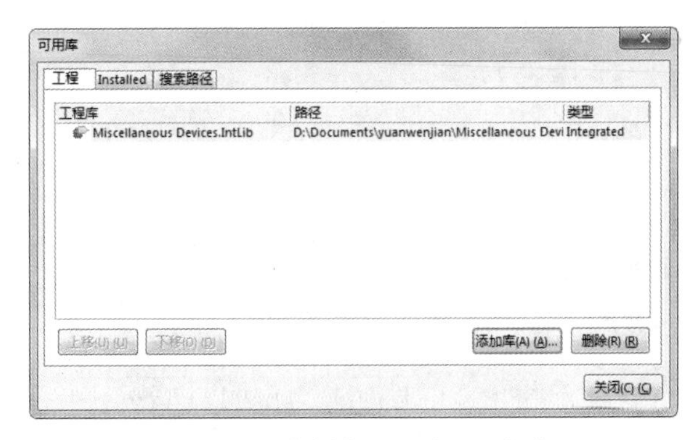

图 4-59　本例中需要的元器件库

在绘制电路原理图的过程中，放置元器件的基本依据是根据信号的流向放置，或从左到右，或从右到左。首先放置电路中关键的元器件，之后放置电阻、电容等外围元器件。本例中我们按照从左到右放置元器件。

3. 查找元器件，并加载其所在的库

（1）这里我们不知道设计中所用到的 LM394BH 芯片和 MC7812AK 所在的库位置，因此，首先要查找这两个元器件。

（2）打开“库”面板，单击 查找... 按钮，在弹出的查找元器件对话框中输入 LM394BH，如图 4-60 所示。

（3）单击查找...(S)按钮后，系统开始查找此元器件。查找到的元器件将显示在“库”面板中，如图 4-61 所示。右键单击查找到的元器件，在弹出的快捷菜单中选择“安装当前库”命令，如图 4-62 所示，弹出元器件库加载确认对话框，如图 4-63 所示，单击是(Y)按钮，加载元器件 LM394BH 所在的库。用同样的方法可以查找元器件 MC7812AK，并加载其所在的库，然后将其放置在原理图中，结果如图 4-64 所示。

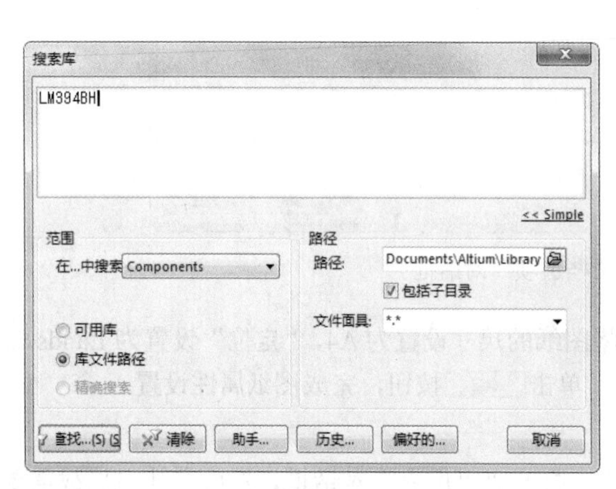

图 4-60　查找元器件 LM394BH

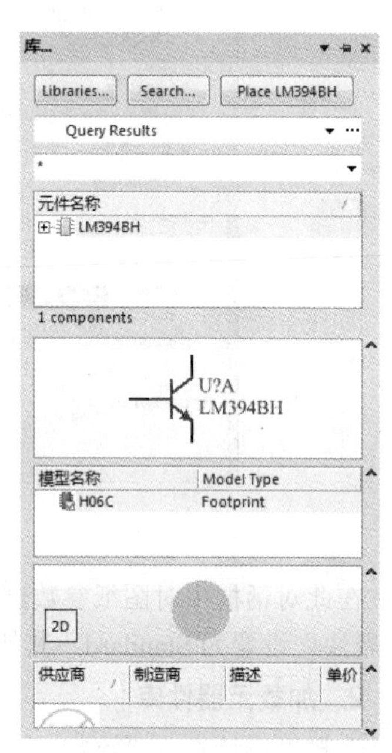

图 4-61　查找到的元器件 LM394BH

图 4-62　快捷菜单

图 4-63　确认对话框

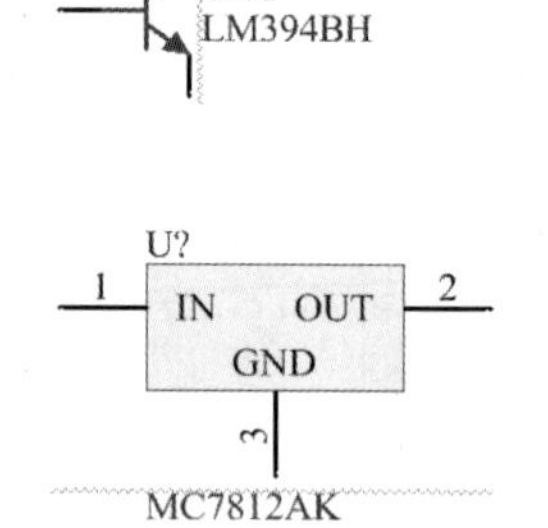

图 4-64　加载的主要元器件

4. 放置外围元器件

（1）首先放置 2N3904。打开“库”面板，在当前元器件库名称栏中选择 Miscellaneous Devices. IntLib，在元器件列表中选择 2N3904，如图 4-65 所示。

（2）双击元器件列表中的 2N3904，或单击Place 2N3904按钮，将此元器件放置到原理图的合适位置。

（3）同样方法放置元器件 2N3906，如图 4-66 所示。

（4）放置二极管元器件。在“库”面板的元器件过滤列表中输入“dio”，在元器件预览窗口中显示符合条件的元器件，如图 4-67 所示。在元器件列表中选择 Diode，单击Place Diode按钮，将元器件放置到图纸空白处。

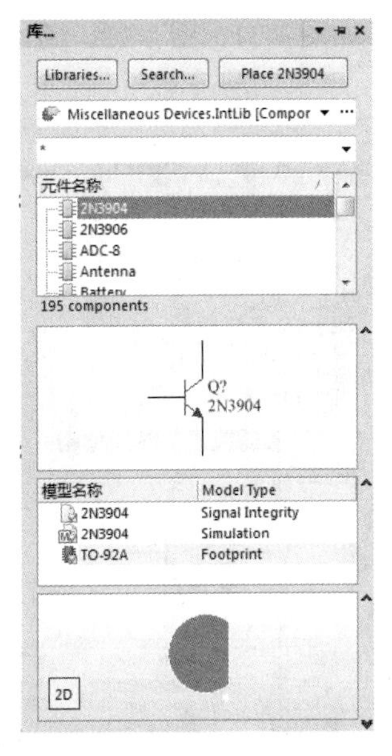

图 4-65　选择元器件 2N3904

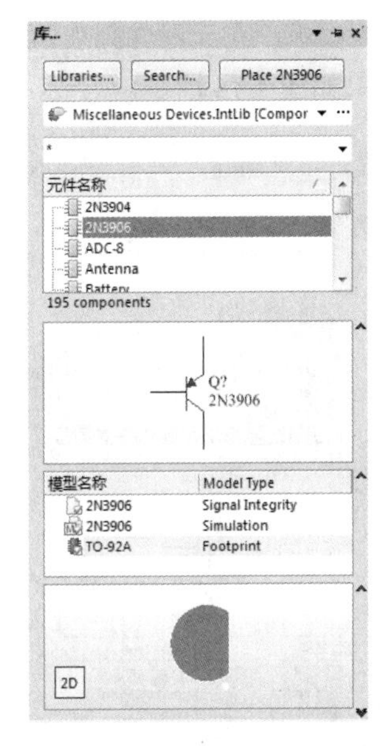

图 4-66　选择元器件 2N3906

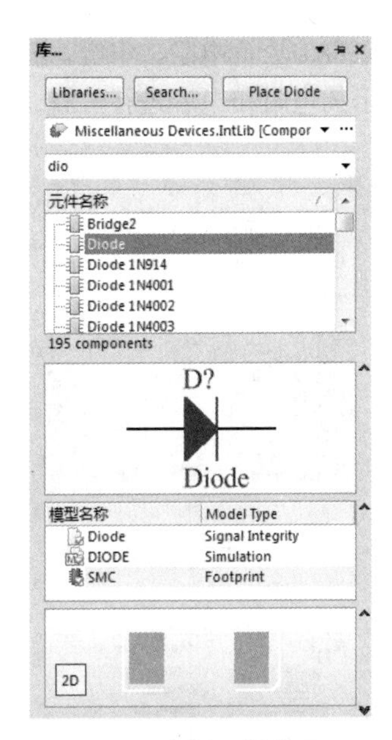

图 4-67　选择元器件 Diode

（5）放置发光二极管元器件。在“库”面板的元器件过滤列表中输入“led”，在元器件预览窗口中显示符合条件的元器件，如图 4-68 所示。在元器件列表中选择 LED0，单击 Place LED0 按钮，将元器件放置到图纸空白处。

（6）放置整流桥（二极管）元器件。在“库”面板的元器件过滤列表中输入“b”，在元器件预览窗口中显示符合条件的元器件，如图 4-69 所示。在元器件列表中选择 Bridge1，单击 Place Bridge1 按钮，将元器件放置到图纸空白处。

（7）放置变压器元器件。在“库”面板的元器件过滤列表中输入“tr”，在元器件预览窗口中显示符合条件的元器件，如图 4-70 所示。在元器件列表中选择 Trans，单击 Place Trans 按钮，将元器件放置到图纸空白处。

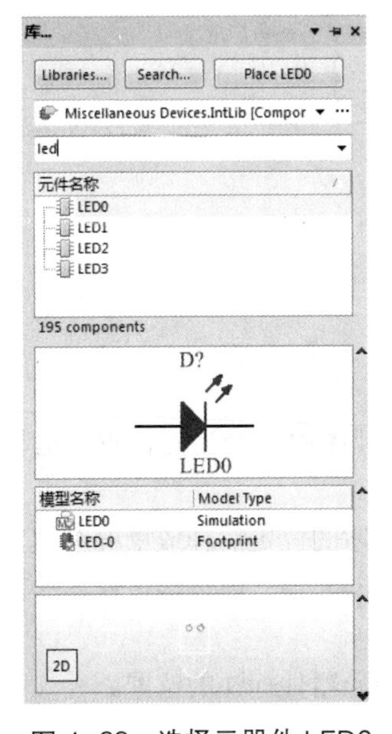

图 4-68　选择元器件 LED0

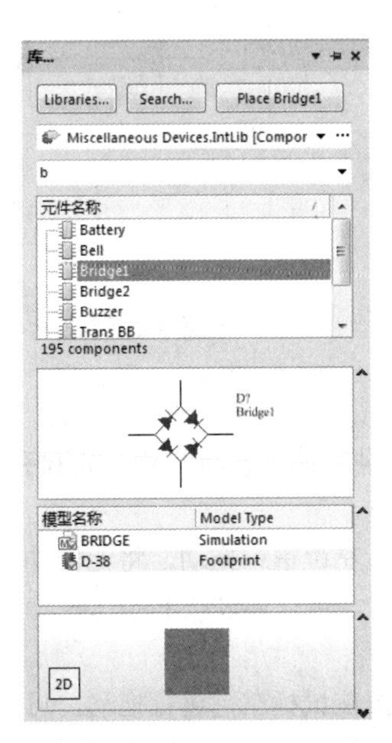

图 4-69　选择元器件 Bridge1

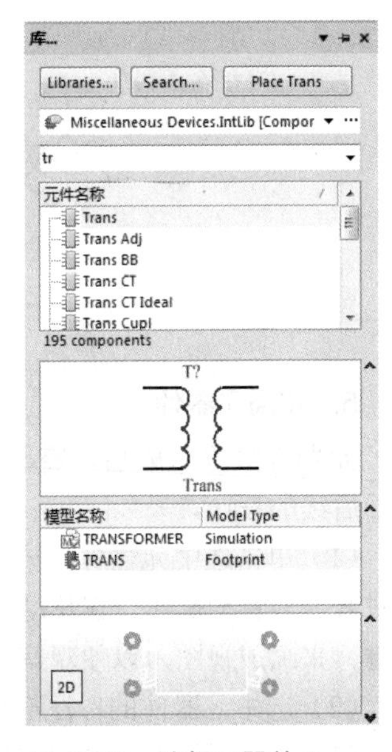

图 4-70　选择元器件 Trans

（8）放置电阻、电容。打开“库”面板，在元器件列表中分别选择如图 4-71、图 4-72、图 4-73 所示的电阻和电容进行放置。最终结果如图 4-74 所示。

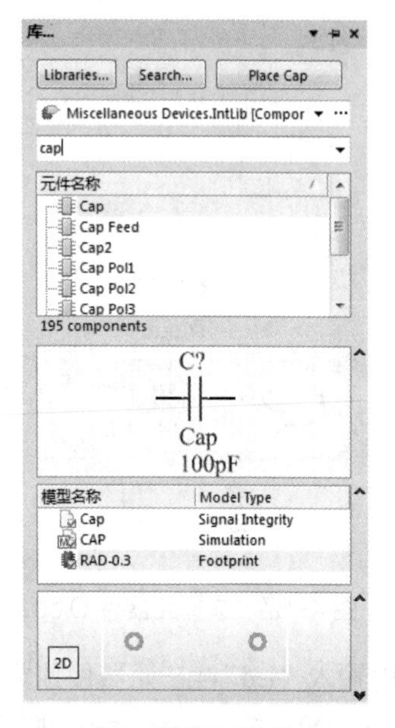

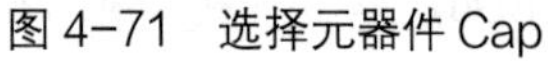
图 4-71　选择元器件 Cap

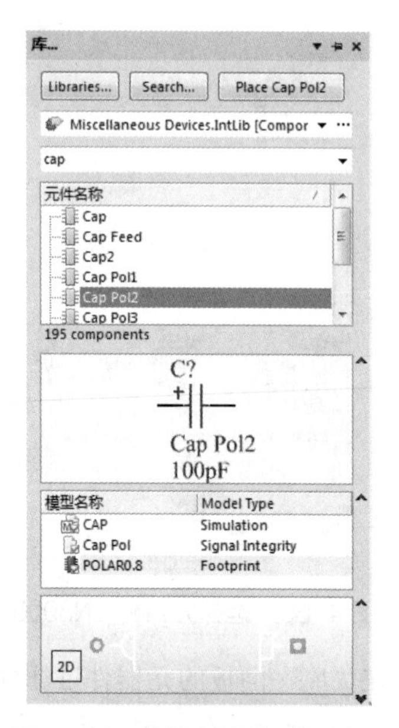

图 4-72　选择元器件 Cap Pol2

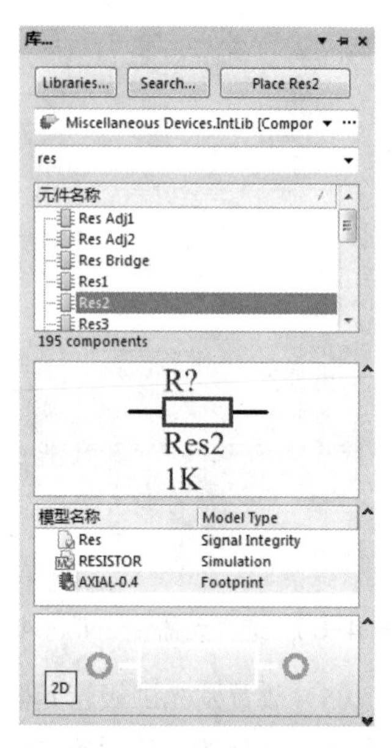

图 4-73　选择元器件 Res2

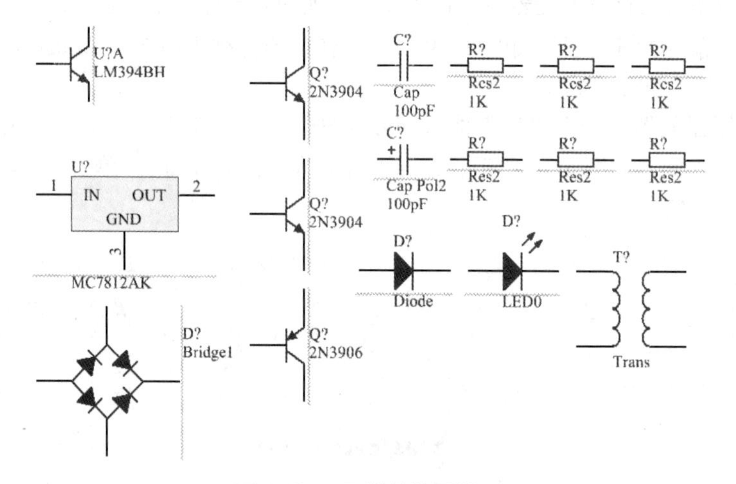

图 4-74　元器件放置结果

5. 布局元器件

元器件放置完成后，需要适当进行调整，将它们分别排列在原理图中最恰当的位置，这样有助于后续的设计。

（1）单击选中元器件，按住鼠标左键进行拖动，将元器件移至合适的位置后释放鼠标左键，即可对其完成移动操作。在移动对象时，可以通过按 Page Up 或 Page Down 键（或直接按住拖动鼠标中键）来缩放视图，以便观察细节。

（2）选中元器件的标注部分，按住鼠标左键进行拖动，可以移动元器件标注的位置。

（3）采用同样的方法调整所有元器件，效果如图 4-75 所示。

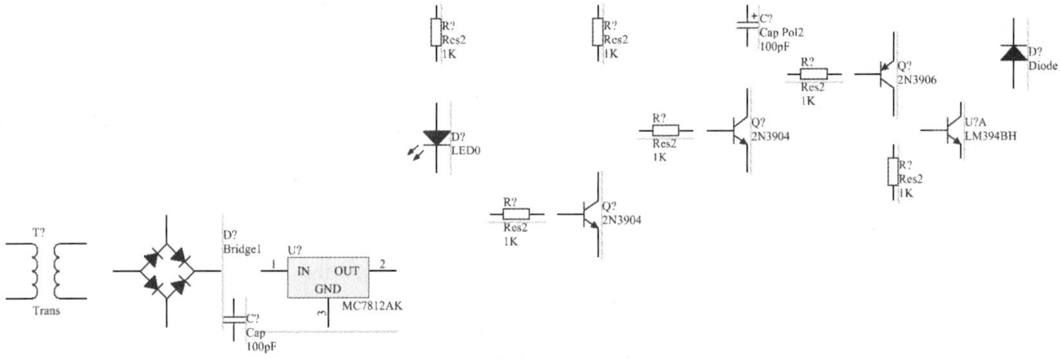

图 4-75　元器件调整效果

在图纸上放置好元器件之后，再对各个元器件的属性进行设置，包括元器件的标识、序号、型号、封装形式等。

（4）编辑元器件属性。双击变压器元器件“Trans”，在弹出的“Properties for Schematic Component in Sheet（元器件属性）”对话框中修改元器件属性。将“Designator（指示符）”设为“T1”，将“Comment（注释）”设为不可见，如图 4-76 所示。

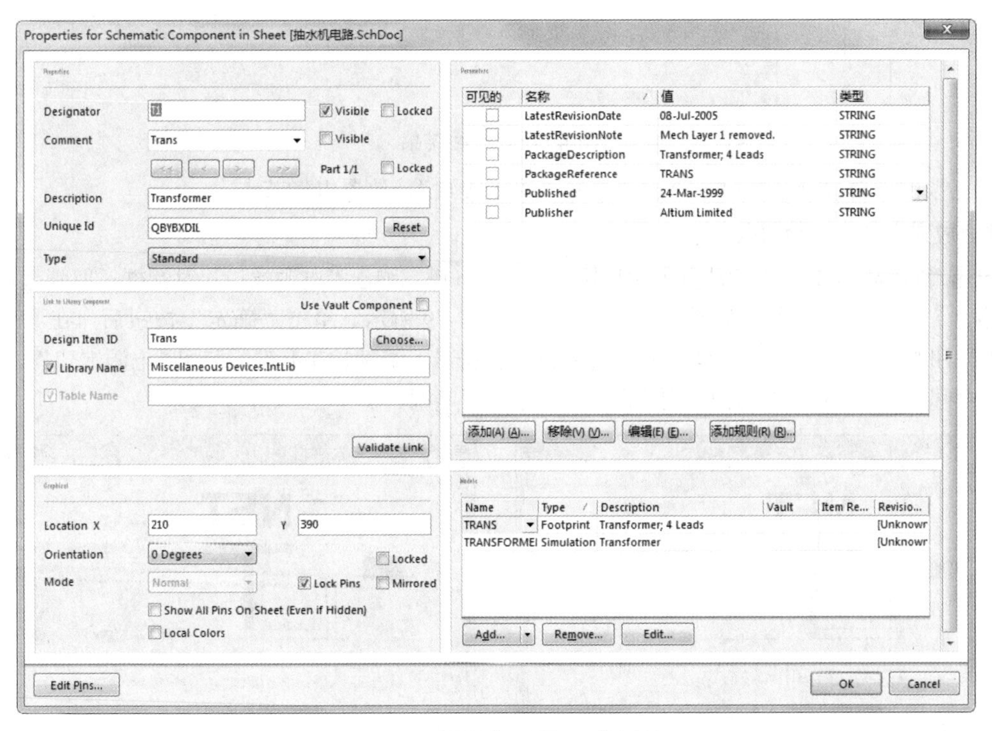

图 4-76　设置变压器 T1 的属性

同样的方法设置其余元器件，设置好元器件属性后的结果如图 4-77 所示。

6. 连接导线

根据电路设计的要求，将各个元器件用导线连接起来。

单击“布线”工具栏中的绘制导线按钮 ≈，完成元器件之间的电气连接，结果如图 4-78 所示。

图 4-77　设置好元器件属性后的元器件布局

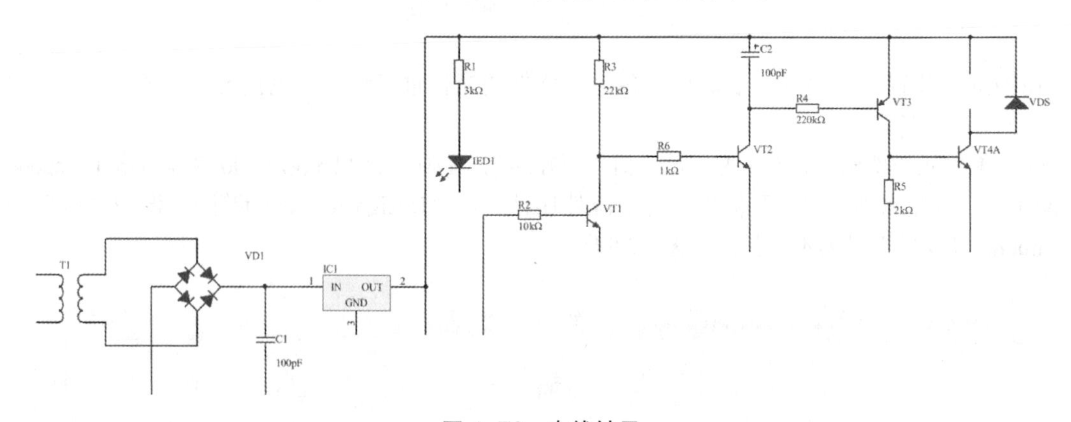

图 4-78　布线结果

在必要的位置执行菜单命令“放置”→“手工接点”，放置电气节点。

7. 放置电源和接地符号

单击“布线”工具栏中的放置电源按钮，按 Tab 键，弹出“电源端口”对话框，取消选取“显示网络名”复选框，设置“类型”为“Bar”，如图 4-79 所示。单击“确定”按钮后，在原理图中元件 IC1 引脚 2 处、R2 左端点处对应位置放置电源符号。继续按 Tab 键，弹出“电源端口”对话框，设置“类型”为“Circle”，在原理图的合适位置放置电源。

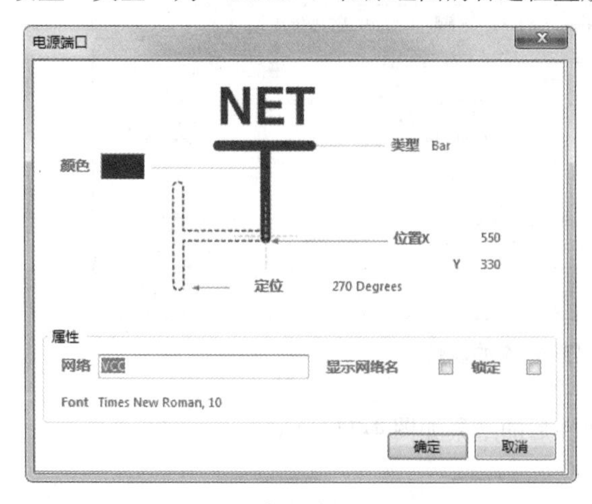

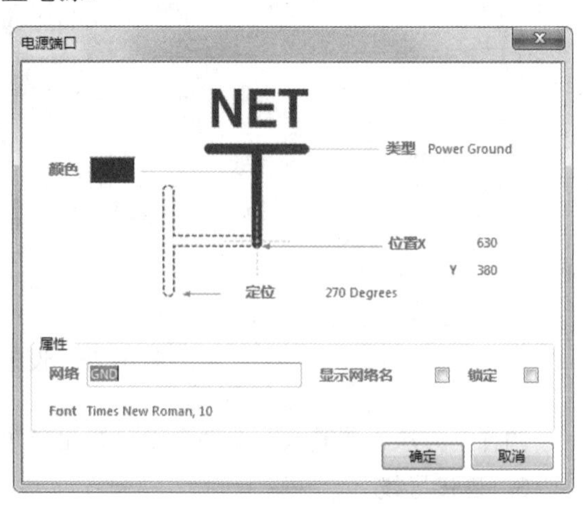

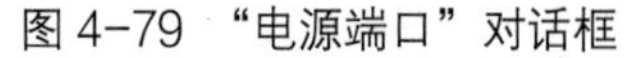

图 4-79　“电源端口”对话框　　　　图 4-80　接地符号的属性设置

继续按 Tab 键，弹出“电源端口”对话框，设置“类型”为“Power Ground”，如图 4-80 所示，单击“确定”按钮后，在原理图放置接地符号。

绘制完成的抽水机电路原理图如图 4-81 所示。

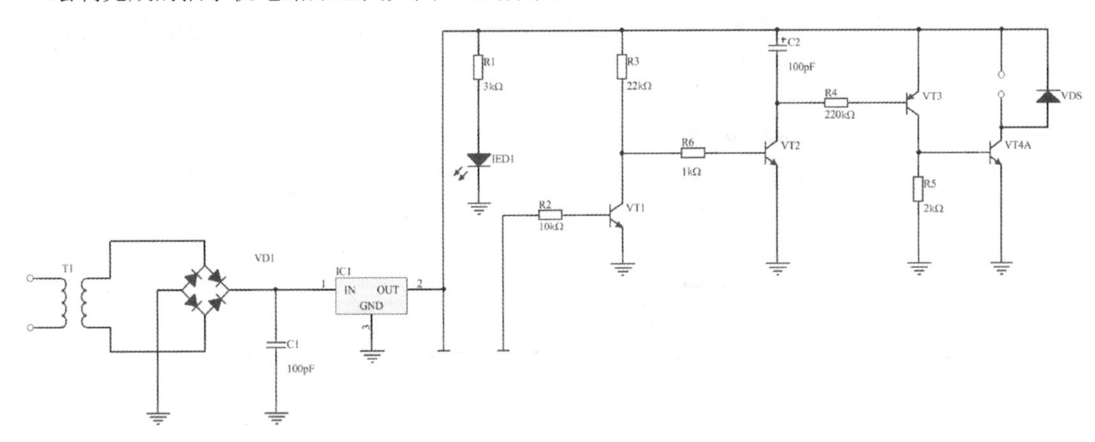

图 4-81　绘制完成的抽水机电路原理图

本例主要介绍了电路原理图的绘制过程，详细讲解原理图设计中经常遇到的一些知识点，包括查找元器件及其对应元器件库的载入、基本元器件的编辑和原理图的布局及布线。

4.5.2　绘制气流控制电路

【绘制步骤】

扫码看视频

1. 建立工作环境

（1）执行“文件”→“New（新建）”→“Project（工程）”菜单命令，弹出“New Project（新建工程）”对话框，在“Name（名称）”文本框中输入“气流控制电路”，在“Location（路径）”文本框中选择文件路径，如图 4-82 所示。单击“OK”按钮，在面板中出现了新建的项目文件“气流控制电路 .PrjPcb”。

（2）在工程文件上单击右键，在弹出的快捷菜单中选择“给工程添加新的”→“Schematic（原理图）”命令，如图 4-83 所示，在项目文件中新建一个默认名为“Sheet1.SchDoc”的电路原理图文件。

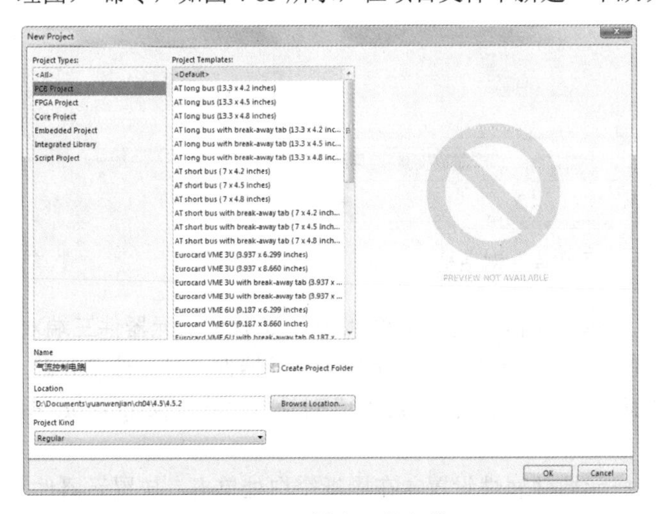

图 4-82　创建工程文件

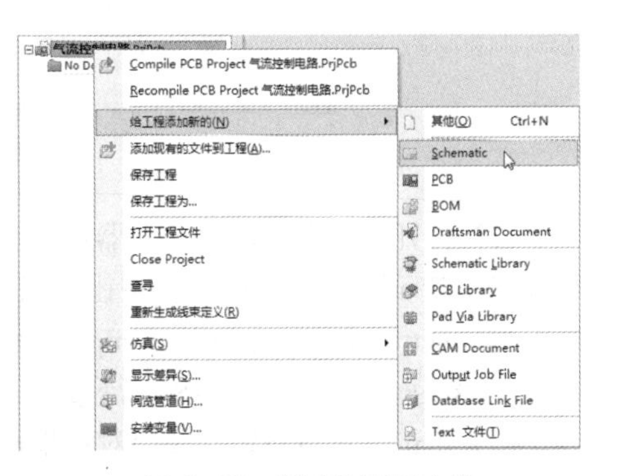

图 4-83　新建原理图文件

（3）在新建的原理图文件上单击右键，在弹出的快捷菜单中执行“保存为”命令，弹出保存文件对话框，输入“气流控制电路 .SchDoc”文件名，保存原理图文件。此时，“Projects（工程）”面板中的项目名字变为“气流控制电路 .PrjPcb”，原理图为“气流控制电路 .SchDoc”，如图 4-84 所示。

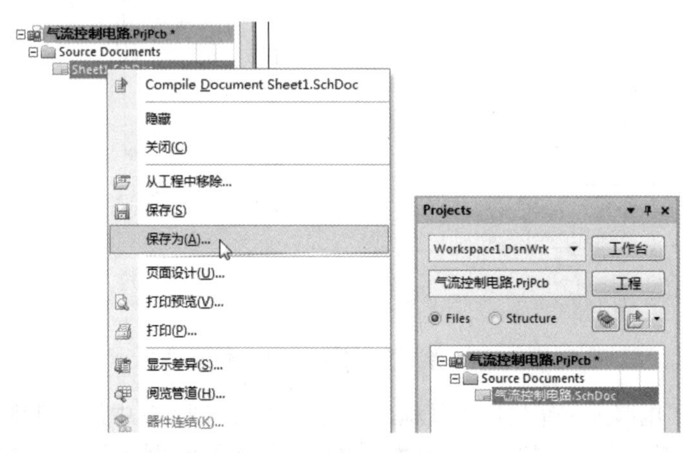

图 4-84　保存原理图文件

（4）在编辑窗口中右击，在弹出的快捷菜单中执行“选项”→“文档选项”“文件参数”或“图纸”命令，系统将弹出“文档选项”对话框，对图纸参数进行设置。具体设置步骤这里不再赘述。

2. 在电路原理图上放置元器件

（1）在“库”面板中单击 Libraries... 按钮，系统将弹出如图 4-85 所示的“可用库”对话框。在该对话框中单击“添加库”按钮，打开相应的选择库文件对话框。

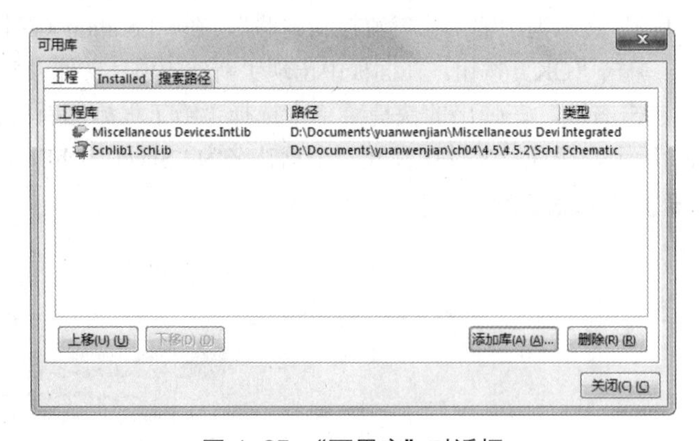

图 4-85　“可用库”对话框

（2）打开“库”面板，在元器件过滤栏中输入元器件关键字符“tri”，选择所需元器件三端双向可控硅 Triac，单击 Place Triac 按钮，在原理图中显示浮动的带十字标记的元器件符号。按 Tab 键，弹出“Properties for Schematic Component in Sheet（原理图元器件属性）”对话框，将“Designator（指示符）”设为“T1”，如图 4-86 所示。

（3）单击 OK 按钮，关闭对话框，完成元器件属性设置。在图纸空白处单击，放置元器件。此时，光标处继续显示浮动的元器件符号，标识符自动递增为 T2，在空白处单击，放置元器件

T2。如不再需要放置同类元器件，单击鼠标右键或按 Esc 键，结束放置操作。

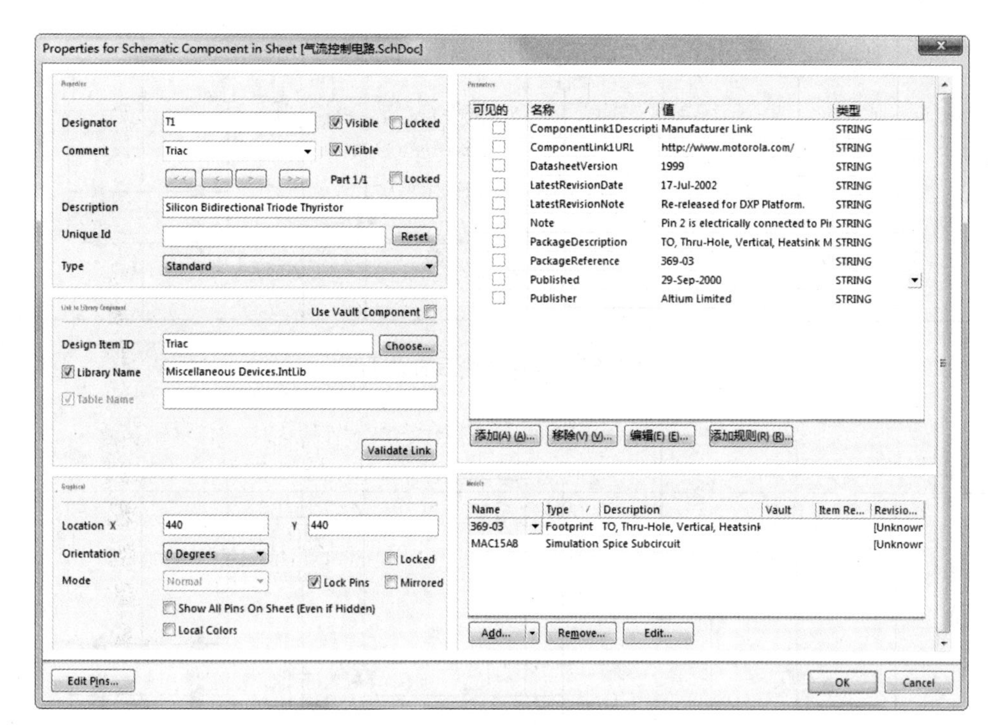

图 4-86　设置元器件 Triac 的属性

同样的方法，在电路原理图上放置其余元器件，布局后的原理图如图 4-87 所示。

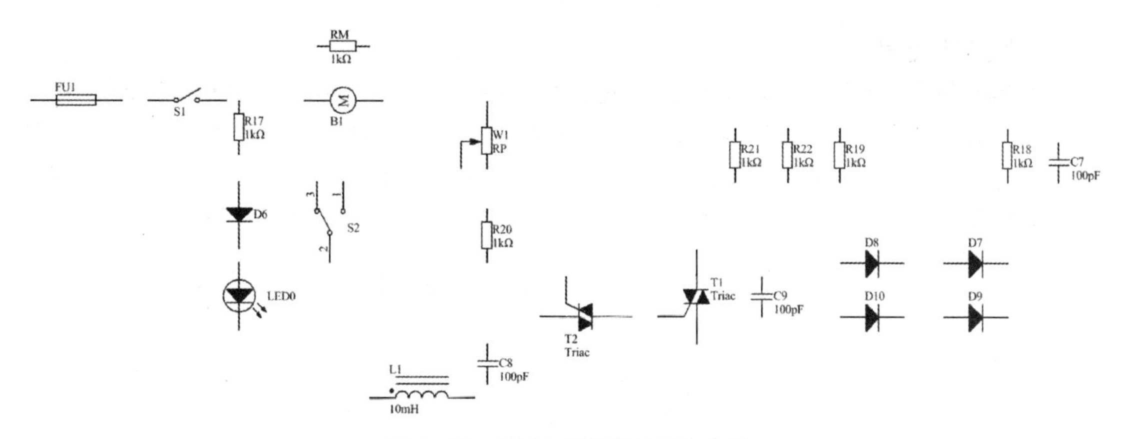

图 4-87　关键元器件的放置和布局

3. 连接导线

在放置好各个元器件并设置好相应的属性后，下面应根据电路设计的要求把各个元器件连接起来。单击“布线”工具栏中的（放置线）按钮，完成元器件之间的端口及引脚的电气连接，结果如图 4-88 所示。

4. 放置电源符号

单击“布线”工具栏中的（VCC 电源符号）按钮，设置电源类型为“Circle”，放置电源符号，如图 4-89 所示。

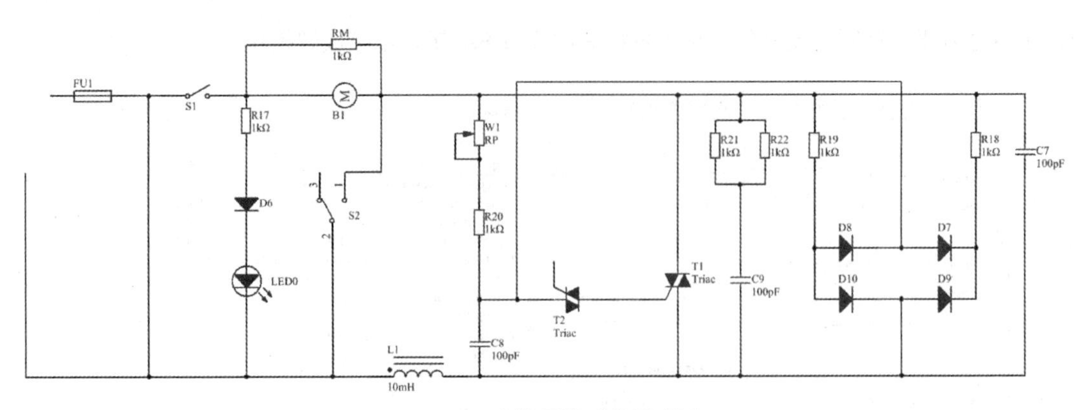

图 4-88　连接导线后的原理图

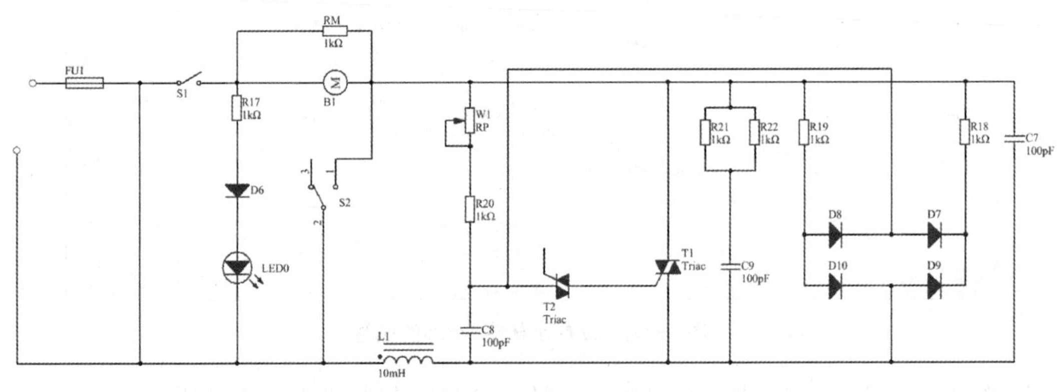

图 4-89　放置电源符号

5. 放置网络标号

执行菜单命令“放置”→“网络标号”，或单击“布线”工具栏中的 Net1（放置网络标号）按钮，这时光标变成十字形状，并带有一个初始标号“Net Label1”。按 Tab 键，打开“网络标签”对话框，在“网络”文本框中输入网络标签的名称“220V”，如图 4-90 所示。单击 确定 按钮，退出该对话框。接着移动光标，单击鼠标将网络标签放置到空白处。绘制完成的电路图如图 4-91 所示。

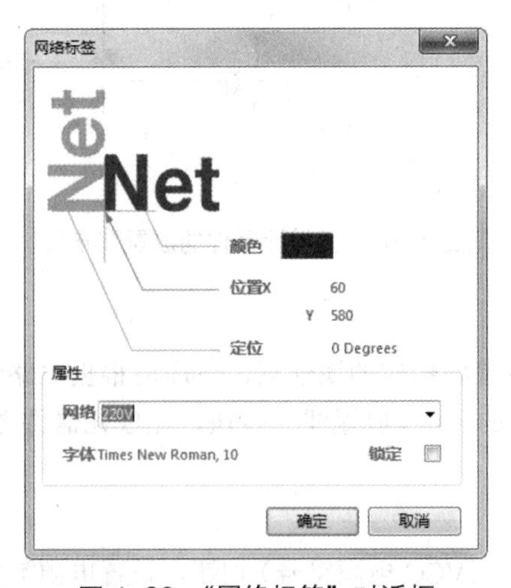

图 4-90　“网络标签”对话框

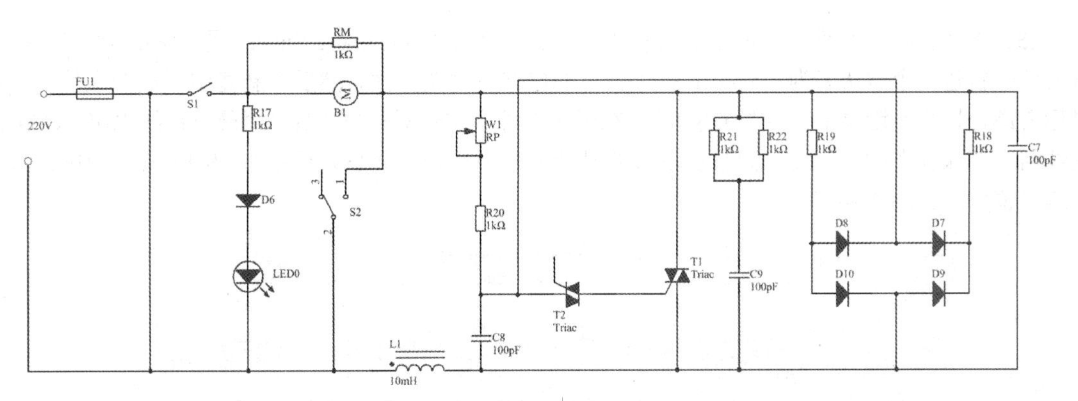

图 4-91　绘制完成的电路图

在上一节中，我们是以菜单栏命令创建原理图文件。这一节中，则以右键快捷菜单命令创建原理图文件，同时详细讲解网络标签的绘制。

4.5.3　绘制最小系统电路

扫码看视频

【绘制步骤】

1. 准备工作

（1）单击“Files（文件）”标签，打开“Files（文件）”面板，如图 4-92 所示。

（2）在“Files（文件）”面板的“新的”栏中，单击“Blank Project（PCB）”，弹出“Projects（工程）”面板。在该面板中出现了新建的项目文件，系统提供的默认名为“PCB_Project1.PrjPcb”，如图 4-93 所示。在项目文件“PCB_Project1.PrjPcb”上单击鼠标右键，执行右键菜单命令“保存工程为”，在弹出的保存文件对话框中输入“最小系统电路 .PrjPcb”文件名，并保存在指定位置。此时，“Projects（工程）”面板中的项目名字变为“最小系统电路 .PrjPcb”。

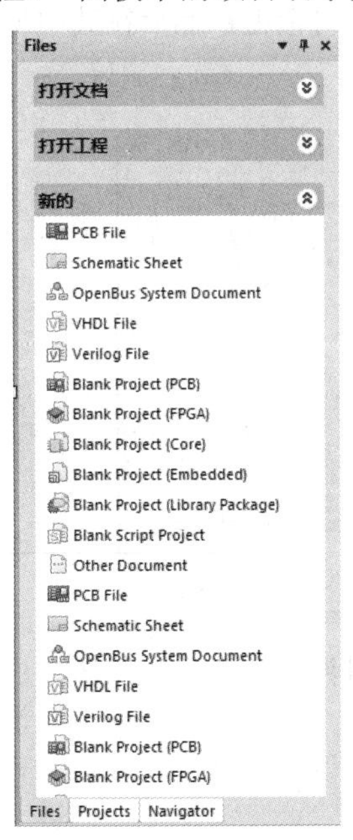

图 4-92　“Files（文件）”面板

图 4-93　新建项目文件

（3）在“Files（文件）”面板的“新的”栏中，单击“Schematic Sheet（原理图图纸）”，在项目文件中新建一个默认名为“Sheet1.SchDoc”的电路原理图文件。然后在新建的原理图文件上单击鼠标右键，执行右键菜单命令“保存为”，在弹出的保存文件对话框中输入“最小系统电路.SchDoc”文件名，并保存在指定位置。同时在右边的设计窗口中打开“最小系统电路 . SchDoc”的电路原理图编辑窗口，如图 4-94 所示。

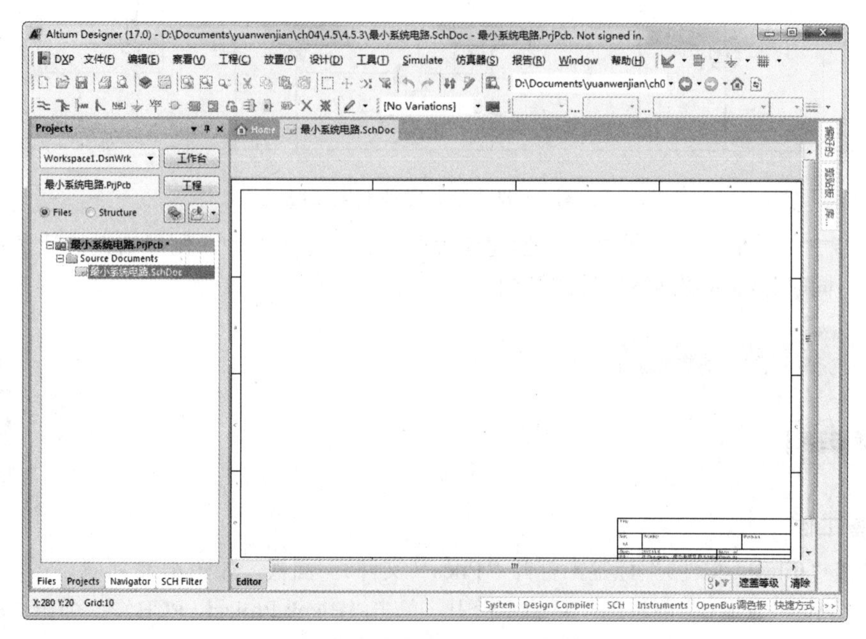

图 4-94　新建原理图文件

2. 元器件库管理

由于本实例电路简单，元器件常见，因此在常用元器件中即可找到所需元器件。

执行“设计”→“添加 / 移除库”命令，打开“可用库”对话框，然后在其中加载需要的元器件库。本例中需要加载的元器件库如图 4-95 所示。

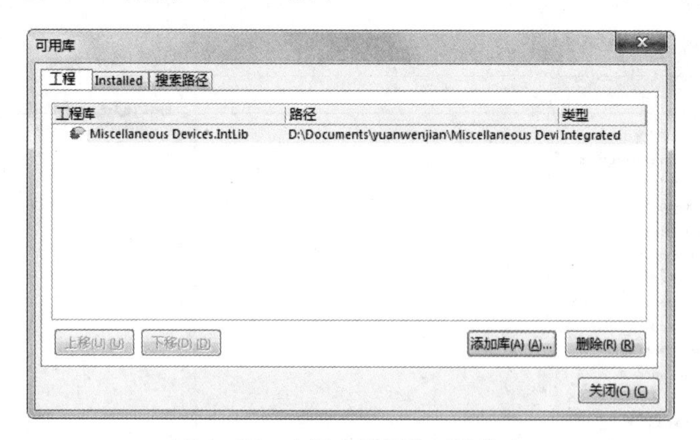

图 4-95　本例中需要的元器件库

3. 原理图设计

（1）放置元器件。

打开“库”面板，在当前元器件库下拉列表中选择“Miscellaneous Devices.IntLib”元器件库，在元器件列表中查找电感、电阻、电容和三极管等元器件，并将查找所得元器件放入原理图中。放置元器件后的图纸如图 4-96 所示。

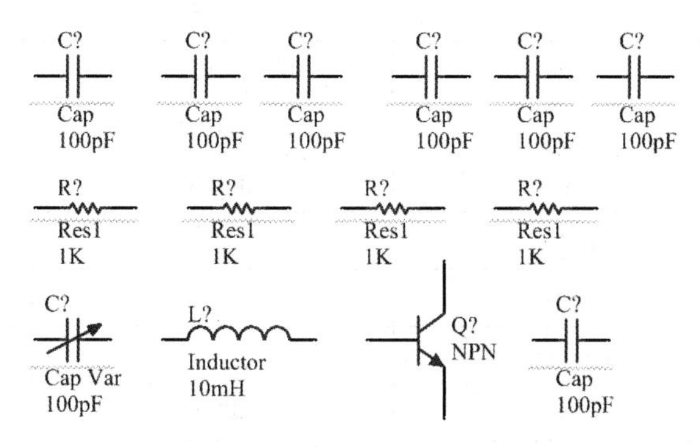

图 4-96　放置元器件后的图纸

（2）元器件属性设置及元器件布局。

双击元器件“NPN”，弹出“Properties for Schematic Component in Sheet（原理图元器件属性）”对话框，分别对元器件的编号、封装形式等进行设置，如图 4-97 所示。

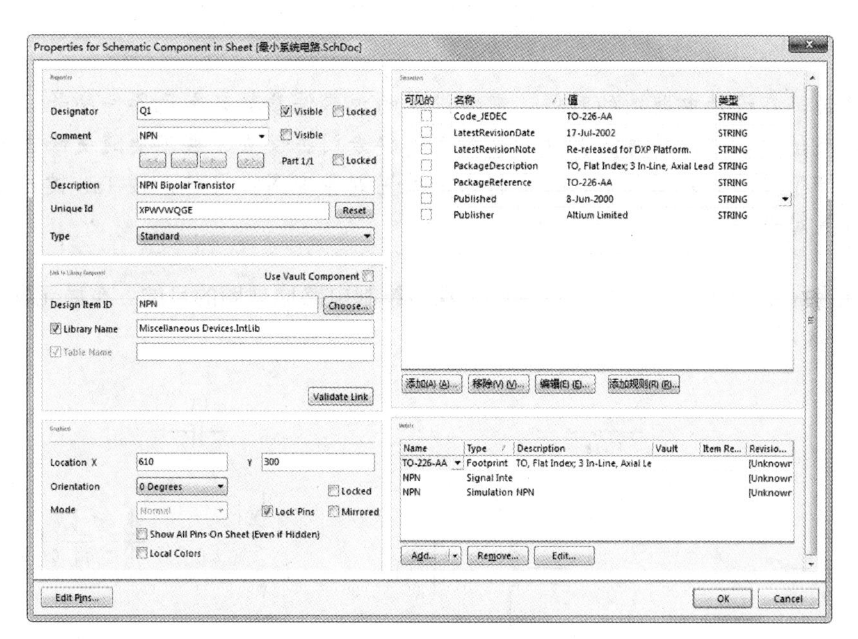

图 4-97　设置元器件属性

用同样的方法对电容、电感和电阻进行设置。设置好的元器件属性见表 4-1。

表 4-1　元器件属性

编　　号	元器件符号	注释 / 参数值	封 装 形 式
C1	Cap	0.01μF	RAD-0.3
C2	Cap	0.01μF	RAD-0.3
C3	Cap	0.01μF	RAD-0.3

续表

编　　号	元器件符号	注释 / 参数值	封 装 形 式
C4	Cap	5pF	RAD-0.3
C5	Cap	0.01μF	RAD-0.3
C6	Cap	0.01μF	RAD-0.3
C7	Cap	0.01μF	RAD-0.3
C8	Cap Var		C1210_N
Q1	NPN		TO-226-AA
L1	Inductor		0404-A
R1	Res1	47kΩ	AXIAL-0.3
R2	Res1	39kΩ	AXIAL-0.3
R3	Res1	100kΩ	AXIAL-0.3
R4	Res1	10kΩ	AXIAL-0.3

提示

一般来说，在设计电路图的时候，需要设置的元器件参数只有元器件序号、元器件的注释和一些有值元器件的值等。其他的参数不需要专门去设置，也不要随便修改。在从元器件库中选择了需要的元器件后，没有将它们放置到原理图上之前，按 Tab 键就可以直接打开属性设置对话框。

根据电路图合理地放置元器件，以达到美观地绘制电路原理图的目的。布局元器件后的电路原理图如图 4-98 所示。

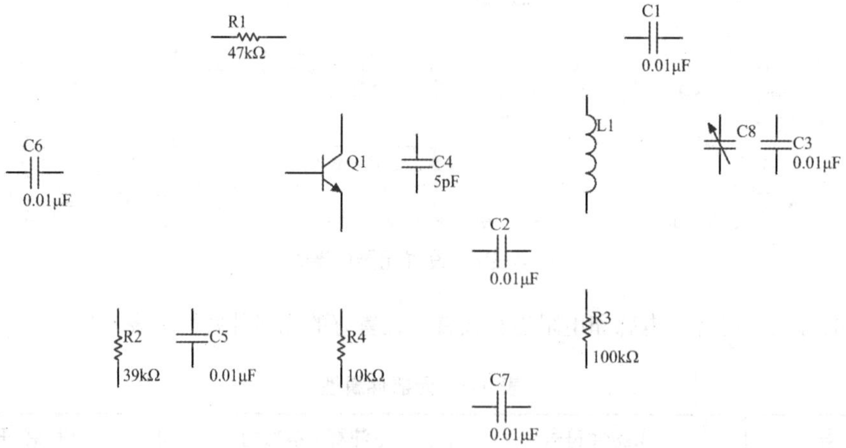

图 4-98　布局元器件后的电路原理图

（3）连接线路。

布局好元器件后，下一步的工作就是连接线路。单击“布线”工具栏中的≈（放置线）按钮，执行连线操作。连接好的电路原理图如图 4-99 所示。

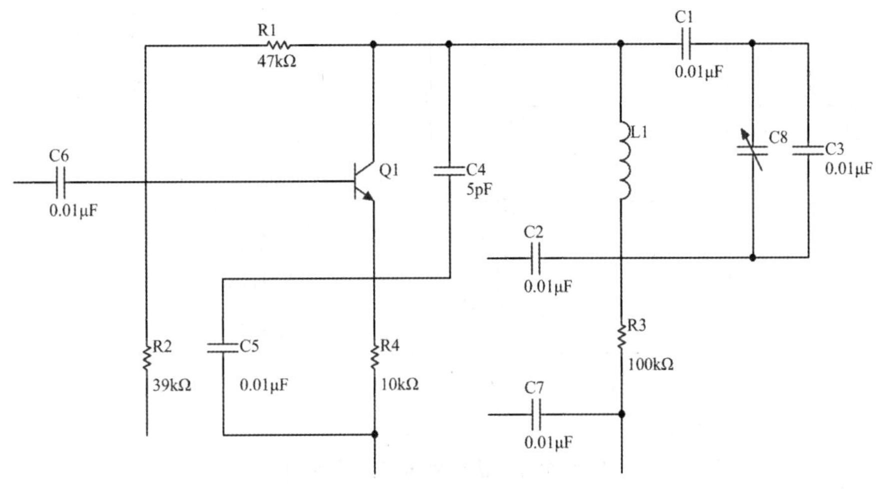

图 4-99　布线结果

在必需的位置上通过执行菜单栏中的“放置”→“手工接点”命令放置电气节点，结果如图 4-100 所示。

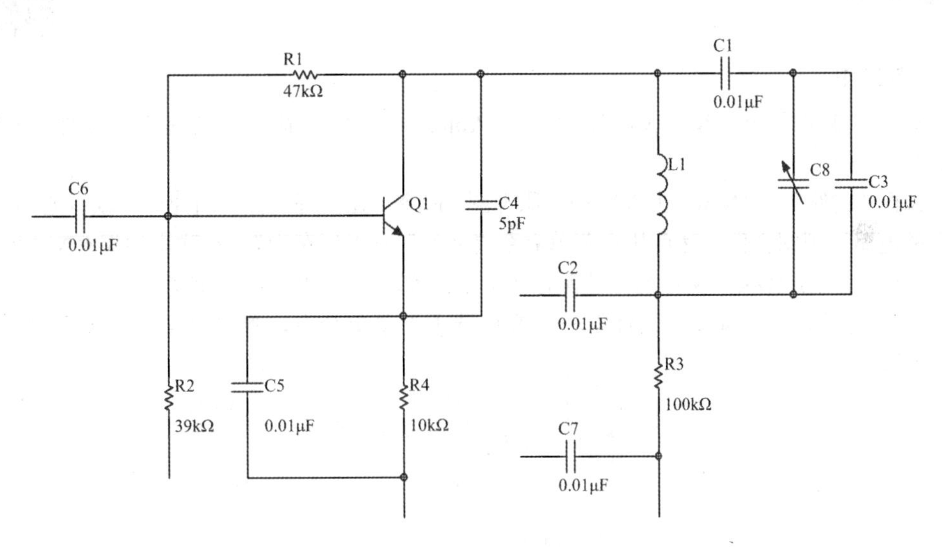

图 4-100　添加电气节点

（4）放置电源和接地符号。

单击“布线”工具栏中的 （VCC 电源符号）按钮，放置电源，本例共需要 1 个环形电源。单击“布线”工具栏中的 （GND 接地符号）按钮，放置接地符号，本例共需要 5 个接地。

绘制完成的电路原理图如图 4-101 所示。

完成电路原理图的设计后，单击 （保存）按钮，保存原理图文件。

在前面的章节中，分别介绍了菜单、右键命令创建项目文件。这一节中，我们以“Files（文件）”面板创建项目文件，并学习了原理图中元器件参数的详细设置与编辑方法。每一个元器件都有一些不同的属性需要进行设置。

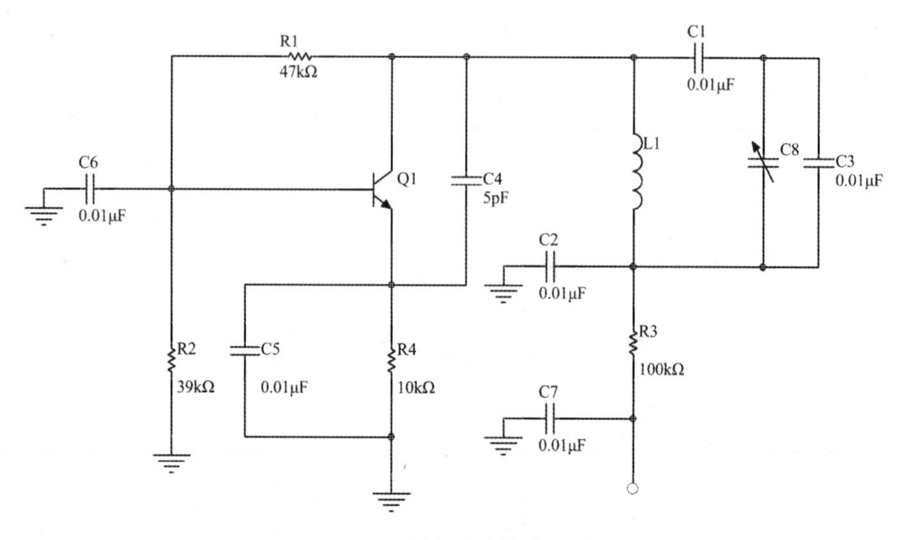

图 4-101 最小系统电路原理图

4.5.4 绘制看门狗电路

【绘制步骤】

扫码看视频

1. 准备工作

（1）执行“文件”→“New（新建）”→“Project（工程）”命令，新建工程文件“看门狗电路.PrjPcb”。

（2）执行“文件”→“New（新建）”→“原理图”命令，在工程文件中新建一个默认名为“Sheet1.SchDoc”的电路原理图文件。然后执行菜单命令“文件”→“保存为”，在弹出的保存文件对话框中输入“看门狗电路 . SchDoc”文件名，并保存在指定位置，结果如图 4-102 所示。

（3）设置图纸参数。执行“设计”→“文档选项”菜单命令，弹出“文档选项”对话框，如图 4-103 所示。

图 4-102 创建原理图文件

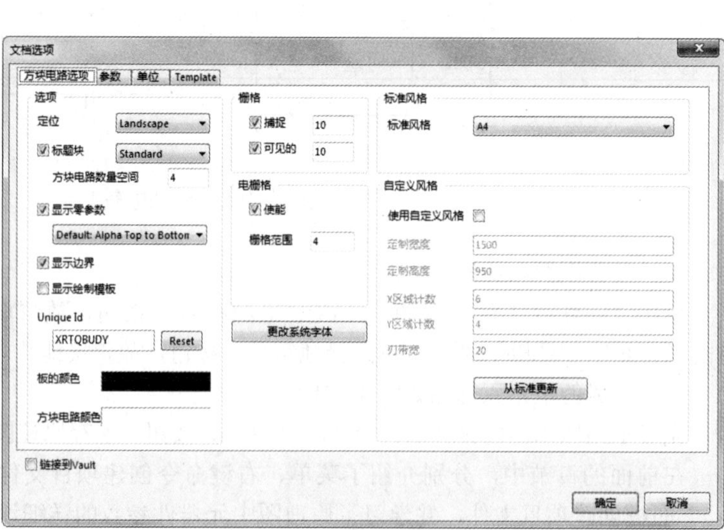

图 4-103 “文档选项”对话框

在此对话框中对图纸参数进行设置。这里将图纸的尺寸设置为 A4，放置方向设置为 Landscape，图纸标题栏设为 Standard，其他采用默认设置，单击“确定”按钮，完成图纸参数设置。

（4）查找元器件，并加载其所在的库。这里我们不知道设计中所用到的 CD4060 芯片和 IRF540S 及 IRFR9014 所在的库位置，因此，首先要查找这 3 个元器件。

打开“库”面板，单击 查找... 按钮，在弹出的“搜索库”对话框中输入“CD4060”，如图 4-104 所示。

单击“查找”按钮后，系统开始查找此元器件。查找到的元器件将显示在“库”面板中。用鼠标右键单击查找到的元器件，在弹出的快捷菜单中执行“添加或删除库”命令，加载元器件 CD4060 所在的库。用同样的方法可以查找元器件 IRF540S 及 IRFR9014，并加载其所在的库。

2. 在电路原理图上放置元器件并完成电路图

在绘制电路原理图的过程中，放置元器件的基本依据是根据信号的流向放置，或从左到右，或从右到左。首先放置电路中关键的元器件，之后放置电阻、电容等外围元器件。本例中我们按照从左到右放置元器件。

（1）放置 Optoisolator1。打开“库”面板，在当前元器件库名称栏中选择 Miscellaneous Devices. IntLib，在元器件列表中选择 Optoisolator1，如图 4-105 所示。

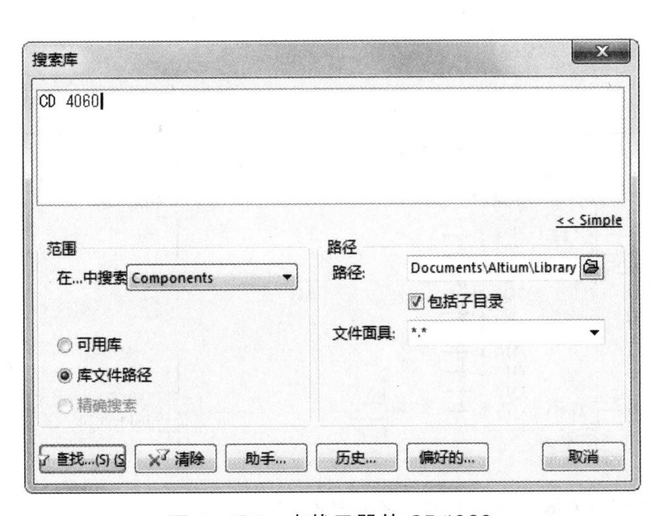

图 4-104　查找元器件 CD4060

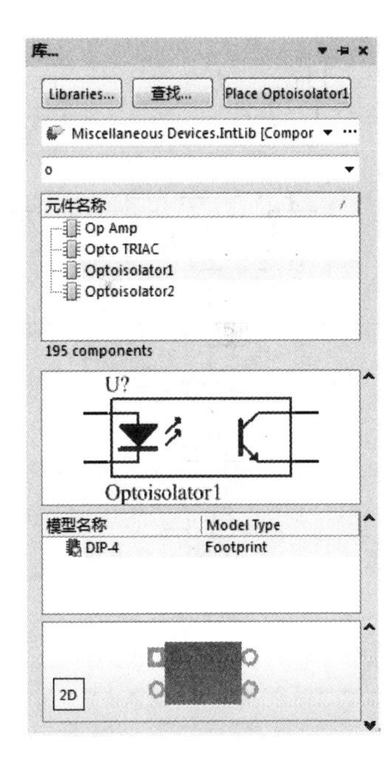

图 4-105　选择元器件

双击元器件列表中的 Optoisolator1，或者单击 Place Optoisolator1 按钮，将此元器件放置到原理图的合适位置。

（2）采用同样的方法放置 CD4060、IRF540S 和 IRFR9014。放置了关键元器件的电路原理图如图 4-106 所示。

（3）放置电阻、电容。打开“库”面板，在当前元器件库名称栏中选择 Miscellaneous Devices. IntLib，在元器件列表中分别选择电阻和电容进行放置。

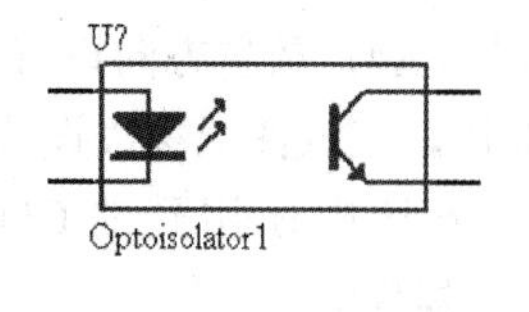

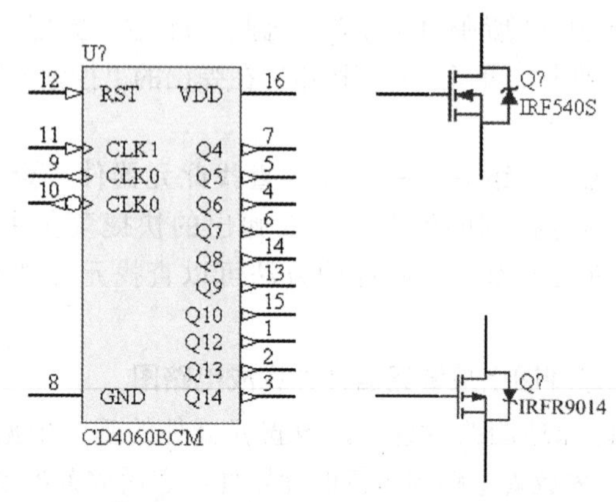

图 4-106　放置关键元器件

（4）编辑元器件属性。在图纸上放置完元器件后，用户要对每个元器件的属性进行编辑，包括元器件标识符、序号、型号等。设置好元器件属性的电路原理图如图 4-107 所示。

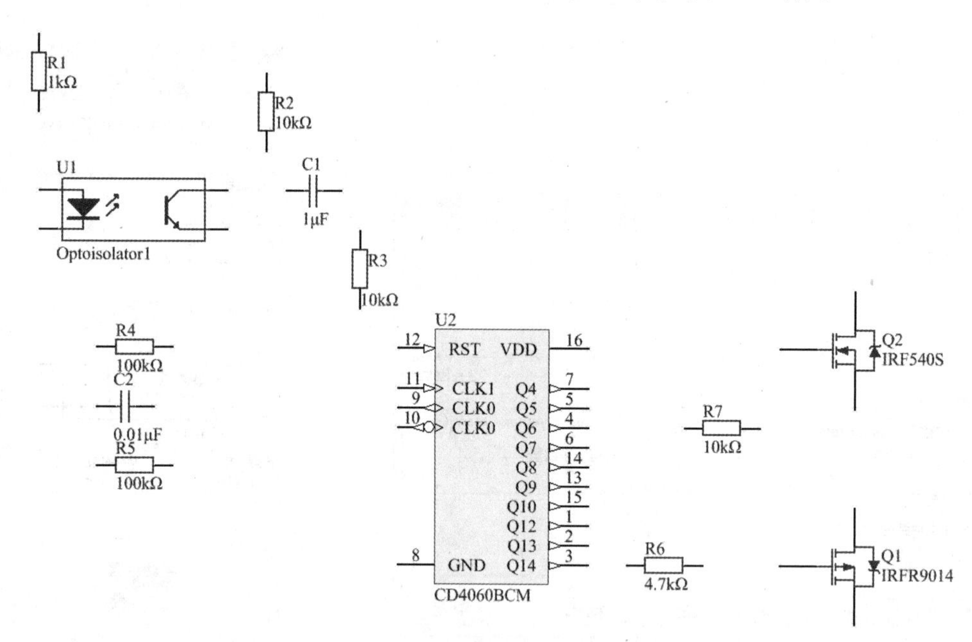

图 4-107　设置好元器件属性后的电路原理图

（5）连接导线。根据电路设计的要求，将各个元器件用导线连接起来。单击“布线”工具栏中的“放置线”按钮，完成元器件之间的电气连接。在必要的位置执行菜单命令“放置”→“手工接点”，放置电气节点。

（6）放置电源和接地符号。单击“布线”工具栏中的放置“VCC 电源端口”按钮，在原理图的合适位置放置电源符号；单击“布线”工具栏中的放置“GND 端口”按钮，放置接地符号。

（7）放置网络标号、忽略 ERC 测试点以及输入输出端口。单击“布线”工具栏中的放置网络标号按钮 Net，在原理图上放置网络标号；单击“布线”工具栏中的放置忽略 ERC 测试点按钮，在原理图上放置忽略 ERC 测试点；单击“布线”工具栏中的放置输入输出端口按钮，在原理图上放置输入输出端口。

绘制完成的看门狗电路原理图如图 4-108 所示。

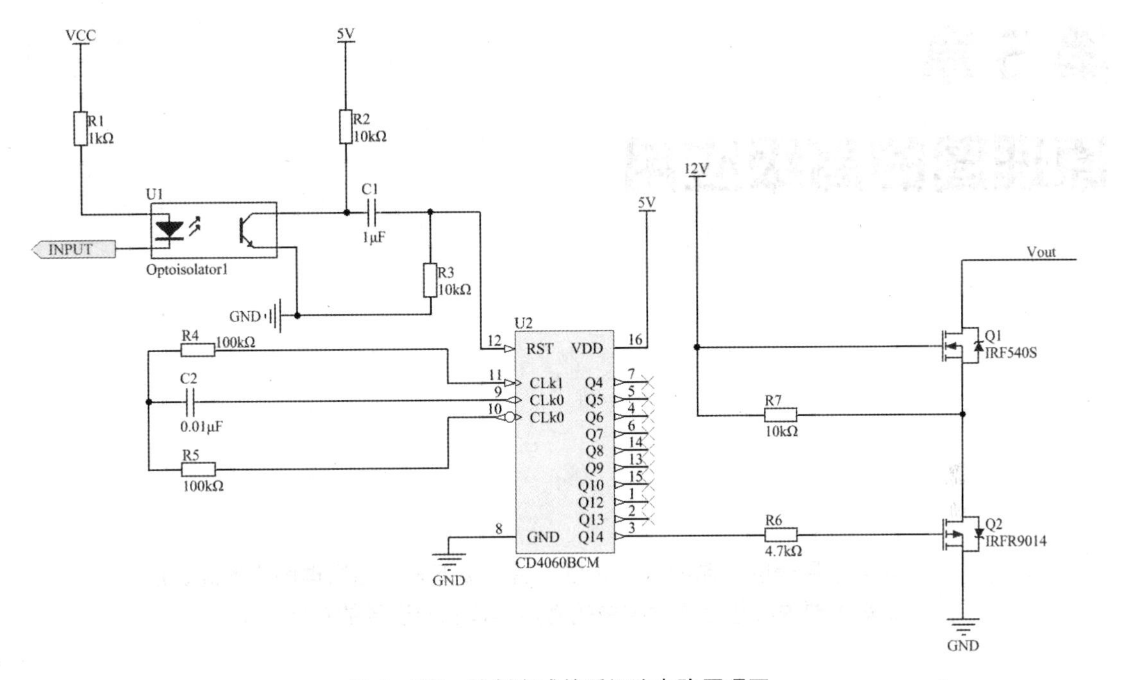

图 4-108　绘制完成的看门狗电路原理图

Chapter 5

第 5 章 原理图的高级应用

学习了原理图绘制的方法和技巧后，接下来介绍原理图中的高级应用。本章主要内容包括原理图中的常用操作和原理图的查错、编译。

5.1 原理图中的常用操作

5.1.1 工作窗口的缩放

在原理图编辑器中，提供了电路原理图的缩放功能，以便于用户进行观察。单击菜单项“察看”，系统弹出如图 5-1 所示的下拉菜单，在该菜单中列出了对原理图进行缩放的多种命令。

“察看”菜单中有关窗口缩放的操作分为以下几种类型。

1. 在工作窗口中显示选择的内容

该类操作包括在工作窗口显示整个原理图、显示所有元器件、显示选定区域、显示选定元器件和选中的坐标附近区域，它们构成了“察看”菜单的第 1 栏。

- 适合文件：用来观察并调整整张原理图的布局。执行该命令后，编辑窗口内将以最大比例显示整张原理图的内容，包括图纸边框、标题栏等。
- 适合所有对象：用来观察整张原理图的组成概况。执行该命令之后，编辑窗口内将以最大比例显示电路原理图上的所有元器件，使用户更容易观察。
- 区域：在工作窗口选中一个区域，用来放大选中的区域。具体操作方法为：单击该菜单选项，光标将变成十字形状，在工作窗口单击左键，确定区域的一个顶点，移动光标确定区域的对角顶点，单击左键，在工作窗口中将只显示刚才选择的区域。
- 点周围：在工作窗口显示一个坐标点附近的区域。同样是用来放大选中的区域，但区域的选择与上一个命令不同。具体的操作方法是：单击该菜单选项，光标将变成十字形状，移动光标到想要显示的点，单击左键后移动光标，在工作窗口将出现一个以该点为中心的虚线框；确定虚线框的范围后，单击左键，工作窗口将会显示虚线框所包含的范围。
- 被选中的对象：用来放大显示选中的对象。执行该命令后，对选中的一个或多个对象，将以合适的宽度放大显示。

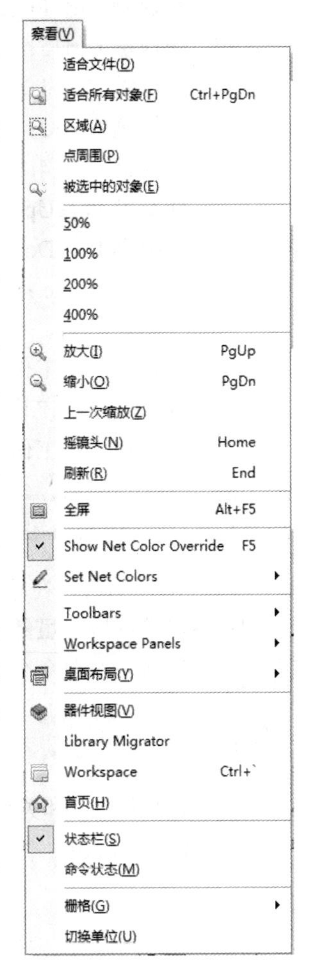

图 5-1　“察看”菜单

2. 显示比例的缩放

该类操作包括确定原理图的比例显示、原理图的放大和缩小显示以及不改变比例地显示原理图上坐标点附近区域，它们一起构成了“察看”菜单的第 2 栏和第 3 栏。

- 50%：工作窗口中显示 50% 大小的实际图纸。
- 100%：工作窗口中显示正常大小的实际图纸。
- 200%：工作窗口中显示 200% 大小的实际图纸。
- 400%：工作窗口中显示 400% 大小的实际图纸。
- 放大：放大显示比例，用来以光标为中心放大画面。
- 缩小：缩小显示比例，用来以光标为中心缩小画面。执行“放大”和“缩小”这两项命令时，最好将光标放在要观察的区域中，这样会使要观察的区域位于视图中心。

- 摇镜头：在工作窗口中，保持比例不变地显示以光标所在点为中心的区域内的内容。具体操作为：移动鼠标确定想要显示的范围，单击该菜单选项，工作窗口将显示以该点为中心的内容。该操作提供了快速的显示内容切换功能，与“点周围”命令所提供的操作不同，这里的显示比例没有发生改变。

3. 使用快捷键和工具栏按钮执行视图操作

Altium Designer 17 为大部分的视图操作提供了快捷键，有些还提供了工具栏按钮，具体如下。

（1）快捷键。

- 快捷键 Ctrl+PageDown：工作窗口显示整个原理图。
- 快捷键 Ctrl+5：工作窗口中显示 50% 大小的实际图纸。
- 快捷键 Ctrl+1：工作窗口中显示正常大小的实际图纸。
- 快捷键 Ctrl+2：工作窗口中显示 200% 大小的实际图纸。
- 快捷键 Ctrl+4：工作窗口中显示 400% 大小的实际图纸。
- 快捷键 PageUp：放大显示比例。
- 快捷键 PageDown：缩小显示比例。
- 快捷键 Home：保持比例不变地显示以光标所在点为中心的附近区域。

（2）工具栏按钮。

- 按钮：在工作窗口显示所有对象。
- 按钮：在工作窗口显示选定区域。
- 按钮：在工作窗口显示选定元器件。

5.1.2 刷新原理图

绘制原理图时，在滚动画面、移动元器件等操作后，有时会出现画面显示残留的斑点、线段或图形变形等问题。虽然这些内容不会影响电路的正确性，但是为了美观起见，建议用户执行“察看”→“刷新”菜单命令或按 End 键刷新原理图。

5.1.3 工作面板的打开和关闭

工作面板的打开和关闭与工具栏的操作类似，选择“视图”→“Workspace Panels（工作面板）”菜单，在面板名称前单击加上“√”表示该工作面板已经被打开，否则工作面板为关闭状态，如图 5-2 所示。

图 5-2 工作面板的打开和关闭

5.1.4　状态栏的打开和关闭

Altium Designer 17 中有坐标显示和系统当前状态显示，它们位于 Altium Designer 17 工作窗口的底部，通过“察看”菜单可以设置是否显示它们，如图 5-3 所示。

默认的设置是显示坐标，而不显示系统当前状态。

图 5-3　状态栏的打开和关闭

5.1.5　对象的复制、剪切和粘贴

Altium Designer 17 中提供了通用对象的复制、剪切和粘贴功能。考虑到原理图中可能存在多个类似的元器件，Altium Designer 17 还提供了阵列粘贴功能。

1. 对象的复制

在工作窗口选中对象后即可执行对该对象的复制操作。

执行“编辑”→“拷贝”菜单命令，光标将变成十字形状，移动光标到选中的对象上，单击左键，即可完成对象的复制。此时，对象仍处于选中状态。

对象复制后，复制的内容将保存在 Windows 的剪贴板中。

另外，按快捷键 Ctrl+C 或单击“原理图标准”工具栏中的“复制”按钮也可以完成复制操作。

2. 对象的剪切

在工作窗口选中对象后即可执行对该对象的剪切操作。

执行“编辑”→“剪切”菜单命令，光标将变成十字形状，移动光标到选中的对象上，单击左键，即可完成对象的剪切。此时，工作窗口中该对象被删除。

对象剪切后，剪切的内容将保存在 Windows 的剪贴板中。

另外，按快捷键 Ctrl+X 或单击“原理图标准”工具栏中的“剪切”按钮也可以完成剪切操作。

3. 对象的粘贴

在完成对象的复制或剪切之后，Windows 的剪贴板中已经有内容了，此时可以执行粘贴操作。粘贴操作的步骤如下。

（1）复制或剪切某个对象，使得 Windows 的剪贴板中有内容。

（2）执行“编辑”→“粘贴”菜单命令，光标将变成十字形状，并附带着剪贴板中的内容出现在工作窗口中。

（3）移动光标到合适的位置，单击鼠标左键，剪贴板中的内容就被放置在原理图上。被粘贴的内容和复制或剪切的对象完全一样，它们具有相同的属性。

（4）单击鼠标左键或右键，退出对象粘贴操作。

除此之外，按快捷键 Ctrl+V 或单击“原理图标准”工具栏上的“粘贴”按钮也可以完成粘贴操作。

Altium Designer 17 除了提供对剪贴板的内容的一次粘贴外，还提供了多次粘贴的操作。执行“编辑”→“橡皮图章”菜单命令即可进行该操作。和粘贴操作相同的是，粘贴的对象具有相同的属性。

在粘贴元器件时，将出现若干个标号相同的元器件，此时需要对元器件属性进行编辑，使得它们有不同的标号。

4. 对象的高级粘贴

在原理图中，某些同种元器件可能有很多个，例如电阻、电容等，它们具有大致相同的属性。如果一个个地放置它们，设置它们的属性，工作量大而且烦琐。Altium Designer 17 提供了高级粘贴功能，大大方便了粘贴操作。该操作通过“编辑”菜单中的“灵巧粘贴”命令完成，具体的操作步骤如下。

（1）复制或剪切某个对象，使得 Windows 的剪贴板中有内容。

（2）执行“编辑”→“灵巧粘贴”菜单命令，系统弹出如图 5-4 所示的“智能粘贴”对话框。

（3）在图 5-4 所示的“智能粘贴”对话框中可以对要粘贴的内容进行适当设置，然后执行粘贴操作。

- “选择粘贴对象”选项组：用于选择要粘贴的对象。
- “选择粘贴动作”选项组：用于设置要粘贴对象的属性。
- “粘贴阵列”选项组：用于设置阵列粘贴。下面的“使能粘贴阵列”复选框用于控制阵列粘贴的功能。阵列粘贴是一种特殊的粘贴方式，能够一次性地按照指定间距将同一个元器件或元器件组重复地粘贴到原理图上。当原理图中需要放置多个相同对象时，该操作会很有用。

（4）选中“使能粘贴阵列”复选框，阵列粘贴的设置如图 5-5 所示。

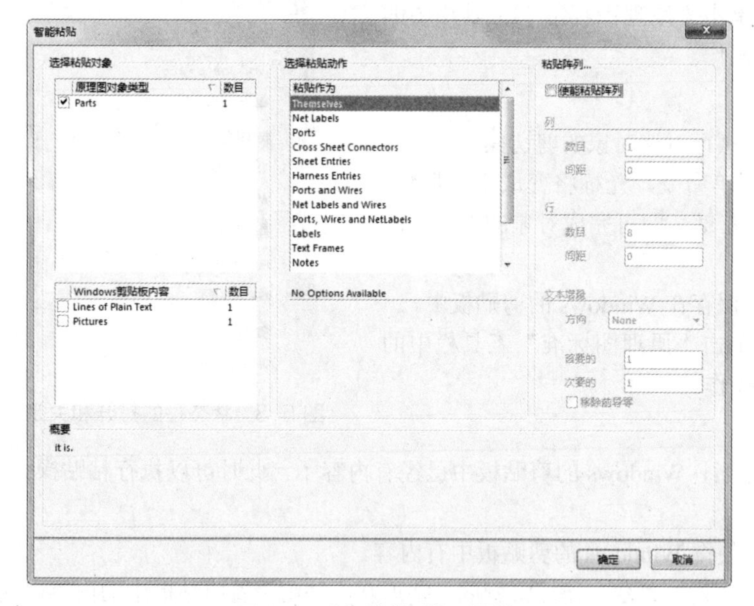

图 5-4 “智能粘贴”对话框

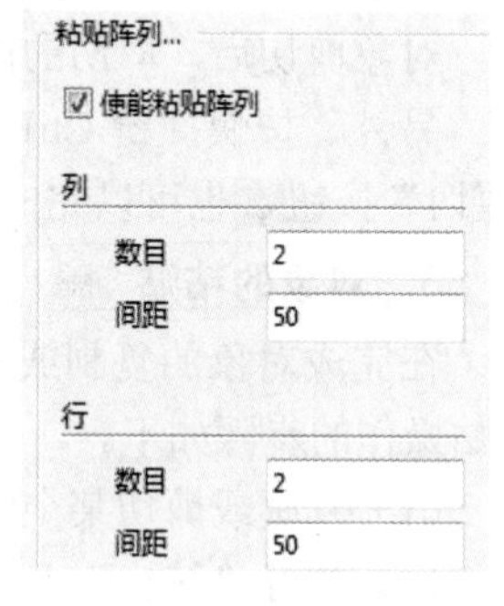

图 5-5 设置阵列粘贴的参数

需要设置的阵列粘贴参数如下。

- 行：该设置栏中设置水平方向阵列粘贴的数量和间距。
  - 数目：设置阵列粘贴水平方向的次数。
  - 间距：设置阵列粘贴水平方向的间距。
- 列：该设置栏中设置竖直方向阵列粘贴的数量和间距。
  - 数目：设置阵列粘贴竖直方向的次数。
  - 间距：设置阵列粘贴竖直方向的间距。

- 文本增量：该栏设置阵列粘贴中元器件标号的增量。
  - ➢ “方向”下拉列表：有 3 种选择，“None”“Horizontal First”和“Vertical First”。
  - ➢ 首要的：该文本框用来指定相邻两次粘贴之间元器件标识的数字递增量，系统的默认设置为 1。
  - ➢ 次要的：该文本框用来指定相邻两次粘贴之间元器件引脚号的数字递增量，系统的默认设置为 1。

设置完阵列粘贴的参数之后，单击 确定 按钮，移动鼠标到合适位置单击左键，阵列粘贴的效果如图 5-6 所示。

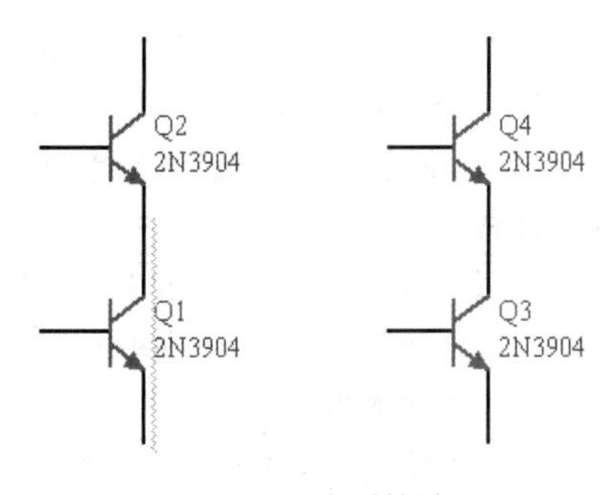

图 5-6　阵列粘贴

5.1.6　查找与替换操作

1. 查找与替换字符

（1）“查找文本”命令：该命令用于在电路图中查找指定的文本，运用此命令可以迅速找到某一文字标识的图案，下面介绍该命令的使用方法。

① 执行“编辑”→“查找文本”菜单命令，或按 Ctrl+F 快捷键，屏幕上会出现如图 5-7 所示的“发现原文”对话框。

图 5-7　“发现原文”对话框

“发现原文”对话框中的各参数含义如下。

- “文本被发现”文本框：用来输入需要查找的文本。
- “范围”选项组：包含“Sheet 范围（原理图文档范围）”“选择”和“标识符”3 个下拉列表。“Sheet 范围（原理图文档范围）”下拉列表用于设置查找的电路图范围，该下拉列表包含 4 个选项：“Current Document（当前文档）”“Project Document（项目文档）”“Open Document（打开的文档）”和“Document On Path（设置文档路径）”。“选择”下拉列表用于设置需要查找的文本对象的范围，共包含“All Objects（所有项目）”“Selected Objects（选择项目）”和“Deselected Objects（撤销选择项目）”3 个选项。“All Objects”表示对所有的文本对象进行查找，“Selected Objects”表示对选中的文本对象进行查找，而“Deselected Objects”表示对没有选中的文本对象进行查找。“标识符”下拉列表用于设置查找的电路图标识符范围，该下拉列表包含“All Identifiers（所有 ID）”“Net Identifiers Only（仅网络 ID）”和“Designators Only（仅标号）”3 个选项。
- “选项”选项组：用于设置查找对象具有哪些特殊属性，包含“敏感案例”“仅完全字”和“跳至结果”3 个复选框，选中“敏感案例”复选框表示查找时要注意大小写的区别，而选中“仅完全字”复选框表示只查找具有整个单词匹配的文本，这里的标识网络包含的内容有网络标号、电源端口、I/O 端口和方块电路 I/O 口，选中“跳至结果”复选框表示查找后跳到结果处。

② 用户按照自己的实际情况设置完对话框内容之后，单击“确定”按钮开始查找。

如果查找成功，会发现原理图中的视图发生了变化，在视图的中心正是要查找的元器件。如果没有找到需要查找的元器件，屏幕上则会弹出提示对话框，告知查找失败。

总的说来，“查找文本”菜单命令的用法和含义与 Word 中的“查找”命令基本上是一样的。

（2）“替换文本”命令：该命令用于将电路图中指定文本用新的文本替换掉，这项操作在需要将多处相同文本修改成另一文本时非常有用。首先单击“编辑”菜单，从中选择执行“替换文本”菜单命令，或者按快捷键 Ctrl+H，这时屏幕上就会出现如图 5-8 所示的“发现并替代原文”对话框。

可以看出图 5-8 和图 5-7 两个对话框非常相似，对于相同的部分，可以参看“查找文本”命令，下面只对不同的一些选项进行解释。

- “文本被发现”文本框：用于输入需要查找的内容。
- “替代”文本框：用于输入替换原文本的新文本。
- “替代提示”复选框：用于设置是否显示确认替换提示对话框。如果选中该复选框，表示在进行替换之前，显示确认替换提示对话框，反之不显示。

（3）“发现下一处”命令：该命令用于查找“发现下一处”对话框中指定的下一处文本，也可以利用快捷键 F3 执行这项命令。这个命令比较简单，这里就不多介绍了。

2. 查找相似对象

在原理图编辑器中提供了寻找相似对象的功能，具体的操作步骤如下。

（1）执行“编辑”→“查找相似对象”菜单命令，光标将变成十字形状出现在工作窗口中。

（2）移动光标到某个对象上，单击鼠标左键，系统将弹出如图 5-9 所示的“发现”相似“目标”对话框，在该对话框中列出了该对象的一系列属性。通过对各项属性寻找中匹配程度的设置，可以决定搜索的结果。这里以搜索和三极管类似的元器件为例，此时“发现相似目标”对话框给出了如下的对象属性。

图 5-8 “发现并替代原文”对话框

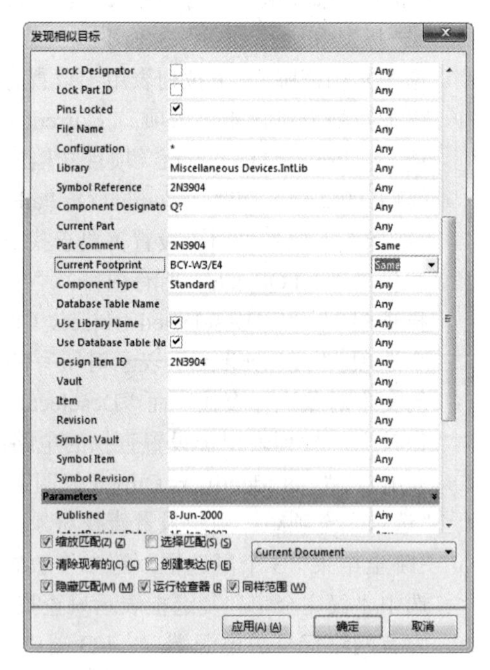

图 5-9 “发现相似目标”对话框

- “Kind（种类）”选项组：显示对象类型。
- “设计”选项组：显示对象所在的文档。
- “Graphical（图形）”选项组：显示对象图形属性。

- X1：x_1 坐标值。
- Y1：y_1 坐标值。
- Orientation（方向）：放置方向。
- Locked（锁定）：确定是否锁定。
- Mirrored（镜像）：确定是否镜像显示。
- Show Hidden Pins（显示隐藏引脚）：确定是否显示隐藏引脚。
- Show Designator（显示标号）：确定是否显示标号。

- “Object Specific（对象特性）”选项组：显示对象特性。
  - Description（描述）：对象的基本描述。
  - Lock Designator（锁定标号）：确定是否锁定标号。
  - Lock Part ID（锁定元器件 ID）：确定是否锁定元器件 ID。
  - Pins Locked（引脚锁定）：锁定的引脚。
  - File Name（文件名称）：文件名称。
  - Configuration（配置）：文件配置。
  - Library（元器件库）：库文件。
  - Symbol Reference（符号参考）：符号参考说明。
  - Component Designator（组成标号）：对象所在的元器件标号。
  - Current Part（当前元器件）：对象当前包含的元器件。
  - Part Comment（元器件注释）：关于元器件的说明。
  - Current Footprint（当前封装）：当前元器件封装。
  - Current Type（当前类型）：当前元器件类型。
  - Database Table Name（数据库表的名称）：数据库中表的名称。
  - Use Library Name（所用元器件库的名称）：所用元器件库名称。
  - Use Database Table Name（所用数据库表的名称）：当前对象所用的数据库表的名称。
  - Design Item ID（设计 ID）：元器件设计 ID。

在选中元器件的每一栏属性后都另有一栏，在该栏上单击将弹出下拉列表，在下拉列表中可以选择搜索时对象和被选择的对象在该项属性上的匹配程度，包含以下 3 个选项。

- Same（相同）：被查找对象的该项属性必须与当前对象相同。
- Different（不同）：被查找对象的该项属性必须与当前对象不同。
- Any（忽略）：查找时忽略该项属性。

例如，这里对三极管搜索类似对象，搜索的目的是找到所有和三极管有相同取值和相同封装的元器件，设置匹配程度时，在“Part Comment（元器件注释）”和“Current Footprint（当前封装）”属性上设置“Same（相同）”，其余保持默认设置即可。

（3）单击“应用”按钮，在工作窗口中将屏蔽所有不符合搜索条件的对象，并跳转到最近的一个符合要求的对象上。此时可以逐个查看这些相似的对象。

5.2 工具的利用

在原理图编辑器中，单击菜单栏上的“工具”菜单，会看到如图 5-10 所示的菜单选项。下面就详细介绍其中几个选项的含义和用法。

图 5-10 “工具”菜单

本节以 Altium Designer 17 自带的项目文件为例来说明“工具”菜单的使用，项目文件的路径为“源文件 \ch05\example\4 Port Serial Interface”。

5.2.1 自动分配元器件标号

“注解”菜单命令用于自动分配元器件标号，它不但可以减少手工分配元器件标号的工作量，而且可以避免手工分配产生的错误。执行“工具”→“Annotation”→“注解”命令后，会弹出如图 5-11 所示的“注释”对话框。

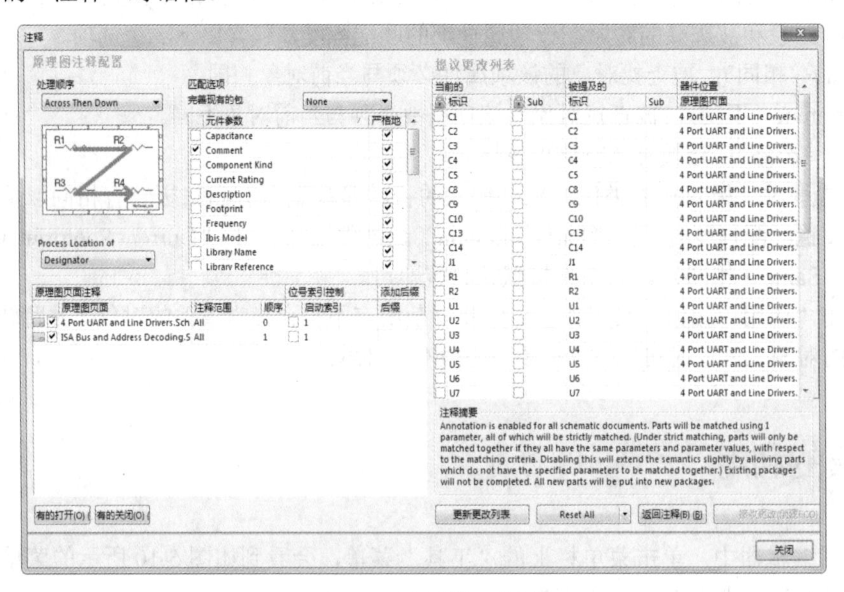

图 5-11 “注释”对话框

在该对话框里可以设置原理图编号的一些参数和样式，使得在原理图自动命名时符合用户的要求。

该对话框在 4.2.4 节已有介绍，这里不再赘述。

5.2.2　导入引脚数据

“导入 FPGA Pin 文件”命令用于为原理图文件导入 FPGA 引脚数据。在导入 FPGA 引脚数据之前，要确认 FPGA 原理图（该原理图包含所有连接到设备引脚的端口）是当前文档。执行该命令后，将弹出一个“Open FPGA Vendor Pin File”对话框，要求选择包含所需引脚分配数据的文件。找到文件并单击“Open”按钮后，原理图中所有的端口都将被分配一个新的参数“PINNUM”，该参数用于指定与实际 FPGA 设备相连时的所有引脚分配。引脚参数分配取决于各个端口的名称，这些名称包含在 Pin 文件中。Pin 文件的扩展名取决于制造商使用的技术。例如，Altera 设备的 Pin 文件为 *.pin，而 Xilinx 设备的 Pin 文件为 *.pad。

5.3　元器件的过滤

在进行原理图或 PCB 设计时，用户经常希望能够查看并且编辑某些对象，但是在复杂的电路中，要将某个对象从中区分出来十分困难，尤其是在 PCB 设计时。

因此，Altium Designer 17 提供了一个十分人性化的过滤功能。经过过滤后，那些被选定的对象被清晰地显示在工作窗口中，而其他未被选定的对象则会变成半透明状。同时，未被选定的对象也将变成不可操作状态，用户只能对选定的对象进行编辑。

1. 使用“Navigator（导航）”面板

在原理图编辑器或 PCB 编辑器的“Navigator（导航）”面板中，单击一个项目，即可在工作窗口中启用过滤功能。

2. 使用“List（列表）”面板

在原理图编辑器或 PCB 编辑器的“List（列表）”面板中使用查询功能时，查询结果将在工作窗口中启用过滤功能。

3. 使用“PCB”面板

使用“PCB”面板可以对 PCB 工作窗口的过滤功能进行管理。例如，在“PCB”面板中选择“GND”网络，“GND”网络将以高亮显示，如图 5-12 所示。

在“PCB”面板中，对于高亮网络有 Normal（正常）、Mask（遮挡）和 Dim（变暗）3 种显示方式，用户可通过面板中的下拉列表进行选择。

- Normal（正常）：直接高亮显示用户选择的网络或元器件，其他网络及元器件的显示方式不变。
- Mask（遮挡）：高亮显示用户选择的网络或元器件，其他元器件和网络以遮挡方式显示（灰色），这种显示方式更为直观。
- Dim（变暗）：高亮显示用户选择的网络或元器件，其他元器件或网络按色阶变暗显示。

“PCB”面板中提供了“选择”和“缩放”两个复选框用于显示控制。

- “选择”复选框：勾选该复选框，在高亮显示的同时选中用户选定的网络或元器件。

- “缩放”复选框：勾选该复选框，系统会自动将网络或元器件所在区域完整地显示在用户可视区域内。如果被选网络或元器件在图中所占区域较小，则会放大显示。

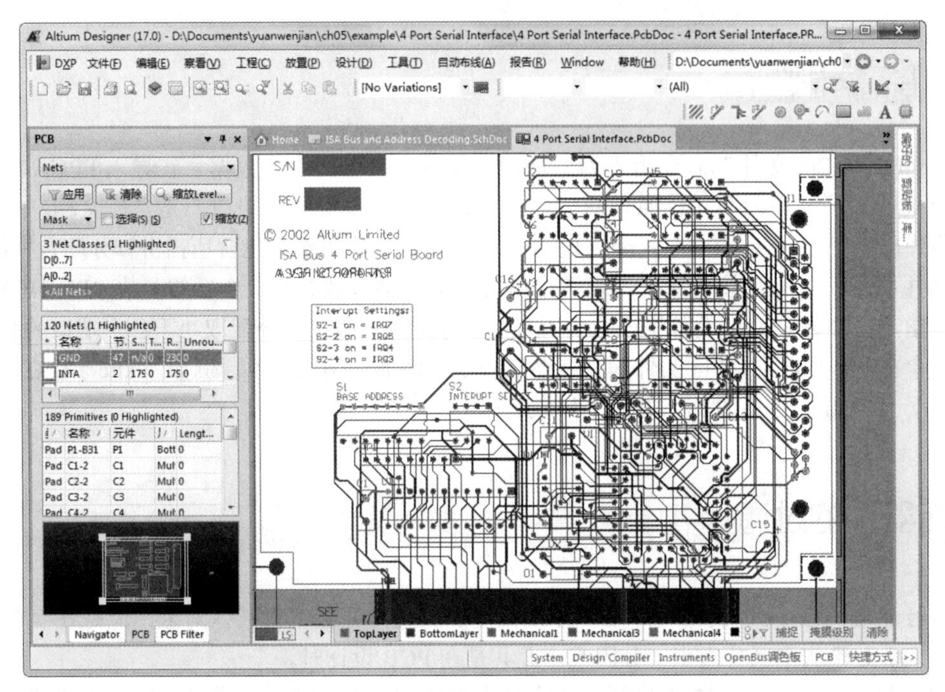

图 5-12　选择“GND”网络

4. 使用“Filter（过滤）”菜单

在 PCB 编辑器中按 Y 键，即可弹出“Filter（过滤）”菜单，如图 5-13 所示。

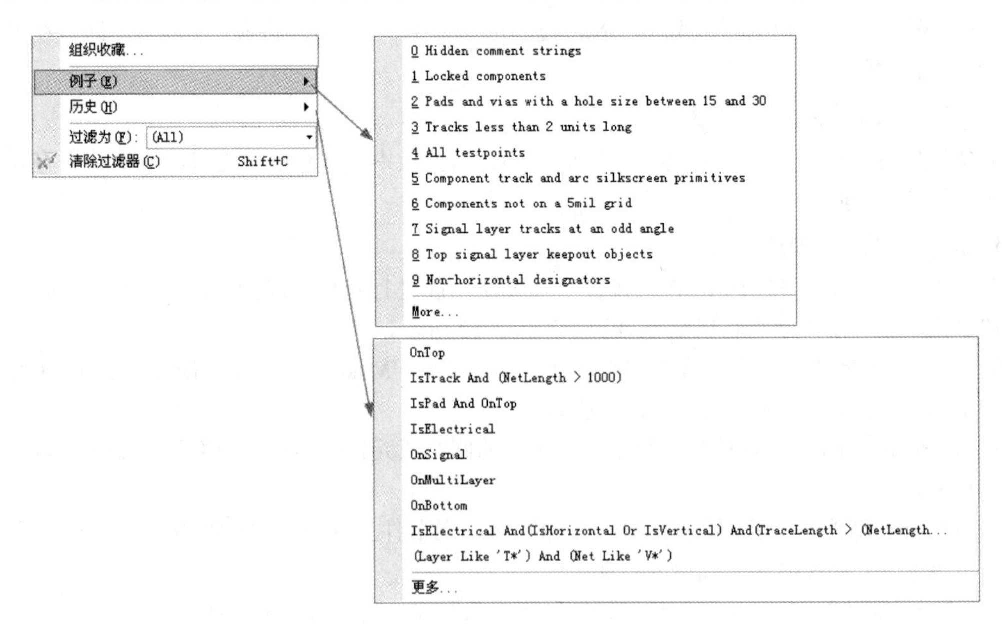

图 5-13　“Filter”菜单

“Filter（过滤）”菜单中列出了 10 种常用的查询关键字，另外也可以在“过滤为”下拉列表中选择其他的查询关键字。

5. 过滤的调节和清除

单击原理图工作窗口右下角的“遮盖等级”标签，即可对过滤的透明度进行调节，如图 5-14 所示。

单击 PCB 工作窗口右下角的“清除”标签，或按快捷键 Shift+C，或者单击“PCB”面板中的“清除”按钮，即可清除过滤显示。

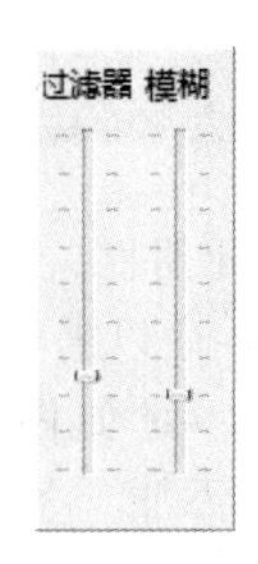

图 5-14　调节过滤的透明度

5.4 在原理图中添加 PCB 设计规则

Altium Designer 17 允许用户在原理图中添加 PCB 设计规则。当然，PCB 设计规则也可以在 PCB 编辑器中定义。不同的是，在 PCB 编辑器中，设计规则的作用范围是在规则中定义的，而在原理图编辑器中，设计规则的作用范围就是添加处。这样，用户在进行原理图设计时，可以提前将一些 PCB 设计规则定义好，以便进行下一步的 PCB 设计。

5.4.1 在对象属性中添加设计规则

编辑一个对象（可以是元器件、引脚、输入输出端口或方块电路图）的属性时，在属性对话框中可以找到 添加规则(R) (R)... 按钮，单击该按钮，即可弹出如图 5-15 所示的“参数属性”对话框。

单击其中的 编辑规则值(E) (E)... 按钮，即可弹出如图 5-16 所示的“选择设计规则类型”对话框，在其中可以选择要添加的设计规则。

图 5-15　“参数属性”对话框

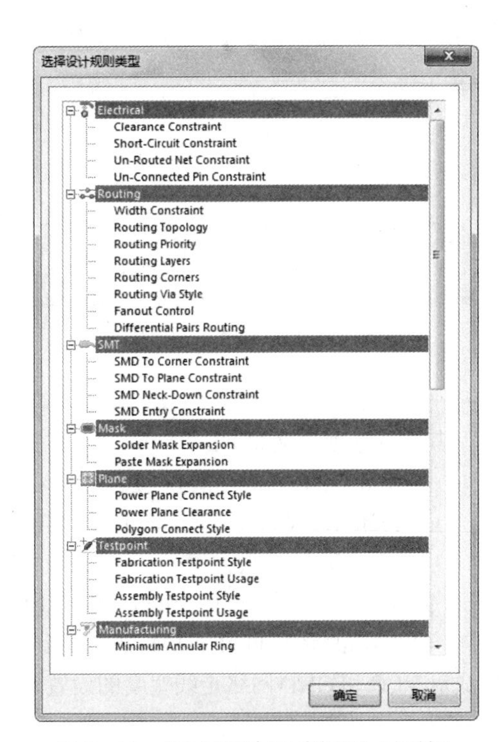

图 5-16　“选择设计规则类型”对话框

5.4.2　在原理图中放置 PCB 布局标志

对于元器件、引脚等对象，可以用前面讲的方法添加设计规则。而对于网络，由于其没有属性对话框，所以需要在网络上放置 PCB 布局标志来设置 PCB 设计规则。

例如，对如图 5-17 所示的电路的 VCC 网络和 GND 网络添加一条设计规则，用于设置 VCC 和 GND 网络的走线宽度为 30mil，具体操作步骤如下。

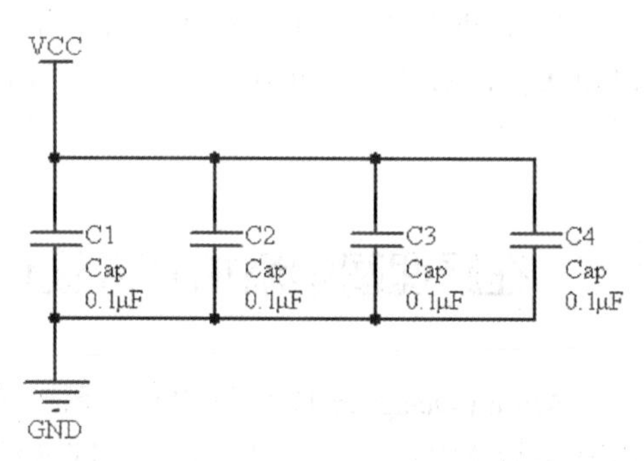

图 5-17　示例电路

（1）在电路原理图中，执行“放置”→“指示”→“PCB 布局”菜单命令，即可放置 PCB 布局标志，此时按下 Tab 键，将打开如图 5-18 所示的“参数”对话框。

（2）单击编辑(E) (E)...按钮，系统弹出如图 5-15 所示的“参数属性”对话框。单击其中的编辑规则值(E) (E)...按钮，即可弹出如图 5-16 所示的“选择设计规则类型”对话框，在其中可以选择要添加的设计规则。双击“Width Constraint”选项，则会弹出如图 5-19 所示的“Edit PCB Rule（From Schematic）-Max-Min Width Rule”对话框。

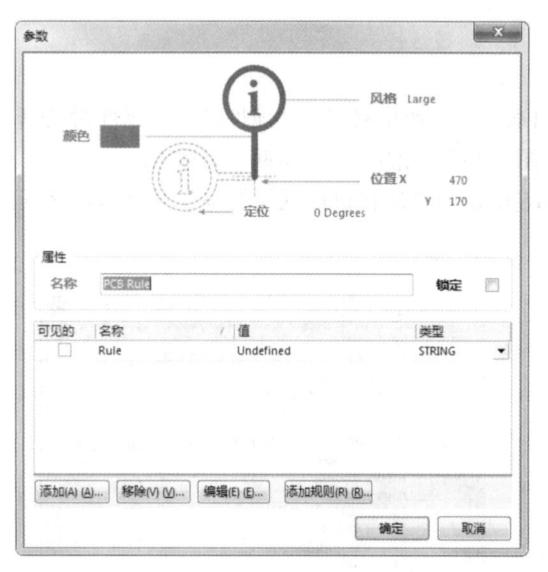

图 5-18　“参数”对话框

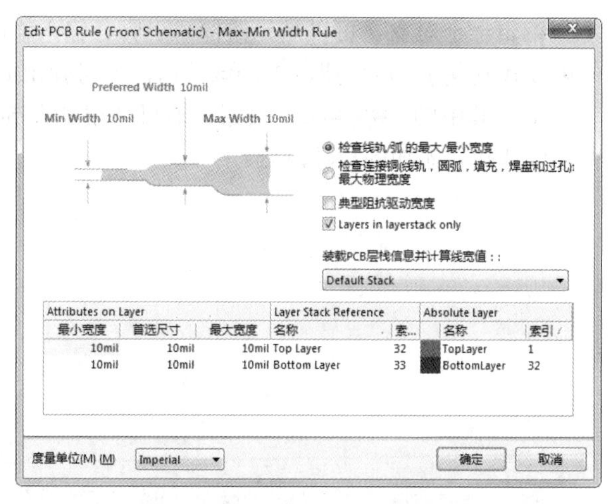

图 5-19　“Edit PCB Rule（From Schematic）-Max-Min Width Rule”对话框

其中各选项含义如下。

- Min Width（最小值）：走线的最小宽度。
- Preferred Width（首选的）：走线首选宽度。
- Max Width（最大值）：走线的最大宽度。

（3）这里将 3 项都改成 30mil，单击确定按钮确认。

（4）将修改完的 PCB 布局标志放置到相应的网络中，完成对 VCC 和 GND 网络走线宽度的设置，效果如图 5-20 所示。

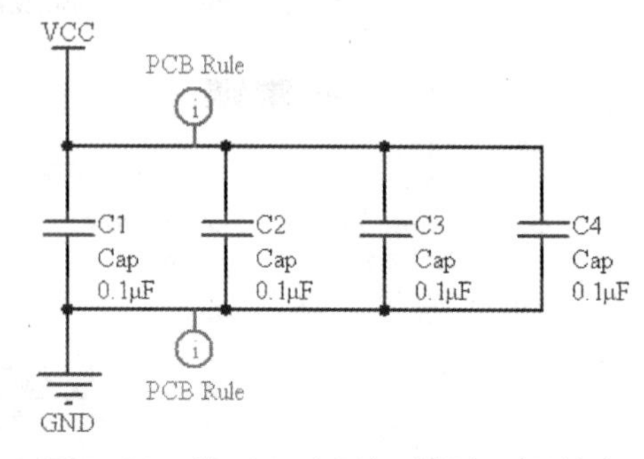

图 5-20　将 PCB 布局标志添加到网络中

5.5 使用“Navigator”与“SCH Filter”面板进行快速浏览

1. “Navigator（导航）”面板

“Navigator（导航）”面板的作用是快速浏览原理图中的元器件、网络以及违反设计规则的内容等。“Navigator（导航）”面板是 Altium Designer 17 强大的集成功能的体现之一。

单击“Navigator（导航）”面板中的 交互式导航 按钮，就会在下面的“Net/Bus”列表框中显示出原理图中的所有网络。单击其中一个网络，立即在下面的列表框中显示出与该网络相连的所有节点，同时工作区的图纸将该网络的所有元器件高亮显示出来，并置于选中状态，如图 5-21 所示。

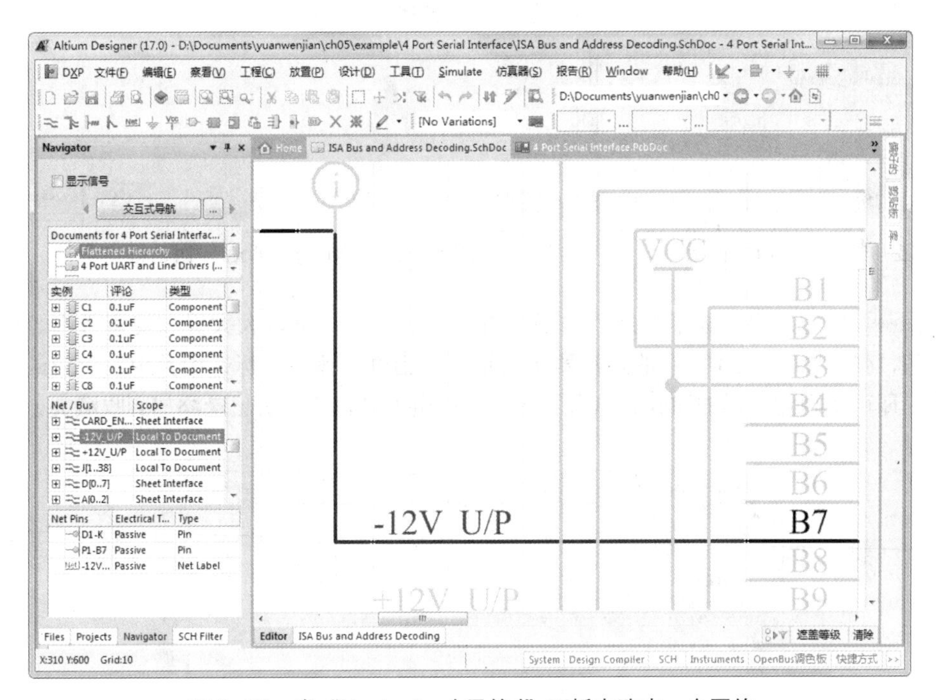

图 5-21　在“Navigator（导航）”面板中选中一个网络

2. “SCH Filter（SCH 过滤）”面板

“SCH Filter（SCH 过滤）”面板的作用是根据所设置的过滤器，快速浏览原理图中的元器件、网络以及违反设计规则的内容等，如图 5-22 所示。

下面简要介绍一下“SCH Filter”面板。

- “考虑对象”下拉列表：用于设置查找的范围，共有 3 个选项：Current Document（当前文档）、Open Document（打开文档）和 Open Document of the Same Project（在同一个项目中打开文档）。
- “Find items matching these criteria（设置过滤器过滤条件）”输入框：用于设置过滤器，即输入查找条件。如果用户不熟悉输入语法，可以单击下面的 Helper 按钮，在弹出的“Query Helper（查询帮助）”对话框的帮助下输入过滤器逻辑语句，如图 5-23 所示。
- Favorites 按钮：用于显示并载入收藏的过滤器，单击此按钮可以弹出过滤器收藏记录对话框。

图 5-22 “SCH Filter”面板

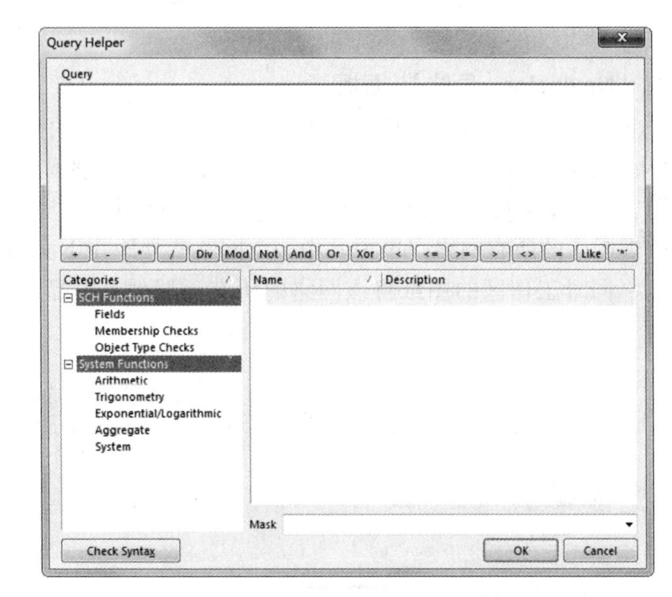

图 5-23 “Query Helper”对话框

- History按钮：用于显示并载入曾经设置过的过滤器，可以大大提高搜索效率。单击此按钮，弹出如图 5-24 所示的过滤器历史记录对话框，移动鼠标选中其中一个记录后，单击它即可实现过滤器的加载。单击Add To Favorites按钮可以将该历史记录添加到收藏夹。

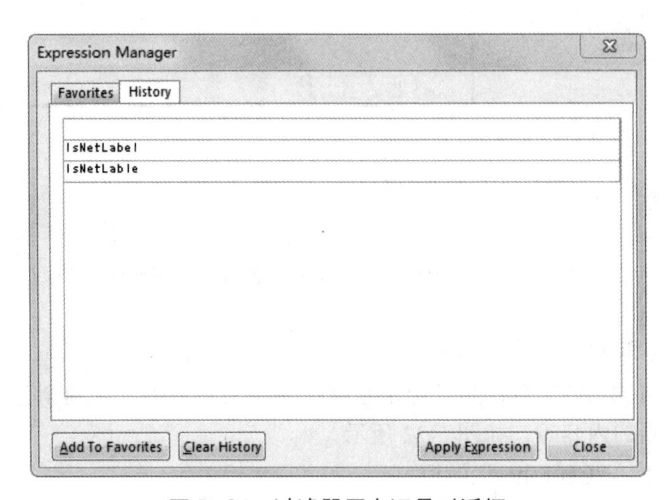

图 5-24 过滤器历史记录对话框

- “Select（选择）”复选框：用于设置是否将符合匹配条件的元器件置于选中状态。
- “Zoom（缩放）”复选框：用于设置是否将符合匹配条件的元器件进行缩放显示。
- “Deselect（取消选定）”复选框：用于设置是否将不符合匹配条件的元器件置于取消选中状态。
- “Mask out（屏蔽）”复选框：用于设置是否将不符合匹配条件的元器件屏蔽。
- Apply按钮：用于启动过滤查找功能。

5.6 原理图的查错及编译

Altium Designer 17 和其他的 Altium 家族软件一样提供有电气检测法则，可以对原理图的电气连接特性进行自动检查，检查后的错误信息将在“Messages（信息）”面板中列出，同时也在原理图中标注出来。用户可以对检测规则进行设置，然后根据面板中所列出的错误信息对原理图进行修改。有一点需要注意，原理图的自动检测机制只是按照用户所绘制原理图中的连接进行检测，系统并不知道原理图到底要设计成什么样子，所以如果检测后的“Messages（信息）”面板中没有错误信息出现，这并不表示该原理图的设计完全正确。用户还需将网络表中的内容与所要求的设计反复对照和修改，直到完全正确为止。

5.6.1 原理图的自动检测设置

原理图的自动检测可在“Project Options（项目选项）”中设置。执行“工程”→“工程参数”菜单命令，系统打开“Options for PCB Project（PCB 项目的选项）”对话框，如图 5-25 所示。所有与项目有关的选项都可以在此对话框中设置。

该对话框中包括很多的选项卡。

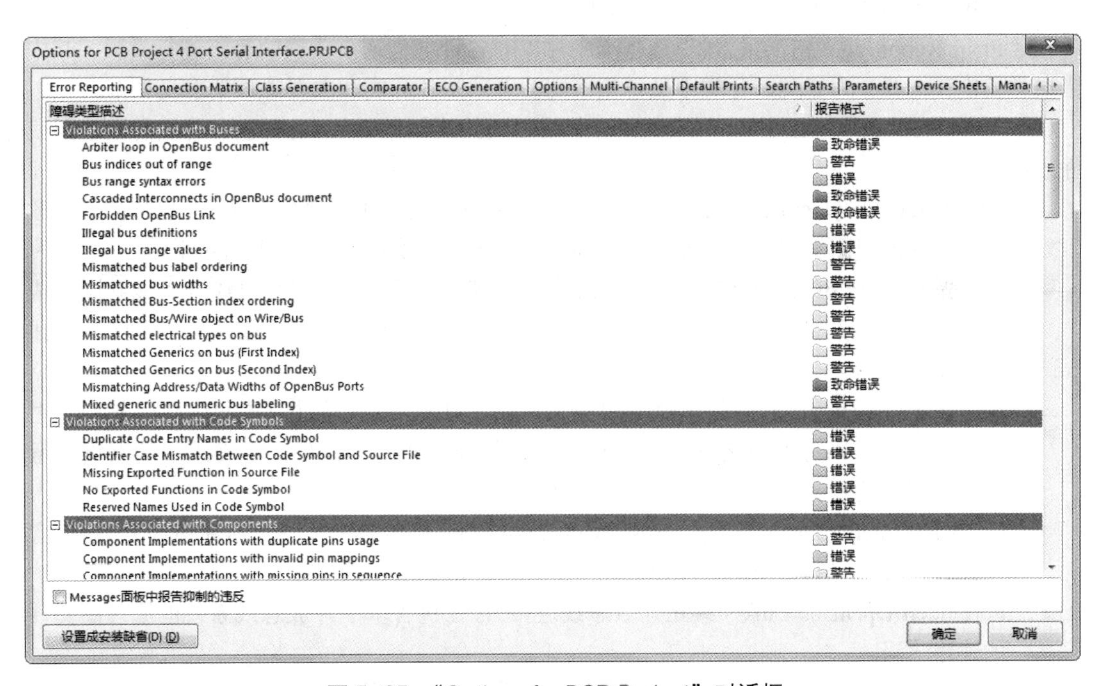

图 5-25 “Options for PCB Project”对话框

- “Error Reporting（错误报告）”选项卡：设置原理图的电气检测法则。当进行文件的编译时，系统将根据此选项卡中的设置进行电气法则的检测。
- “Connection Matrix（电路连接检测矩阵）”选项卡：设置电路连接方面的检测法则。当对文件进行编译时，通过此选项卡的设置可以对原理图中的电路连接进行检测。
- “Class Generation（自动生成分类）”选项卡：进行自动生成分类的设置。
- “Comparator（比较器）”选项卡：设置比较器。当两个文档进行比较时，系统将根据此选项卡中的设置进行检查。

- “ECO Generation（工程变更顺序）”选项卡：设置工程变更命令。依据比较器发现的不同，在此选项卡进行设置来决定是否导入改变后的信息，大多用于原理图与 PCB 间的同步更新。
- “Options（工程选项）”选项卡：在该选项卡中可以对文件输出、网络报表和网络标号等相关信息进行设置。
- “Multi-Channel（多通道）”选项卡：进行多通道设计的相关设置。
- “Default Prints(默认打印输出)”选项卡：设置默认的打印输出选项(如网络表、仿真文件、原理图文件以及各种报表文件等)。
- “Search Paths（搜索路径）”选项卡：进行搜索路径的设置。
- “Parameters（参数设置）”选项卡：进行项目文件参数的设置。
- “Device Sheets（硬件设备列表）”选项卡：用于设置硬件设备列表。
- “Managed OutputJobs（管理工作）”选项卡：用于管理设备选项的设置。

在该对话框的各项设置中，与原理图检测有关的主要是“Error Reporting”选项卡、“Connection Matrix”选项卡和“Comparator”选项卡。当对工程进行编译操作时，系统会根据该对话框中的设置进行原理图的检测，系统检测出的错误信息将在“Messages”面板中列出。

1. “Error Reporting（错误报告）”选项卡

在“Error Reporting（错误报告）”选项卡中可以对各种电气连接错误的等级进行设置。其中电气错误类型检查主要分为 6 类，各类中又包括不同的选项，各分类和主要选项的含义如下。

（1）“Violations Associated with Buses（与总线相关的违例）”栏：设置包含总线的原理图或元器件的选项。

- Arbiter loop in OpenBus document（开放总线系统文件中的仲裁文件）：在包含基于开放总线系统的原理图文档中通过仲裁元器件形成 I/O 端口或 MEM 端口回路错误。
- Bus indices out of range（超出定义范围的总线编号索引）：总线和总线分支线共同完成电气连接，如果定义总线的网络标号为 D [0…7]，则当存在 D8 及 D8 以上的总线分支线时将违反该规则。
- Bus range syntax errors（总线命名的语法错误）：用户可以通过放置网络标号的方式对总线进行命名。当总线命名存在语法错误时将违反该规则。例如，定义总线的网络标号为 D[0…] 时将违反该规则。
- Cascaded Interconnects in OpenBus document（开放总线文件互联元器件错误）：在包含基于开放总线系统的原理图文件中互联元器件之间的端口级联错误。
- Forbidden OpenBus Link（禁止开放总线连接）：在包含基于开放总线系统的原理图文件中的连接错误。
- Illegal bus definitions（总线定义违规）：连接到总线的元器件类型不正确。
- Illegal bus range values（总线范围值违规）：与总线相关的网络标号索引出现负值。
- Mismatched bus label ordering（总线网络标号不匹配）：同一总线的分支线属于不同网络时，这些网络对总线分支线的编号顺序不正确，即没有按同一方向递增或递减。
- Mismatched bus widths（总线编号范围不匹配）：总线编号范围超出界定。
- Mismatched Bus-Section index ordering（总线分组索引的排序方式错误）：没有按同一方向递增或递减。
- Mismatched Bus/Wire object on Wire/Bus（总线种类不匹配）：总线上放置了与总线不匹配

的对象。

- Mismatched electrical types on bus（总线上电气类型错误）：总线上不能定义电气类型，否则将违反该规则。
- Mismatched Generics on bus（First Index）（总线范围值的首位错误）：线首位应与总线分支线的首位对应，否则将违反该规则。
- Mismatched Generics on bus（Second Index）（总线范围值的末位错误）：线末位应与总线分支线的末位对应，否则将违反该规则。
- Mismatching Adress/Data Widths of OpenBus Ports（打开总线端口的地址 / 数据宽度不匹配）：打开总线端口的地址 / 数据宽度符合规定，否则不匹配。
- Mixed generic and numeric bus labeling（与同一总线相连的不同网络标识符类型错误）：有的网络采用了数字编号，有的网络采用了字符编号。

（2）“Violations Associated with Code Symbols（与代码符号相关的违例）”栏。设置原理图中代码符号属性，如代码符号名称、代码符号属性、使用函数。

- Duplicate Code Entry Names in Code Symbol（重复代码输入名称）：在代码符号中重复定义代码输入名称。
- Identifier Case Mismatch Between Code Symbol and Source File（代码符号和源文件之间的标识符不匹配）：源文件中的标识符与代码符号的标识符一一对应，不匹配时将违反该规则。
- Missing Exported Function in Source File（源文件导出函数丢失）：源文件中的导出函数找不到。
- No Exported Functions in Code Symbol（没有导出函数）：代码符号中应该包括导出函数，没有违反该规则。
- Reserved Names Used in Code Symbol（代码符号中使用的保留名称）：保留代码符号中使用过的名称。

（3）“Violations Associated with Components（与元器件相关的违例）”栏：设置原理图中元器件及元器件属性，如元器件名称、引脚属性、放置位置。

- Component Implementations with duplicate pins usage（原理图中元器件的引脚被重复使用）：原理图中元器件的引脚被重复使用的情况经常发生。
- Component Implementations with invalid pin mappings（元器件引脚与对应封装的引脚标识符不一致）：元器件引脚应与引脚的封装一一对应，不匹配时将违反该规则。
- Component Implementations with missing pins in sequence（元器件丢失引脚）：按序列放置的多个元器件引脚中丢失了某些引脚。
- Components revision has inappliable state（元件修订版本具有不适用的状态）：修订版的元器件中包含了不适用的元器件。
- Components revision is out of Date（元器件版本过期）：使用过期版本的元器件。
- Components containing duplicate sub-parts（嵌套元器件）：元器件中包含了重复的子元器件。
- Components with duplicate Implementations（重复元器件）：重复实现同一个元器件。
- Components with duplicate pins（重复引脚）：元器件中出现了重复引脚。
- Duplicate Component Models（重复元器件模型）：重复定义元器件模型。
- Duplicate Part Designators（重复组件标识符）：元器件中存在重复的组件标号。
- Errors in Component Model Parameters（元器件模型参数错误）：可以在元器件属性中设置。
- Extra pin found in component display mode（元器件显示模式多余引脚）：元器件显示模式中

出现多余的引脚。

- Mismatched hidden pin connections（隐藏的引脚不匹配）：隐藏引脚的电气连接存在错误。
- Mismatched pin visibility（引脚可视性不匹配）：引脚的可视性与用户的设置不匹配。
- Missing Component Model editor（元器件编辑器丢失）：取消元器件模型编辑器的显示。
- Missing Component Model Parameters（元器件模型参数丢失）：取消元器件模型参数的显示。
- Missing Component Models（元器件模型丢失）：无法显示元器件模型。
- Missing Component Models in Model Files（模型文件丢失元器件模型）：元器件模型在所属库文件中找不到。
- Missing pin found in component display mode（元器件显示模式丢失引脚）：元器件的显示模式中缺少某一引脚。
- Models Found in Different Model Locations（模型对应不同路径）：元器件模型在另一路径（非指定路径）中找到。
- Sheet symbol with duplicate entries（原理图符号中出现了重复的端口）：为避免违反该规则，建议用户在进行层次原理图的设计时，在单张原理图上采用网络标号的形式建立电气连接，而不同的原理图间采用端口建立电气连接。
- Un-Designated parts requiring annotation（未指定的部件需要标注）：未被标号的元器件需要分开标号。
- Unused sub-part in component（集成元器件的某一部分在原理图中未被使用）：通常对未被使用的部分采用引脚为空的方法，即不进行任何的电气连接。

（4）“Violations Associated with Configuration Constraints（与配置约束关联的违例）”栏。配置约束相关设置。

- Constraints Board not Found in Configuration（在配置中找不到约束板）：在配置设置中没有约束板。
- Configuration Constraints Has Duplicate Board Instance（配置常量具有重复的板级实例）：配置约束有重复的板级实例。
- Configuration Connector Creation Failed in Configuration（配置连接器创建失败）：配置中的配置连接器创建失败。
- Configuration Port without Pin in Configuration（无引脚配置中的配置端口）：配置中的配置端口没有引脚。

（5）“Violations Associated with Documents（与文档关联的违例）”栏：进行原理图文档相关设置。

- Ambiguous Device Sheet Path Resolution:（设备图纸路径分辨率不明确）。
- Conflicting Constraints（规则冲突）：文档创建过程与设定的规则相冲突。
- Duplicate sheet numbers（复制原理图编号）：电路原理图编号重复。
- Duplicate Sheet Symbol Names（复制原理图符号名称）：原理图符号命名重复。
- HDL Identifier Renamed（已重命名的 HDL 标识符）：HDL 标设符重新命名。
- Missing child HDL entry for sheet symbol（于 HDL 文件丢失原理图符号）：工程中缺少与原理图符号相对应的子 HDL 文件。
- Missing child sheet for sheet symbol（子原理图丢失原理图符号）：工程中缺少与原理图符号相对应的子原理图文件。
- Missing Configuration Target（配置目标丢失）：可以在配置参数文件中设置。

- Missing sub-Project sheet for component（元器件的子工程原理图丢失）：有些元器件可以定义子工程，当定义的子工程在固定的路径中找不到时将违反该规则。
- Multiple Configuration Targets（多重配置目标）：文档配置多元化。
- Multiple Top-Level Documents（顶层文件多样化）：定义了多个顶层文档。
- Port not linked to parent sheet symbol（原始原理图符号不与部件连接）：子原理图电路与主原理图电路中端口之间的电气连接错误。
- Sheet Entry not linked child sheet（子原理图不与原理图端口连接）：电路端口与子原理图间存在电气连接错误。
- Sheet Name Clash（图纸名称冲突）：原理图中名称命名发生冲突。
- Unique Identifiers Errors（唯一标识符错误）：原理图中唯一标识符发生错误。

（6）"Violations Associated with Harnesses（与线束关联的违例）"栏：线束相关设置。

- Conflicting Harness Definition（线束定义冲突）：线束的定义发生冲突。
- Harness Connector Type Syntax Error（线束连接器类型语法错误）：线束连接器设置的类型发生语法错误。
- Missing Harness Type on Harness（线束上丢失线束类型）：原理图中的线束设置的参数丢失线束类型。
- Multiple Harness Types on Harness（线束上有多个线束类型）：原理图中的线束设置有多个线束类型。
- Unknown Harness Types（未知线束类型）：原理图中的线束类型设置为未知。

（7）"Violations Associated with Nets（与网络关联的违例）"栏：对原理图中与网络相关的不合理现象进行设置。

- Adding hidden net to sheet（添加隐藏网络）：原理图中出现隐藏的网络。
- Adding Items from hidden net to net（隐藏网络添加子项）：从隐藏网络添加子项到已有网络中。
- Auto-Assigned Ports To Device Pins（元器件引脚自动端口）：自动分配端口到元器件引脚。
- Bus Object on a Harness（线束上的总线对象）：原理图中线束上出现总线对象。
- Differential Pair Net Connection Polarity Inversed（差分对网络连接极性反转）：差分对网络连接出现极性反转。
- Differential Pair Net Unconnected To Differential Pair Pin（差动对网与差动对引脚不连接）：差动对网与差动对引脚不连接。
- Differential Pair Unproperly Connectcd to Device（差分对与设备连接不正确）：差分对与设备连接过程中，重新问题，连接不正确。
- Duplicate Nets（复制网络）：原理图中出现了重复的网络。
- Floating net labels（浮动网络标签）：原理图中出现了不固定的网络标号。
- Floating power objects（浮动电源符号）：原理图中出现了不固定的电源符号。
- Global Power-Object scope changes（更改全局电源对象）：与端口元器件相连的全局电源对象已不能连接到全局电源网络，只能更改为局部电源网络。
- Harness Object on a Bus（总线上的线束对象）：总线上出现线束对象。
- Harness Object on a Wire（连接上的线束对象）：连线上出现线束对象。
- Missing Negative Net in Differential Pair（差分对中缺失负网）：差分对中出现负网缺失的情况。
- Missing Positive Net in Differential Pair（差分对中缺失正网）：差分对中出现正网缺失的情况。

- Net Parameters with no name（无名网络参数）：存在未命名的网络参数。
- Net Parameters with no value（无值网络参数）：网络参数没有赋值。
- Nets containing floating input pins（浮动输入网络引脚）：网络中包含悬空的输入引脚。
- Nets containing multiple similar objects（多样相似网络对象）：网络中包含多个相似对象。
- Nets with multiple names（命名多样化网络）：网络中存在多重命名。
- Nets with no driving source（缺少驱动源的网络）：网络中没有驱动源。
- Nets with only one pin（单个引脚网络）：存在只包含单个引脚的网络。
- Nets with possible connection problems（网络中可能存在连接问题）：文档中常见的网络问题。
- Same Nets Used in Multiple Differential Pair：多个差分对中使用相同的网络。
- Sheets containing duplicate ports（多重原理图端口）：原理图中包含重复端口。
- Signals with multiple drivers（多驱动源信号）：信号存在多个驱动源。
- Signals with no driver（无驱动信号）：原理图中信号没有驱动。
- Signals with no load（无负载信号）：原理图中存在无负载的信号。
- Unconnected objects in net（网络断开对象）：原理图的网络中存在未连接的对象。
- Unconnected wires（断开线）：原理图中存在未连接的导线。

（8）“Violations Associated with Others（其他相关违例）”栏：对原理图中其他不合理现象进行设置。

- Incorrect Link in Project Variant：项目变体中的链接不正确。
- Object not completely within sheet boundaries（对象超出了原理图的边界）：可以通过改变图纸尺寸来解决。
- Off-Grid object（对象偏离格点位置）：使元器件处在格点位置有利于元器件电气连接特性的完成。

（9）“Violations Associated with Parameters（与参数相关的违例）”栏，原理图中参数设置不匹配。

- Same parameter containing different types（参数相同而类型不同）：原理图中元器件参数设置常见问题。
- Same parameter containing different values（参数相同而值不同）：原理图中元器件参数设置常见问题。

“Error Reporting（错误报告）”选项卡的设置一般采用系统的默认设置，但针对一些特殊的设计，用户则需对以上各项的含义有一个清楚的了解。如果想改变系统的设置，则应单击每栏右侧的“报告格式”选项进行设置，包括“不报告”“警告”“错误”和“致命错误”4 种选择。系统出现错误时是不能导入网络表的，用户可以在这里设置忽略一些设计规则的检测。

2. “Connection Matrix（电路连接检测矩阵）”选项卡

在该选项卡中，用户可以定义一切与违反电气连接特性有关报告的错误等级，特别是元器件管脚、端口和方块电路图上端口的连接特性。当对原理图进行编译时，错误的信息将在原理图中显示出来。要想改变错误等级的设置，单击对话框中的颜色块即可，每单击一次改变一次。与“Error Reporting”选项卡一样，这里也有 4 种错误等级：“No Report（不报告）”“Warning（警告）”“Error（错误）”和“Fatal Error（致命错误）”。在该选项卡的任何空白区域中单击鼠标右键，将弹出一个快捷菜单，可以键入各种特殊形式的设置，如图 5-26 所示。当对项目进行编译时，该选项卡的设置与“Error Reporting”选项卡中的设置将共同对原理图进行电气特性的检测。所有违反规则的连接将以不同的错误等级在“Messages”面板中显示出来。单击 设置成安装缺省(D) 按钮即可恢复系统的默认设置。对于大多数的原理图设计保持默认的设置即可，但对于特殊原理图的设计用户则需进行必要的改动。

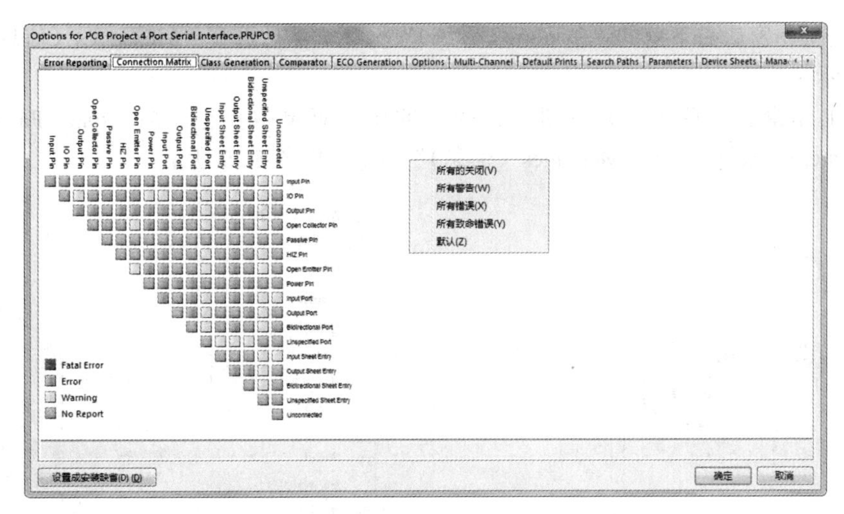

图 5-26 “Connection Matrix”选项卡

5.6.2 原理图的编译

对原理图各种电气错误等级设置完毕后，用户便可以对原理图进行编译操作，随即进入原理图的调试阶段。执行“工程”→“Compile Document（文件编译）”菜单命令即可进行文件的编译。

文件编译后，系统的自动检测结果将出现在“Messages（信息）”面板中。

打开“Messages（信息）”面板有以下 3 种方法。

（1）执行“察看”→“Workspace Panels（工作面板）”→“System（系统）”→“Messages（信息）”菜单命令，如图 5-27 所示。

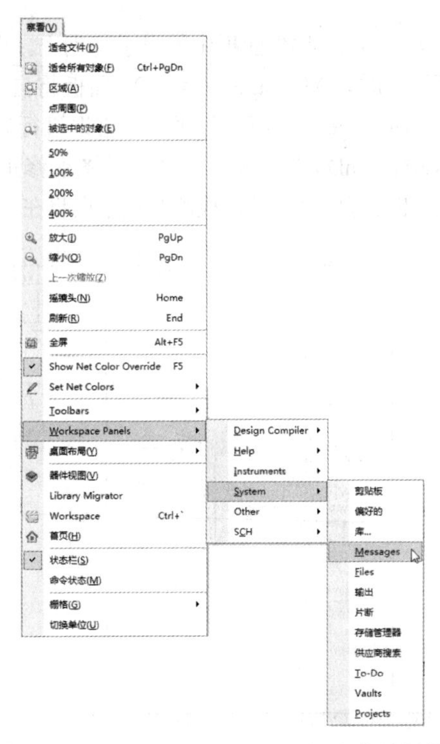

图 5-27 打开“Messages”面板的菜单栏操作

（2）单击工作窗口右下角的“System（系统）”标签，然后选择“Messages（信息）”菜单项，如图 5-28 所示。

（3）在工作窗口中单击鼠标右键，在弹出的快捷菜单中执行“Workspace Panels（工作面板）”→“System（系统）”→“Messages（信息）”命令，如图 5-29 所示。

图 5-28　打开“Messages”面板的标签操作

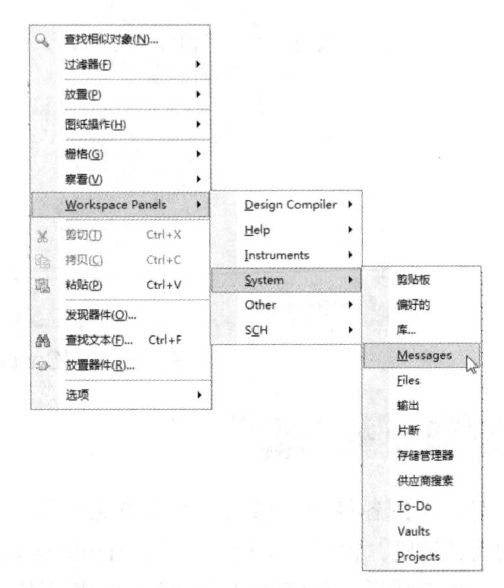

图 5-29　打开“Messages”面板的右键快捷菜单操作

5.6.3　原理图的修正

当原理图绘制无误时，“Messages（信息）”面板中的显示将为空。当出现错误的等级为“Error（错误）”或“Fatal Error（致命错误）”时，“Messages（信息）”面板将自动弹出。错误等级为“Warning（警告）”时，用户需自己打开“Messages（信息）”面板对错误进行修改。

下面以“音量控制电路原理图.SchDoc”为例，介绍原理图的修正操作步骤。如图 5-30 所示，原理图中 A 点和 B 点应该相连接，在进行电气特性的检测时该错误将在“Messages（信息）”面板中出现。

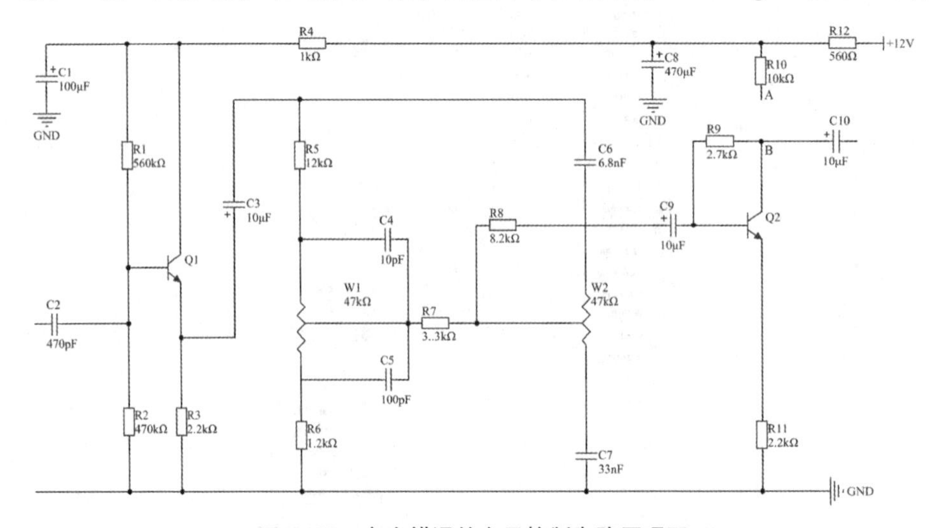

图 5-30　存在错误的音量控制电路原理图

具体的操作步骤如下。

（1）单击音量控制电路原理图标签，使该原理图处于激活状态。

（2）在该原理图的自动检测“Connection Matrix（电路连接检测矩阵）”选项卡中，将纵向的“Unconnected（不相连的）”和横向的“Passive Pin（被动引脚）”相交颜色块设置为褐色的“Error（错误）”等级。单击“确定”按钮，关闭该对话框。

（3）执行菜单栏中的“工程”→“Compile Document 音量控制电路原理图 .SchDoc（文件编译）”命令，对该原理图进行编译。此时“Messages（信息）”面板将出现在工作窗口的下方，双击错误选项，在下方的“Details（细节）”栏显示出错误信息的详细内容，如图 5-31 所示。

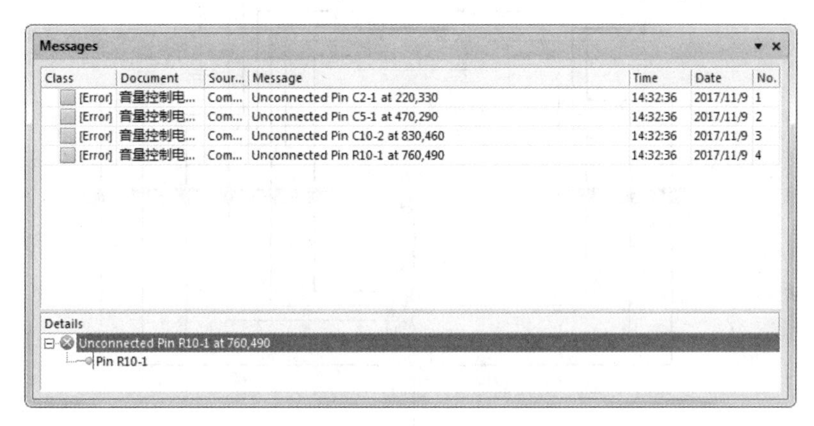

图 5-31　编译后的“Messages”面板

同时，工作窗口将跳到该对象上。除了该对象外，其他所有对象处于被遮挡状态，跳转后只有该对象可以进行编辑。

（4）单击菜单栏中的“放置”→“线”命令，或单击“布线”工具栏中的（放置线）按钮，放置导线。

（5）重新对原理图进行编译，检查是否还有其他的错误。

（6）保存调试成功的原理图。

5.7 综合实例——汽车多功能报警器电路

本例要设计的是汽车多功能报警器电路，如图 5-32 所示，即当系统检测到汽车出现各种故障时进行语音提示报警。其中，前轮视频信号需要进行数字处理，在每个语音组合中加入 200ms 的静音。过程如下：左前轮；右前轮；左后轮；右后轮；胎压过低；胎压过高；请换电池；叮咚。采用并口模式控制电路。

扫码看视频

1. 建立工作环境

（1）在 Altium Designer 17 主界面中，执行“文件”→“New”（新建）→“Project（工程）”菜单命令，在弹出的对话框中创建“汽车多功能报警器电路 .PrjPcb”工程文件。

（2）执行“文件”→“New（新建）”→“原理图”菜单命令，然后单击右键，选择“保存为”

命令将新建的原理图文件保存为“汽车多功能报警器电路 .SchDoc”。

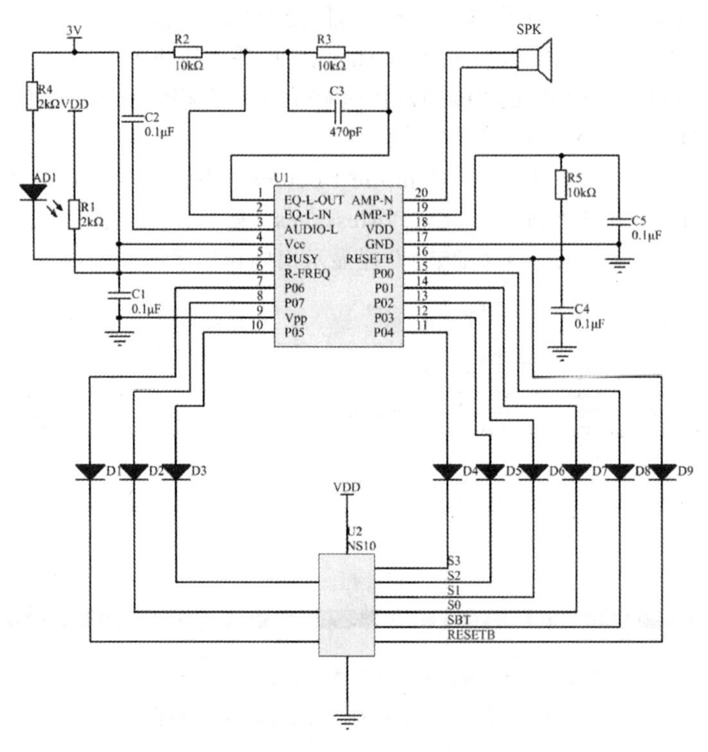

图 5-32　汽车多功能报警器电路

2. 加载元器件库

执行“设计”→“添加 / 移除库”菜单命令，打开“可用库”对话框，然后在其中加载需要的元器件库。本例中需要加载的元器件库如图 5-33 所示。

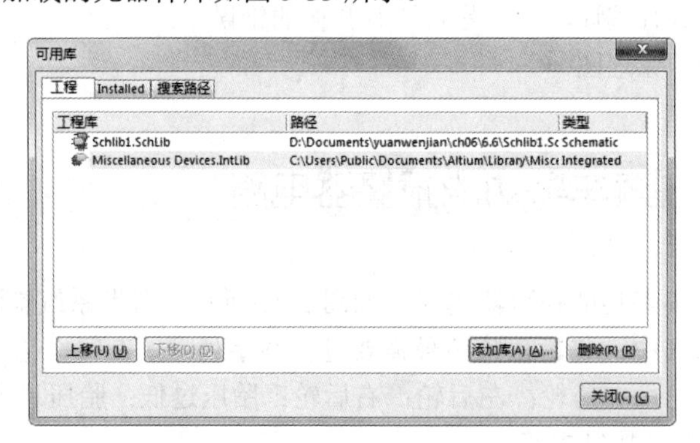

图 5-33　加载需要的元器件库

3. 放置元器件

在“Schlib1. SchLib”元器件库找到 NV020C 芯片和 NS10 芯片，在“Miscellaneous Devices. IntLib”元器件库找到电阻、电容、二极管等元器件，放置在原理图中，如图 5-34 所示。

4. 元器件属性清单

元器件属性清单包括元器件的编号、注释和封装形式等，本例电路图的元器件属性清单如表 5-1 所示。

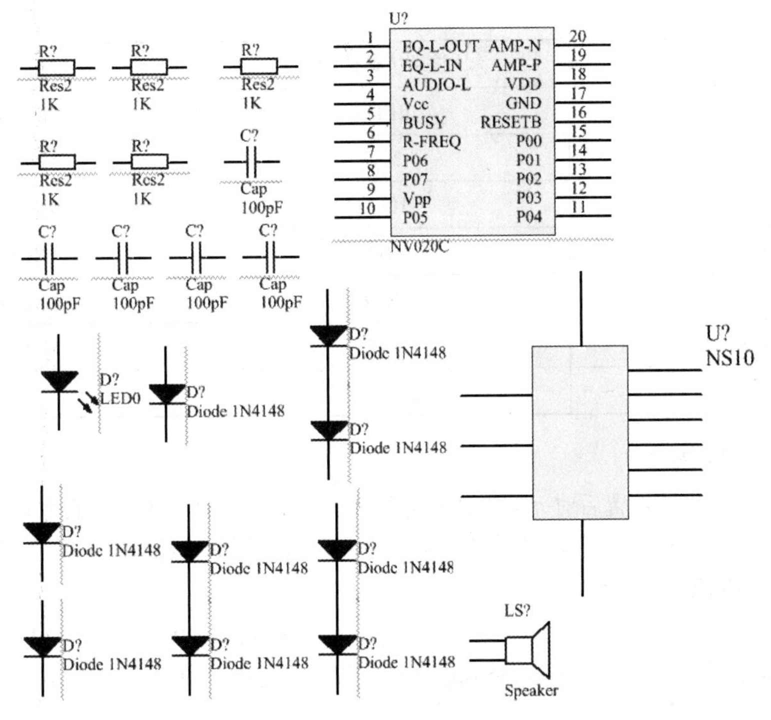

图 5-34 放置元器件

表 5-1 元器件属性清单

编 号	注释 / 参数值	封 装 形 式
U1	NV020C	DIP20
U2	NS10	HDR1X11
C1	0.1μF	RAD-0.3
C2	0.1μF	RAD-0.3
C3	470pF	RAD-0.3
C4	0.1μF	RAD-0.3
C5	0.1μF	RAD-0.3
D1	Diode 1N4148	D0-35
D2	Diode 1N4148	D0-35
D3	Diode 1N4148	D0-35
D4	Diode 1N4148	D0-35
D5	Diode 1N4148	D0-35
D6	Diode 1N4148	D0-35
D7	Diode 1N4148	D0-35
D8	Diode 1N4148	D0-35
D9	Diode 1N4148	D0-35

续表

编　　号	注释 / 参数值	封 装 形 式
AD1	LED0	LED-0
R1	2kΩ	AXIAL-0.4
R2	10kΩ	AXIAL-0.4
R3	10kΩ	AXIAL-0.4
R4	2kΩ	AXIAL-0.4
R5	10kΩ	AXIAL-0.4
SPK	Speaker	PIN2

5. 元器件布局和布线

（1）完成元器件属性设置后对元器件进行布局，将全部元器件合理地布置到原理图上。

（2）按照设计要求连接电路原理图中的元器件，最后得到的电路原理图如图 5-32 所示。

6. 编译参数设置

（1）执行“工程”→“工程参数”菜单命令，弹出“Options for PCB Project（PCB 项目的选项）”对话框，如图 5-35 所示。在“Error Reporting”（错误报告）选项卡中罗列了网络构成、原理图层次、设计错误类型等报告信息。

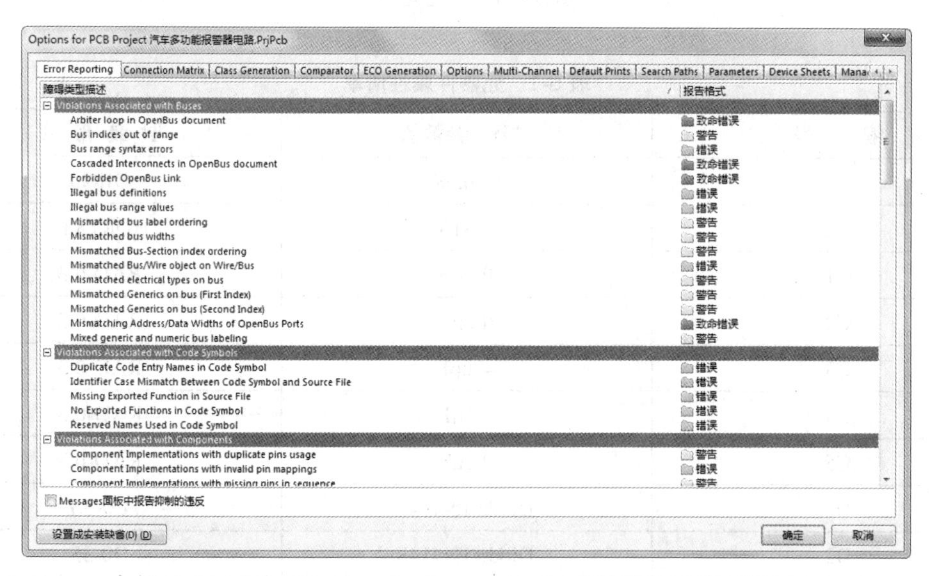

图 5-35　“Options for PCB Project（PCB 项目的选项）”对话框

（2）单击“Connection Matrix”标签，显示“Connection Matrix（电路连接检测矩阵）”选项卡。矩阵的上部和右边所对应的元器件引脚或端口等交叉点为元素，单击颜色元素，可以设置错误报告类型。

（3）单击“Comparator”标签，显示“Comparator（比较器）”选项卡。在“比较类型描述”列表中设置元器件连接、网络连接和参数连接的差别比较类型。本例选用默认参数。

7. 编译工程

（1）执行“工程”→“Compile PCB Project 汽车多功能报警电路 .PrjPcb（编译 PCB 工程汽车

多功能报警电路 .Prjpcb）”菜单命令，对工程进行编译，弹出如图 5-36 所示的工程编译信息提示框。

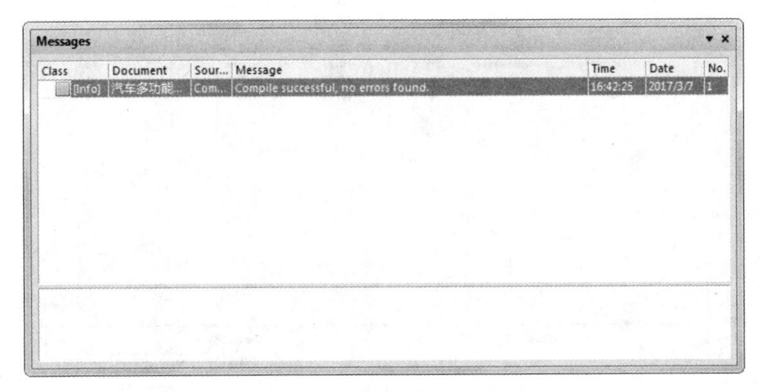

图 5-36　工程编译信息提示框

（2）检查有无错误。如有错误，查看错误报告，根据错误报告信息进行原理图的修改，然后重新编译，直到正确为止，最终得到图 5-36 的结果。

8. 创建网络表

执行“设计”→“文件的网络表”→“Protel（生成原理图网络表）”菜单命令，系统自动生成了当前原理图的网络表文件“汽车多功能报警电路 .NET”，并存放在当前工程下的“Generated\Netlist Files”文件夹中。双击打开该原理图的网络表文件“汽车多功能报警电路 .NET”，如图 5-37 所示。

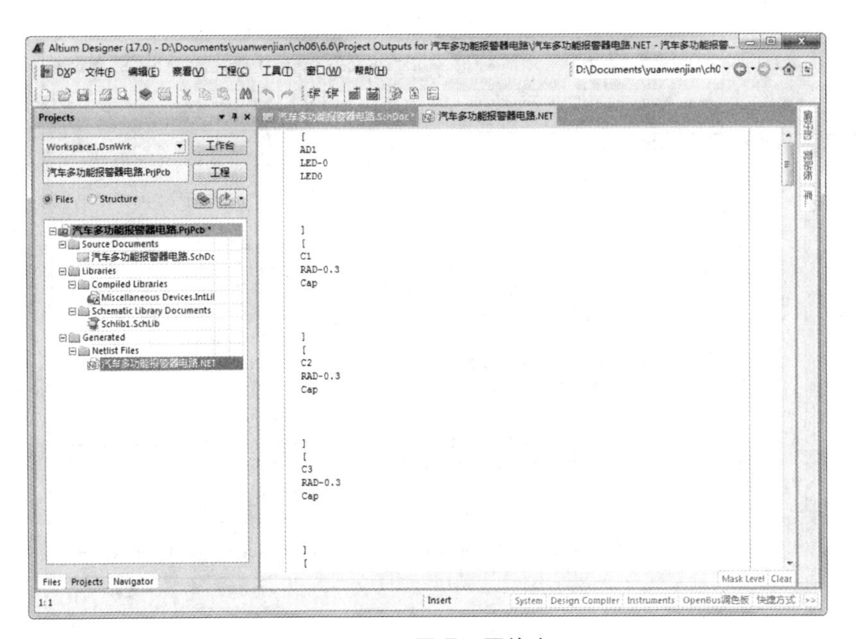

图 5-37　原理图网络表

9. 元器件报表的创建

（1）关闭网络表文件，返回原理图窗口。执行“报告”→“Bill of Materials（材料清单）”菜单命令，系统弹出相应的元器件报表对话框，如图 5-38 所示。

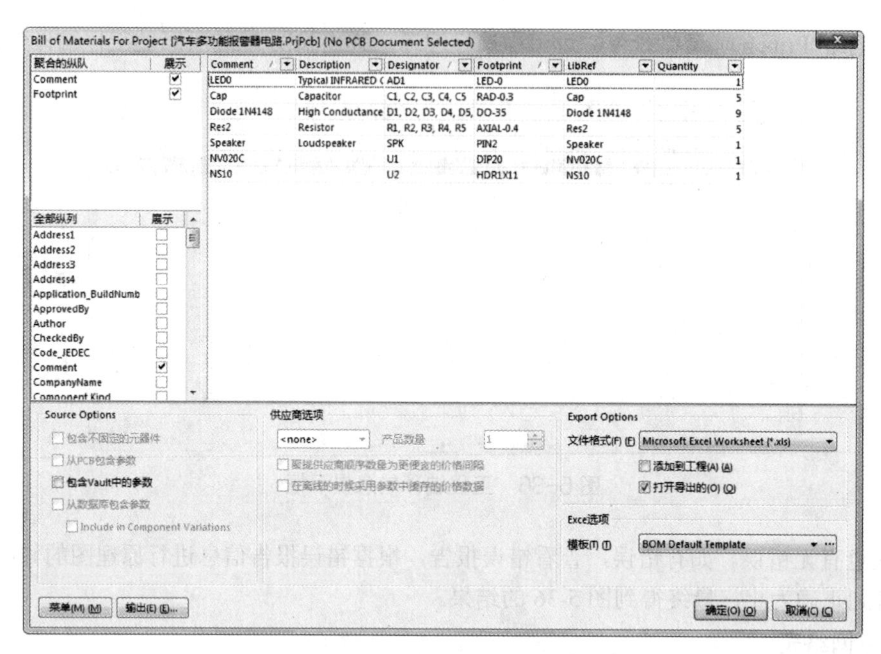

图 5-38 元器件报表对话框

（2）在元器件报表对话框中，单击“模板”后面的...按钮，打开选择元器件报表模板对话框，在“D:\Program Files\Altium\AD17\Templates”目录下，选择系统自带的元器件报表模板文件“BOM Default Template.XLT”，如图 5-39 所示。

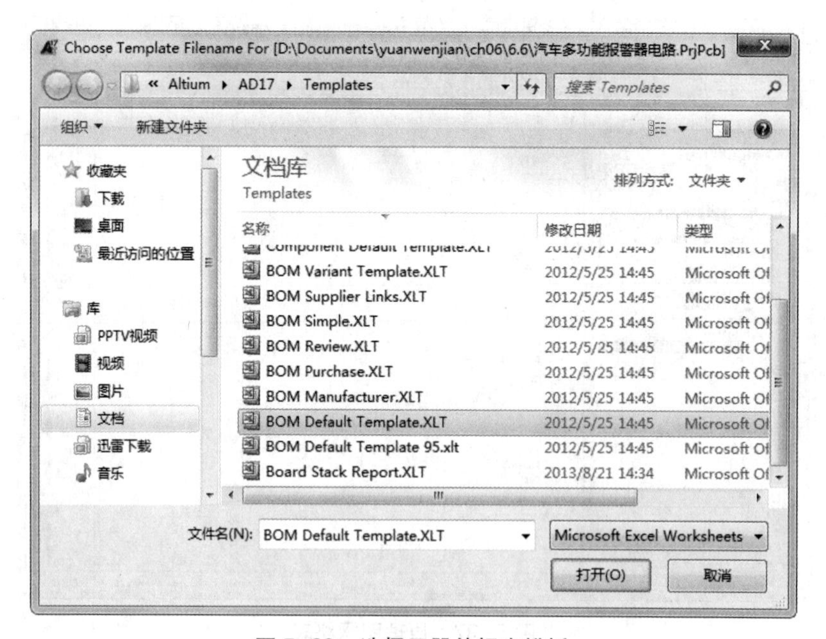

图 5-39 选择元器件报表模板

（3）单击 打开(O) 按钮后，返回元器件报表对话框，完成模板添加。

（4）单击 菜单(M) (M) 按钮，在弹出的菜单中执行“报告”命令，则弹出“报告预览”对话框，如图 5-40 所示。

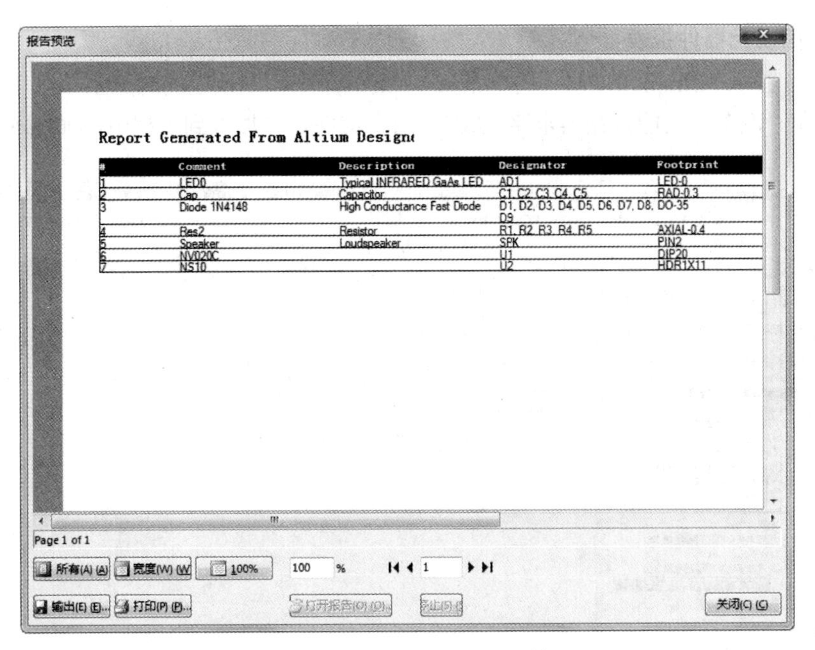

图 5-40　“报告预览”对话框

（5）单击[输出(E)]按钮，可以将该报表进行保存，默认文件名为“汽车多功能报警器电路.XLS”，是一个 Excel 文件。

（6）单击[打开报告(O)]按钮，打开报表文件，如图 5-41 所示。

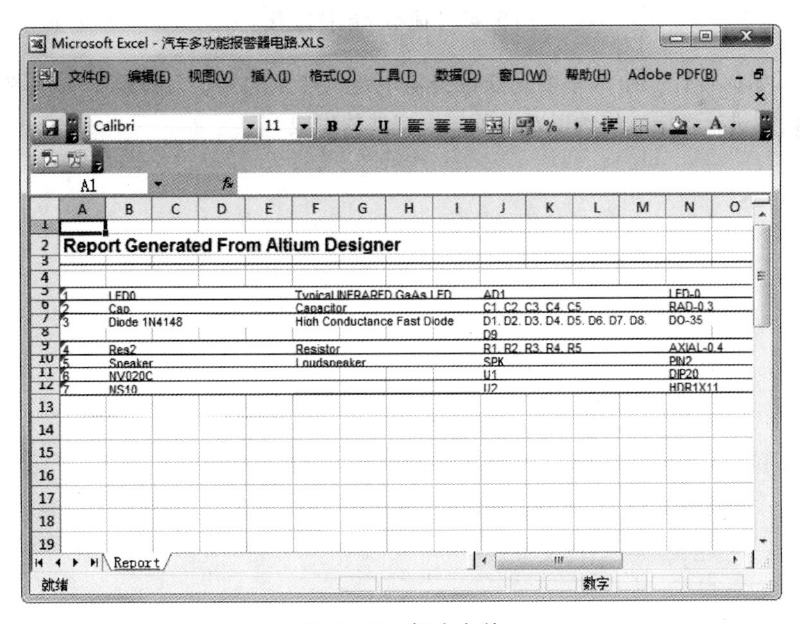

图 5-41　报表文件

（7）单击[打印(P)]按钮，则可以将该报表进行打印输出。

（8）单击[关闭(C)]按钮，关闭“报告预览”对话框。

（9）在元器件报表对话框中，单击[确定(O)]按钮，关闭该对话框。

此外，Altium Designer 17 还为用户提供了简易的元器件报表，不需要进行设置即可产生。

10. 创建简易元器件报表

执行“报告”→“Simple BOM（简单报表）”菜单命令，则系统同时产生“汽车多功能报警器电路.BOM”和“汽车多功能报警器电路.CSV”两个文件，并加入到工程中，如图 5-42 所示。

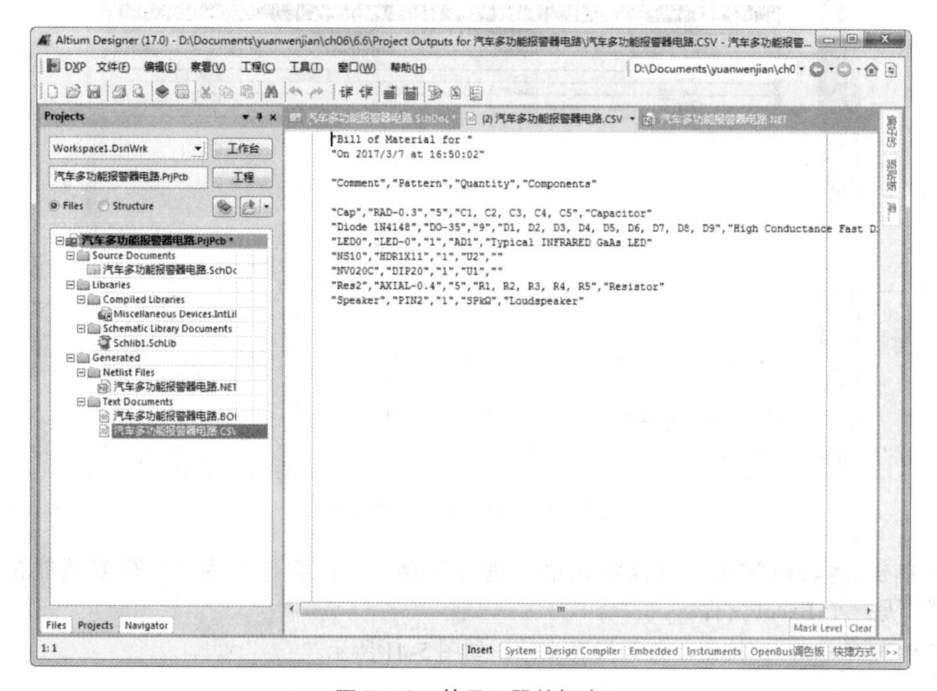

图 5-42　简易元器件报表

本节介绍了如何设计一个汽车多功能报警器电路，涉及的知识点有绘制原理图，对原理图进行编译，对原理图进行查错、修改以及各种报表文件的生成。

6 Chapter

第 6 章
层次原理图设计

在前面，我们学习了一般电路原理图的基本设计方法，将整个系统的电路绘制在一张图纸上。这种方法适用于规模较小、逻辑结构比较简单的系统电路设计。而对于大规模的电路系统来说，由于所包含的对象数量繁多，结构关系复杂，很难在一张图纸上完整地绘出，即使勉强绘制出来，其错综复杂的结构也非常不利于电路的阅读分析与检测。

因此，对于大规模的复杂系统，应该采用另外一种设计方法，即电路的模块化设计。将整体系统按照功能分解成若干个电路模块，每个电路模块能够完成一定的独立功能，具有相对的独立性，可以由不同的设计者分别绘制在不同的图纸上。这样，电路结构清晰，同时也便于多人共同参与设计，加快工作进程。

6.1 层次电路原理图的基本概念

对应电路原理图的模块化设计，Altium Designer 17 中提供了层次原理图的设计方法，这种方法可以将一个庞大的系统电路作为一个整体项目来设计，而根据系统功能所划分出的若干个电路模块，则分别作为设计文件添加到该项目中。这样就把一个复杂的大型电路原理图设计变成了多个简单的小型电路原理图设计，层次清晰，设计简便。

层次电路原理图的设计理念是将实际的总体电路进行模块划分，划分的原则是每一个电路模块都应该有明确的功能特征和相对独立的结构，而且还要有简单、统一的接口，便于模块彼此之间的连接。

针对每一个具体的电路模块，可以分别绘制相应的电路原理图，该原理图我们一般称之为“子原理图”。而各个电路模块之间的连接关系则是采用一个顶层原理图来表示，顶层原理图主要由若干个方块电路即图纸符号组成，用来展示各个电路模块之间的系统连接关系，描述了整体电路的功能结构。这样，把整个系统电路分解成了顶层原理图和若干个子原理图来分别进行设计。

在层次原理图的设计过程中，还需要注意一个问题。如果在对层次原理图进行编译之后，“Navigator”面板中只出现一个原理图，则说明层次原理图的设计中存在着很大的问题。另外，在另一个层次原理图的工程项目中只能有一个总母图，一张原理图中的方块电路不能参考本张图纸上的其他方块电路或其上一级的原理图。

6.2 层次原理图的基本结构和组成

Altium Designer 17 系统提供的层次原理图设计功能非常强大，能够实现多层的层次化设计功能。用户可以将整个电路系统划分为若干个子系统，每一个子系统可以划分为若干个功能模块，而每一个功能模块还可以再细分为若干个基本的小模块，这样依次细分下去，就把整个系统划分成为多个层次，电路设计由繁变简。

图 6-1 所示是一个二级层次原理图的基本结构图，由顶层原理图和子原理图共同组成，是一种模块化结构。

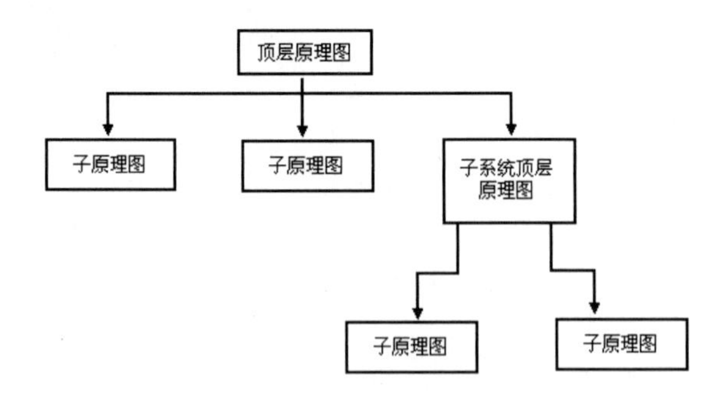

图 6-1　二级层次原理图结构

其中，子原理图就是用来描述某一电路模块具体功能的普通电路原理图，只不过增加了一些输入输出端口，作为与上层进行电气连接的通道口。普通电路原理图的绘制方法在前面已经学习过，主要由各种具体的元器件、导线等构成。

顶层原理图即母图的主要构成元素却不再是具体的元器件，而是代表子原理图的图纸符号。图 6-2 所示是一个电路设计实例采用层次结构设计时的顶层原理图。

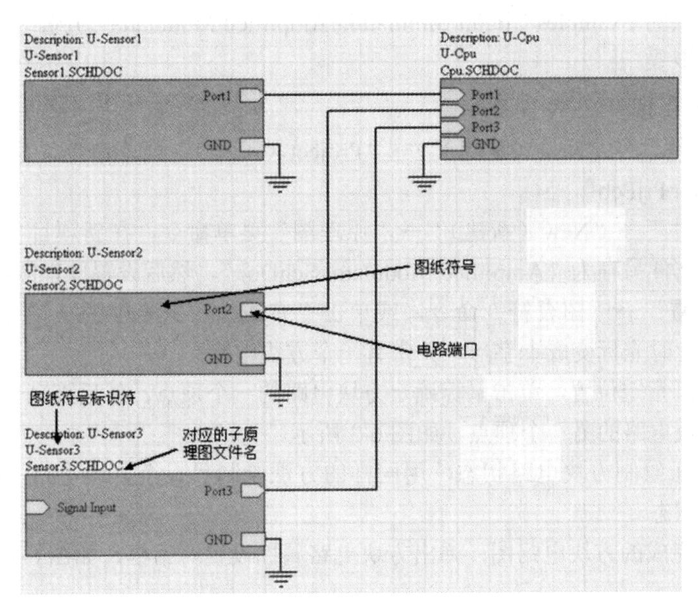

图 6-2　顶层原理图的基本组成

该顶层原理图主要由 4 个图纸符号组成，每一个图纸符号都代表一个相应的子原理图文件，共有 4 个子原理图。在图纸符号的内部给出了一个或多个表示连接关系的电路端口，对于这些端口，在子原理图中都有相同名称的输入输出端口与之相对应，以便建立起不同层次间的信号通道。

图纸符号之间也是借助于电路端口，可以使用导线或总线完成连接。而且，同一个项目的所有电路原理图（包括顶层原理图和子原理图）中，相同名称的输入输出端口和电路端口之间，在电气意义上都是相互连接的。

6.3 层次原理图的设计方法

基于上述设计理念，层次电路原理图设计的具体实现方法有两种，一种是自上而下的设计方法，另一种是自下而上的设计方法。

自上而下的设计方法是在绘制电路原理图之前，要求设计者对这个设计有一个整体的把握。把整个电路设计分成多个模块，确定每个模块的设计内容，然后对每一模块进行详细设计。在 C 语言中，这种设计方法被称为自顶向下，逐步细化。该设计方法要求设计者在绘制原理图之前就对系统有比较深入的了解，对电路的模块划分比较清楚。

自下而上的设计方法是设计者先绘制子原理图，根据子原理图生成原理图符号，进而生成上层原理图，最后完成整个设计。这种方法比较适用于对整个设计不是非常熟悉的用户，这也是一种适合初学者选择的设计方法。

6.3.1 自上而下的层次原理图设计

自上而下的层次电路原理图设计就是先绘制出顶层原理图，然后将顶层原理图中的各个方块图对应的子原理图分别绘制出来。采用这种方法设计时，首先要根据电路的功能把整个电路划分为若干个功能模块，然后把它们正确地连接起来。

下面以系统提供的 Examples/Circuit Simulation/Amplified Modulator 为例，介绍自上而下的层次原理图设计的具体步骤。

1. 绘制顶层原理图

（1）执行“文件”→“New（新建）”→“Project（工程）”菜单命令，建立一个新项目文件“Amplified Modulator.PrjPcb”。

（2）执行“文件”→“New（新建）”→“原理图”菜单命令，在新项目文件中新建一个原理图文件，将原理图文件另存为“Amplified Modulator.SchDoc”，然后设置原理图图纸参数。

（3）执行“放置”→“图表符”命令，或单击“布线”工具栏中的 （放置图表符）按钮，放置方块电路图。此时光标变成十字形，并带有一个方块电路。

（4）移动光标到指定位置，单击鼠标确定方块电路的一个顶点，然后拖动鼠标，在合适位置再次单击鼠标确定方块电路的另一个顶点，如图 6-3 所示。

此时系统仍处于绘制方块电路状态，用同样的方法绘制另一个方块电路。绘制完成后，单击鼠标右键退出绘制状态。

（5）双击绘制完成的方块电路图，弹出方块电路属性设置对话框，如图 6-4 所示。在该对话框中设置方块图属性。

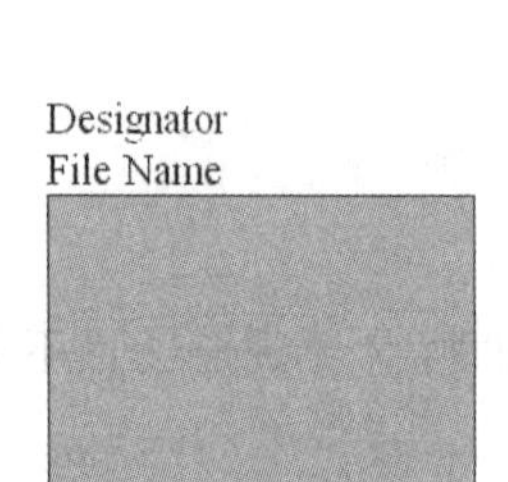

图 6-3　放置方块图

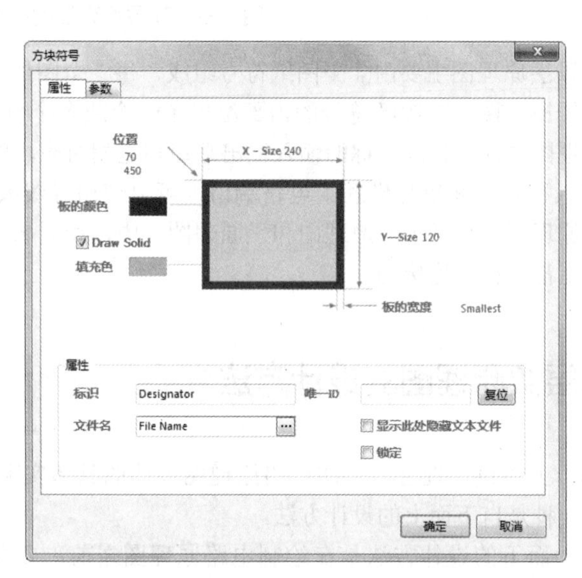

图 6-4　方块电路属性设置对话框

①“属性”选项卡的设置。

- 位置：用于表示方块电路左上角顶点的位置坐标，用户可以输入数值。
- X-Size、Y-Size：用于设置方块电路的长度和宽度。
- 板的颜色：用于设置方块电路边框的颜色。单击后面的颜色块，可以在弹出的对话框中设置颜色。
- Draw Solid：若选中该复选框，则方块电路内部被填充；否则，方块电路是透明的。
- 填充色：用于设置方块电路内部的填充颜色。
- 板的宽度：用于设置方块电路边框的宽度，有 4 个选项供选择：Smallest、Small、Medium

（中等的）和 Large。

- 标识：用于设置方块电路的名称。这里输入为“Modulator（调制器）”。
- 文件名：用于设置该方块电路所代表的下层原理图的文件名，这里我们输入“Modulator（调制器）.SchDoc”。
- 显示此处隐藏文本文件：该复选框用于选择是否显示隐藏的文本区域。选中，则显示。
- 唯一 ID：由系统自动产生的唯一的 ID 号，用户无须设置。

②“参数”选项卡的设置。

单击图 6-4 中的“参数”标签，弹出“参数”选项卡，如图 6-5 所示。

在该选项卡中可以为方块电路的图纸符号添加、删除和编辑标注文字。

单击“添加”按钮，系统弹出如图 6-6 所示的“参数属性”对话框。

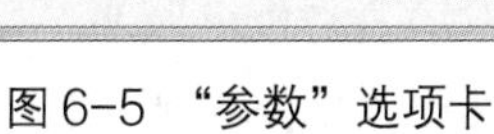
图 6-5 “参数”选项卡

图 6-6 “参数属性”对话框

在该对话框中可以设置标注文字的“名称”“值”“位置”“颜色”“字体”“定位”以及“类型”等。

设置好属性的方块电路如图 6-7 所示。

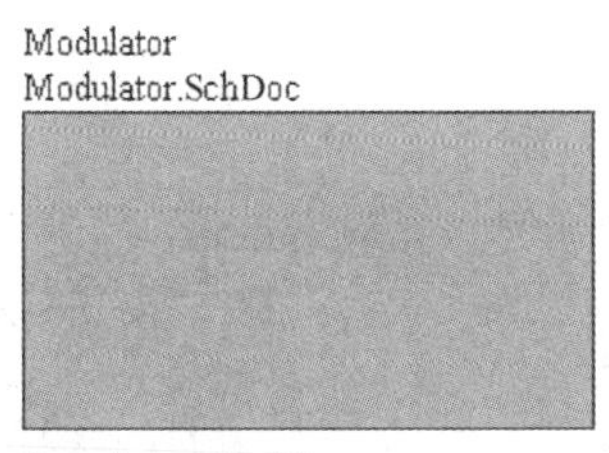

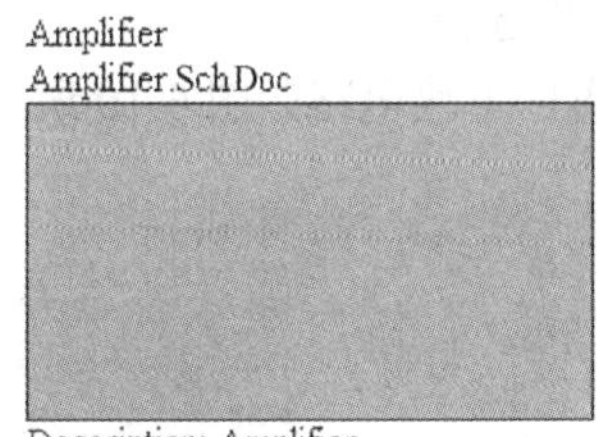

图 6-7 设置好属性的方块电路

（6）执行菜单命令“放置”→“添加图纸入口”，或单击“布线”工具栏中的 （放置图纸入口）按钮，放置方块图的图纸入口。此时光标变成十字形，在方块图的内部单击鼠标左键后，光标上出现一个图纸入口符号。移动光标到指定位置，单击鼠标左键放置一个入口，此时系统仍处于放置图纸入口状态，单击鼠标左键继续放置需要的入口。全部放置完成后，单击鼠标右键退出放置图纸入口状态。

（7）双击放置的入口，系统弹出“方块入口”对话框，如图 6-8 所示。在该对话框中可以设置图纸入口的属性。

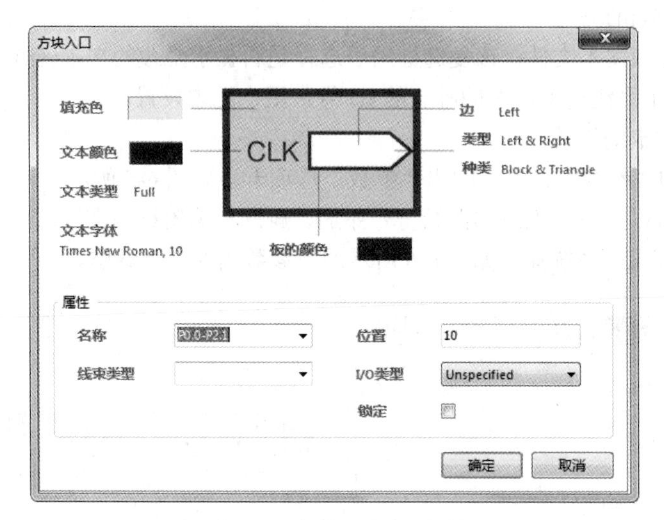

图 6-8 “方块入口”对话框

- 填充色：用于设置图纸入口内部的填充颜色。单击后面的颜色块，可以在弹出的对话框中设置颜色。
- 文本颜色：用于设置图纸入口名称文字的颜色。同样，单击后面的颜色块，可以在弹出的对话框中设置颜色。
- 边：用于设置图纸入口在方块图中的放置位置，有 Left、Right、Top 和 Bottom 4 个选项供选择。
- 类型：用于设置图纸入口的箭头方向，有 8 个选项供选择，如图 6-9 所示。
- 板的颜色：用于设置图纸入口边框的颜色。
- 名称：用于设置图纸入口的名称。
- 位置：用于设置图纸入口距离方块图上边框的距离。
- I/O 类型：用于设置图纸入口的输入输出类型，有 Unspecified、Input、Output 和 Bidirectional 4 个选项供选择。

完成属性设置的方块电路如图 6-10 所示。

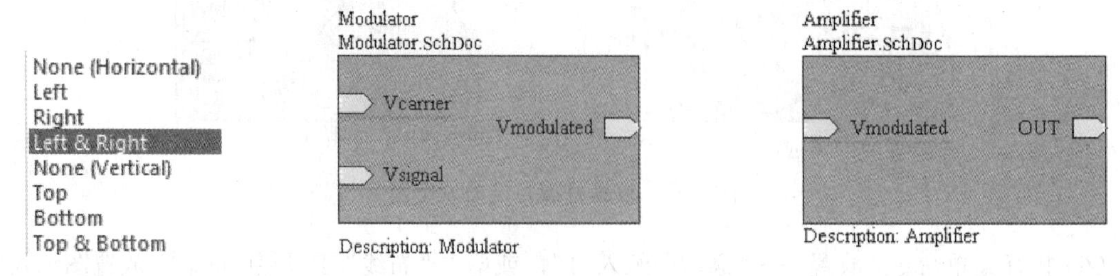

图 6-9 “类型”下拉列表　　　　图 6-10 完成属性设置的方块电路

（8）使用导线将各个方块图的图纸入口连接起来，并绘制图中其他部分原理图。绘制完成的顶层原理图如图 6-11 所示。

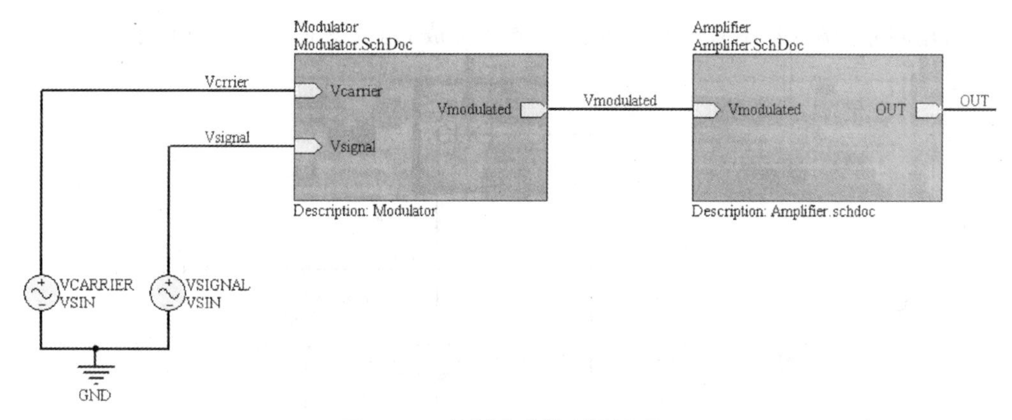

图 6-11　绘制完成的顶层原理图

2. 绘制子原理图

完成了顶层原理图的绘制以后，我们要把顶层原理图中的每个方块电路对应的子原理图绘制出来，其中每一个子原理图中还可以包括方块电路。

（1）执行菜单命令“设计”→“产生图纸”，光标变成十字形，移动光标到方块电路内部空白处，单击鼠标左键。

（2）系统会自动生成一个与该方块图同名的子原理图文件，并在原理图中生成了 3 个与方块图对应的输入输出端口，如图 6-12 所示。

（3）绘制子原理图，绘制方法与第 4 章中讲过的绘制一般原理图的方法相同。绘制完成的子原理图如图 6-13 所示。

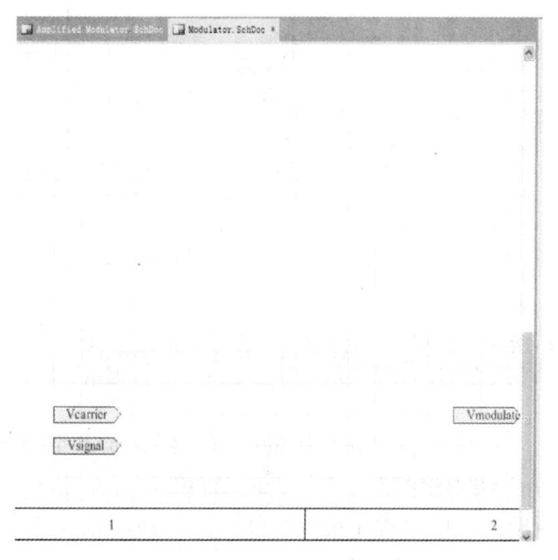

图 6-12　自动生成的子原理图

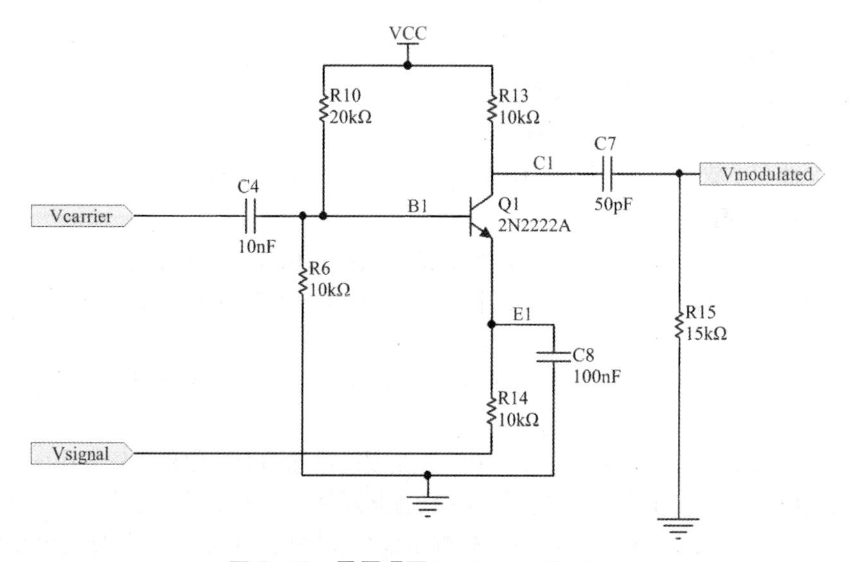

图 6-13　子原理图 Modulator.SchDoc

（4）采用同样的方法绘制另一张子原理图，绘制完成的子原理图如图 6-14 所示。

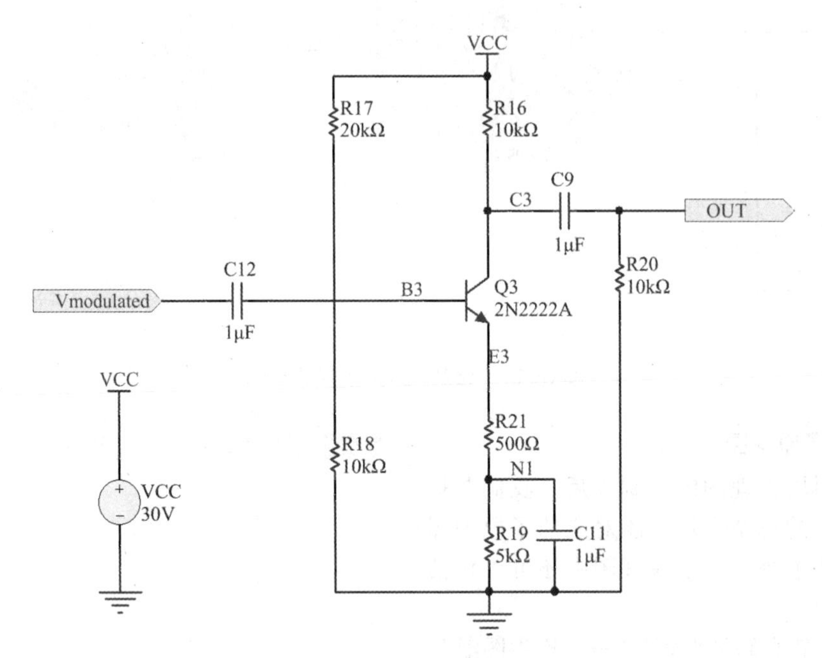

图 6-14　子原理图 Amplifier.SchDoc

6.3.2　自下而上的层次原理图设计

在设计层次原理图的时候，经常会碰到这样的情况，对于不同功能模块的不同组合，会形成功能不同的电路系统，此时我们就可以采用另一种层次原理图的设计方法，即自下而上的层次原理图设计。用户首先根据功能电路模块绘制出子原理图，然后由子原理图生成方块电路，组合产生一个符合自己设计需要的完整电路系统。

下面我们仍以上一节中的例子介绍自下而上的层次原理图设计步骤。

1. 绘制子原理图

（1）新建项目文件和电路原理图文件。

（2）根据功能电路模块绘制出子原理图。

（3）在子原理图中放置输入输出端口。绘制完成的子原理图如图 6-13 和图 6-14 所示。

2. 绘制顶层原理图

（1）在项目中新建一个原理图文件，另存为“Amplified Modulator1.SchDoc”后，执行“设计”→“HDL 文件或原理图生成图纸符”菜单命令，系统弹出选择文件放置对话框，如图 6-15 所示。

（2）在对话框中选择一个子原理图文件后，单击 OK 按钮，光标上出现一个方块电路虚影，如图 6-16 所示。

（3）在指定位置单击鼠标左键，将方块图放置在顶层原理图中，然后设置方块图属性。

（4）采用同样的方法放置另一个方块电路并设置其属性。放置完成的方块电路如图 6-17 所示。

（5）用导线将方块电路连接起来，并绘制剩余部分电路图。绘制完成的顶层电路图如图 6-18 所示。

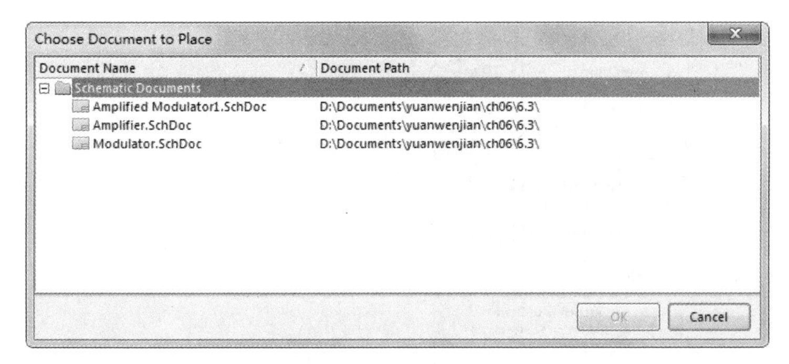

图6-15 选择文件放置对话框

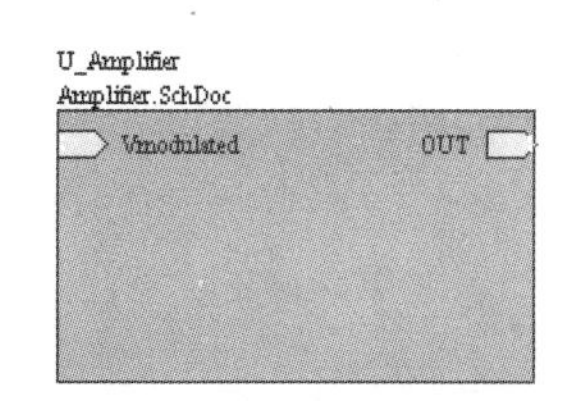

图6-16 光标上出现的方块电路

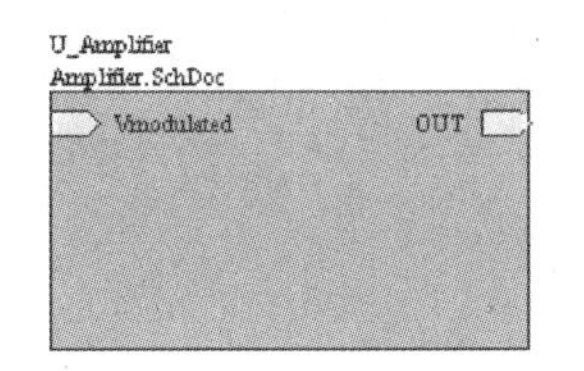

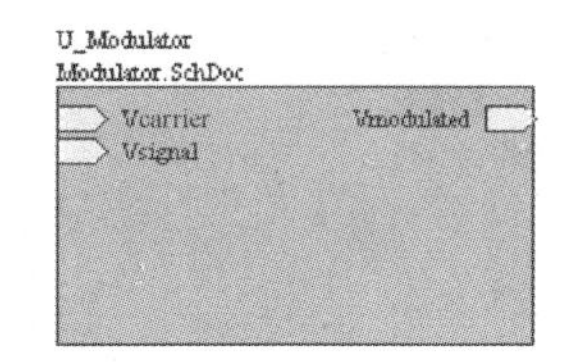

图6-17 放置完成的方块电路

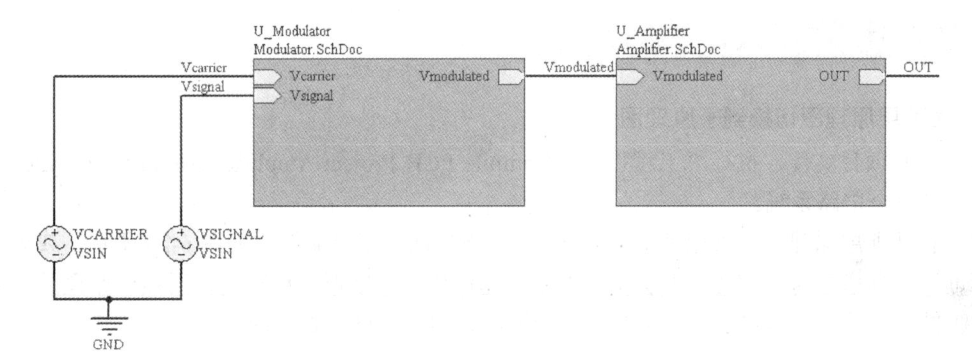

图6-18 绘制完成的顶层电路图

6.4 层次原理图之间的切换

绘制完成的层次电路原理图中一般都包含有顶层原理图和多张子原理图。用户在编辑时，常常需要在这些图中来回切换查看，以便了解完整的电路结构。在Altium Designer 17系统中，提供了层次原理图切换的专用命令，以帮助用户在复杂的层次原理图之间方便地进行切换，实现多张原理图的同步查看和编辑。切换的方法有用“Projects（工程）”面板切换、用菜单命令切换和用工具栏按钮切换。

6.4.1 用“Projects（工程）”面板切换

打开“Projects（工程）”面板，如图6-19所示。单击面板中相应的原理图文件名，在原理图编辑区内就会显示对应的原理图。

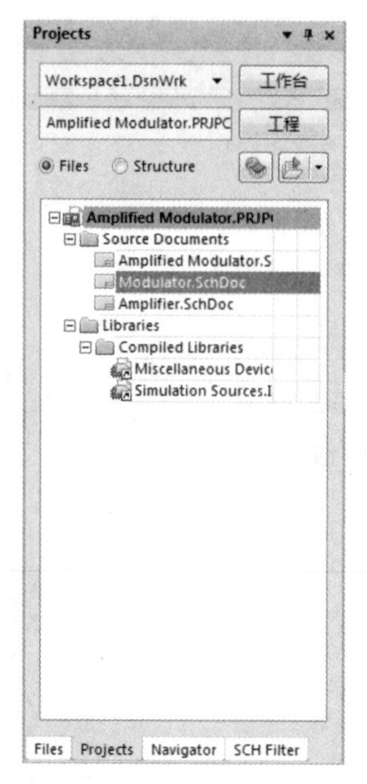

图 6-19 “Projects（工程）”面板

6.4.2 用菜单命令或工具栏按钮切换

1. 由顶层原理图切换到子原理图

（1）打开项目文件，执行“工程”→“Compile PCB Project Amplified Modulato r.PrjPcb”菜单命令，编译整个电路系统。

（2）打开顶层原理图，执行“工具”→“上 / 下层次”菜单命令，如图 6-20 所示，或单击“原理图标准”工具栏中的 （上 / 下层次）按钮，光标变成十字形。移动光标至顶层原理图中欲切换的子原理图对应的方块电路上，单击其中一个图纸入口，如图 6-21 所示。

图 6-20 “工具”菜单

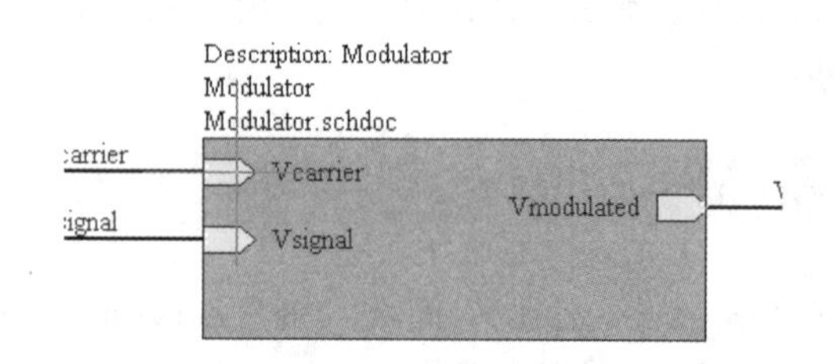

图 6-21 图纸入口

（3）单击图纸入口后，系统自动打开子原理图，并将其切换到原理图编辑区内。此时，子原理图中与前面单击的图纸入口同名的端口处于高亮显示状态，如图 6-22 所示。

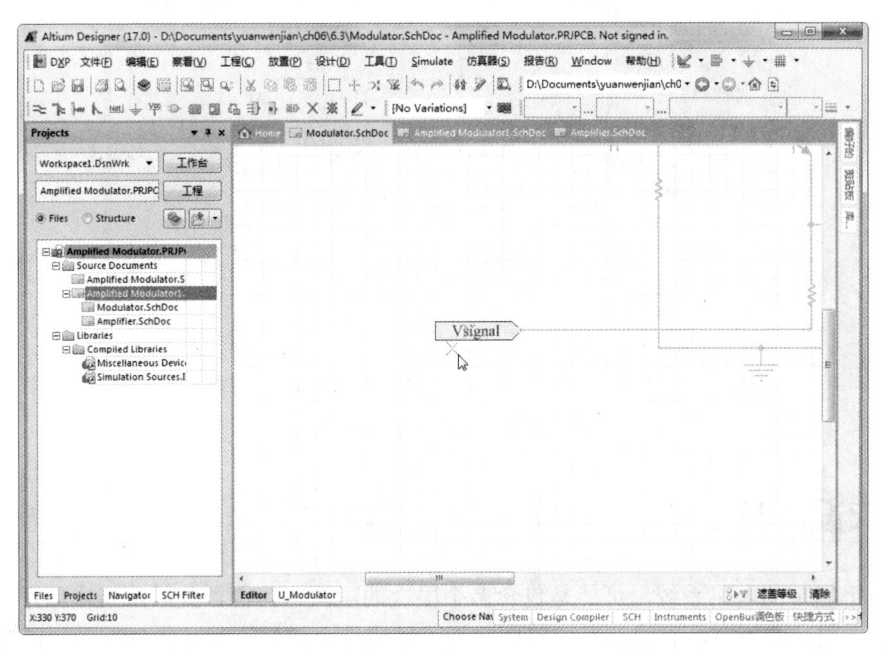

图 6-22　切换到子原理图

2. 由子原理图切换到顶层原理图

（1）打开一个子原理图，执行菜单命令“工具”→“上 / 下层次”，或者单击“原理图标准”工具栏中的 （上 / 下层次）按钮，光标变成十字形。

（2）移动光标到子原理图的一个输入输出端口上，如图 6-23 所示。

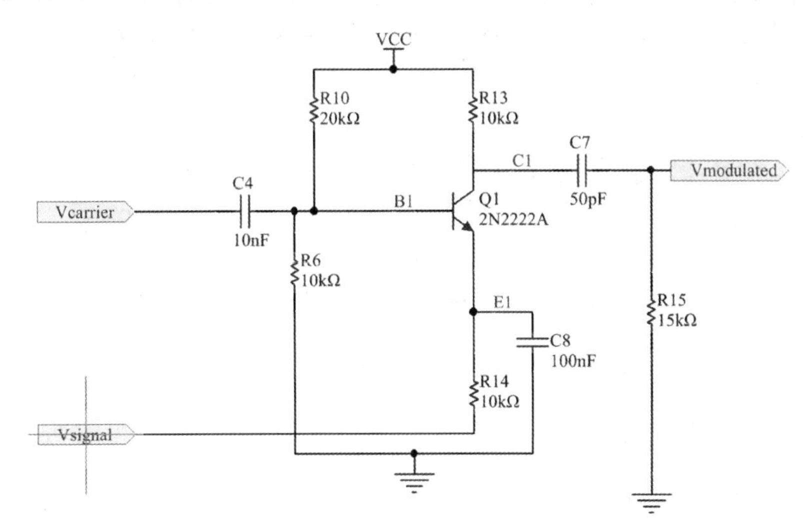

图 6-23　选择子原理图的一个输入输出端口

（3）用鼠标左键单击该端口，系统将自动打开并切换到顶层原理图，此时，顶层原理图中与前面单击的输入输出端口同名的端口处于高亮显示状态，如图 6-24 所示。

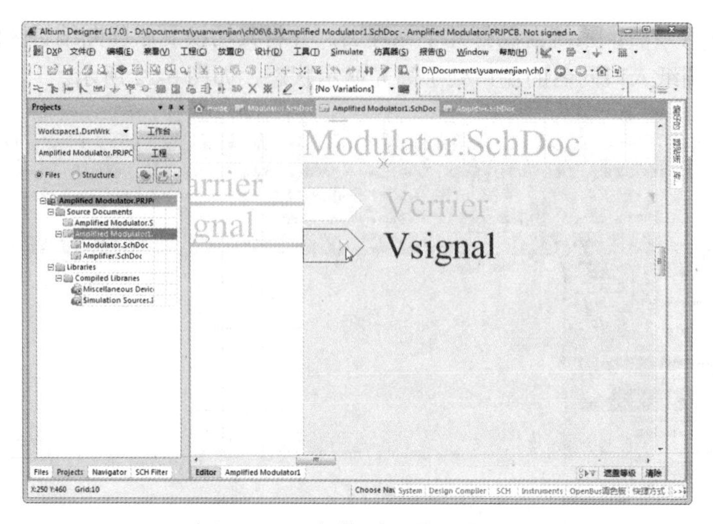

图 6-24　切换到顶层原理图

6.5 层次设计表

对于一个复杂的电路系统，可能是包含多个层次的层次电路图，此时，层次原理图的关系就比较复杂了，用户将不容易看懂这些电路图。为了解决这个问题，Altium Designer 17 提供了一种层次设计表，通过该表，用户可以清楚地了解原理图的层次结构关系。

生成层次设计表的步骤如下。

（1）打开层次原理图项目文件，执行菜单命令“工程”→“Compile PCB Project Amplified Modulator.PrjPcb”，编译整个电路系统。

（2）执行菜单命令“报告”→“Report Project Hierarchy（工程层次报告）”，系统将生成层次设计表。

（3）打开“Projects（工程）”面板，可以看到，该层次设计表被添加在该项目下的“Generated\Text Documents\”文件夹中，是一个与项目文件同名，后缀为“.REP”的文本文件。

（4）双击该层次设计表文件，则系统转换到文本编辑器，可以对该层次设计表进行查看，如图 6-25 所示。

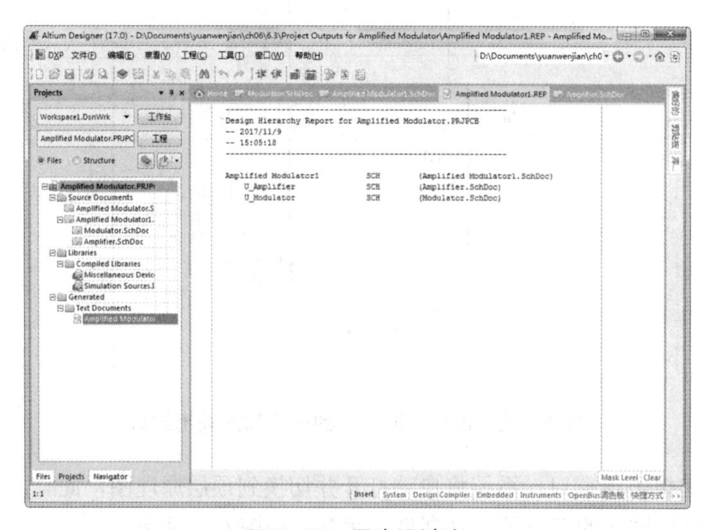
```
Design Hierarchy Report for Amplified Modulator.PRJPCB
-- 2017/11/9
-- 15:05:18

Amplified Modulator1        SCH        (Amplified Modulator1.SchDoc)
    U_Amplifier             SCH        (Amplifier.SchDoc)
    U_Modulator             SCH        (Modulator.SchDoc)
```

图 6-25　层次设计表

6.6 打印与报表输出

原理图设计完成后，经常需要输出一些数据或图纸。本节将介绍 Altium Designer 17 原理图的打印与报表输出。

Altium Designer 17 具有丰富的报表功能，可以方便地生成各种不同类型的报表。当电路原理图设计完成并且经过编译检测之后，应该充分利用系统所提供的这种功能来创建各种原理图的报表文件。借助于这些报表，用户能够从不同的角度，更好地去掌握整个项目的有关设计信息，以便为下一步的设计工作做好充足的准备。

6.6.1 打印输出

为方便原理图的浏览、交流，经常需要将原理图打印到图纸上。Altium Designer 17 提供了直接将原理图打印输出的功能。

在打印之前首先进行页面设置。执行菜单命令“文件”→“页面设置”，即可弹出“Schematic Print Properties（原理图打印属性）”对话框，如图 6-26 所示。

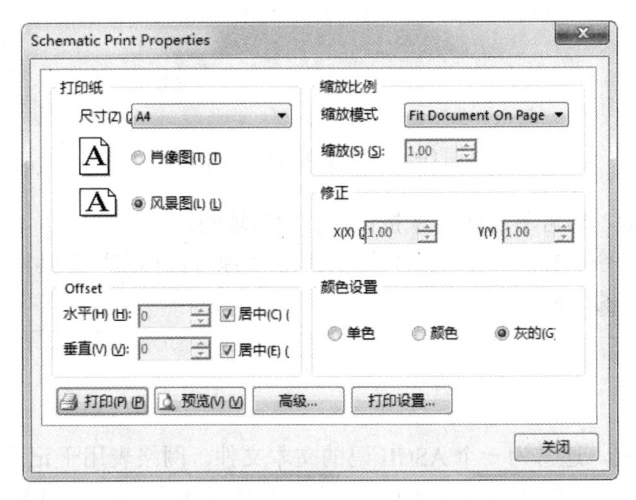

图 6-26　“Schematic Print Properties”对话框

其中各项设置说明如下。

（1）“打印纸”选项组：设置纸张，具体包括以下几个选项。

- 尺寸：选择所用打印纸的尺寸。
- 肖像图：选中该单选按钮，将使图纸竖放。
- 风景图：选中该单选按钮，将使图纸横放。

（2）“Offset”选项组：设置页边距，有下面两个选项。

- 水平：设置水平页边距。
- 垂直：设置垂直页边距。

（3）“缩放比例”选项组：设置打印比例，有下面两个选项。

- “缩放模式”下拉列表：选择比例模式，有下面两种选择。选择“Fit Document On Page（文档适应整个页面）”，系统自动调整比例，以便将整张原理图打印到一张图纸上。选择“Scaled Print（按比例打印）”，由用户自己定义比例的大小，这时整张原理图将以用户定义的比例打印，有可能是打印在一张图纸上，也有可能打印在多张图纸上。

- 缩放：当选择“Scaled Print（按比例打印）”模式时，用户可以在这里设置打印比例。

（4）“修正”选项组：修正打印比例。

（5）“颜色设置”选项组：设置打印的颜色，有 3 种选择：单色、彩色和灰色。

单击预览(V)按钮，可以预览打印效果。

单击打印设置...按钮，在弹出的对话框中可以进行打印机设置，如图 6-27 所示。

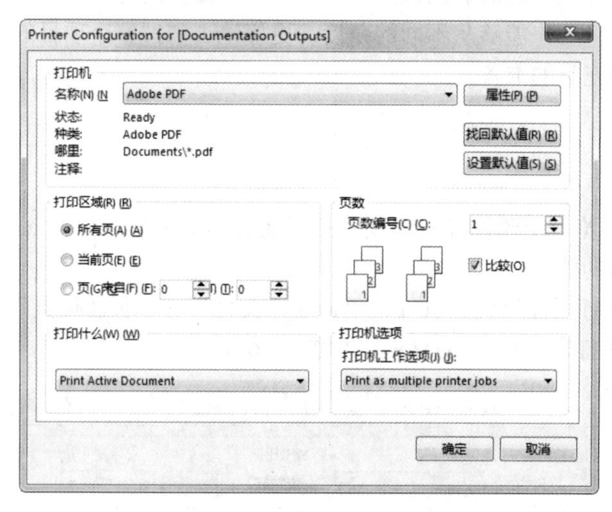

图 6-27　打印机设置对话框

设置、预览完成后，即可单击打印(P)按钮，打印原理图。

此外，执行菜单命令“文件”→“打印”，或单击“原理图标准”工具栏中的（打印）按钮，也可以实现打印原理图的功能。

6.6.2 网络表

网络表有多种格式，通常为一个 ASCII 码的文本文件，网络表用于记录和描述电路中的各个元器件的数据以及各个元器件之间的连接关系。在以往低版本的设计软件中，往往需要生成网络表以便进行下一步的 PCB 设计或进行仿真。Altium Designer 17 提供了集成的开发环境，用户不用生成网络表就可以直接生成 PCB 或进行仿真。但有时为方便交流，还是要生成网络表。

在由原理图生成的各种报表中，应该说网络表最为重要。所谓网络，指的是彼此连接在一起的一组元器件引脚，一个电路实际上就是由若干网络组成的。而网络表就是对电路或者电路原理图的一个完整描述，描述的内容包括两个方面：一是电路原理图中所有元器件的信息（包括元器件标识、元器件引脚和 PCB 封装形式等）；二是网络的连接信息（包括网络名称、网络节点等），是进行 PCB 布线、设计 PCB 不可缺少的工具。

网络表的生成有多种方法，可以在原理图编辑器中由电路原理图文件直接生成，也可以利用文本编辑器手动编辑生成，当然，还可以在 PCB 编辑器中，从已经布线的 PCB 文件中导出相应的网络表。

Altium Designer 17 为用户提供了方便快捷的实用工具，可以帮助用户针对不同的项目设计需求，创建多种格式的网络表文件。在这里，我们需要创建的是用于 PCB 设计的网络表，即 Protel 网络表。

具体来说，网络表包括两种，一种是基于单个原理图文件的网络表，另一种则是基于整个项目的网络表。

下面以实例“MCU.PrjPcb”为例，介绍网络表的创建及特点。在创建网络表之前，首先应该进行简单的选项设置。

1. 网络表选项设置

（1）打开项目文件“MCU.PrjPcb”，并打开其中的任意电路原理图文件。

（2）执行菜单命令“工程”→“工程参数”，打开“Options for PCB Project”对话框。单击“Options（选项）”标签，打开“Options（选项）”选项卡，如图 6-28 所示。

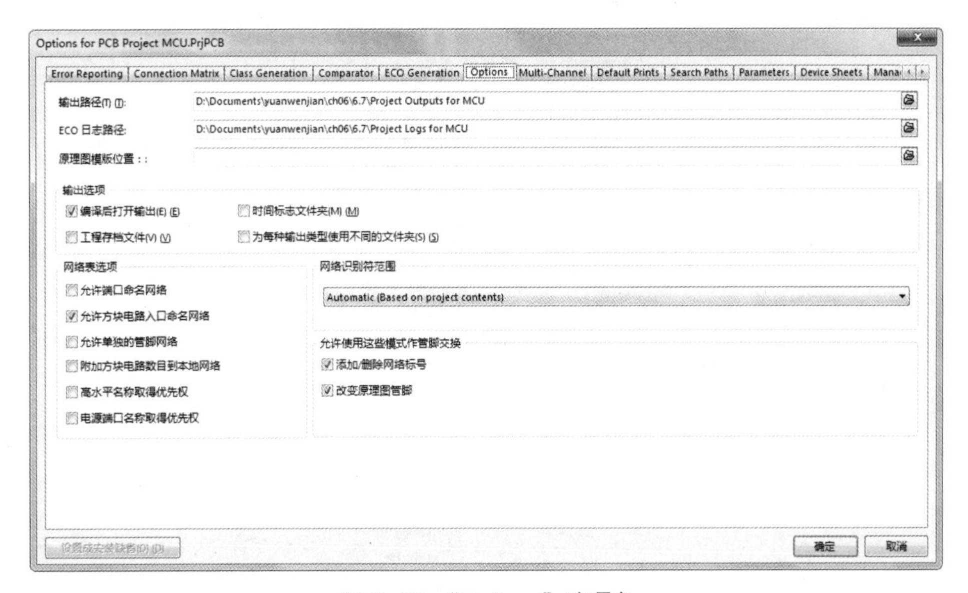

图 6-28　“Options”选项卡

在该选项卡内可以进行网络表的有关选项设置。

（1）“输出路径”文本框：用于设置各种报表（包括网络表）的输出路径，系统会根据当前项目所在的文件夹自动创建默认路径。单击右侧的（打开）按钮，可以对默认路径进行更改。

（2）“ECO 日志路径”文本框：用于设置 ECO Log 文件的输出路径，系统会根据当前项目所在的文件夹自动创建默认路径。单击右侧的（打开）按钮，可以对默认路径进行更改。

（3）“输出选项”选项组：用于设置网络表的输出选项，一般保持默认设置即可。

（4）“网络表选项”选项组：用于设置创建网络表的条件。

- “允许端口命名网络”复选框：用于设置是否允许用系统产生的网络名代替与电路输入/输出端口相关联的网络名。如果所设计的项目只是普通的原理图文件，不包含层次关系，可勾选该复选框。
- “允许方块电路入口命名网络”复选框：用于设置是否允许用系统生成的网络名代替与图纸入口相关联的网络名，系统默认勾选。
- “允许单独的管脚网络”复选框：用于设置生成网络表时，是否允许系统自动将管脚号添加到各个网络名称中。
- “附加方块电路数目到本地网络”复选框：用于设置生成网络表时，是否允许系统自动将图纸号添加到各个网络名称中。当一个项目中包含多个原理图文档时，勾选该复选框，便于查找错误。
- “高水平名称取得优先权”复选框：用于设置生成网络表时排序优先权。勾选该复选框，系统以名称对应结构层次的高低决定优先权。
- “电源端口名称取得优先权”复选框：用于设置生成网络表时的排序优先权。勾选该复选框，系统将对电源端口的命名给予更高的优先权。本例中，使用系统默认的设置即可。

2. 创建基于整个项目的网络表

（1）执行菜单命令"设计"→"工程的网络表"→"Protel（生成项目网络表）"，如图6-29所示。

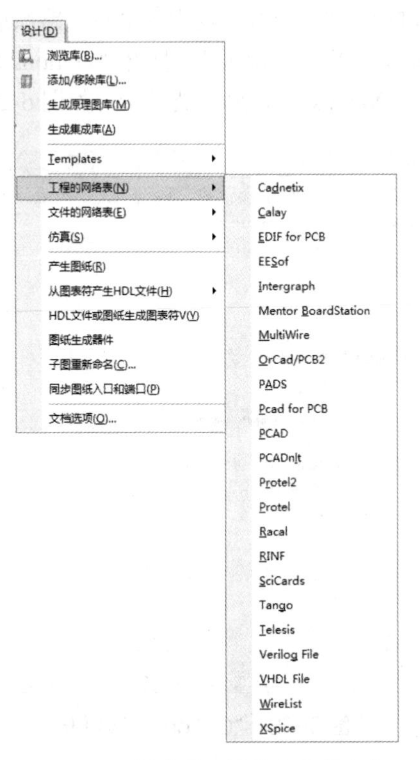

图6-29 创建项目网络表菜单命令

（2）系统自动生成了当前项目的网络表文件"MCU Circuit.NET"，并存放在当前项目下的"Generated \Netlist Files"文件夹中。双击打开该项目网络表文件"MCU Circuit.NET"，结果如图6-30所示。

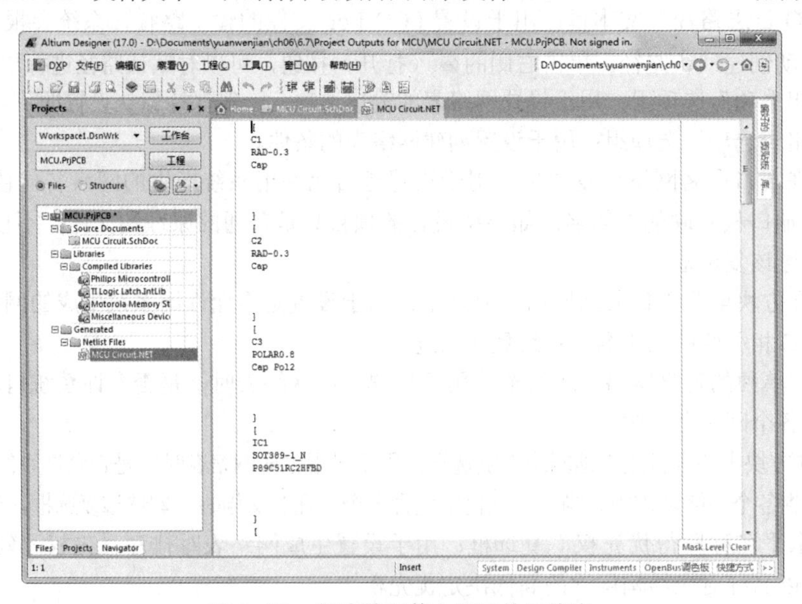

图6-30 创建基于整个项目的网络表

该网络表是一个简单的 ASCII 码文本文件，由一行一行的文本组成。内容分成了两大部分，一部分是元器件的信息，另一部分则是网络的信息。

元器件的信息由若干小段组成，每一元器件的信息为一小段，用方括号分隔，由元器件的标识、封装形式、型号、数值等组成，如图 6-31 所示，空行则是由系统自动生成的。

网络的信息同样由若干小段组成，每一网络的信息为一小段，用圆括号分隔，由网络名称和网络中所有具有电气连接关系的元器件引脚所组成，如图 6-32 所示。

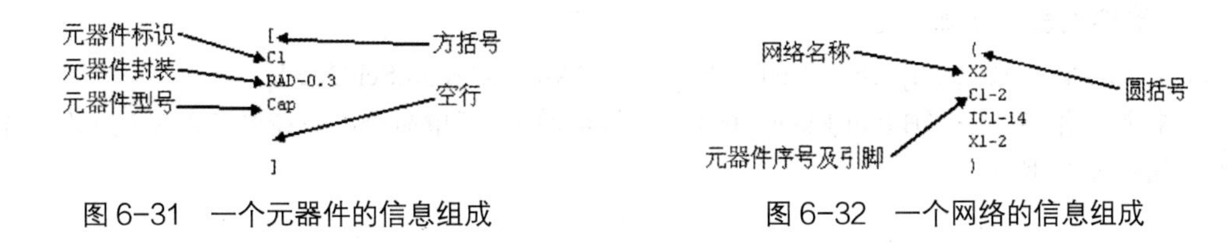

图 6-31　一个元器件的信息组成　　　图 6-32　一个网络的信息组成

3. 创建基于单个原理图文件的网络表

下面我们以上一实例项目“MCU.PrjPcb”中的原理图文件“MCU Circuit.SchDoc”为例，介绍基于单个原理图文件的网络表的创建。

（1）打开项目“MCU.PrjPcb”中的原理图文件“MCU Circuit.SchDoc”。

（2）执行菜单命令“设计”→“文件的网络表”→“Protel（生成原理图网络表）”。

（3）系统自动生成了当前原理图的网络表文件“MCU Circuit.NET”，并存放在当前项目下的“Generated\Netlist Files”文件夹中。双击打开该原理图的网络表文件“MCU Circuit.NET”，结果如图 6-33 所示。

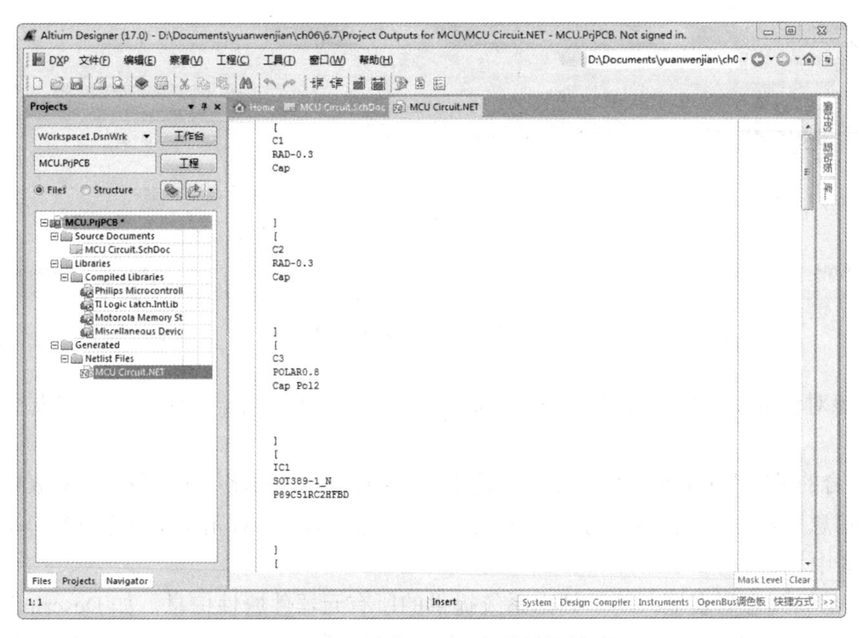

图 6-33　创建原理图文件的网络表

该网络表的组成形式与上述基于整个项目的网络表是一样的，在此不再重复。

由于该项目只有一个原理图文件，因此，基于原理图文件的网络表“MCU Circuit.NET”与基于整个项目的网络表名称相同，所包含的内容也完全相同。

6.6.3 生成元器件报表

元器件报表主要用来列出当前项目中用到的所有元器件的标识、封装形式、库参考等，相当于一份元器件清单。依据这份报表，用户可以详细查看项目中元器件的各类信息，同时，在制作印制电路板时，也可以作为元器件采购的参考。

下面仍然以项目“MCU.PrjPcb”为例，介绍元器件报表的选项设置和创建过程。

1. 元器件报表的选项设置

（1）打开项目“MCU.PrjPcb”中的原理图文件“MCU Circuit.SchDoc”。

（2）执行“报告”→“Bill of Materials（元器件清单）”菜单命令，系统弹出相应的元器件报表对话框，如图 6-34 所示。

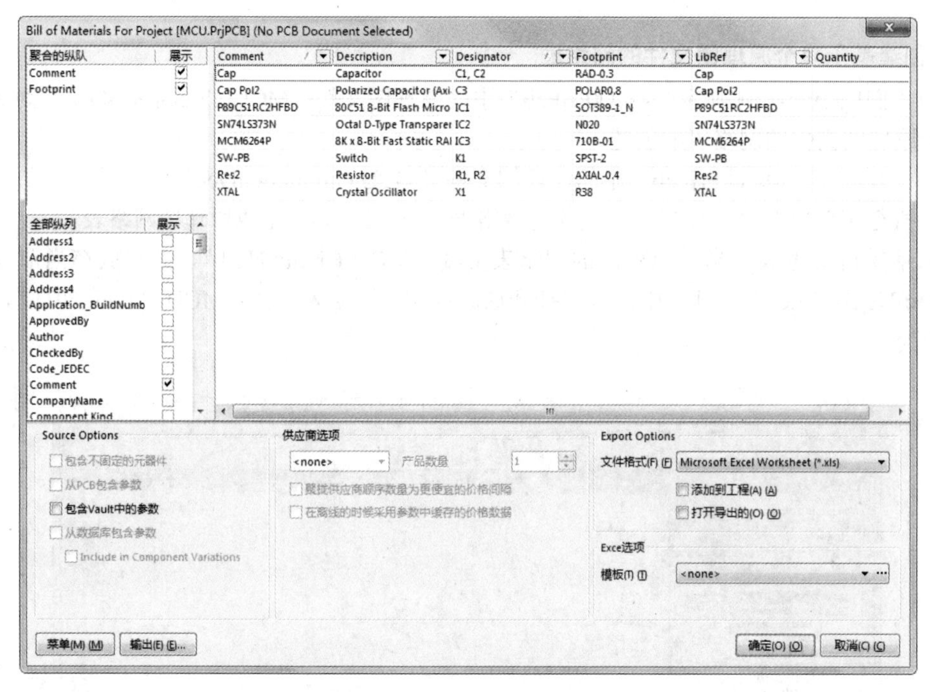

图 6-34　元器件报表对话框

（3）在该对话框中，可以对要创建的元器件报表进行选项设置。左边有两个列表框，它们的含义不同。

- “聚合的纵队”列表框：用于设置元器件的归类标准。如果将“全部纵列”列表框中的某一属性信息拖到该列表框中，则系统将以该属性信息为标准，对元器件进行归类，显示在元器件报表中。
- “全部纵列”列表框：用于列出系统提供的所有元器件属性信息，如 Description（描述）、Component Kind（元器件种类）等。对于需要查看的有用信息，勾选右侧与之对应的复选框，即可在元器件报表中显示出来。

例如，我们选择了“全部纵列”中的“Description（描述）”选项，用鼠标左键将该项拖到“聚合的纵队”列表框中。此时，所有描述信息相同的元器件被归为一类，显示在右边元器件列表中，如图 6-35 所示。

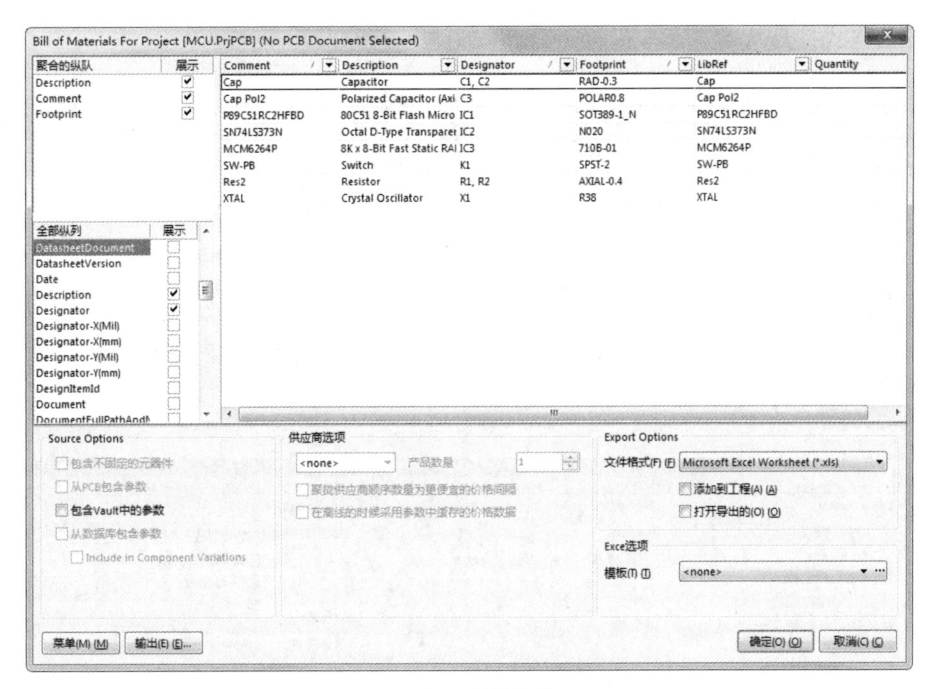

图 6-35　元器件归类显示

另外，在右边元器件列表的各栏中，都有一个下拉按钮，单击该按钮，同样可以设置元器件列表的显示内容。

例如，单击元器件列表中“Description（描述）”栏的下拉按钮▼，则会弹出如图 6-36 所示的下拉列表。

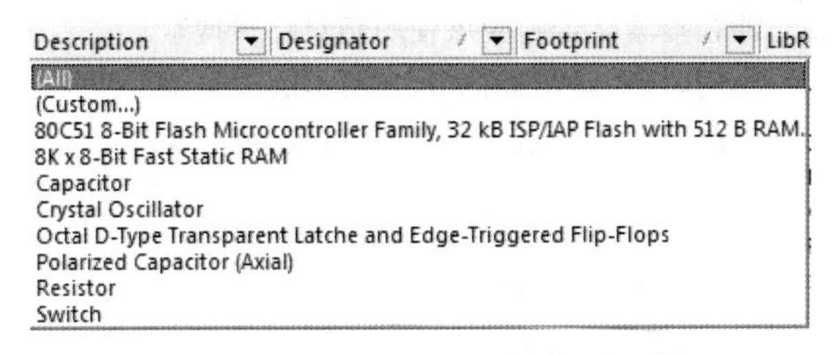

图 6-36　“Description”栏的下拉列表

在下拉列表中，可以选择“All（显示全部元器件）”，也可以选择“Custom（以定制方式显示）”，还可以只显示具有某一具体描述信息的元器件。例如，我们选择了“Switch（转换）”，则相应的元器件列表如图 6-37 所示。

在列表框的下方，还有若干选项和按钮，功能如下。

- “文件格式”下拉列表：用于为元器件报表设置文件输出格式。单击右侧的下拉按钮▼，可以选择不同的文件输出格式，如 CVS 格式、Excel 格式、PDF 格式、HTML 格式、文本格式和 XML 格式等。
- “添加到工程”复选框：若勾选该复选框，则系统在创建了元器件报表之后，会将报表直接添加到项目里面。
- “打开导出的”复选框：若勾选该复选框，则系统在创建了元器件报表以后，会自动以相应的格式打开。

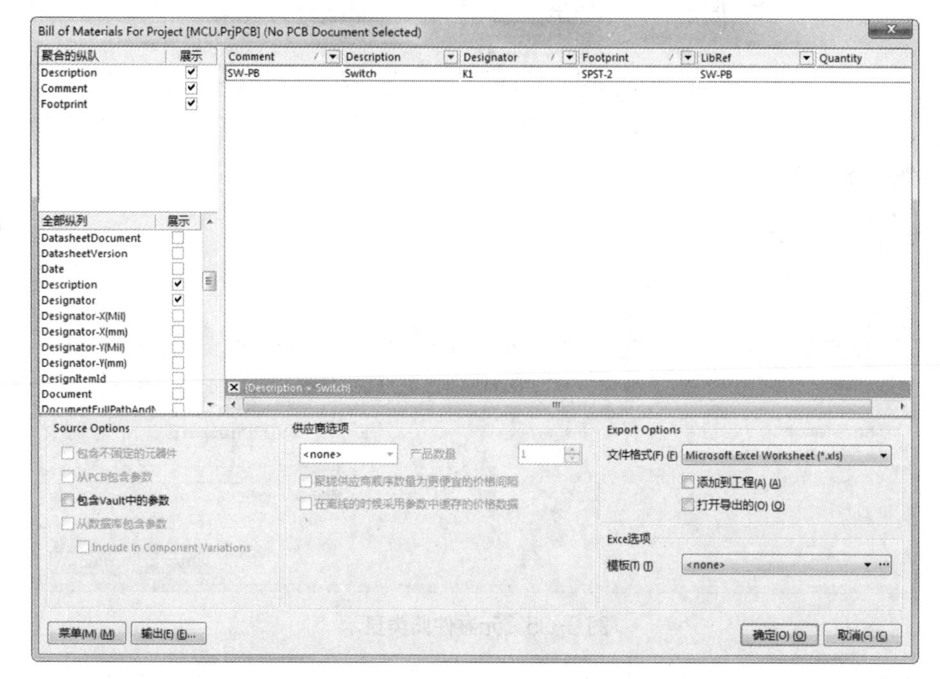

图 6-37 只显示描述信息为“Switch”的元器件

- “模板”下拉列表：用于为元器件报表设置显示模板。单击右侧的下拉按钮▼，可以使用曾经用过的模板文件，也可以单击…按钮重新选择。选择时，如果模板文件与元器件报表在同一目录下，则可以勾选下面的“Relative Path to Template File（模板文件的相对路径）”复选框，使用相对路径搜索，否则应该使用绝对路径搜索。
- “菜单”按钮：单击该按钮，弹出如图 6-38 所示的“菜单”快捷菜单。由于该菜单中的各项命令比较简单，在此不一一介绍，用户可以自己练习操作。

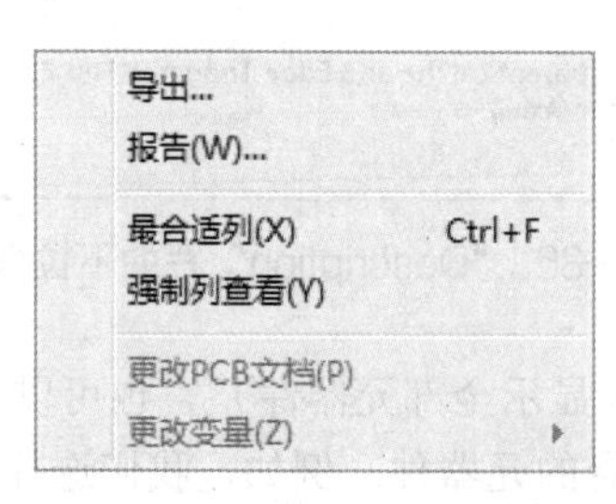

图 6-38 “菜单”快捷菜单

- “输出”按钮：单击该按钮，可以将元器件报表保存到指定的文件夹中。

设置好元器件报表的相应选项后，就可以进行元器件报表的创建、显示及输出了。元器件报表可以以多种格式输出，但一般选择 Excel 格式。

2. 元器件报表的创建

（1）在如图 6-34 所示的元器件报表对话框中，单击菜单(M) (M)按钮，在弹出的快捷菜单中选择“报告”命令，则弹出“报告预览”对话框，如图 6-39 所示。

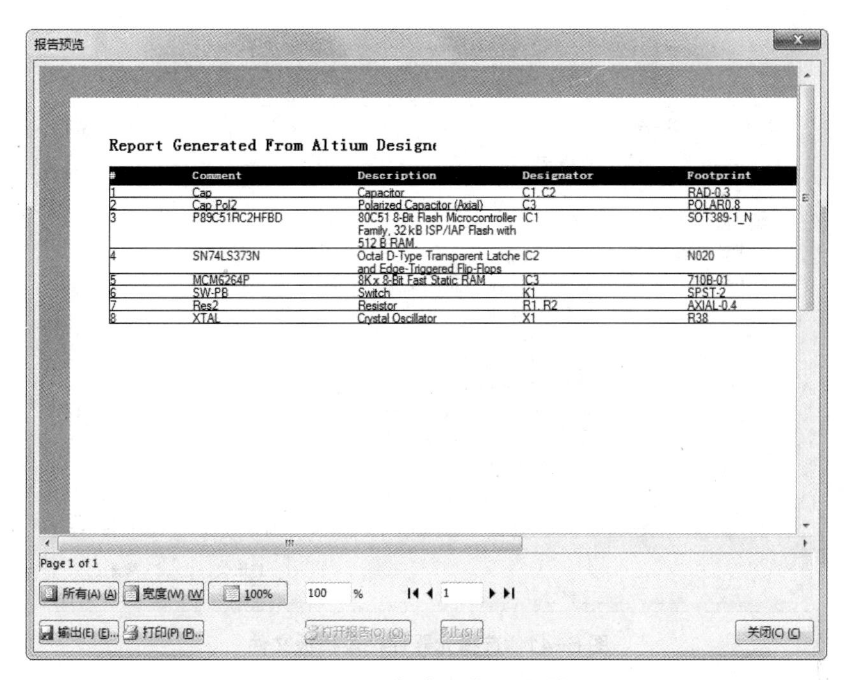

图 6-39　“报告预览”对话框

（2）单击输出(E)按钮，可以将该报表进行保存，默认文件名为“MCU.xls”，是一个 Excel 文件。

单击打开报告(O)按钮，可以将该报表打开，如图 6-40 所示。

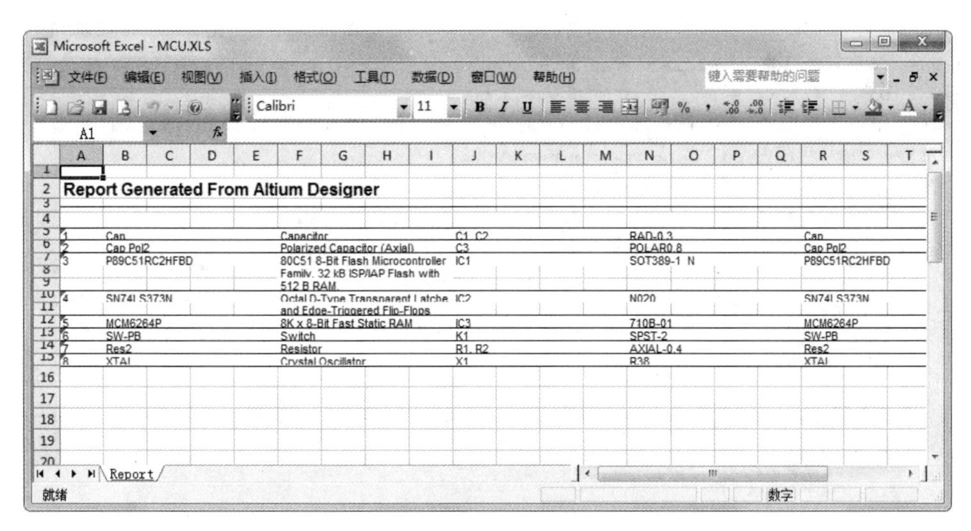

图 6-40　报表文件

单击打印(P)按钮，则可以将该报表进行打印输出。

（3）在元器件报表对话框中，单击“模板”右侧的…按钮，打开选择模板文件对话框，在“C:\Program Files\Altium\AD17\Templates”目录下，选择系统自带的元器件报表模板文件“BOM Default Template.XLT”，如图 6-41 所示。

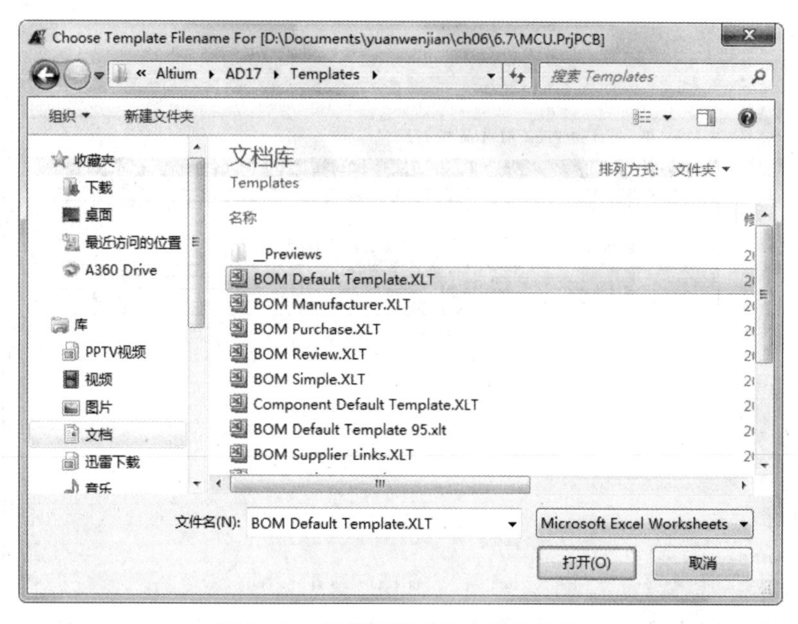

图 6-41　选择元器件报表模板文件

（4）单击 打开(O) 按钮后，返回元器件报表对话框。单击 确定(O) 按钮，退出对话框。

此外，Altium Designer 17 还为用户提供了简易的元器件报表，不需要进行设置即可产生。执行菜单命令“报告”→“Simple BOM（简单报表）”，则系统同时产生两个文件“MCU Circuit.BOM”和“MCU Circuit.CSV”，并加入到项目中，如图 6-42 所示。

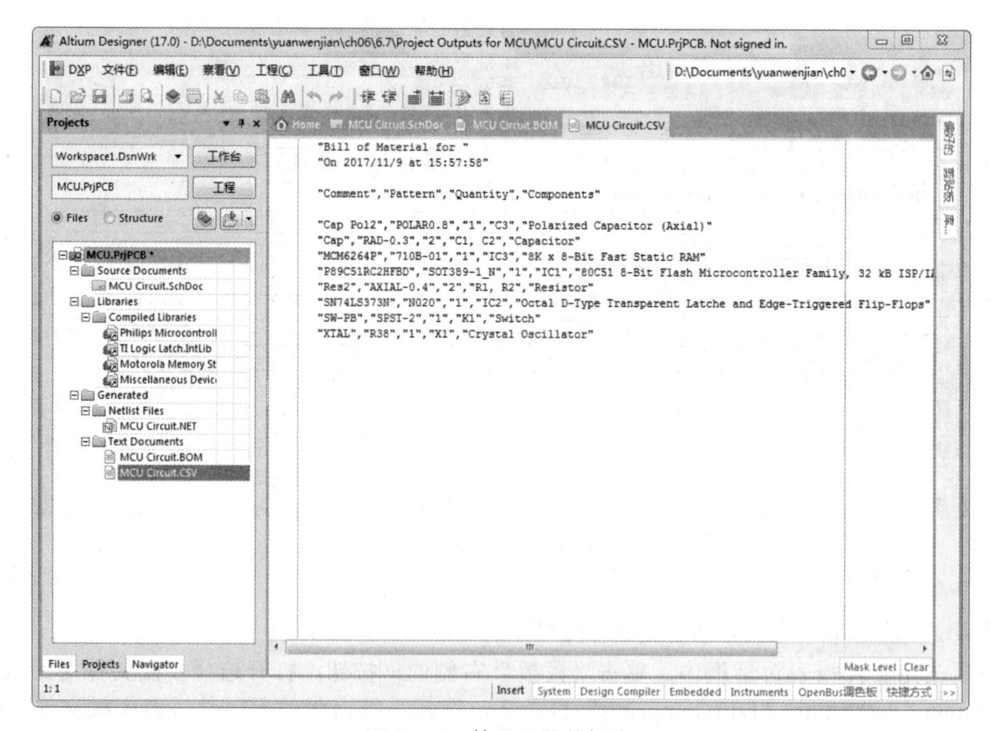

图 6-42　简易元器件报表

6.7 综合实例——晶体稳频立体声发射机电路

本节主要讲述如何利用层次原理图设计方法绘制复杂电路——晶体稳频立体声发射机电路，分别通过从上到下、从下到上的层次电路绘制方法，更进一步加深对电路绘制的掌握。

本例要设计的是晶体稳频立体声发射机电路，由于元器件过多，因此把电路分成几个子原理图。主要由 6 部分组成：调频电路、供电电路、立体声编码电路、晶体振荡电路、滤波电路和射频电路；该电路组成的发射机工作频率相当稳定，音质上乘，非常适合作为家庭无线音响之用。

6.7.1 自上而下绘制电路

扫码看视频

【绘制步骤】

（1）选择菜单栏中的“文件”→“New（新建）”→“Project（工程）”命令，建立一个名称为“晶体稳频立体声发射机电路 .PrjPcb”的新项目文件，如图 6-43 所示。

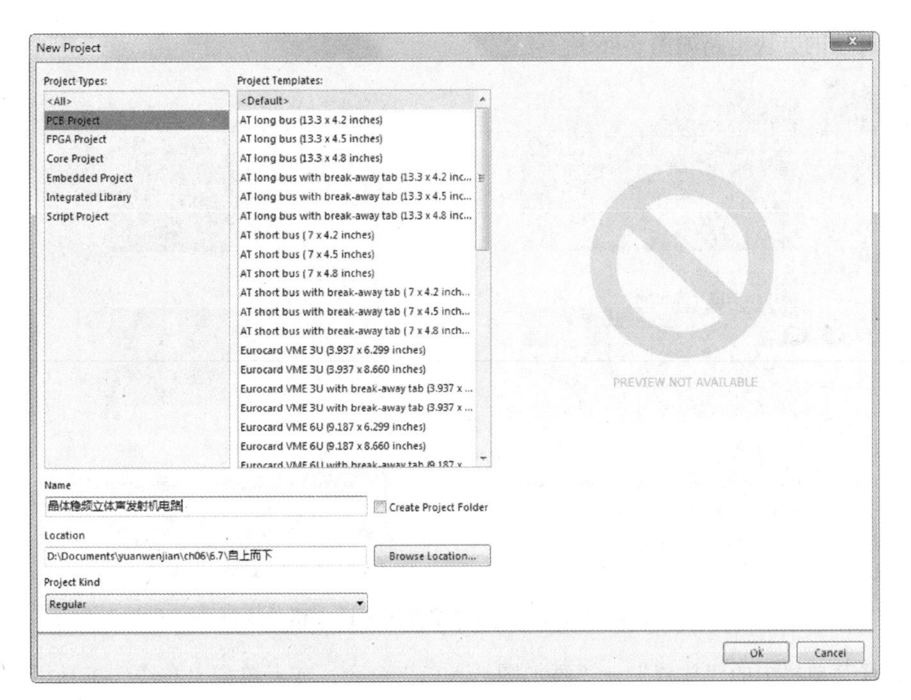

图 6-43　创建新的项目文件

（2）选择菜单栏中的“文件”→“New（新建）”→“原理图”命令，在新项目文件中新建一个原理图文件，保存原理图文件为“主电路 .SchDoc”。

（3）选择菜单栏中的“放置”→“图表符”命令，或者单击“布线”工具栏中的（放置图表符）按钮，放置方块电路图，如图 6-44 所示。

（4）使用同样的方法绘制其余方块电路。绘制完成后，单击鼠标右键退出绘制状态。

（5）双击绘制完成的方块电路图，弹出“方块符号”对话框，如图 6-45 所示。在该对话框中设置方块图属性。

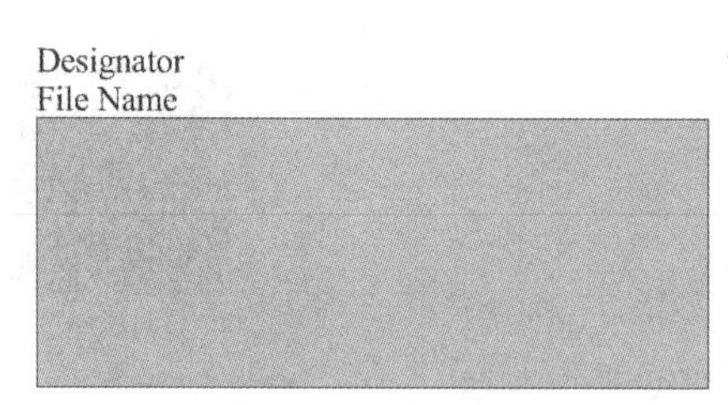

图 6-44　放置方块图

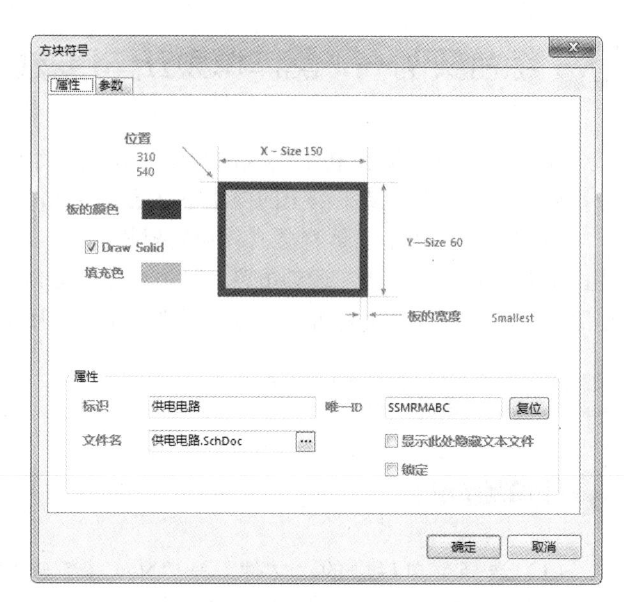

图 6-45　“方块符号”对话框

设置好属性的方块电路如图 6-46 所示。

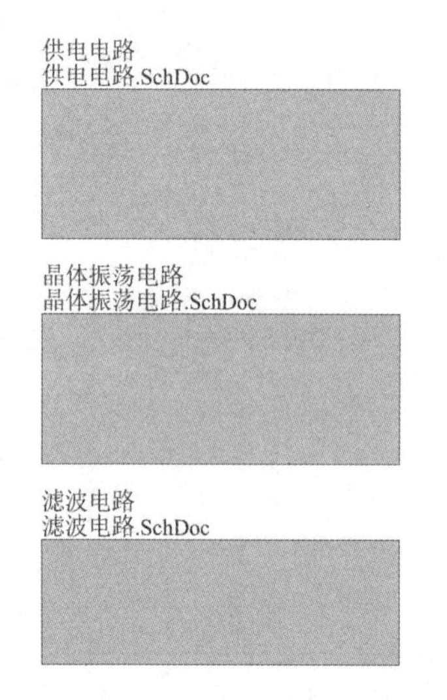

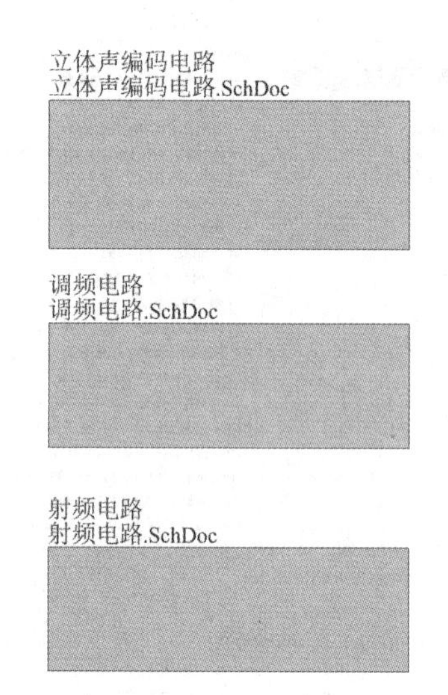

图 6-46　设置好属性的方块电路

（6）选择菜单栏中的“放置”→“添加图纸入口”命令，或者单击“布线”工具栏中的（放置图纸入口）按钮，然后单击鼠标左键依次放置需要的图纸入口。全部放置完成后，单击鼠标右键退出放置状态。

（7）双击放置的图纸入口，系统弹出“方块入口”对话框，如图 6-47 所示。在该对话框中可以设置图纸入口的属性。

完成图纸入口属性设置的原理图如图 6-48 所示。

（8）使用导线将各个方块图的图纸入口连接起来，并绘制图中其他部分原理图。绘制完成的顶层原理图如图 6-49 所示。

完成了顶层原理图的绘制以后，我们要把顶层原理图中的每个方块电路对应的子原理图绘制出来，其中每一个子原理图中还可以包括方块电路。

图 6-47　“方块入口”对话框

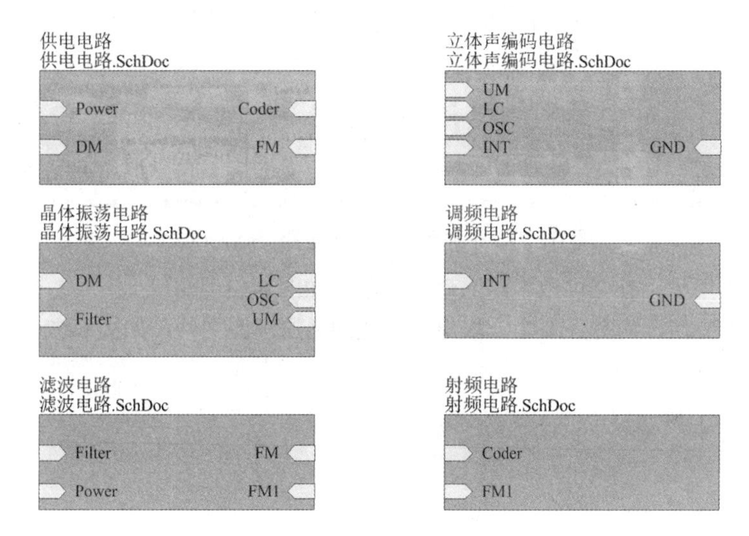

图 6-48　完成图纸入口属性设置的原理图

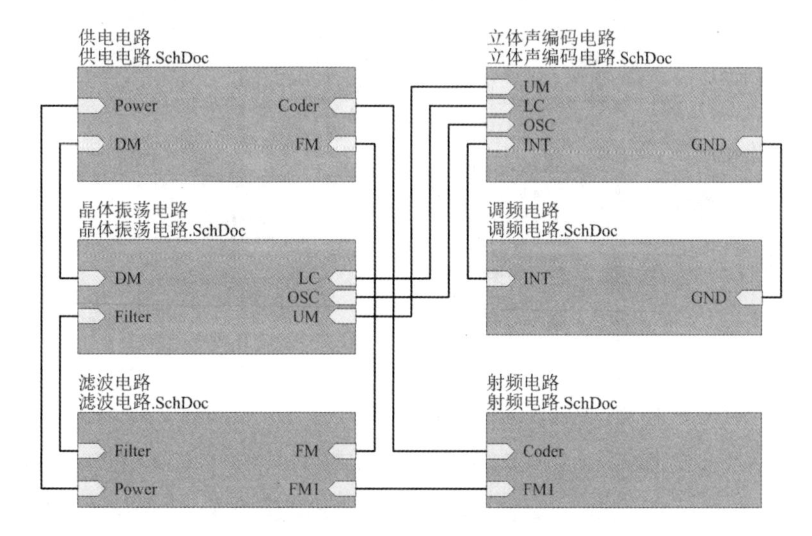

图 6-49　绘制完成的顶层原理图

（9）选择菜单栏中的“设计”→“产生图纸”命令，光标变成十字形。移动光标到供电电路方块图内部空白处，单击鼠标左键，系统会自动生成一个与该方块图同名的子原理图文件“供电电路 .SchDoc”，如图 6-50 所示。

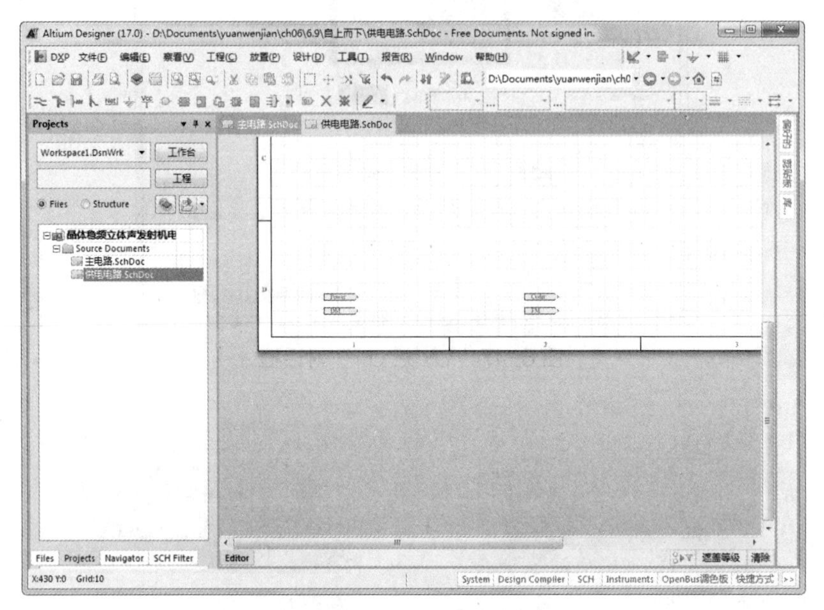

图 6-50 子原理图“供电电路 .SchDoc”

（10）利用前面所学，补全供电电路原理图，结果如图 6-51 所示。

（11）用同样的方法，为另外 5 个方块电路创建同名原理图文件，如图 6-52 所示。

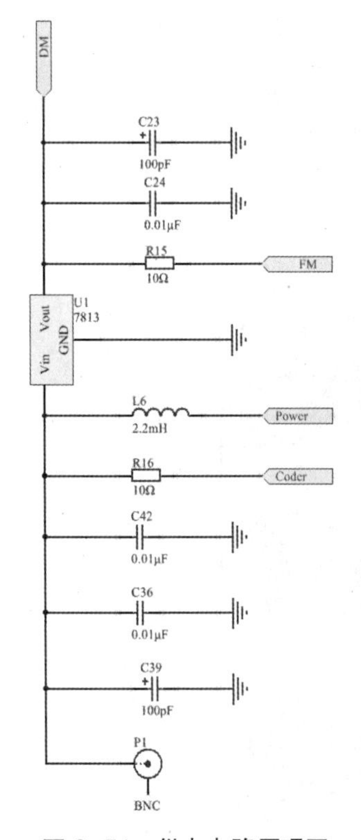

图 6-51 供电电路原理图

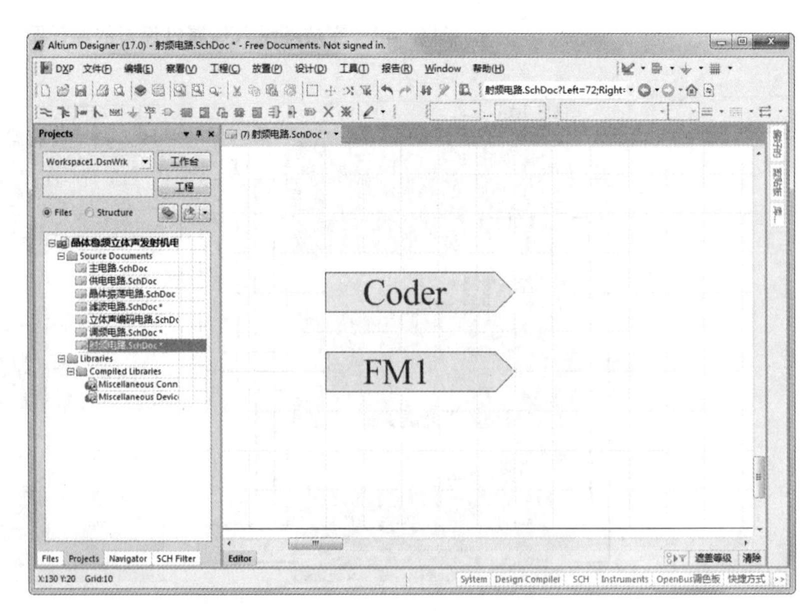

图 6-52 创建其余 5 个子原理图文件

（12）绘制子原理图“晶体振荡电路 .SchDoc”，结果如图 6-53 所示。

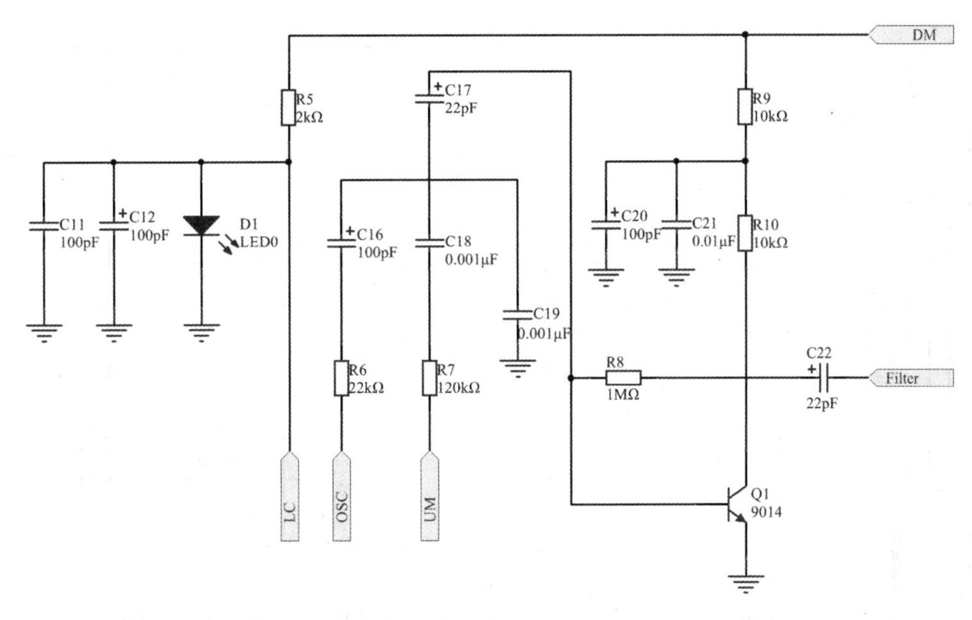

图 6-53　子原理图“晶体振荡电路 .SchDoc”

（13）绘制子原理图“滤波电路 .SchDoc”，结果如图 6-54 所示。

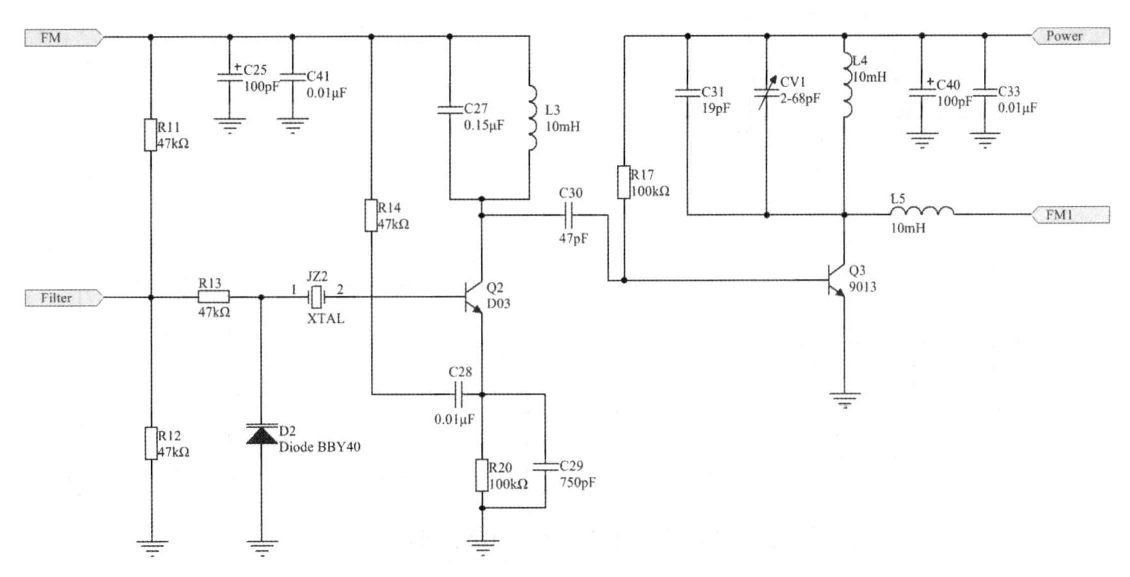

图 6-54　子原理图“滤波电路 .SchDoc”

（14）绘制子原理图“立体声编码电路 .SchDoc”，结果如图 6-55 所示。

（15）绘制子原理图“调频电路 .SchDoc”，结果如图 6-56 所示。

（16）绘制子原理图“射频电路 .SchDoc”，结果如图 6-57 所示。

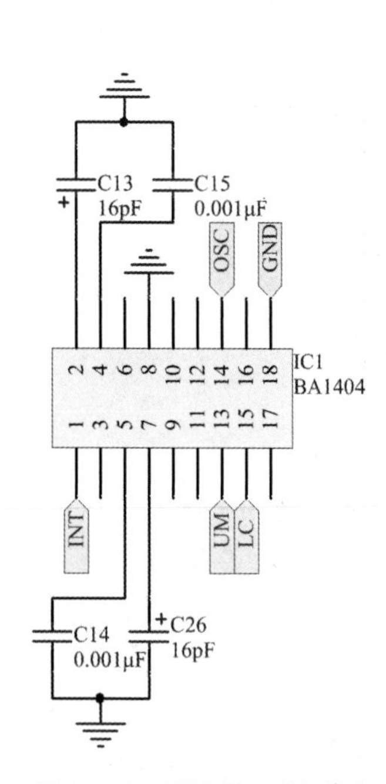

图 6-55　子原理图“立体声编码电路 .SchDoc”

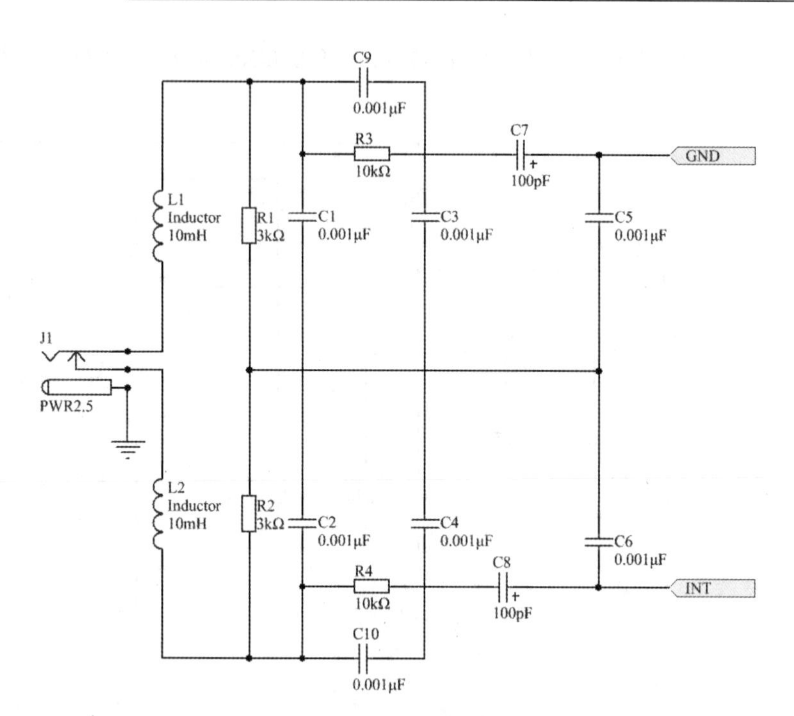

图 6-56　子原理图“调频电路 .SchDoc”

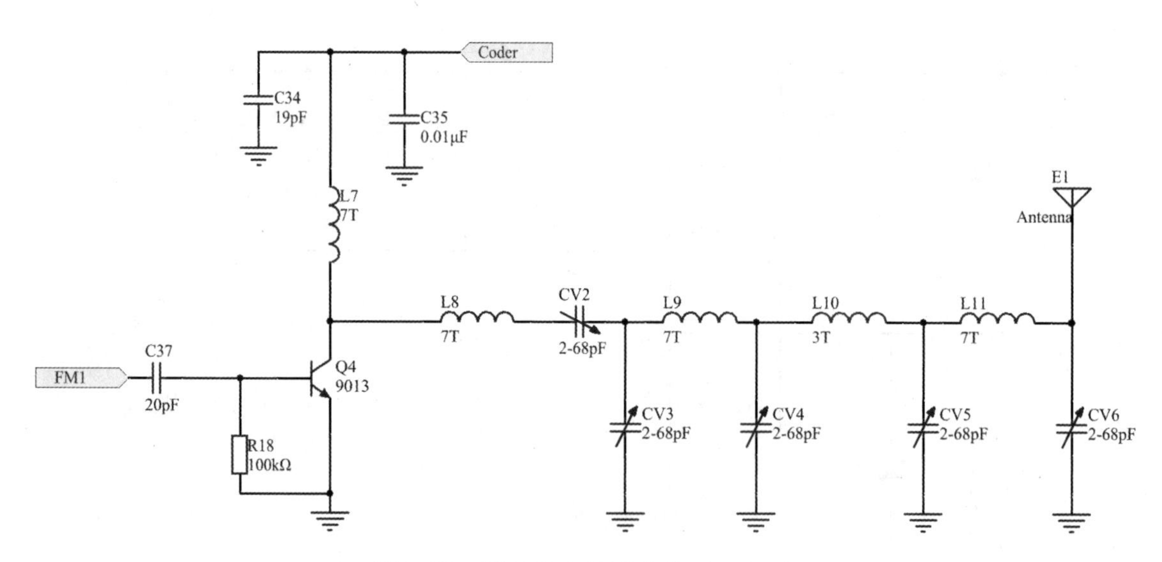

图 6-57　子原理图“射频电路 .SchDoc”

（17）选择菜单栏中的“工程”→“Compile PCB 工程（编译电路板工程）”命令，对本设计工程进行编译。编译结果显示在弹出的“Messages”面板中，如图 6-58 所示。同时，“Projects”面板中的编译结果如图 6-59 所示。

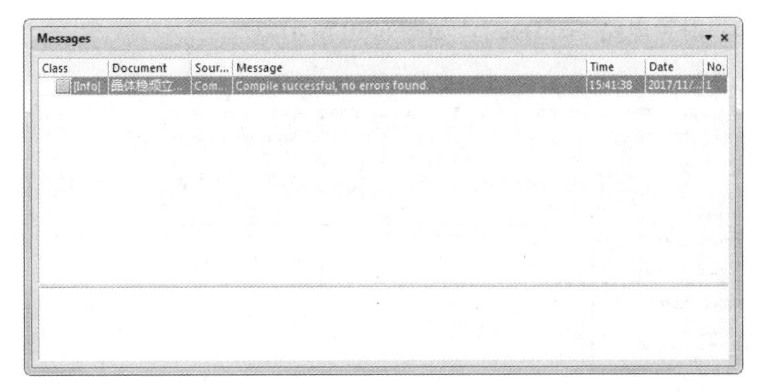

图 6-58 编译结果

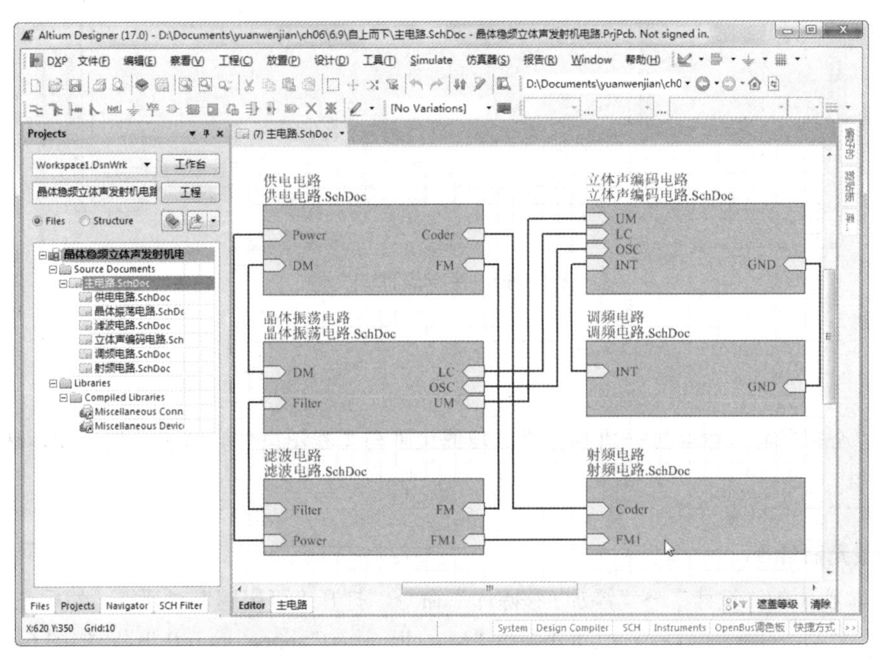

图 6-59 工程编译结果

6.7.2 自下而上绘制电路

扫码看视频

【绘制步骤】

1. 建立工作环境

（1）在 Altium Designer 17 主界面中，选择菜单栏中的“文件”→“New（新建）”→“Project（工程）”命令，新建名称为“晶体稳频立体声发射机电路 .PrjPcb”的工程文件。

（2）选择菜单栏中的“文件”→“New（新建）”→“原理图”命令，新建默认名称为“Sheet1.SchDoc”“Sheet2.SchDoc”“Sheet3.SchDoc”“Sheet4.SchDoc”“Sheet5.SchDoc”和“Sheet6.SchDoc”的原理图文件。

（3）选择菜单栏中的“文件”→“全部保存”命令，依次在弹出的保存对话框中输入文件名称“调频电路 .SchDoc”“立体声编码电路 .SchDoc”“晶体振荡电路 .SchDoc”“滤波电路 .SchDoc”“供

电电路 .SchDoc”和“射频电路 .SchDoc”，如图 6-60 所示。

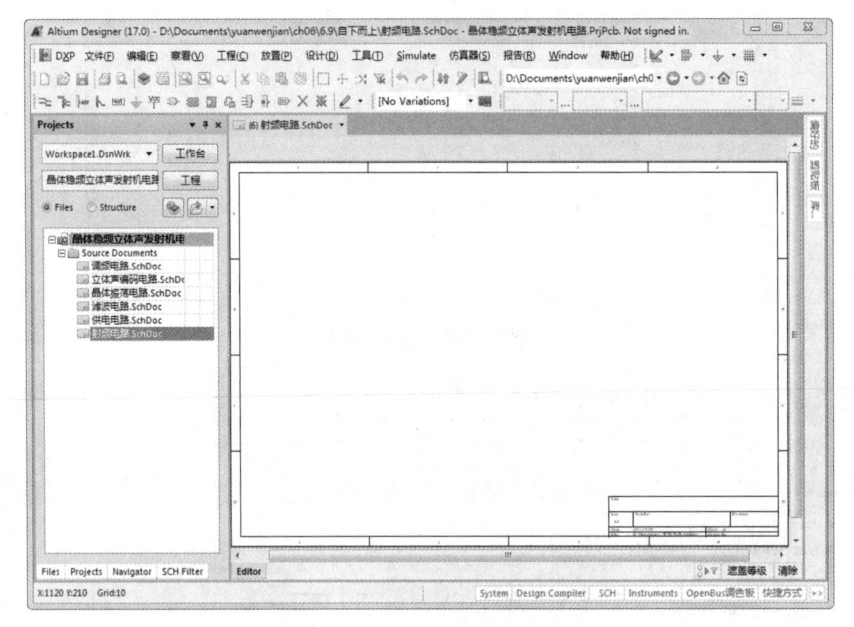

图 6-60　保存原理图文件

提示

利用“全部保存”命令可一次性保存原理图文件与工程图文件，减少绘图步骤，适用于创建多个文件。

2. 加载元器件库

选择菜单栏中的“设计”→“添加 / 移除库”命令，打开“可用库”对话框，然后在其中加载需要的元器件库“Miscellaneous Devices.IntLib”与“Miscellaneous Connectors.IntLib”，如图 6-61 所示。

图 6-61　加载需要的元器件库

3. 绘制立体声编码电路

（1）选择“库”面板，在其中浏览刚刚加载的元器件库“Miscellaneous Connectors.IntLib”，找到所需的排针元器件“Header 9X2”，如图 6-62 所示。双击元器件，弹出元器件属性编辑对话框，修改元器件参数，结果如图 6-63 所示。

（2）放置其余元器件到原理图中，再对这些元器件进行编辑、布局，布局的结果如图 6-64 所示。

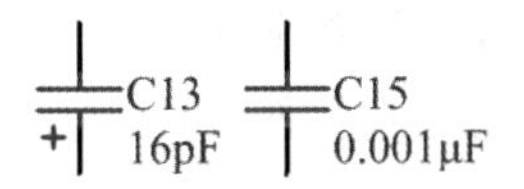

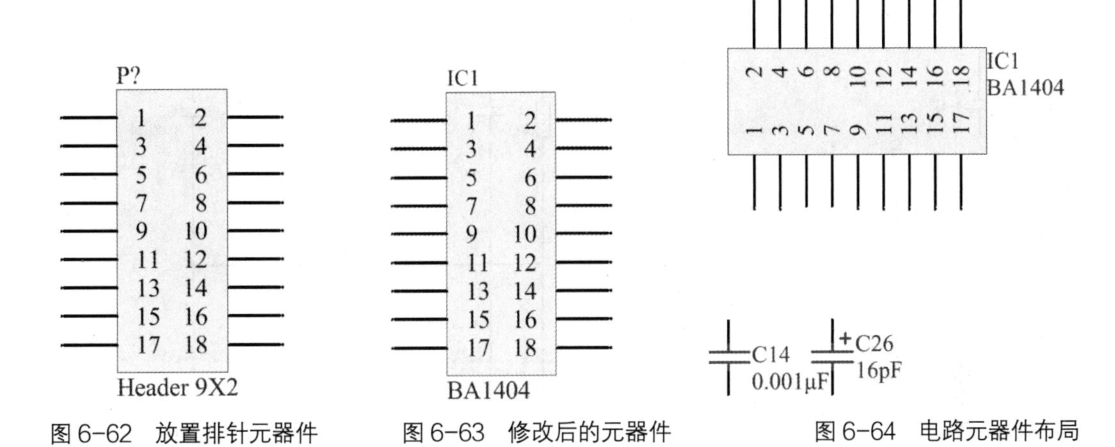

图 6-62　放置排针元器件　　图 6-63　修改后的元器件　　图 6-64　电路元器件布局

4. 元器件布线

单击“布线”工具栏中的（放置线）按钮，对元器件之间进行连线操作。

单击“布线”工具栏中的（GND 接地符号）按钮，放置接地符号，完成后的原理图如图 6-65 所示。

5. 放置电路端口

（1）选择菜单栏中的“放置”→“端口”命令，或者单击“布线”工具栏中的（放置端口）按钮，光标将变为十字形状，在适当的位置单击鼠标即可完成电路端口的放置。双击一个放置好的电路端口，打开“端口属性”对话框，在该对话框中对电路端口属性进行设置，如图 6-66 所示。

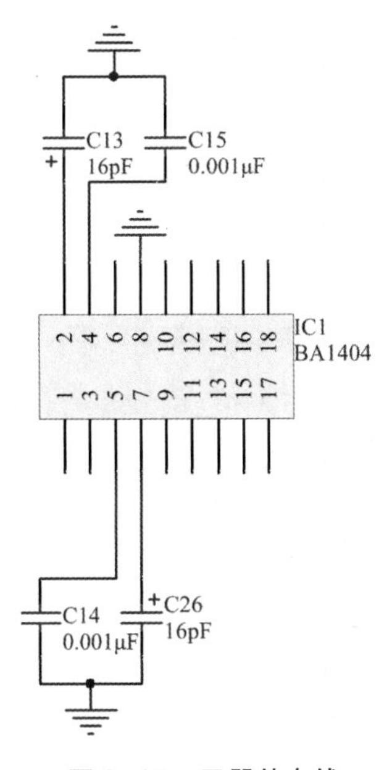

图 6-65　元器件布线

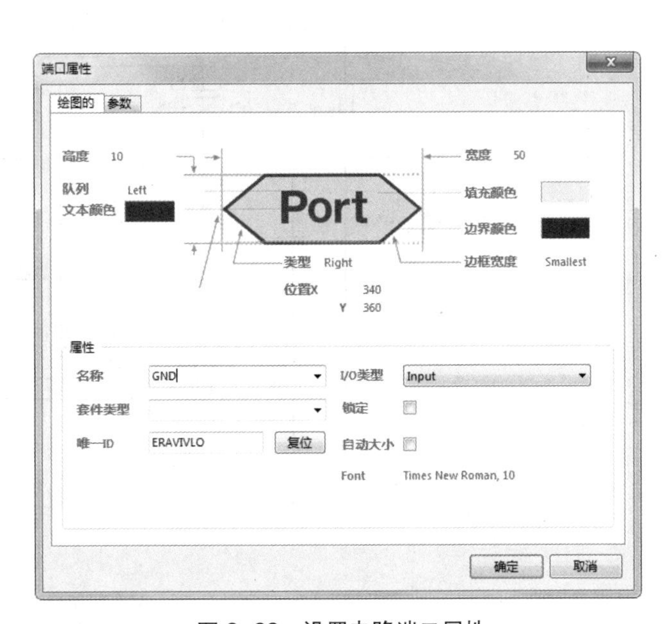

图 6-66　设置电路端口属性

（2）用同样的方法在原理图中放置其余电路端口，结果如图 6-67 所示。

6. 绘制其余子原理图

（1）打开原理图文件“调频电路 .SchDoc”，按照前面所学绘制电路原理图，结果如图 6-68 所示。

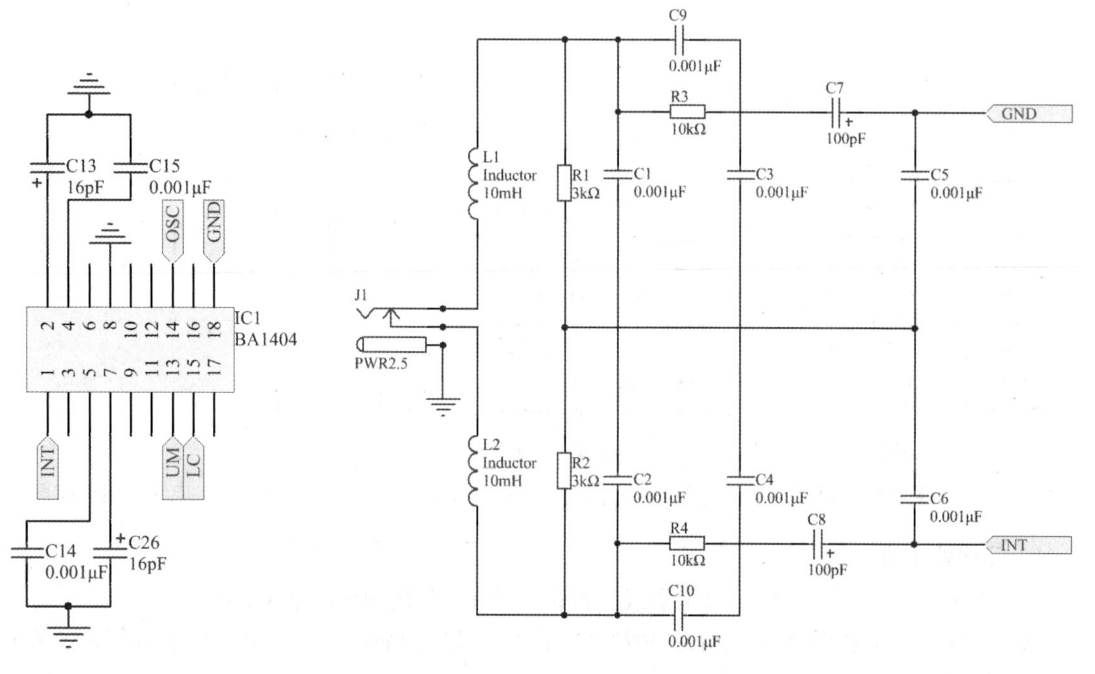

图 6-67　放置电路端口　　　　图 6-68　调频电路原理图

（2）打开原理图文件“晶体振荡电路 .SchDoc”，按照前面所学绘制电路原理图，结果如图 6-69 所示。

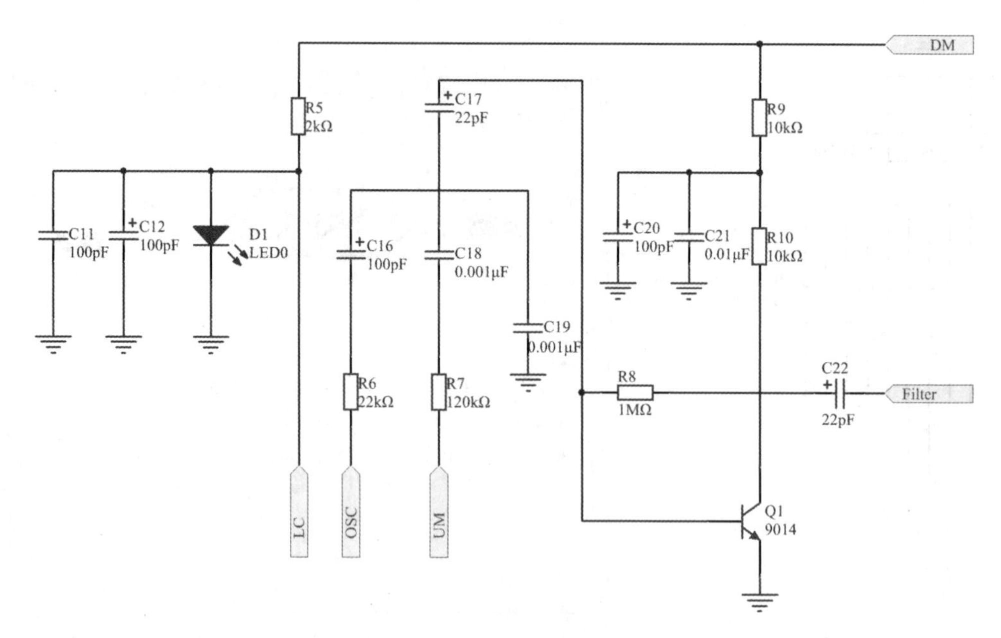

图 6-69　晶体振荡电路原理图

（3）打开原理图文件“滤波电路.SchDoc”，按照前面所学绘制电路原理图，结果如图 6-70 所示。

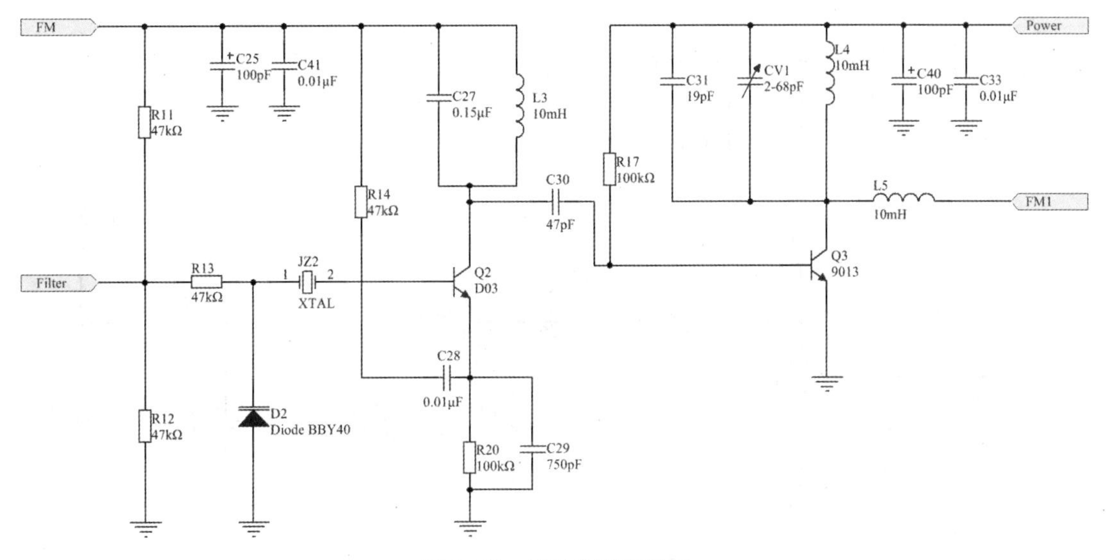

图 6-70　滤波电路原理图

（4）打开原理图文件“供电电路.SchDoc”，按照前面所学绘制电路原理图，结果如图 6-71 所示。

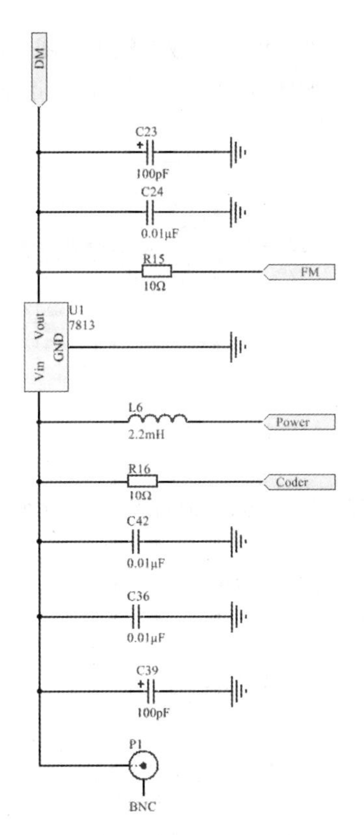

图 6-71　供电电路原理图

（5）打开原理图文件“射频电路.SchDoc”，按照前面所学绘制电路原理图，结果如图 6-72 所示。

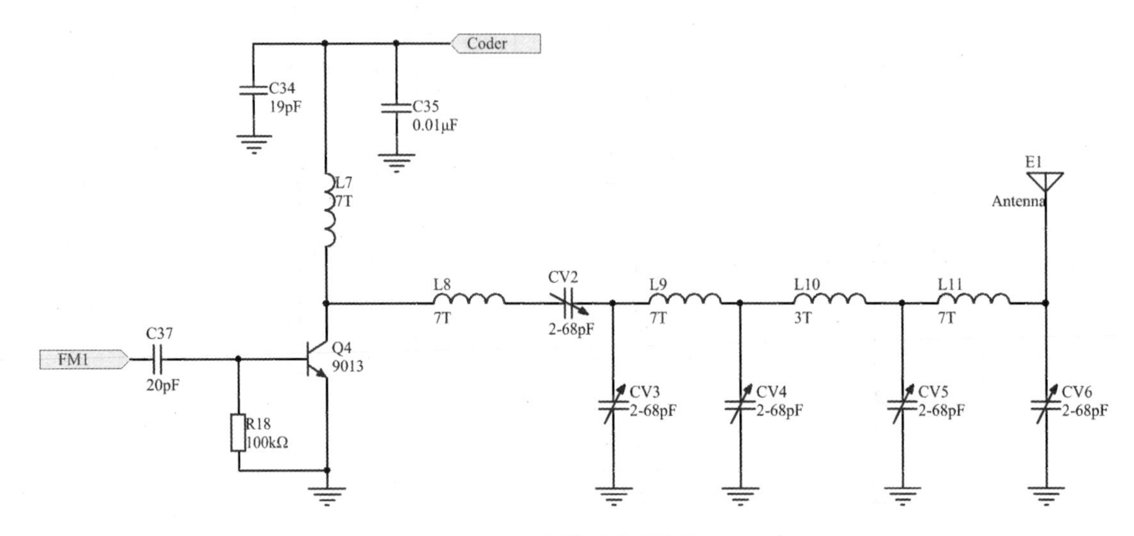

图 6-72　射频电路原理图

7. 设计顶层电路

（1）选择菜单栏中的“文件”→“New（新建）”→“原理图”命令，创建原理图文件，并将其保存为“主电路.SchDoc”。

（2）选择菜单栏中的“设计”→“HDL 文件或图纸生成图表符”命令，打开“Choose Document to Place（选择文件位置）”对话框，如图 6-73 所示，在该对话框中选择“供电电路.SchDoc”，然后单击 OK 按钮，生成浮动的方块图。

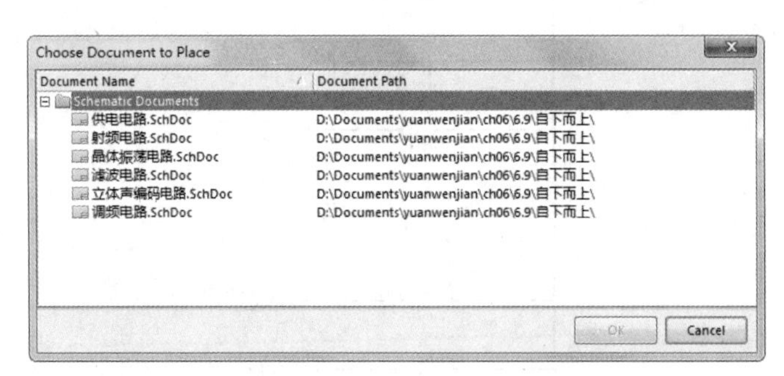

图 6-73　“Choose Document to Place”对话框

（3）将生成的方块图放置到原理图中，如图 6-74 所示。

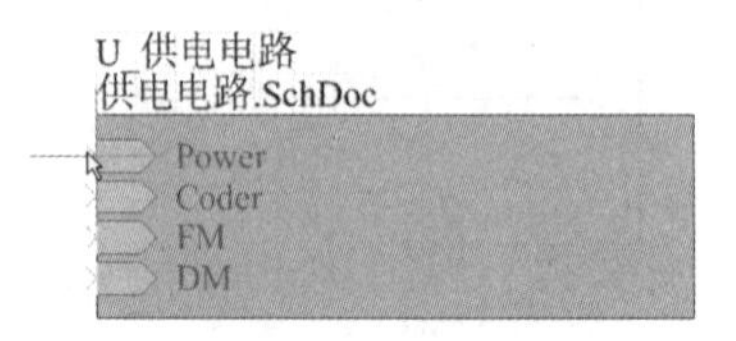

图 6-74　放置方块电路图

（4）同样的方法创建其余与子原理图同名的方块图，放置到原理图中，端口调整结果如图 6-75 所示。

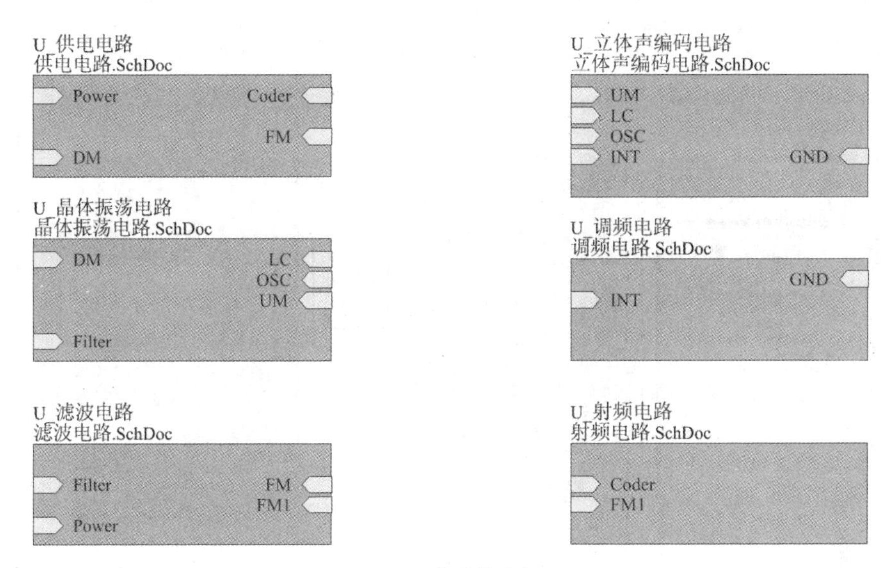

图 6-75　生成的方块图

（5）连接导线。单击“布线”工具栏中的 （放置线）按钮，完成方块图中电路端口之间的电气连接，如图 6-76 所示。

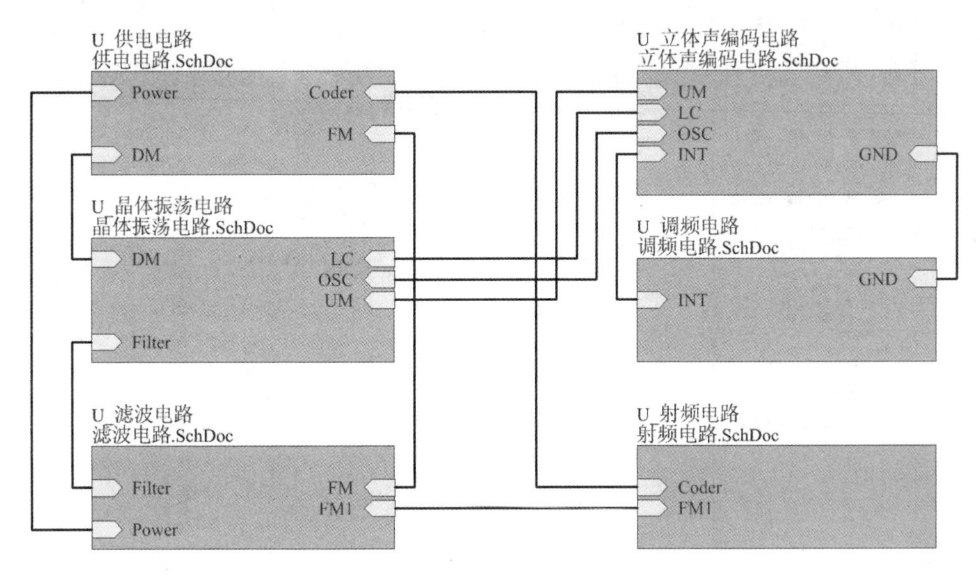

图 6-76　绘制连线

8. 生成层次设计表

（1）选择菜单栏中的“工程”→“Compile PCB 工程（编译电路板工程）”命令，编译本设计工程，编译结果如图 6-77 所示。

（2）选择菜单栏中的“报告”→“Report Project Hierarchy（工程层次报告）”命令，系统将生成层次设计表，如图 6-78 所示。

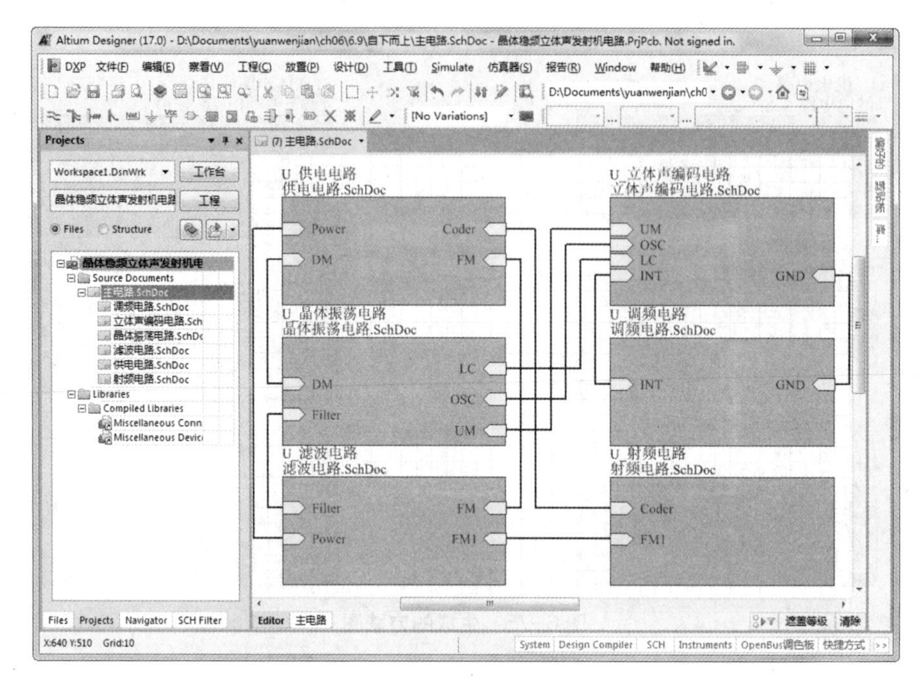

图 6-77　编译结果

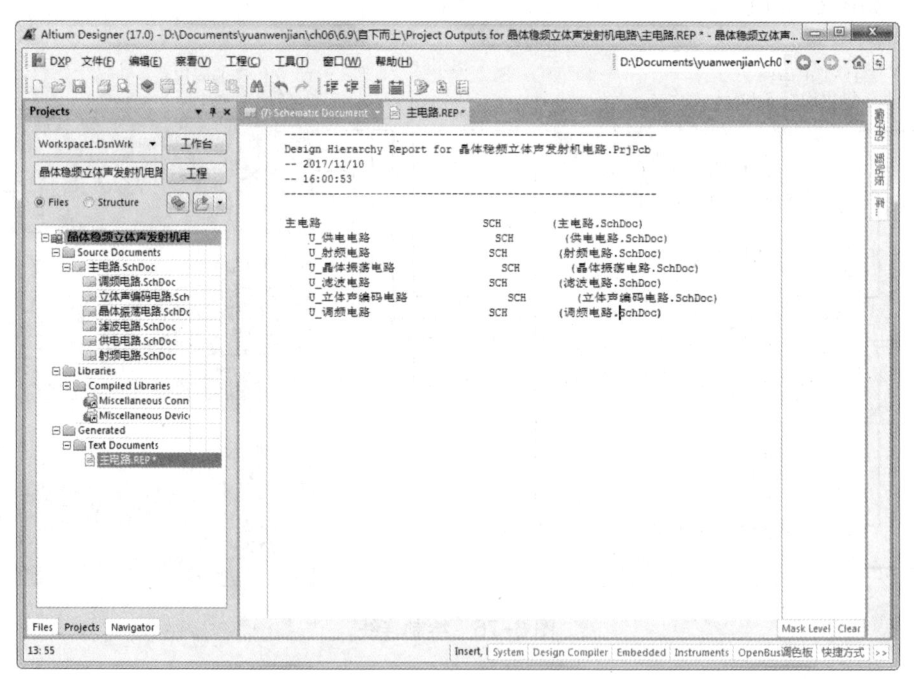

图 6-78　层次设计表

7 Chapter

第 7 章 电路仿真系统

随着电子技术的飞速发展和新型电子元器件的不断涌现，电子电路变得越来越复杂，因而在电路设计时出现缺陷和错误在所难免。为了让设计者在设计电路时就能准确地分析电路的工作状况，及时发现其中的设计缺陷，然后予以改进，Altium Designer 17 提供了一个较为完善的电路仿真组件，可以根据设计的原理图进行电路仿真，并根据输出信号的状态调整电路的设计，从而极大地减少了不必要的设计失误，提高了电路设计的工作效率。

所谓电路仿真，就是用户直接利用 EDA 软件自身所提供的功能和环境，对所设计电路的实际运行情况进行模拟的一个过程。如果在制作 PCB 之前，能够进行一下对原理图的仿真，明确把握系统的性能指标并据此对各项参数进行适当的调整，将能节省大量的人力和物力。由于整个过程是在计算机上运行的，所以操作相当简便，免去了构建实际电路系统的不便，只需要输入不同的参数，就能得到不同情况下电路系统的性能，而且仿真结果真实、直观，便于用户查看和比较。

7.1 电路仿真的基本概念

在具有仿真功能的 EDA 软件出现之前，设计者为了对自己所设计的电路进行验证，一般是使用面包板来搭建实际的电路系统，之后对一些关键的电路节点进行逐点测试，通过观察示波器上的测试波形来判断相应的电路部分是否达到了设计要求。如果没有达到，则需要对元器件进行更换，有时甚至要调整电路结构，重建电路系统，然后再进行测试，直到达到设计要求为止。整个过程冗长而烦琐，工作量非常大。

使用软件进行电路仿真，则是把上述过程全部搬到了计算机中。同样要搭建电路系统（绘制电路仿真原理图）、测试电路节点（执行仿真命令），而且也同样需要查看相应节点（中间节点和输出节点）处的电压或电流波形，依此做出判断并进行调整。只不过，这一切都将在软件仿真环境中进行，过程轻松，操作方便，只需要借助于一些仿真工具和仿真操作即可快速完成。

仿真中涉及的几个基本概念如下。

（1）仿真元器件：用户进行电路仿真时使用的元器件，要求具有仿真属性。

（2）仿真原理图：用户根据具体电路的设计要求，使用原理图编辑器及具有仿真属性的元器件所绘制而成的电路原理图。

（3）仿真激励源：用于模拟实际电路中的激励信号。

（4）节点网络标签：对一个电路中要测试的多个节点，应该分别放置一个有意义的网络标签，便于明确查看每一节点的仿真结果（电压或电流波形）。

（5）仿真方式：仿真方式有多种，不同的仿真方式下相应有不同的参数设定，用户应根据具体的电路要求来选择仿真方式。

（6）仿真结果：仿真结果一般是以波形的形式给出，不仅仅局限于电压信号，每个元器件的电流及功耗波形都可以在仿真结果中观察到。

7.2 放置电源及仿真激励源

Altium Designer 17 提供了多种电源和仿真激励源，存放在“Simulation Sources.IntLib”集成库中，供用户选择。在使用时，均被默认为理想的激励源，即电压源的内阻为零，而电流源的内阻为无穷大。

仿真激励源就是仿真时输入到仿真电路中的测试信号，根据观察这些测试信号通过仿真电路后的输出波形，用户可以判断仿真电路中的参数设置是否合理。

常用的电源与仿真激励源有如下几种。

1. 直流电压源 / 电流源

直流电压源“VSRC”与直流电流源“ISRC”分别用来为仿真电路提供一个不变的电压信号和不变的电流信号，符号形式如图 7-1 所示。

这两种电源通常在仿真电路上电时，或者需要为仿真电路输入一个阶跃激励信号时使用，以便用户观测电路中某一节点的瞬态响应波形。

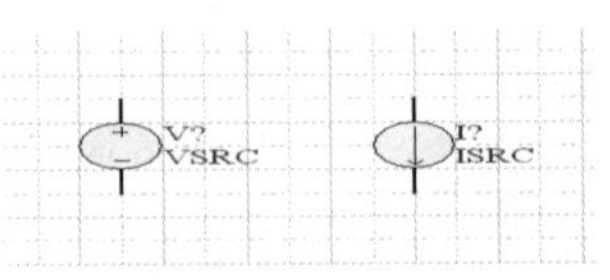

图 7-1　直流电压源 / 电流源符号

这两种电源需要设置的仿真参数是相同的。双击新添加的仿真直流电压源，在弹出的对话框中设置其属性参数，如图 7-2 所示。

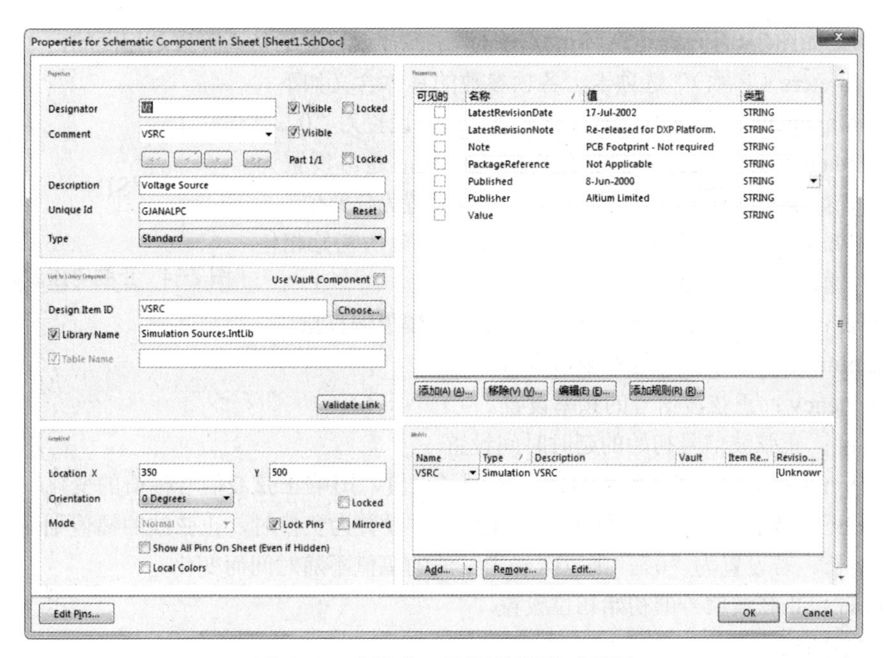

图 7-2　直流电压源属性设置对话框

在如图 7-2 所示的窗口双击“Models（模型）”栏“Type（类型）”列下的“Simulation（仿真）”选项，打开“Sim Model-Voltage Source/DC Source”对话框，通过该对话框可以查看并修改仿真模型，如图 7-3 所示。

在“Parameters（参数）”选项卡，各项参数的具体含义如下。

- Value（值）：直流电源电压值。
- AC Magnitude（交流幅度）：交流小信号分析的电压幅度。
- AC Phase（交流相位）：交流小信号分析的相位值。

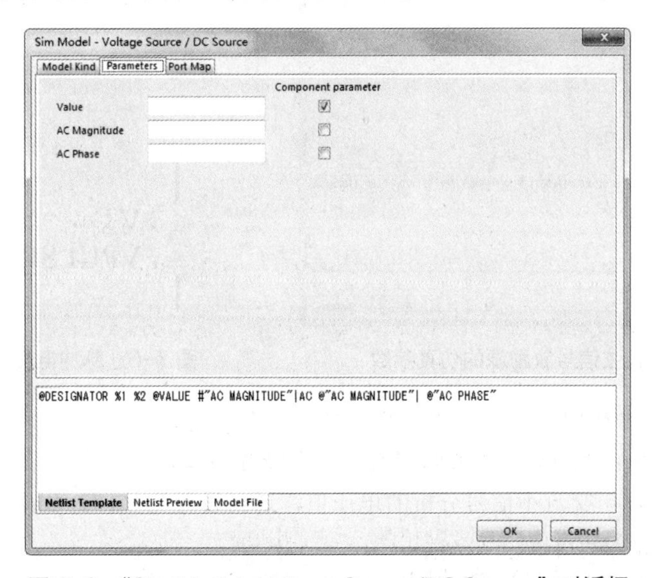

图 7-3　“Sim Model-Voltage Source/DC Source”对话框

2. 正弦信号激励源

正弦信号激励源包括正弦电压源“VSIN”与正弦电流源“ISIN”，用来为仿真电路提供正弦激励信号，符号形式如图 7-4 所示。这两种正弦信号激励源需要设置的仿真参数是相同的，如图 7-5 所示。

在“Parameters（参数）”选项卡，各项参数的具体含义如下。

- DC Magnitude：正弦信号的直流参数，通常设置为“0”。
- AC Magnitude：交流小信号分析的电压值，通常设置为“1”，如果不进行交流小信号分析，可以设置为任意值。
- AC Phase（交流相位）：交流小信号分析的电压初始相位值，通常设置为“0”。

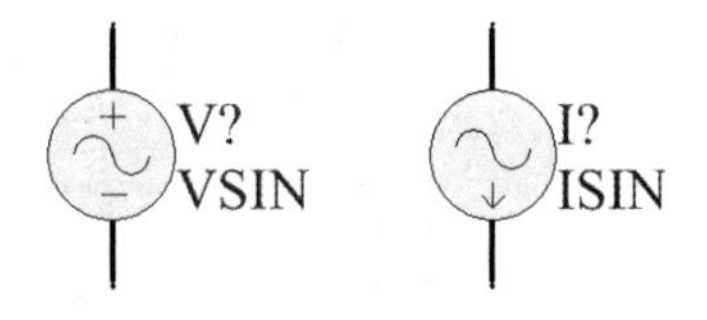

图 7-4　正弦电压源 / 电流源符号

- Offset：正弦波信号上叠加的直流分量，即幅值偏移量。
- Amplitude：正弦波信号的幅值设置。
- Frequency：正弦波信号的频率设置。
- Delay：正弦波信号初始的延时时间设置。
- Damping Factor：正弦波信号的阻尼因子设置，影响正弦波信号幅值的变化。设置为正值时，正弦波的幅值将随时间的增长而衰减。设置为负值时，正弦波的幅值则随时间的增长而增长。若设置为“0”，则意味着正弦波的幅值不随时间而变化。
- Phase：正弦波信号的初始相位设置。

3. 周期脉冲源

周期脉冲源包括脉冲电压激励源“VPULSE”与脉冲电流激励源“IPULSE”，可以为仿真电路提供周期性的连续脉冲激励，其中脉冲电压激励源“VPULSE”在电路的瞬态特性分析中用得比较多。两种激励源的符号形式如图 7-6 所示，相应要设置的仿真参数也是相同的，如图 7-7 所示。

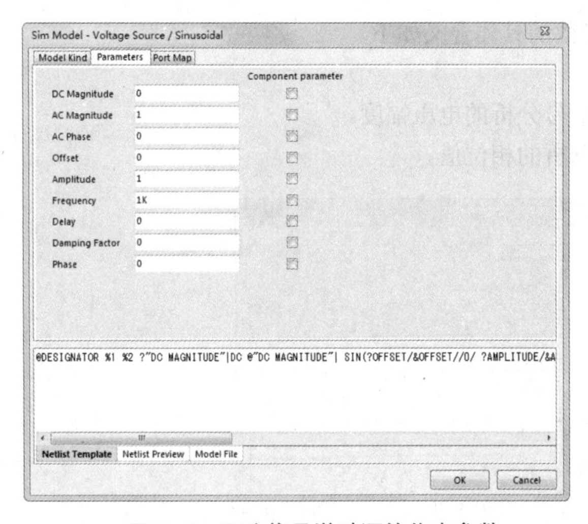

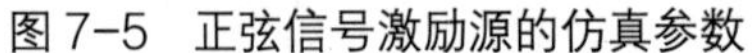

图 7-5　正弦信号激励源的仿真参数

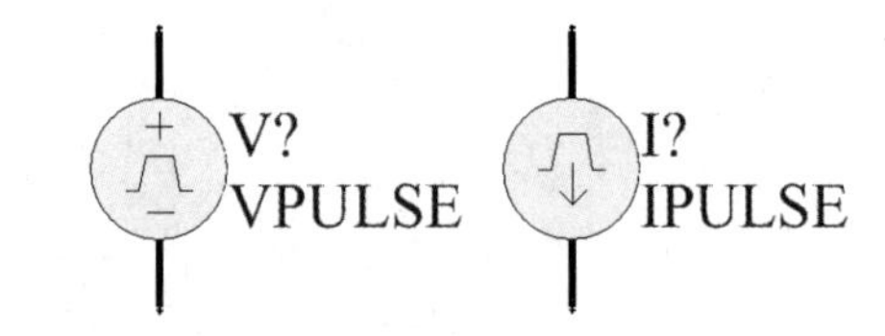

图 7-6　脉冲电压源 / 电流源符号

在“Parameters（参数）”选项卡，各项参数的具体含义如下。

- DC Magnitude：脉冲信号的直流参数，通常设置为“0”。
- AC Magnitude：交流小信号分析的电压值，通常设置为“1”，如果不进行交流小信号分析，可以设置为任意值。
- AC Phase：交流小信号分析的电压初始相位值，通常设置为“0”。
- Initial Value：脉冲信号的初始电压值设置。
- Pulsed Value：脉冲信号的电压幅值设置。

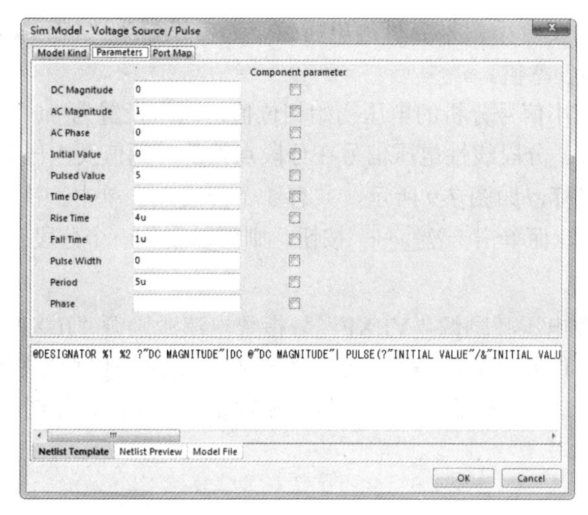

图 7-7　脉冲信号激励源的仿真参数

- Time Delay：初始时刻的延迟时间设置。
- Rise Time：脉冲信号的上升时间设置。
- Fall Time：脉冲信号的下降时间设置。
- Pulse Width：脉冲信号的高电平宽度设置。
- Period：脉冲信号的周期设置。
- Phase：脉冲信号的初始相位设置。

4. 分段线性激励源

分段线性激励源所提供的激励信号由若干条相连的直线组成，是一种不规则的信号激励源，包括分段线性电压源“VPWL”与分段线性电流源“IPWL”两种，符号形式如图 7-8 所示。这两种分段线性激励源的仿真参数设置是相同的，如图 7-9 所示。

图 7-8　分段电压源 / 电流源符号

在“Parameters（参数）”选项卡，各项参数的具体含义如下。

- DC Magnitude：分段线性电压信号的直流参数，通常设置为“0”。

Sim Model - Voltage Source / Piecewise Linear

Model Kind | Parameters | Port Map

Component parameter

DC Magnitude 0

AC Magnitude 1

AC Phase 0

Time / Value Pairs

Component paramete

Time (s)	Voltage (V)
0U	5V
5U	5V
12U	0V
50U	5V
60U	5V

Add...

Delete...

@DESIGNATOR %1 %2 ?"DC MAGNITUDE"|DC @"DC MAGNITUDE"| PWL(?MODELLOCATION/FILE=@MODELLOCATIC

Netlist Template | Netlist Preview | Model File

OK　Cancel

图 7-9　分段信号激励源的仿真参数

- AC Magnitude：交流小信号分析的电压值，通常设置为“1”，如果不进行交流小信号分析，可以设置为任意值。
- AC Phase：交流小信号分析的电压初始相位值，通常设置为“0”。
- Time/Value Pairs：分段线性电压信号在分段点处的时间值及电压值设置。其中时间为横坐标，电压为纵坐标，如图 7-9 所示，共有 5 个分段点。单击一次右侧的 Add... 按钮，可以添加一个分段点，而单击一次 Delete... 按钮，则可以删除一个分段点。

5. 指数激励源

指数激励源包括指数电压激励源“VEXP”与指数电流激励源“IEXP”，用来为仿真电路提供带有指数上升沿或下降沿的脉冲激励信号，通常用于高频电路的仿真分析，符号形式如图 7-10 所示。两者所产生的波形形式是一样的，相应的仿真参数设置也相同，如图 7-11 所示。

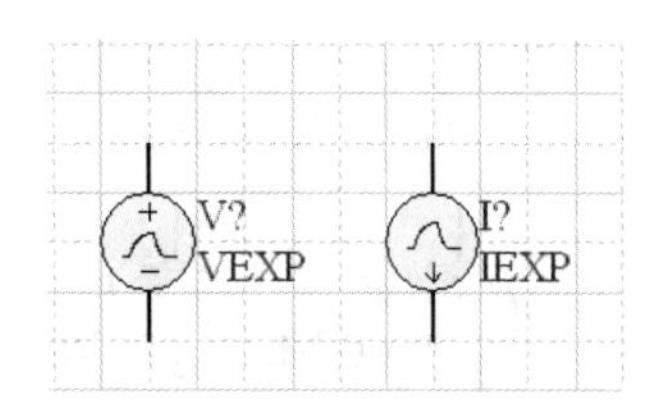

图 7-10　指数电压源 / 电流源符号

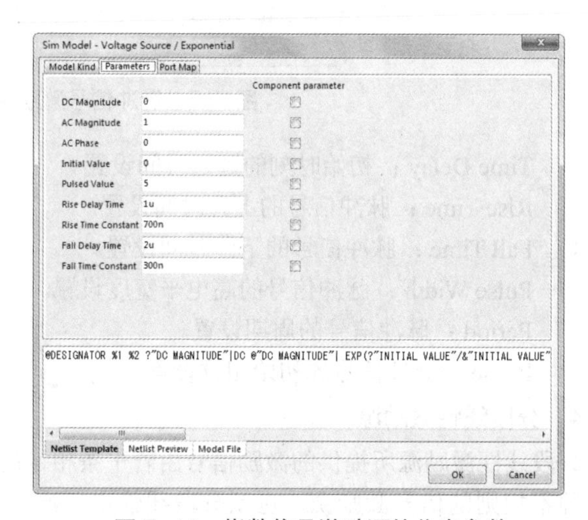

图 7-11　指数信号激励源的仿真参数

在“Parameters（参数）”选项卡，各项参数的具体含义如下。

- DC Magnitude：分段线性电压信号的直流参数，通常设置为“0”。
- AC Magnitude：交流小信号分析的电压值，通常设置为“1”，如果不进行交流小信号分析，可以设置为任意值。
- AC Phase：交流小信号分析的电压初始相位值，通常设置为“0”。
- Initial Value：指数电压信号的初始电压值。
- Pulsed Value：指数电压信号的跳变电压值。
- Rise Delay Time：指数电压信号的上升延迟时间。
- Rise Time Constant：指数电压信号的上升时间。
- Fall Delay Time：指数电压信号的下降延迟时间。
- Fall Time Constant：指数电压信号的下降时间。

6. 单频调频激励源

单频调频激励源用来为仿真电路提供一个单频调频的激励波形，包括单频调频电压源“VSFFM”与单频调频电流源“ISFFM”两种，符号形式如图 7-12 所示，相应需要设置的仿真参数如图 7-13 所示。

在“Parameters（参数）”选项卡，各项参数的具体含义如下。

图 7-12　单频调频电压源 / 电流源符号

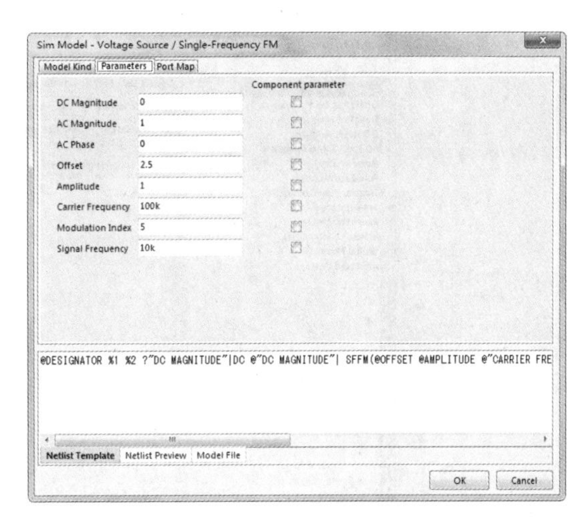

图 7-13　单频调频激励源的仿真参数

- DC Magnitude：分段线性电压信号的直流参数，通常设置为“0”。
- AC Magnitude：交流小信号分析的电压值，通常设置为“1”，如果不进行交流小信号分析，可以设置为任意值。
- AC Phase：交流小信号分析的电压初始相位值，通常设置为“0”。
- Offset：调频电压信号上叠加的直流分量，即幅值偏移量。
- Amplitude：调频电压信号的载波幅值。
- Carrier Frequency：调频电压信号的载波频率。
- Modulation Index：调频电压信号的调制系数。
- Signal Frequency：调制信号的频率。

根据以上的参数设置，输出的调频信号表达式为

$$V(t)=V_o+V_a\times\sin[2\pi F_c t+M\sin(2\pi F_s t)]$$

V_o=Offset，V_a=Amplitude，F_c=Carrier Frequency，M=Modulation Index，F_s=Signal Frequency

这里介绍了几种常用的仿真激励源及仿真参数的设置。此外，在 Altium Designer 17 中还有线性受控源、非线性受控源等，在此不再一一赘述，用户可以参照上面所讲述的内容，自己练习使用其他的仿真激励源并进行有关仿真参数的设置。

7.3 仿真分析的参数设置

在电路仿真中，选择合适的仿真方式并对相应的参数进行合理的设置，是仿真能够正确运行并能获得良好的仿真效果的关键保证。

一般来说，仿真参数的设置包含两部分：一是各种仿真方式都需要的通用参数设置，二是具体的仿真方式所需要的特定参数设置，二者缺一不可。

在原理图编辑环境中，执行“设计”→“仿真”→“Mixed Sim（混合仿真）”菜单命令，则系统弹出如图 7-14 所示的仿真分析设置对话框。

在该对话框左侧的“Analyses/Options（分析 / 选项）”栏中，列出了若干选项供用户选择，包括各种具体的仿真方式，而对话框的右侧则用来显示与选项相对应的具体设置内容。系统的默认选项为“General Setup（通用设置）”，即仿真方式的通用参数设置，如图 7-14 所示。

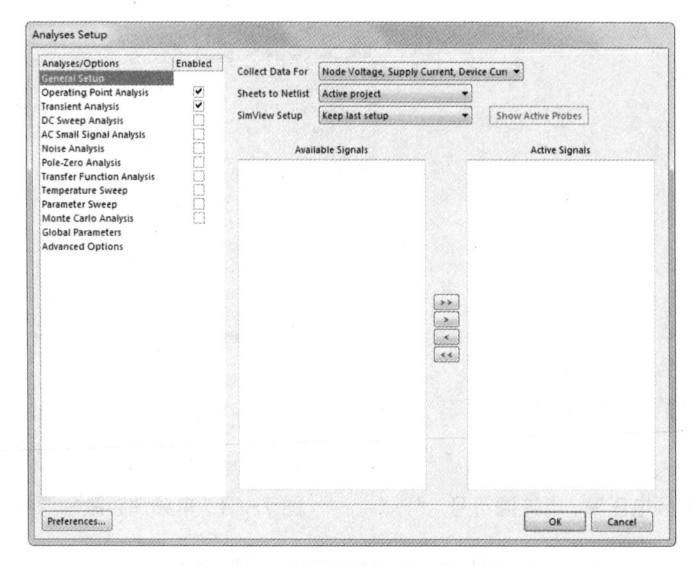

图 7-14 仿真分析设置对话框

7.3.1 通用参数的设置

通用参数的具体设置内容有以下几项。

（1）“Collect Data For（为了收集数据）”下拉列表：该下拉列表用于设置仿真程序需要计算的数据类型。

- Node Voltage and Supply Current：将保存每个节点电压和每个电源电流的数据。
- Node Voltage，Supply and Device Current：将保存每一个节点电压、每个电源和器件电流的数据。
- Node Voltage，Supply Current，Device Current and Power：将保存每个节点电压、每个电源电流以及每个器件的电源和电流的数据。
- Node Voltage，Supply Current and Subcircuit VARs：将保存每个节点电压、每个电源电流以及子电路变量中匹配的电压 / 电流的数据。
- Active Signals：仅保存在“Active Signals”列表框中列出的信号分析结果。由于仿真程序在计算上述这些数据时要占用很长的时间，因此，在进行电路仿真时，用户应该尽可能少地设置需要计算的数据，只需要观测电路中节点的一些关键信号波形即可。

系统默认的“Collect Data For（为了收集数据）”选项为“Node Voltage，Supply Current，Device Current any Power”。一般来说，应设置为“Active Signals（积极的信号）”，这样一方面可以灵活选择所要观测的信号，另一方面也减少了仿真的计算量，提高了效率。

（2）“Sheets to Netlist（网表薄片）”下拉列表：该下拉列表用于设置仿真程序作用的范围。

- Active sheet：当前的电路仿真原理图。
- Active project：当前的整个项目。

（3）“SimView Setup（仿真视图设置）”下拉列表：该下拉列表用于设置仿真结果的显示内容。

- Keep last setup：按照上一次仿真操作的设置在仿真结果图中显示信号波形，忽略“Active Signals”列表框中所列出的信号。

- Show active signals：按照“Active Signals”列表框中所列出的信号，在仿真结果图中进行显示。

该选项一般应设置为“Show active signals”。

（4）“Available Signals（可用的信号）”列表框：该列表框中列出了所有可供选择的观测信号，具体内容随着“Collect Data For”下拉列表中的设置变化而变化，即对于不同的数据组合，可以观测的信号是不同的。

（5）“Active Signals（积极的信号）”列表框：该列表框列出了仿真程序运行结束后，能够立刻在仿真结果图中显示的信号。

在“Available Signals（可用的信号）”列表框中选中某一个需要显示的信号后，如选择“IN”，单击 > 按钮，可以将该信号加入到“Active Signals（积极的信号）”列表框，以便在仿真结果图中显示。单击 < 按钮，则可以将“Active Signals（积极的信号）”列表框中某个不需要显示的信号移回“Available Signals（可用的信号）”列表框。或者，单击 >> 按钮，直接将全部可用的信号加入到“Active Signals（积极的信号）”列表框中。单击 << 按钮，则将全部活动信号移回“Available Signals（可用的信号）”列表框中。

上面讲述的是在仿真运行前需要完成的通用参数设置，而对于用户具体选用的仿真方式，还需要进行一些特定参数的设定。

7.3.2　具体参数的设置

在 Altium Designer 17 系统中，还可以对以下仿真方式及参数进行设置。

- 工作点分析（Operating Point Analysis）。
- 瞬态特性分析（Transient Analysis）。
- 直流扫描分析（DC Sweep Analysis）。
- 交流小信号分析（AC Small Signal Analysis）。
- 噪声分析（Noise Analysis）。
- 零 - 极点分析（Pole-Zero Analysis）。
- 传递函数分析（Transfer Function Analysis）。
- 温度扫描（Temperature Sweep）。
- 参数扫描（Parameter Sweep）。
- 蒙特卡罗分析（Monte Carlo Analysis）。
- 全局参数（Global Parameters）。
- 高级选项（Advanced Options）。

下面简要介绍一下“Operating Point Analysis（工作点分析）”的功能特点及参数设置。

所谓工作点分析，就是静态工作点分析，这种方式是在分析放大电路时提出来的。当把放大器的输入信号短路时，放大器就处在无信号输入状态，即静态。若静态工作点选择不合适，则输出波形会失真，因此设置合适的静态工作点是放大电路正常工作的前提。

在该分析方式中，所有的电容都被看作开路，所有的电感都被看作短路，之后计算各个节点的对地电压以及流过每一元器件的电流。由于方式比较固定，因此，不需要用户再进行特定参数的设置，使用该方式时，只需要选中该复选框即可运行，如图 7-15 所示。

一般来说，在进行瞬态特性分析和交流小信号分析时，仿真程序都会先执行工作点分析，以确定电路中非线件元器件的线性化参数初始值。因此，通常情况下应选中该复选框。

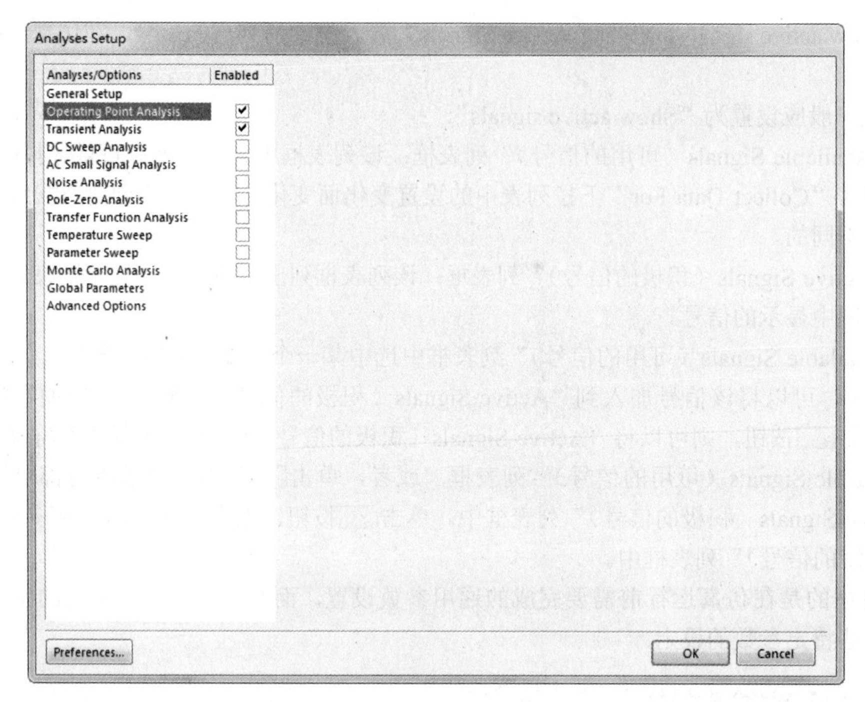

图 7-15　选中工作点分析方式

7.4 特殊仿真元器件的参数设置

在仿真过程中，有时还会用到一些专用于仿真的特殊元器件，它们存放在系统提供的“Simulation Sources.IntLib”集成库中，这里做一个简单的介绍。

7.4.1 节点电压初值

节点电压初值“.IC”主要用于为电路中的某一节点提供电压初值，与电容中的“Intial Voltage”参数的作用类似。设置方法很简单，只要把该元器件放在需要设置电压初值的节点上，通过设置该元器件的仿真参数即可为相应的节点提供电压初值，如图 7-16 所示。

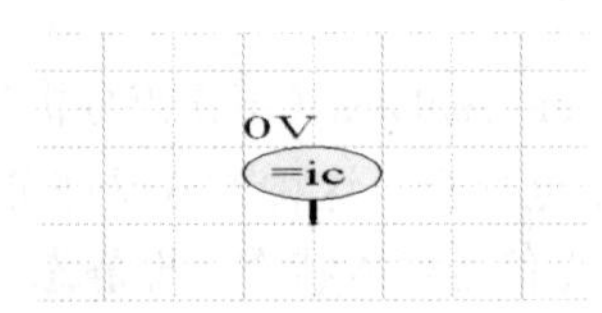

图 7-16　放置的“.IC”元件

“.IC”元器件需要设置的仿真参数只有一个，即节点的电压初值。双击节点电压初值元器件，系统弹出如图 7-17 所示的属性设置对话框。

双击“Models（模式）”栏下面“Type（类型）”列下的“Simulation（仿真）”项，系统弹出如图 7-18 所示的“.IC”元器件仿真参数设置对话框。

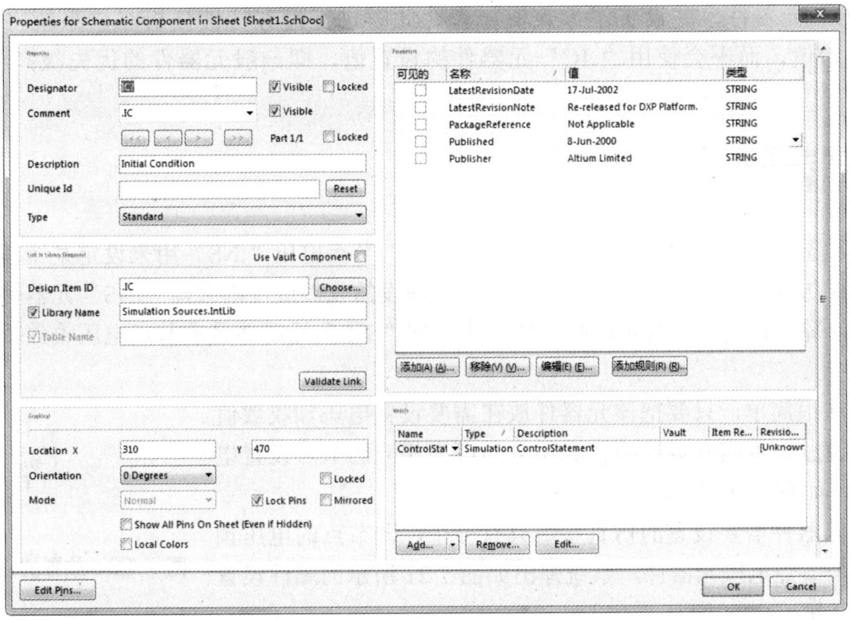

图 7–17　“.IC”元器件属性设置对话框

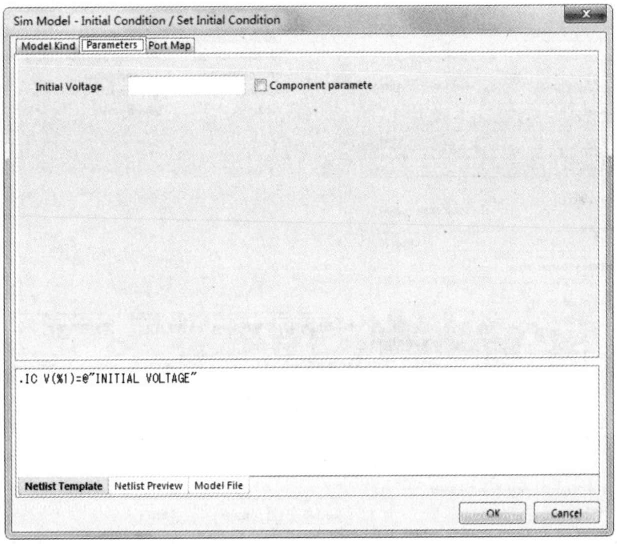

图 7–18　“.IC”元器件仿真参数设置对话框

在“Parameters（参数）”选项卡中，只有一项仿真参数“Initial Voltage”，用于设定相应节点的电压初值，这里设置为“0V”。设置了该参数后的“.IC”元器件如图 7-19 所示。

使用“.IC”元器件为电路中的一些节点设置电压初值后，用户采用瞬态特性分析的仿真方式时，若选中了“Use Initial Conditions”复选框，则仿真程序将直接使用“.IC”元器件所设置的初始值作为瞬态特性分析的初始条件。

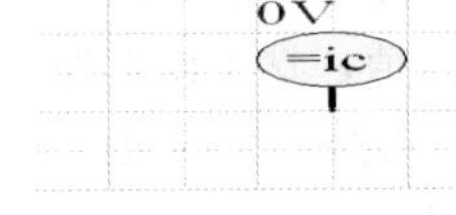

图 7–19　设置完参数的“.IC”元器件

当电路中有储能元器件（如电容）时，如果在电容两端设置了电压初始值，而同时在与该电容连接的导线上也放置了“.IC”元器件，并设置了参数值，那么此时进行瞬态特性分析时，系统将使用电容两端的电压初始值，而不会使用“.IC”元器件的设置值，即一般元器件的优先级高于“.IC”元器件。

7.4.2 节点电压

在对双稳态或单稳态电路进行瞬态特性分析时，节点电压“.NS”用来设定某个节点的电压预收敛值。如果仿真程序计算出该节点的电压小于预设的收敛值，则去掉“.NS”元器件所设置的收敛值，继续计算，直到算出真正的收敛值为止，即“.NS”元器件是求节点电压收敛值的一个辅助手段。

设置方法很简单，只要把该元器件放在需要设置电压预收敛值的节点上，通过设置该元器件的仿真参数即可为相应的节点设置电压预收敛值，如图 7-20 所示。

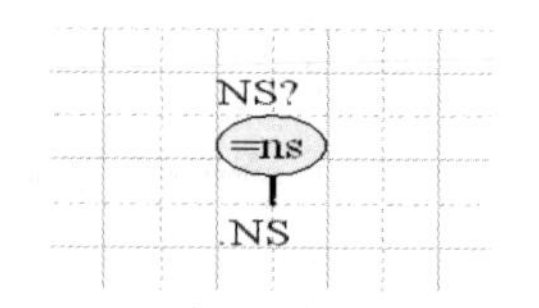

图 7-20 放置的“.NS”元器件

“.NS”元器件需要设置的仿真参数只有一个，即节点的电压预收敛值。双击节点电压元器件，系统弹出如图 7-21 所示的属性设置对话框。

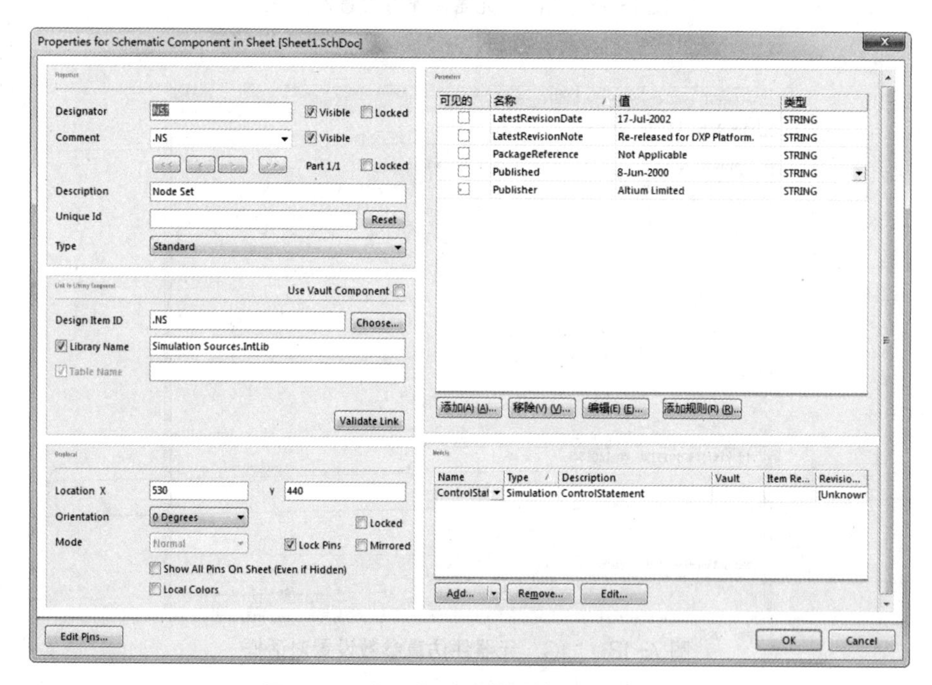

图 7-21 “.NS”元器件属性设置对话框

双击“Models（模式）”栏下面“Type（类型）”列下的“Simulation（仿真）”项，系统弹出如图 7-22 所示的“.NS”元器件仿真参数设置对话框。

在“Parameters（参数）”选项卡中，只有一项仿真参数“Initial Voltage”，用于设定相应节点的电压预收敛值，这里设置为“10V”。设置了该参数后的“.NS”元器件如图 7-23 所示。

若在电路的某一节点处，同时放置了“.IC”元器件与“.NS”元器件，则仿真时“.IC”元器件的优先级将高于“.NS”元器件。

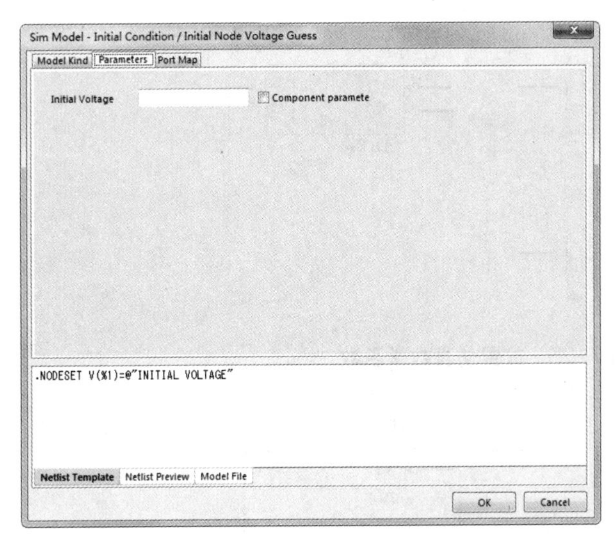

图 7-22　“.NS”元器件仿真参数设置对话框

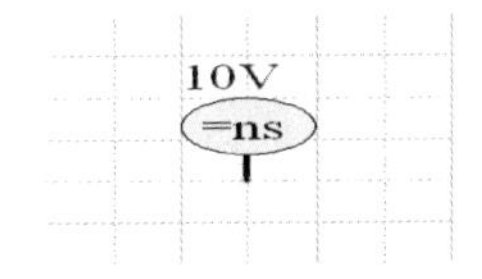

图 7-23　设置完参数的“.NS”元器件

7.4.3　仿真数学函数

在 Altium Designer 17 的仿真器中还提供了若干仿真数学函数，它们同样作为一种特殊的仿真元器件，可以放置在电路仿真原理图中使用。仿真数学函数主要用于对仿真原理图中的两个节点信号进行各种合成运算，以达到一定的仿真目的，包括节点电压的加、减、乘、除，以及支路电流的加、减、乘、除等运算，也可以用于对一个节点信号进行各种变换，如正弦变换、余弦变换和双曲线变换等。

仿真数学函数存放在“Simulation Math Function.IntLib”集成库中，只需要把相应的函数功能模块放到仿真原理图中需要进行信号处理的地方即可，仿真参数不需要用户自行设置。

图 7-24 所示是对两个节点电压信号进行相加运算的仿真数学函数“ADDV”。

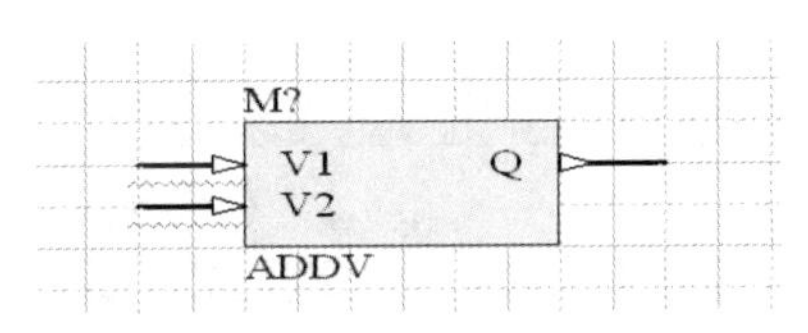

图 7-24　仿真数学函数“ADDV”

7.4.4　实例——正弦函数和余弦函数仿真

（1）新建一个原理图文件，另存为“仿真数学函数 .SchDoc”。

（2）在系统提供的集成库中，选择“Simulation Sources.IntLib”和“Simulation Math Function.IntLib”进行加载。

（3）在“库”面板中，打开集成库“Simulation Math Function.IntLib”，选择正弦变换函数“SINV”、余弦变换函数“COSV”及电压相加函数“ADDV”，将其分别放置到原理图中，如图 7-25 所示。

（4）在“库”面板中，打开集成库“Miscellaneous Devices.IntLib”，选择元器件 Res3，在原理图中放置两个接地电阻，并完成相应的电气连接，如图 7-26 所示。

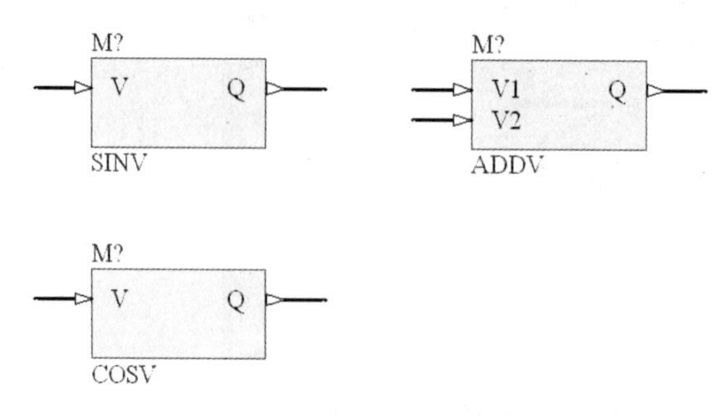

图 7-25　放置仿真数学函数

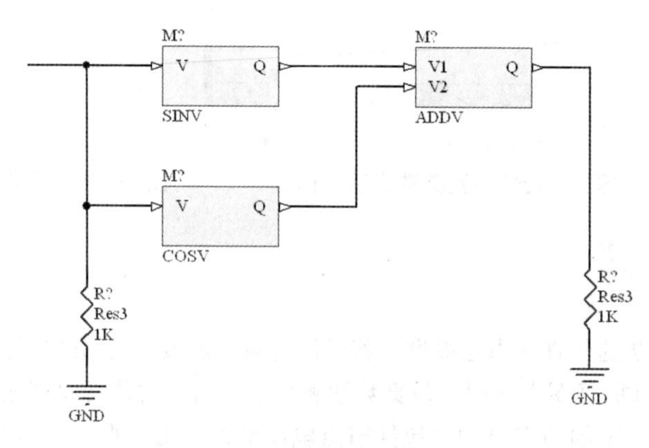

图 7-26　放置接地电阻并连接

（5）双击电阻，系统弹出属性设置对话框，将相应的电阻值设置为 1kΩ。

（6）双击每一个仿真数学函数，进行参数设置，在弹出的“Properties for Schematic Component in Sheet（电路图中的元器件属性）”对话框中，只需设置标识符，如图 7-27 所示。

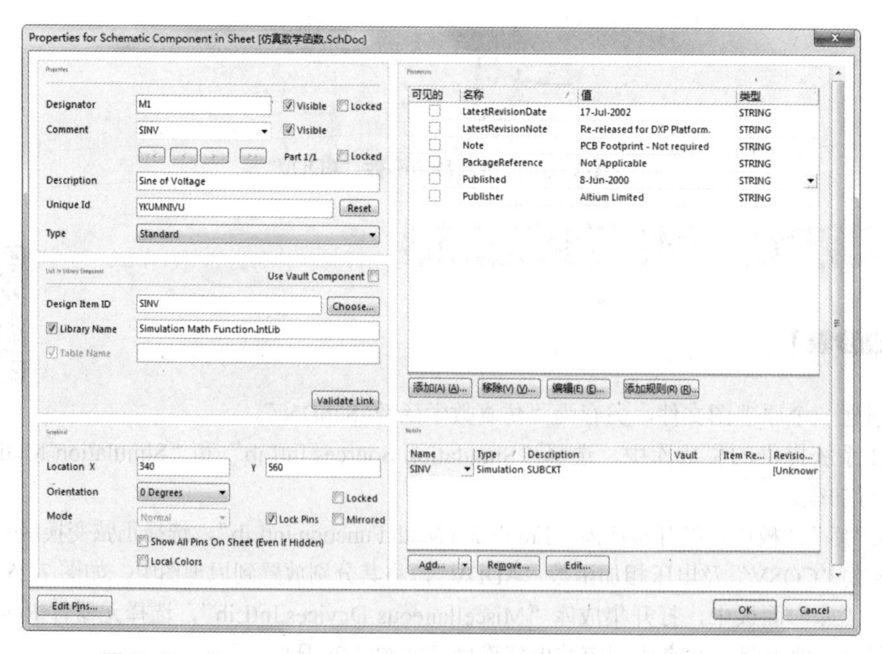

图 7-27　“Properties for Schematic Component in Sheet”对话框

设置好的原理图如图 7-28 所示。

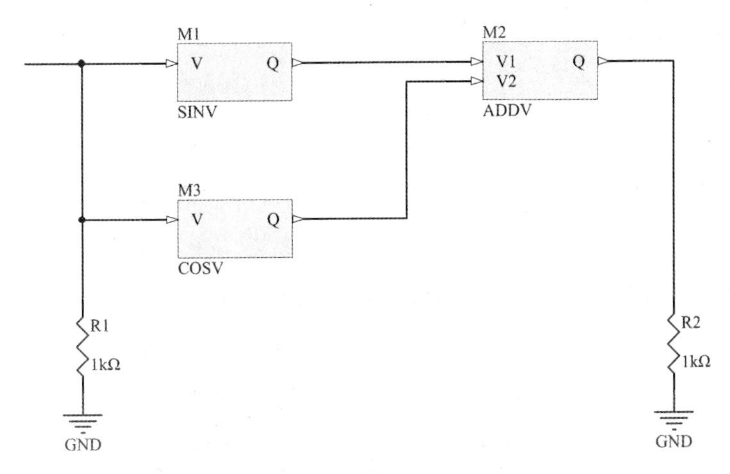

图 7-28 设置好的原理图

（7）在“库”面板中，打开集成库“Simulation Sources.IntLib”，找到正弦电压源“VSIN”，放置在仿真原理图中，并进行接地连接，如图 7-29 所示。

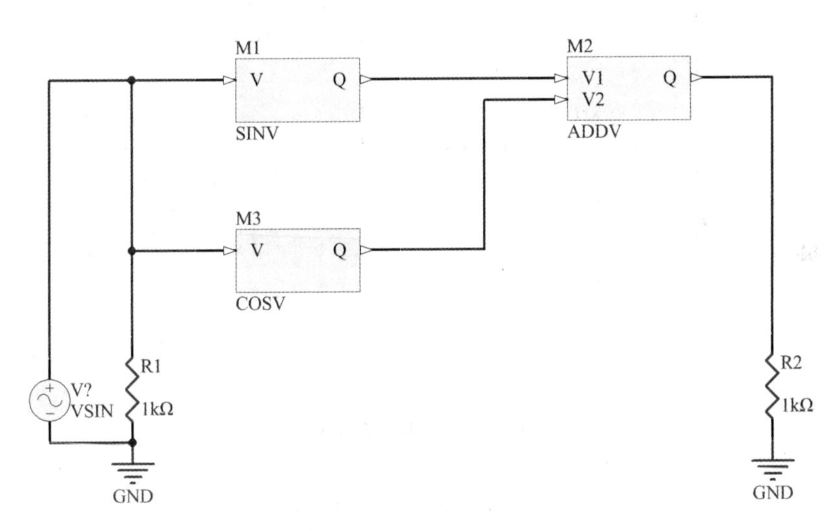

图 7-29 放置正弦电压源并连接

（8）双击正弦电压源，弹出相应的属性设置对话框，设置其基本参数及仿真参数，如图 7-30 所示。标识符输入为“V1”，其他各项仿真参数均采用系统的默认值。

（9）单击“OK（确定）”按钮，得到的仿真原理图如图 7-31 所示。

（10）在原理图中需要观测信号的位置添加网络标签。在这里需要观测的信号有 4 个，即输入信号、经过正弦变换后的信号、经过余弦变换后的信号及叠加后输出的信号。因此，在相应的位置处放置 4 个网络标签，即 INPUT、SINOUT、COSOUT 和 OUTPUT，如图 7-32 所示。

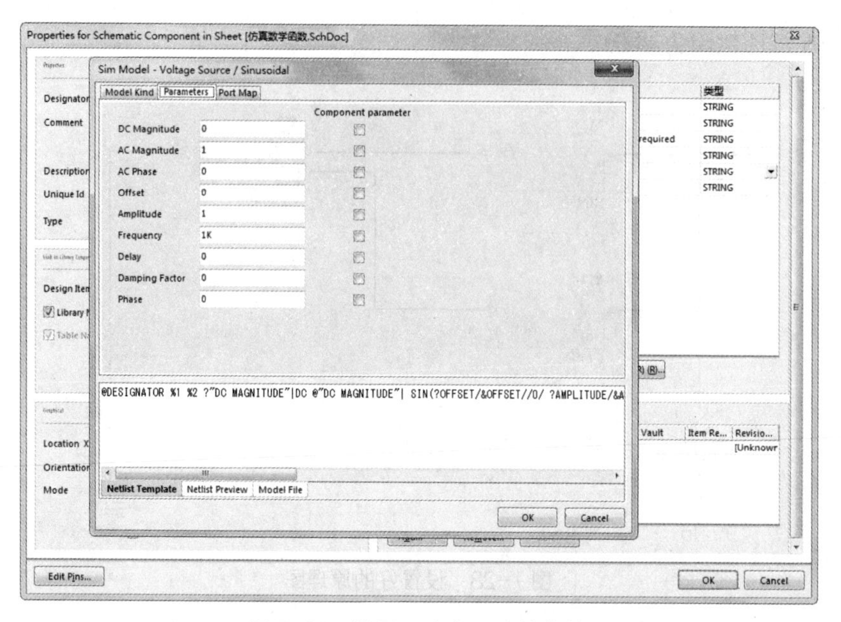

图 7-30　设置正弦电压源的参数

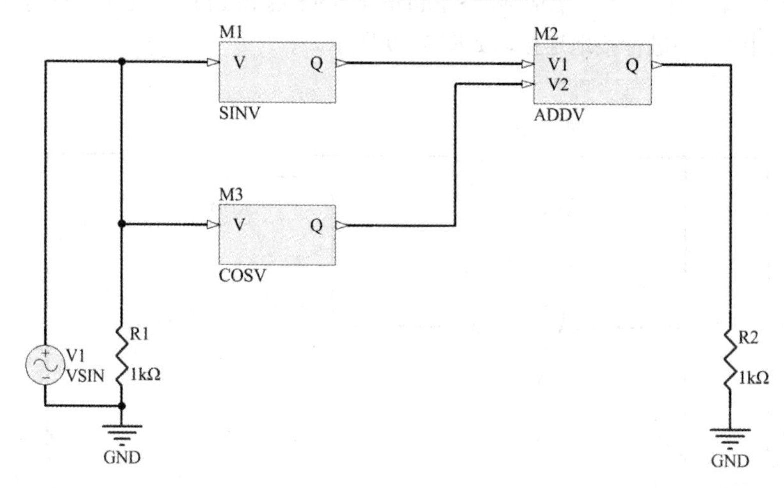

图 7-31　仿真原理图

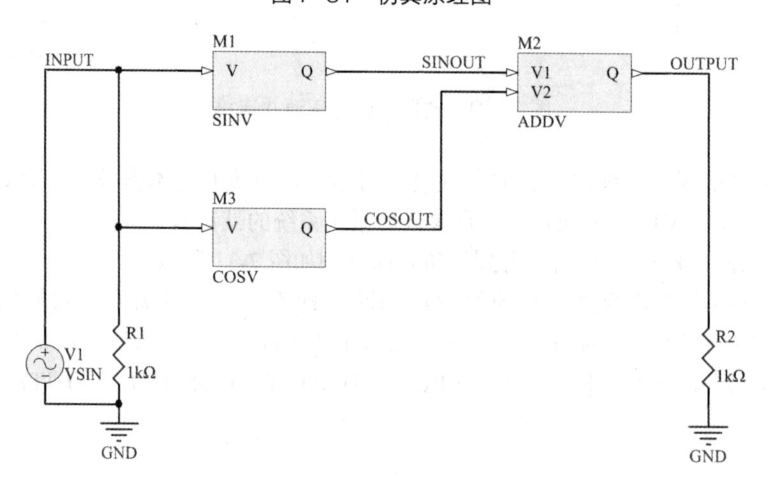

图 7-32　添加网络标签

（11）单击菜单栏中的“设计”→“仿真”→“Mixed Sim（混合仿真）”命令，在系统弹出的“Analyses Setup（分析设置）”对话框中设置通用参数，如图 7-33 所示。

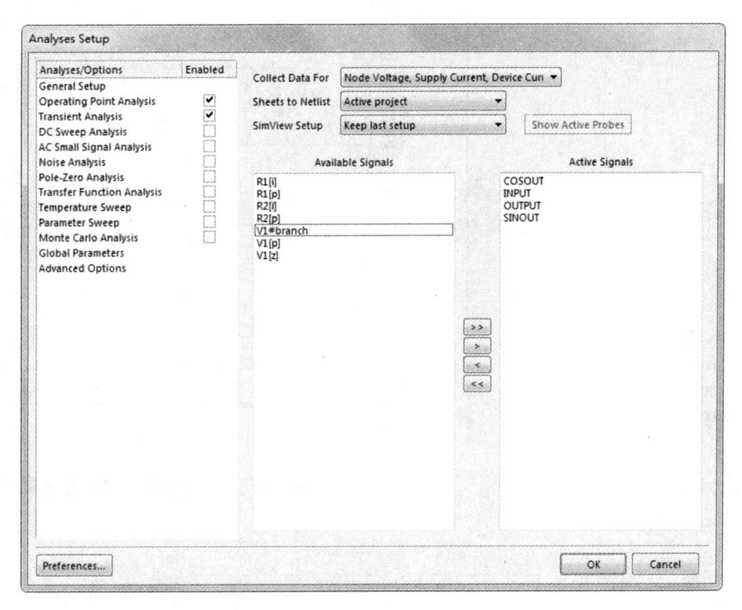

图 7-33　“Analyses Setup（分析设置）”对话框

（12）完成通用参数的设置后，在“Analyses/Options（分析 / 选项）”列表框中，勾选“Operating Point Analysis（工作点分析）”和“Transient Analysis（瞬态特性分析）”复选框。“Transient Analysis（瞬态特性分析）”选项中各项参数的设置如图 7-34 所示。

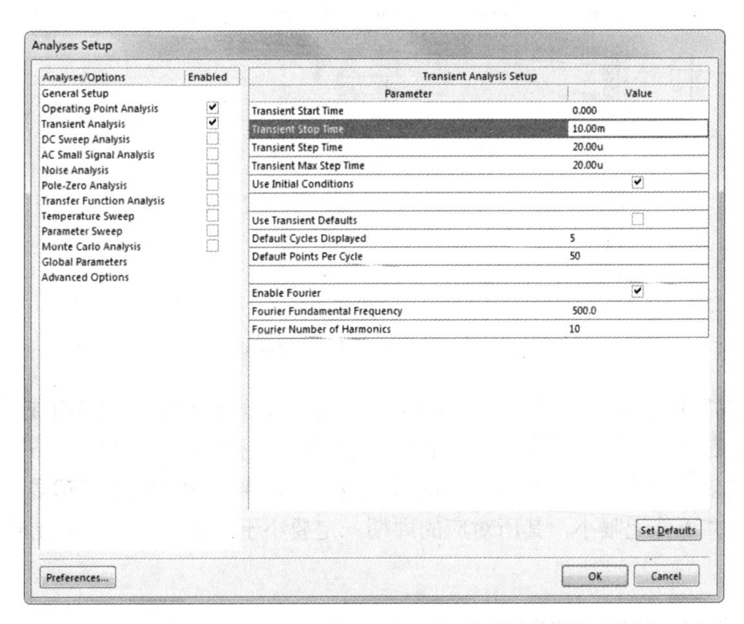

图 7-34　“Transient Analysis”选项的参数设置

（13）设置完毕后，单击“OK（确定）”按钮，系统进行电路仿真。工作点分析、瞬态仿真分析和傅里叶分析的仿真结果分别如图 7-35、图 7-36 和图 7-37 所示。

cosout	1.000 V
input	0.000 V
output	1.000 V
sinout	0.000 V

图 7-35　工作点分析

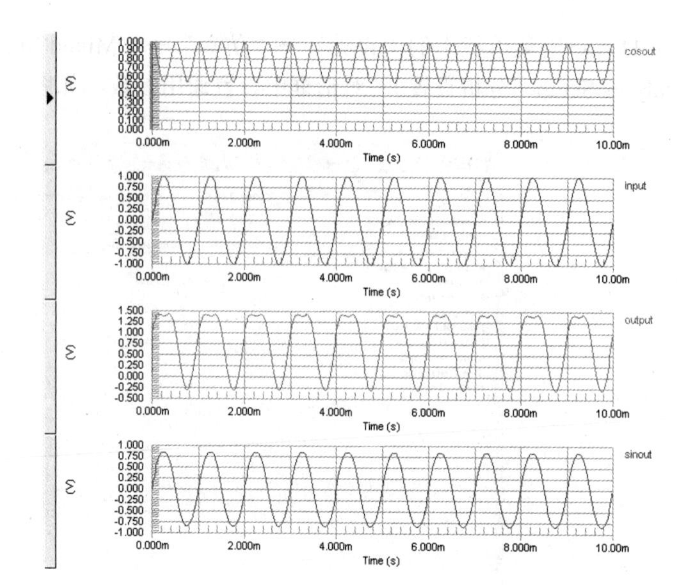

图 7-36　瞬态仿真分析的仿真结果

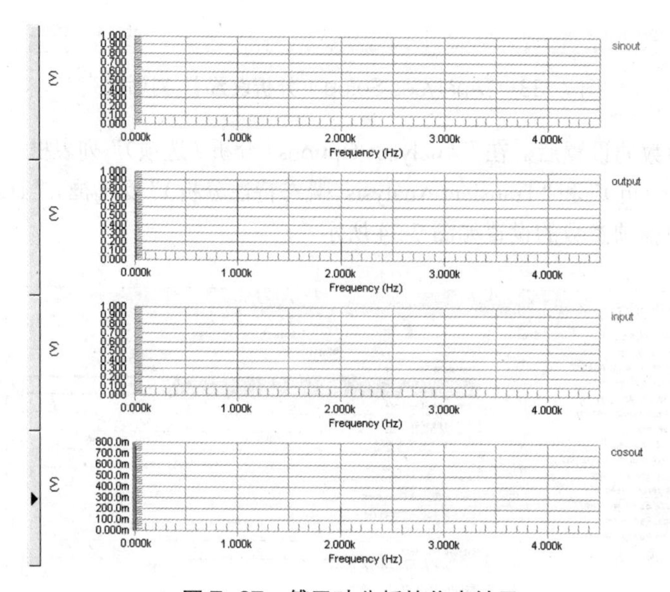

图 7-37　傅里叶分析的仿真结果

在图 7-36 和图 7-37 中分别显示了所要观测的 4 个信号的时域波形及频谱组成。在给出波形的同时，系统还为所观测的节点生成了傅里叶分析的相关数据，保存在后缀名为“.sim”的文件中。

傅里叶分析是以基频为步长进行的，因此基频越小，得到的频谱信息就越多。但是基频的设定是有下限限制的，并不能无限小，其所对应的周期一定要小于或等于仿真的终止时间。

7.5 电路仿真的基本方法

下面结合一个实例介绍电路仿真的基本方法。

（1）启动 Altium Designer 17，在随书资源“源文件 \ch07\7.5\example\ 仿真示例电路图”中打开如图 7-38 所示的电路原理图。

（2）在电路原理图编辑环境中，激活“Projects（工程）”面板，右键单击该面板中的电路原理图，在弹出的快捷菜单中选择“Compile Document（编译文件）”命令，如图 7-39 所示。执行该命令后，系统将自动检查原理图文件是否有错，如有错误应该予以纠正。

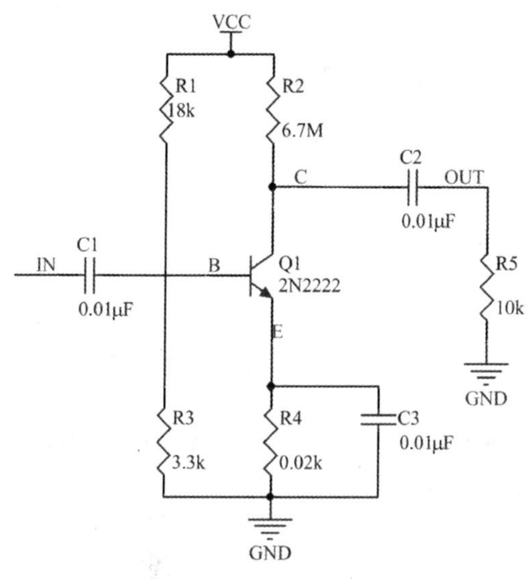

图 7-38　电路原理图

图 7-39　快捷菜单

（3）激活“库”面板，单击其中的“Libraries（库）”按钮，系统将弹出“可用库”对话框。

（4）单击“添加库”按钮，在弹出的“打开”对话框中选择 Altium Designer 17 安装目录“Altium、Library、Simulation”中所有的仿真库，如图 7-40 所示。

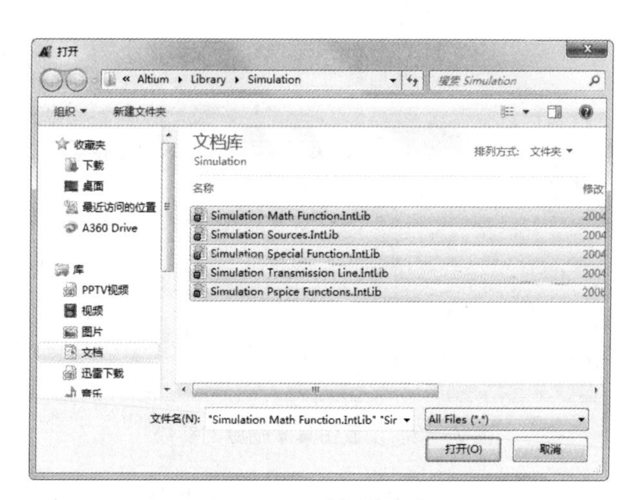

图 7-40　选择仿真库

（5）单击“打开”按钮，完成仿真库的添加。

（6）在“库”面板中选择“Simulation Sources.IntLib”集成库，该仿真库包含了各种仿真电源和激励源。选择名为“VSIN”的激励源，然后将其拖到原理图编辑区中，如图 7-41 所示。

选择放置导线工具，将激励源和电路连接起来，并接上电源地，如图 7-42 所示。

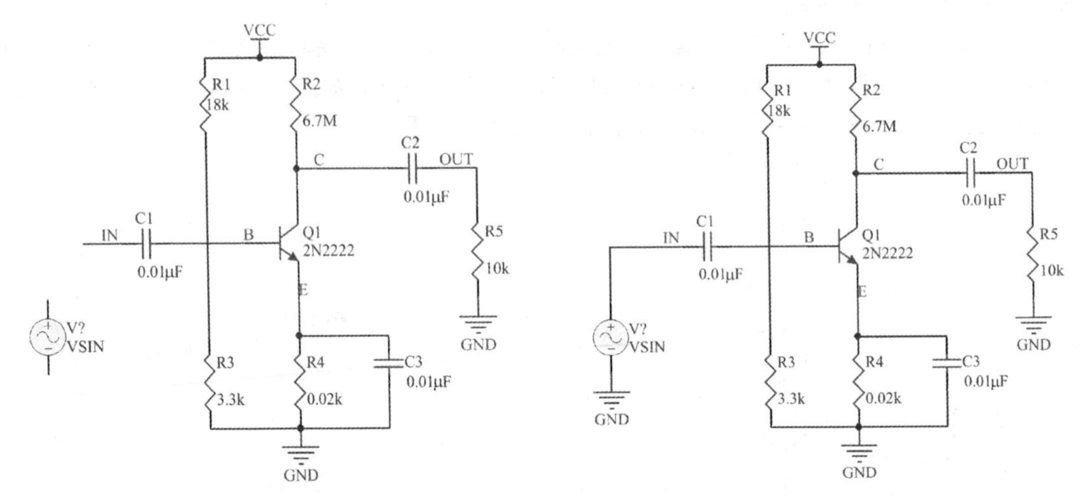

图 7-41　添加仿真激励源　　　　图 7-42　连接激励源并接地

（7）双击新添加的仿真激励源，在弹出的“Properties for Schematic Component in Sheet（电路图中的元器件属性）”对话框中设置其属性参数，如图 7-43 所示。

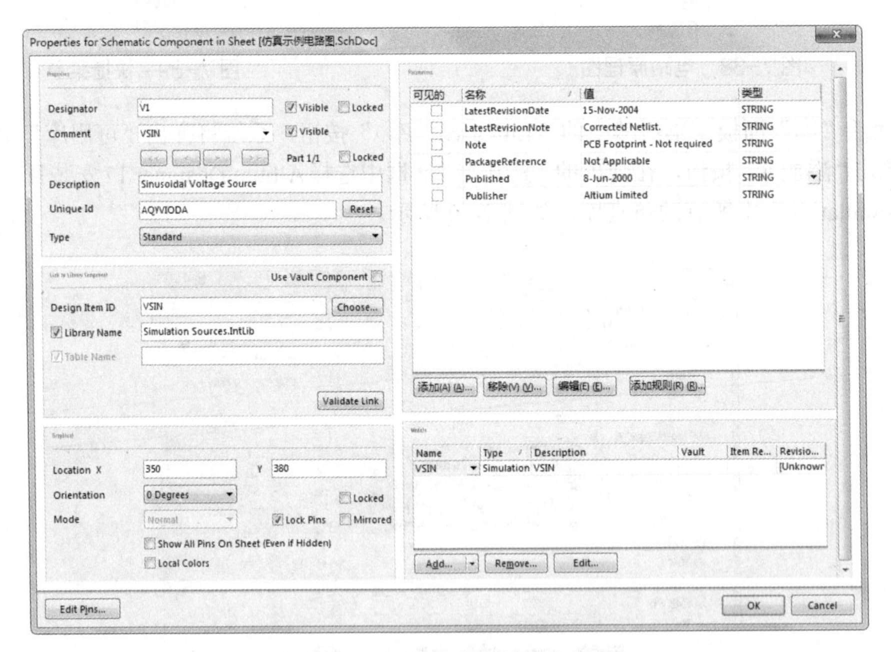

图 7-43　设置仿真激励源的参数

（8）在“Properties for Schematic Component in Sheet（电路图中的元器件属性）”对话框中，双击“Models（模型）”栏“Type（类型）”列下的“Simulation（仿真）”选项，弹出如图 7-44 所示的“Sim Model-Voltage Source/Sinusoidal（仿真模型 - 电压源 / 正弦曲线）”对话框。通过该对话框可以查看并修改仿真模型。

（9）单击“Model Kind（模型种类）”选项卡，可查看元器件的仿真模型种类。

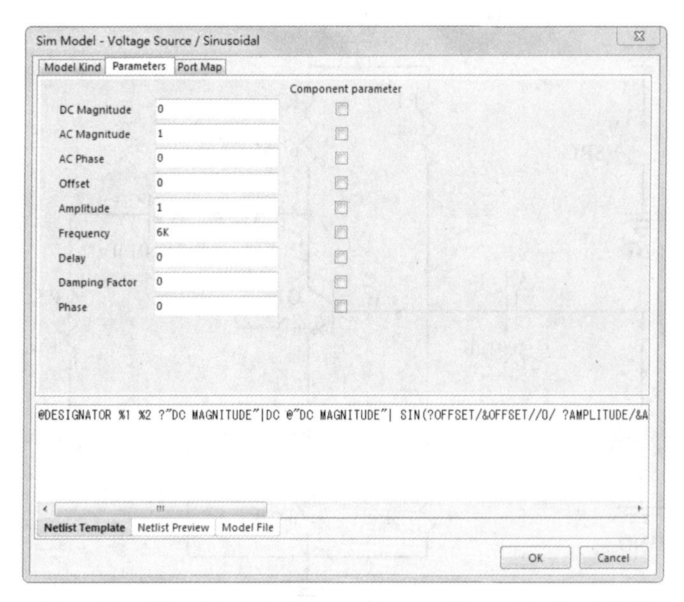

图 7-44　“Sim Model-Voltage Source/Sinusoidal”对话框

（10）单击“Port Map（端口图）”选项卡，可显示当前元器件的原理图引脚和仿真模型引脚之间的映射关系，并进行修改。

（11）对于仿真电源或激励源，也需要设置其参数。在“Sim Model-Voltage Source/ Sinusoidal（仿真模型 - 电压源 / 正弦曲线）”对话框中单击“Parameters（参数）”选项卡，如图 7-45 所示，按照电路的实际需求设置相关参数。

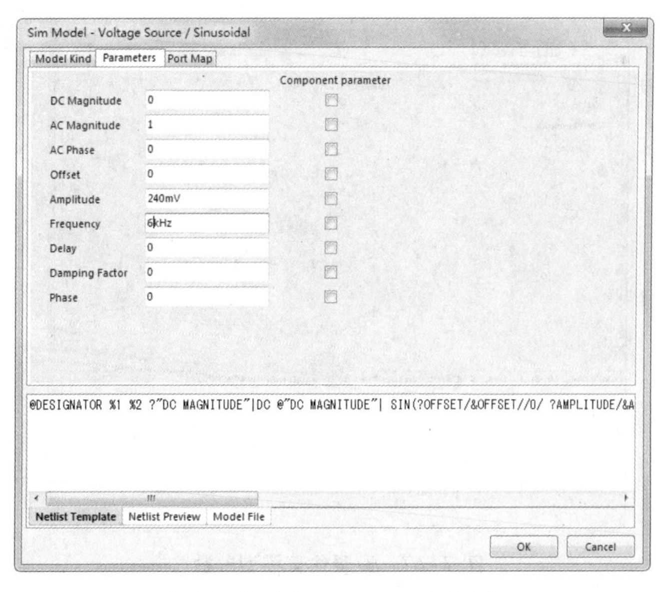

图 7-45　“Parameters”选项卡

（12）设置完毕后，单击“OK（确定）”按钮，返回到电路原理图编辑环境。

（13）采用相同的方法，再添加一个仿真电源，如图 7-46 所示。

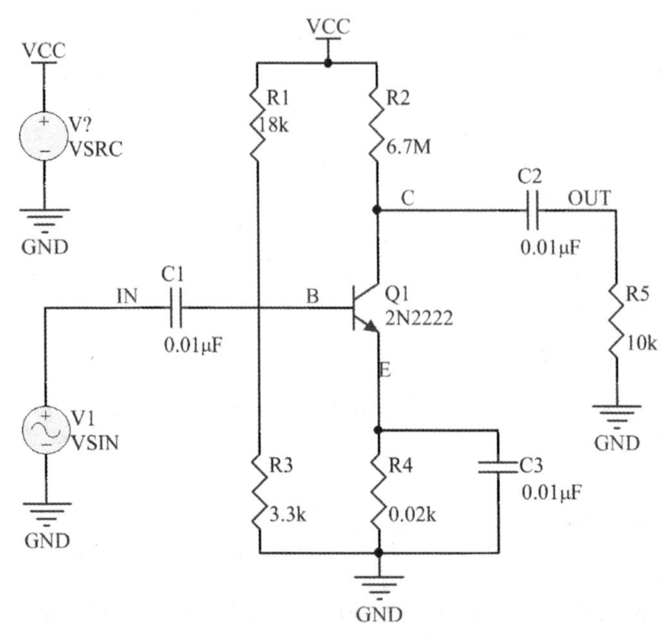

图 7-46　添加仿真电源

（14）双击已添加的仿真电源，在弹出的“Properties for Schematic Component in Sheet（电路图中的元器件属性）”对话框中设置其属性参数。双击“Model for V2（V2 模型）”栏“Type（类型）”列下的“Simulation（仿真）”选项，在弹出的“Sim Model-Voltage Source/DC Source（仿真模型 - 电压源 / 直流电源）”对话框中设置仿真模型参数，如图 7-47 所示。

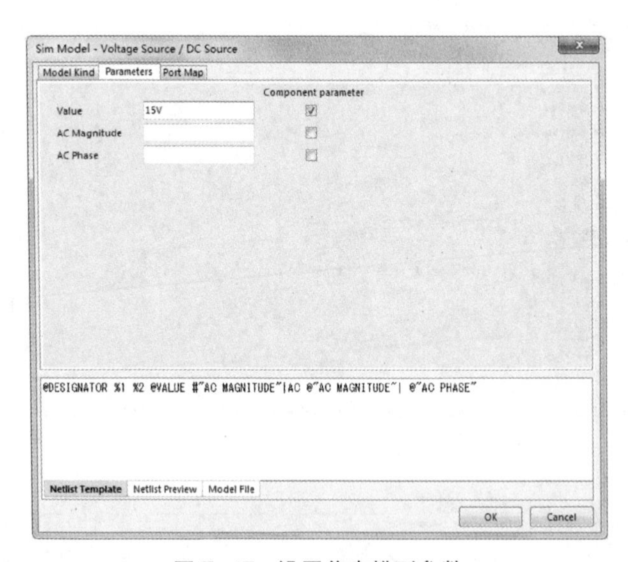

图 7-47　设置仿真模型参数

（15）设置完毕后，单击“OK（确定）”按钮，返回到原理图编辑环境。

（16）单击菜单栏中的“工程”→“Compile Document（编译文件）”命令，编译当前的原理图，编译无误后分别保存原理图文件和项目文件。

（17）单击菜单栏中的“设计”→“仿真”→“Mixed Sim（混合仿真）”命令，系统将弹出

“Analyses Setup(分析设置)” 对话框。在左侧的列表框中选择 “General Setup（通用设置）” 选项，在右侧设置需要观察的节点，即要获得的仿真波形，如图 7-48 所示。

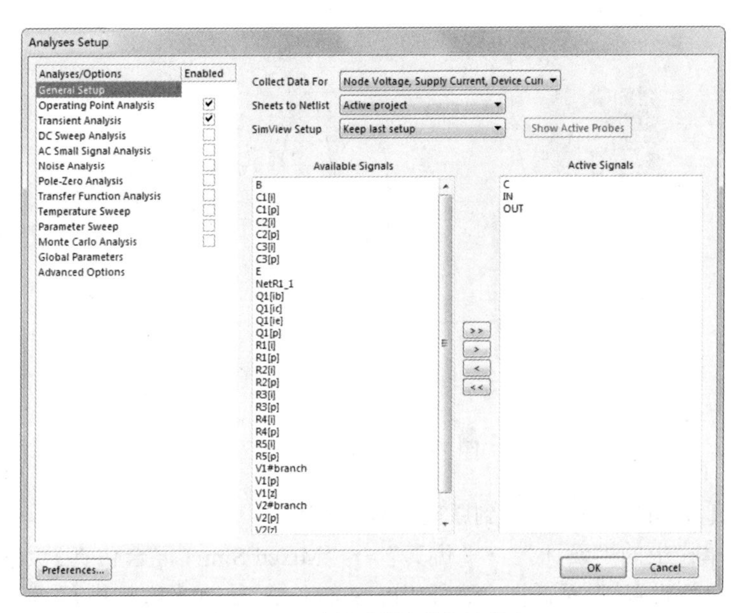

图 7-48　设置需要观察的节点

（18）选择合适的分析方法并设置相应的参数。图 7-49 所示为设置 “Transient Analysis（瞬态特性分析）” 选项。

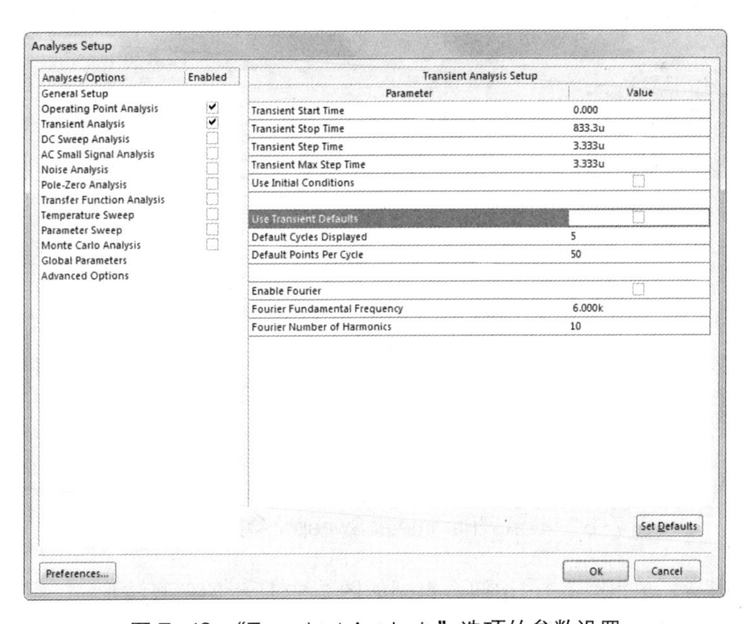

图 7-49　“Transient Analysis” 选项的参数设置

（19）设置完毕后，单击 OK 按钮，得到如图 7-50 所示的仿真波形。

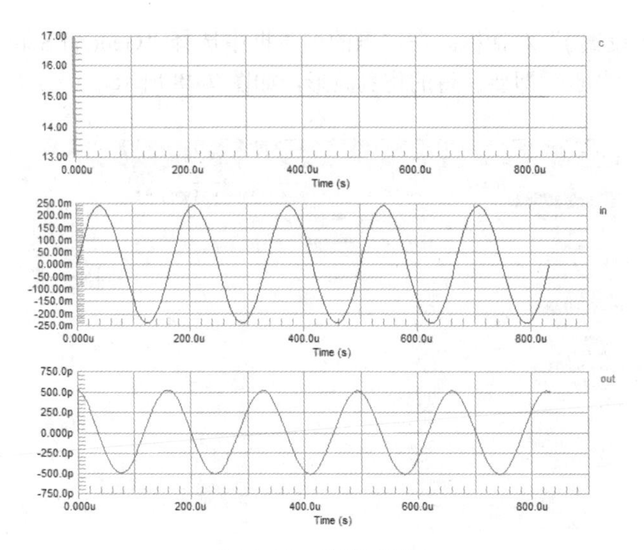

图 7-50　仿真波形 1

（20）保存仿真波形图，然后返回到原理图编辑环境。

（21）单击菜单栏中的“设计”→“仿真”→“Mixed Sim（混合仿真）”命令，系统将弹出“Analyses Setup（分析设置）”对话框。选择“Parameter Sweep（参数扫描）”选项，设置需要扫描的元器件及参数的初始值、终止值和步长等，如图 7-51 所示。

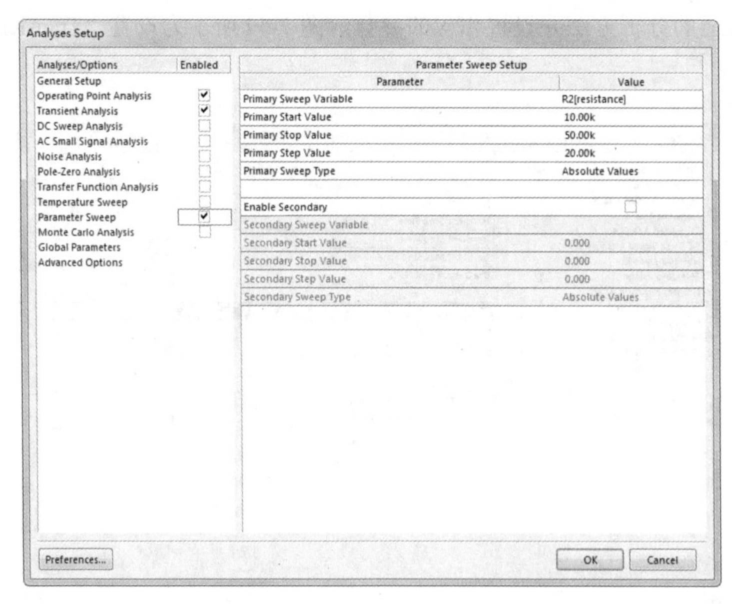

图 7-51　设置“Parameter Sweep（参数扫描）”选项

（22）设置完毕后，单击 OK 按钮，得到如图 7-52 所示的仿真波形。

（23）选中 OUT 波形所在的图表，在“Sim Data（仿真数据）”面板的“Source Data（数据源）”中双击 out_p1、out_p2 和 out_p3，将其导入到 OUT 图表中，如图 7-53 所示。

（24）还可以修改仿真模型参数，保存后再次进行仿真。

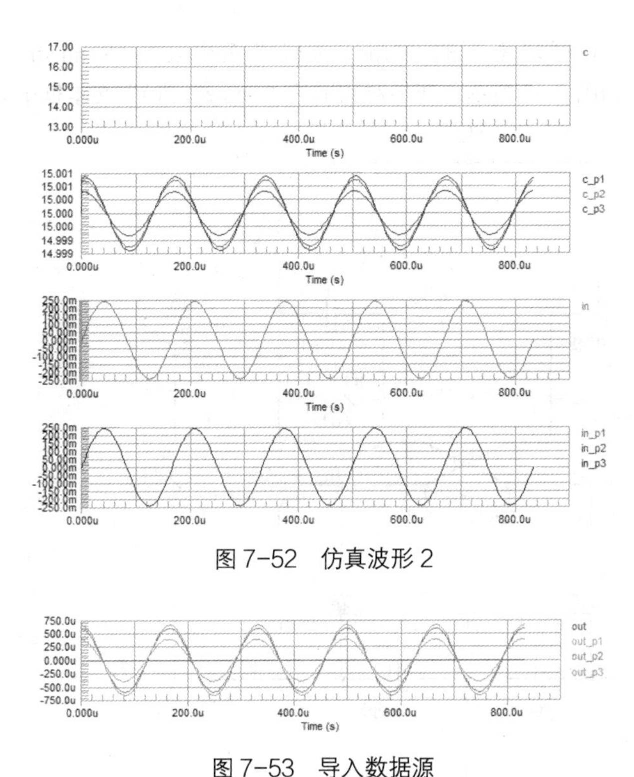

图 7-52　仿真波形 2

图 7-53　导入数据源

7.6 综合实例

7.6.1 双稳态振荡器电路仿真

扫码看视频

【绘制步骤】

1. 绘制电路的仿真原理图

（1）创建新项目文件和电路原理图文件。执行菜单命令“文件”→“New（新建）”→“Project（工程）”，创建项目文件“Bistable Multivibrator.PrjPcb”。执行菜单命令“文件”→“New（新建）”→“原理图”，创建原理图文件，并保存更名为“Bistable Multivibrator.SchDoc”，进入到原理图编辑环境中。

（2）加载电路仿真原理图的元器件库。加载“Miscellaneous Devices.IntLib”和“Simulation Sources.IntLib”两个集成库。

（3）绘制电路仿真原理图。按照第 4 章中所讲的绘制一般原理图的方法绘制出电路仿真原理图。

（4）添加仿真测试点。在仿真原理图中添加了仿真测试点，N1 表示输入信号，K1、K2 表示通过电容滤波后的激励信号，B1、B2 是两个三极管基极观测信号，C1、C2 是两个三极管集电极观测信号，如图 7-54 所示。

2. 设置元器件的仿真参数

（1）设置电阻元器件的仿真参数。在电路仿真原理图中，双击某一电阻，弹出该电阻的属性设置对话框，在“Models（模型）”栏下的“Type（类型）”列中双击“Simulation（仿真）”属性，弹出仿真属性设置对话框，如图 7-55 所示。在该对话框的“Value（值）”文本框中输入电阻的阻值即可。

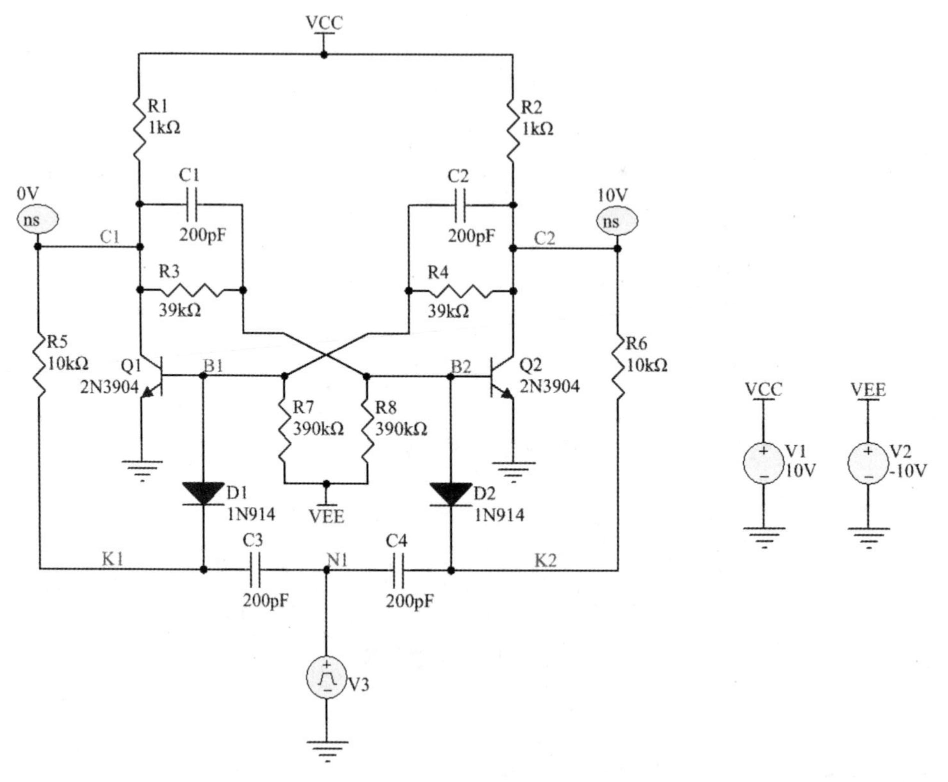

图 7-54　双稳态振荡器电路仿真原理图

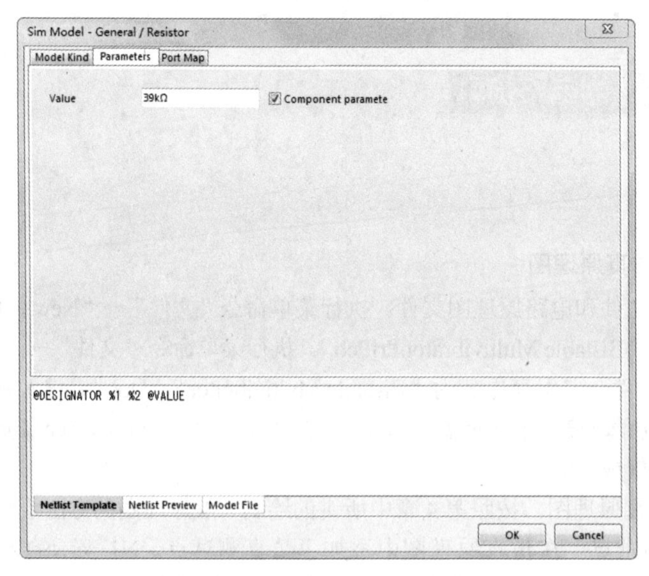

图 7-55　仿真属性设置对话框

采用同样的方法为其他电阻设置仿真参数。

（2）设置电容元器件的仿真参数。设置方法与电阻相同。

三极管 2N3904 和二极管 1N914 在本例中不需要设置仿真参数。

3. 设置电源和仿真激励源

（1）设置电源。将 V1 设置为 10V，它为 VCC 提供电源，V2 设置为 -10V，它为 VEE 提供电源。打开电源的仿真属性设置对话框，如图 7-56 所示，设置“Value（值）”的值。由于 V1、V2 只是供电电源，在交流小信号分析时不提供信号，因此它们的“AC Magnitude”和“AC Phase”可以不设置。

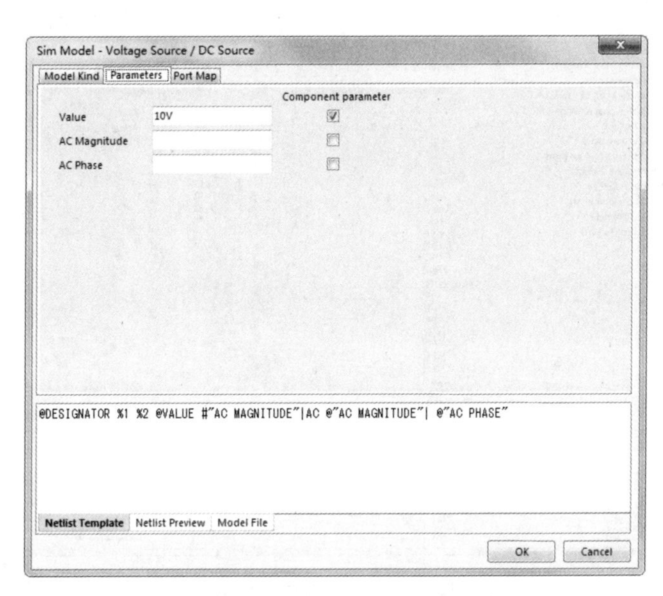

图 7-56　电源的仿真属性设置对话框

（2）设置仿真激励源。在电路仿真原理图中，周期性脉冲信号源为双稳态振荡器电路提供激励信号，在其仿真属性对话框中设置的仿真参数如图 7-57 所示。

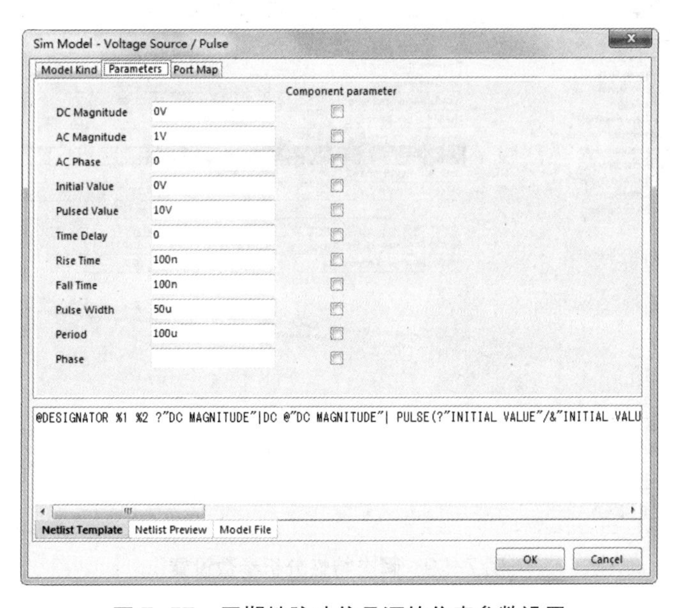

图 7-57　周期性脉冲信号源的仿真参数设置

4. 设置仿真模式

执行菜单命令“设计”→“仿真”→“Mixed Sim（混合仿真）”，弹出“Analyses Setup（分

析设置）”对话框，如图 7-58 所示。在本例中需要对“General Setup（通用设置）”和“Transient Analysis（瞬态特性分析）”进行参数设置。

（1）通用参数设置。通用参数的设置如图 7-58 所示。

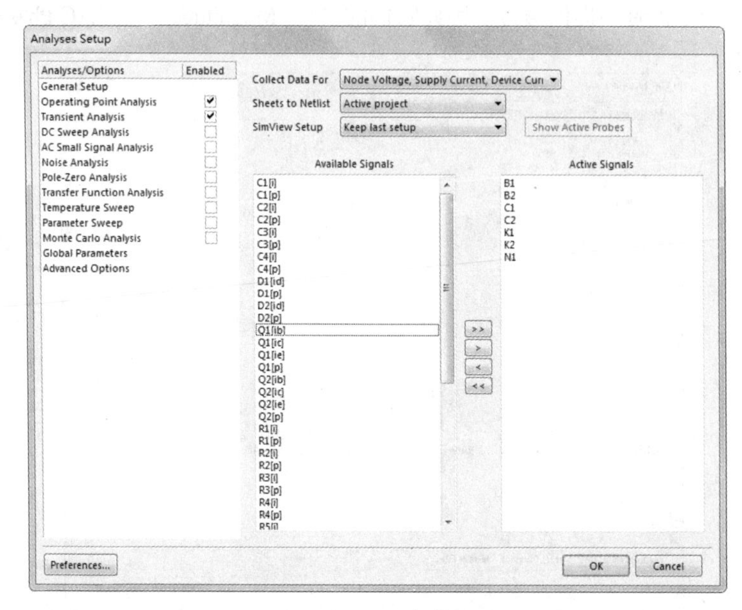

图 7-58　通用参数设置

（2）瞬态特性分析参数设置。瞬态特性分析参数的设置如图 7-59 所示。

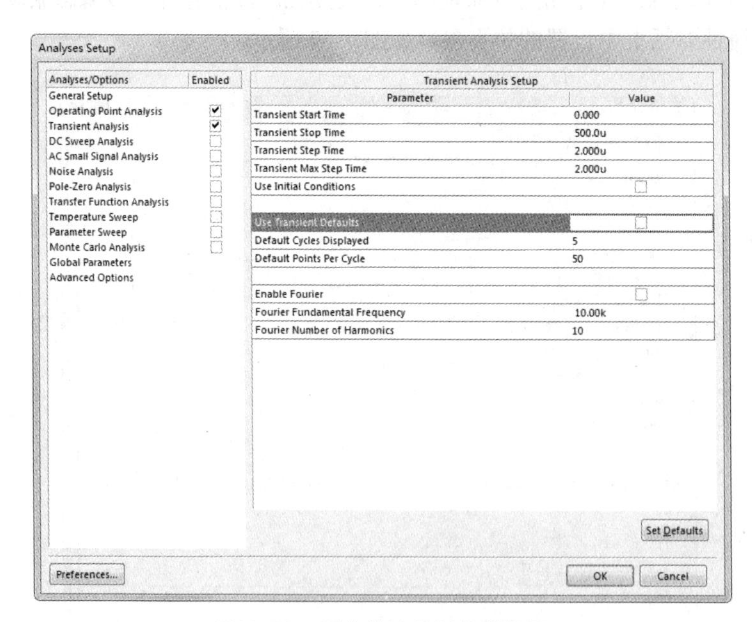

图 7-59　瞬态特性分析参数设置

5. 执行电路仿真

参数设置完成后，单击OK按钮，系统开始执行电路仿真，图 7-60、图 7-61 所示分别为瞬态特性分析、工作点分析的仿真结果。

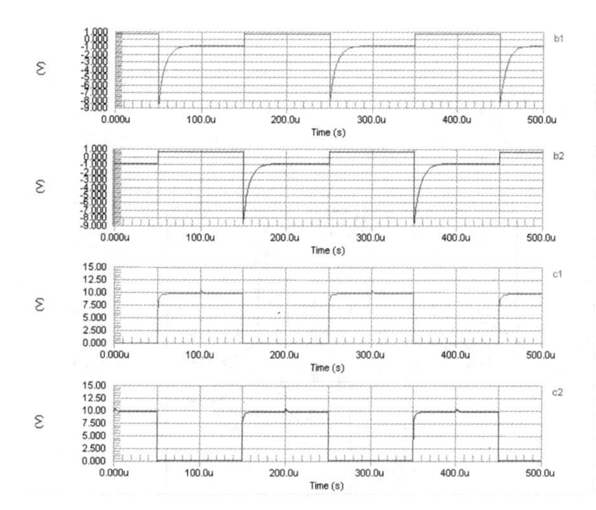

图 7-60　瞬态特性分析仿真结果

b1	716.7mV
b2	-818.9mV
c1	99.26mV
c2	9.768 V
k1	232.6mV
k2	9.768 V
n1	0.000 V

图 7-61　工作点分析

提示

按照图 7-54 所示的仿真原理图进行仿真分析，虽然可以得到如图 7-60、图 7-61 所示的分析结果，但在“Messages（信息）”面板中会显示错误信息，这是由于仿真分析不识别电阻单位“Ω”。因此，在仿真分析过程中需要删除电阻单位，将电路图修改为图 7-62，则仿真顺利运行，同时不显示错误信息。另外，仿真原理图不识别的字符还包括电容单位中的“μ”，为方便绘制，可使用“u”代替。

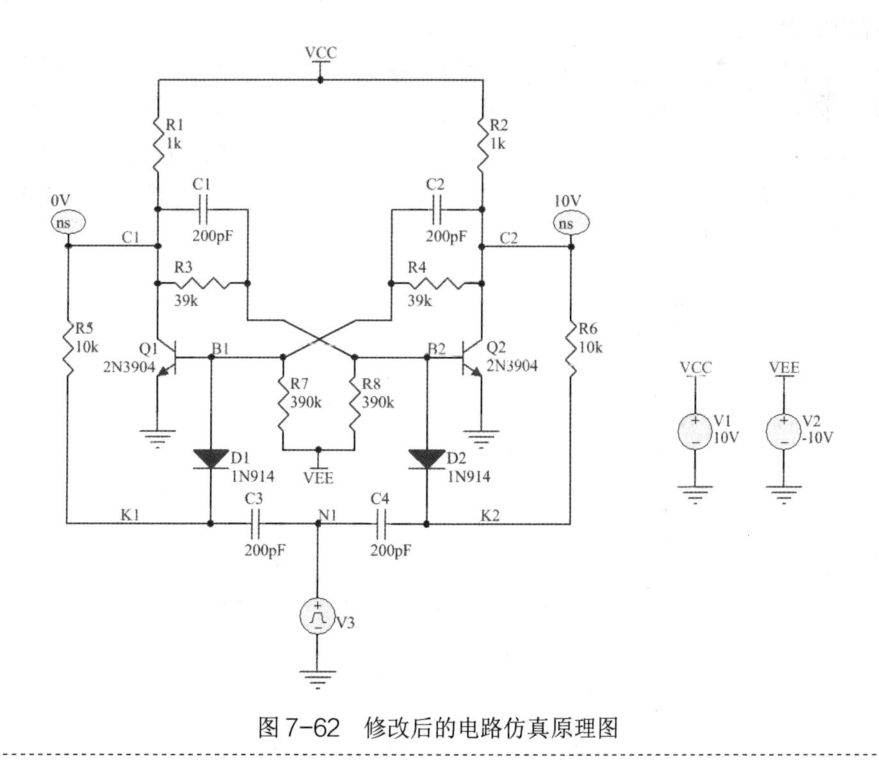

图 7-62　修改后的电路仿真原理图

7.6.2 Filter 电路仿真

Filter 电路仿真原理图如图 7-63 所示。

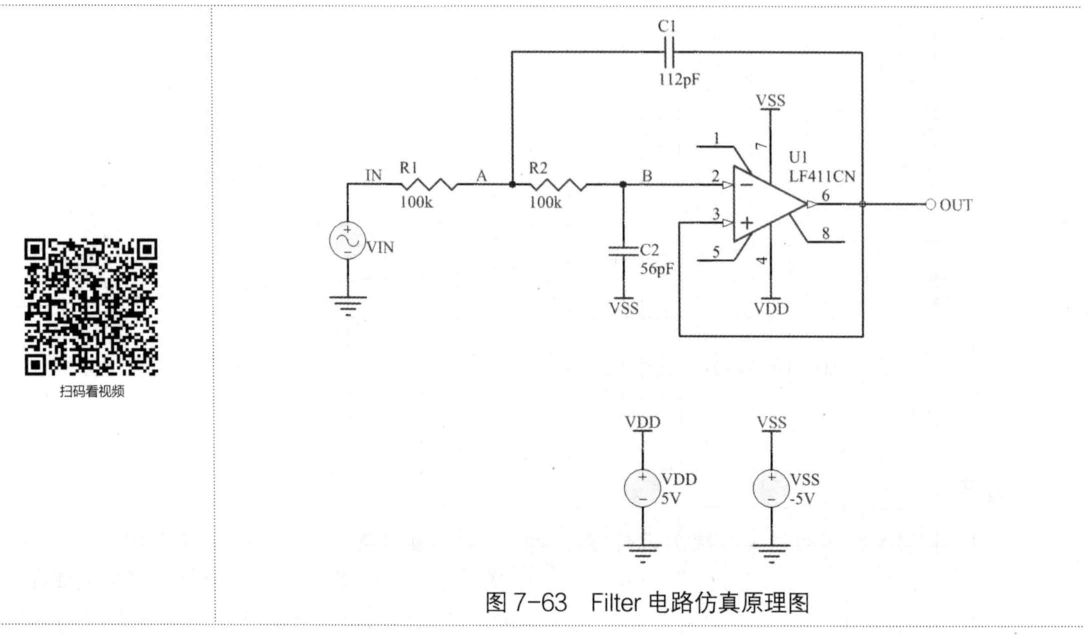

扫码看视频

图 7-63 Filter 电路仿真原理图

【绘制步骤】

1. 设置仿真激励源

（1）双击直流电压源，在打开的属性设置对话框中，分别设置其标号为 VDD 和 VSS，幅值为+5V 和−5V。

（2）双击放置好的正弦电压源，打开属性设置对话框，将它的标号设置为 VIN，然后双击“Models（模式）”栏下的“Type（类型）”列中的“Simulation（仿真）”项，打开仿真属性设置对话框，在“Parameters”选项卡中设置仿真参数，将“Frequency（频率）”设置为 50kHz，将“Amplitude（幅值）”设置为 5，如图 7-64 所示。

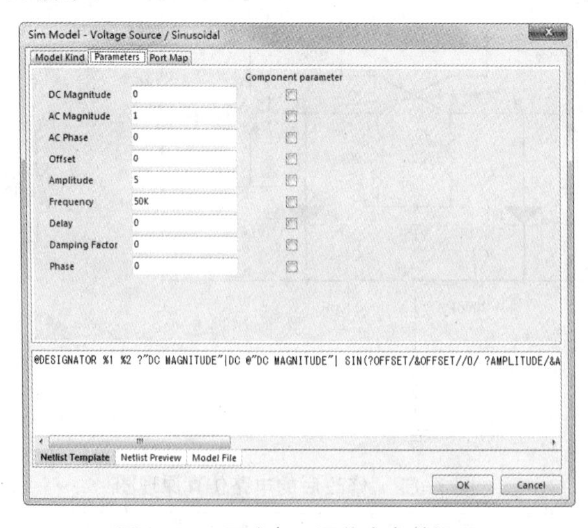

图 7-64 正弦电压源仿真参数设置

2. 设置仿真模式

（1）执行菜单命令“设计”→“仿真”→“Mixed Sim（混合仿真）”，打开“Analyses Setup（分析设置）”对话框。在“General Setup（通用设置）”选项卡中，将“Collect Data For（为了收集数据）”设置为“Node Voltage and Supply Current”项。将“Available Signals”栏中的 IN 和 OUT 添加到“Active Signals”栏中，如图 7-65 所示。

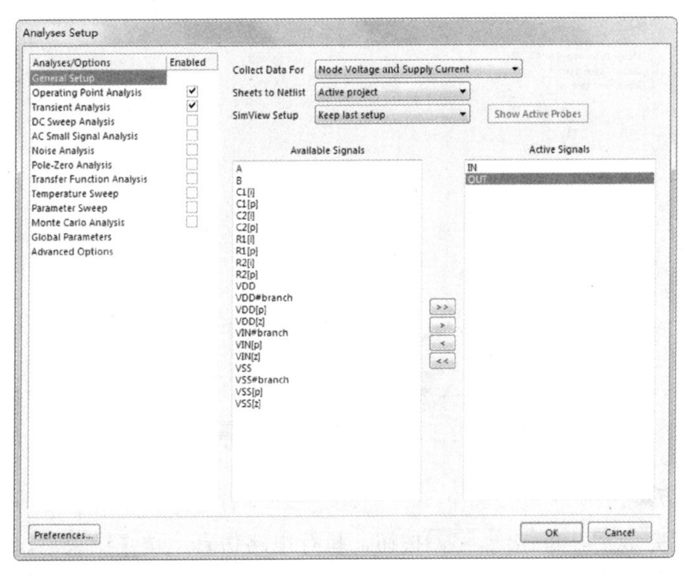

图 7-65　通用参数设置

（2）在“Analyses/Options（分析 / 选项）”栏中，选择“Operating Point Analysis（工作点分析）”“Transient Analysis（瞬态特性分析）”和“AC Small Signal Analysis（交流小信号分析）”3 项，并对其进行参数设置。将“Transient Analysis（瞬态特性分析）”选项卡中的“Use Transient Defaults（使用瞬态特性默认值）”设置为无效，并设置每个具体的参数，如图 7-66 所示。

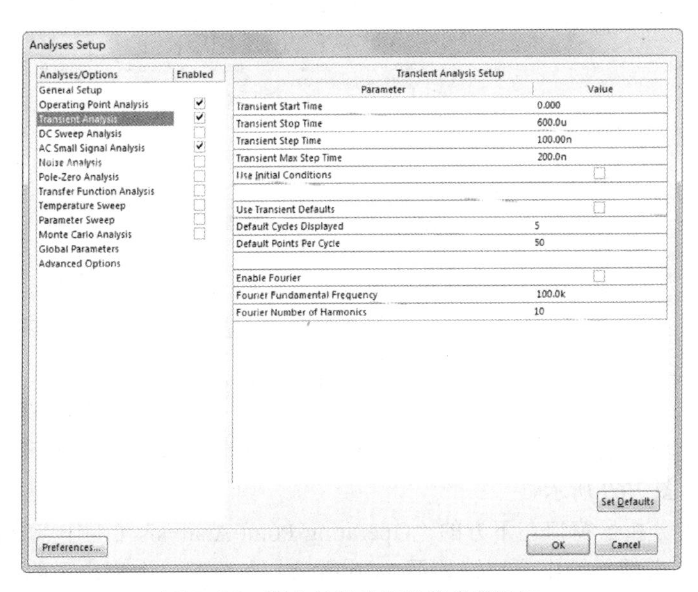

图 7-66　瞬态特性分析仿真参数设置

将交流小信号分析的终止频率设置为 1kHz，如图 7-67 所示。

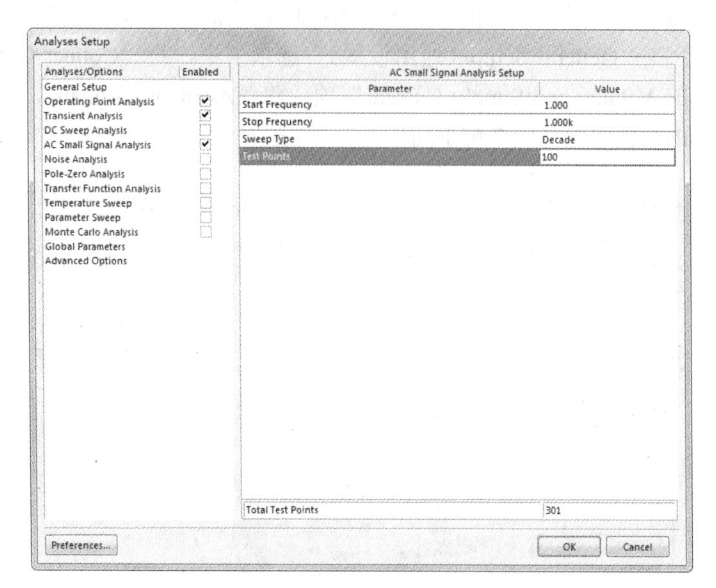

图 7-67　交流小信号分析仿真参数设置

3. 执行电路仿真

（1）参数设置完成后，单击 OK 按钮，执行电路仿真。仿真结束后，输出的波形如图 7-68 所示，此波形为瞬态特性分析的波形。

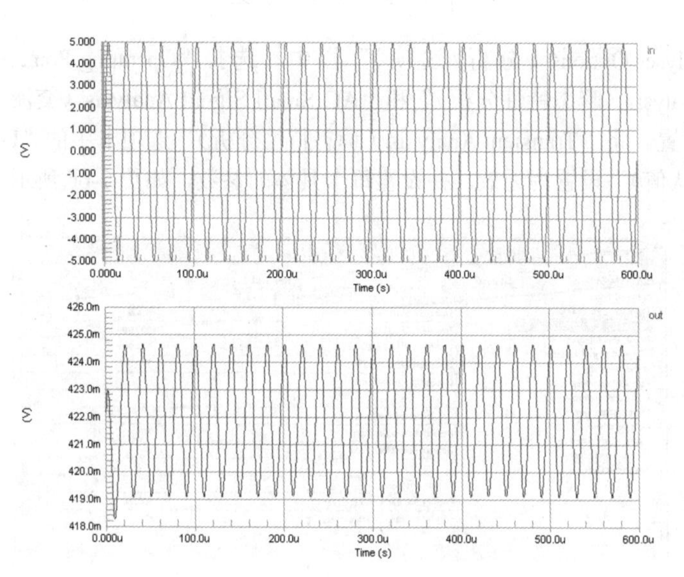

图 7-68　瞬态特性分析波形

（2）单击波形分析器窗口左下方的“AC Anlysis（交流分析）”标签，可以切换到交流小信号分析输出波形，如图 7-69 所示。

（3）单击波形分析器窗口左下方的“Operating Point Analysis（工作点分析）”标签，可以切换到静态工作点分析结果输出窗口，如图 7-70 所示。在该窗口中列出了静态工作点分析得出的节点电压值。

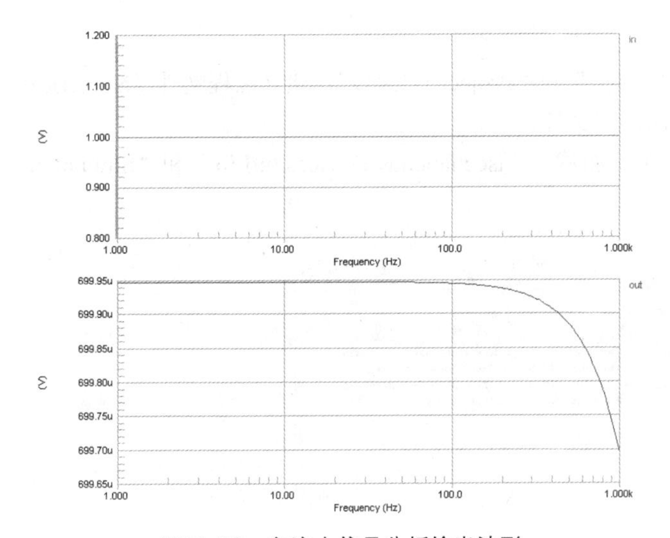

图 7-69　交流小信号分析输出波形

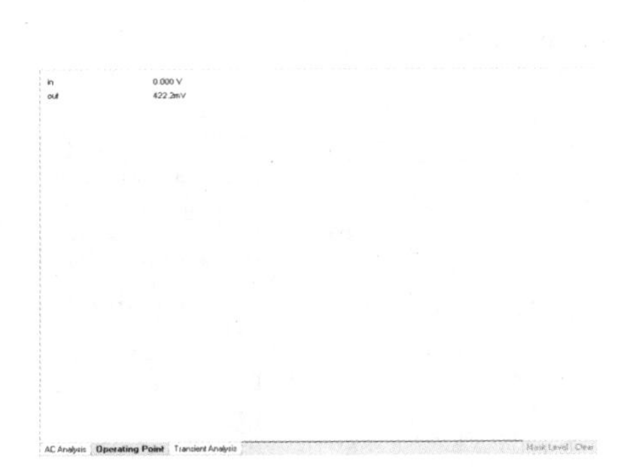

图 7-70　静态工作点分析结果

7.6.3　数字电路分析

【绘制步骤】

1. 设计要求

本例要求完成如图 7-71 所示的仿真电路原理图的绘制，观察流过二极管、电阻和电源 V2 的电流波形，观察 CLK、Q1 点、Q2 点、Q3 点、Q4 点的电压波形。

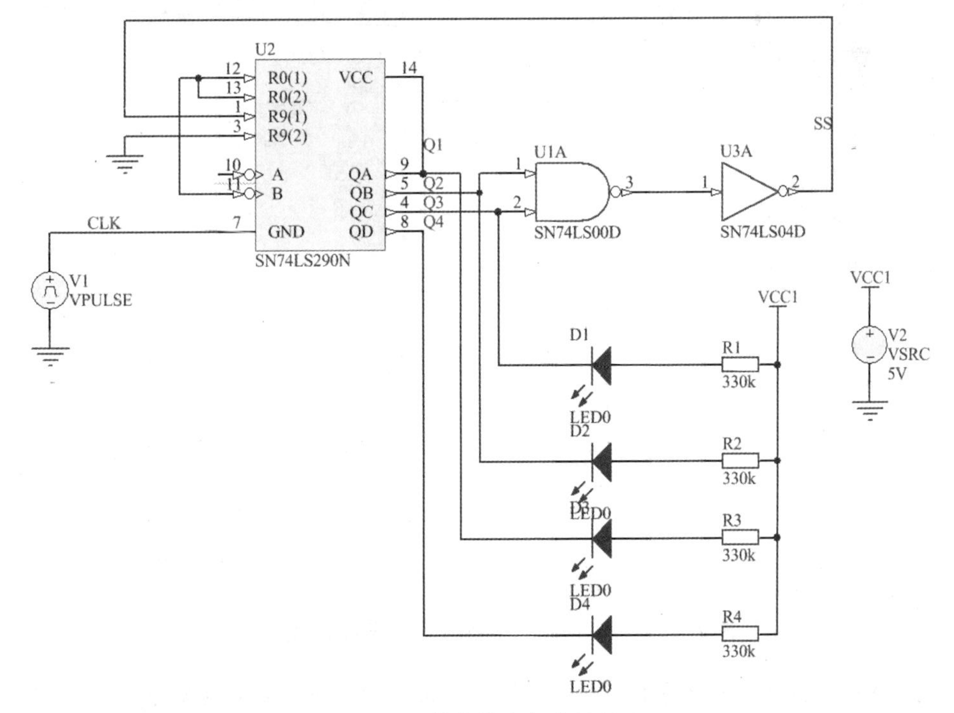

图 7-71　数字仿真电路原理图

2. 实例操作步骤

（1）选择菜单命令“文件”→“New（新建）”→“Project（工程）”，建立工程文件“Numerical Analysis.PrjPcb”，然后在项目中新建一个原理图文件。

（2）加载电路仿真原理图的元器件库。加载“Miscellaneous Devices.IntLib”和“Simulation Sources.IntLib”等集成库，如图 7-72 所示。

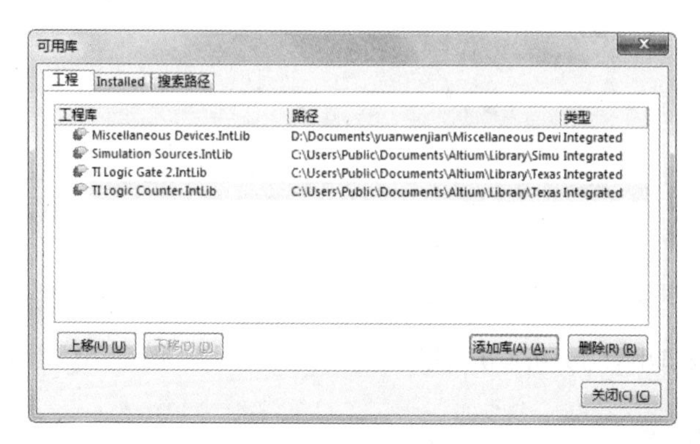

图 7-72　加载元器件库

（3）绘制电路仿真原理图。按照第 4 章中所讲的绘制一般原理图的方法绘制出电路仿真原理图，完成电路原理图的设计输入工作，并放置信号源和参考电压源。

（4）设置元器件的参数。双击元器件，系统弹出元器件属性对话框，按照设计要求设置元器件参数。

（5）单击菜单栏中的“设计”→“仿真”→“Mixed Sim（混合仿真）”命令，系统将弹出“Analyses Setup（分析设置）”对话框，选择观察信号 CLK、Q1、Q2、Q3、Q4，如图 7-73 所示。。

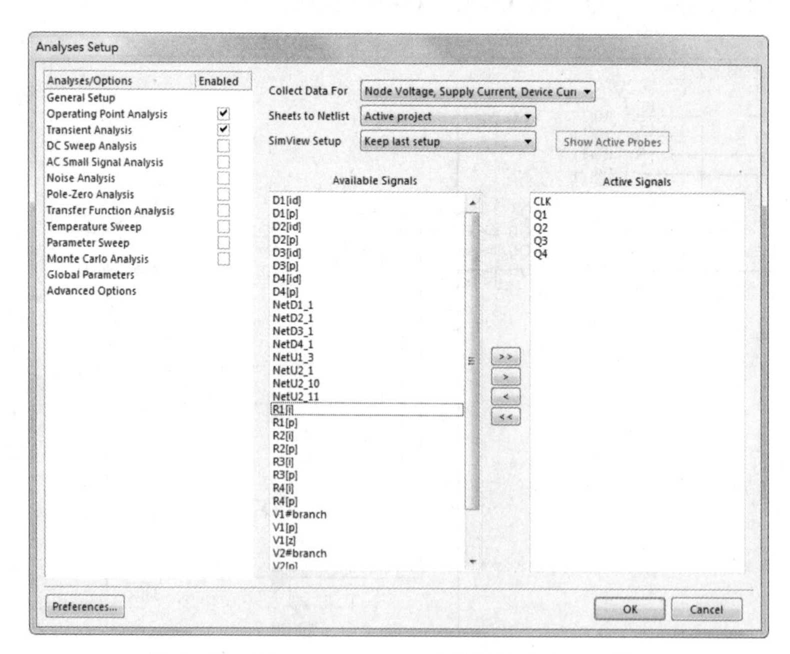

图 7-73　“Analyses Setup（分析设置）”对话框

（6）在“Analyses/Options（分析 / 选项）”栏中，选择“Operating Point Analysis（工作点分析）”和“Transient Analysis（瞬态特性分析）”项，并对其进行参数设置。将“Transient Analysis（瞬态

特性分析）”选项卡中的“Use Transient Defaults（使用瞬态特性默认值）”设置为无效，并设置其他参数，如图 7-74 所示。

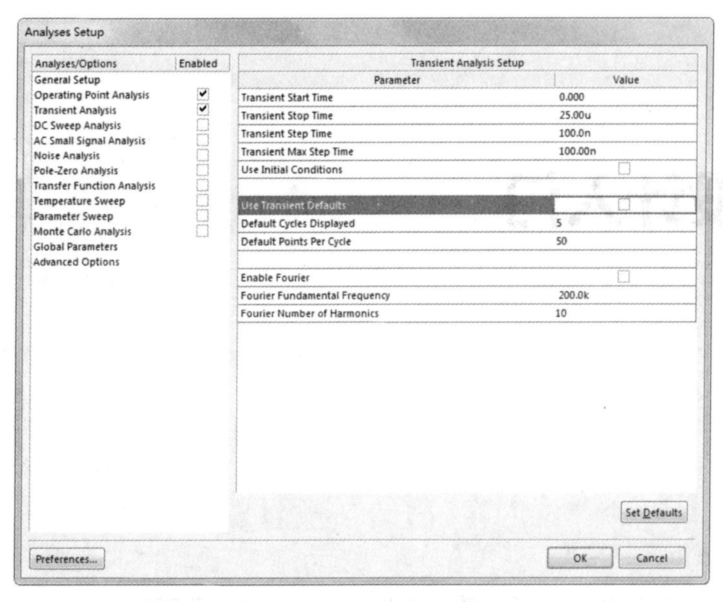

图 7-74　瞬态特性分析仿真参数设置

（7）设置完毕后，单击 OK 按钮进行仿真，结果如图 7-75 和图 7-76 所示。从流过电源 V2、二极管和电阻的电流波形可以看出很多尖峰，由于实际电源具有内阻，所以这些电流尖峰会引起尖峰电压，尖峰电压会干扰弱电信号，当频率很高时，还会向外发射电磁波，引起电磁兼容性的问题。

clk	0.000 V
q1	306.3uV
q2	1.127mV
q3	1.127mV
q4	317.9uV

图 7-75　静态工作点分析结果

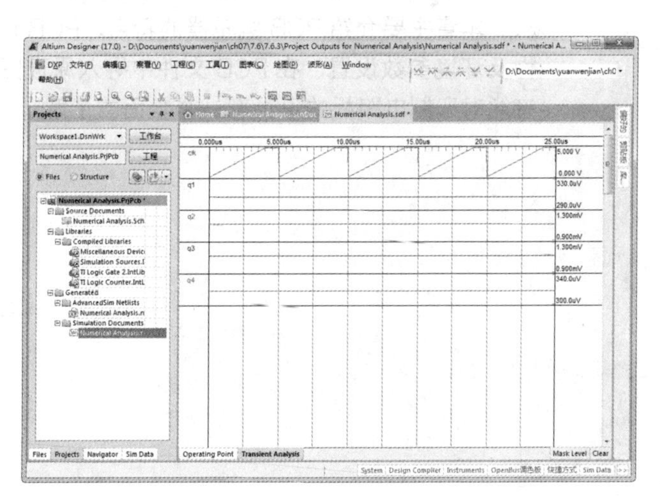

图 7-76　瞬态特性分析结果

Chapter 8

第 8 章 PCB 设计入门

设计印制电路板是整个工程设计的目的。原理图设计得再完美，如果电路板设计得不合理，则性能将大打折扣，严重时甚至不能正常工作。制板商要参照用户所设计的 PCB 图来进行电路板的生产。由于要满足功能上的需要，电路板设计往往有很多的规则要求，如要考虑到实际中的散热和干扰等问题，因此相对于原理图的设计来说，对 PCB 图的设计需要设计者更细心，还有耐心。

本章主要介绍 PCB 编辑器的特点、PCB 设计界面、电路板物理结构及环境参数设置、在 PCB 文件中导入原理图网络表等知识，以使读者能对印制电路板的设计有一个全面的了解。

8.1 PCB编辑器的功能特点

Altium Designer 17 的 PCB 设计能力非常强，能够支持复杂的 32 层 PCB 设计，但是在每一个设计中无须使用所有的层次。例如，如果项目的规模比较小时，双面走线的 PCB 就能提供足够的走线空间，此时只需要启动“Top Layer（顶层）”和“Bottom Layer（底层）”的信号层以及对应的机械层、丝印层等即可，无须任何其他的信号层和内部电源层。

Altium Designer 17 的 PCB 编辑器提供了一条设计印制电路板的快捷途径，PCB 编辑器通过它的交互性编辑环境将手动设计和自动化设计完美融合。PCB 的底层数据结构最大限度地考虑了用户对速度的要求，通过对功能强大的设计法则的设置，用户可以有效地控制印制电路板的设计过程。对于特别复杂的、有特殊布线要求的、计算机难以自动完成的布线工作，可以选择手动布线。总之，Altium Designer 17 的 PCB 设计系统功能强大而方便，它具有以下的功能特点。

- 丰富的设计法则。电子工业的飞速发展对印制电路板的设计人员提出了更高的要求。为了能够成功设计出一块性能良好的电路板，用户需要仔细考虑电路板阻抗匹配、布线间距、走线宽度、信号反射等各项因素，而 Altium Designer 17 强大的设计法则极大地方便了用户。Altium Designer 17 提供了超过 25 种设计法则类别，覆盖了设计过程中的方方面面。这些定义的法则可以应用于某个网络、某个区域，以至整个印制电路板上，这些法则互相组合能够形成多方面的复合法则，使用户迅速地完成印制电路板的设计。
- 易用的编辑环境。和 Altium Designer 17 的原理图编辑器一样，PCB 编辑器完全符合 Windows 应用程序风格，操作起来非常简单，编辑工作非常自然直观。
- 合理的元器件自动布局功能。Altium Designer 17 提供了好用的元器件自动布局功能，通过元器件自动布局，计算机将根据原理图生成的网络报表对元器件进行初步布局。用户的布局工作仅限于元器件位置的调整。
- 高智能的基于形状的自动布线功能。Altium Designer 17 在印制电路板的自动布线技术上有了长足的进步。在自动布线的过程中，计算机将根据定义的布线规则，并基于网络形状对电路板进行自动布线。自动布线可以在某个网络、某个区域直至整个电路板的范围内进行，这大大减轻了用户的工作量。
- 易用的交互性手动布线。对于有特殊布线要求的网络或者特别复杂的电路设计，Altium Designer 17 提供了易用的手动布线功能。电气格点的设置使得手动布线时能够快速定位连线点，操作起来简单而准确。
- 强大的封装绘制功能。Altium Designer 17 提供了常用的元器件封装，对于超出 Altium Designer 17 自带元器件封装库的元器件，在 Altium Designer 17 的封装编辑器中可以方便地绘制出来。此外，Altium Designer 17 采用库的形式来管理新建封装，使得在一个设计项目中绘制的封装，在其他的设计项目中能够得到引用。
- 恰当的视图缩放功能。Altium Designer 17 提供了强大的视图缩放功能，方便了大型的 PCB 绘制。
- 强大的编辑功能。Altium Designer 17 的 PCB 设计系统有标准的编辑功能，用户可以方便地使用编辑功能，提高工作效率。
- 可靠的设计检验。PCB 文件作为电子设计的最终结果，是绝对不能出错的。Altium Designer 17 提供了强大的设计规则检验器，用户可以对设计规则进行设置，然后计算机自动检测整个 PCB 文件。此外，Altium Designer 17 还能够给出各种关于 PCB 的报表文件，方便随后的工作。

- 高质量的输出。Altium Designer 17 支持标准的 Windows 打印输出功能，其 PCB 输出质量无可挑剔。

8.2 PCB 设计界面简介

PCB 设计界面主要包括菜单栏、工具栏和工作面板 3 个部分，如图 8-1 所示。

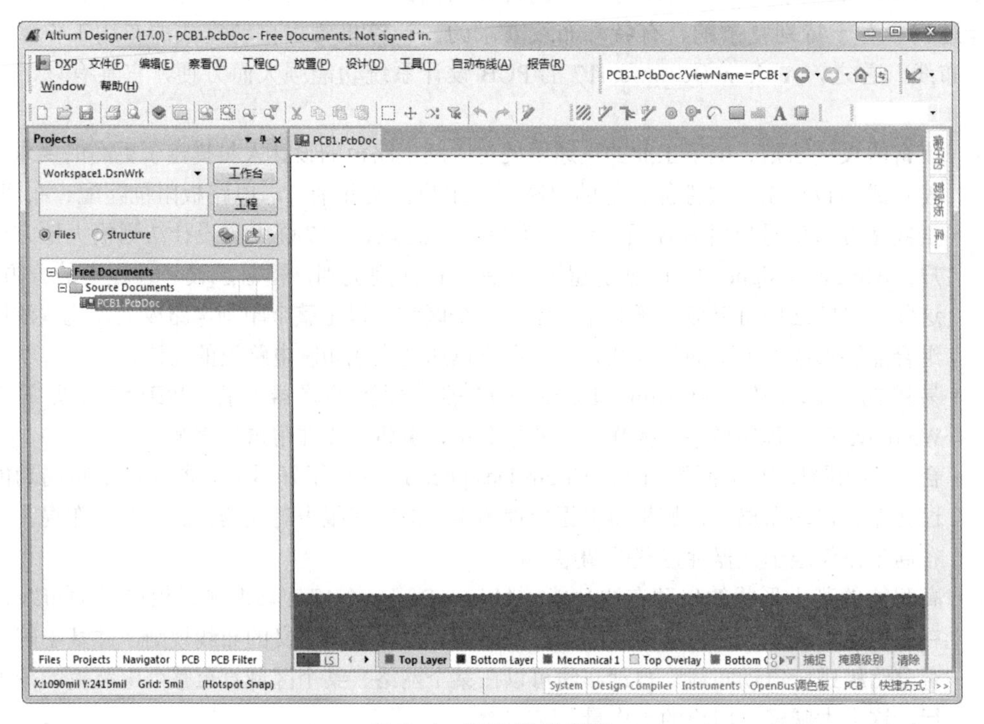

图 8-1　PCB 设计界面

与原理图设计的界面一样，PCB 设计界面也是在软件主界面的基础上添加了一系列菜单项和工具栏，这些菜单项及工具栏主要用于 PCB 设计中的板设置、布局、布线及工程操作等。菜单项与工具栏基本上是对应的，能用菜单项来完成的操作几乎都能通过工具栏中的相应工具按钮完成。用右键单击工作窗口，将弹出一个快捷菜单，其中包括一些 PCB 设计中常用的菜单项。

8.2.1 菜单栏

在 PCB 设计过程中，各项操作都可以使用菜单栏中相应的菜单命令来完成，各项菜单及其功能如下。

- “文件”菜单：主要用于文件的打开、关闭、保存与打印等操作。
- “编辑”菜单：用于对象的选取、复制、粘贴与查找等编辑操作。
- “察看”菜单：用于视图的各种管理，如工作窗口的放大与缩小，各种工具、面板、状态栏及节点的显示与隐藏等。

- “工程”菜单：用于与项目有关的各种操作，如项目文件的打开与关闭、工程项目的编译及比较等。
- “放置”菜单：包含了在 PCB 中放置对象的各种菜单项。
- “设计”菜单：用于添加或删除元器件库、网络报表导入、原理图与 PCB 间的同步更新及印制电路板的定义等操作。
- “工具”菜单：可为 PCB 设计提供各种工具，进行 DRC 检查、元器件的手动 / 自动布局、PCB 图的密度分析以及信号完整性分析等操作。
- “自动布线”菜单：可进行与 PCB 布线相关的操作。
- “报告”菜单：可生成 PCB 设计报表，进行 PCB 的测量操作。
- ““Window（窗口）”菜单：可对窗口进行各种操作。
- “帮助”菜单：用于打开各种帮助信息。

8.2.2 工具栏

工具栏中以图标按钮的形式列出了常用菜单命令的快捷方式，用户可根据需要对工具栏中包含的命令项进行选择，对摆放位置进行调整。

用鼠标右键单击菜单栏或工具栏的空白区域，即可弹出工具栏设置菜单，如图 8-2 所示。它包含 6 个菜单项，有“√”标志的菜单项将被选中而出现在工作窗口上方的工具栏中。每一个菜单项代表一系列工具选项。

- “PCB 标准”菜单项：用于控制“PCB 标准”工具栏的打开和关闭，如图 8-3 所示。

图 8-2　工具栏设置菜单

图 8-3　“PCB 标准”工具栏

- “过滤器”菜单项：控制“过虑器”工具栏的打开与关闭，用于快速定位各种对象。
- “变量”菜单项：控制“变量”工具栏的打开与关闭。
- “应用程序”菜单项：控制“应用程序”工具栏的打开与关闭。
- “布线”菜单项：控制“布线”工具栏的打开与关闭。
- “导航”菜单项：控制“导航”工具栏的打开与关闭，通过这些按钮，可以实现在不同界面之间的快速跳转。
- “Customize（用户定义）”菜单项：用户自定义设置。

8.3 新建 PCB 文件

前面我们认识了 PCB 设计环境，接下来就来建立自己的 PCB 文件。

PCB 文件的建立有以下 3 种方法。

（1）通过 PCB 板向导生成 PCB 文件。该方法可以在生成 PCB 文件的同时直接设置电路板的各种参数，省去了手动设置 PCB 参数的麻烦，是较常用的方法。

（2）利用菜单命令生成 PCB 文件。这需要用户手动生成一个 PCB 文件，生成后用户需单独对 PCB 的各种参数进行设置。

（3）利用模板生成 PCB 文件。在进行 PCB 设计时，可以将常用的 PCB 文件保存为模板文件，这样在进行新的 PCB 设计时直接调用这些模板文件即可，模板文件的存在非常有利于将来的 PCB 设计。

8.3.1 利用 PCB 板向导创建 PCB 文件

Altium Designer 17 提供了 PCB 板向导，以帮助用户在向导的指引下建立 PCB 文件，可以大大减少用户的工作量。尤其是在设计一些通用的标准接口板时，通过 PCB 板向导，可以完成外形、板层、接口等各项基本设置，十分便利。

通过向导创建 PCB 文件的具体步骤如下。

（1）打开 PCB 板向导。

打开"Files（文件）"面板，单击"从模板新建文件"栏中的"PCB Board Wizard（PCB 板向导）"选项，即可打开"PCB 板向导"对话框，如图 8-4 所示。

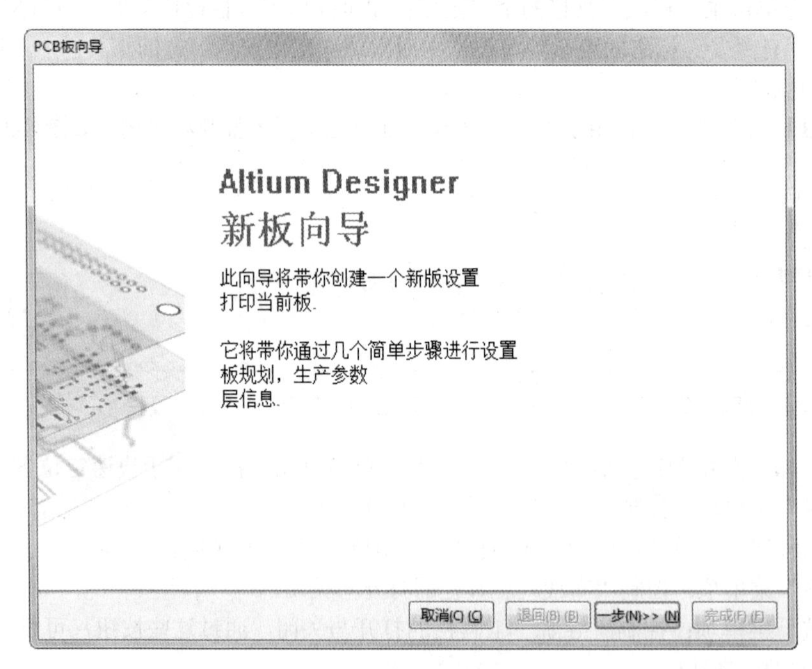

图 8-4 "PCB 板向导"对话框

（2）单击"下一步"按钮，进入如图 8-5 所示的电路板单位设置对话框。通常采用英制单位，因为大多数元件封装的管脚都采用英制，这样的设置有利于元器件的放置、管脚的测量等操作的进行，后面的设定将都以此单位为准。

（3）单击"下一步"按钮，打开"选择板剖面"对话框，如图 8-6 所示。系统提供了一些标准电路板配置文件，以方便用户选用。在这里我们自行定义 PCB 规格，故选择自定义"Custom"选项。

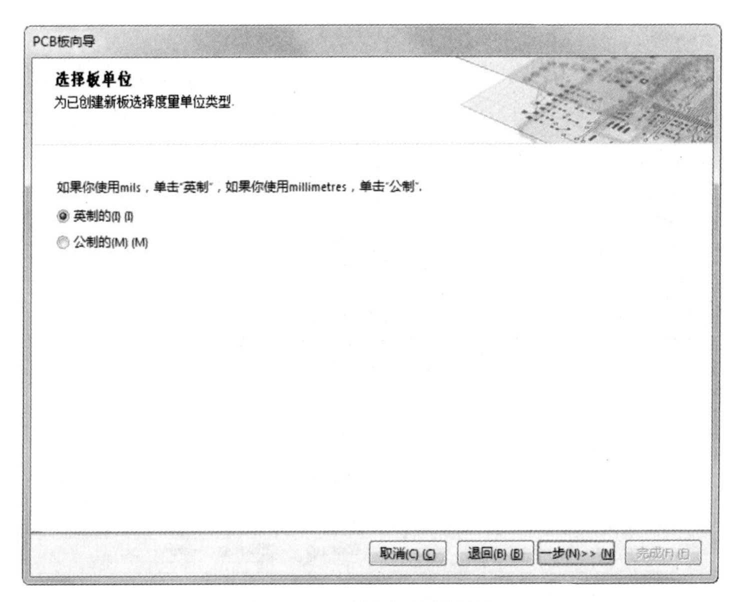

图 8-5　选择电路板单位

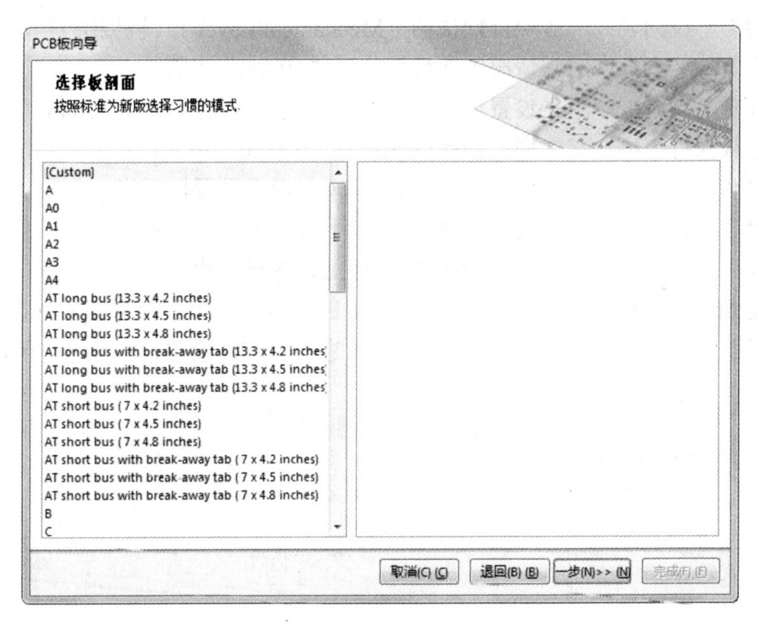

图 8-6　选择电路板配置文件

（4）单击“下一步”按钮，进入如图 8-7 所示的设置电路板详情对话框。

在该对话框中，可以设置电路板轮廓形状、电路板尺寸、尺寸标注放置的层面、边界导线宽度、尺寸线宽度、禁止布线区与板边缘的距离等。

- “外形形状”选项组：用于定义 PCB 板的外形。有“矩形”“圆形”和“定制的”3 个单选按钮。
- “板尺寸”选项组：用于定义 PCB 板的尺寸，不同的外形选择对应不同的设置。矩形 PCB 板可以进行“宽度”和“高度”的设置；圆形 PCB 板可进行“半径”的设置；用户自定义的 PCB 板可以进行“宽度”和“高度”的设置。

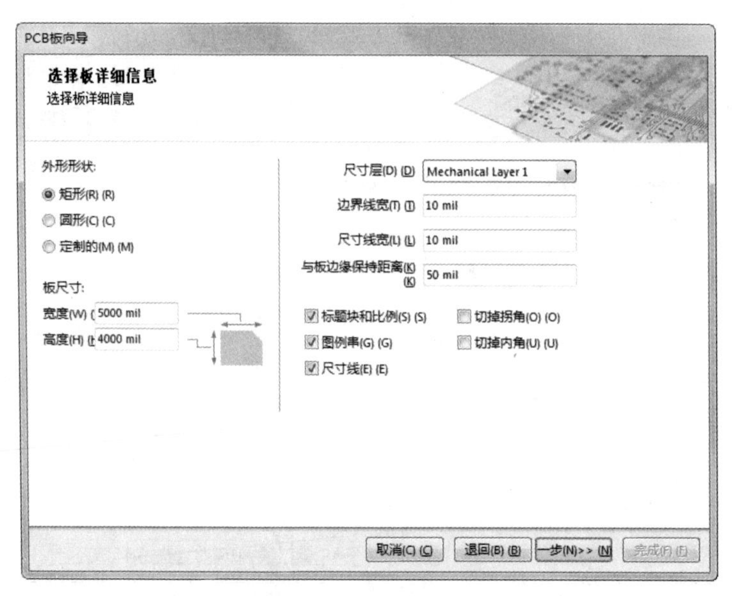

图 8-7　设置电路板详情

- “尺寸层”下拉列表：一般保持默认的“Mechanical Layer 1（机械层）”设置。
- “边界线宽”文本框：通常情况下保持默认的“10 mil”设置。
- “尺寸线宽”文本框：用于设置尺寸线的宽度，通常保持默认的“10 mil”设置。
- “与板边缘保持距离”文本框：保持默认设置“50 mil”不变。
- “标题块和比例”复选框：用于定义是否在 PCB 板上设置标题栏。
- “图例串”复选框：用于定义是否在 PCB 板上添加图例字符串。
- “尺寸线”复选框：用于定义是否在 PCB 板上设置尺寸线。
- “切掉拐角”复选框：用于定义是否切除 PCB 板的一个角。勾选该复选框后，单击“下一步”按钮，在弹出的对话框中即可对切除角进行详细的设置，如图 8-8 所示。

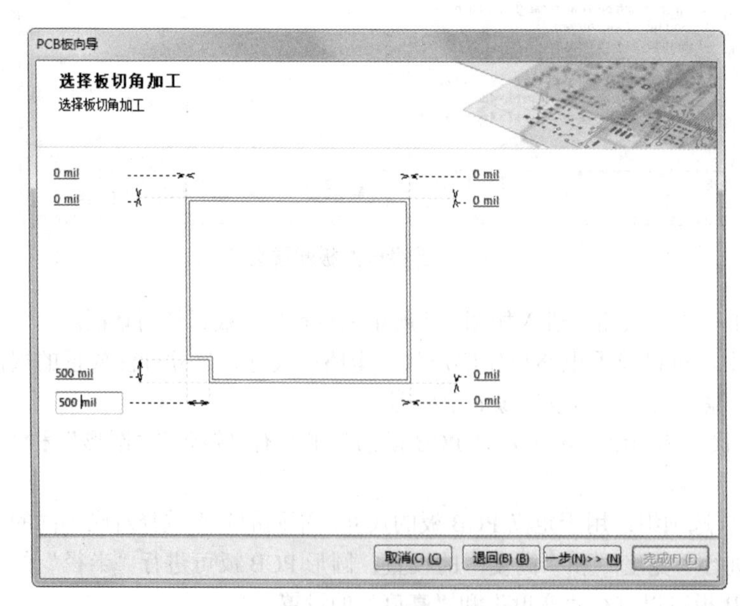

图 8-8　设置切除角

- “切掉内角”复选框：用于定义是否截取电路板的中心部位，该复选框通常是为了元器件的散热而设置的。勾选该复选框后，单击“下一步”按钮，在弹出的对话框中即可对截取的中心部位进行详细设置，如图 8-9 所示。

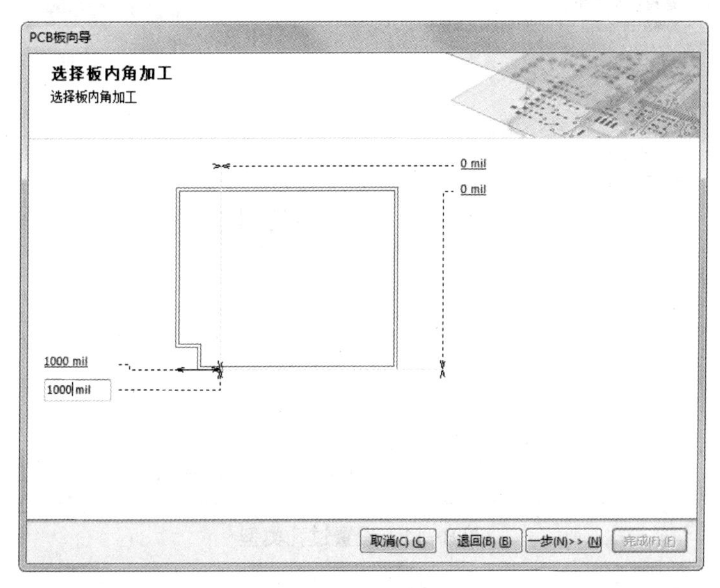

图 8-9　设置内部切除

这里我们使用默认参数设置。

（5）电路板详情设置完毕后，单击“下一步”按钮，进入电路板层数设置对话框，如图 8-10 所示。此处设置两个信号层和两个内部电源层，双面板的两个信号层通常为“Top Layer（顶层）”和“Bottom Layer（底层）”。

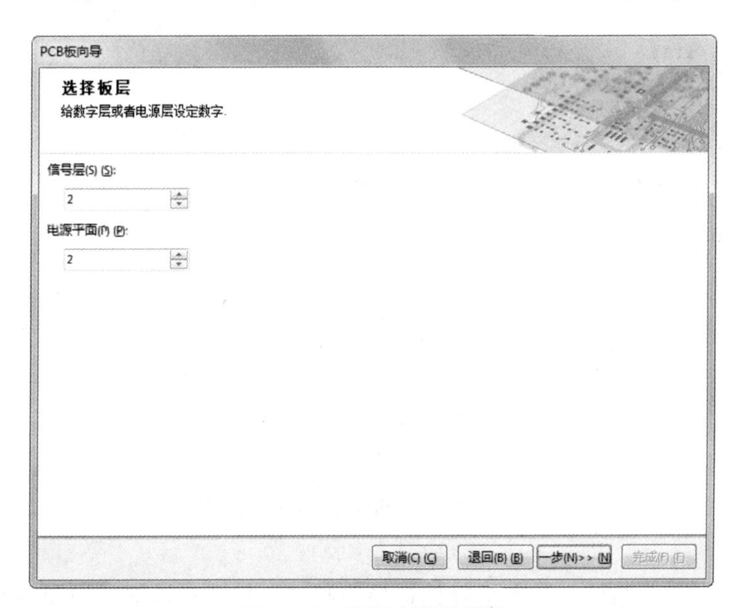

图 8-10　设置电路板层数

（6）单击“下一步”按钮，进入过孔类型设置对话框，如图 8-11 所示。有两种选择：“仅通孔的过孔”和“仅盲孔和埋孔”。

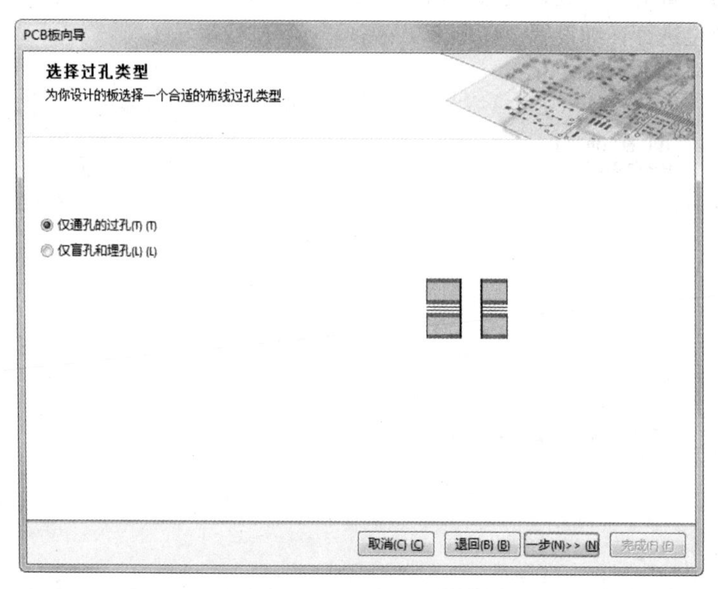

图 8-11　设置过孔类型

（7）单击“下一步”按钮，进入选择元器件和布线工艺对话框，如图 8-12 所示。这里我们选择表面贴装元器件，不将元器件放在两面。

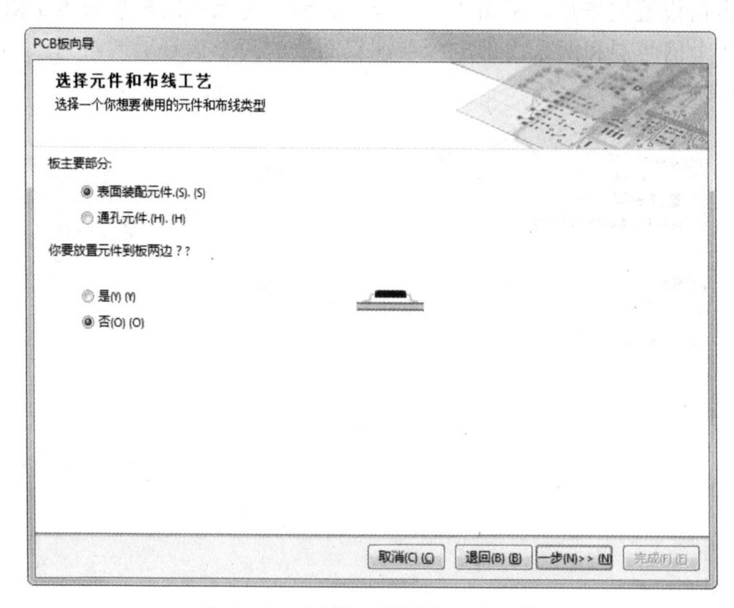

图 8-12　选择元器件和布线工艺

（8）单击“下一步”按钮，进入选择默认导线和过孔尺寸对话框，如图 8-13 所示。在该对话框中，可以对 PCB 走线最小线宽、最小过孔宽度、最小孔径大小和最小的走线间距等进行设置。

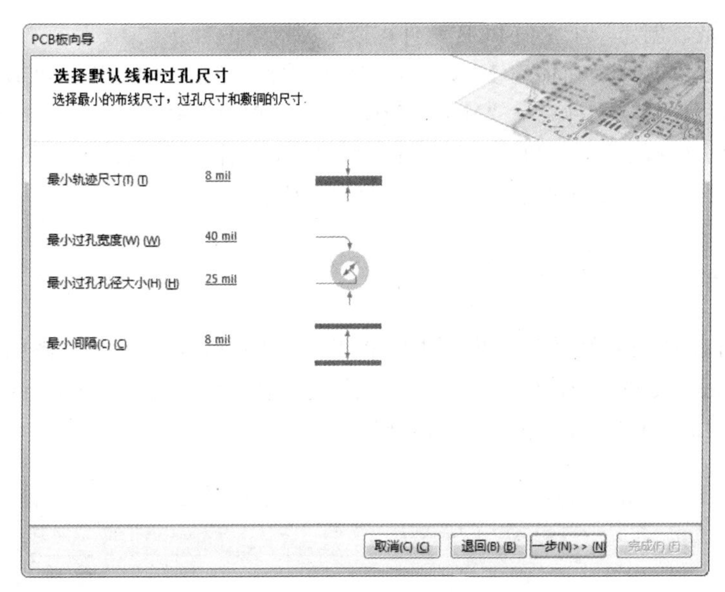

图 8-13　选择默认导线和过孔尺寸

（9）单击“下一步”按钮，进入电路板向导完成画面，如图 8-14 所示。

图 8-14　完成电路板向导

单击“完成”按钮，系统根据前面的设置创建一个默认名为“PCB1.PcbDoc”的文件，同时进入 PCB 编辑环境中，在工作区显示了 PCB1 板形轮廓。

该设置过程中所定义的各种规则适用于整个电路板，用户也可以在接下来的设计中对不满意之处进行修改。

至此，已利用 PCB 板向导完成了 PCB 文件的创建。

8.3.2　利用菜单命令创建 PCB 文件

除了采用向导生成 PCB 文件外，用户也可以使用菜单命令直接创建一个 PCB 文件，此后再为该文件设置各种参数。创建一个空白 PCB 文件可以采用以下两种方式。

（1）单击“Files（文件）”面板“New（新建）”选项栏中的“PCB File（PCB 文件）”选项。

（2）执行菜单栏中的“文件”→“New（新建）”→“PCB”命令。

新创建的 PCB 文件的各项参数均保持着系统默认值，进行具体设计时，我们还需要对该文件的各项参数进行设计，这些将在本章节后面的内容中介绍。

8.3.3 利用模板创建 PCB 文件

Altium Designer 17 还提供了通过模板生成 PCB 文件的方式，其具体步骤如下。

（1）打开“Files（文件）”面板，单击“从模板新建文件”栏中的“PCB Templates（PCB 模板）”选项，打开如图 8-15 所示的选择模板文件对话框。

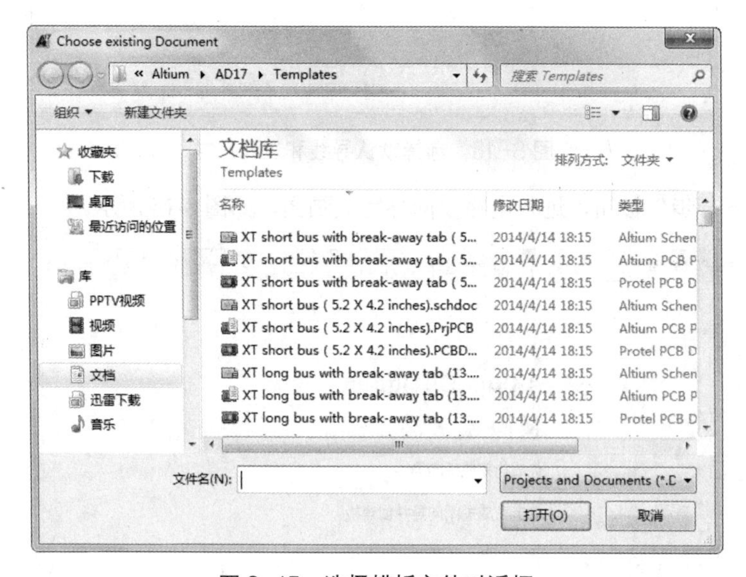

图 8-15 选择模板文件对话框

该对话框默认的路径是 Altium Designer 17 自带的模板路径，在该路径中 Altium Designer 17 为用户提供了很多个可用的模板文件。在 Altium Designer 17 中没有为模板设置专门的文件形式，在该对话框中能够打开的都是后缀为“PrjPcb”和“PcbDoc”的文件，它们包含了模板信息。

（2）从对话框中选择所需的模板文件，然后单击“打开”按钮即可生成一个 PCB 文件，生成的文件出现在工作窗口中。

由于通过模板生成 PCB 文件的方式操作起来非常简单，因此建议用户在从事电子设计时将自己常用的 PCB 板保存为模板文件，以便以后的工作中使用。

8.4 PCB 的设计流程

笼统地讲，在进行印制电路板的设计时，首先要确定设计方案，并进行局部电路的仿真或实验，完善电路性能。之后根据确定的方案绘制电路原理图，并进行 DRC 检查。最后完成 PCB 的设计，输出设计文件，送交加工制作。设计者在这个过程中应尽量按照设计流程进行设计，这样可以避免一些重复的操作，同时也可以防止一些不必要的错误出现。

PCB 设计的操作步骤如下。

（1）绘制电路原理图。确定选用的元器件及其封装形式，完善电路。

（2）规划电路板。全面考虑电路板的功能、部件、元器件封装形式、连接器及安装方式等。

（3）设置各项环境参数。

（4）载入网络表和元器件封装。搜集所有的元器件封装，确保选用的每个元器件封装都能在 PCB 库文件中找到，将元器件封装和网络表载入到 PCB 文件中。

（5）元器件自动布局。设定自动布局规则，使用自动布局功能，将元器件进行初步布置。

（6）手工调整布局。手工调整元器件布局使其符合 PCB 的功能需要和元器件电气要求，还要考虑到安装方式，放置安装孔等。

（7）电路板自动布线。合理设定布线规则，使用自动布线功能为 PCB 自动布线。

（8）手工调整布线。自动布线结果往往不能满足设计要求，还需要做大量的手工调整。

（9）DRC 校验。PCB 布线完毕后，需要进行 DRC 校验，若有错误，根据错误提示进行修改。

（10）文件保存，输出打印。保存、打印各种报表文件及 PCB 制作文件。

（11）加工制作。将 PCB 制作文件送交加工单位。

8.5 电路板物理结构及环境参数设置

对于手动生成的 PCB，在进行 PCB 设计前，首先要对电路板的各种属性进行详细的设置，主要包括板形的设置、PCB 图纸的设置、电路板层的设置、层的显示与颜色的设置、布线框的设置和 PCB 系统参数的设置等。

8.5.1 电路板物理边框的设置

1. 边框线的设置

电路板的物理边界确定了 PCB 的实际大小和形状，板形的设置是在工作层层面“Mechanical 1”上进行的，根据所设计的 PCB 在产品中的位置、空间的大小、形状以及与其他部件的配合来确定 PCB 的外形与尺寸。具体的设置步骤如下。

（1）新建一个 PCB 文件，使之处于当前的工作窗口中，如图 8-16 所示。默认的 PCB 图为带有栅格的黑色区域，它包括以下几个工作层面。

- 信号层 Top Layer（顶层）和 Bottom Layer（底层）：用于建立电气连接的铜箔层。
- Mechanical 1（机械层）：用于设置 PCB 与机械加工相关的参数，以及用于 PCB 3D 模型的放置与显示。
- Top Overlay 和 Bottom Overlay（丝印层）：用于添加电路板的说明文字。
- Keep-Out Layer（禁止布线层）：用于设置布线范围，支持系统的自动布局和自动布线功能。
- Multi-Layer（多层）：可实现多层叠加显示，用于显示与多个电路板层相关的 PCB 细节。

（2）单击工作窗口下方的“Mechanical 1（机械层）”标签，使该层面处于当前的工作窗口中。

（3）单击“放置”→“走线”菜单命令，光标将变成十字形状。将光标移到工作窗口的合适位置，单击鼠标左键即可进行线的放置操作，每单击左键一次就确定一个固定点。通常将板的形状定义为矩形，但在特殊的情况下，为了满足电路的某种特殊要求，也可以将板形定义为圆形、椭圆形或者不规则的多边形。这些都可以通过“放置”菜单来完成。

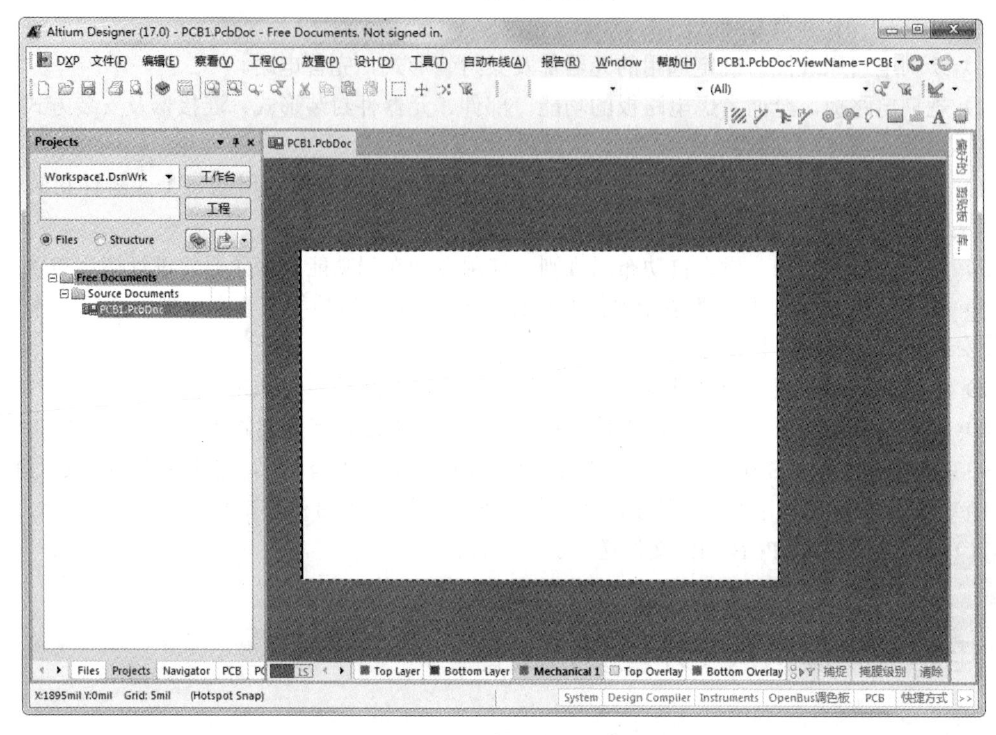

图 8-16　默认的 PCB 图

（4）当绘制的线组成了一个封闭的边框时，即可结束边框的绘制。单击鼠标右键或按 Esc 键即可退出该操作，绘制结束后的 PCB 边框如图 8-17 所示。

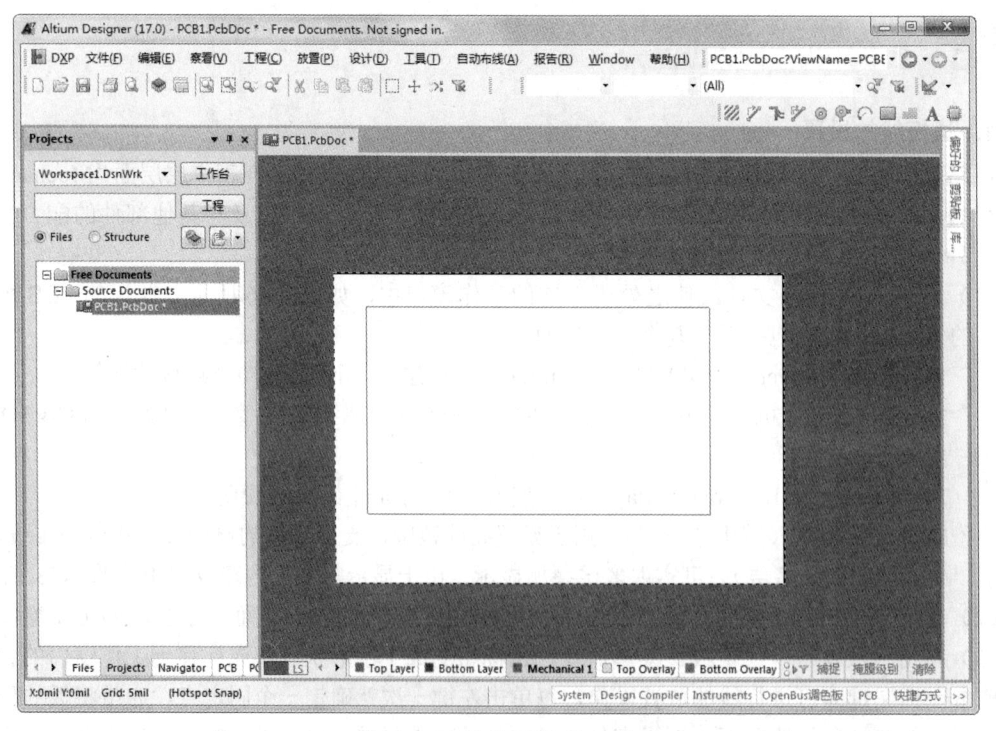

图 8-17　设置边框后的 PCB 图

（5）设置边框线属性。双击任一边框线，即可打开该线的编辑对话框，如图 8-18 所示。

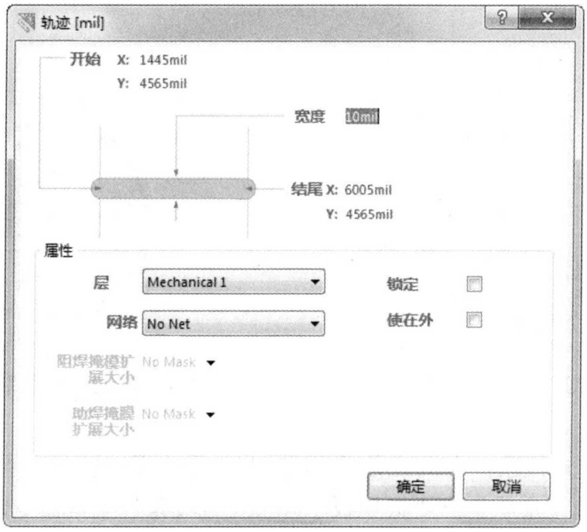

图 8-18　设置边框线属性对话框

为了确保 PCB 图中的边框线为封闭状态，可以在此对话框中对线的起始点和结束点进行设置，使一根线的终点为下一根线的起点。下面介绍其余一些选项的含义。

- “层”下拉列表：用于设置该线所在的电路板层。用户在开始画线时可以不选择“Mechanical 1（机械层）”层，在此处进行工作层的修改也可以实现上述操作所达到的效果，只是这样需要对所有边框线段进行设置，操作起来比较麻烦。
- “网络”下拉列表：用于设置边框线所在的网络。通常边框线不属于任何网络，即不存在任何电气特性。
- “锁定”复选框：勾选该复选框时，边框线将被锁定，无法对该线进行移动等操作。
- “使在外”复选框：用于定义该边框线属性是否为“Keepout（使在外）”。具有该属性的对象被定义为板外对象，将不出现在系统生成的“Gerber”文件中。

单击“确定”按钮，完成边框线的属性设置。

2. 板形的修改

对边框线进行设置主要是给制板商提供制作板形的依据。用户也可以在设计时直接修改板形，即在工作窗口中直接看到自己所设计的板子的外观形状，然后对板形进行修改。板形的设置与修改主要通过“设计”→“板子形状”菜单来完成，如图 8-19 所示。

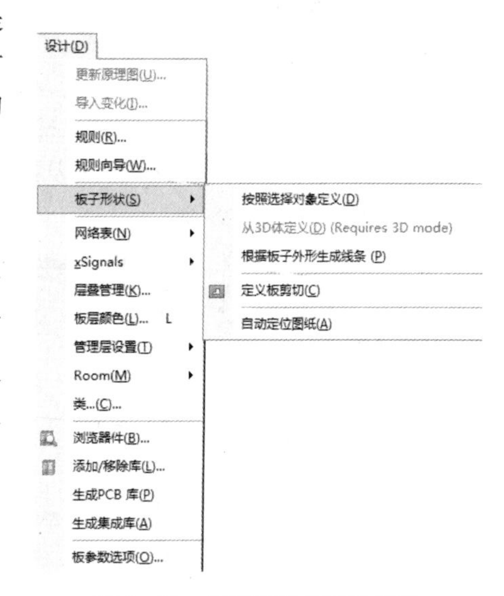

图 8-19　板形设置与修改菜单

（1）按照选择对象定义：在机械层或其他层利用线条或圆弧定义一个内嵌的边界，以新建对象为参考重新定义板形。具体的操作步骤如下。

① 单击“放置”→“圆弧”菜单命令，在电路板上绘制一个圆，如图 8-20 所示。

② 选中刚才绘制的圆，然后单击“设计”→“板子形状”→“按照选择对象定义”菜单命令，电路板将变成圆形，如图 8-21 所示。

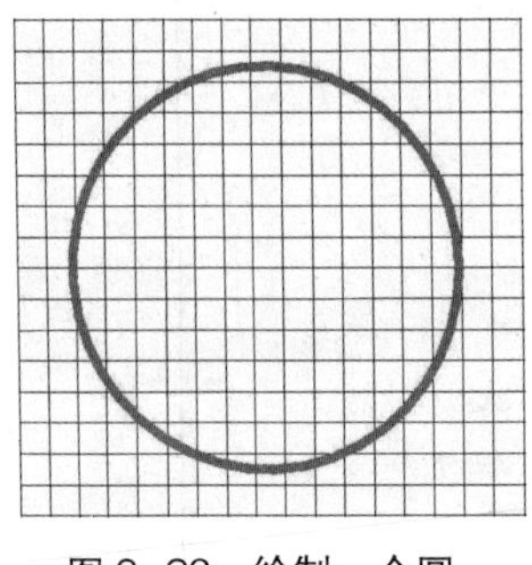
图 8-20　绘制一个圆

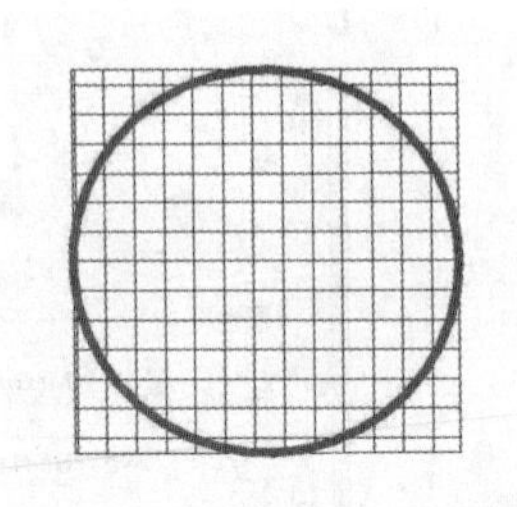
图 8-21　改变后的板形

（2）根据板子外形生成线条：在机械层或其他层将板子边界转换为线条。具体的操作步骤如下。

单击“设计”→“板子形状”→“根据板子外形生成线条”菜单命令，弹出“从板外形而来的线 / 弧原始数据”对话框，如图 8-22 所示。按照需要设置参数后，单击 确定 按钮，退出对话框，板子边界自动转化为线条，如图 8-23 所示。

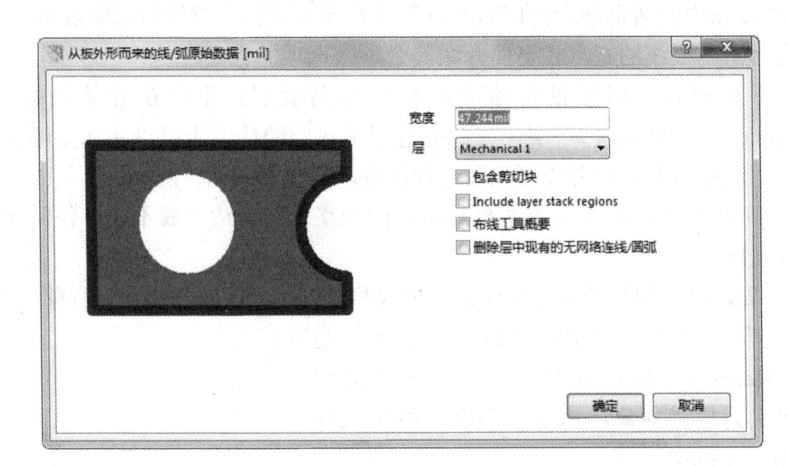

图 8-22　“从板外形而来的线 / 弧原始数据”对话框

图 8-23　板子边界转化为线条

8.5.2　电路板图纸的设置

与原理图一样，用户也可以对电路板图纸进行设置，默认的图纸是不可见的。大多数 Altium Designer 17 带的例子将板子显示在一个白色的图纸上，与原理图图纸完全相同。图纸大多被画在“Mechanical 16”层上，图纸的设置主要有以下两种方法。

1. 通过“板选项”对话框进行设置

单击菜单栏中的“设计”→“板参数选项”命令，或按快捷键 D+O，弹出“板选项”对话框，如图 8-24 所示。

图 8-24　“板选项”对话框

其中各选项组的功能如下。

- “度量单位”选项组：用于设置 PCB 中的度量单位。考虑到目前的电子元器件封装尺寸以英制单位为主，以公制单位描述封装信息的元器件很少，因此建议选择英制单位“Imperial（英制）”。
- “图纸位置”选项组：用于设置 PCB 图纸。从上到下依次可对图纸在 *x* 轴的位置、在 *y* 轴的位置、图纸的宽度、图纸的高度、图纸的显示状态及图纸的锁定状态等属性进行设置，参照原理图图纸的光标定位方法对图纸的大小进行合适的设置。对图纸进行设置后，勾选“显示页面”复选框即可在工作窗口中显示图纸。

最后单击 确定 按钮，完成电路板图纸的设置。

2. 从一个 PCB 模板中添加一个新的图纸

Altium Designer 17 拥有一系列预定义的 PCB 模板，主要存放在安装目录“Altium \AD17\Templates”下，添加新图纸的操作步骤如下。

（1）单击需要进行图纸操作的 PCB 文件，使之处于当前的工作窗口中。

（2）单击“文件”→“打开”菜单命令，弹出如图 8-25 所示的打开 PCB 模板文件对话框，选中上述路径下的一个模板文件。

（3）单击“打开”按钮，即可将模板文件导入到工作窗口中，如图 8-26 所示。

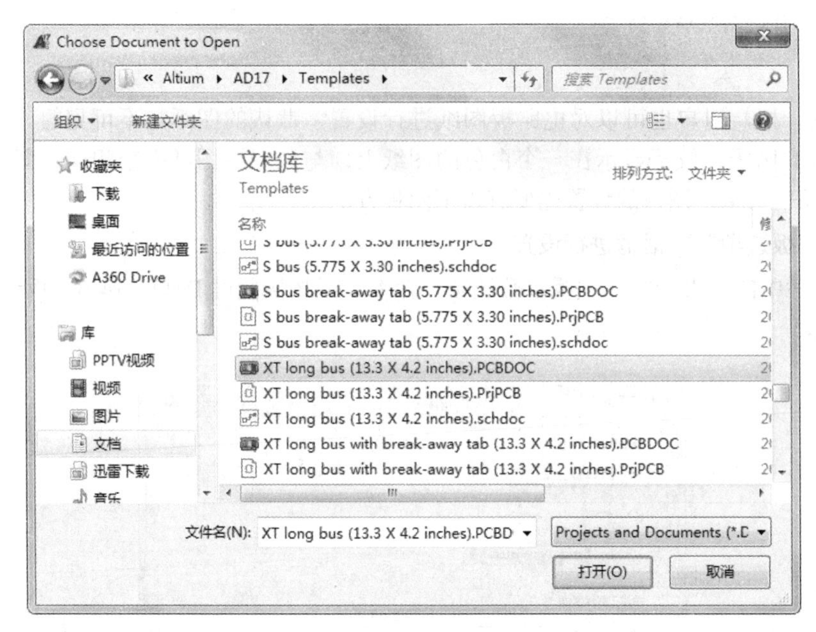

图 8-25　打开 PCB 模板文件对话框

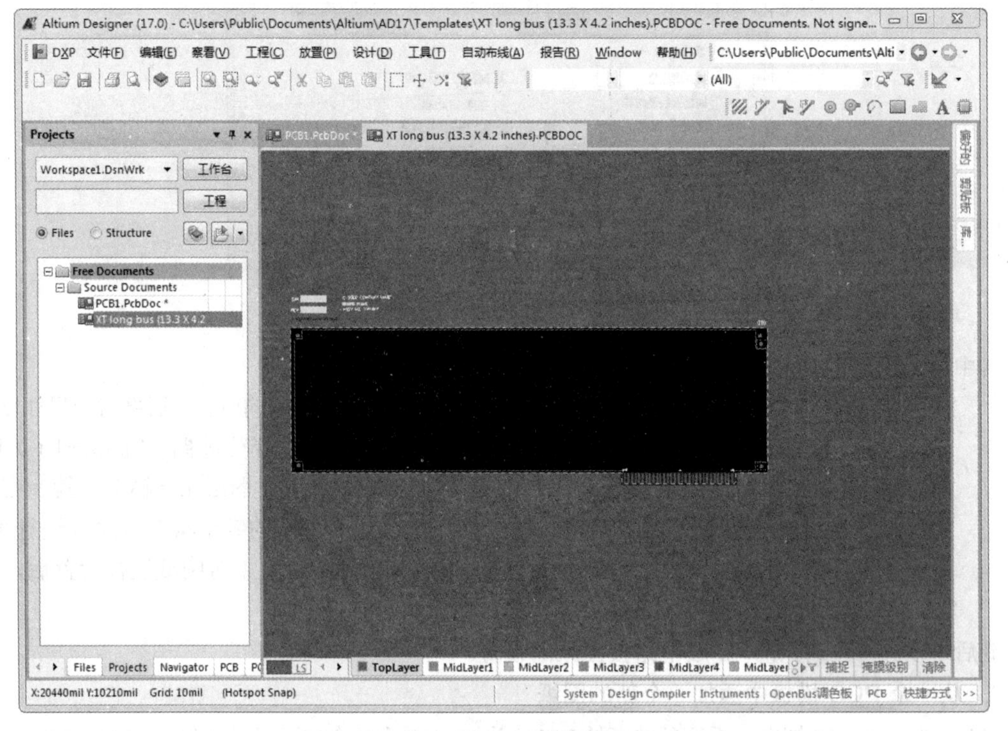

图 8-26　导入 PCB 模板文件

（4）用鼠标拉出一个矩形框，选中该模板文件，单击“编辑”→“拷贝”菜单命令，进行复制操作。然后切换到要添加图纸的 PCB 文件，单击“编辑”→“粘贴”菜单命令，进行粘贴操作，此时光标变成十字形状，同时图纸边框悬浮在光标上。

（5）选择合适的位置，然后单击鼠标左键即可放置该模板文件。新页面的内容将被放置到“Mechanical 16”层，但此时并不可见。

（6）单击“设计”→“板层颜色”菜单命令，弹出如图 8-27 所示的“视图配置”对话框。在对话框的右上角“Mechanical 16”层上选中“展示”“使能”和“连接到”复选框，然后单击“确定”按钮，即可完成“Mechanical 16”层与图纸的连接。

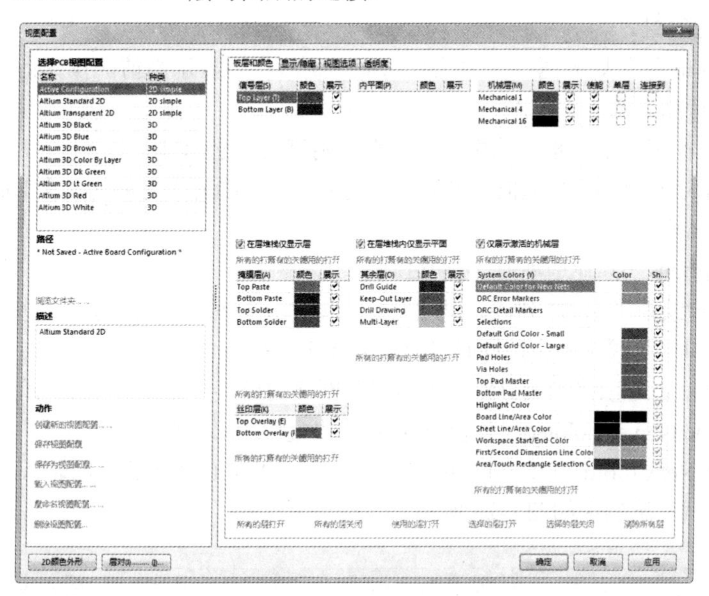

图 8-27　“视图配置”对话框

下面介绍一下“视图配置”对话框中“视图选项”和“显示 / 隐藏”选项卡的设置。

①“视图选项”选项卡如图 8-28 所示，其参数设置如下。

图 8-28　“视图选项”选项卡

- “Display Options（显示选项）”选项组。
  - “转化特殊串”复选框：选中该复选框时，一些特殊的字符如“.LAYER NAME”和“.PRINT DATE”等将被翻译显示在窗口中。
- “展示”选项组。
  - “状况信息”复选框：选中此复选框，状态栏将显示当前的操作信息。通常情况下此项保持默认的选中状态。
  - “原点标记”复选框：选中此复选框，则可显示坐标轴。
  - “显示过孔网络”复选框：选中此复选框，当视图处于足够的放大率时，将显示过孔的网络名称。
- “Other Options（其他选项）”选项组。
  - “平面绘制”下拉列表：内电层可以被分割成多个部分，这样可以省去很多走地线和电源线的操作，同时可以降低噪声干扰。

在单层模式下，该选项将影响分割的内电层与网络的连接关系。有以下两种不同的选择。

  - Outlined Layer Colored（分割层颜色）：内电层轮廓的颜色与对应的层的颜色相同。
  - Solid Net Colored（实心网络颜色）：内电层以实心网络的颜色显示。

②“显示 / 隐藏”选项卡如图 8-29 所示。

图 8-29 “显示 / 隐藏”选项卡

该选项卡用于设置 PCB 工作区内各种内省图元的显示 / 隐藏状态及显示模式等。

各种类型图元的显示模式共有 3 种：“最终的”“草案”和“隐藏的”。

- “最终的”单选按钮：选中此单选按钮，则所有的对象以实心的形式显示出来。
- “草案”单选按钮：选中此单选按钮，则所有的对象只显示其轮廓，即空心显示。
- “隐藏的”单选按钮：选中此单选按钮，则隐藏所有的对象，这时在工作窗口中不显示任何的对象。

单击所有最终结果(F)按钮、所有草案(D) (D)按钮或所有被隐藏的(H)按钮，可以分别全选相应的单选项。

单击From To Settings&&&..按钮，可以在弹出的“来自显示设定”对话框中设置飞线和焊盘的显示模式，如图 8-30 所示。

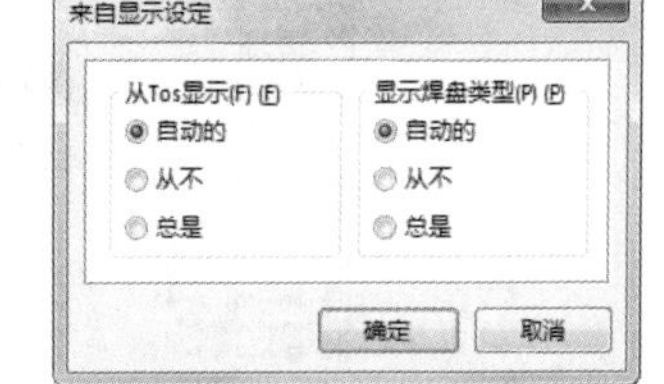

图 8-30 “来自显示设定”对话框

（7）单击“察看”→“合适图纸”菜单命令，此时图纸被重新定义了尺寸，与导入的 PCB 图纸边界范围正好相匹配。

至此，如果我们使用组合键 V+S 或 Z+S 重新观察图纸，可以看见新的页面格式已经启用了。

8.5.3 电路板的层面设置

1. 电路板的分层

PCB 一般包括很多层，不同的层包含不同的设计信息。制板商通常是将各层分开做，然后经过压制、处理，最后生成各种功能的电路板。

Altium Designer 17 提供了以下 6 种类型的工作层面。

- Signal Layers（信号层）：信号层即铜箔层，主要完成电气连接。Altium Designer 17 提供了 32 层信号层，分别为“Top Layer”“Mid Layer 1”“Mid Layer 2”……“Mid Layer 30”和“Bottom Layer”，各层以不同的颜色显示。
- Internal Planes（内平面，也称内部电源与地线层）：内部电源与地线层也属于铜箔层，主要用于建立电源和地线网络。Altium Designer 17 提供了 16 层“Internal Planes”，分别为“Internal Layer 1”“Internal Layer 2”……“Internal Layer 16”，各层以不同的颜色显示。
- Mechanical Layers（机械层）：机械层是用于描述电路板机械结构、标注及加工等说明所使用的层面，不能完成电气连接。Altium Designer 17 提供了 16 层机械层，分别为“Mechanical Layer 1”“Mechanical Layer 2”……“Mechanical Layer 16”，各层以不同的颜色显示。
- Mask Layers（掩模层）：掩模层主要用于保护铜线，也可以防止元器件被焊到不正确的地方。Altium Designer 17 提供了 4 层掩模层，分别为“Top Paste（顶层锡膏防护层）”“Bottom Paste（底层锡膏防护层）”“Top Solder（顶层阻焊层）”和“Bottom Solder（底层阻焊层）”，各层用不同的颜色显示出来。
- Silkscreen Layers（丝印层）：通常在丝印层上面会印上文字与符号，以标示出各零件在板子上的位置。Altium Designer 17 提供了两层丝印层，分别为“Top Overlay”和“Bottom Overlay”。
- Other Layers（其余层）：包括以下几个层面。
    - Drill Guide（钻孔）和 Drill Drawing（钻孔图）：用于描述钻孔位置和钻孔图。
    - Keep-Out Layer（禁止布线层）：只有在这里设置了布线框，才能启动系统的自动布局和自动布线功能。
    - Multi-Layer（多层）：设置更多层，横跨所有的信号板层。

单击“设计”→“板层颜色”菜单命令，在弹出的“视图配置”对话框中取消对中间的 3 个复选框的选中状态，即可看到系统提供的所有层，如图 8-31 所示。

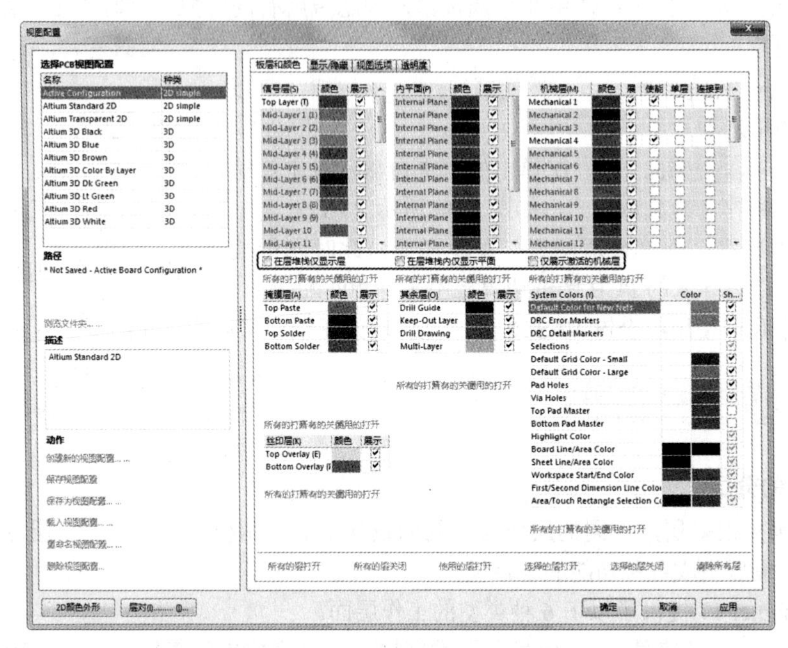

图 8-31　设置系统所有层的显示

2. 电路板层数设置

单击“设计”→“层叠管理”菜单命令，打开“Layer Stack Manager（层堆栈管理器）”对话框，如图 8-32 所示。

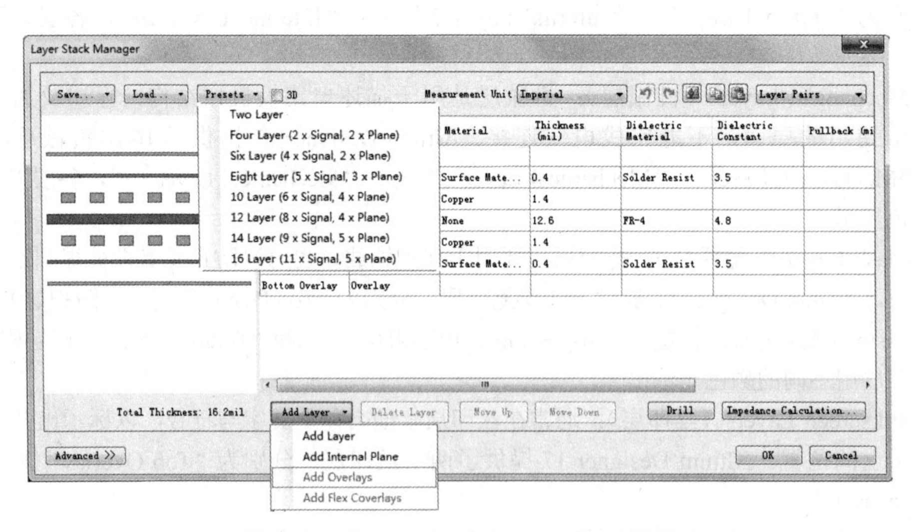

图 8-32　“Layer Stack Manager”对话框

在该对话框中可以增加层、删除层、移动层所处的位置以及对各层的属性进行编辑。

（1）对话框的中心显示了当前 PCB 图的层结构。默认的设置为一双层板，即只包括“Top Layer（顶层）”和“Bottom Layer（底层）”两层，用户可以单击 Add Layer 按钮添加信号层或单击 Add Internal Plane 按钮添加电源层和地线层。选定一层为参考层进行添加时，添加的层将出现在参考层的下面，当选择“Bottom Layer（底层）”时，添加层则出现在底层的上面。

（2）鼠标双击某一层的名称后，可以直接对该层的名称及厚度等属性进行设置。

（3）添加层后，单击 Move Up 按钮或 Move Down 按钮，可以改变该层在所有层中的位置。在设计过程的任何时间都可进行添加层的操作。

（4）选中某一层后，单击 Delete Layer 按钮即可删除该层。

（5）勾选“3D”复选框后，对话框中的板层示意图变化如图 8-33 所示。

（6）在该对话框的任意空白处单击鼠标右键，即可弹出一个菜单，此菜单中的大部分选项也可以通过对话框下方的按钮进行操作。

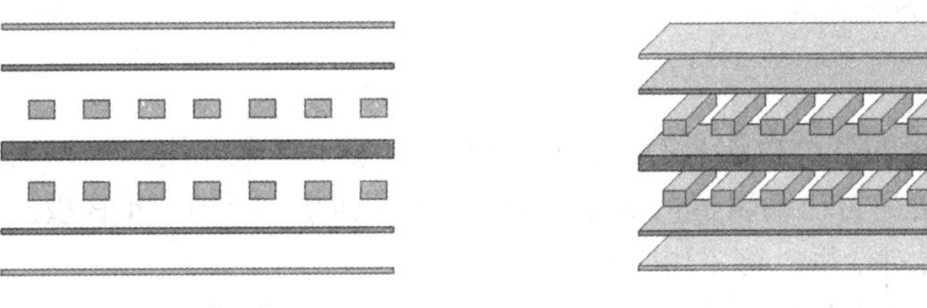

（a）变化前　　（b）变化后

图 8-33　板层显示

（7）Presets 下拉列表提供了常用的不同层数的电路板，可以直接选择进行快速板层设置。

（8）PCB 设计中最多可添加 32 个信号层、26 个内部电源与地线层。各层的显示与否可在“视图配置”对话框中进行设置，选中各层中的“展示”复选框即可加以显示。

（9）单击 Advanced >> 按钮，对话框发生变化，增加了电路板堆叠特性的设置，如图 8-34 所示。

图 8-34　电路板堆叠特性的设置

电路板的层叠结构中不仅包括拥有电气特性的信号层，还包括无电气特性的绝缘层，两种典型的绝缘层是“Core（填充层）”和“Prepreg（塑料层）”。

层的堆叠类型主要是指绝缘层在电路板中的排列顺序，常用的3种堆叠类型包括“Layer Pairs（Core层和Prepreg层自上而下间隔排列）”“Internal Layer Pairs（Prepreg层和Core层自上而下间隔排列）”和“Build-up（顶层和底层为Core层，中间全部为Prepreg层）”。改变层的堆叠类型将会改变“Core”和“Prepreg”在层栈中的分布，只有在信号完整性分析需要用到盲孔或深埋过孔的时候，才需要进行层的堆叠类型的设置。

（10）Drill 按钮用于钻孔设置。

（11）Impedance Calculation... 按钮用于阻抗计算。

8.5.4 工作层面与颜色设置

PCB编辑器内显示的各个板层具有不同的颜色，以便于区分。用户可以根据个人习惯进行设置，并且可以决定该层是否在编辑器内显示出来。下面我们就来进行PCB板层颜色的设置，首先打开“视图配置”设置对话框，可采用3种方式。

- 执行菜单命令“设计”→“板层颜色”。
- 在工作区单击鼠标右键，在弹出的快捷菜单中选择“选项”→“板层颜色”命令，如图8-35所示。
- 按快捷键L。

所弹出的“视图配置”对话框如图8-36所示。

该对话框包括电路板层颜色设置和系统默认颜色的显示两部分。

在“板层和颜色”选项卡中，有“在层堆栈仅显示层”“在层堆栈内仅显示平面”和“仅展示激活的机械层”3个复选框，它们分别对应其上方的信号层、内平面（内部电源与地线层）、机械层。这3个复选框决定了在“视图配置”对话框中显示全部的层面，还是只显示图层堆栈中设置的有效层面。为使对话框简洁明了，都选中这3项，只显示有效层面，对未用层面可以忽略其颜色设置。

在各个设置区域内，“颜色”栏用于设置对应层面和系统的显示颜色。“展示”复选框用于决定此层是否在PCB编辑器内显示。如果要修改某层的颜色或系统的颜色，单击其对应的“颜色”栏内的色条，即可在弹出的选择颜色对话框中进行修改，如图8-37所示。

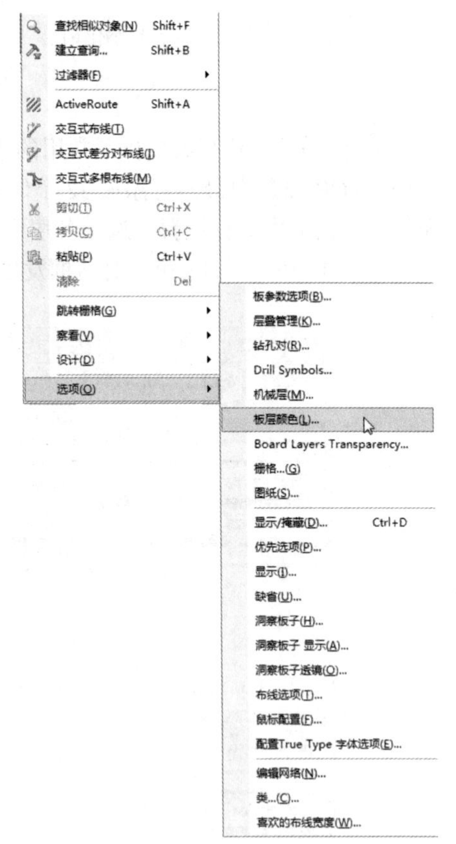

图8-35 选择“选项”→“板层颜色”命令

单击“所有的层打开”按钮，则所有层的“展示”复选框都处于勾选状态。相反，如果单击“所有的层关闭”按钮，则所有层的“展示”复选框都处于未勾选状态。单击“使用的层打开”按钮，则当前工作窗口中所有使用层的“展示”复选框处于勾选状态。在该对话框中选择某一层，然后单击“选择的层打开”按钮，即可勾选该层的“展示”复选框；单击“选择的层关闭”按钮，即可取消对该层“展示”复选框的勾选。如果单击“清除所有层”按钮，即可清除对话框中所有层“展示”复选框的勾选状态。

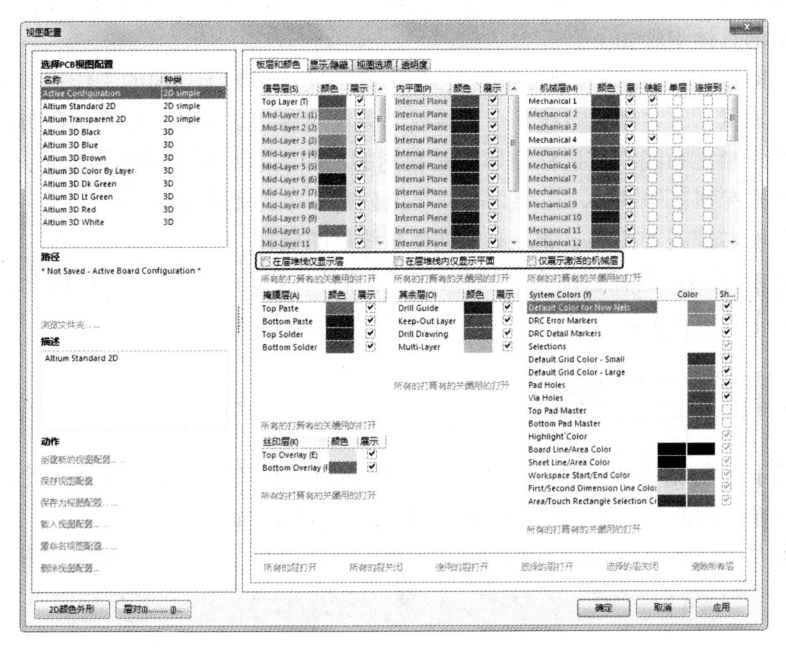

图 8-36　“视图配置”对话框

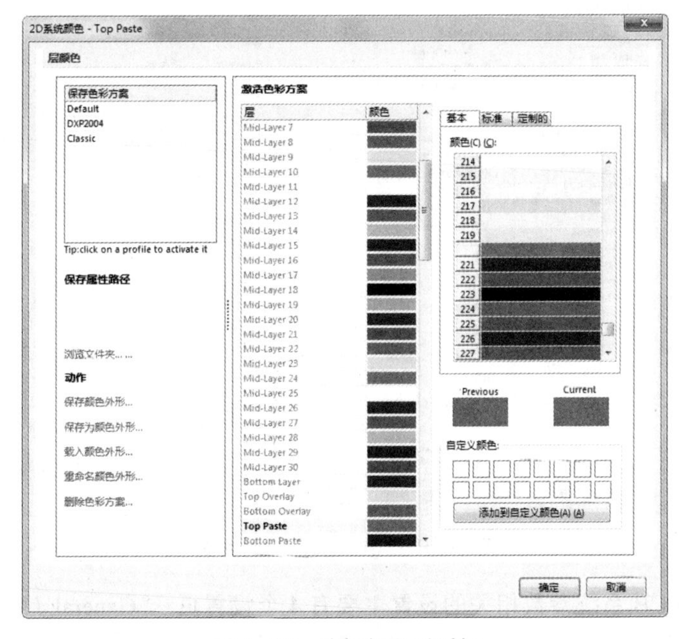

图 8-37　选择颜色对话框

单击“确定”按钮，完成“视图配置”对话框的设置。

8.5.5　PCB 布线框的设置

对布线框进行设置主要是为自动布局和自动布线打基础的。单击“文件”→“New（新建)”→“PCB”菜单命令或通过模板创建的 PCB 文件只有一个默认的板形，并无布线框，因此用户如果要使用 Altium Designer 17 系统提供的自动布局和自动布线功能，就需要自己创建一个布线框。

创建布线框的具体步骤如下。

（1）单击“Keep-Out Layer（禁止布线层）”标签，使该层处于当前的工作窗口中。

（2）单击“放置”→“禁止布线”→“线径”菜单命令（这里使用的“禁止布线”与对象属性编辑对话框中的“禁止布线”复选框的作用是相同的，即表示不属于板内的对象），这时光标变成十字形状。移动光标到工作窗口，在禁止布线层上创建一个封闭的多边形。

（3）单击鼠标右键或者按 Esc 键，退出创建布线框的操作。

布线框设置完毕后，进行自动布局操作时，元器件将自动导入到该布线框中。有关自动布局的内容将在后面章节中介绍。

8.5.6 PCB 系统参数的设置

在“参数选择”对话框中可以对一些与 PCB 编辑窗口相关的系统参数进行设置。设置后的系统参数将用于这个工程的设计环境，并不随 PCB 文件的改变而改变。

单击“工具”→“优先选项”菜单命令，即可打开“参数选择”对话框，如图 8-38 所示。

图 8-38 “参数选择”对话框

该对话框中与 PCB 系统参数相关的设置主要有 4 个设置页：“General（常规）”“Display（显示）”“Defaults（默认值）”和“PCB Legacy 3D（PCB 的 3D 图）”。

1. “General（常规）”设置页

“General（常规）”设置页如图 8-38 所示。

（1）“编辑选项”选项组。

- “在线 DRC”复选框：选中该复选框时，所有违反 PCB 设计规则的地方都将被标记出来。取消对该复选框的选中状态时，用户只能通过单击“工具”→“设计规则检查”菜单命令，在弹出的“设计规则检查”对话框中进行查看。PCB 设计规则在“PCB 规则及约束编辑器”对话框中定义（单击“设计”→“规则”菜单命令）。

- “Snap To Center（捕捉中心）”复选框：选中该复选框时，光标将自动移到对象的中心。对焊盘或过孔来说，光标将移向焊盘或过孔的中心。对元器件来说，光标将移向元器件的第一个管脚：对导线来说，光标将移向导线的一个顶点。
- “智能元件 Snap（智能元件捕捉）”复选框：选中该复选框，当选中元器件时，光标将自动移到离点击处最近的焊盘上。取消对该复选框的选中状态，当选中元器件时，光标将自动移到元器件的第一个管脚的焊盘处。
- “双击运行检查”复选框：选中该复选框时，在一个对象上双击将打开该对象的“PCB Inspector（PCB 检查）”对话框，如图 8-39 所示，而不是打开该对象的属性编辑对话框。
- “移除复制品”复选框：选中该复选框，当数据进行输出时将同时产生一个通道，这个通道将检测通过的数据并将重复的数据删除。
- “确认全局编译”复选框：选中该复选框，用户在进行全局编辑的时候，系统将弹出一个对话框，提示当前的操作将影响到对象的数量。建议保持对该复选框的选中状态，除非对 Altium Designer 17 的全局编辑非常熟悉。
- “保护锁定的对象”复选框：选中该复选框后，当对锁定的对象进行操作时，系统将弹出一个对话框询问是否继续此操作。
- “确定被选存储清除”复选框：单击工作窗口右下角的按钮，弹出“选择内存”对话框，如图 8-40 所示，这里记录了 8 个选择记忆。选中该复选框，当用户删除某一个记忆时，系统将弹出一个警告对话框。默认状态下取消对该复选框的选中状态。

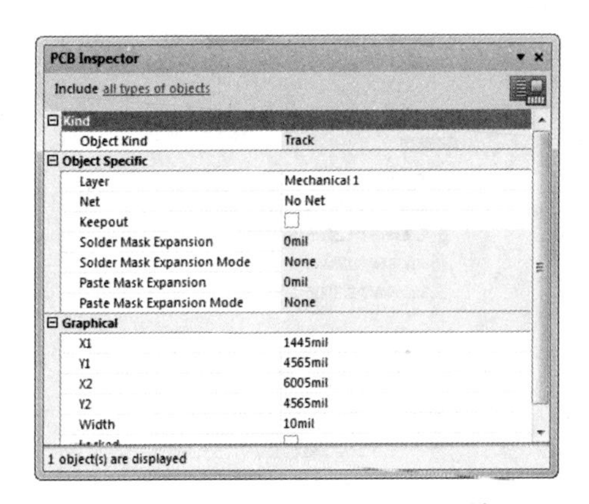

图 8-39 “PCB Inspector”对话框

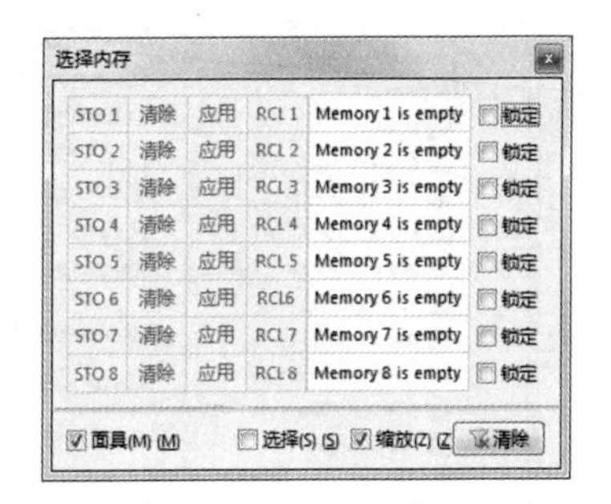

图 8-40 “选择内存”对话框

- “单击清除选项”复选框：通常情况下该复选框保持选中状态。用户单击选中一个对象，然后去选择另一个对象时，上一次选中的对象将恢复未被选中的状态。取消对该复选框的选中状态时，系统将不清除上一次的选中记录。
- “移动点击到所选”复选框：选中该复选框时，用户需要按 Shift 键的同时单击所要选择的对象才能选中该对象。通常取消对该复选框的选中状态。

（2）“其他”选项组。

- “撤销 / 重做”文本框：该项主要设置撤销 / 重做操作的范围。通常情况下，范围越大，要求的存储空间就越大，这将降低系统的运行速度。但在自动布局、对象的复制和粘贴等操作中，记忆容量的设置是很重要的。

- “旋转步骤”文本框：在进行元器件的放置时，单击空格键可改变元器件的放置角度，通常保持默认的 90 度角设置。
- “指针类型”下拉列表：可选择工作窗口鼠标的类型，有 Large 90、Small 90 和 Small 45 三个选项。
- “比较拖拽”下拉列表：该项决定了在进行元器件的拖动时，是否同时拖动与元器件相连的布线。选中“Connected Tracks（连线拖拽）”选项，则在拖动元器件的同时拖动与之相连的布线；选中“None（无）”选项，则只拖动元器件。

（3）“自动扫描选项”选项组。

- “类型”下拉列表：在此项中可以选择视图自动缩放的类型，有如图 8-41 所示的几种选项。
- “速度”文本框：当在“类型”下拉列表中选择了“Adaptive（适应性）”时将出现该项，从中可以进行缩放步长的设置。

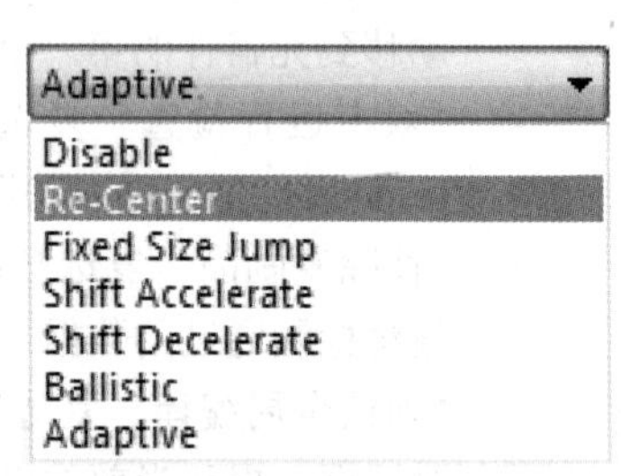

图 8-41 视图的自动缩放类型

（4）“Polygon Rebuild（多边形重新铺铜）”选项组。

- “Repour Polygons After Modification（修正后重新铺铜）”复选框：勾选该复选框，决定在修正后重新进行铺铜操作。

2. “Display（显示）”设置页

“Display（显示）”设置页如图 8-42 所示。

图 8-42 “Display（显示）”设置页

（1）“高亮选项”选项组。

- “完全高亮”复选框：选中该复选框后，选中的对象将以当前的颜色突出显示出来。取消对该复选框的选中状态时，对象将以当前的颜色被勾勒出来。
- “当 Masking 时候使用透明模式”复选框：选中该复选框，“Mask（掩模）”时会将其余的对象透明化显示。
- “在高亮的网络上显示全部原始的”复选框：选中该复选框，在单层模式下系统将显示所有层中的对象（包括隐藏层中的对象），而且当前层被高亮显示出来。取消该复选框的选中状态后，单层模式下系统只显示当前层中的对象，多层模式下所有层的对象都会在高亮的网格颜色中显示出来。
- “交互编辑时应用 Mask”复选框：选中该复选框，用户在交互式编辑模式下可以使用 Mask（掩模）功能。
- “交互编辑时应用高亮”复选框：选中该复选框，用户在交互式编辑模式下可以使用高亮显示功能，对象的高亮颜色在“视图设置”对话框中设置。

（2）“Display Options（显示选项）”选项组。

- “Use Flyover Zoom（重新刷新层）”复选框：选中该复选框后，当用户在不同的板层间切换时窗口将被刷新，即将以不同层所设置的颜色显示该层的对象。当此复选框处于未选中的状态时，可以按快捷键 Alt+End 来刷新各层的显示，可以按数字键盘的“+”键和“-”键在不同的层间切换。
- “使用 Alpha 混合”复选框：设置透明度混合。
- “在 3D 文件中绘制阴影”复选框：为电路板中生成的 3D 文件中的模型添加阴影，增加三维模型的立体感。

3. “Defaults（默认值）”设置页

“Defaults（默认值）”设置页用于设置 PCB 设计中用到的各个对象的默认值，如图 8-43 所示。通常用户不需要改变此设置页中的内容。

- “对象类型”列表框：该列表框列出了所有可以编辑的图元对象。双击其中一种类型的图元，或者单击选择其中一项，再单击编辑值(V) (V)...按钮，可以进入相应的属性设置对话框，在对话框中进行图元属性的修改。例如，我们双击图元“Coordinate（坐标）”，打开“调整”对话框，如图 8-44 所示，可以对各项参数的数值进行修改。单击重新安排(R) (R)按钮，可以将当前选择图元的参数值重置为系统默认值。
- “永久的”复选框：在对象放置前按 Tab 键进行对象的属性编辑时，如果选中“永久的”复选框，则系统将保持对象的默认属性。例如，放置元器件“cap”时，如果系统默认的标号为“Designatorl”，则第 1 次放置时两个电容的标号分别为“Designatorl”和“Designator2”。退出放置操作后，进行第 2 次放置时，放置的电容的标号仍为“Designatorl”和“Designator2”。但是，如果取消对“永久的”复选框的选中状态，第 1 次放置的电容的标号为“Designatorl”和“Designator2”，那么进行第 2 次放置时，放置的电容的标号就为“Designator3”和“Designator4”。

单击装载(L) (L)...按钮，可以将其他的参数配置文件导入，使其成为当前的系统参数值。

单击保存为(S) (S)...按钮，可以将当前各个图元的参数配置以参数配置文件 *.DFT 的格式保存起来，供以后调用。

单击重置所有(A) (A)按钮，可以将当前选择图元的参数值重置为系统默认值。

图 8-43 “Defaults（默认值）”设置页

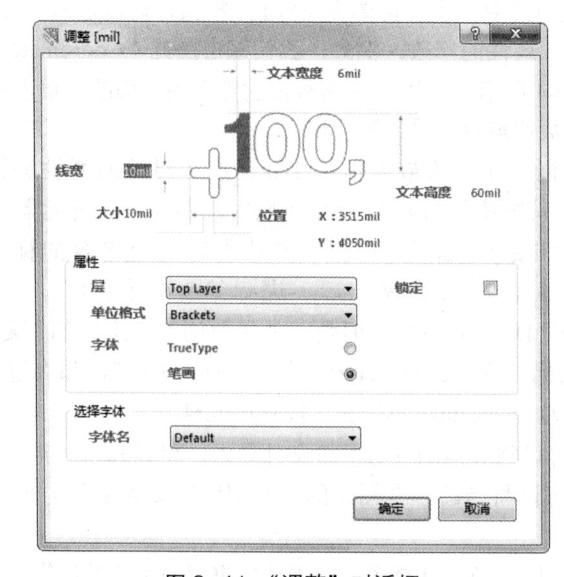

图 8-44 “调整”对话框

4. “PCB Legacy 3D（PCB 的 3D 图）”设置页

“PCB Legacy 3D”设置页用于设置 PCB 设计的 3D 效果图参数，包括高亮色的色彩选择、打印质量设置、PCB 3D 文档生成设置和 PCB 模拟所用到的库设置等，如图 8-45 所示。

图 8-45　“PCB Legacy 3D”设置页

用户可以自行尝试修改各项参数后观察系统的变化，而不必担心参数修改错误后会导致设计上的障碍。如果想取消自己曾经修改的参数设置，只要单击“参数选择”对话框左下角的 缺省设置 按钮，在下拉菜单中进行选择，就可以将当前页或者所有参数设置恢复到原来的默认值了。另外，还可以通过 保存... 按钮将自己的设置保存起来，以后通过 载入... 按钮导入使用即可。

8.6 在 PCB 文件中导入原理图网络表

网络表是原理图与 PCB 图之间的联系纽带，原理图的信息可以通过导入网络表的形式完成与 PCB 图之间的同步。在进行网络表的导入之前，需要装载元器件的封装库及对同步比较器的比较规则进行设置。

8.6.1 装载元器件封装库

由于 Altium Designer 17 采用的是集成的元器件库，因此对于大多数设计来说，在进行原理图设计的同时便装载了元器件的 PCB 封装模型，此时可以省略该项操作。但 Altium Designer 17 同时也支持单独的元器件封装库，只要 PCB 文件中有一个元器件封装不是在集成的元器件库中，用户就需要单独装载该封装所在的元器件库。元器件封装库的添加与原理图中元器件库的添加步骤相同，这里不再介绍。

8.6.2 设置同步比较规则

同步设计是 Altium 系列软件电路绘图最基本的绘图方法，这是一个非常重要的概念。对同步设计概念的最简单的理解就是原理图文件和 PCB 文件在任何情况下保持同步。也就是说，不管是先绘制原理图再绘制 PCB 图，还是原理图和 PCB 图同时绘制，最终要保证原理图上元器件的电气连接意义必须和 PCB 图上的电气连接意义完全相同，这就是同步。同步并不是单纯地同时进行，而是原理图和 PCB 图两者之间电气连接意义的完全相同。这个目的最终是用同步器来实现的，这个概念就称之为同步设计。

如果说网络表包含了电路设计的全部电气连接信息，那么 Altium Designer 17 则是通过同步器添加网络表的电气连接信息来完成原理图与 PCB 图之间的同步更新。同步器的工作原理是检查当前的原理图文件和 PCB 文件，得出它们各自的网络表并进行比较，比较后得出的不同的网络信息将作为更新信息，然后根据更新信息便可以完成原理图设计与 PCB 设计的同步。同步比较规则的设置决定了生成的更新信息，因此要完成原理图与 PCB 图的同步更新，同步比较规则的设置是至关重要的。

单击“工程”→“工程参数”菜单命令，打开“Options for PCB Project（PCB 工程选项）”对话框，然后单击“Comparator（比较器）”标签，在该选项卡中可以对同步比较规则进行设置，如图 8-46 所示。

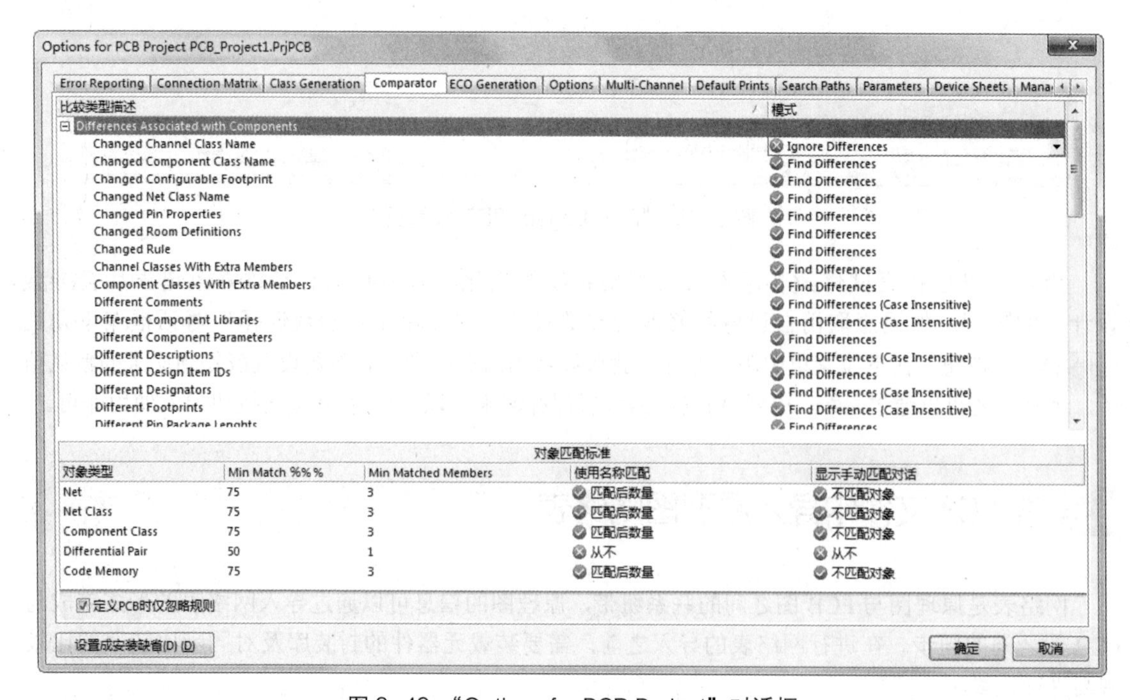

图 8-46 “Options for PCB Project”对话框

单击 设置成安装缺省(D) (D) 按钮，将恢复该对话框中原来的设置。

单击 确定 按钮，完成同步比较规则的设置。

同步器的主要作用是完成原理图与 PCB 图之间的同步更新，但这只是对同步器的狭义上的理解。广义上的同步器可以完成任何两个文档之间的同步更新，可以是两个 PCB 文档之间，网络表文件和 PCB 文件之间，也可以是两个网络表文件之间的同步更新。用户可以在“Differences（不同处）”面板中查看两个文件之间的不同之处。

8.6.3 导入网络表

完成同步比较规则的设置后，即可进行网络表的导入工作了。这里我们将如图 8-47 所示的原理图的网络表导入当前的 PCB1 文件中，该原理图是前面原理图设计时绘制的最小单片机系统，文件名为“MCU Circuit.SchDoc”。具体步骤如下。

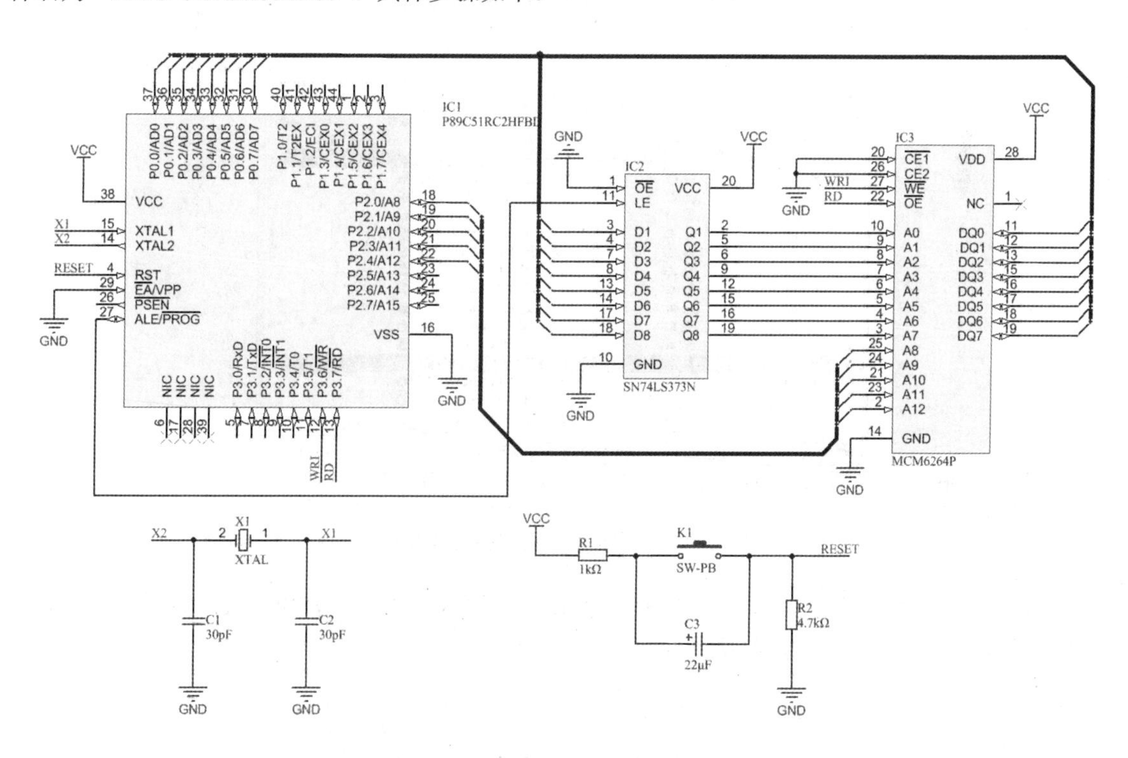

图 8-47 要导入网络表的原理图

（1）打开“MCU Circuit.SchDoc”文件，使其处于当前的工作窗口中，同时应保证 PCB1 文件也处于打开状态。

（2）执行“设计”→“Update PCB Document PCB1.PcbDoc（更新 PCB 文件）”菜单命令，系统将对原理图和 PCB 图的网络表进行比较，并弹出“工程更改顺序”对话框，如图 8-48 所示。

（3）单击 生效更改 按钮，系统将扫描所有的改变，判断能否在 PCB 上执行所有的改变。随后在每一项所对应的“检测”栏中将显示✔标记，如图 8-49 所示。

✔标记：说明这些改变都是合法的。

✖标记：说明此改变是不可执行的，需要回到以前的步骤中进行修改，然后重新进行更新。

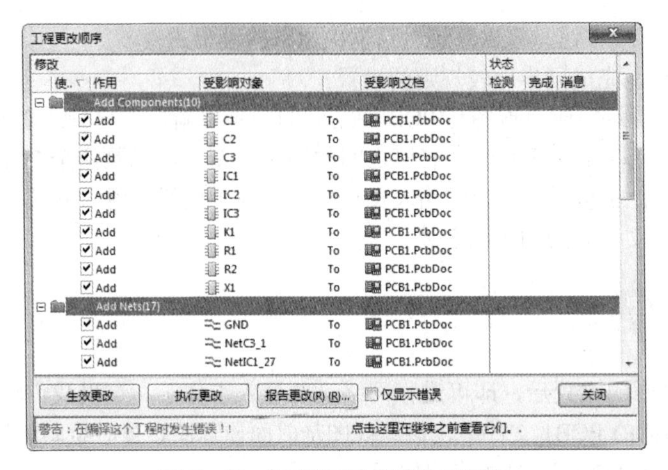

图 8-48 “工程更改顺序”对话框

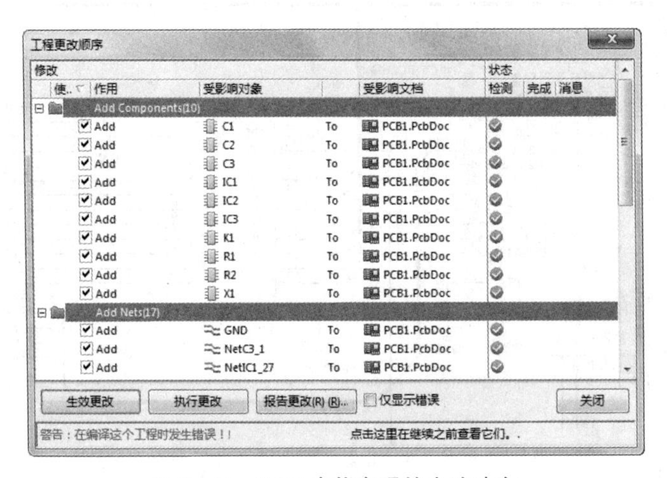

图 8-49 PCB 中能实现的合法改变

（4）进行合法性校验后，单击执行更改按钮，系统将完成网络表的导入，同时在每一项的“完成”栏中显示标记提示导入成功，如图 8-50 所示。

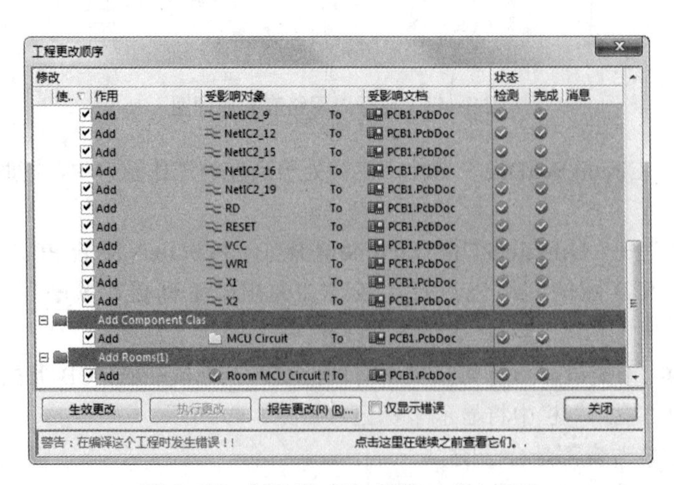

图 8-50 “完成”栏显示导入成功标记

（5）单击关闭按钮，关闭该对话框，这时可以看到在 PCB 图布线框的右侧出现了导入的所有元器件的封装模型，如图 8-51 所示。图中的紫色边框为布线框，各元器件之间仍保持着与原理图相同的电气连接特性。

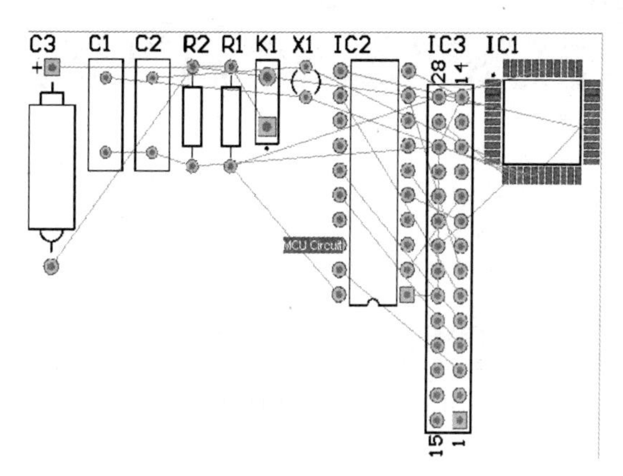

图 8-51　导入网络表后的 PCB 图

用户需要注意的是，导入网络表时，原理图中的元器件并不直接导入到用户绘制的布线框中，而是位于布线框的外面。通过之后的自动布局操作，系统将会自动将元器件放置在布线框内。当然，用户也可以手工拖动元器件到布线框内。

8.6.4　原理图与 PCB 图的同步更新

当第一次进行网络表的导入时，进行以上的操作即可完成原理图与 PCB 图之间的同步更新。如果导入网络表后又对原理图或者 PCB 图进行了修改，那么要快速完成原理图与 PCB 图设计之间的双向同步更新，则可以采用以下的方法实现。

（1）打开“PCB1.PcbDoc”文件，使其处于当前的工作窗口中。

（2）执行“设计”→“Update Schematic in MCU.PrjPcb（更新原理图）”菜单命令，系统将对原理图和 PCB 图的网络表进行比较，接着弹出一个比较结果对话框，如图 8-52 所示。

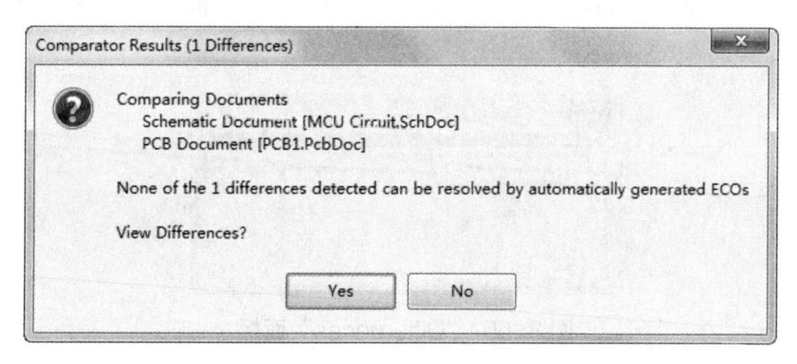

图 8-52　比较结果对话框

（3）单击Yes按钮，弹出更新信息对话框，如图 8-53 所示。在该对话框中可以查看详细的更新信息。

（4）单击某一更新信息的“决议”选项，系统将弹出一个小的对话框，如图 8-54 所示。用户可以选择更新原理图或者更新 PCB 图，也可以进行双向的同步更新。单击不更新按钮或取消按钮，可以关闭对话框而不进行任何更新操作。

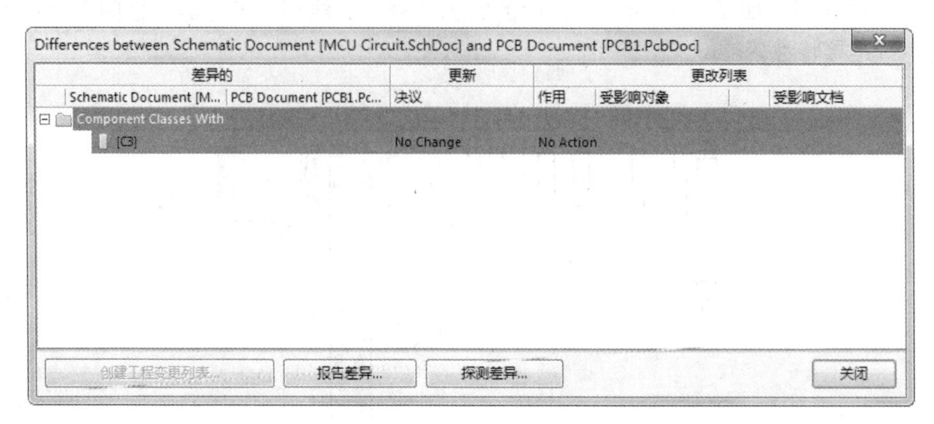

图 8-53　更新信息对话框

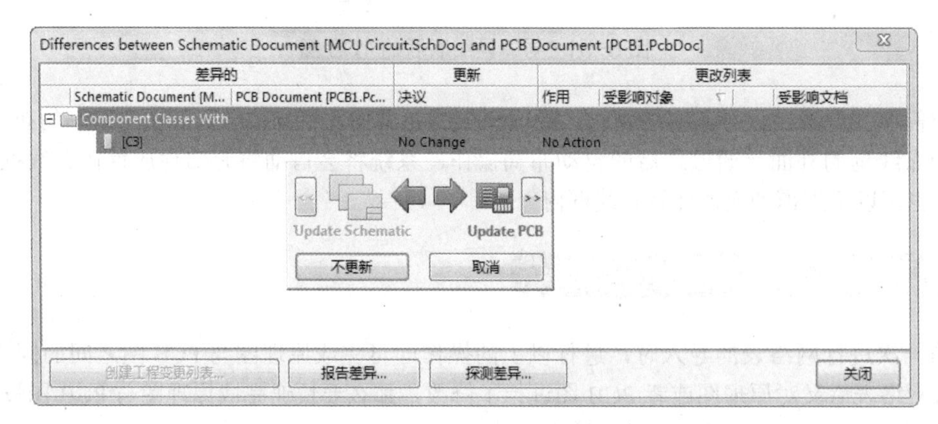

图 8-54　进行同步更新操作

（5）单击报告差异...按钮，系统将生成一个表格，从中可以预览原理图与 PCB 图之间的不同之处，同时可以对此表格进行导出或打印等操作。

（6）单击探测差异...按钮，即可打开“Differences（不同）”面板，从中可查看原理图与 PCB 图之间的不同之处，如图 8-55 所示。

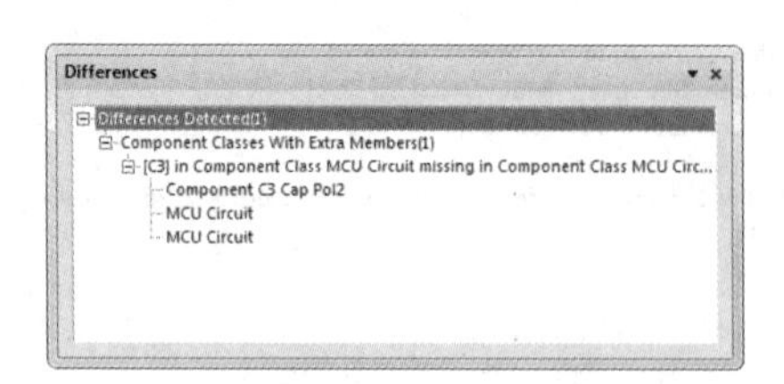

图 8-55　“Differences”面板

（7）单击创建工程变更列表...按钮，弹出“工程更改顺序”对话框，显示出更新信息，如图 8-56 所示。与网络表的导入操作相同，先后单击生效更改按钮和执行更改按钮，即可完成原理图的更新。

除了通过执行“设计”→“Update Schematic in My Project.PrjPcb（在项目文件中更新原理图）”菜单命令来完成原理图与 PCB 图之间的同步更新之外，单击“工程”→“显示差异”菜单命令也可以完成同步更新，这里不再赘述。

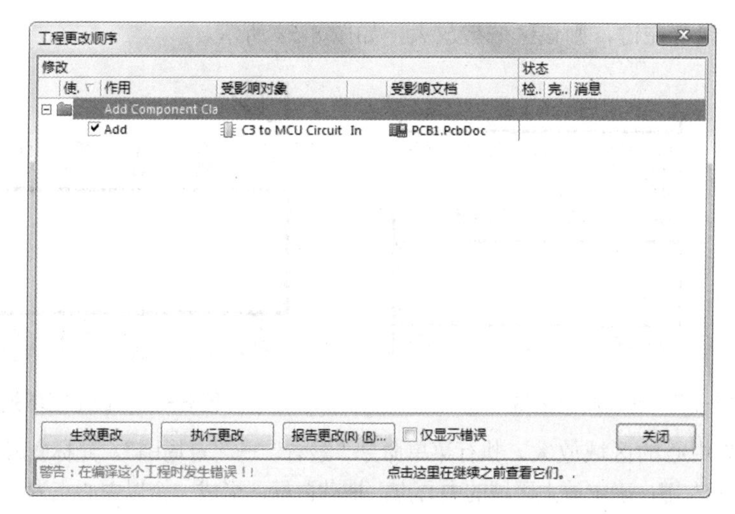

图 8-56　更新信息的显示

8.7 PCB 视图操作管理

为了使 PCB 设计能够快速顺利地进行下去，我们就需要对 PCB 视图进行移动、缩放等基本操作，本节将介绍一些视图操作管理方法。

8.7.1　视图移动

在编辑区内移动视图的方法有以下几种。

（1）使用鼠标拖动编辑区边缘的水平滚动条或竖直滚动条。

（2）上下滚动鼠标滚轮，视图将上下移动；若按住 Shift 键，上下滚动鼠标滚轮，视图将左右移动。

（3）在编辑区内，单击鼠标右键并按住不放，光标变成手形后，可以任意拖动视图。

8.7.2　视图的放大或缩小

1．整张图纸的缩放

在编辑区内，对整张图纸的缩放有以下几种方式。

（1）使用菜单命令“放大”或“缩小”对整张图纸进行缩放操作。

（2）使用快捷键 Page Up（放大）和 Page Down（缩小）。利用快捷键进行缩放时，放大和缩小是以光标箭头为中心的，因此最好将光标放在合适位置。

（3）使用鼠标滚轮，若要放大视图，则按住 Ctrl 键，上滚滚轮；若要缩小视图，则按住 Ctrl 键，下滚滚轮。

2．区域放大

（1）设定区域的放大。执行菜单命令“察看”→“区域”，或者单击“PCB 标准”工具栏中的（合适指定的区域）按钮，光标变成十字形。在编辑区内需要放大的区域单击鼠标左键，拖动鼠标形成一个矩形区域，如图 8-57 所示。

然后再次单击鼠标左键，则该区域被放大，如图 8-58 所示。

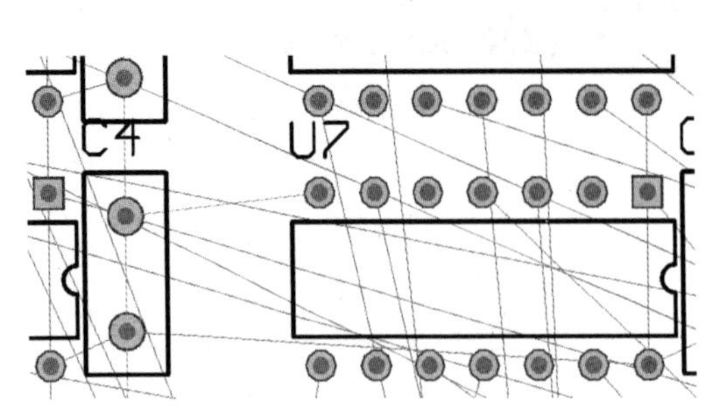

图 8-57 选定放大区域

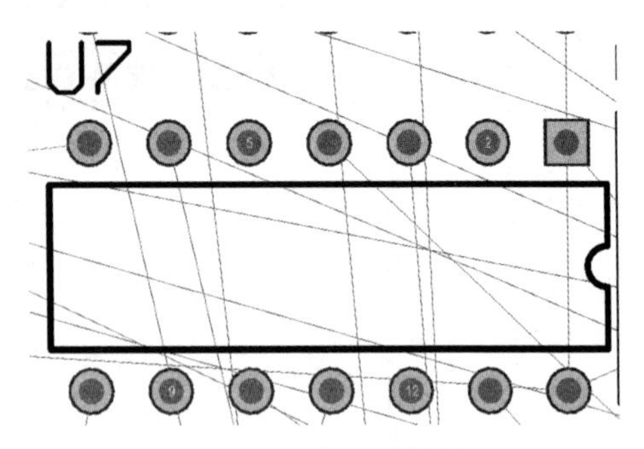

图 8-58 选定区域被放大

（2）以光标为中心的区域放大。执行菜单命令“察看”→“点周围”，光标变成十字形。在编辑区内指定区域单击鼠标左键，确定放大区域的中心点，拖动鼠标，形成一个以中心点为中心的矩形，再次单击鼠标左键，选定的区域将被放大。

3. 对象放大

对象放大分两种，一种是选定对象的放大，另一种是过滤对象的放大。

（1）选定对象的放大。在 PCB 上选中需要放大的对象，执行菜单命令“察看”→“被选中的对象”或者单击“PCB 标准”工具栏中的 （合适选择的对象）按钮，则所选对象被放大，如图 8-59 所示。

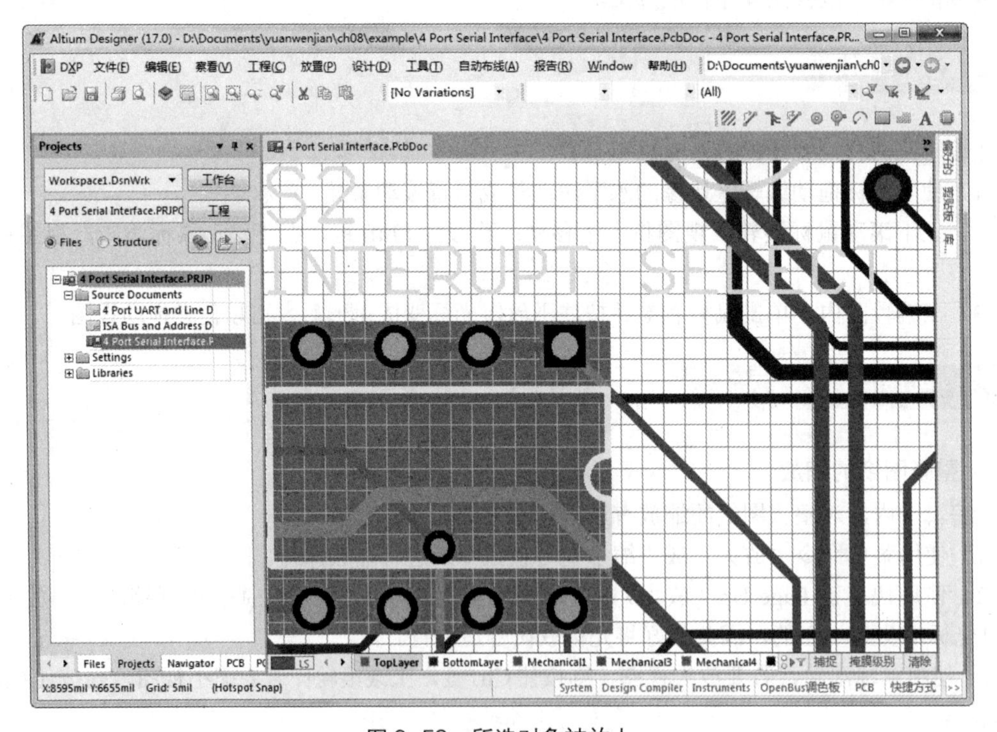

图 8-59 所选对象被放大

（2）过滤对象的放大。在“过滤器”工具栏中选择一个对象后，执行菜单命令“察看”→“过滤的对象”或者单击“PCB 标准”工具栏中的 （适合过滤的对象）按钮，则所选中的对象被放大，且该对象处于高亮显示状态，如图 8-60 所示。

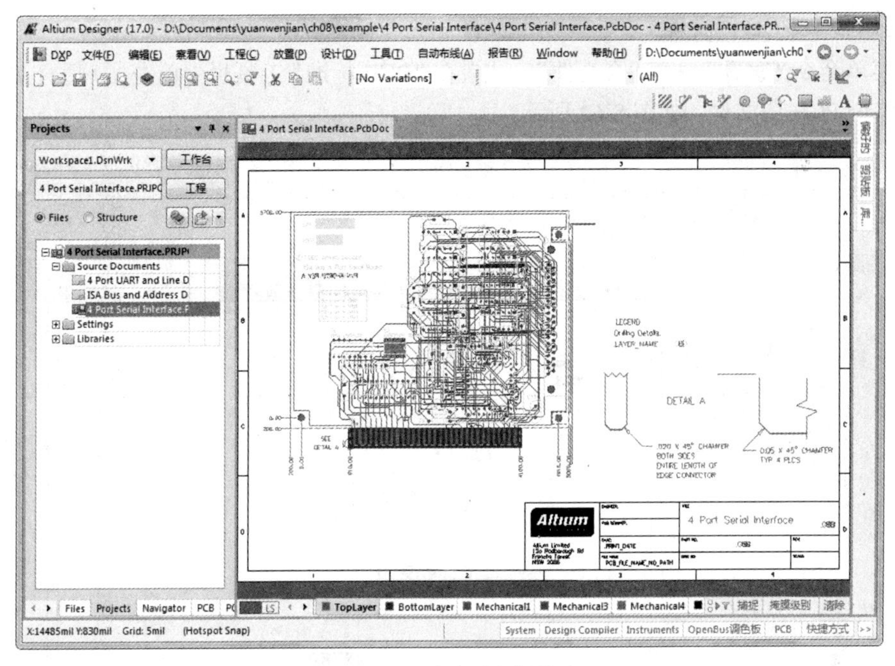

图 8-60　过滤对象被放大

8.7.3 整体显示

1. 显示整个 PCB 图图纸

执行菜单命令“察看”→“合适图纸”，系统显示整个 PCB 图纸，如图 8-61 所示。

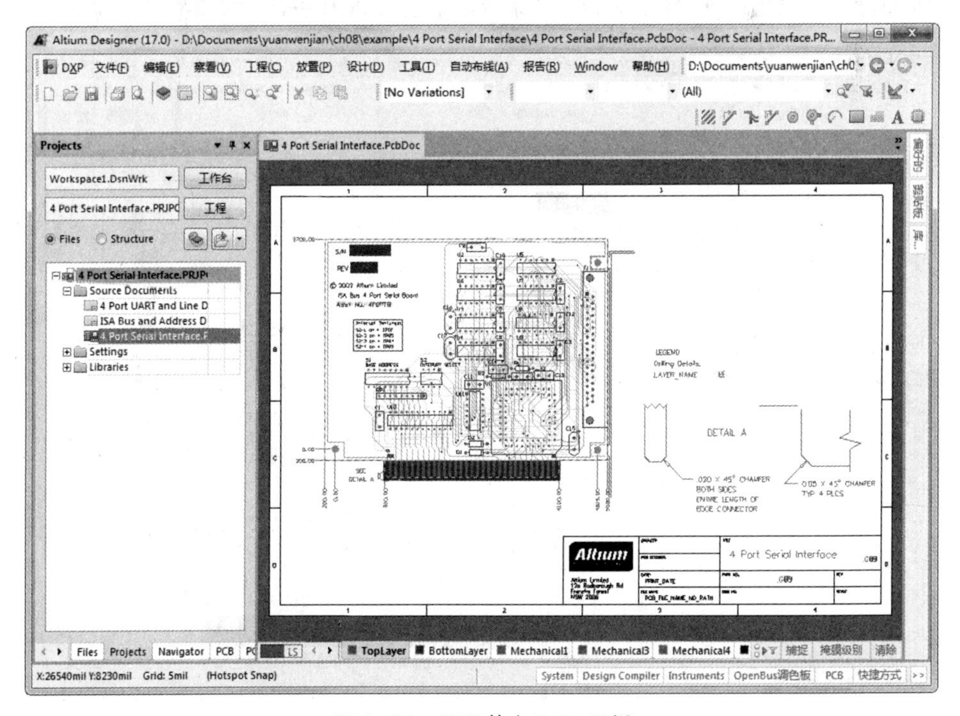

图 8-61　显示整个 PCB 图纸

2. 显示整个 PCB 图文件

执行菜单命令“察看”→“适合文件”，或者在“PCB 标准”工具栏中单击（适合文件）按钮，系统显示整个 PCB 图文件，如图 8-62 所示。

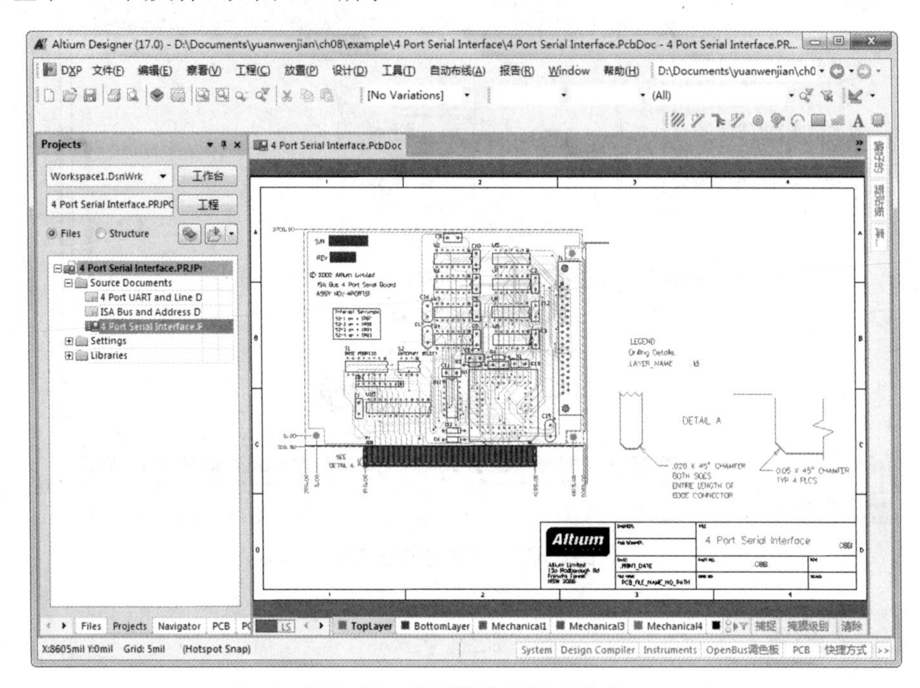

图 8-62　显示整个 PCB 图文件

3. 显示整个 PCB 板

执行菜单命令“察看”→“合适板子”，系统显示整个 PCB 板，如图 8-63 所示。

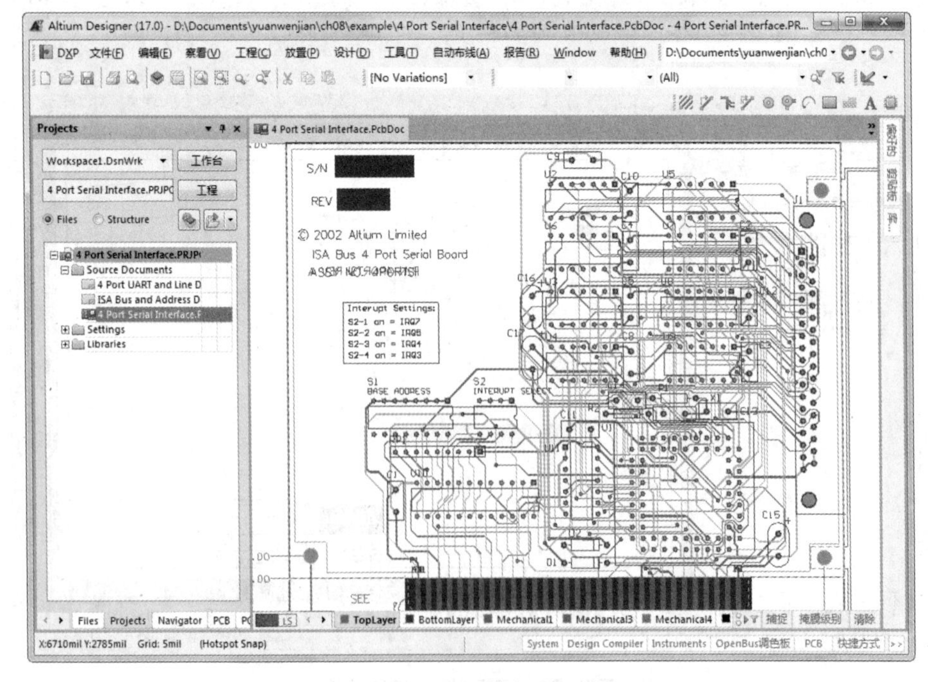

图 8-63　显示整个 PCB 板

8.8 元器件的手动布局

元器件的手动布局是指手工设置元器件的位置。在 PCB 上，可以通过对元器件的移动来完成手动布局的操作，但是单纯的手动移动不够精细，不能非常齐整地摆放好元器件。为此，PCB 编辑器提供了专门的手动布局操作，它们都在“编辑”菜单的“对齐”子菜单中，如图 8-64 所示。

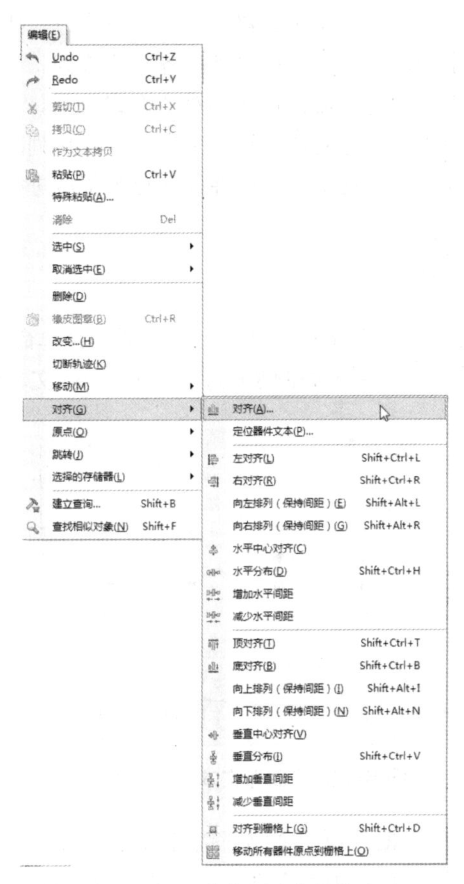

图 8-64　手动布局菜单命令

8.8.1 元器件的对齐操作

元器件的对齐操作可以使 PCB 布局更好地满足“整齐、对称”的要求。这样不仅使 PCB 看起来美观，而且也有利于布线操作的进行。对元器件未对齐的 PCB 进行布线时会有很多的转折，走线的长度较长，占用的空间也较多，这样会降低板子的布通率，同时也会使 PCB 信号的完整性较差。

元器件对齐操作的步骤如下。

（1）选中要进行对齐操作的多个对象。

（2）单击“编辑”→“对齐”→“对齐”菜单命令，弹出如图 8-65 所示的“排列对象”对话框。

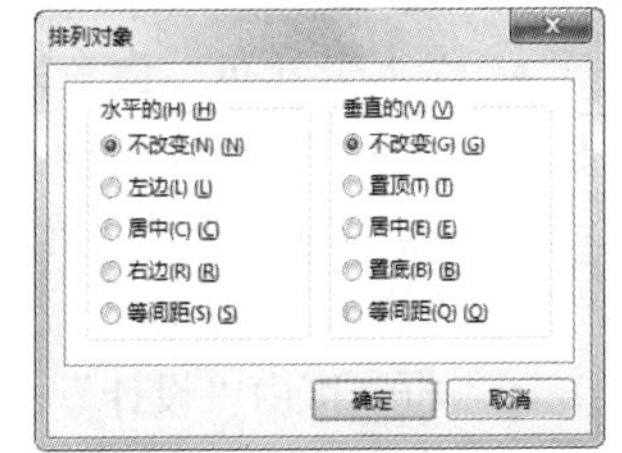

图 8-65　“排列对象”对话框

“等间距”单选按钮用于在水平或垂直方向上平均分布各元器件。如果所选择的元器件出现重叠的现象，对象将被从当前的格点移开，直到不重叠为止。

（3）水平和垂直两个方向的选项设置完毕后，单击“确定”按钮即可完成所选元器件的对齐排列。

图 8-64 中其他的对齐命令的功能如下。

- “左对齐”命令：用于使所选元器件按左对齐方式排列。
- “右对齐”命令：用于使所选元器件按右对齐方式排列。
- “水平中心对齐”命令：用于使所选元器件按水平居中方式排列。
- “顶对齐”命令：用于使所选元器件按顶部对齐方式排列。
- “底对齐”命令：用于使所选元器件按底部对齐方式排列。
- “垂直分布”命令：用于使所选元器件按垂直居中方式排列。
- “对齐到栅格上”命令：用于使所选元器件以格点为基准进行排列。

8.8.2 元器件说明文字的调整

元器件说明文字的调整除了可以手工拖动外，也可以通过菜单命令进行。单击“编辑”→“对齐”→“定位器件文本”菜单命令，弹出如图 8-66 所示的“器件文本位置”对话框。

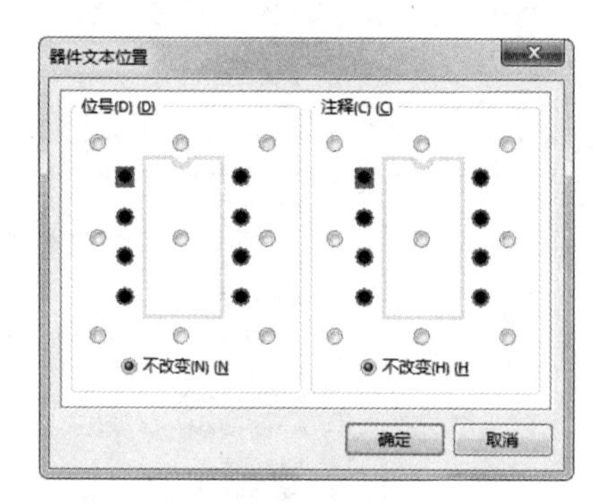

图 8-66 “器件文本位置”对话框

在该对话框中，用户可以对元器件说明文字（位号和注释）的位置进行设置，该菜单命令是对所有元器件说明文字的全局编辑。每一项都有 9 种不同的摆放位置，选择合适的摆放位置后，单击“确定”按钮即可完成元器件说明文字的自动调整。

8.8.3 元器件间距的调整

元器件间距的调整主要包括水平和竖直两个方向上间距的调整，在图 8-64 中的相关命令的功能如下。

- “水平分布”命令：单击该命令，系统将以最左侧和最右侧的元器件为基准，元器件的 y 坐标不变，x 坐标上的间距相等。当元器件的间距小于安全间距时，系统将以最左侧的元器件为基准对元器件进行调整，直到各个元器件间的距离满足最小安全间距的要求为止。
- “增加水平间距”命令：用于增大选中元器件水平方向上的间距，增大量为“板选项”对话框（可由“设计”→“板参数选项”菜单命令打开）中“图纸位置”选项组中的“X”参数。
- “减少水平间距”命令：用于减小选中元器件水平方向上的间距，减小量为“板选项”对话框中“图纸位置”选项组中的“X”参数。

- “垂直分布”命令：单击该命令，系统将以最顶端和最底端的元器件为基准，使元器件的 x 坐标不变，y 坐标上的间距相等。当元器件的间距小于安全间距时，系统将以最底端的元器件为基准对元器件进行调整，直到各个元器件间的距离满足最小安全间距的要求为止。
- “增加垂直间距”命令：用于增大选中元器件竖直方向上的间距，增大量为“板选项”对话框中“图纸位置”选项组中的“Y”参数。
- “减少垂直间距”命令：用于减小选中元器件竖直方向上的间距，减小量为“板选项”对话框中“图纸位置”选项组中的“Y”参数。

8.8.4　移动元器件到格点处

格点的存在使各种对象的摆放更加方便，更容易实现对 PCB 布局的“整齐、对称”的要求。手动布局过程中移动的元器件往往并不是正好处在格点处，这时就可以单击“编辑”→“对齐→”“移动所有器件原点到栅格上”菜单命令，执行该操作时，元器件将被移到与其最靠近的格点处。

进行手动布局的进程中，如果所选中的对象被锁定，那么操作系统将弹出一个对话框询问是否继续，如果继续的话，用户可以同时移动被锁定的对象。

8.8.5　元器件手动布局实例

下面我们就在元器件自动布局的基础上，继续进行手动布局调整。元器件自动布局的结果如图 8-67 所示。

（1）选中电容器，将其拖动到 PCB 的左部重新排列，在拖动过程中按空格键，使其以合适的方向放置，如图 8-68 所示。

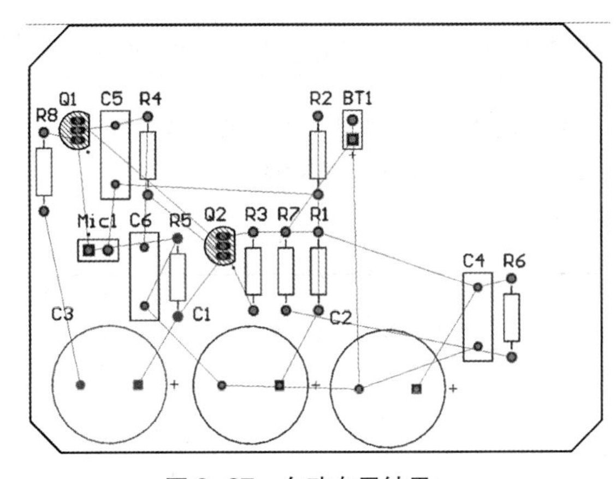

图 8-67　自动布局结果

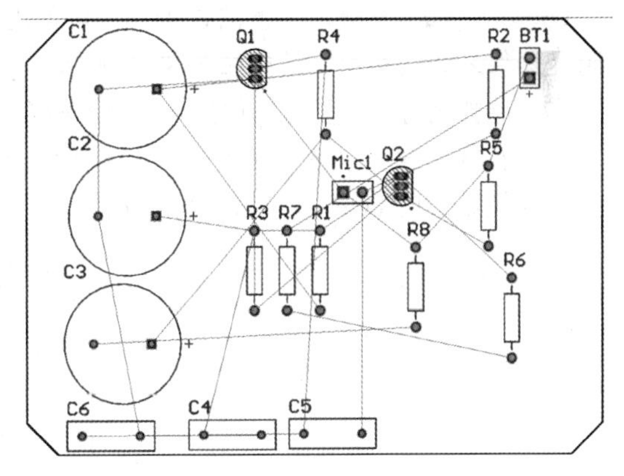

图 8-68　手动排列电容器

（2）调整电阻位置，使其按标号并行排列。

由于电阻分布在 PCB 上的各个区域内，一次调整会很费劲，因此，可使用“查找相似对象”命令。

（3）选择“编辑”→“查找相似对象”菜单命令，光标变成十字形状，在 PCB 区域内单击选取一个电阻，弹出“发现相似目标”对话框，在“Footprint（轨迹）”栏内选择“Same（相同）”，如图 8-69 所示。

单击“应用”按钮，再单击“确定”按钮，退出对话框。此时所有电阻均处于选中状态。

（4）执行“工具”→“器件布局”→“排列板子外的器件”菜单命令，则所有电阻元器件自动排列到 PCB 外部。

（5）单击菜单栏中的“工具”→“器件布局”→“在矩形区域排列”命令，用十字光标在 PCB 外部画出一个合适的矩形，此时所有电阻自动排列到该矩形区域内，如图 8-70 所示。

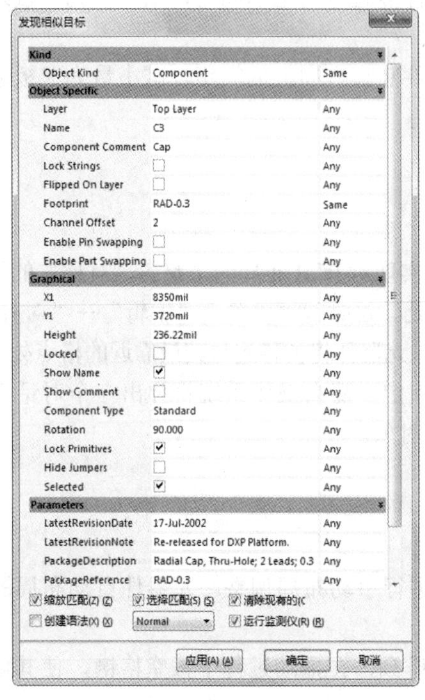

图 8-69　查找所有电阻

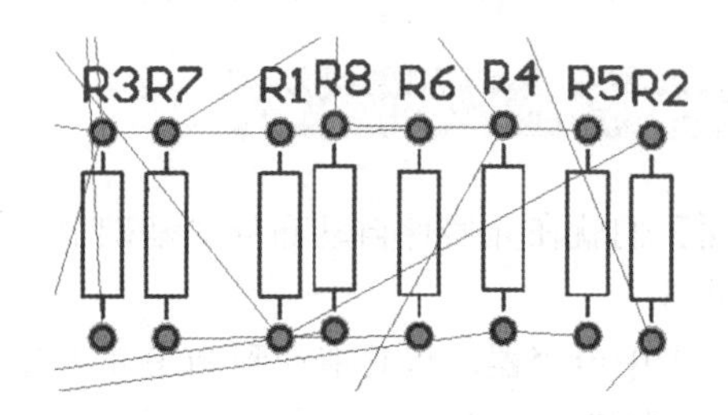

图 8-70　在矩形区域内排列电阻

（6）由于标号重叠，为了清晰美观，可使用“水平分布”和“增加水平间距”菜单命令，修改电阻元器件之间的间距，结果如图 8-71 所示。

（7）将排列好的电阻元器件拖动到电路板合适位置。按照同样的方法，对其他元器件进行排列。

（8）执行“编辑”→“对齐”→“水平分布”菜单命令，将元器件排列整齐。

手工调整后的 PCB 布局如图 8-72 所示。

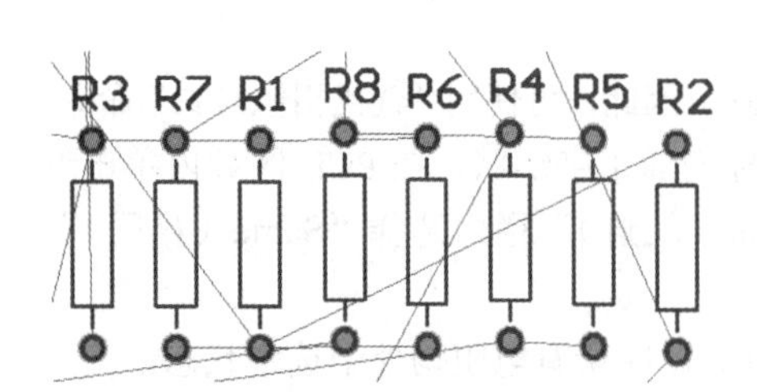

图 8-71　调整电阻元器件间距

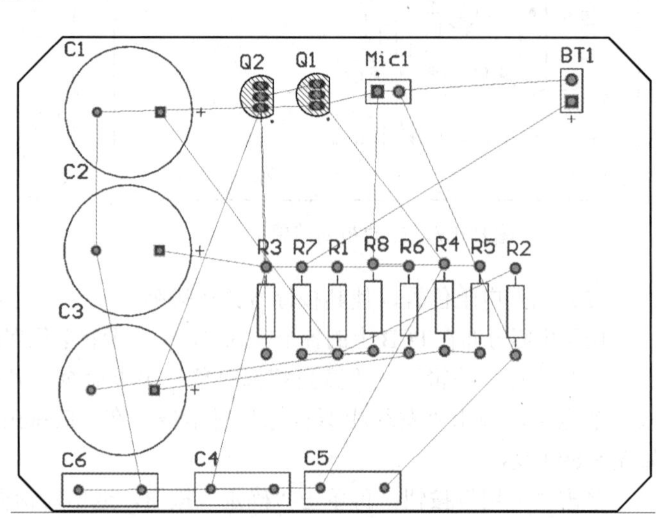

图 8-72　手工布局结果

布局完毕，会发现我们原来定义的 PCB 形状偏大，需要重新定义 PCB 的形状，这些内容前面已有介绍，这里不再赘述。

8.8.6 飞线的显示与隐藏

网络表信息导入 PCB 中，再将元器件布置到电路中，为方便显示与后期布线，可切换显示飞线，避免交叉。

选择菜单栏中的“察看”→“连接”命令，弹出如图 8-73 所示的子菜单，该菜单中的命令主要与飞线的显示与隐藏相关。

（1）选择“显示网络”命令，在 PCB 图中单击，弹出如图 8-74 所示的“Net Name（网络名称）”对话框，输入网络名称 A0，单击“确定”按钮，则显示与该网络相连的飞线，如图 8-75 所示。

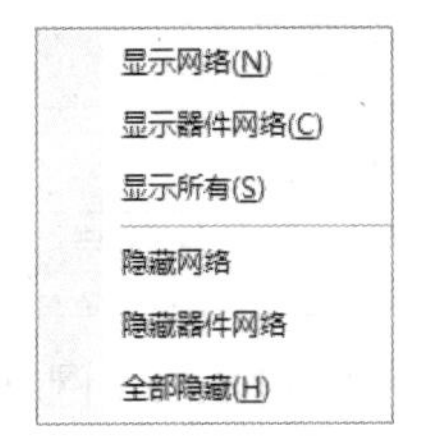

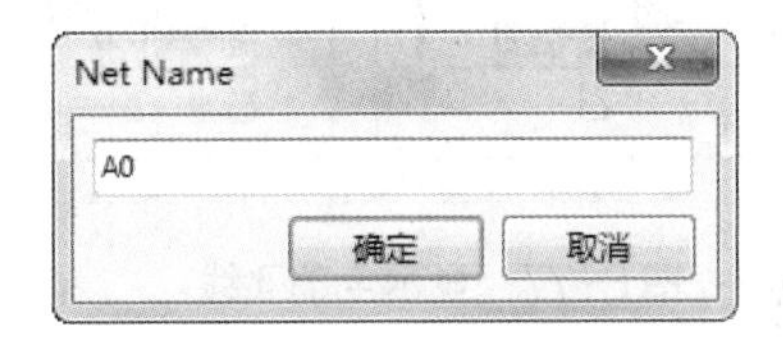

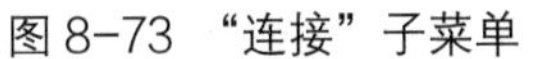

图 8-73 “连接”子菜单　　图 8-74 “Net Name（网络名称）”对话框

（2）选择“显示器件网络”命令，单击电路板中的元器件 C6，显示与该元器件相连的飞线，如图 8-76 所示。

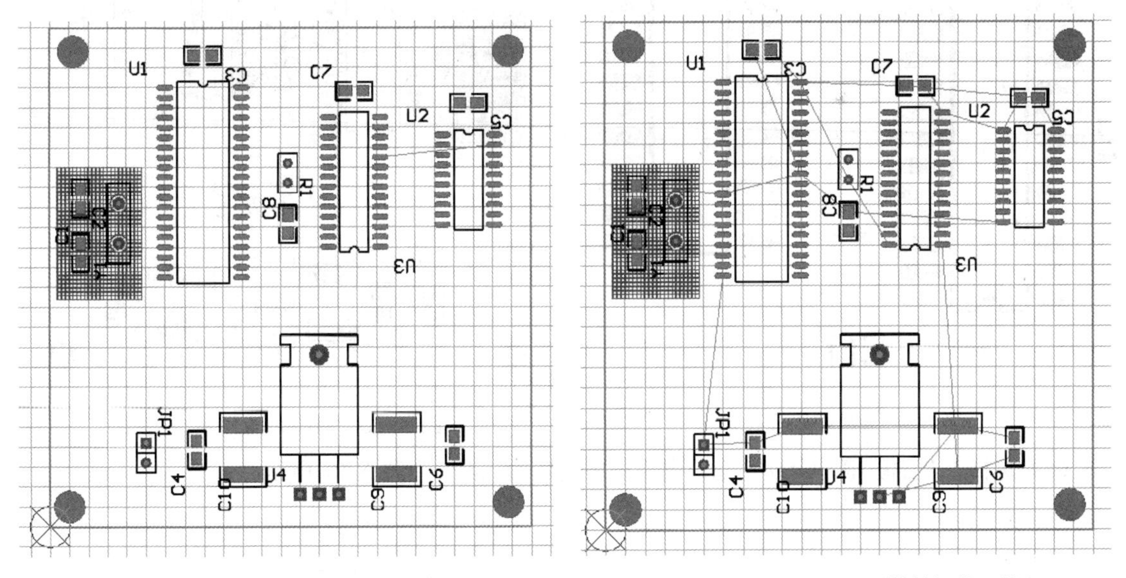

图 8-75 显示网络飞线　　图 8-76 显示元器件间的飞线

（3）选择“显示所有”命令，显示电路板中的所有飞线，如图 8-77 所示。

（4）选择“隐藏网络”命令，在 PCB 图中单击，弹出如图 8-78 所示的“Net Name（网络名称）”对话框，输入网络名称 A0，单击“确定”按钮，则隐藏与该网络相连的飞线，如图 8-79 所示。

（5）选择“隐藏器件网络”命令，单击电路板中的元器件 C6，隐藏与该元器件相连的飞线，如图 8-80 所示。

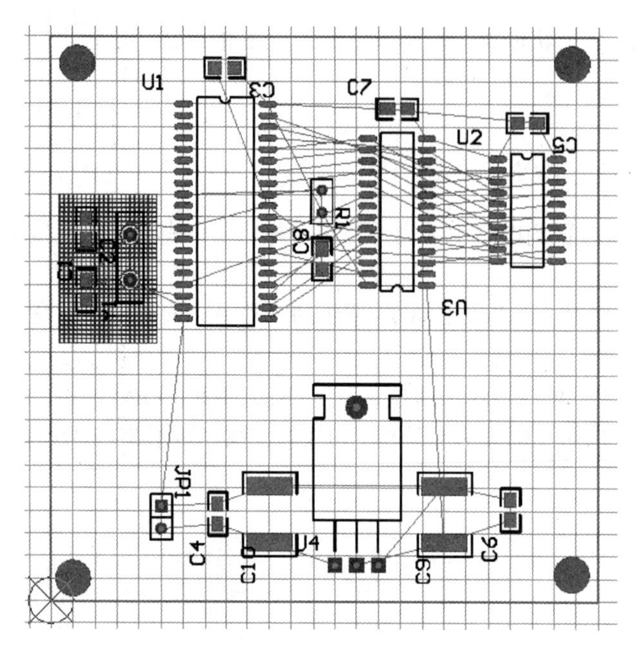

图 8-77　显示全部飞线

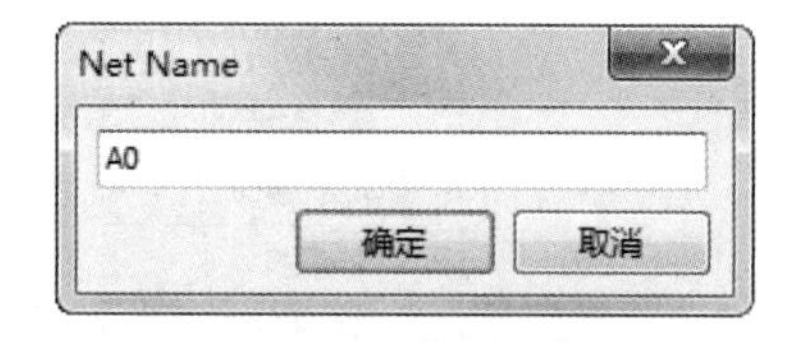

图 8-78　“Net Name（网络名称）”对话框

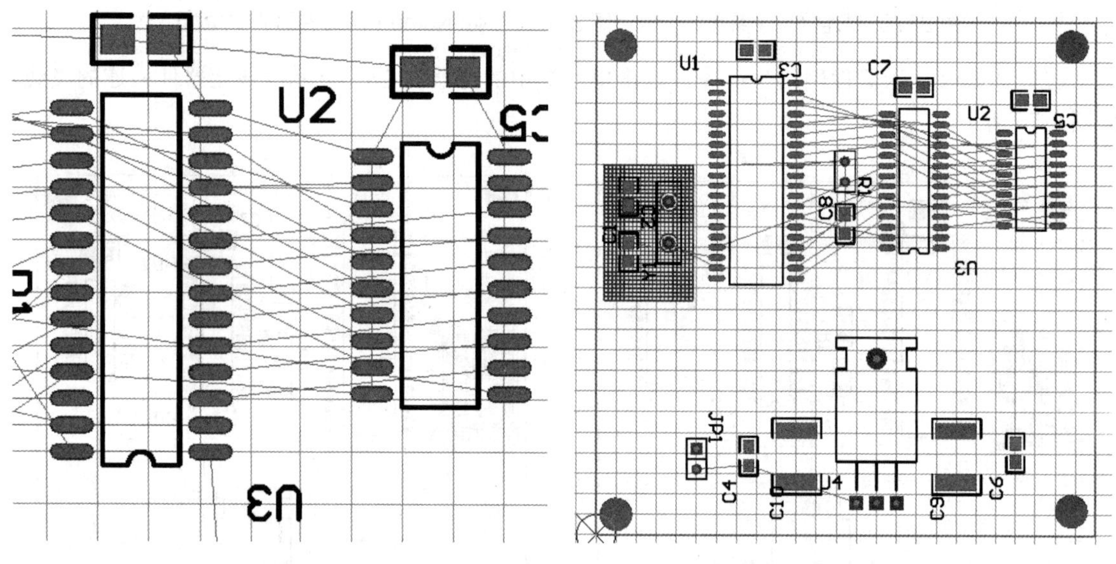

图 8-79　隐藏网络飞线

图 8-80　隐藏元器件间的飞线

（6）选择“全部隐藏”命令，隐藏电路板中的所有飞线，如图 8-81 所示。

提示

除使用菜单命令外，在编辑区按 N 键，弹出如图 8-82 所示的快捷菜单，其命令与“察看”菜单下的“连接”子菜单命令一一对应。

除使用菜单命令外，还可直接在环境设置中进行飞线的显示设置。选择菜单栏中的“设计”→“板层颜色”命令，弹出“视图配置”对话框，在“System Colors（系统颜色）”栏下取消“Default Color for New Nets”选项的“展示”复选框的勾选，则隐藏飞线；反之，显示飞线。

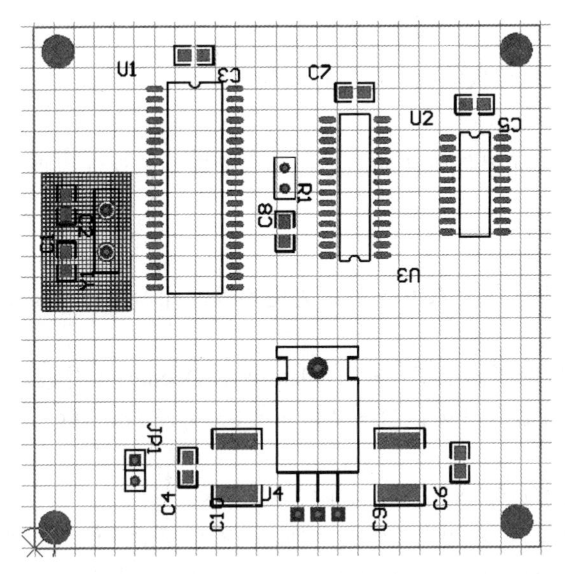

图 8-81　隐藏全部飞线

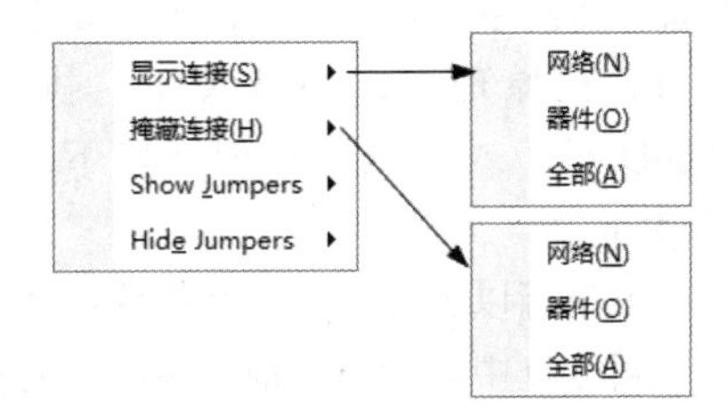

图 8-82　快捷菜单

8.9 综合实例——完整的 PCB 电路

本节介绍如何设计一个完整的 PCB 电路，主要步骤包括新建 PCB 文件、导入网络表、调整元器件的布局等。

扫码看视频

【绘制步骤】

1. 打开项目文件

> **提示**
>
> 准备电路原理图和网络表。网络表是电路原理图的精髓，是原理图和 PCB 图连接的桥梁，没有网络表，就不能实现电路板的自动布线。

选择菜单命令“文件”→“打开”，打开随书资源“源文件 \ch08\8.9\example”路径中的“看门狗电路 .PrjPcb”。

2. 新建一个 PCB 文件

选择菜单命令“文件”→“新建”→“PCB（印制电路板文件）”，在电路原理图所在的项目中，新建一个 PCB 文件，并保存为“看门狗电路 .PcbDoc”。

> **提示**
>
> 进入 PCB 编辑环境后，设置 PCB 设计环境，包括设置网格大小和类型、光标类型、板层参数、布线参数等。大多数参数都可以采用系统默认值，而且这些参数经过设置之后，符合用户个人的习惯，以后无须再去修改。

3. 规划电路板

规划电路板主要是确定电路板的边界，包括电路板的物理边界和电气边界。

4. 装载元器件库

在导入网络表之前，要把电路原理图中所有元器件所在的库添加到当前库中，保证原理图中指定的元器件封装形式能够在当前库中找到。

5. 导入网络表

完成了前面的工作后，即可将网络表里的信息导入 PCB 文件，为电路板的元器件布局和布线做准备。将网络表导入的具体步骤如下。

（1）在原理图编辑环境下，执行菜单命令“设计”→“Update PCB Document 看门狗电路 .PcbDoc”。或在 PCB 编辑环境下，执行菜单命令“设计”→“Import Changes From 看门狗电路 .PrjPcb”。

（2）执行以上命令后，系统弹出“工程更改顺序”对话框，如图 8-83 所示。

该对话框中显示出当前对电路进行的修改内容，左边为“修改”列表，右边是对应修改的“状态”。主要的修改有 Add Components、Add Nets、Add Components Classes 和 Add Rooms 几类。

图 8-83 “工程更改顺序”对话框

（3）单击“工程更改顺序”对话框中的“生效更改”按钮，系统将检查所有的更改是否都有效，如图 8-84 所示。

如果更改有效，将在右边的“检测”栏对应位置打钩；若有错误，“检测”栏中将显示红色错误标记。一般的错误是元器件封装定义不正确，系统找不到给定的封装，或者设计 PCB 时没有添加对应的集成库。此时需要返回电路原理图编辑环境中，对有错误的元器件进行修改，直到修改完所有的错误，即“检测”栏中全为正确内容为止。

（4）单击“工程更改顺序”对话框中的“执行更改”按钮，系统执行所有的更改操作，如果执行成功，“状态”下的“完成”栏将被勾选，执行结果如图 8-85 所示。此时，系统将网络表和元器件封装加载到 PCB 图中，如图 8-86 所示。

（5）若用户需要输出更改报告，可以单击“工程更改顺序”对话框中的“报告更改”按钮，系统弹出报告预览对话框，如图 8-87 所示，在该对话框中可以打印输出报告。

图 8-84　检查所有的更改是否都有效

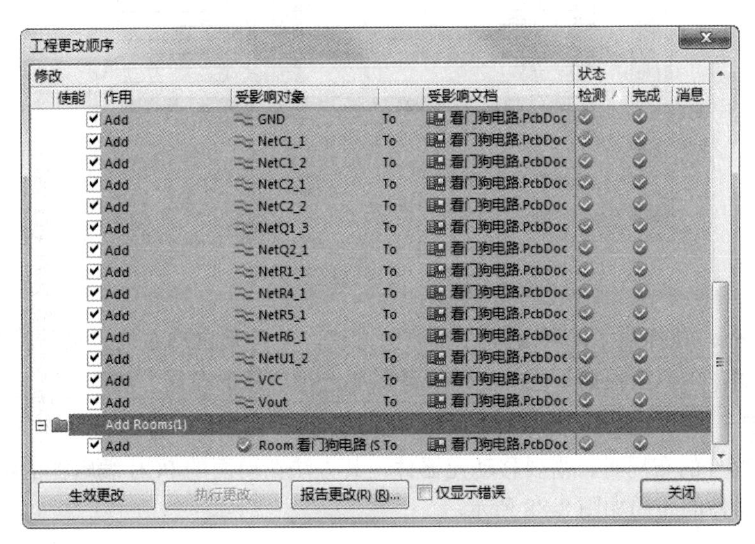

图 8-85　执行更改

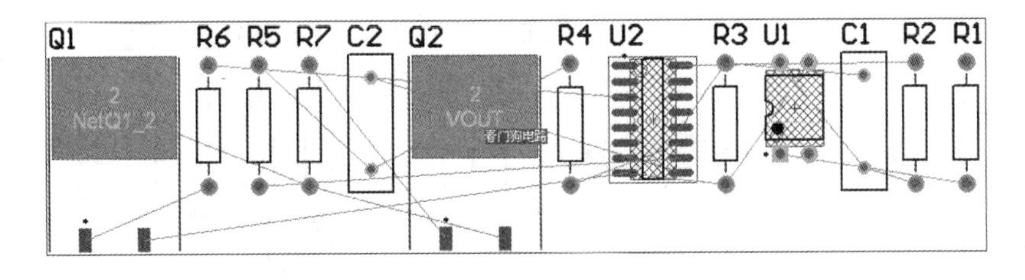

图 8-86　加载网络表和元器件封装的 PCB 图

提示

网络表导入后，所有元器件的封装已经加载到 PCB 上，我们需要对这些封装进行布局。合理的布局是 PCB 布线的关键。若单面板元器件布局不合理，将无法完成布线操作；若双面板元器件布局不合理，布线时将会放置很多过孔，使电路板导线变得非常复杂。

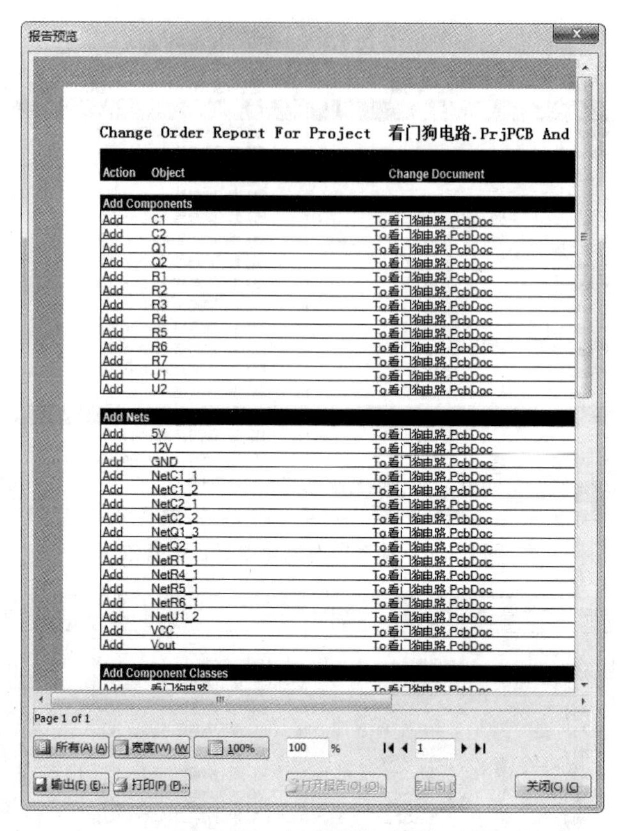

图 8-87　报告预览对话框

Altium Designer 17 提供了两种元器件布局的方法，一种是自动布局，另一种是手工布局。这两种方法各有优劣，用户应根据不同的电路设计需要选择合适的布局方法。

6. 手工布局

手工调整元器件的布局时，需要移动元器件，其方法在前面的 PCB 编辑器的编辑功能中讲过。手工调整后，元器件的布局如图 8-88 所示。

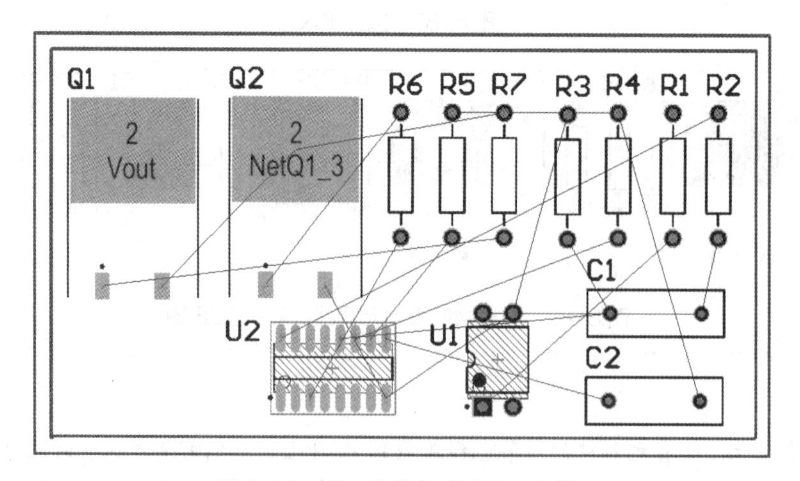

图 8-88　手工调整后元器件的布局

9 Chapter

第9章 PCB的高级编辑

在完成电路板的布局工作后，就可以开始布线操作了。在PCB的设计中，布线是完成产品设计的重要步骤，其要求最高、技术最细、工作量最大。PCB布线可分为单面布线、双面布线及多层布线几种。布线的方式有两种：自动布线和交互式布线。通常，自动布线无法完全达到电路的实际要求，因此，在自动布线之前，可以用交互式布线方式预先对要求比较严格的线进行布线。

在PCB上走线的首要任务就是要在PCB上走通所有的导线，建立起所有需要的电气连接，这在高密度的PCB设计中很具有挑战性。在能够完成所有走线的前提下，布线的要求如下。

- 走线长度尽量短和直，在这样的走线上电信号完整性较好。
- 走线中尽量少地使用过孔。
- 走线的宽度要尽量宽。
- 输入输出端的边线应避免相邻平行，以免产生反射干扰，必要时应该加地线隔离。
- 两相邻层间的布线要互相垂直，平行则容易产生耦合。

9.1 电路板的自动布线

自动布线是一个优秀的电路设计辅助软件所必须具备的功能之一。对于散热、电磁干扰及高频特性等要求较低的大型电路设计，采用自动布线操作可以大大降低布线的工作量，同时还能减少布线时所产生的遗漏。如果自动布线不能够满足实际工程设计的要求，可以通过手动布线进行调整。

9.1.1 设置 PCB 自动布线的规则

Altium Designer 17 在 PCB 编辑器中为用户提供了 10 大类 49 种设计规则，覆盖了元器件的电气特性、走线宽度、走线拓扑结构、表面安装焊盘、阻焊层、电源层、测试点、电路板制作、元器件布局、信号完整性等设计过程中的方方面面。在进行自动布线之前，首先应对自动布线规则进行详细设置。执行菜单栏中的“设计”→“规则”命令，系统将弹出如图 9-1 所示的“PCB 规则及约束编辑器”对话框。

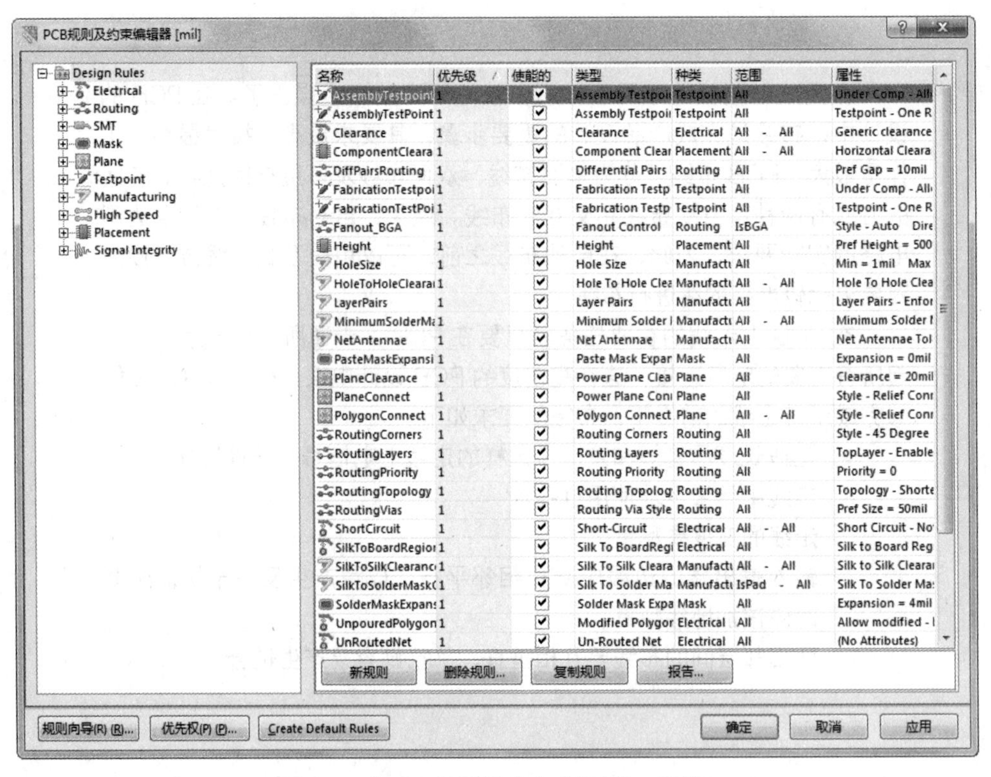

图 9-1 “PCB 规则及约束编辑器”对话框

1. “Electrical（电气规则）”类设置

该类规则主要针对具有电气特性的对象，用于系统的 ERC（电气规则检查）功能。当布线过程中违反电气规则（共有 4 种设计规则）时，ERC 检查器将自动报警提示用户。单击“Electrical（电气规则）”选项，对话框右侧将显示该类的设计规则，如图 9-2 所示。

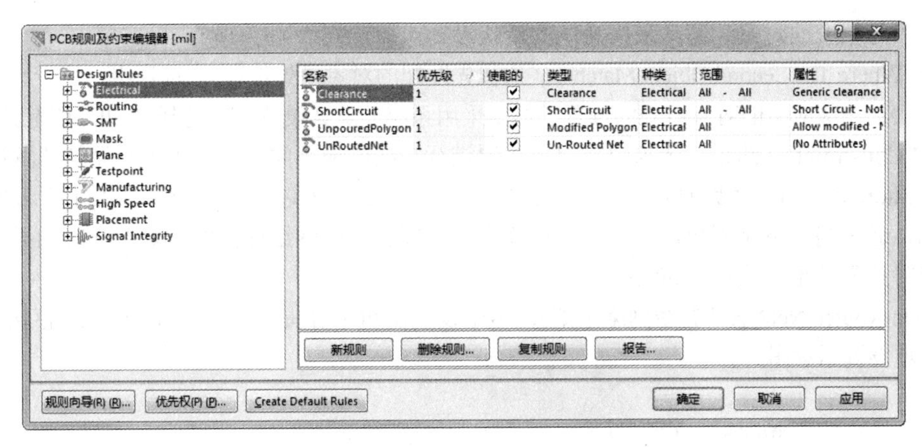

图9-2 “Electrical”设置界面

（1）Clearance（安全间距规则）：单击该选项，对话框右侧将列出该规则的详细信息，如图9-3所示。

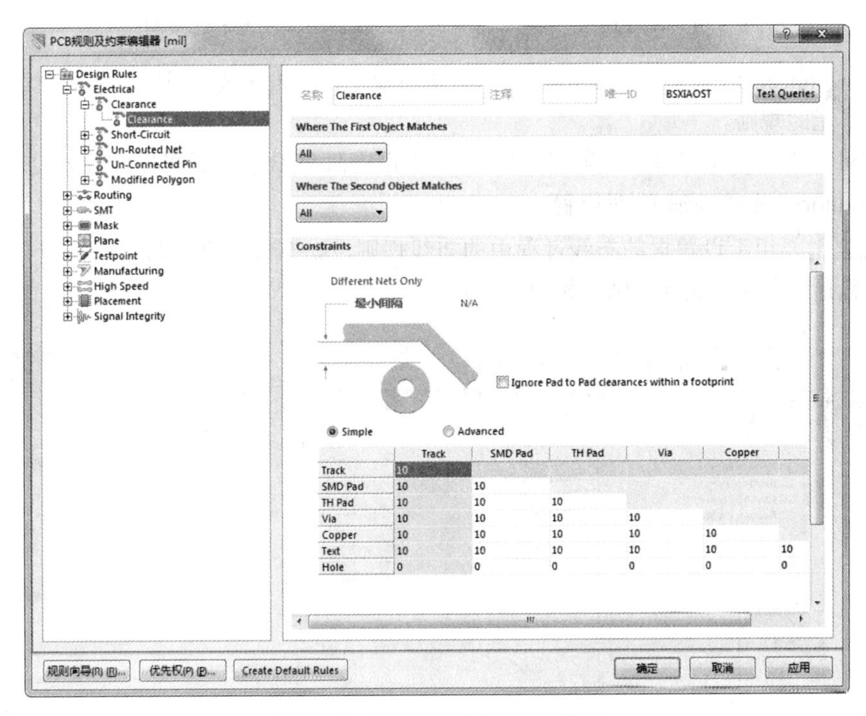

图9-3 安全间距规则设置界面

该规则用于设置具有电气特性的对象之间的间距。在PCB上具有电气特性的对象包括导线、焊盘、过孔和铜箔填充区等，在图9-3中可以设置导线与导线之间、导线与焊盘之间、焊盘与焊盘之间的间距规则。在设置规则时，可以选择适用该规则的对象和具体的间距值。

其中各选项组的功能如下。

- “Where The First Object Matches（优先匹配的对象所处位置）”选项组：用于设置该规则优先应用的对象所处的位置。应用的对象范围为“All（所有）”“Net（网络）”“Net Class（网络类）”“Layer（层）”“Net And Layer（网络和层）”和“Custom Query（自定义查询）”。选中某一范围后，可以在该选项后的下拉列表中选择相应的对象，或者在右侧的文本框中填写相应的对象。通常采用系统的默认设置，即选择“All（所有）”选项。

- “Where The Second Object Matches（次优先匹配的对象所处位置）”选项组：用于设置该规则次优先级应用的对象所处的位置。通常采用系统的默认设置，即选择“All（所有）”选项。
- “Constraints（约束）选项组：用于设置进行布线的最小间距。这里采用系统的默认设置。

（2）Short-Circuit（短路规则）：用于设置在 PCB 上是否可以出现短路。图 9-4 所示为该项设置示意图，通常情况下是不允许的。设置该规则后，拥有不同网络标号的对象相交时如果违反该规则，系统将报警并拒绝执行该布线操作。

（3）Un-Routed Net（取消布线网络规则）：用于设置在 PCB 上是否可以出现未连接的网络。图 9-5 所示为该项设置示意图。

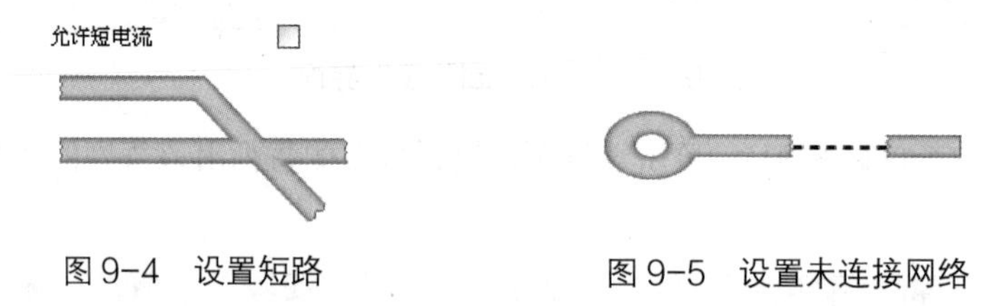

图 9-4　设置短路　　　　图 9-5　设置未连接网络

（4）Un-Connected Pin（未连接引脚规则）：电路板中存在未布线的引脚时将违反该规则。系统在默认状态下无此规则。

（5）Modified Polygon（修改后的多边形）：用于设置在 PCB 上是否可以修改多边形区域。

2. “Routing（布线规则）”类设置

该类规则主要用于设置自动布线过程中的布线规则，如布线宽度、布线优先级、布线拓扑结构等。其中包括以下 8 种设计规则，如图 9-6 所示。

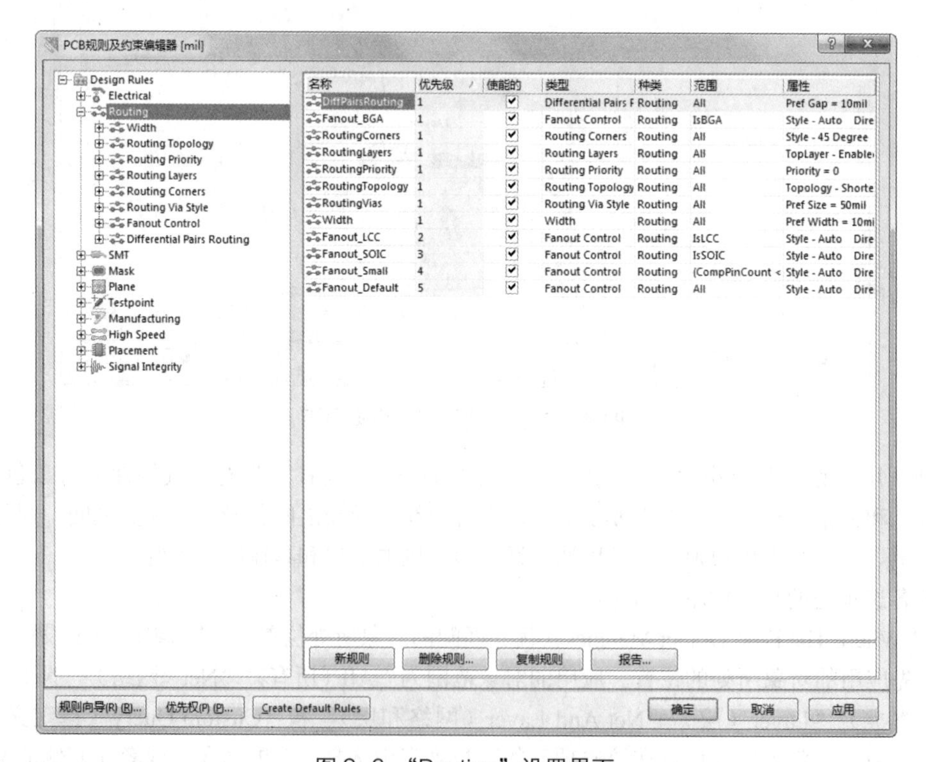

图 9-6　“Routing”设置界面

（1）Width（走线宽度规则）：用于设置走线宽度。图 9-7 所示为该规则的设置界面。

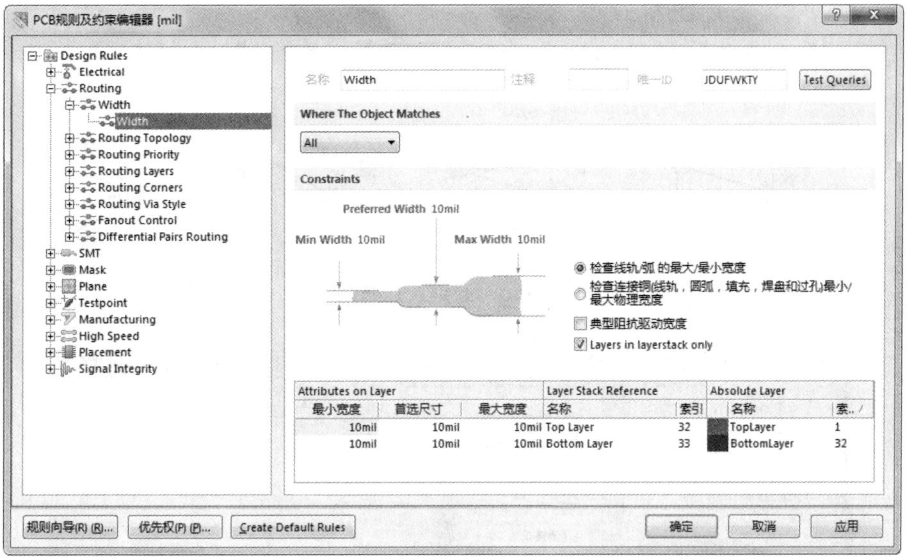

图 9-7　“Width”设置界面

走线宽度是指 PCB 铜膜走线（即我们俗称的导线）的实际宽度值，包括“最大宽度”“最小宽度”和“首选尺寸”3 个选项。

- “Where The Object Matches（匹配对象所处位置）”选项组：用于设置布线宽度应用对象所处位置，与 Clearance（安全间距规则）中相关选项功能类似。
- “Constraints（约束）”选项组：用于限制走线宽度。勾选“Layers in layerstack only（仅层栈中的层）”复选框，将列出当前层栈中各工作层的布线宽度规则设置；否则将显示所有层的布线宽度规则设置。勾选“典型阻抗驱动宽度”复选框时，将显示其驱动阻抗属性，这是高频高速布线过程中很重要的一个布线属性设置。驱动阻抗属性分为 Maximum Impedance（最大阻抗）、Minimum Impedance（最小阻抗）和 Preferred Impedance（首选阻抗）3 种。

（2）Routing Topology（走线拓扑结构规则）：用于选择走线的拓扑结构，图 9-8 所示为该项设置的示意图。各种拓扑结构如图 9-9 所示。

（3）Routing Priority（布线优先级规则）：用于设置布线优先级。图 9-10 所示为该规则的设置界面，在该对话框中可以对每一个网络设置布线优先级。

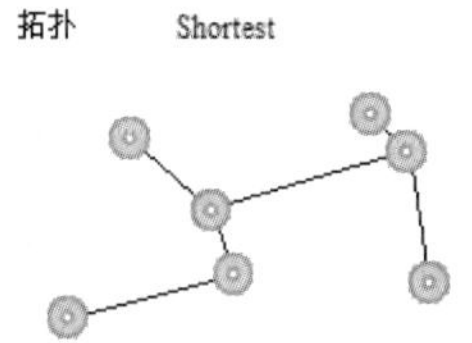

图 9-8　设置走线拓扑结构

PCB 上的空间有限，可能有若干根导线需要在同一块区域内走线，才能得到最佳的走线效果，通过设置走线的优先级可以决定导线占用空间的先后。设置规则时可以针对单个网络设置优先级。系统提供了 0 ～ 100 共 101 种优先级选择，0 表示优先级最低，100 表示优先级最高，默认的布线优先级规则是所有网络布线的优先级为 0。

（4）Routing Layers（布线工作层规则）：用于设置布线规则可以约束的工作层。图 9-11 所示为该规则的设置界面。

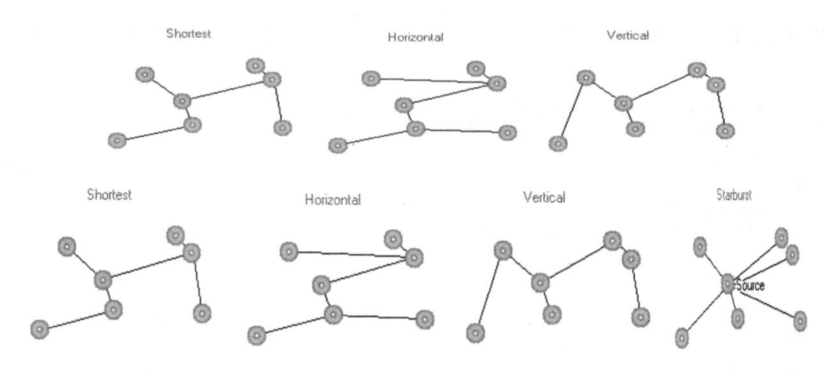

图 9-9　各种拓扑结构

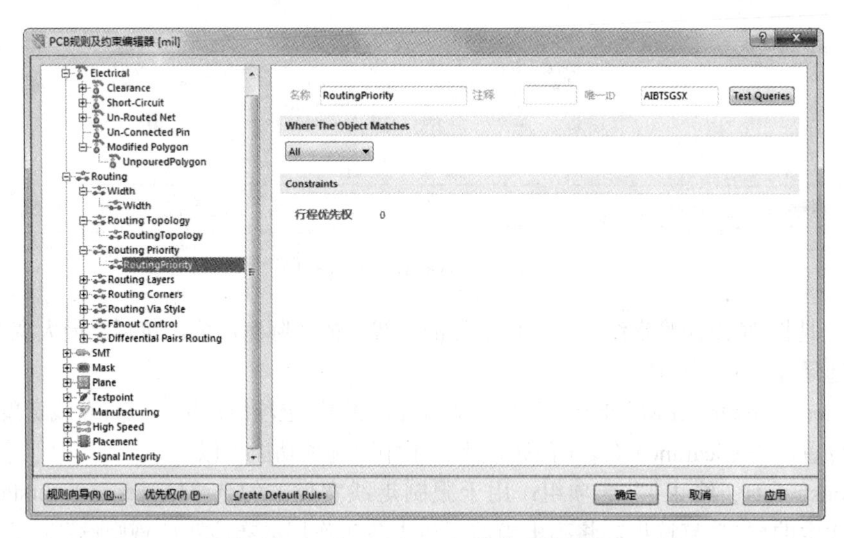

图 9-10　“Routing Priority”设置界面

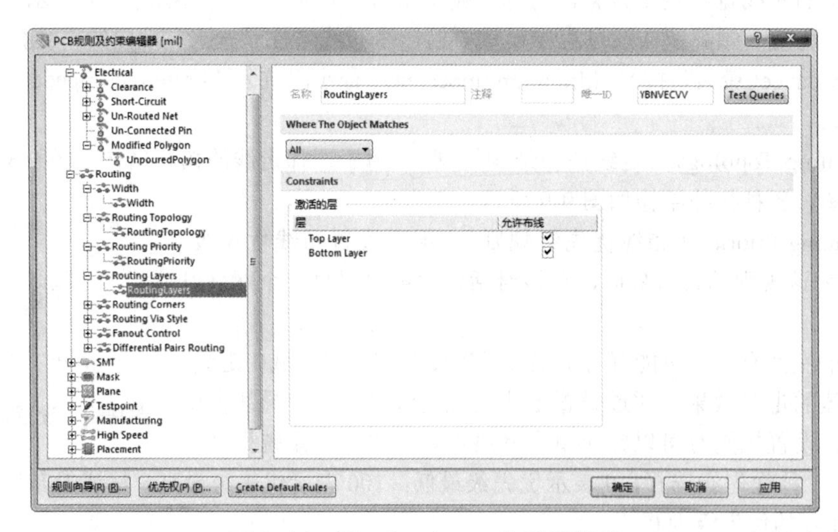

图 9-11　“Routing Layers”设置界面

（5）Routing Corners（导线拐角规则）：用于设置导线拐角形式。图 9-12 所示为该规则的设置界面。PCB 上的导线有 3 种拐角形式，如图 9-13 所示，通常情况下会采用 45° 的拐角形式。可以针对每个连接、每个网络直至整个 PCB 设置导线拐角形式。

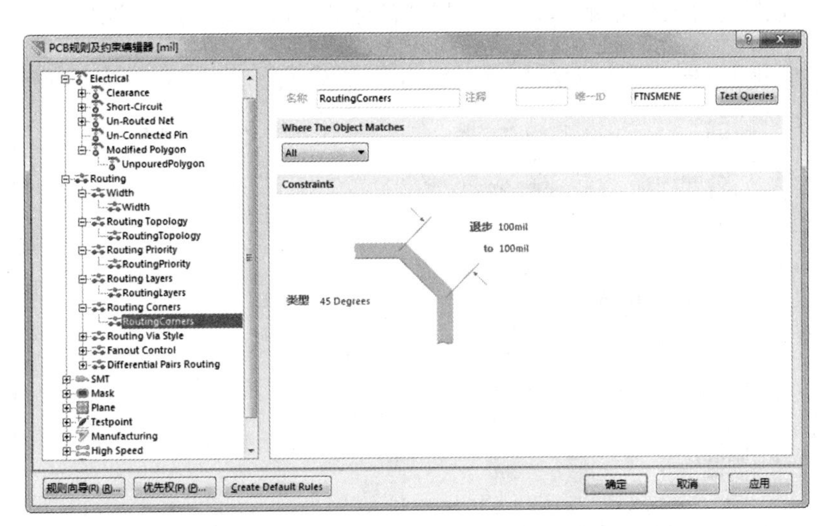

图 9-12　“Routing Corners”设置界面

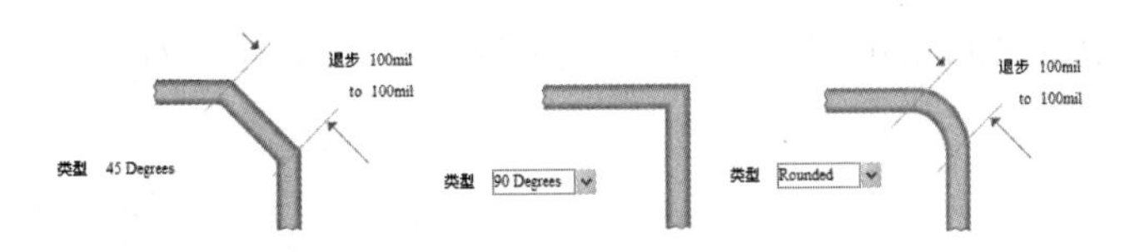

图 9-13　PCB 上导线的 3 种拐角形式

（6）Routing Via Style（布线过孔样式规则）：用于设置走线时所用过孔的样式。图 9-14 所示为该规则的设置界面，在该对话框中可以设置过孔的各种尺寸参数。过孔直径和过孔孔径都包括“最大的”“最小的”和“首选的”3 种定义方式。默认的过孔直径为 50mil，过孔孔径为 28mil。在 PCB 的编辑过程中，可以根据不同的元器件设置不同的过孔大小，过孔尺寸应该参考实际元器件引脚的粗细进行设置。

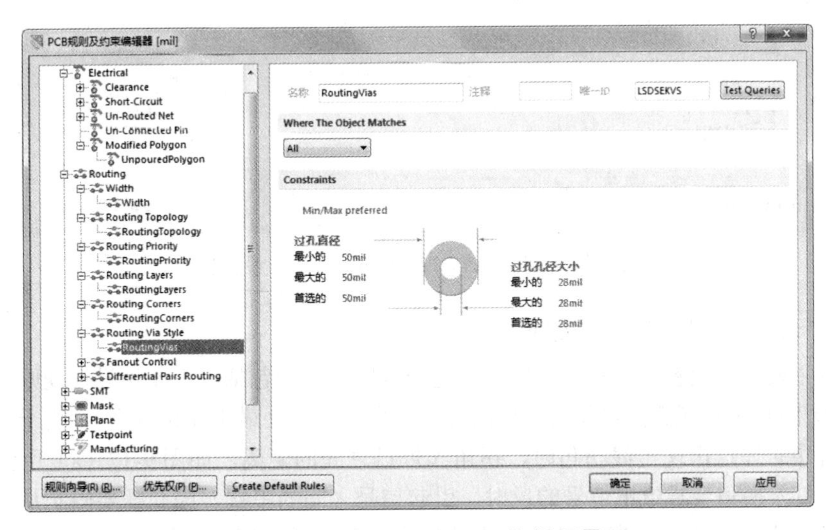

图 9-14　“Routing Via Style”设置界面

（7）Fanout Control（扇出控制布线规则）：用于设置走线时的扇出形式。图 9-15 所示为该规则的设置界面。可以针对每一个引脚、每一个元器件甚至整个 PCB 设置扇出形式。

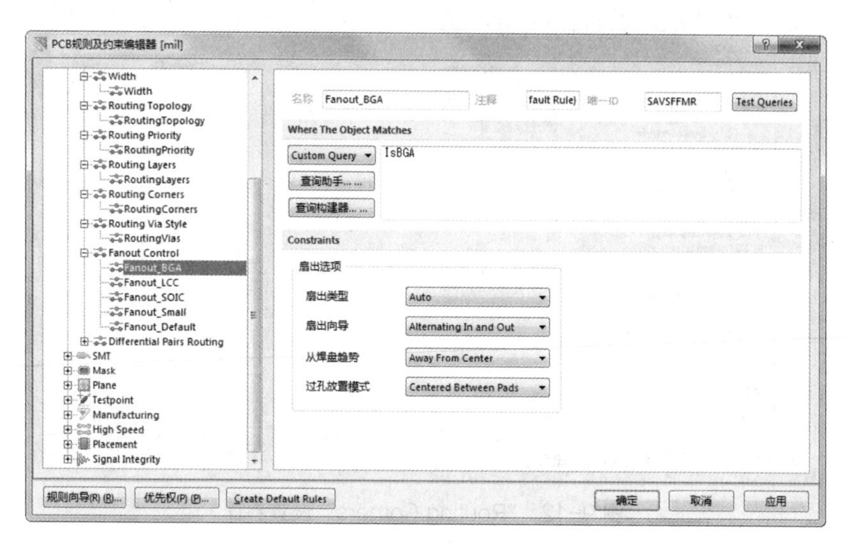

图 9-15 “Fanout Control”设置界面

（8）Differential Pairs Routing（差分对布线规则）：用于设置走线对形式。图 9-16 所示为该规则的设置界面。

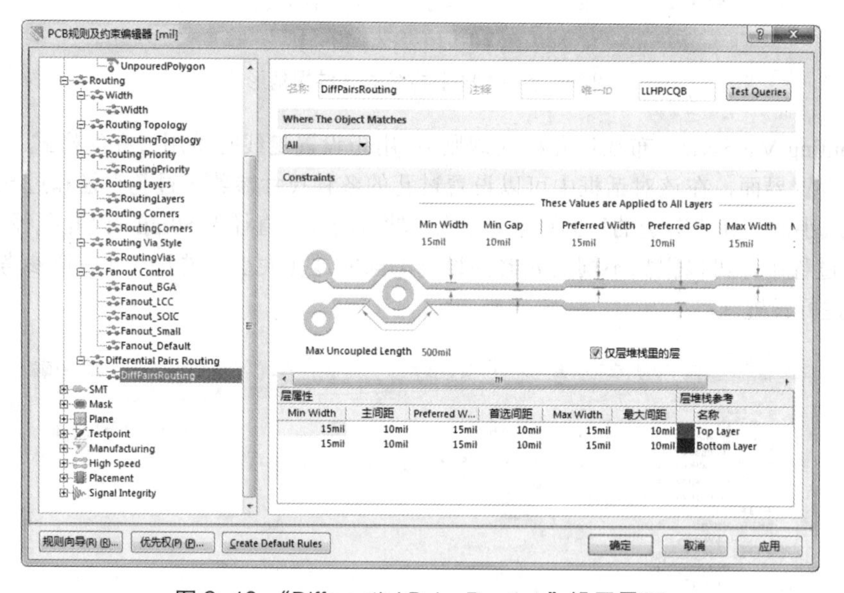

图 9-16 “Differential Pairs Routing”设置界面

3. “SMT（表面贴装规则）”类设置

该类规则主要用于设置表面贴装元器件的走线规则，其中包括以下 4 种设计规则。

- SMD To Corner（表面贴装元器件的焊盘与导线拐角处最小间距规则）：用于设置表面贴装元器件的焊盘出现走线拐角时，拐角和焊盘之间的距离，如图 9-17（a）所示。通常，走线时引入拐角会导致电信号的反射，引起信号之间的串扰，因此需要限制从焊盘引出的信号传输线至拐角的距离，以减小信号串扰。可以针对每一个焊盘、每一个网络直至整个

PCB 设置拐角和焊盘之间的距离，默认间距为 0mil。

- SMD To Plane（表面贴装元器件的焊盘与中间层间距规则）：用于设置表面贴装元器件的焊盘连接到中间层的走线距离。该项设置通常出现在电源层向芯片的电源引脚供电的场合。可以针对每一个焊盘、每一个网络直至整个 PCB 设置焊盘和中间层之间的距离，默认间距为 0mil。
- SMD Neck-Down（表面贴装元器件的焊盘颈缩率规则）：用于设置表面贴装元器件的焊盘连线的导线宽度，如图 9-17（b）所示。在该规则中可以设置导线线宽上限占据焊盘宽度的百分比，通常走线总是比焊盘要小。可以根据实际需要对每一个焊盘、每一个网络甚至整个 PCB 设置焊盘上的走线宽度与焊盘宽度之间的最大比率，默认值为 50%。

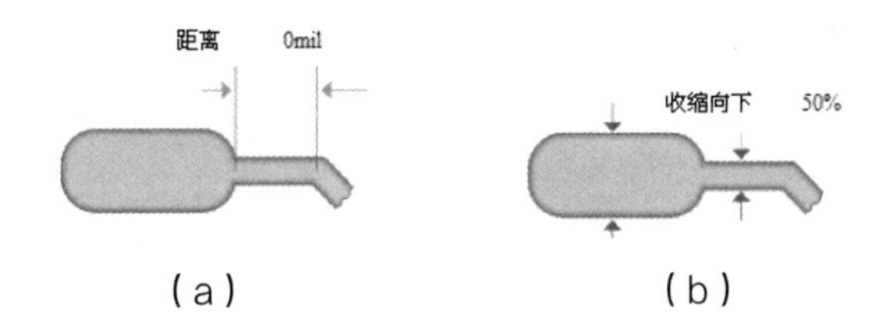

图 9-17　“SMT（表贴贴装规则）”的设置

- SMD Entry（表面贴装元器件的焊盘各接口之间的规则）：用于设置表面贴装元器件的焊盘各接口的连接角度与方法。

4. “Mask（阻焊规则）”类设置

该类规则主要用于设置阻焊剂铺设的尺寸，主要用在 Output Generation（输出阶段）进程中。系统提供了 Top Paster（顶层锡膏防护层）、Bottom Paster（底层锡膏防护层）、Top Solder（顶层阻焊层）和 Bottom Solder（底层阻焊层）4 个阻焊层，其中包括以下两种设计规则。

- Solder Mask Expansion（阻焊层和焊盘之间的间距规则）：通常，为了焊接的方便，阻焊剂铺设范围与焊盘之间需要预留一定的空间。图 9-18 所示为该规则的设置界面。可以根据实际需要对每一个焊盘、每一个网络甚至整个 PCB 设置该间距，默认距离为 4mil。

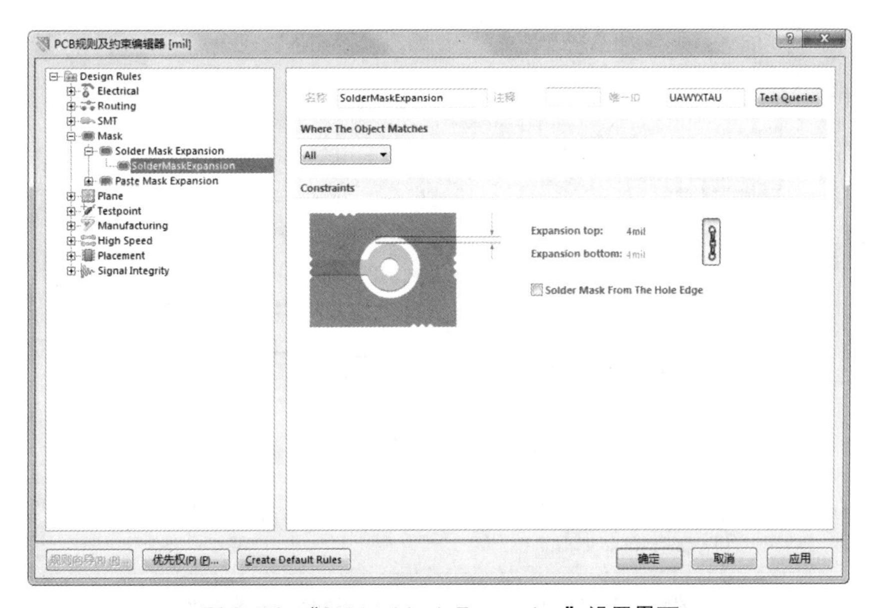

图 9-18　“Solder Mask Expansion”设置界面

- Paste Mask Expansion（锡膏防护层与焊盘之间的间距规则）：图 9-19 所示为该规则的设置界面。可以根据实际需要对每一个焊盘、每一个网络甚至整个 PCB 设置该间距，默认距离为 0mil。

阻焊规则也可以在焊盘的属性对话框中进行设置，可以针对不同的焊盘进行单独的设置。在焊盘的属性对话框中，用户可以选择遵循设计规则中的设置，也可以忽略规则中的设置而采用自定义设置。

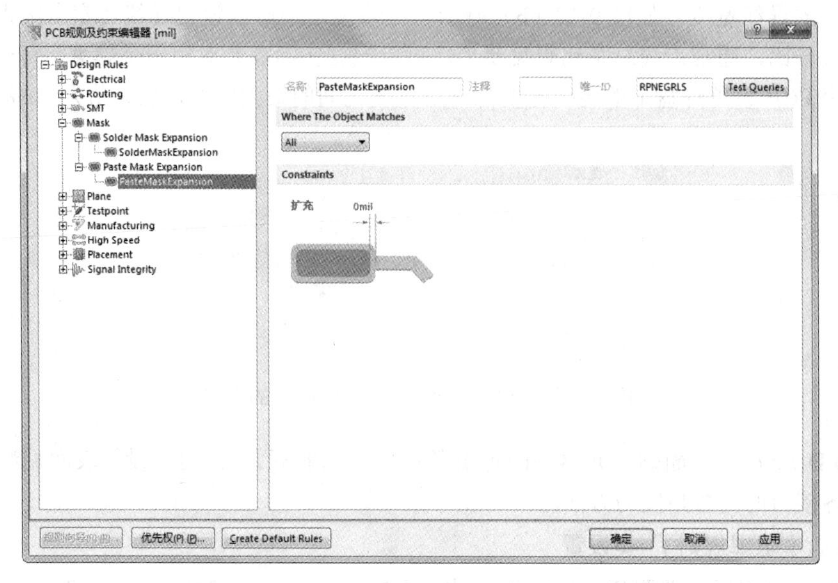

图 9-19 “Paste Mask Expansion”设置界面

5. “Plane（中间层布线规则）”类设置

该类规则主要用于设置中间电源层布线相关的走线规则，其中包括以下 3 种设计规则。

（1）Power Plane Connect Style（电源层连接类型规则）：用于设置电源层的连接形式。图 9-20 所示为该规则的设置界面，在该界面中可以设置中间层的连接形式和各种连接形式的参数。

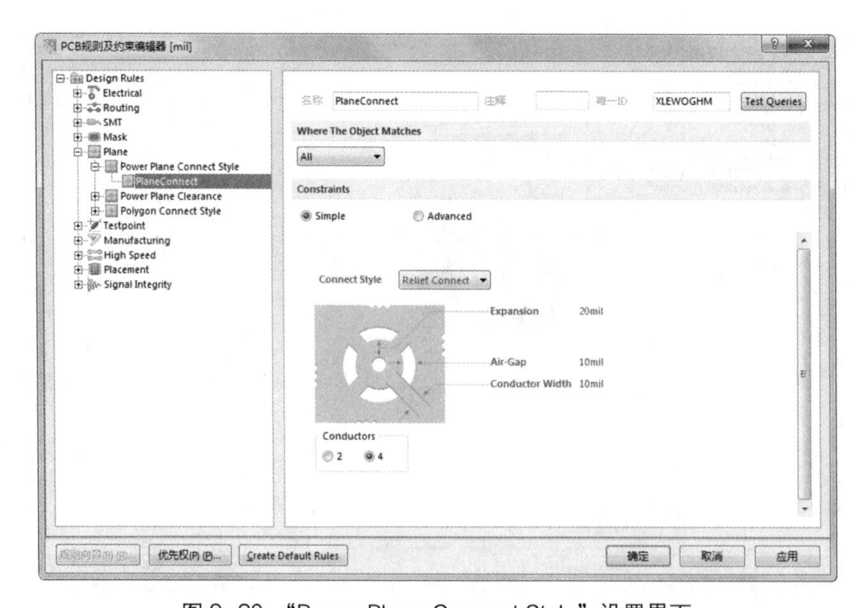

图 9-20 “Power Plane Connect Style”设置界面

- “Connect Style（连接类型）”下拉列表：连接类型可分为“No Connect（电源层与元器件引脚不相连）”“Direct Connect（电源层与元器件的引脚通过实心的铜箔相连）”和“Relief Connect（使用散热焊盘的方式与焊盘或钻孔连接）”3 种。默认设置为“Relief Connect（使用散热焊盘的方式与焊盘或钻孔连接）”。
- “Conductors（导体）”选项：散热焊盘组成导体的数目，默认值为 4。
- “Conductor Width（导体宽度）”选项：散热焊盘组成导体的宽度，默认值为 10mil。
- “Air-Gap（空气隙）”选项：散热焊盘钻孔与导体之间的空气间隙宽度，默认值为 10mil。
- “Expansion（扩张）”选项：钻孔的边缘与散热导体之间的距离，默认值为 20mil。

（2）Power Plane Clearance（电源层安全间距规则）：用于设置通孔通过电源层时的间距。图 9-21 所示为该规则的设置示意图，在该规则中可以设置中间层的连接形式和各种连接形式的参数。通常，电源层将占据整个中间层，因此在有通孔（通孔焊盘或者过孔）通过电源层时需要一定的间距。考虑到电源层的电流比较大，这里的间距设置也比较大。

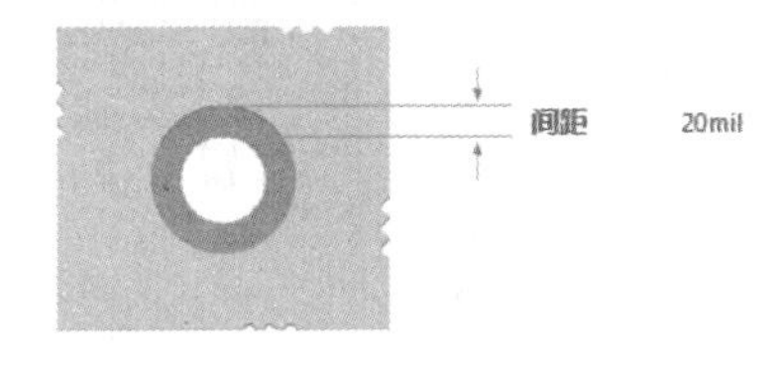

图 9-21　设置电源层安全间距规则

（3）Polygon Connect Style（焊盘与多边形覆铜区域的连接类型规则）：用于描述元器件引脚焊盘与多边形覆铜之间的连接类型。图 9-22 所示为该规则的设置界面。

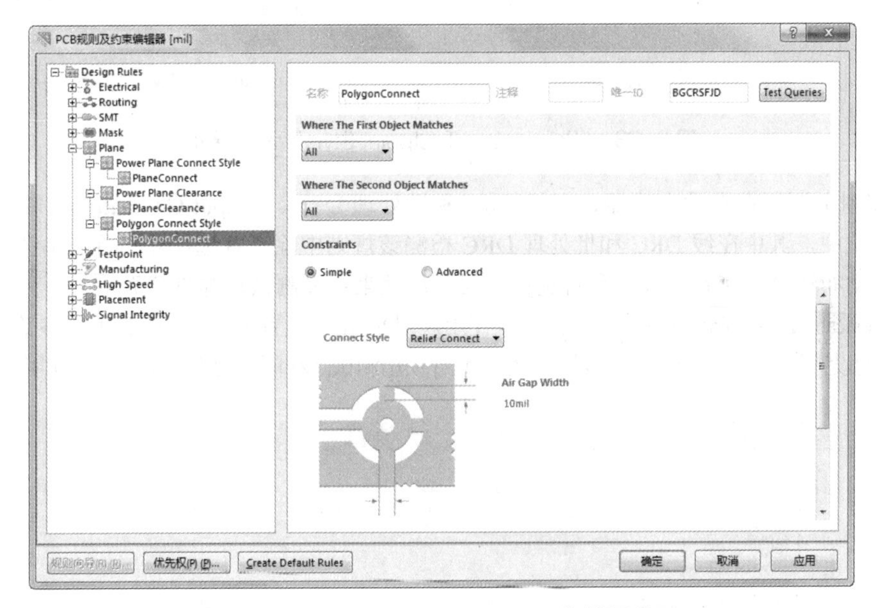

图 9-22　“Polygon Connect Style”设置界面

- “Connect Style（连接类型）”下拉列表：连接类型可分为“No Connect（覆铜与焊盘不相连）”“Direct Connect（覆铜与焊盘通过实心的铜箔相连）”和“Relief Connect（使用散热焊盘的方式与焊盘或钻孔连接）”3 种。默认设置为“Relief Connect（使用散热焊盘的方式与焊盘或钻孔连接）”。
- “Conductors（导体）”选项：散热焊盘组成导体的数目，默认值为 4。
- “Conductor Width（导体宽度）”选项：散热焊盘组成导体的宽度，默认值为 10mil。
- “Air Gap Width”选项：散热焊盘钻孔与导体之间的空气间隙宽度，默认值为 10mil。
- “Rotation（旋转）”选项：散热焊盘组成导体的旋转角度，默认值为 90°。

6. “Testpoint（测试点规则）”类设置

该类规则主要用于设置测试点布线规则，其中包括 4 种设计规则。

（1）Fabrication Testpoint Style（制造测试点类型规则）：用于设置制造测试点的形式。图 9-23 所示为该规则的设置界面，在该界面中可以设置制造测试点的形式和各种参数。为了方便电路板的调试，在 PCB 上引入了测试点。测试点连接在某个网络上，形式和过孔类似，在调试过程中可以通过测试点引出电路板上的信号，可以设置测试点的尺寸以及是否允许在元器件底部生成测试点等各项选项。

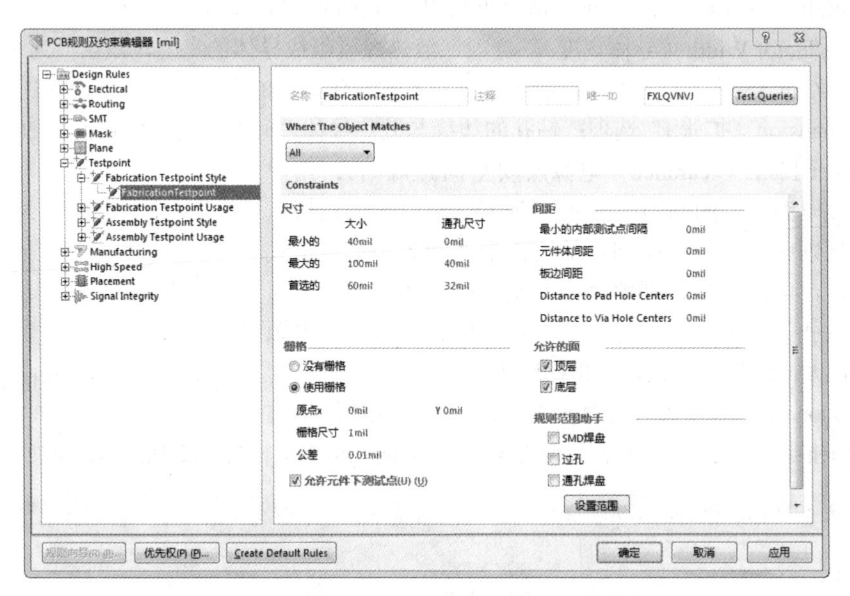

图 9-23 “Fabrication Testpoint Style”设置界面

该项规则主要用在自动布线器、在线 DRC 和批处理 DRC、Output Generation（输出阶段）等系统功能模块中，其中在线 DRC 和批处理 DRC 检测该规则中除了首选尺寸和首选钻孔尺寸外的所有属性。自动布线器使用首选尺寸和首选钻孔尺寸属性来定义测试点焊盘的大小。

（2）Fabrication Testpoint Usage（制造测试点使用规则）：用于设置制造测试点的使用参数。图 9-24 所示为该规则的设置界面，在该界面中可以设置是否允许使用测试点和同一网络上是否允许使用多个测试点。

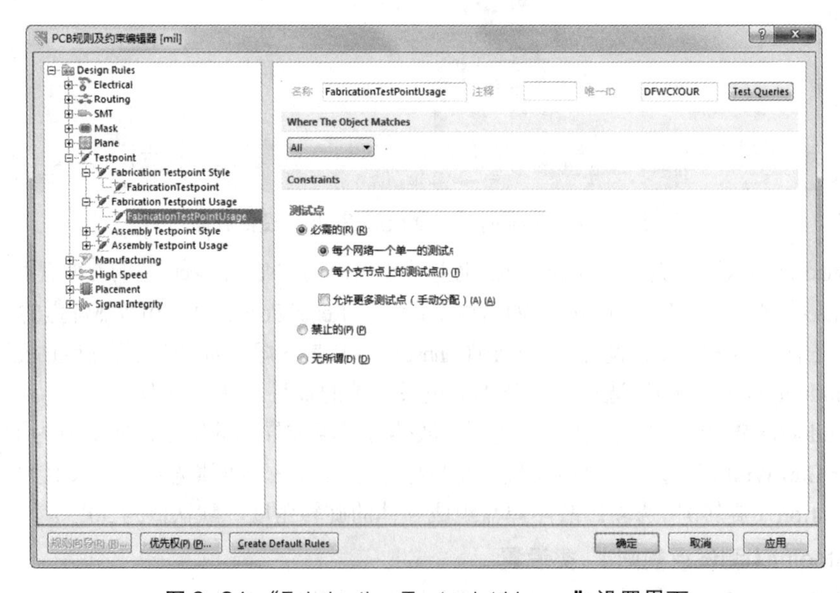

图 9-24 “Fabrication Testpoint Usage”设置界面

- “必需的”单选按钮：每一个目标网络都使用一个测试点。该项为默认设置。
- “禁止的”单选按钮：所有网络都不使用测试点。
- “无所谓”单选按钮：每一个网络可以使用测试点，也可以不使用测试点。
- “允许更多测试点（手动分配）”复选框：勾选该复选框后，系统将允许在一个网络上使用多个测试点。默认设置为取消对该复选框的勾选。

（3）Assembly Testpoint Style（装配测试点类型规则）：用于设置装配测试点的形式，其设置与“Fabrication Testpoint Style”类似。

（4）Assembly Testpoint Usage（装配测试点使用规则）：用于设置装配测试点的使用参数，其设置与“Fabrication Testpoint Usage”类似。

7. “Manufacturing（生产制造规则）”类设置

该类规则是根据 PCB 制作工艺来设置有关参数，主要用在在线 DRC 和批处理 DRC 执行过程中，其中包括 10 种设计规则，下面对常用的几个设计规则加以介绍。

（1）Minimum Annular Ring（最小环孔限制规则）：用于设置环状图元内外径间距下限。图 9-25 所示为该规则的设置界面。在 PCB 设计时引入的环状图元（如过孔）中，如果内径和外径之间的差很小，在工艺上可能无法制作出来，此时的设计实际上是无效的。通过该项设置可以检查出所有工艺无法达到的环状物。默认值为 10mil。

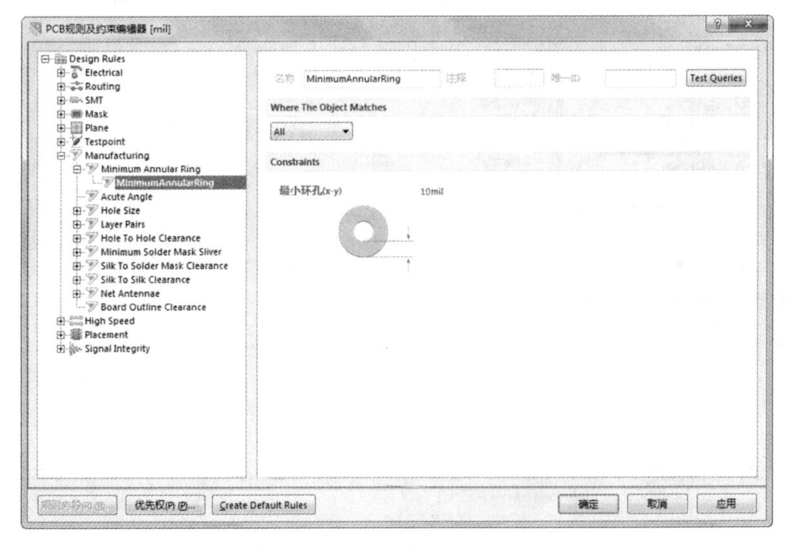

图 9-25　“Minimum Annular Ring”设置界面

（2）Acute Angle（锐角限制规则）：用于设置锐角走线角度限制。图 9-26 所示为该规则的设置界面。在 PCB 设计时，如果没有规定走线角度最小值，则可能出现拐角很小的走线，工艺上可能无法做到这样的拐角，此时的设计实际上是无效的。通过该项设置可以检查出所有工艺无法达到的锐角走线。默认值为 60°。

（3）Hole Size（钻孔尺寸设计规则）：用于设置钻孔孔径的上限和下限。图 9-27 所示为该规则的设置界面。与设置环状图元内外径间距下限类似，过小的钻孔孔径可能在工艺上无法制作，从而导致设计无效。通过设置钻孔孔径的范围，可以防止 PCB 设计出现类似错误。

- “测量方法”选项：度量孔径尺寸的方法有 Absolute（绝对值）和 Percent（百分数）两种。默认设置为 Absolute（绝对值）。
- “最小的”选项：设置孔径最小值。Absolute（绝对值）方式的默认值为 1mil，Percent（百分数）方式的默认值为 20%。

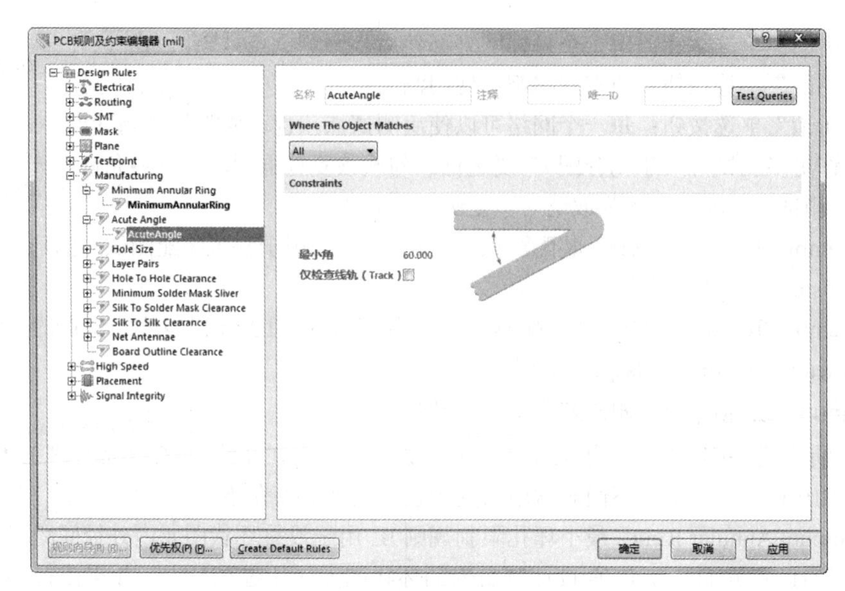

图 9-26 “Acute Angle”设置界面

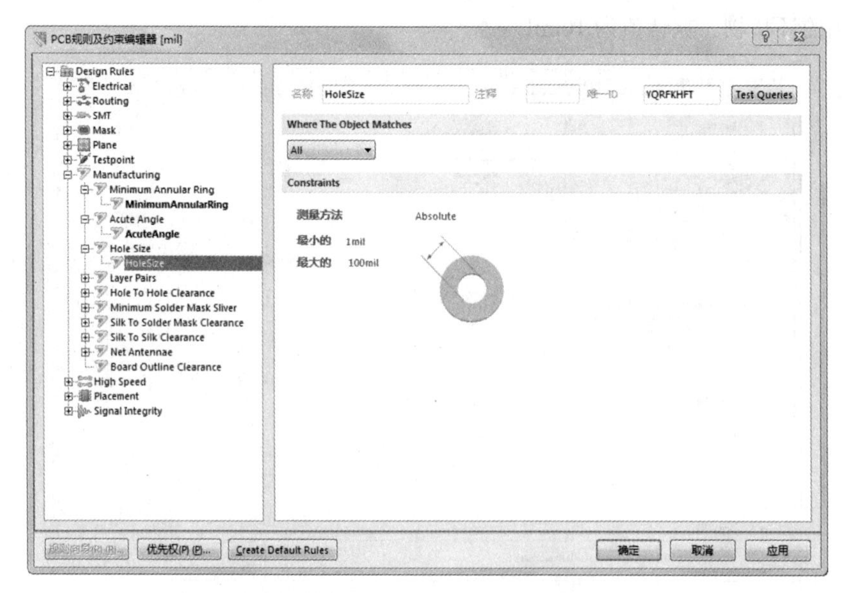

图 9-27 “Hole Size”设置界面

- “最大的”选项：设置孔径最大值。Absolute（绝对值）方式的默认值为 100mil，Percent（百分数）方式的默认值为 80%。

（4）Layer Pairs（工作层对设计规则）：用于检查使用的 Layer-pairs（工作层对）是否与当前的 Drill-pairs（钻孔对）匹配。使用的 Layer-pairs（工作层对）是由板上的过孔和焊盘决定的，Layer-pairs（工作层对）是指一个网络的起始层和终止层。该项规则除了应用于在线 DRC 和批处理 DRC 外，还可以应用在交互式布线过程中。“加强层对设定”复选框用于确定是否强制执行此项规则的检查，勾选该复选框时，将始终执行该项规则的检查。

8. “High Speed（高速信号相关规则）”类设置

该类规则主要用于设置高速信号线布线规则，其中包括以下 7 种设计规则。

（1）Parallel Segment（平行导线段间距限制规则）：用于设置平行走线间距限制规则。图 9-28

所示为该规则的设置界面。在高速 PCB 设计中，为了保证信号传输正确，需要采用差分线对来传输信号，与单根线传输信号相比可以得到更好的效果。在该对话框中可以设置差分线对的各项参数，包括差分线对的层、间距和长度等。

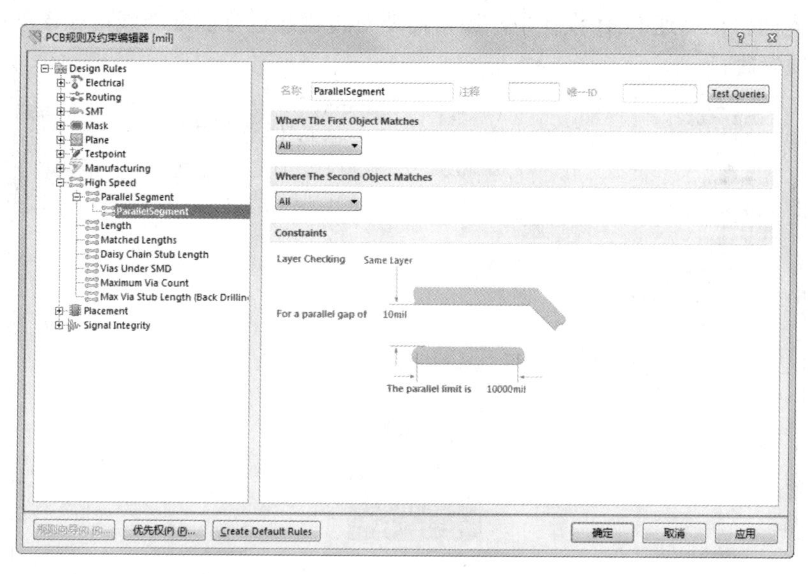

图 9-28 “Parallel Segment”设置界面

- “Layer Checking（层检查）”选项：用于设置两段平行导线所在的工作层面属性，有 Same Layer（位于同一个工作层）和 Adjacent Layers（位于相邻的工作层）两种选择。默认设置为 Same Layer（位于同一个工作层）。
- “For a parallel gap of（平行线间的间隙）”选项：用于设置两段平行导线之间的距离。默认设置为 10mil。
- “The parallel limit is（平行线的限制）”选项：用于设置平行导线的最大允许长度（在使用平行走线间距规则时）。默认设置为 10000mil。

（2）Length（网络长度限制规则）：用于设置传输高速信号导线的长度。图 9-29 所示为该规则

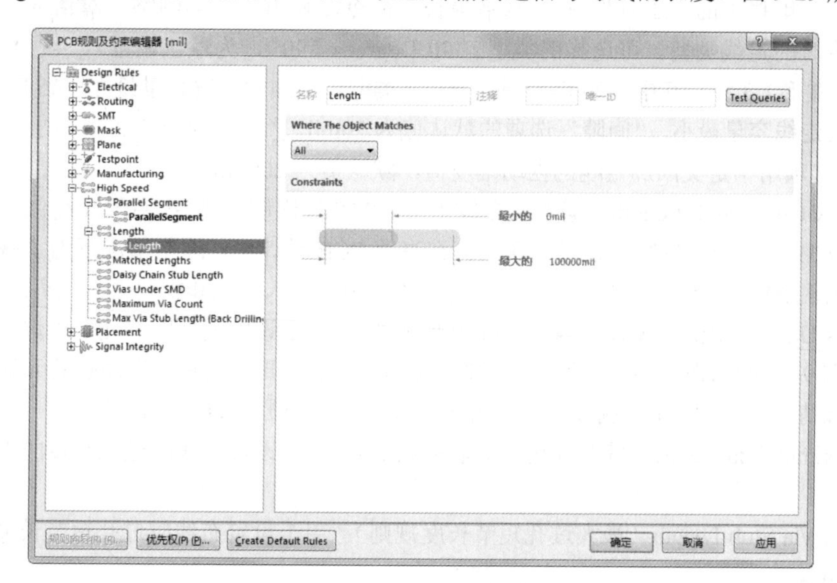

图 9-29 “Length”设置界面

的设置界面。在高速PCB设计中，为了保证阻抗匹配和信号质量，对走线长度也有一定的要求。在该对话框中可以设置走线的下限和上限。

（3）Matched Lengths（匹配传输线的长度规则）：用于设置匹配传输线的长度。图 9-30 所示为该规则的设置界面。在高速 PCB 设计中，通常需要对传输线进行匹配布线，在该界面中可以设置匹配走线的各项参数。

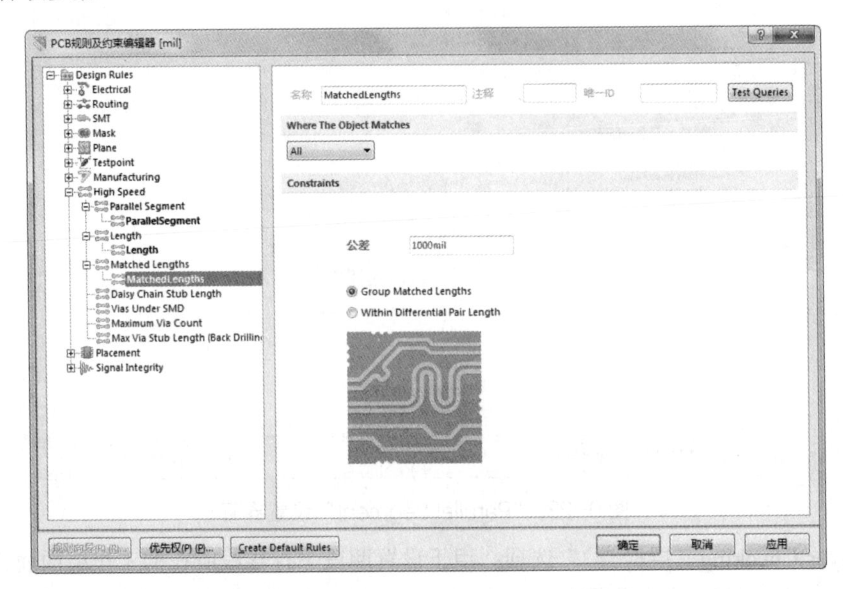

图 9-30 “Matched Lengths”设置界面

- “公差”选项：在高频电路设计中要考虑到传输线的长度问题，传输线太短将产生串扰等传输线效应。该项规则定义了一个传输线长度值，将设计中的走线与此长度进行比较，当出现小于此长度的走线时，执行菜单栏中的“工具”→“Equalize Net Lengths（延长网络走线长度）”命令，系统将自动延长走线的长度以满足此处的设置需求。默认设置为1000mil。
- 执行菜单栏中的“工具”→“ 网络等长”命令，弹出“补偿网络”对话框，可设置添加延长导线长度时的走线类型。可选择的类型有 90 Degrees（90°，为默认设置）、45 Degrees（45°）和 Rounded（圆形）3 种。其中，90 Degrees（90°）类型可添加的走线容量最大，45 Degrees（45°）类型可添加的走线容量最小。“间隙”选项的默认值为 20mil。

“振幅”选项用于定义添加走线的摆动幅度值，默认值为 200mil。

（4）Daisy Chain Stub Length（菊花状布线主干导线长度限制规则）：用于设置 90° 拐角和焊盘的距离。图 9-31 所示为该规则的设置示意图。在高速 PCB 设计中，通常情况下为了减少信号的反射是不允许出现 90° 拐角的，在必须有 90° 拐角的场合中将引入焊盘和拐角之间距离的限制。

（5）Vias Under SMD（SMD 焊盘下过孔限制规则）：用于设置表面贴装元器件焊盘下是否允许出现过孔。图 9-32 所示为该规则的设置示意图。在 PCB 中需要尽量减少表面贴装元器件焊盘中的过孔，在特殊情况下（如中间电源层通过过孔向电源引脚供电）可以引入过孔。

（6）Maximun Via Count（最大过孔数量限制规则）：用于设置布线时过孔数量的上限。默认设置为 1000。

（7）Max Via Stub Length（最大过孔短节长度规则）：用于设置布线时过孔短节长度的上限。默认设置为 15mil。

9. “Placement（元器件放置规则）”类设置

该类规则用于设置元器件布局的规则。在布线时可以引入元器件的布局规则，这些规则一般只在对元器件布局有严格要求的场合中使用。前面章节已经有详细介绍，这里不再赘述。

图 9-31　设置菊花状布线主干导线长度限制规则　　图 9-32　设置 SMD 焊盘下过孔限制规则

10. “Signal Integrity（信号完整性规则）”类设置

该类规则用于设置信号完整性所涉及的各项要求，如对信号上升沿、下降沿的要求。这里的设置会影响到电路的信号完整性仿真，对其进行简单介绍。

- Signal Stimulus（激励信号规则）：图 9-33 所示为该规则的设置示意图。激励信号的类型有 Constant Level（直流）、Single Pulse（单脉冲信号）、Periodic Pulse（周期性脉冲信号）3 种。还可以设置激励信号初始电平（低电平或高电平）、开始时间、终止时间和周期等。
- Overshoot-Falling Edge（信号下降沿的过冲约束规则）：图 9-34 所示为该项设置示意图。

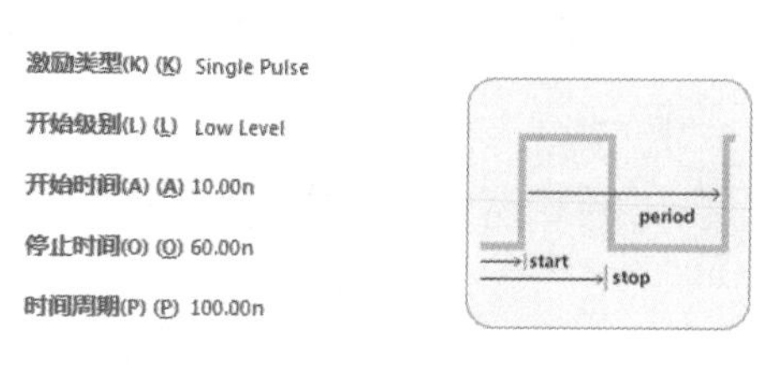

图 9-33　激励信号规则

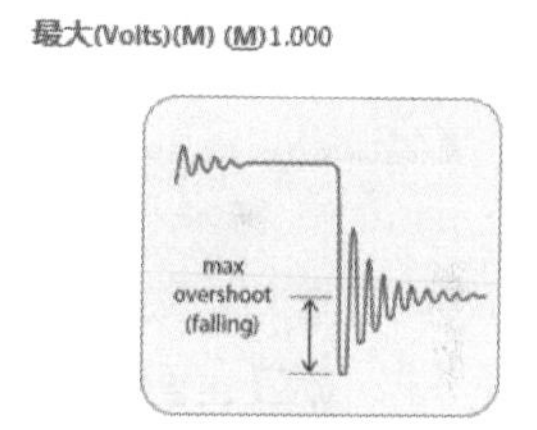

图 9-34　信号下降沿的过冲约束规则

- Overshoot- Rising Edge（信号上升沿的过冲约束规则）：图 9-35 所示为该项设置示意图。
- Undershoot-Falling Edge（信号下降沿的反冲约束规则）：图 9-36 所示为该项设置示意图。

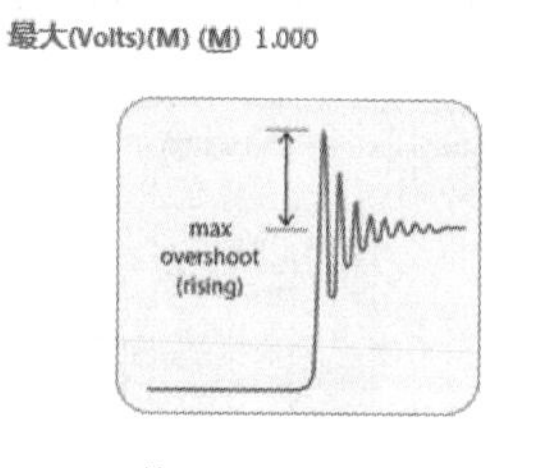

图 9-35　信号上升沿的过冲约束规则

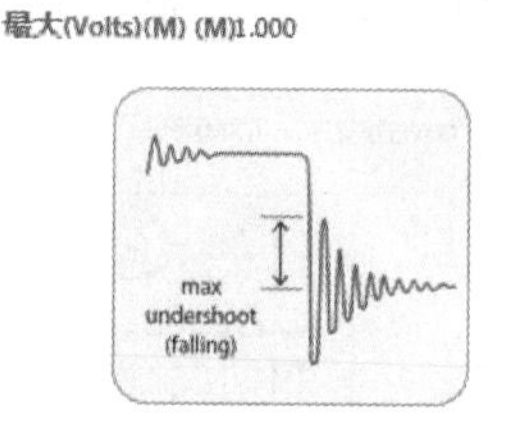

图 9-36　信号下降沿的反冲约束规则

- Undershoot-Rising Edge（信号上升沿的反冲约束规则）：图 9-37 所示为该项设置示意图。
- Impedance（阻抗约束规则）：图 9-38 所示为该规则的设置示意图。
- Signal Top Value（信号高电平约束规则）：用于设置高电平最小值。图 9-39 所示为该项设置示意图。

最大(Volts)(M) (M)1.000

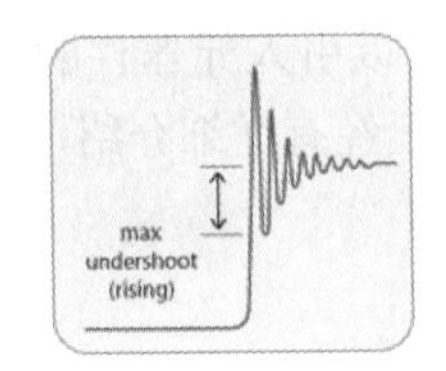

图 9-37 信号上升沿的反冲约束规则

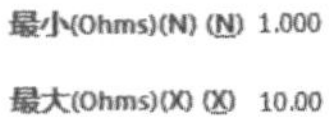

最小(Ohms)(N) (N) 1.000

最大(Ohms)(X) (X) 10.00

图 9-38 阻抗约束规则

- Signal Base Value（信号基准约束规则）：用于设置低电平最大值。图 9-40 所示为该项设置示意图。

最小(Volts)(M) (M)5.000

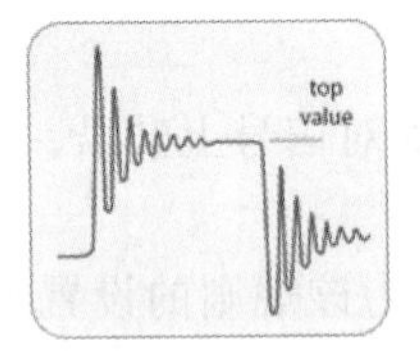

图 9-39 信号高电平约束规则

最大(Volts)(M) (M)0.000

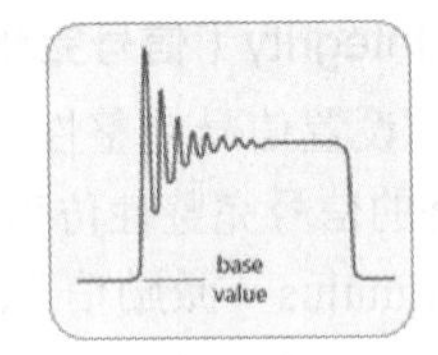

图 9-40 信号基准约束规则

- Flight Time-Rising Edge（上升沿的上升时间约束规则）：图 9-41 所示为该规则设置示意图。
- Flight Time-Falling Edge（下降沿的下降时间约束规则）：图 9-42 所示为该规则设置示意图。

Maximum(seconds)(M)1(M)0n

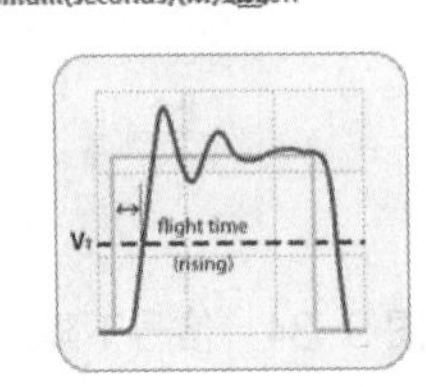

图 9-41 上升沿的上升时间约束规则

Maximum(seconds)(M)1(M)0n

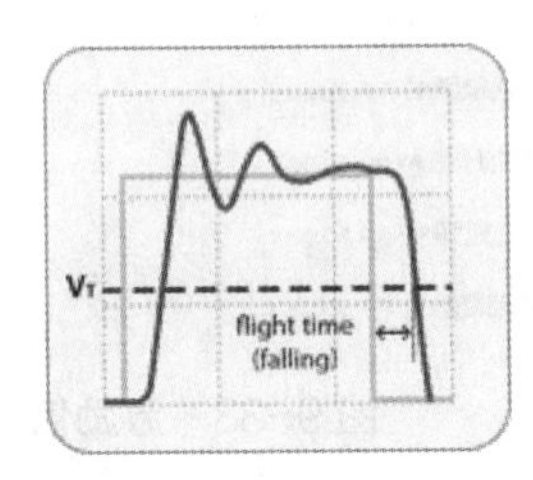

图 9-42 下降沿的下降时间约束规则

- Slope-Rising Edge（上升沿斜率约束规则）：图 9-43 所示为该规则的设置示意图。
- Slope-Falling Edge（下降沿斜率约束规则）：图 9-44 所示为该规则的设置示意图。

Maximum(seconds)(M)1(M)0n

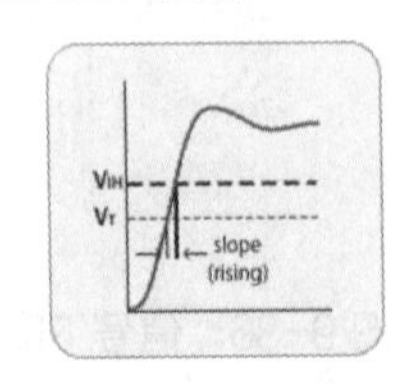

图 9-43 上升沿斜率约束规则

Maximum(seconds)(M)1(M)0n

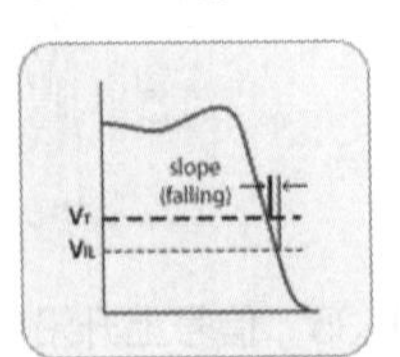

图 9-44 下降沿斜率约束规则

- Supply Nets：用于提供网络约束规则。

从以上对 PCB 布线规则的说明可知，Altium Designer 17 对 PCB 布线做了全面规定。这些规定只有一部分运用在元器件的自动布线中，而所有规则将运用在 PCB 的 DRC 检测中。在对 PCB 手动布线时可能会违反设定的 DRC 规则，在对 PCB 进行 DRC 检测时将检测出所有违反这些规则的地方。

9.1.2　设置 PCB 自动布线的策略

设置 PCB 自动布线策略的操作步骤如下。

（1）执行菜单栏中的“自动布线”→“Auto Route（自动布线）”→“设置”命令，系统将弹出如图 9-45 所示的“Situs 布线策略（布线位置策略）”对话框。

在该对话框中可以设置自动布线策略。布线策略是指印制电路板自动布线时所采取的策略，如探索式布线、迷宫式布线、推挤式拓扑布线等。其中，自动布线的布通率依赖于良好的布局。

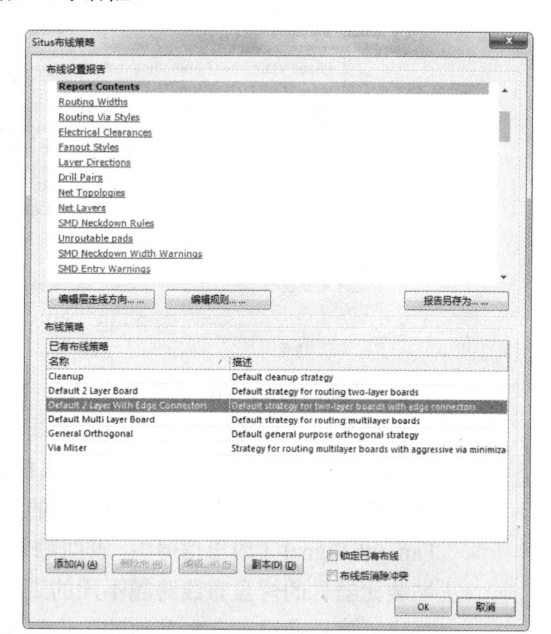

图 9-45　“Situs 布线策略”对话框

在“Situs 布线策略（布线位置策略）”对话框中列出了默认的 6 种自动布线策略，功能分别如下。

- Cleanup（清除）：用于清除策略。
- Default 2 Layer Board（默认双面板）：用于默认的双面板布线策略。
- Default 2 Layer With Edge Connectors（默认具有边缘连接器的双面板）：用于默认的具有边缘连接器的双面板布线策略。
- Default Multi Layer Board（默认多层板）：用于默认的多层板布线策略。
- General Orthogonal（通用正交板）：用于默认的通用的正交板布线策略。
- Via Miser（少用过孔）：用于在多层板中尽量减少使用过孔策略。

对默认的布线策略不允许进行编辑和删除操作。

勾选“锁定已有布线”复选框后，所有先前的布线将被锁定，重新自动布线时将不改变这部分的布线。

（2）单击“添加”按钮，系统将弹出如图 9-46 所示的“Situs 策略编辑器”对话框。在该对话框中可以添加新的布线策略。

（3）在“策略名称”文本框中填写添加的新建布线策略的名称，在“策略描述”文本框中填写对该布线策略的描述。可以通过拖动文本框下面的滑块来改变此布线策略允许的过孔数目，过孔数目越多，自动布线越快。

（4）选择左侧“已有的布线操作”列表框中的一项，然后单击“添加”按钮，此布线策略将被添加到右侧“布线策略中的操作”列表框中，作为新创建的布线策略中的一项。如果想要删除右侧列表框中的某一项，则选择该项后单击“移除”按钮即可。单击“上移”按钮或“下移”按钮，可以改变各个布线策略的优先级，位于最上方的布线策略优先级最高。

“已有的布线操作”列表框中主要有以下几种布线方式。

- Adjacent Memory（相邻的存储器）：U 形走线的布线方式。采用这种布线方式时，自动布线器对同一网络中相邻的元器件引脚采用 U 形走线方式。

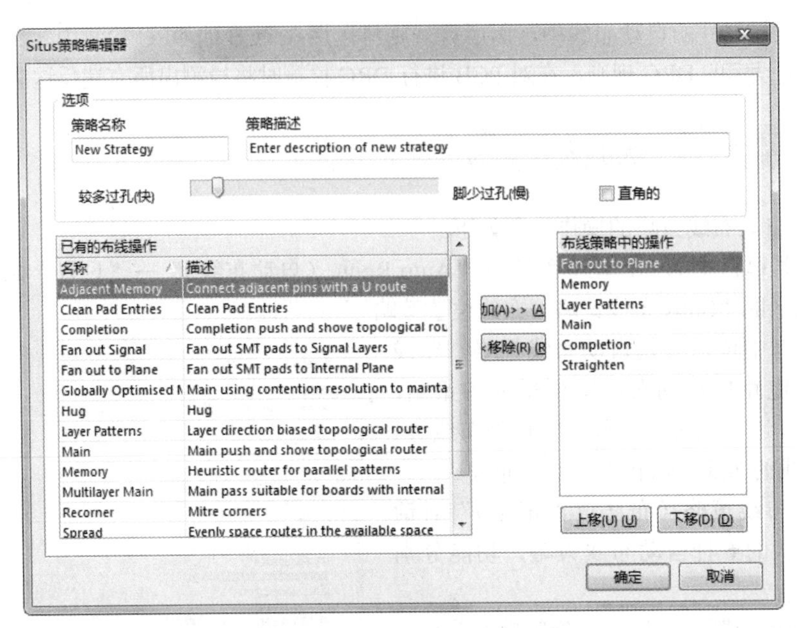

图 9-46 “Situs 策略编辑器”对话框

- Clean Pad Entries（清除焊盘走线）：清除焊盘冗余走线。采用这种布线方式可以优化 PCB 的自动布线，清除焊盘上多余的走线。
- Completion（完成）：竞争的推挤式拓扑布线。采用这种布线方式时，布线器对布线进行推挤操作，以避开不在同一网络中的过孔和焊盘。
- Fan out Signal（扇出信号）：表面贴装元器件的焊盘采用扇出形式连接到信号层。当表面贴装元器件的焊盘布线跨越不同的工作层时，采用这种布线方式可以先从该焊盘引出一段导线，然后通过过孔与其他的工作层连接。
- Fan out to Plane（扇出平面）：表面贴装元器件的焊盘采用扇出形式连接到电源层和接地网络中。
- Globally Optimized Main（全局主要的最优化）：全局最优化拓扑布线方式。
- Hug（环绕）：采用这种布线方式时，自动布线器将采取环绕的布线方式。
- Layer Patterns（层样式）：采用这种布线方式将决定同一工作层中的布线是否采用布线拓扑结构进行自动布线。
- Main（主要的）：主推挤式拓扑驱动布线。采用这种布线方式时，自动布线器对布线进行推挤操作，以避开不在同一网络中的过孔和焊盘。
- Memory（存储器）：启发式并行模式布线。采用这种布线方式将对存储器上的走线方式进行最佳的评估。对地址线和数据线一般采用有规律的并行走线方式。
- Multilayer Main（主要的多层）：多层板拓扑驱动布线方式。
- Recorner（拐角布线）：拐角布线方式。
- Spread（伸展）：采用这种布线方式时，自动布线器自动使位于两个焊盘之间的走线处于正中间的位置。
- Straighten（伸直）：采用这种布线方式时，自动布线器在布线时将尽量走直线。

（5）添加完布线策略后，单击“确定”按钮，关闭“Situs 策略编辑器”对话框。

（6）单击“Situs 布线策略”对话框中的“编辑规则”按钮，在弹出的“PCB 规则及约束编辑器”对话框中可以对布线规则进行设置。

（7）布线策略设置完毕后，单击“确定”按钮关闭对话框。

9.1.3　电路板自动布线的操作过程

布线规则和布线策略设置完毕后，用户便可以进行自动布线操作。自动布线操作主要是通过“自动布线”菜单进行的。用户不仅可以进行全局自动布线，也可以对指定的区域、网络及元器件进行单独的布线。

1. “全部”命令

该命令用于为全局自动布线，其操作步骤如下。

（1）单击菜单栏中的“自动布线”→“Auto Route（自动布线）”→“全部”命令，系统将弹出“Situs 布线策略（布线位置策略）”对话框。在该对话框中可以设置自动布线策略。

（2）选择一项布线策略，然后单击“Route All（布线所有）”按钮，即可进入自动布线状态。这里选择系统默认的“Default 2 Layer Board(默认双面板)”策略。布线过程中将自动弹出“Messages（信息）”面板，提供自动布线的状态信息，如图 9-47 所示。

Messages

Class	Document	Sour...	Message	Time	Date	N...
Situ...	LED显示原...	Situs	Starting Multilayer Main	11:57:34	2017/3/9	12
Rou...	LED显示原...	Situs	36 of 38 connections routed (94.74%) in 3 Minutes 3 Seconds 5...	12:00:37	2017/3/9	13
Situ...	LED显示原...	Situs	Completed Multilayer Main in 3 Minutes 2 Seconds	12:00:37	2017/3/9	14
Situ...	LED显示原...	Situs	Starting Completion	12:00:37	2017/3/9	15
Rou...	LED显示原...	Situs	36 of 38 connections routed (94.74%) in 4 Minutes 57 Seconds ...	12:02:30	2017/3/9	16
Situ...	LED显示原...	Situs	Completed Completion in 1 Minute 53 Seconds	12:02:30	2017/3/9	17
Situ...	LED显示原...	Situs	Starting Straighten	12:02:30	2017/3/9	18
Rou...	LED显示原...	Situs	36 of 38 connections routed (94.74%) in 4 Minutes 58 Seconds ...	12:02:31	2017/3/9	19
Situ...	LED显示原...	Situs	Completed Straighten in 1 Second	12:02:31	2017/3/9	20
Rou...	LED显示原...	Situs	36 of 38 connections routed (94.74%) in 4 Minutes 58 Seconds ...	12:02:31	2017/3/9	21
Situ...	LED显示原...	Situs	Routing finished with 1 contentions(s). Failed to complete 2 c...	12:02:31	2017/3/9	22

图 9-47　“Messages”面板

（3）全局布线后的 PCB 图如图 9-48 所示。

当元器件排列比较密集或者布线规则设置过于严格时，自动布线可能不会完全布通。即使完全布通的 PCB 电路板仍会有部分网络走线不合理，如绕线过多、走线过长等，此时就需要进行手动调整了。

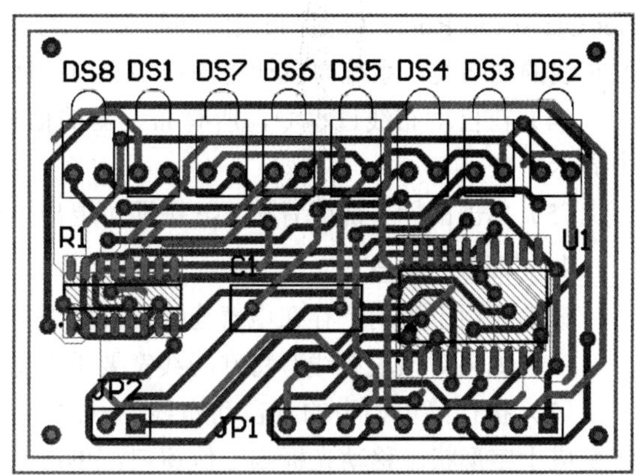

图 9-48　全局布线后的 PCB 图

2. “网络”命令

该命令用于为指定的网络自动布线，其操作步骤如下。

（1）在布线规则中对该网络布线的线宽进行合理的设置。

（2）执行菜单栏中的“自动布线”→“Auto Route（自动布线）”→“网络”命令，此时光标将变成十字形状。移动光标到该网络上的任何一个电气连接点（飞线或焊盘处），单击鼠标左键，此时系统将自动对该网络进行布线。

（3）对该网络布线完毕后，光标仍处于布线状态，可以继续对其他的网络进行布线。

（4）单击鼠标右键或者按 Esc 键即可退出该操作。

3. “网络类”命令

该命令用于为指定的网络类自动布线，其操作步骤如下。

（1）“网络类”是多个网络的集合，可以在“对象类浏览器”对话框中对其进行编辑管理。执行菜单栏中的“设计”→“类”命令，系统将弹出如图 9-49 所示的“对象类浏览器”对话框。

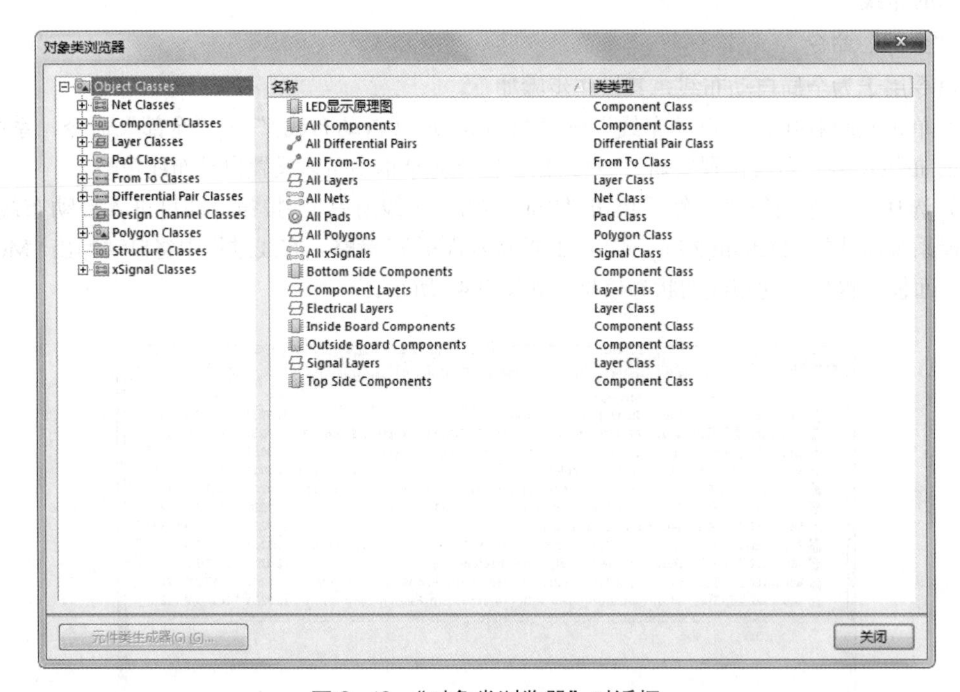

图 9-49 “对象类浏览器”对话框

（2）系统默认存在的网络类为“所有网络”，不能对其进行编辑修改。用户可以自行定义新的网络类，将不同的相关网络加入某一个定义好的网络类中。

（3）执行菜单栏中的“自动布线”→“Auto Route（自动布线）”→“网络类”命令后，如果当前文件中没有自定义的网络类，系统会弹出提示框提示未找到网络类，否则系统会弹出“Choose Net Classes to Route（选择布线的网络类）”对话框，列出当前文件中具有的网络类。在列表中选择要布线的网络类，系统即自动将该网络类内的所有网络进行布线。

（4）在自动布线过程中，所有布线器的信息和布线状态、结果会在“Messages（信息）”面板中显示出来。

（5）单击鼠标右键或者按 Esc 键即可退出该操作。

4. “连接”命令

该命令用于为两个存在电气连接的焊盘进行自动布线，其操作步骤如下。

（1）如果对该段布线有特殊的线宽要求，则应该先在布线规则中对该段线宽进行设置。

（2）执行菜单栏中的“自动布线”→“Auto Route（自动布线）”→“连接”命令，此时光标将变成十字形状。移动光标到工作窗口，单击某两点之间的飞线或单击其中的一个焊盘，然后选择两点之间的连接，此时系统将自动在该两点之间布线。

（3）对该段布线完毕后，光标仍处于布线状态，可以继续对其他的连接进行布线。

（4）单击鼠标右键或者按 Esc 键即可退出该操作。

5. “区域”命令

该命令用于为完整包含在选定区域内的连接自动布线，其操作步骤如下。

（1）执行菜单栏中的“自动布线”→“Auto Route（自动布线）”→“区域”命令，此时光标将变成十字形状。

（2）在工作窗口中单击确定矩形布线区域的一个顶点，然后移动光标到合适的位置，再次单击确定该矩形区域的对角顶点。此时，系统将自动对该矩形区域进行布线。

（3）对该区域布线完毕后，光标仍处于放置矩形状态，可以继续对其他区域进行布线。

（4）单击鼠标右键或者按 Esc 键即可退出该操作。

6. “Room（空间）”命令

该命令用于为指定 Room 类型的空间内的连接自动布线。

该命令只适用于完全位于 Room 空间内部的连接，即 Room 边界线以内的连接，不包括压在边界线上的部分。执行该命令后，光标变为十字形状，在 PCB 工作窗口中单击选取 Room 空间即可。

7. “元件”命令

该命令用于为指定元器件的所有连接自动布线，其操作步骤如下。

（1）执行菜单栏中的“自动布线”→“Auto Route（自动布线）”→“元件”命令，此时光标将变成十字形状。移动光标到工作窗口，单击某一个元器件的焊盘，所有从选定元器件的焊盘引出的连接都被自动布线。

（2）此时，光标仍处于布线状态，可以继续对其他元器件进行布线。

（3）单击鼠标右键或者按 Esc 键即可退出该操作。

8. “器件类”命令

该命令用于为指定元器件类内所有元器件的连接自动布线，其操作步骤如下。

（1）“器件类”是多个元器件的集合，可以在“对象类浏览器”对话框中对其进行编辑管理。执行菜单栏中的“设计”→“类”命令，系统将弹出该对话框。

（2）系统默认存在的元器件类为 All Components（所有元器件），不能对其进行编辑修改。用户可以使用元器件类生成器自行建立元器件类。另外，在放置 Room 空间时，包含在其中的元器件也自动生成一个元器件类。

（3）执行菜单栏中的“自动布线”→“Auto Route（自动布线）”→“器件类”命令后，系统将弹出“Choose Component Classes to Route（选择布线的元器件类）”对话框。在该对话框中包含当前文件中的元器件类别列表。在列表中选择要布线的元件类，系统即自动将该元器件类内所有元器件的连接进行布线。

（4）单击鼠标右键或者按 Esc 键即可退出该操作。

9. “选中对象的连接”命令

该命令用于为所选元器件的所有连接自动布线。执行该命令之前，要先选中欲布线的元器件。

10. “选择对象之间的连接”命令

该命令用于为所选元器件之间的连接自动布线。执行该命令之前，要先选中欲布线的元器件。

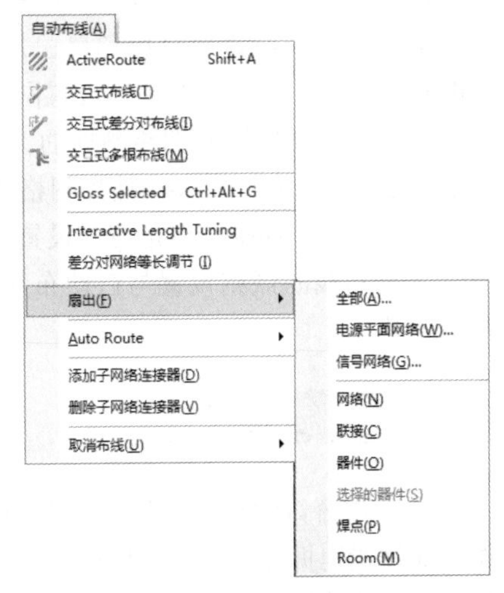

图 9-50　“扇出”命令子菜单

11. “扇出”命令

在PCB编辑器中，单击菜单栏中的“自动布线”→“扇出”命令，弹出的子菜单如图9-50所示。采用扇出布线方式可将焊盘连接到其他的网络中。其中各命令的功能分别介绍如下。

- 全部：用于对当前PCB设计内所有连接到中间电源层或信号层网络的表面贴装元器件执行扇出操作。
- 电源平面网络：用于对当前PCB设计内所有连接到电源层网络的表面贴装元器件执行扇出操作。
- 信号网络：用于对当前PCB设计内所有连接到信号层网络的表面贴装元器件执行扇出操作。
- 网络：用于为指定网络内的所有表面贴装元器件的焊盘执行扇出操作。执行该命令后，用十字光标点取指定网络内的焊盘，或者在空白处单击，在弹出的“网络选项”对话框中输入网络标号，系统即可自动为选定网络内的所有表面贴装元器件的焊盘执行扇出操作。
- 联接：用于为指定连接内的两个表面贴装元器件的焊盘执行扇出操作。执行该命令后，用十字光标点取指定连接内的焊盘或者飞线，系统即可自动为选定连接内的表面贴装焊盘执行扇出操作。
- 器件：用于为选定的表面贴装元器件执行扇出操作。执行该命令后，用十字光标点取特定的表面贴装元器件，系统即可自动为选定元器件的焊盘执行扇出操作。
- 选择的器件：执行该命令前，先选中要执行扇出操作的元器件。执行该命令后，系统自动为选定的元器件执行扇出操作。
- 焊点：用于为指定的焊盘执行扇出操作。
- Room（空间）：用于为指定的Room类型空间内的所有表面贴装元器件执行扇出操作。执行该命令后，用十字光标点取指定的Room空间，系统即可自动为空间内的所有表面贴装元器件执行扇出操作。

9.2 电路板的手动布线

自动布线会出现一些不合理的布线情况，如有较多的绕线、走线不美观等。此时可以通过手动布线进行修正，对于元器件网络较少的PCB也可以完全采用手动布线。下面简单介绍手动布线的一些技巧。

对于手动布线，要靠用户自己规划元器件布局和走线路径，而网格是用户在空间和尺寸度量中的重要依据。因此，合理地设置网格，会更加方便设计者规划布局和放置导线。用户在设计的不同阶段可根据需要随时调整网格的大小。例如，在元器件布局阶段，可将捕捉网格设置得大一点，如20mil；而在布线阶段，捕捉网格要设置得小一点，如5mil，甚至更小。尤其是在走线密集的区域，视图网格和捕捉网格都应该设置得小一些，以方便观察和走线。

手动布线的规则设置与自动布线前的规则设置基本相同，用户参考前面章节的介绍即可，这里不再赘述。

9.2.1 拆除布线

在工作窗口中选中导线后，按Delete键即可删除导线，完成拆除布线的操作。但是这样的操作只能逐段地拆除布线，工作量比较大。用户可以通过“自动布线”菜单下“取消布线”子菜单中的命令来快速地拆除布线，如图9-51所示，其中各命令的功能和用法分别介绍如下。

（1）“全部”命令：用于拆除 PCB 上的所有导线。

执行菜单栏中的“自动布线”→“取消布线”→“全部”命令，即可拆除 PCB 上的所有导线。

（2）“网络”命令：用于拆除某一个网络上的所有导线。

执行菜单栏中的“自动布线”→“取消布线”→“网络”命令，此时光标将变成十字形状。移动光标到某根导线上，单击鼠标左键，该导线所属网络的所有导线将被删除，这样就完成了对某个网络的拆线操作。此时，光标仍处于拆除布线状态，可以继续拆除其他网络上的布线。单击鼠标右键或者按 Esc 键即可退出该操作。

（3）“连接”命令：用于拆除某个连接上的导线。

执行菜单栏中的“自动布线”→“取消布线”→“连接”命令，此时光标将变成十字形状。移动光标到某根导线上，单击鼠标左键，该导线建立的连接将被删除，这样就完成了对该连接的拆除布线操作。此时，光标仍处于拆除布线状态，可以继续拆除其他连接上的布线。单击鼠标右键或者按 Esc 键即可退出该操作。

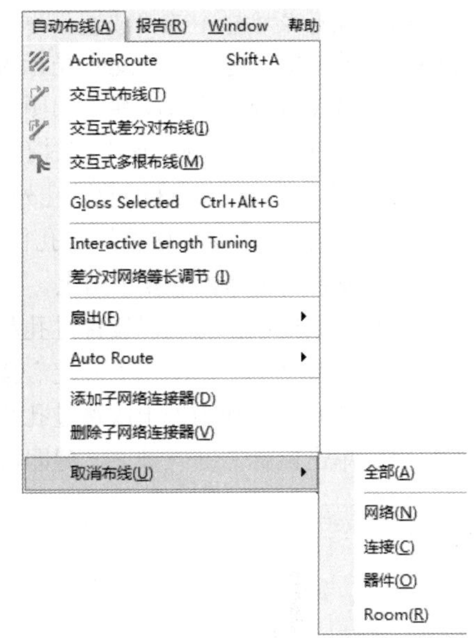

图 9-51　“取消布线”子菜单

（4）“器件”命令：用于拆除某个元器件上的导线。

执行菜单栏中的“自动布线”→“取消布线”→“器件”命令，此时光标将变成十字形状。移动光标到某个元器件上，单击鼠标左键，该元器件所有引脚所在网络的所有导线将被删除，这样就完成了对该元器件的拆除布线操作。此时，光标仍处于拆除布线状态，可以继续拆除其他元器件上的布线。单击鼠标右键或者按 Esc 键即可退出该操作。

（5）“Room（空间）”命令：用于拆除某个 Room 区域内的导线。

9.2.2　手动布线

1．手动布线的步骤

手动布线也将遵循自动布线时设置的规则，其操作步骤如下。

（1）执行菜单栏中的“自动布线”→“交互式布线”命令，此时光标将变成十字形状。

（2）移动光标到元器件的一个焊盘上，单击放置布线的起点。

手动布线模式主要有任意角度、90°拐角、90°弧形拐角、45°拐角和 45°弧形拐角 5 种。按 Shift+Space 键即可在 5 种模式间切换，按 Space 键可以在每一种模式的开始和结束两种方式间切换。

（3）多次单击确定多个不同的控制点，完成两个焊盘之间的布线。

2．手动布线中层的切换

在进行交互式布线时，按“*”键可以在不同的信号层之间切换，这样可以完成不同层之间的走线。在不同的层间进行走线时，系统将自动为其添加一个过孔。

不同层间的走线颜色是不相同的，可以在“视图配置”对话框中进行设置。

9.3　添加安装孔

电路板布线完成之后，就可以开始着手添加安装孔。安装孔通常采用过孔形式，并和接地网络连接，以便于后期的调试工作。

添加安装孔的操作步骤如下。

（1）执行菜单栏中的“放置”→“过孔”命令，或者单击“布线”工具栏中的 （放置过孔）按钮，或者按快捷键 P+V，此时光标将变成十字形状，并带有一个过孔图形。

（2）按 Tab 键，系统将弹出如图 9-52 所示的“过孔”对话框，用户可以对以下选项进行设置。

- “孔尺寸”选项：这里将过孔作为安装孔使用，因此过孔内径比较大，设置为 100mil。
- “直径”选项：这里的过孔外径设置为 150mil。
- “位置”选项：这里的过孔作为安装孔使用，过孔的位置将根据需要确定。通常，安装孔放置在电路板的 4 个角上。

在该对话框中，还可以设置过孔起始层、网络标号、测试点等。

（3）设置完毕后，单击“确定”按钮，即放置了一个过孔。

（4）此时，光标仍处于放置过孔状态，可以继续放置其他的过孔。

（5）单击鼠标右键或按 Esc 键即可退出该操作。图 9-53 所示为放置完安装孔的电路板。

图 9-52 “过孔”对话框

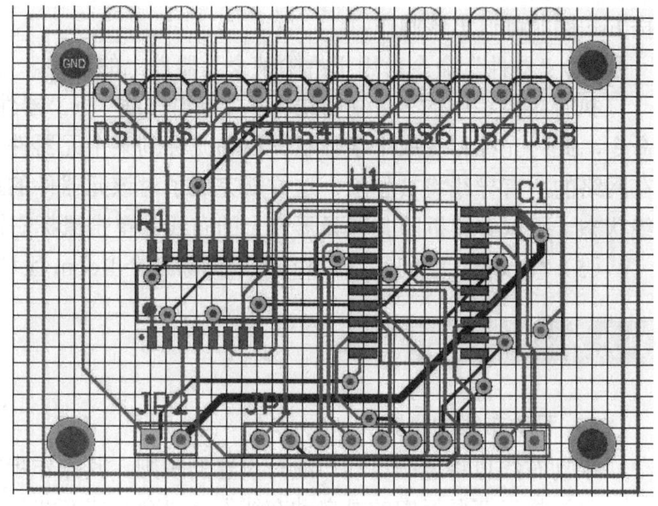

图 9-53 放置完安装孔的电路板

9.4 覆铜和补泪滴

覆铜由一系列的导线组成，可以完成电路板内不规则区域的填充。在绘制 PCB 图时，覆铜主要是指把空余没有走线的部分用导线全部铺满。用铜箔铺满部分区域并和电路的一个网络相连，多数情况是和 GND 网络相连。单面电路板覆铜可以提高电路的抗干扰能力，经过覆铜处理后制作的印制电路板会显得十分美观，同时，导电通路也可以采用覆铜的方法来加大电流的通过能力。通常覆铜的安全间距应该在一般导线安全间距的两倍以上。

9.4.1 设置覆铜属性

执行菜单栏中的“放置”→“多边形敷铜”命令，或者单击“布线”工具栏中的 （放置多边形平面）

按钮，或者按快捷键 P+G，或者双击已放置的覆铜，系统将弹出“多边形敷铜”对话框，如图 9-54 所示。其中各选项组的功能分别介绍如下。

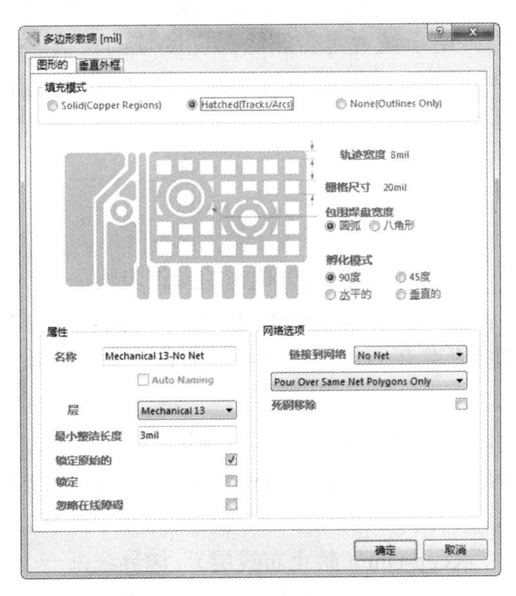

图 9-54　“多边形敷铜”对话框

1. “填充模式”选项组

该选项组用于选择覆铜的填充模式，包括 3 个单选按钮：Solid（Copper Regions），即覆铜区域内为全铜敷设；Hatched（Tracks/Arcs），即向覆铜区域内填入网络状的覆铜；None（Outlines Only），即只保留覆铜边界，内部无填充。

在对话框的中间区域内可以设置覆铜的具体参数，针对不同的填充模式，有不同的设置参数选项。

- “Solid（Copper Regions）（实体）”单选按钮：用于设置删除孤立区域覆铜的面积限制值，以及删除凹槽的宽度限制值。需要注意的是，当用该方式覆铜后，在 Protel 99SE 软件中不能显示，但可以用 Hatched（Tracks/Arcs）（网络状）方式覆铜。
- “Hatched（Tracks/Arcs）（网络状）”单选按钮：用于设置网格线的宽度、网络的大小、围绕焊盘的形状及网格的类型。
- “None（Outlines Only）（无）”单选按钮：用于设置覆铜边界导线的宽度及围绕焊盘的形状等。

2. “属性”选项组

- “层”下拉列表：用于设定覆铜所属的工作层。
- “最小整洁长度”文本框：用于设置最小图元的长度。
- “锁定原始的”复选框：用于选择是否锁定覆铜。

3. “网络选项”选项组

- “链接到网络”下拉列表：用于选择覆铜连接到的网络。通常连接到 GND 网络。
- “Don’t Pour Over Same Net Objects（填充不超过相同的网络对象）”选项：用于设置覆铜的内部填充不与同网络的图元及覆铜边界相连。
- “Pour Over Same Net Polygons Only（填充只超过相同的网络多边形）”选项：用于设置覆

铜的内部填充只与覆铜边界线及同网络的焊盘相连。

- “Pour Over All Same Net Objects（填充超过所有相同的网络对象）”选项：用于设置覆铜的内部填充与覆铜边界线，并与同网络的任何图元相连，如焊盘、过孔和导线等。
- “死铜移除”复选框：用于设置是否删除孤立区域的覆铜。孤立区域的覆铜是指没有连接到指定网络元器件上的封闭区域内的覆铜，若勾选该复选框，则可以将这些区域的覆铜去除。

9.4.2 放置覆铜

下面以“PCB1.PcbDoc”为例简单介绍放置覆铜的操作步骤。

（1）执行菜单栏中的“放置”→“多边形敷铜”命令，或者单击“布线”工具栏中的（放置多边形平面）按钮，或按快捷键 P+G，即可执行放置覆铜命令。系统将弹出“多边形敷铜”对话框。

（2）在“多边形敷铜”对话框中进行设置，选择“Hatched（Tracks/Arcs）（网络状）”单选按钮，填充模式设置为45°，连接到网络 GND，层面设置为 Top Layer(顶层)，勾选“死铜移除”复选框，如图 9-55 所示。

（3）单击“确定”按钮，关闭该对话框。此时光标变成十字形状，准备开始覆铜操作。

（4）用光标沿着 PCB 的“Keep-Out（禁止布线层）”边界线画一个闭合的矩形框。单击确定起点，移动至拐点处单击，直至确定矩形框的 4 个顶点，右键单击退出。用户不必手动将矩形框线闭合，系统会自动将起点和终点连接起来构成闭合框线。

（5）系统在框线内部自动生成了 Top Layer（顶层）的覆铜。

（6）再次执行放置覆铜命令，选择层面为 Bottom Layer（底层），其他设置相同，为底层覆铜。

PCB 覆铜效果如图 9-56 所示。

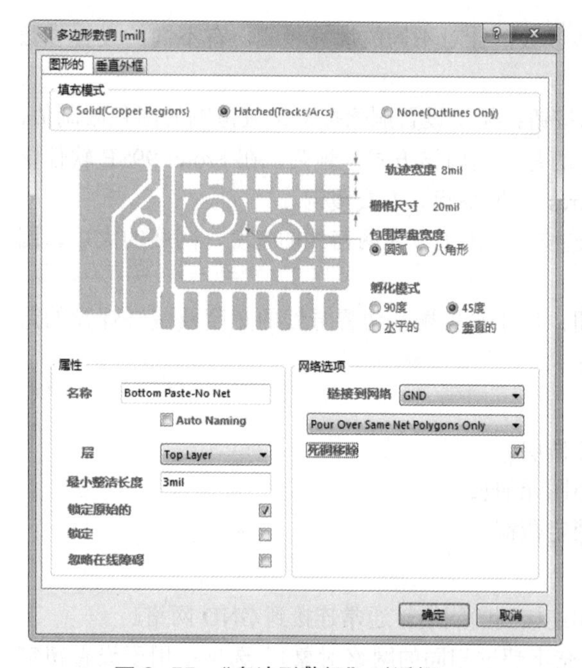

图 9-55 “多边形敷铜”对话框

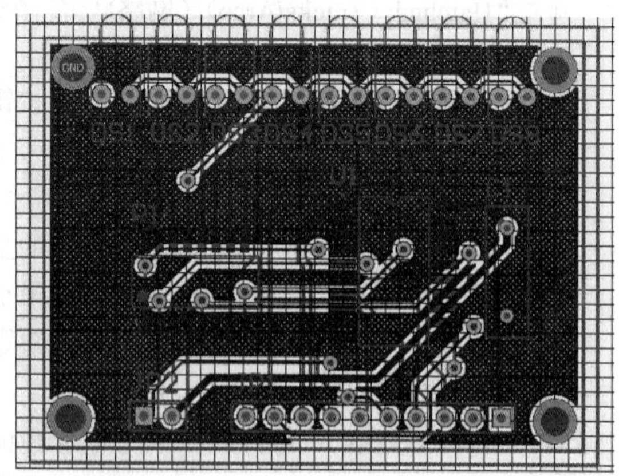

图 9-56 PCB 覆铜效果

9.4.3 补泪滴

在导线和焊盘或者过孔的连接处，通常需要补泪滴，以去除连接处的直角，加大连接面。这样做有两个好处，一是在 PCB 的制作过程中，避免因钻孔定位偏差导致焊盘与导线断裂；二是在安装和使用中，可以避免因用力集中导致连接处断裂。

执行菜单栏中的“工具”→“滴泪”命令，或按快捷键 T+E，即可执行补泪滴命令。系统弹出“Teardrops（泪滴选项）”对话框，如图 9-57 所示。该对话框中各选项组的功能如下。

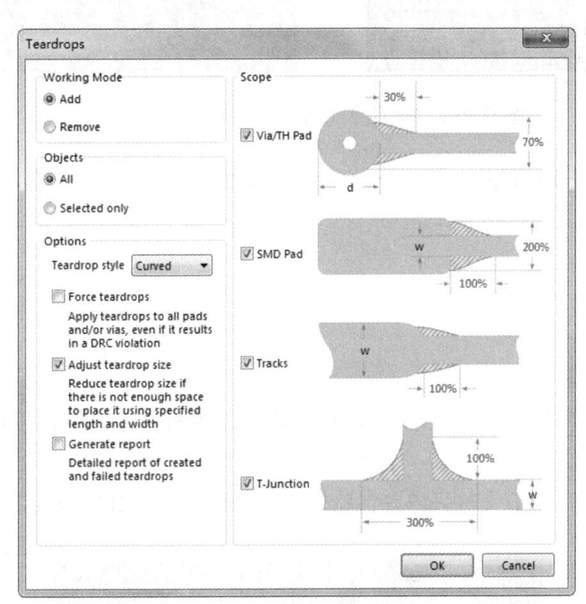

图 9-57 “Teardrops（泪滴选项）”对话框

1. “Working Mode（工作模式）”选项组

- “Add（添加）”单选按钮：用于添加泪滴。
- “Remove（删除）”单选按钮：用于删除泪滴。

2. “Objects（对象）”选项组

- “All（全部）”单选按钮：对所有的对象添加泪滴。
- “Selected only（仅选择对象）”单选按钮：对选中的对象添加泪滴。

3. “Options（选项）”选项组

- “Teardrop style（泪滴类型）”下拉列表：在该下拉列表中选择“Curved（曲线）”或“Line（直线）”，表示用不同的形式添加泪滴。
- “Force teardrops（强迫泪滴）”复选框：勾选该复选框，将强制对所有焊盘或过孔添加泪滴，这样可能导致在 DRC 检测时出现错误信息。取消对此复选框的勾选，则对安全间距太小的焊盘不添加泪滴。
- “Adjust teardrop size（调整泪滴大小）”复选框：勾选该复选框，进行添加泪滴的操作时，将自动调整泪滴的大小。
- “Generate report（创建报告）”复选框：勾选该复选框，进行添加泪滴的操作后，将自动生成一个有关添加泪滴操作的报表文件，同时该报表也将在工作窗口显示出来。

设置完毕后，单击“OK”按钮，完成添加泪滴的操作。

补泪滴前后焊盘与导线连接的变化如图 9-58 所示。

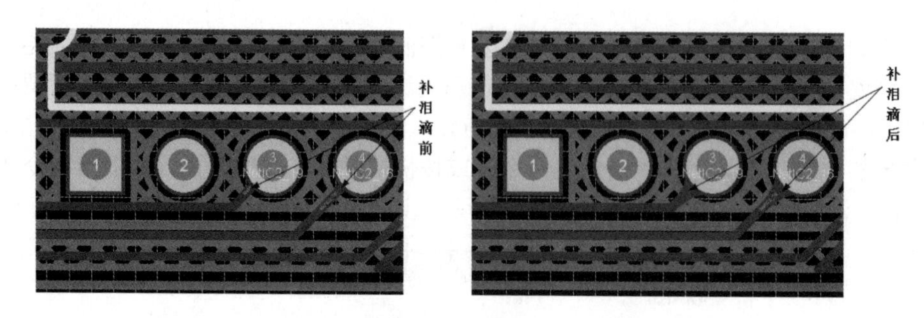

图 9-58　补泪滴前后焊盘与导线连接的变化

按照此种方法，用户还可以对某一个元器件的所有焊盘和过孔，或某一个特定网络的焊盘和过孔进行补泪滴操作。

9.5 3D 效果图

手工布局完毕后，可以通过查看 3D 效果图，看看直观的视觉效果，以检查手工布局是否合理。

在 PCB 编辑器内，执行“工具”→“遗留工具”→“3D 显示”菜单命令，则系统将生成该 PCB 的 3D 效果图，加入到该项目的生成文件夹内并自动打开。上一节的 PCB 生成的 3D 效果图如图 9-59 所示。

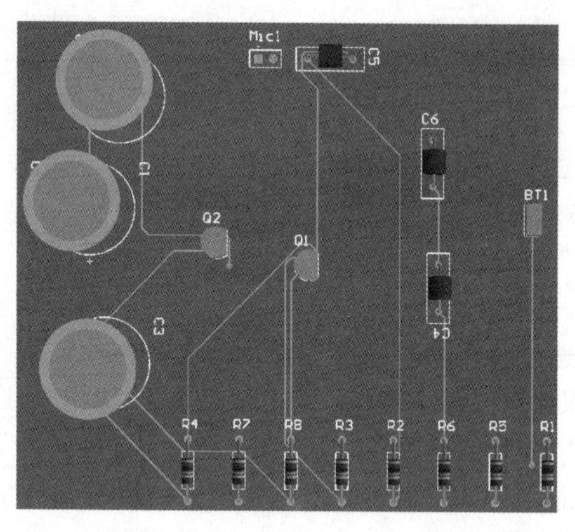

图 9-59　PCB 的 3D 效果图

9.6 网络密度分析

网络密度分析是利用 Altium Designer 17 系统提供的密度分析工具，对当前 PCB 文件的元器件放置和其连接情况进行分析。

密度分析会生成一个临时的密度指示图（Density Map），覆盖在原 PCB 图上面。在图中，绿色的部分表示网络密度较低；元件越密集、连线越多的区域颜色就会呈现一定的变化趋势；红色则表示网络密度较高的区域。密度指示图显示了 PCB 布局的密度特征，它可以作为各区域内布线难度和布通率的指示信息。用户根据密度指示图进行相应的布局调整，有利于提高自动布线的布通率，降低布线难度。

下面以上一节布局好的 PCB 文件为例，进行网络密度分析。

（1）在 PCB 编辑器中，选择“工具”→“密度图”菜单命令，系统自动对当前 PCB 文件进行密度分析。

（2）按 End 键，刷新视图，或者单击文件标签切换到其他编辑器视图中，即可恢复到普通 PCB 文件视图中。

从密度分析生成的密度指示图中可以看出，该 PCB 布局密度较低。

通过 3D 视图和网络密度分析，我们可以进一步确定是否对 PCB 元器件布局进行调整。这些工作完成后，就可以进行布线操作了。

9.7 综合实例——看门狗电路板处理

扫码看视频

1. 打开项目文件

执行“文件”→“打开”命令，打开随书资源“源文件 \ch09\9.7\example”路径中的“看门狗电路 .PrjPcb”。

2. 定义电路板边界

选中最外侧的物理边界，然后单击“设计”→“板子形状”→“按照选定对象定义”菜单命令，电路板将以最外侧边界为界线，如图 9-60 所示。

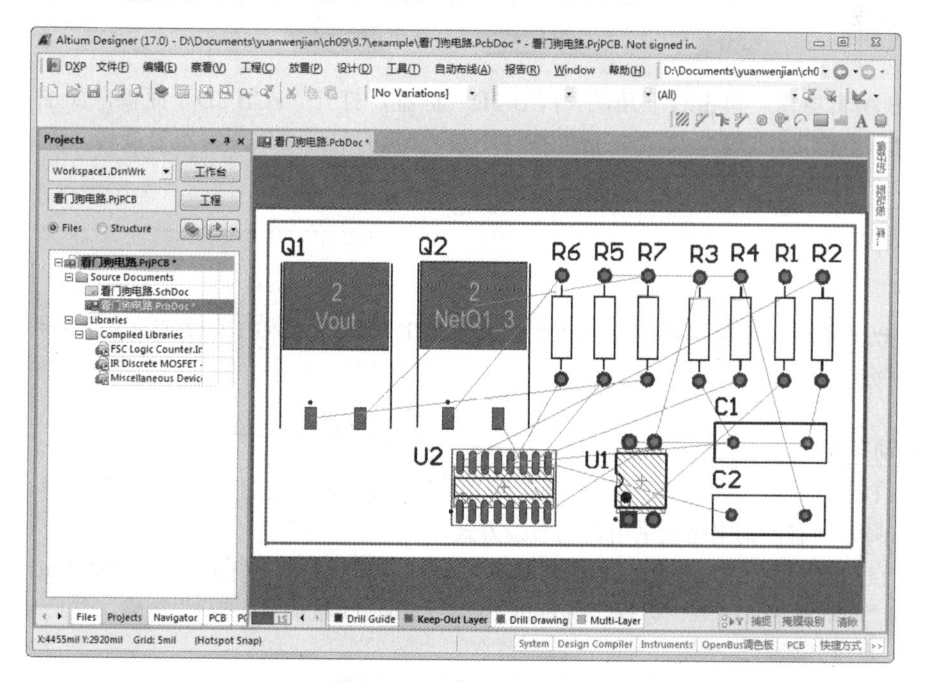

图 9-60　定义电路板边界

3. 查看 3D 效果图

手工布局完成以后，用户可以查看 3D 效果图，以检查布局是否合理。执行“工具”→“遗留工具”→“3D 显示”菜单命令，系统自动生成 3D 效果图，如图 9-61 所示。

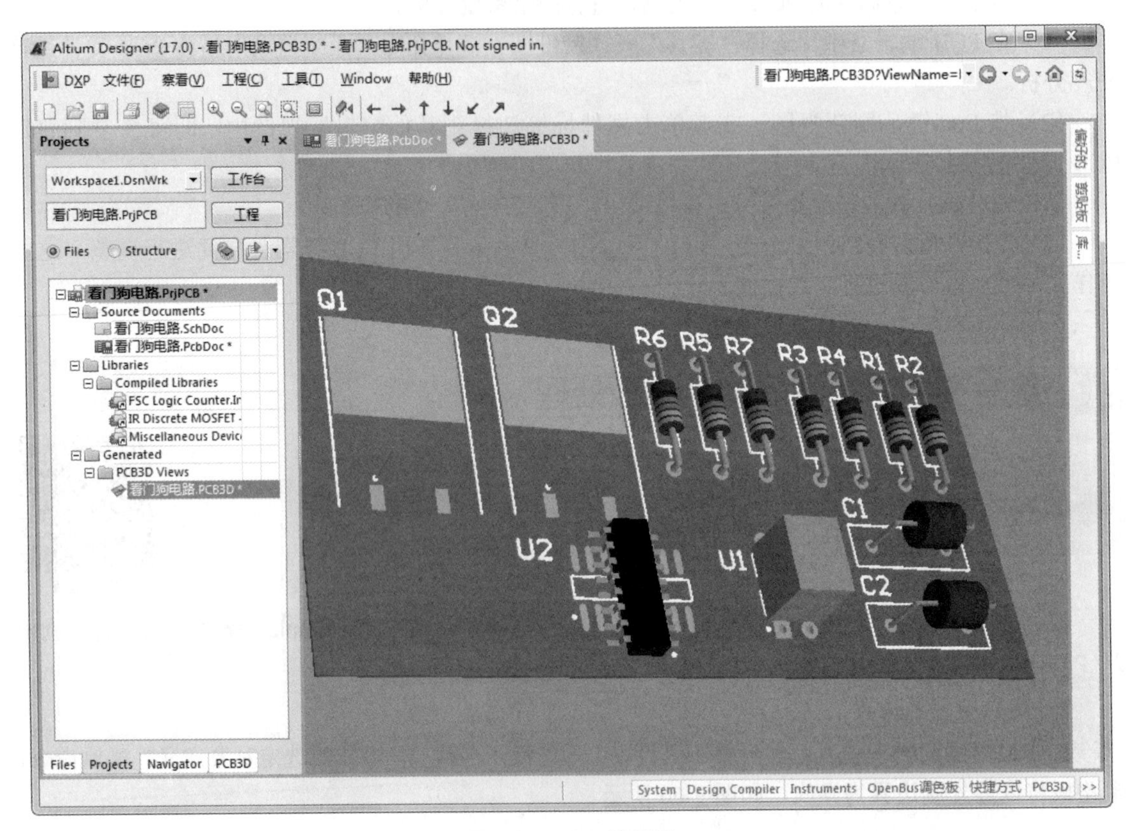

图 9-61　3D 效果图

在 PCB 编辑器内，单击右下角的“PCB 3D”标签，打开“PCB 3D”面板，如图 9-62 所示。将光标移到预览框区域以后，单击左键并按住不放，拖动光标，3D 图将跟着旋转，展示不同方向上的效果。

提示

在对 PCB 进行了布局以后，用户就可以进行 PCB 布线了。PCB 布线可以采取两种方式：自动布线和手工布线。

4. 自动布线

Altium Designer 17 提供了强大的自动布线功能，它适合于元器件数目较多的情况。在这里对已经手工布局好的看门狗电路板采用自动布线方式。

执行“自动布线”→“Auto Route（自动布线）”→“全部”菜单命令，系统弹出“Situs 布线策略”对话框，在“布线策略”区域，选择“Default 2 Layer Board（默认双面板）”策略，然后单击“Route All”按钮，系统开始自动布线。

在自动布线过程中，会出现“Messages（信息）”面板，显示当前布线信息，如图 9-63 所示。

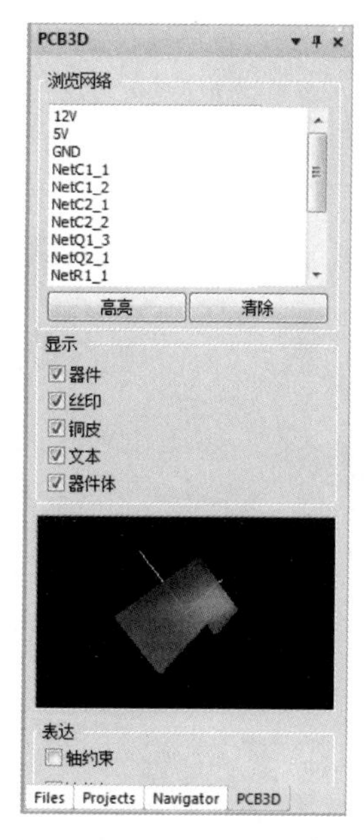

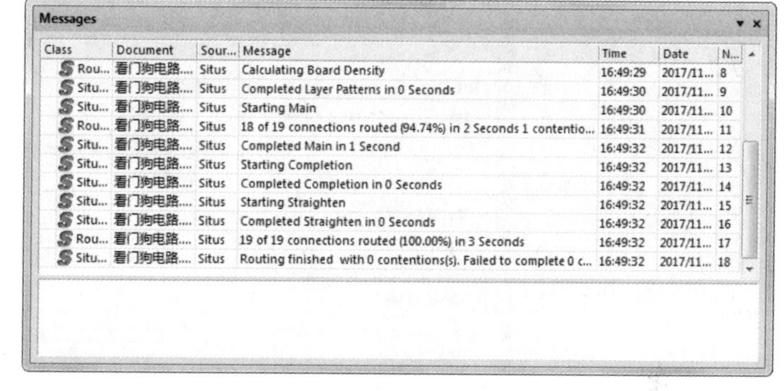

图 9-62　PCB 3D 面板

图 9-63　自动布线信息

自动布线后的 PCB 如图 9-64 所示。

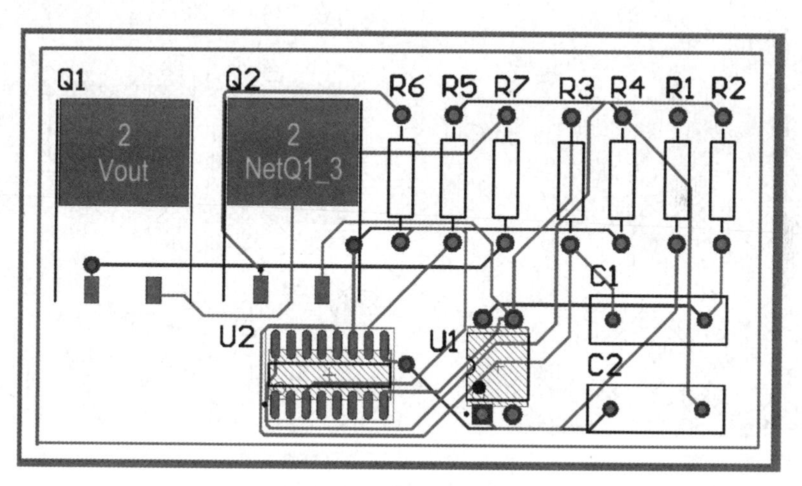

图 9-64　自动布线结果

除此之外，用户还可以根据前面介绍的命令，对电路板进行局部自动布线操作。

5. 建立覆铜

（1）执行菜单命令“放置”→“多边形敷铜”，或单击“布线”工具栏中的 （放置多边形平面）按钮，对完成布线的看门狗电路建立覆铜。在弹出的“多边形覆铜”对话框中，选择 45° 填充模式，连接到网络 GND，层面设置为“Top Layer（顶层）”，且选中“死铜移除”复选框，其设置如图 9-65 所示。

（2）设置完成后，单击“确定”按钮，光标变成十字形。用光标沿 PCB 的电气边界线，绘制出一个封闭的矩形，系统将在矩形框中自动建立顶层的覆铜。采用同样的方式，为 PCB 的“Bottom Layer（底层）”建立覆铜。覆铜后的 PCB 如图 9-66 所示。

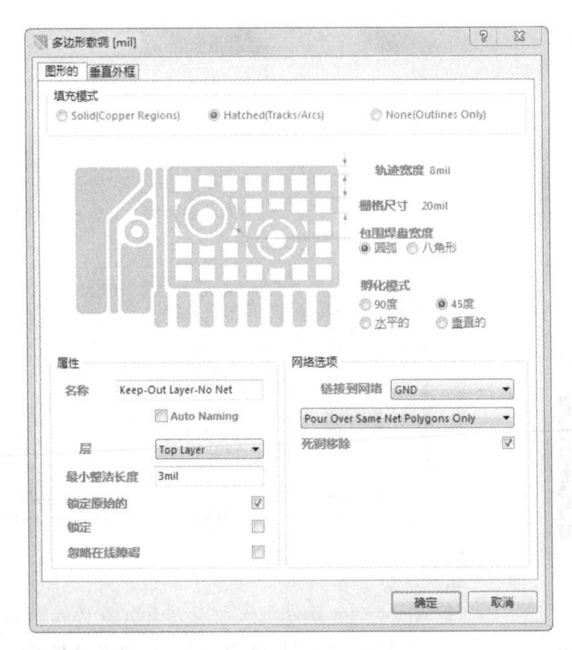

图 9-65 设置覆铜参数

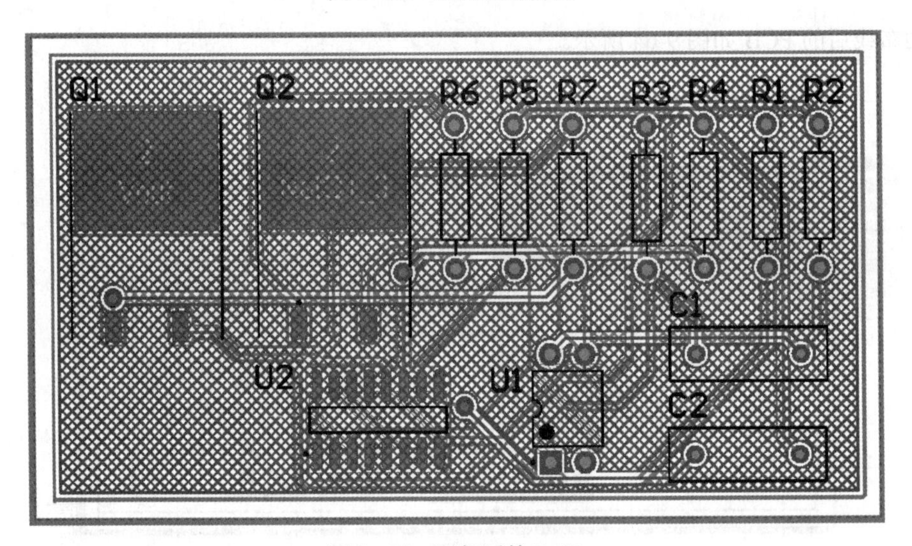

图 9-66 覆铜后的 PCB

6. 补泪滴

（1）执行“工具”→“滴泪”命令，系统弹出“Teardrops（泪滴选项）”对话框，对泪滴属性进行设置，如图 9-67 所示。

（2）设置完成后，单击“OK（确定）”按钮，系统自动按设置放置泪滴。

补泪滴前后对比，如图 9-68 所示。

7. 包地

所谓包地就是用接地的导线将一些导线包起来。在 PCB 设计过程中，为了增强电路板的抗干扰能力，经常采用这种方式。具体步骤如下。

（1）执行“编辑”→“选中”→“网络”菜单命令，光标变成十字形。移动光标到 PCB 图中，单击需要包地的网络中的一根导线，即可将整个网络选中。

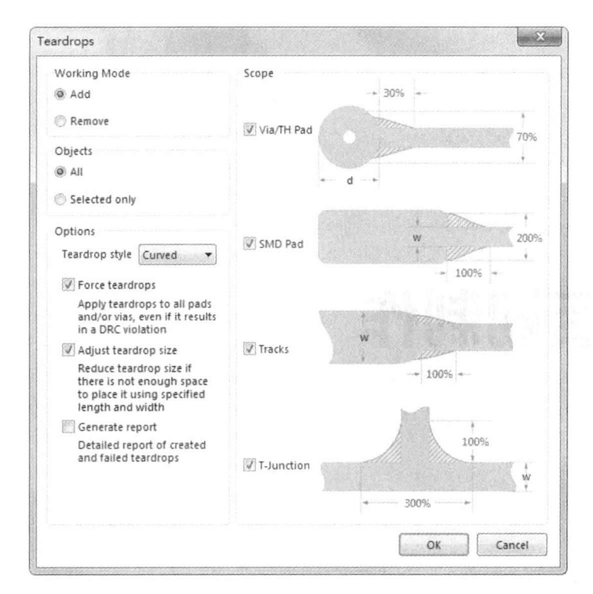

图 9-67　“Teardrops（泪滴选项）”对话框

图 9-68　补泪滴前后对比

（2）执行“工具”→“描画选择对象的外形”菜单命令，系统自动为选中的网络进行包地。在包地时，有时会由于包地线与其他导线之间的距离小于设计规则中设定的值，影响到其他导线，被影响的导线会变成绿色，需要手工调整。包地后的 PCB 如图 9-69 所示。

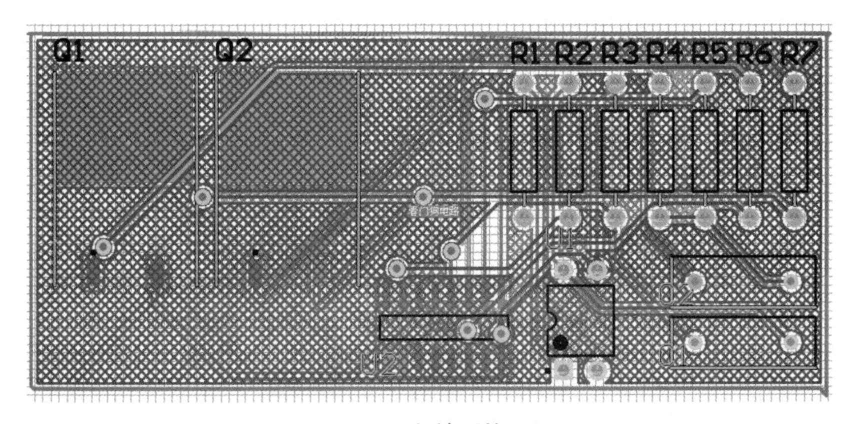

图 9-69　包地后的 PCB

Chapter 10

第10章 电路板的后期制作

在PCB设计的最后阶段，我们要通过设计规则检查来进一步确认PCB设计的正确性。完成了PCB项目的设计后，就可以进行各种文件的整理和汇总了。本章将介绍不同类型文件的生成和输出操作方法，包括报表文件、PCB文件和PCB制造文件等。用户可通过本章内容的学习，对Altium Designer 17形成更加系统的认识。

10.1 电路板的测量

Altium Designer 17 提供了电路板上的测量工具，方便设计电路时的检查。测量功能在“报告”菜单中，该菜单如图 10-1 所示。

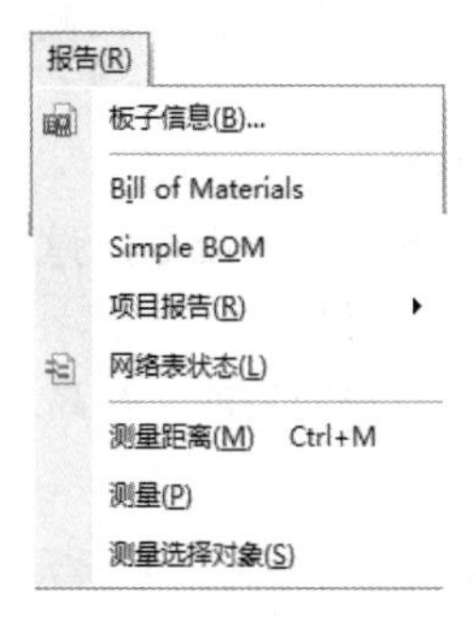

图 10-1　“报告”菜单

10.1.1 测量电路板上两点间的距离

测量电路板上两点之间的距离是通过“报告”→“测量距离”菜单命令执行的，具体操作步骤如下。

（1）执行“报告”→“测量距离”菜单命令，此时光标变成十字形状出现在工作窗口中。

（2）移动光标到某个坐标点上，单击鼠标左键确定测量起点。如果光标移动到了某个对象上，则系统将自动捕捉该对象的中心点。

（3）此时光标仍为十字形状，重复步骤（2）确定测量终点。此时将弹出如图 10-2 所示的对话框，在对话框中给出了测量的结果。测量结果包含总距离、x 方向上的距离和 y 方向上的距离 3 项。

（4）此时光标仍为十字形状，重复步骤（2）、步骤（3）可以继续其他测量。

（5）完成测量后，单击鼠标右键或按 Esc 键即可退出该操作。

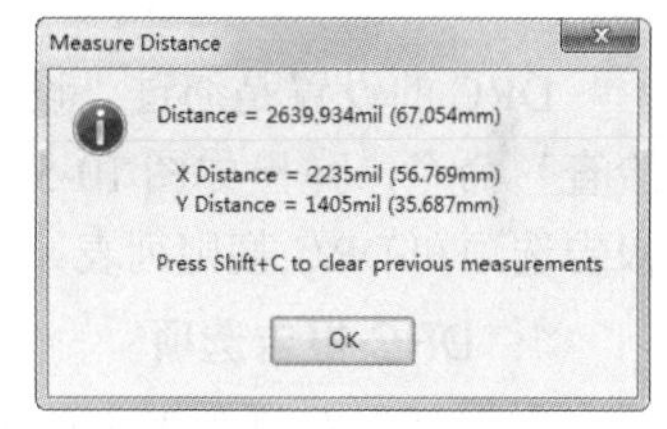

图 10-2　测量结果

10.1.2 测量电路板上对象间的距离

这里的测量是专门针对电路板上的对象进行的，在测量过程中，光标将自动捕捉对象的中心位置。具体操作步骤如下。

（1）执行“报告”→“测量”菜单命令，此时光标变成十字形状出现在工作窗口中。

（2）移动光标到某个对象（如焊盘、元器件、导线、过孔等）上，单击鼠标左键确定测量的起点。

（3）此时光标仍为十字形状，重复步骤（2）确定测量终点。此时将弹出如图 10-3 所示的对话框，在对话框中给出了对象的层属性、坐标和距离的测量结果。

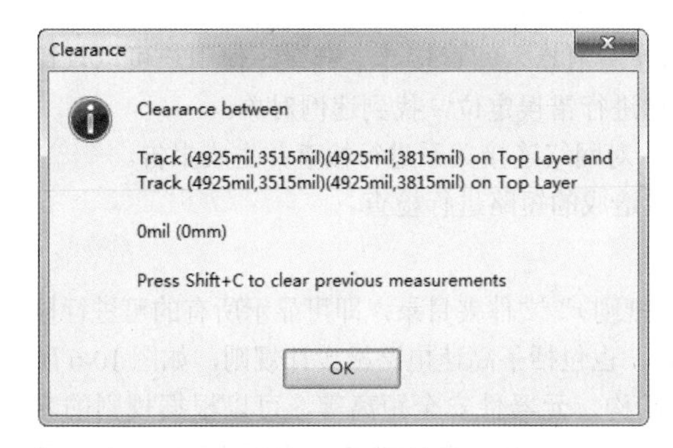

图 10-3　测量结果

（4）此时光标仍为十字形状，重复步骤（2）、步骤（3）可以继续其他测量。

（5）完成测量后，单击鼠标右键或按 Esc 键即可退出该操作。

10.1.3 测量电路板上导线的长度

这里的测量是专门针对电路板上的导线进行的，在测量过程中将给出选中导线的总长度。具体操作步骤如下。

（1）在工作窗口中选择想要测量的导线。

（2）执行“报告”→“测量选择对象”菜单命令，弹出如图 10-4 所示的对话框，在该对话框中给出了测量结果。

图 10-4 测量结果

在 PCB 上测量导线长度是一项相当实用的功能，在高速 PCB 设计中通常会用到它。

10.2 设计规则检查（DRC）

电路板布线完毕，文件输出之前，还要进行一次完整的设计规则检查。设计规则检查（Design Rule Check，DRC）是采用 Altium 进行 PCB 设计时的重要检查工具，系统会根据用户设计规则的设置，对 PCB 设计的各个方面进行检查校验，如导线宽度、安全距离、元器件间距、过孔类型等。DRC 是 PCB 设计正确性和完整性的重要保证。设计者应灵活运用 DRC，保障 PCB 设计的顺利进行和最终生成正确的输出文件。

10.2.1 DRC 的设置

DRC 的设置是通过“设计规则检测”对话框完成的。在菜单栏中选择“工具”→“设计规则检查”命令，弹出如图 10-5 所示的“设计规则检测”对话框。该对话框由两部分内容构成：DRC 报告选项和 DRC 规则列表。

1. DRC 报告选项

在对话框左侧列表中单击“Report Options（报告选项）”文件夹目录，即显示 DRC 报告选项的具体内容。这里的选项是对 DRC 报告的内容和方式的设置，一般都应保持默认选择状态。其中一些选项的功能如下。

- “创建报告文件”复选框：运行批处理 DRC 后会自动生成报告文件（设计名 .DRC），包含本次 DRC 运行中使用的规则、违例数量和细节描述。
- “创建违反事件”复选框：能在违例对象和违例消息之间直接建立链接，使用户可以直接通过“Messages（信息）”面板中的违例消息进行错误定位，找到违例对象。
- “Sub-Net 默认（子网络详细描述）”复选框：对网络连接关系进行检查并生成报告。
- “校验短敷铜”复选框：对覆铜或非网络连接造成的短路进行检查。

2. DRC 规则列表

在对话框左侧列表中单击“Rules To Check（检查规则）”文件夹目录，即可显示所有的可进行检查的设计规则，其中，包括了 PCB 制作中常见的规则，也包括了高速电路板设计规则，如图 10-6 所示。如线宽设定、引线间距、过孔大小、网络拓扑结构、元器件安全距离等，可以根据规则的名称进行具体设置。在规则栏内，“在线”和“批量”两个选项用来控制是否在在线 DRC 和批处理

DRC 中执行该规则检查。

单击“运行 DRC”按钮，即运行批处理 DRC。

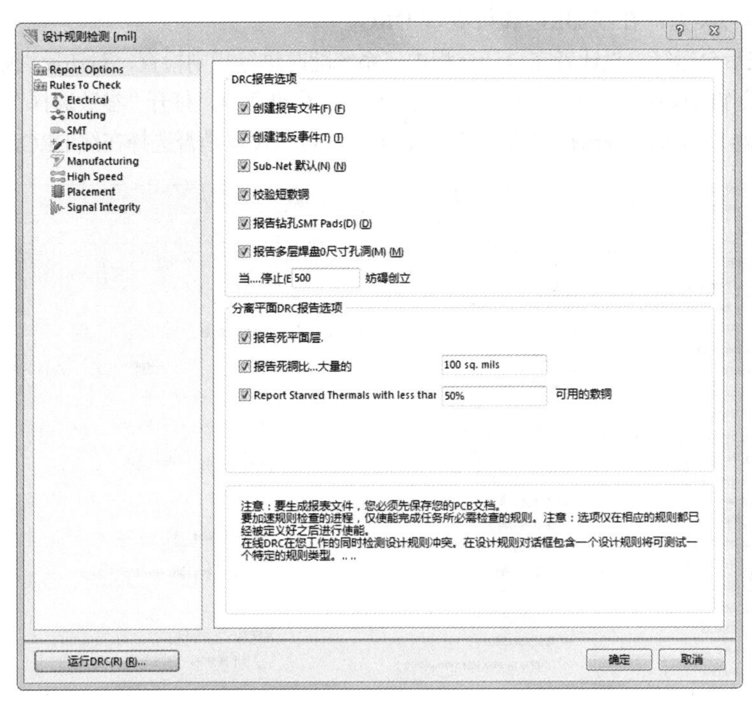

图 10-5 “设计规则检测”对话框

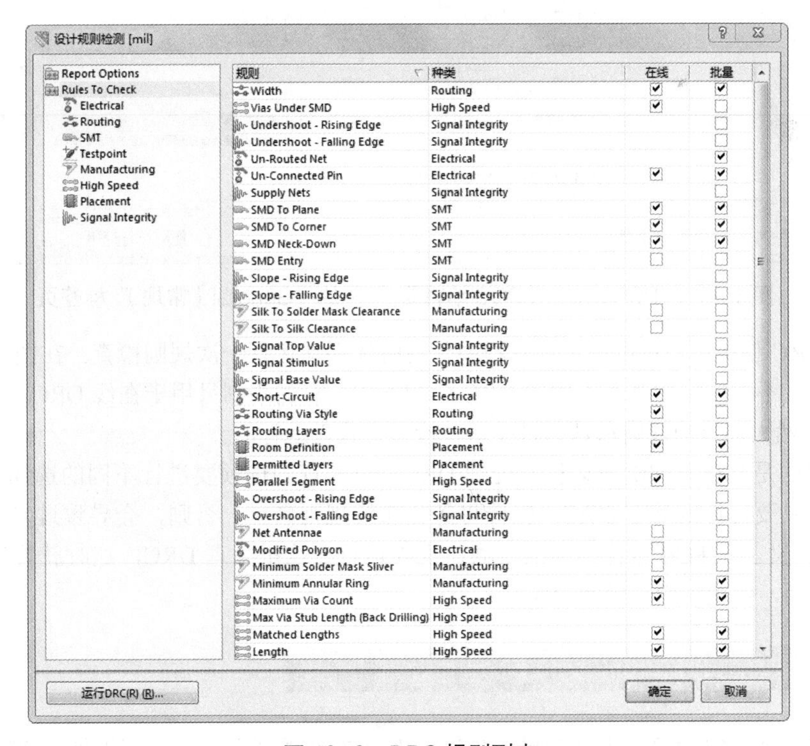

图 10-6 DRC 规则列表

10.2.2 在线 DRC 和批处理 DRC

DRC 分成两种类型：在线 DRC 和批处理 DRC。

在线 DRC 在后台运行，设计者在设计过程中，系统随时进行规则检查，对违反规则的对象给出警示或自动限制违规操作的执行。选择“工具”→“优先选项”菜单命令，打开“参数选择”对话框，在“PCB Editor（PCB 编辑器）”下的“General（常规）”标签页中，可以设置是否选择在线 DRC，如图 10-7 所示。

图 10-7 “PCB Editor（PCB 编辑器）”下的“General（常规）”标签页

批处理 DRC 使得用户可以在设计过程中任何时候手动运行一次规则检查。在图 10-6 所示的列表中可以看到，不同的规则有着不同的 DRC 运行方式。有的规则只用于在线 DRC，有的只用于批处理 DRC，当然大部分的规则都是可以在两种检查方式下运行的。

需要注意的是，在不同阶段运行批处理 DRC，对其规则选项要进行不同的选择。例如，在未布线阶段，如果要运行批处理 DRC，就要将部分布线规则禁止，否则，会导致过多的错误提示而使 DRC 失去意义。在 PCB 设计结束的时候，也要运行一次批处理 DRC，这时就要选中所有 PCB 相关的设计规则，使规则检查尽量全面。

10.2.3 对未布线的 PCB 文件执行批处理 DRC

本节：在 PCB 文件“单片机 PCB 图 .PcbDoc”未布线的情况下，运行批处理 DRC。要适当配置 DRC 选项，得到有参考价值的错误列表。具体操作步骤如下。

（1）在菜单栏中执行“工具”→“设计规则检查”命令。

（2）系统弹出“设计规则检测”对话框，暂不进行规则适用和禁止的设置，就使用系统的默认设置。单击 运行DRC(R) (R)... 按钮，运行批处理 DRC。

（3）系统执行批处理 DRC，运行结果在“Messages（信息）”面板显示出来，如图 10-8 所示。系统产生了多项 DRC 警告，其中大部分是未布线警告，这是因为我们未在 DRC 运行之前禁止该规则的检查。显然这种 DRC 警告信息对我们并没有帮助，反而使信息提示变得杂乱。

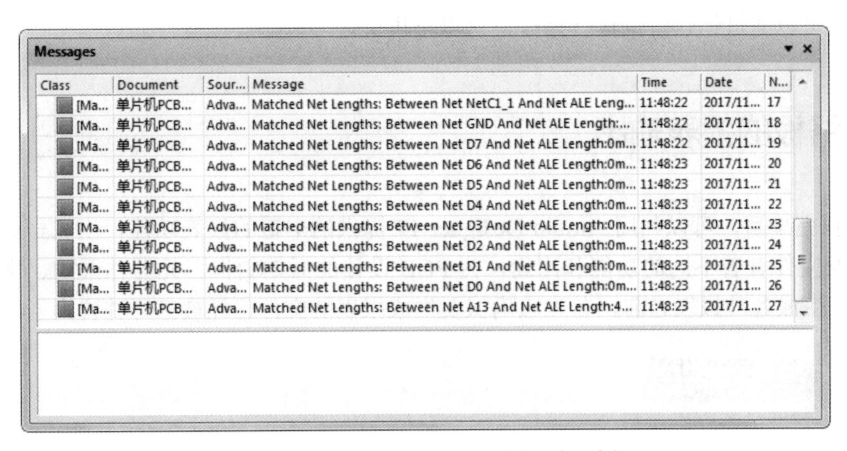

图 10-8　批处理 DRC 得到的违规列表

（4）再次执行“工具”→“设计规则检查”菜单命令，重新配置 DRC 规则。在弹出的“设计规则检测”对话框内，单击左侧列表中的“Rules To Check（检查规则）”文件夹目录。

（5）在如图 10-6 所示的规则列表中，禁止其中部分规则的“批量”选项。禁止项包括“Un-Routed Net（未布线网络）”和“Width（宽度）”。

（6）单击 运行DRC(R) (R)... 按钮，运行批处理 DRC。

（7）系统再次执行批处理 DRC，运行结果在“Messages”面板显示出来，如图 10-9 所示。可见重新配置 DRC 规则后，批处理 DRC 得到了 0 项 DRC 违规。

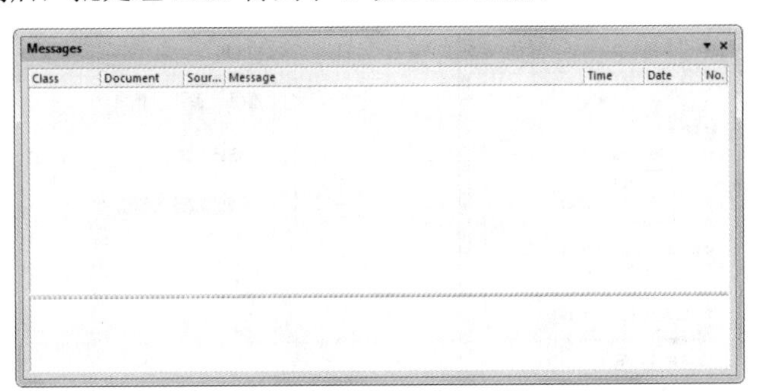

图 10-9　批处理 DRC 得到的违规列表

10.2.4　对布线完毕的 PCB 文件执行批处理 DRC

本节对布线完毕的 PCB 文件“单片机 PCB 图 .PcbDoc”再次运行批处理 DRC，尽量检查所有涉及的设计规则。具体操作步骤如下。

（1）在菜单栏中执行“工具”→“设计规则检查”命令。

（2）系统弹出“设计规则检测”对话框，单击左侧列表中的“Rules To Check（检查规则）”文件夹目录，配置检查规则。

（3）在如图 10-6 所示的规则列表中，将部分“批量”选项被禁止的规则选中，允许其进行该规则检查。选择项必须包括 Clearance（安全间距）、Width（宽度）、Short-Circuit（短路）、Un-Routed Net（未布线网络）、Component Clearance（元器件安全间距）等项，其他项使用系统默认设置即可。

（4）单击 运行DRC(R) (R)... 按钮，运行批处理 DRC。

（5）系统执行批处理 DRC，运行结果在“Messages”面板显示出来。对于批处理 DRC 中检查到的违规项，可以通过错误定位进行修改，这里不再赘述。

10.3 电路板的报表输出

PCB 绘制完毕后，可以利用 Altium Designer 17 提供的丰富的报表功能，生成一系列的报表文件。这些报表文件有着不同的功能和用途，为 PCB 设计的后期制作、元器件采购、文件交流等提供了方便。在生成各种报表之前，首先应确保要生成报表的文件已经被打开并置为当前文件。

10.3.1 PCB 信息报表

PCB 信息报表对 PCB 的元器件网络和一般细节信息进行汇总报告。在菜单栏中选择“报告”→“板子信息”命令，弹出“PCB 信息”对话框，该对话框中包含 3 个报告页，分别介绍如下。

1. “通用”信息报告页

“通用”信息报告页如图 10-10 所示，该页汇总了 PCB 上的各类图元如导线、过孔、焊盘等的数量，报告了电路板的尺寸信息和 DRC 违规数量。

2. “器件”信息报告页

“器件”信息报告页如图 10-11 所示，该页报告了 PCB 上元器件的统计信息，包括元器件总数、各层放置数目和元器件标号。

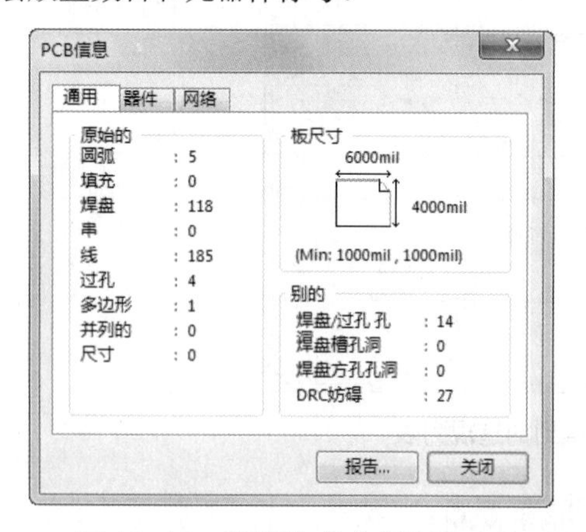

图 10-10 “通用”信息报告页

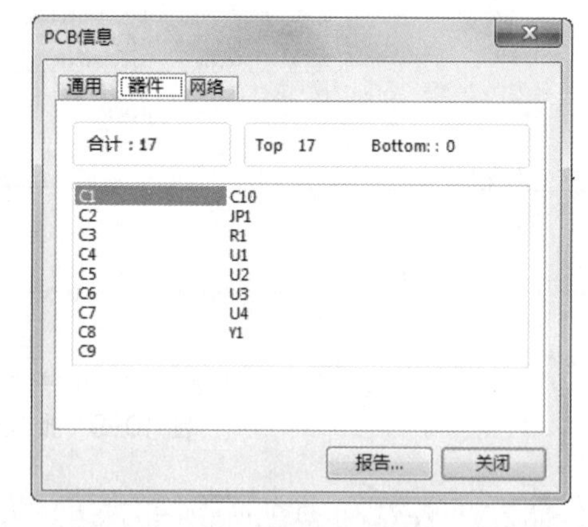

图 10-11 “器件”信息报告页

3. “网络”信息报告页

“网络”信息报告页如图 10-12 所示，该页内列出了电路板的网络统计，包括导入网络总数和网络名称列表。单击 wr/Gnd(P) (P) 按钮，弹出“内部平面信息”对话框，如图 10-13 所示。对于双面板，该信息框是空白的。

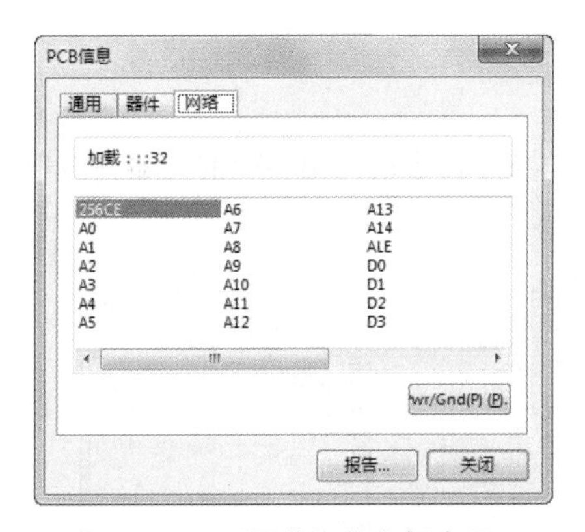

图 10-12　“网络”信息报告页

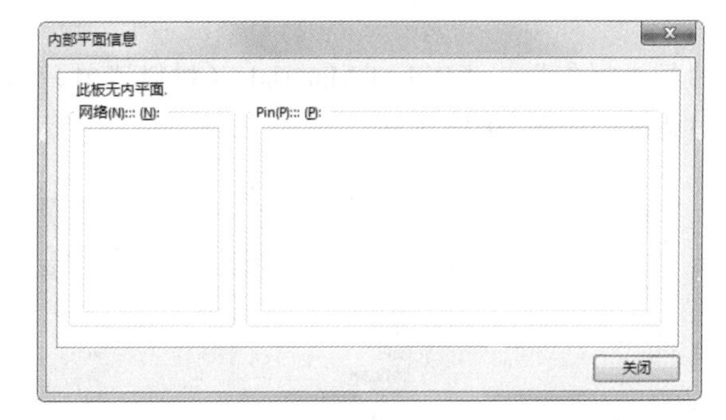

图 10-13　“内部平面信息”对话框

在各个报告页内单击 报告... 按钮，弹出如图 10-14 所示的“板报告”对话框，通过该对话框可以生成 PCB 信息的报告文件。在对话框的列表栏内选择要包含在报告文件中的内容。选中“仅选择对象”复选框时，报告中只列出当前电路板中已经处于选择状态下的图元信息。

设置好报告列表选项后，在“板报告”对话框中单击 报告 按钮，系统生成“设计名 .REP”的报告文件，作为自由文档加入到“Projects（项目）”面板中，并自动在工作区内打开，如图 10-15 所示。

图 10-14　“板报告”对话框

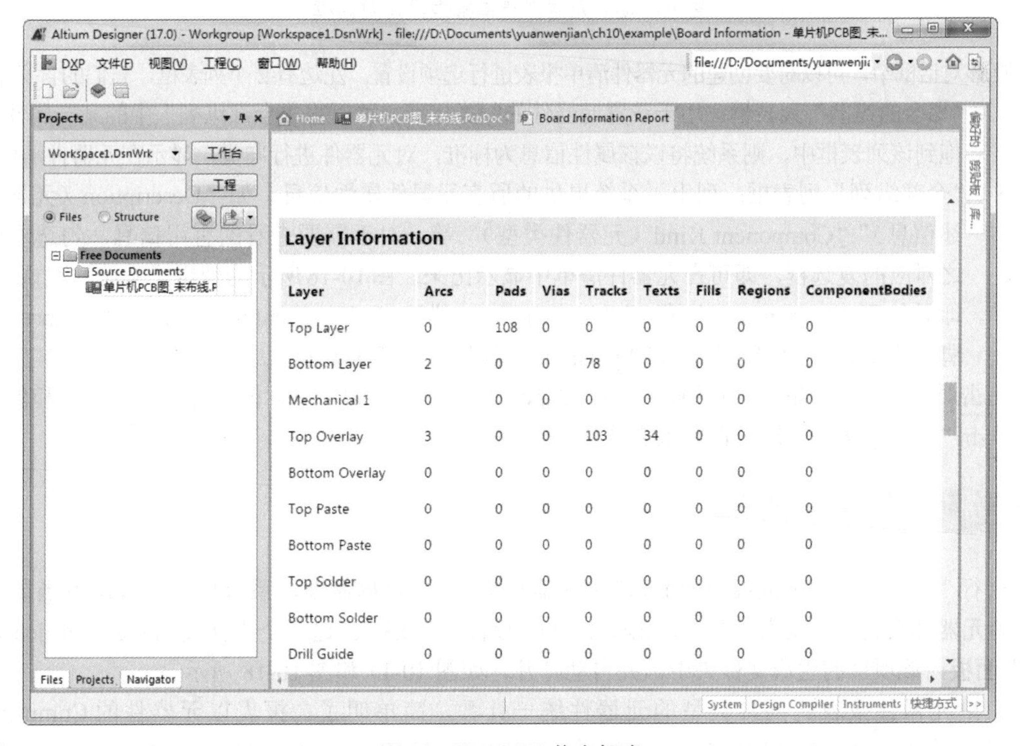

图 10-15　PCB 信息报表

10.3.2 元器件清单报表

执行“报告”→“Bill of Materials（材料清单）”菜单命令，系统弹出相应的元器件清单报表设置对话框，如图 10-16 所示。

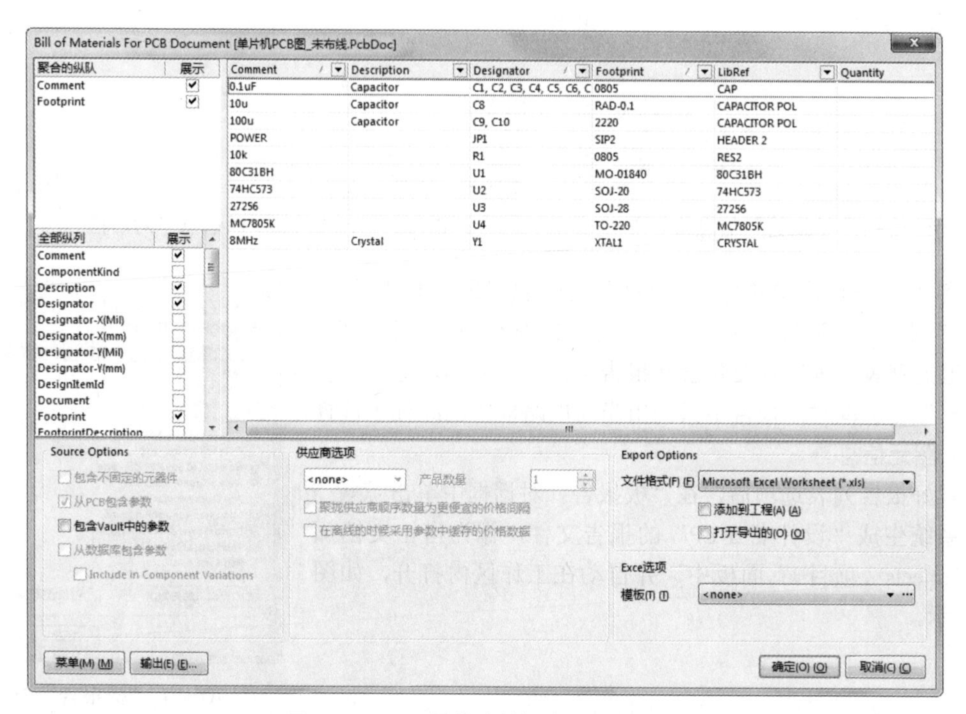

图 10-16　元器件清单报表设置对话框

在该对话框中，可以对要创建的元器件清单报表进行选项设置。左边有 2 个列表框，它们的含义不同。

- “聚合的纵队”列表框：用于设置元器件的归类标准。可以将“全部纵列”中的某一属性信息拖到该列表框中，则系统将以该属性信息为标准，对元器件进行归类，显示在元器件清单中。
- “全部纵列”列表框：列出了系统提供的所有元器件属性信息，如“Description（元器件描述信息）”“Component Kind（元器件类型）”等。对于需要查看的有用信息，勾选右侧与之对应的复选框，即可在元器件清单中显示出来。图 10-16 所示为使用了系统的默认设置，即只勾选“Comment（注释）”“Description（描述）”“Designator（指示）”“Footprint（引脚）”“LibRef（库编号）”和“Quantity（数量）”6 个复选框。

单击对话框内的“输出”按钮，弹出“Export For（输出为）”对话框。选择保存类型和保存路径，单击“保存”按键，即可保存报表文件。

10.3.3 简单元器件报表

执行“报告”→“Simple BOM（简单元器件报表）”菜单命令，系统自动生成两份当前 PCB 文件的元器件报表，分别为“设计名 .BOM”和“设计名 .CSV”。这两个文件被加入到“Projects（项目）”面板内该项目的生成文件夹中，并自动打开，如图 10-17 和图 10-18 所示。

简单元器件报表将同种类型的元器件统一计数，简单明了。报表以元器件的 Comment 为依据将元器件分组，列出其 Comment（注释）、Pattern（Footprint）（样式）、Quantity（数量）、

Components（Designator）（元器件）和 Descriptor（描述符）等几方面的属性。

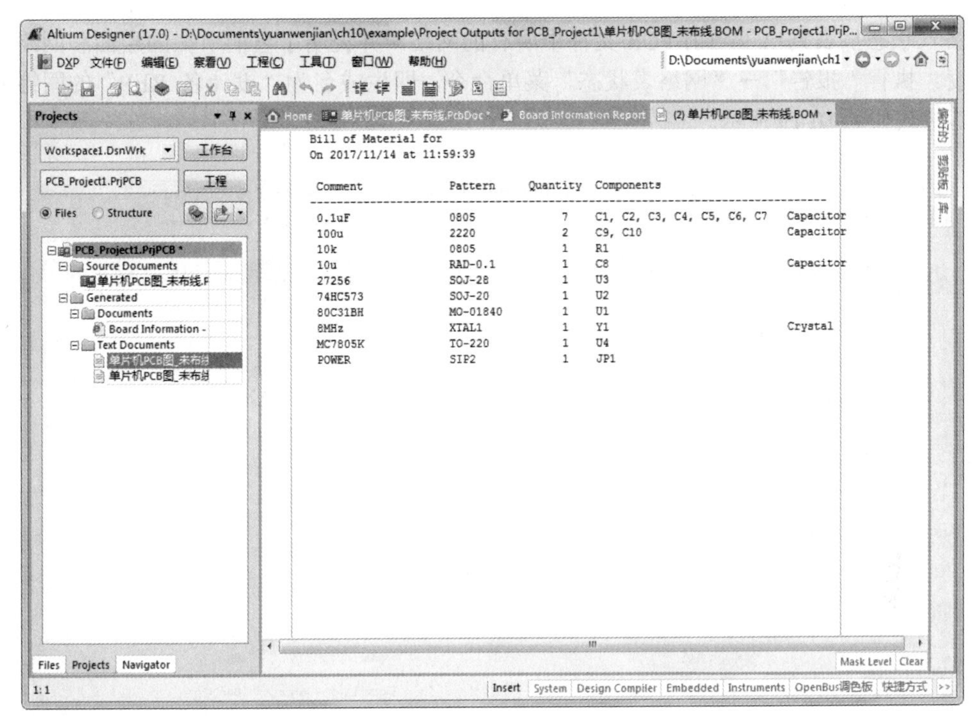

图 10-17　简单元器件报表“.BOM”文件

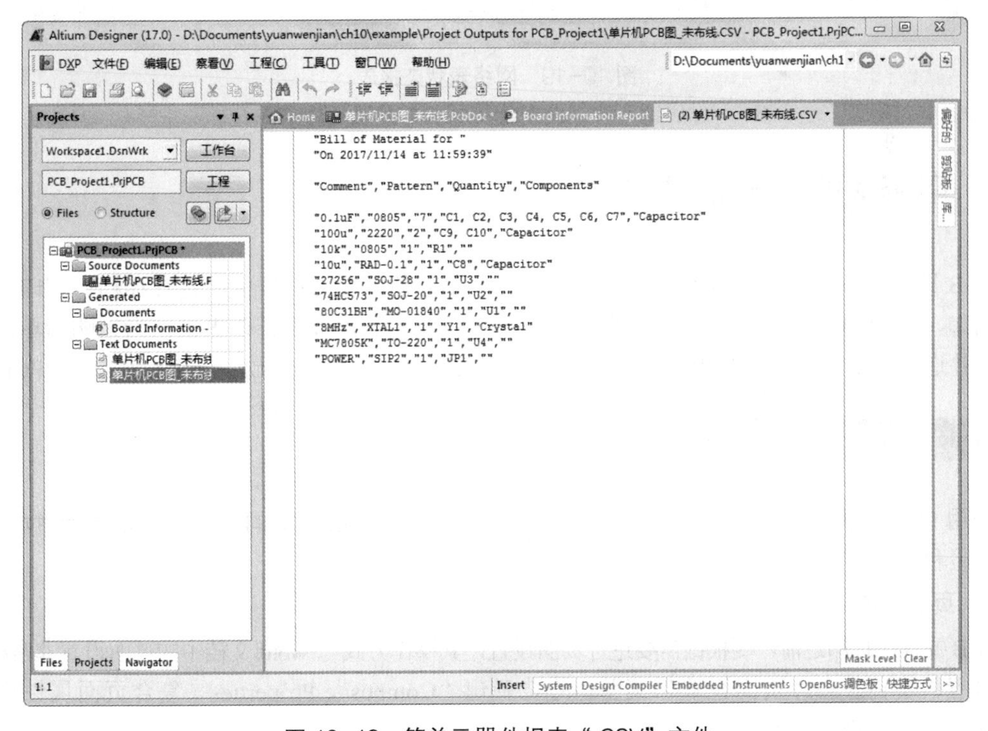

图 10-18　简单元器件报表“.CSV”文件

10.3.4 网络表状态报表

网络表状态报表列出了当前 PCB 文件中所有的网络，并说明了它们所在的层面和网络中导线的总长度。执行“报告”→“网络表状态”菜单命令，即生成名为“设计名 .REP”的网络表状态报表，其格式如图 10-19 所示。

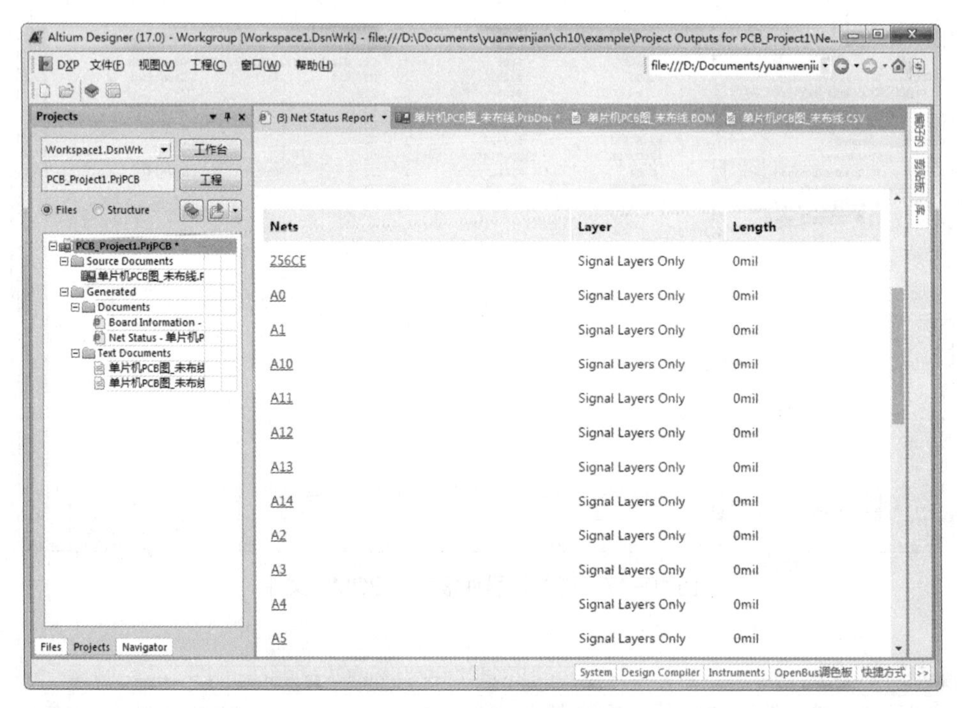

图 10-19 网络表状态报表

10.4 电路板的打印输出

PCB 设计完毕，就可以将其源文件、制作文件和各种报表文件按需要进行存档、打印、输出等。例如，将 PCB 文件打印出来作为焊接装配指导，将元器件报表打印出来作为采购清单，生成胶片文件送交加工单位进行 PCB 加工，当然也可直接将 PCB 文件交给加工单位用以加工 PCB。

10.4.1 打印 PCB 文件

利用 PCB 编辑器的文件打印功能，可以将 PCB 文件不同层面上的图元按一定比例打印输出，用以校验和存档。

1. 页面设置

PCB 文件在打印之前，要根据需要进行页面设置，其操作方式与 Word 文档中的页面设置非常相似。

执行“文件”→“页面设置”菜单命令，弹出“Composite Properties（复合页面属性设置）”对话框，如图 10-20 所示。

该对话框内各个选项的作用如下。

- “打印纸”选项组：用于设置打印纸的尺寸和打印方向。
- “缩放比例”选项组：用于设定打印内容与打印纸的匹配方法。系统提供了两种缩放匹配模式，即“Fit Document On Page（适合文档页面）”和“Select Print(选择打印)”。前者将打印内容缩放到适合图纸大小，后者由用户设定打印缩放的比例因子。如果选择了“Select Print（选择打印）”选项，则“缩放”文本框和“修正”选项组都将变为可用，在“缩放”文本框中填写比例因子设定图形的缩放比例，填写“1.00”时，将按实际大小打印 PCB 图形；“修正”选项组可以在“缩放”文本框参数的基础上再进行 x、y 方向上的比例调整。

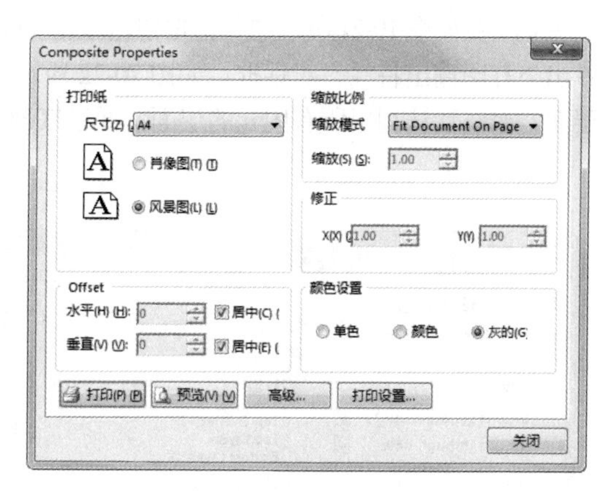

图 10-20　页面设置对话框

- “Offset（页边）”选项组：勾选“居中”复选框时，打印图形将位于打印纸张中心，上、下边距和左、右边距分别对称。取消对“居中”复选框的勾选后，在“水平”和“垂直”文本框中可以进行参数设置，改变页边距，即改变图形在图纸上的相对位置。选用不同的缩放比例因子和页边距参数产生的打印效果，可以通过打印预览来观察。
- “高级”按钮：单击该按钮，系统将弹出如图 10-21 所示的“PCB Printout Properties（PCB 图层打印输出属性）”对话框，在该对话框中可以设置要打印的工作层及其打印方式。

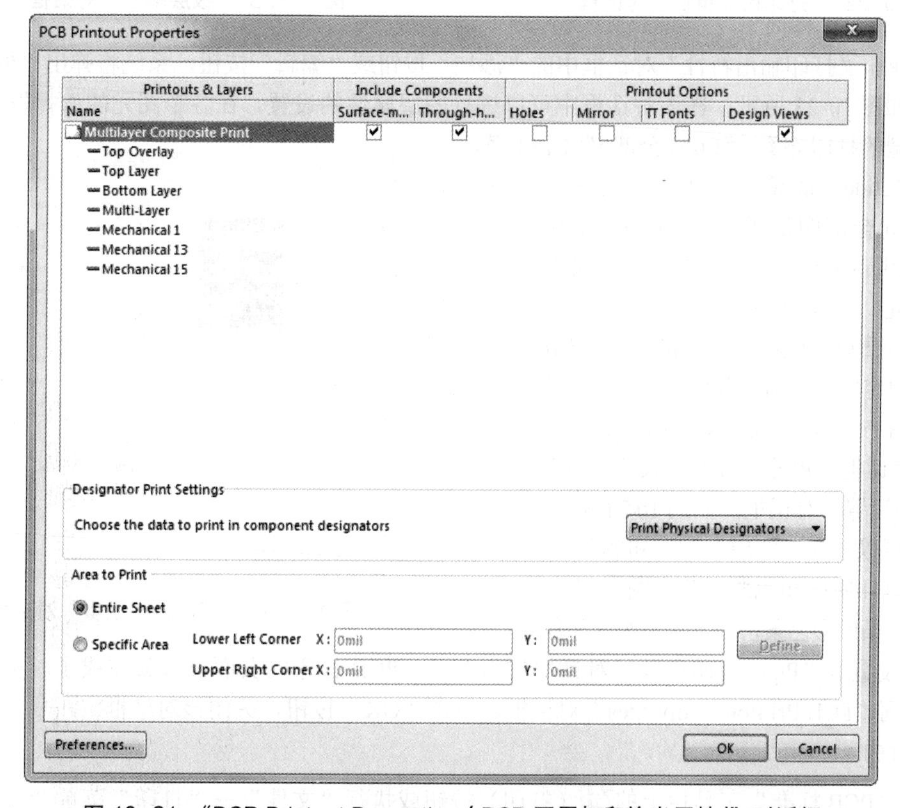

图 10-21　“PCB Printout Properties（PCB 图层打印输出属性）”对话框

2. 打印输出属性

（1）在如图 10-21 所示的对话框中，双击“Multilayer Composite Print（多层复合打印）”前的页面图标，弹出“打印输出特性”对话框，如图 10-22 所示。在该对话框内“层”列表中列出的层即为将要打印的层面，系统默认列出所有图元的层面。通过底部的编辑按钮可以对打印层面进行添加、删除等操作。

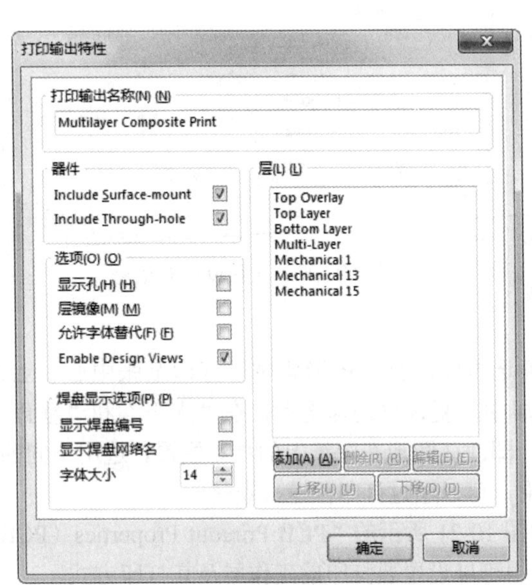

图 10-22 “打印输出特性”对话框

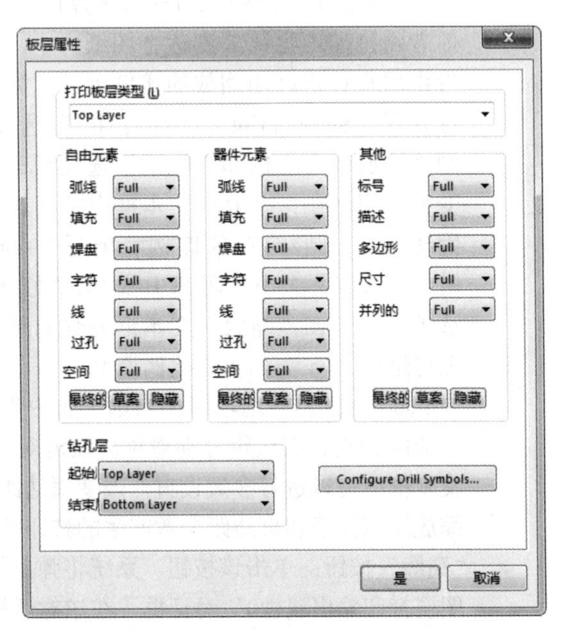

图 10-23 “板层属性”对话框

（2）单击“打印输出特性”对话框中的“添加”按钮或“编辑”按钮，系统将弹出“板层属性”对话框，如图 10-23 所示，在该对话框中可以进行图层属性的设置。在各个图元的选择框内，提供了 3 种类型的打印方案：“Full（全部）”“Draft（草图）”和“Hide（隐藏）”。“Full（全部）”即打印该类图元全部图形画面，“Draft（草图）”只打印该类图元的外形轮廓，“Hide（隐藏）”则隐藏该类图元，不打印。

（3）设置好“板层属性”和“打印输出特性”对话框的内容后，分别单击“是”和“确定”按钮，回到“PCB Printout Properties（PCB 图层打印输出属性）”对话框。单击“Preferences”按钮，弹出“PCB 打印设置”对话框，如图 10-24 所示。在这里，用户可以分别设定黑白打印和彩色打印时各个图层的打印灰度和色彩。单击图层列表中各个图层的灰度条或彩色条，即可调整灰度和色彩。

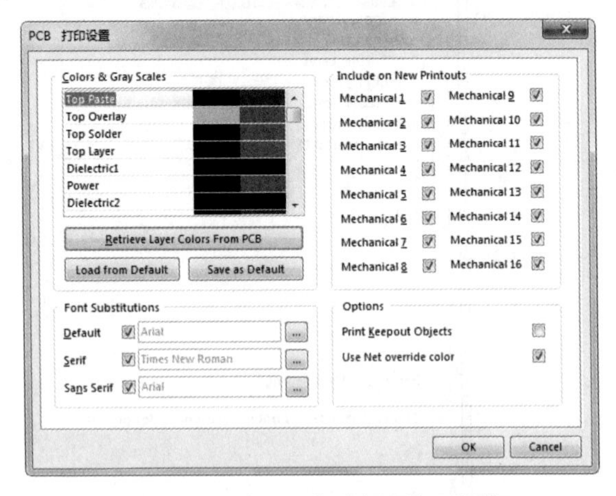

图 10-24 “PCB 打印设置”对话框

（4）设置好“PCB 打印设置”对话框的内容后，PCB 打印的页面设置就完成了。单击“OK”按钮，回到“PCB Printout Properties”对话框。单击“OK”按钮，关闭该对话框。

3. 打印

单击“PCB 标准”工具栏上的（打印）按钮或执行“文件”→“打印”菜单命令，即可打印设置好的 PCB 文件。

10.4.2　打印报表文件

打印报表文件的操作更加简单一些。进入各个报表文件之后，同样先进行页面设置，且报表文件的属性设置也相对简单。在报表文件的页面设置对话框中，单击“高级”按钮，打开“高级文本打印工具”对话框，如图 10-25 所示。

选中“使用特殊字体”复选框时，即可单击 改变... 按钮，在弹出的“字体”对话框中重新设置使用的字体、字形和字号大小，如图 10-26 所示。设置好页面后，就可以进行预览和打印了。其操作与 PCB 文件打印相同，这里就不再赘述。

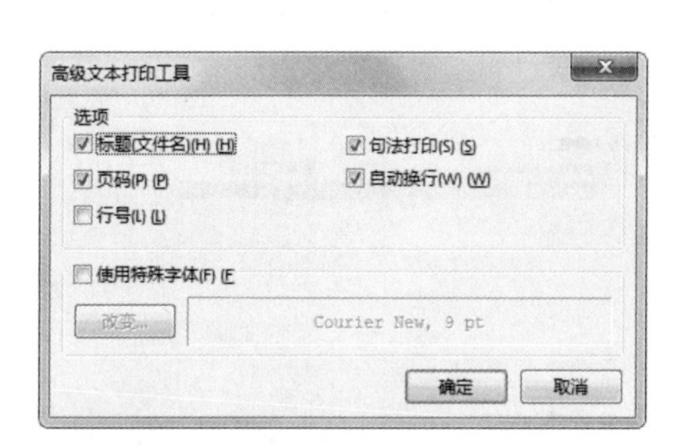

图 10-25　“高级文本打印工具”对话框

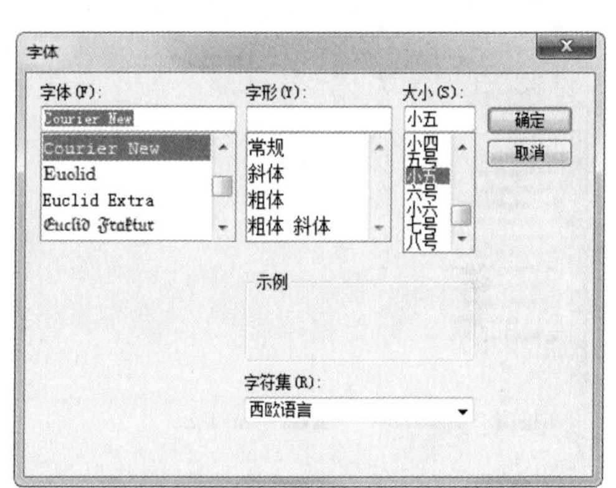

图 10-26　重新设置字体

10.4.3　生成 Gerber 文件

Gerber 是一种符合 EIA 标准，用来把 PCB 图中的布线数据转换为胶片的光绘数据，可以被光绘图机处理的文件格式。PCB 生产厂商用这种文件来进行 PCB 制作。各种 PCB 设计软件都支持生成 Gerber 文件的功能，一般我们可以把 PCB 文件直接交给 PCB 生产厂商，厂商会将其转换成 Gerber 格式。而有经验的 PCB 设计者通常会将 PCB 文件按自己的要求生成 Gerber 文件，再交给 PCB 厂商制作，确保 PCB 制作出来的效果符合个人定制的设计需要。

在 PCB 编辑器中执行“文件”→“制造输出”→“Gerber Files（Gerber 文件）”菜单命令，系统弹出“Gerber 设置”对话框，如图 10-27 所示。

该对话框包含了如下选项卡。

1. “通用”选项卡

“通用”选项卡用于指定在输出 Gerber 文件中使用的单位和格式，如图 10-27 所示。“格式”选项组中的 2:3、2:4、2:5 代表了文件中使用的不同数据精度，其中 2:3 表示数据含 2 位整数、3 位小数。相应的，另外两个分别表示数据中含有 4 位和 5 位小数。设计者根据自己在设计中用到的单位精度进行选择。精度越高，对 PCB 制造设备的要求也就越高。

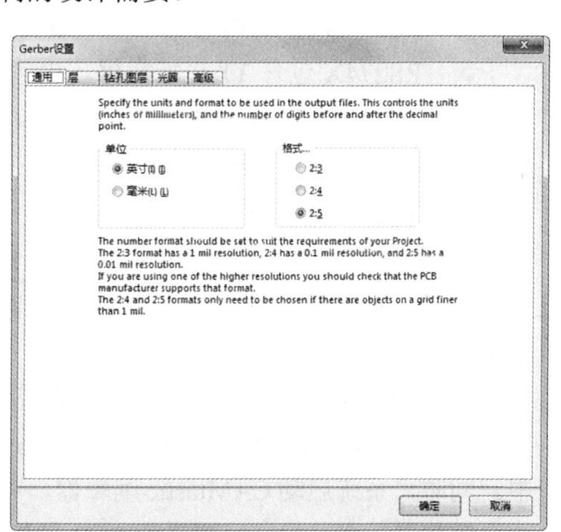

图 10-27　“Gerber 设置”对话框

2. “层”选项卡

“层”选项卡用于设定需要生成 Gerber 文件的层面，如图 10-28 所示。在左侧列表内选择要生成 Gerber 文件的层面，如果要对某一层进行镜像，则选中相应的“反射”复选框；在右侧列表中选择要加载到各个 Gerber 层的机械层。“包括未连接的中间层焊盘”复选框被选中时，则在 Gerber 文件中绘出未连接的中间层的焊盘。

3. “钻孔图层”选项卡

在该选项卡内对钻孔绘制图和钻孔栅格图绘制的层对进行设置，并选择采用的钻孔绘制图标注符号的类型，如图 10-29 所示。

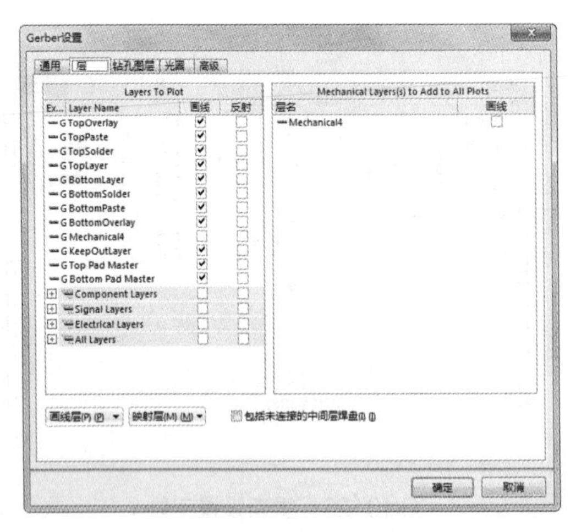

图 10-28 “层”选项卡

图 10-29 “钻孔图层”选项卡

4. “光圈”选项卡

该选项卡用于设置生成 Gerber 文件时建立光圈的选项，如图 10-30 所示。系统默认选中“嵌入的孔径（RS274X）”复选框，即生成 Gerber 文件时自动建立光圈。如果取消选中该复选框，则右侧的光圈表将可以使用，设计者可以自行加载合适的光圈表。

“光圈”选项卡的设定决定了 Gerber 文件的不同格式，一般有：RS274D 和 RS274X 两种文件格式，其主要区别如下。

- RS274D 包含 *XY* 坐标数据，但不包含 D 码文件，需要用户给出相应的 D 码文件。
- RS274X 包含 *XY* 坐标数据，也包含 D 码文件，不需要用户给出 D 码文件。

D 码文件为 ASCII 文本格式文件，文件的内容包含了 D 码的尺寸、形状和曝光方式。建议用户选择使用 RS274X 方式，除非有特殊的要求。

5. “高级”选项卡

该选项卡设置与光绘胶片相关的各个选项，如图 10-31 所示。在该选项卡中设置胶片尺寸及边框大小、零字符格式、光圈匹配容许误差、板层在胶片上的位置、制造文件的生成模式和绘图器类型等。

在“Gerber 设置”对话框中设置好各参数后，单击“确定”按钮，系统将按照设置自动生成各个图层的 Gerber 文件，并加入到“Projects（项目）”面板中该项目的生成（Generated）文件夹中。同时，系统启动 CAMtastic 编辑器，将所有生成的 Gerber 文件集成为“CAMtasticl.CAM”文件，并自动打开。在这里，可以进行 PCB 制作版图的校验、修正和编辑等工作。

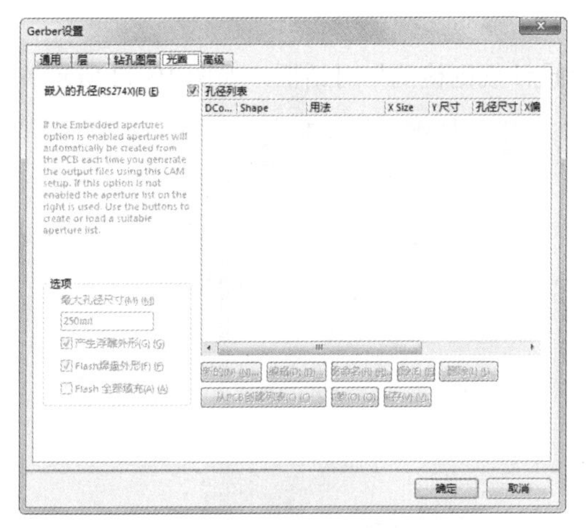

图 10-30　“光圈”选项卡

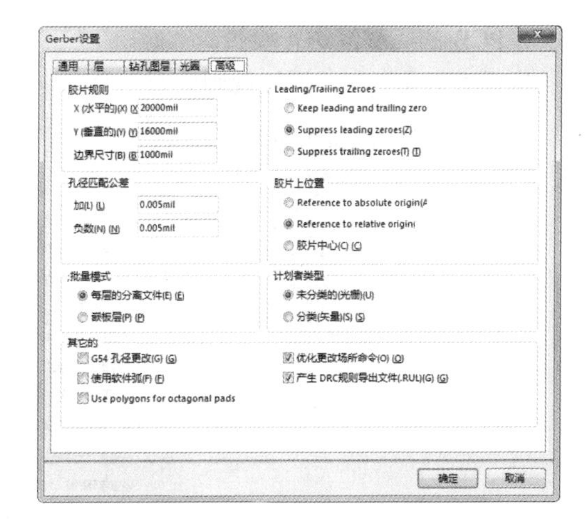

图 10-31　“高级”选项卡

Altium Designer 17 系统针对不同 PCB 层生成的 Gerber 文件对应着不同的扩展名，如表 10-1 所示。

表 10-1　Gerber 文件的扩展名

PCB 层面	Gerber 文件扩展名	PCB 层面	Gerber 文件扩展名
Top Overlay	.GTO	Top Paste Mask	.GTP
Bottom Overlay	.GBO	Bottom Paste Mask	.GBP
Top Layer	.GTL	Drill Drawing	.GDD
Bottom Layer	.GBL	Drill Drawing Top to Mid1，Mid2 to Mid3 etc	.GD1，.GD2 etc
Mid Layer1，2 etc	.G1，.G2 etc	Drill Guide	.GDG
Power Plane1，2 etc	.GP1，.GP2 etc	Drill Guide Top to Mid1，Mid2 to Mid3 etc	.GG1，.GG2 etc
Mechanical Layer1，2 etc	.GM1，.GM2 etc	Pad Master Top	.GPT
Top Solder Mask	.GTS	Pad Master Bottom	.GPB
Bottom Solder Mask	.GBS	Keep-Out Layer	.GKO

10.5 综合实例——看门狗电路后期制作

打开随书资源“源文件 \ch10\10.5\example”文件夹中的“看门狗电路”项目文件，进行后期制作。

扫码看视频

【绘制步骤】

10.5.1　设计规则检查（DRC）

电路板设计完成之后，为了保证设计工作的正确性，还需要进行设计规则检查，比如检查元器件的布局、布线等是否符合所定义的设计规则。Altium Designer 17 提供了设计规则检查功能，可以对 PCB 的完整性进行检查。

执行“工具”→“设计规则检查”命令，弹出“设计规则检测”对话框，如图 10-32 所示。

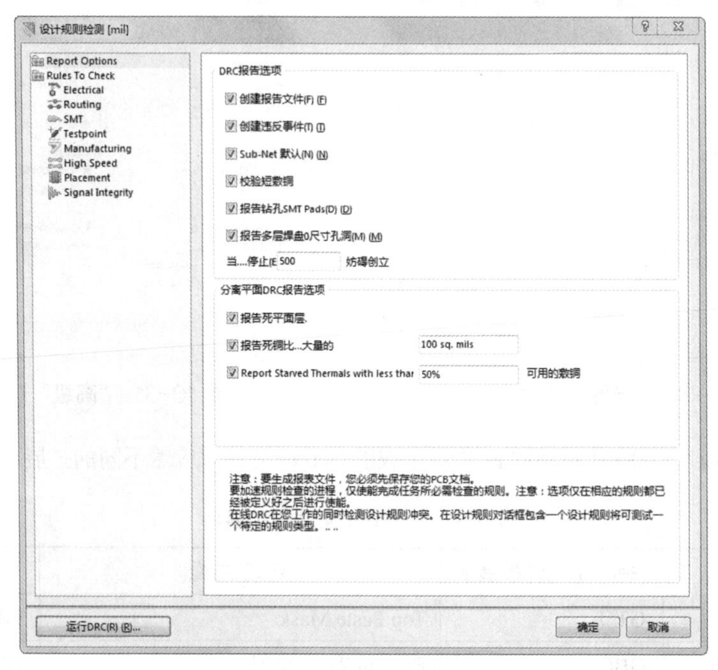

图 10-32 “设计规则检测”对话框

选择“Rules To Check（检查规则）”标签页，该页中列出了所有可进行检查的设计规则，这些都是在“PCB 规则及约束编辑器”对话框里定义过的设计规则，用户可以选择需要检查的设计规则，如图 10-33 所示。

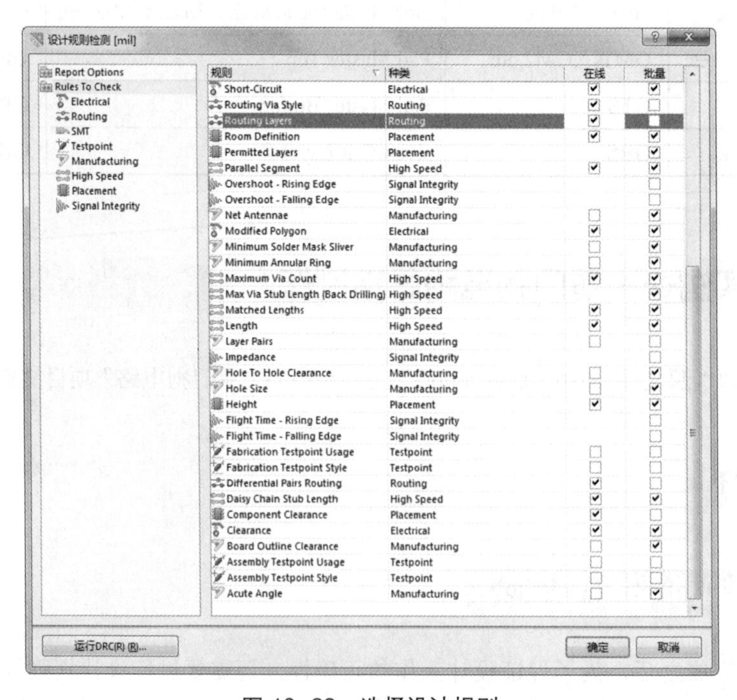

图 10-33 选择设计规则

设计规则检查完成后，系统将生成设计规则检查报告，如图 10-34 所示。

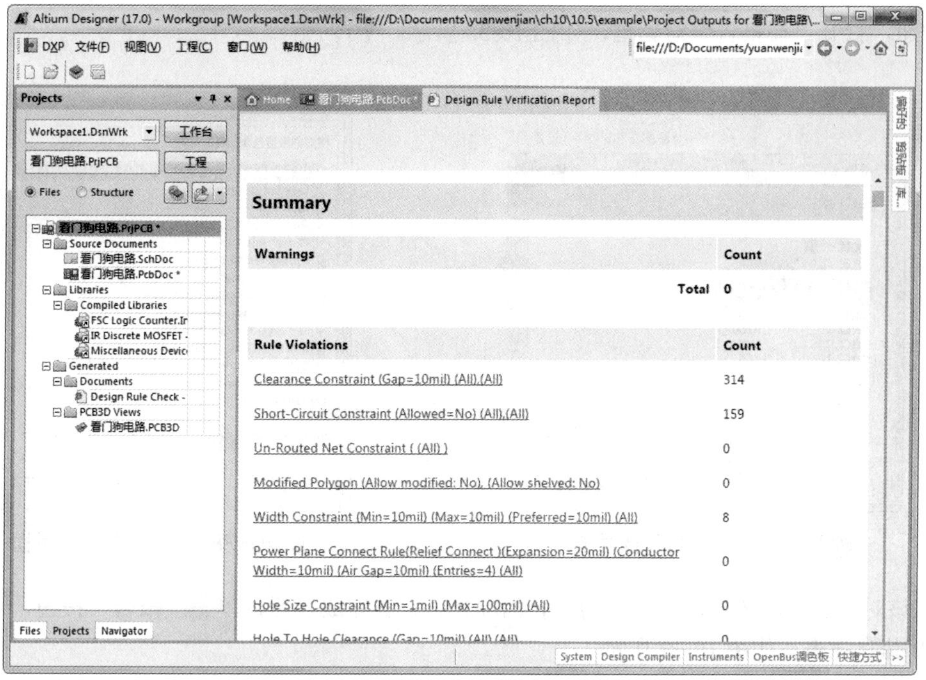

图 10-34　设计规则检查报告

10.5.2　生成 PCB 信息报表

PCB 信息报表对 PCB 的信息进行汇总报告，其生成方法如下。

执行“报告”→“板子信息”菜单命令，打开“PCB 信息”对话框，如图 10-35 所示。在该对话框中，有 3 个选项卡。

（1）“通用”选项卡。该选项卡显示了 PCB 上的各类对象如焊盘、导线和过孔等的总数，以及电路板的尺寸和 DRC 违反规则的数量等。

（2）“器件”选项卡。单击“器件”标签页，打开“器件”选项卡，如图 10-36 所示。

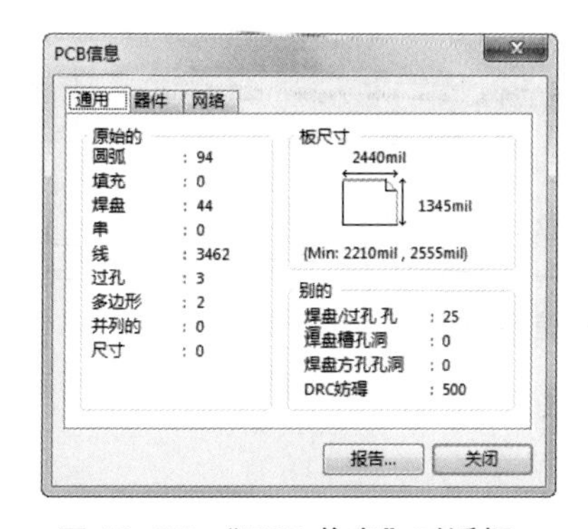

图 10-35　“PCB 信息”对话框

图 10-36　“器件”选项卡

该选项卡中列出了当前 PCB 上元器件的信息，包括元器件总数、各层放置的数目以及元器件标号等。

（3）“网络”选项卡。单击“网络”标签页，打开“网络”选项卡，如图 10-37 所示。单击“报告”按钮，打开“板报告”对话框，如图 10-38 所示。

图 10-37 “网络”选项卡

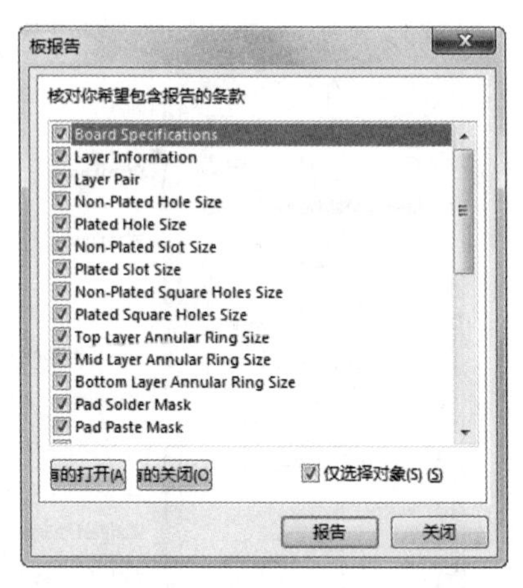

图 10-38 “板报告”对话框

在该对话框中，选择需要生成的报表的项目。设置完成以后，单击“报告”按钮，系统自动生成 PCB 信息报表，如图 10-39 所示。

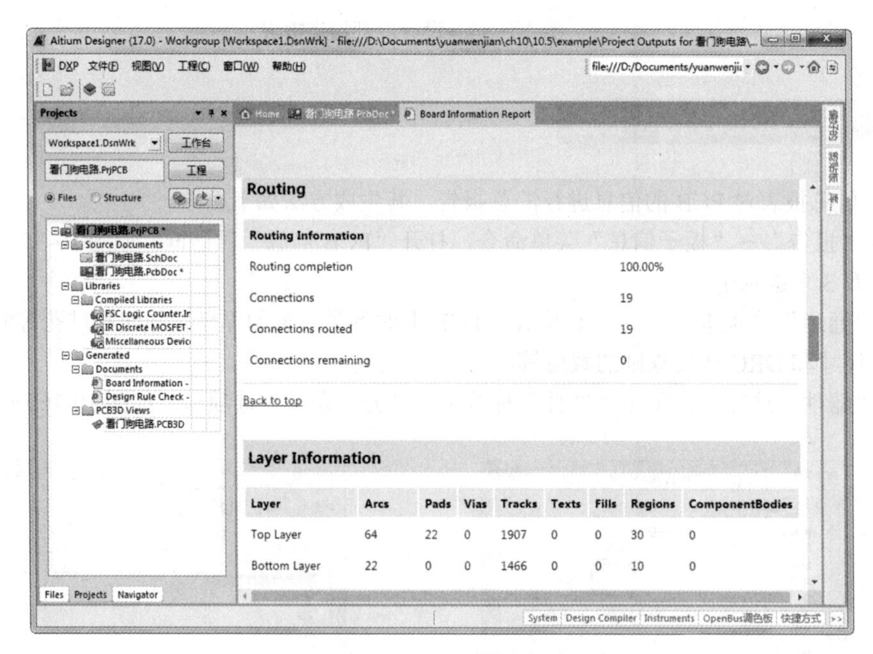

图 10-39 PCB 信息报表

10.5.3 生成元器件清单报表

执行“报告”→“Bill of Materials（材料清单）”菜单命令，系统弹出元器件清单报表设置对话框，如图 10-40 所示。

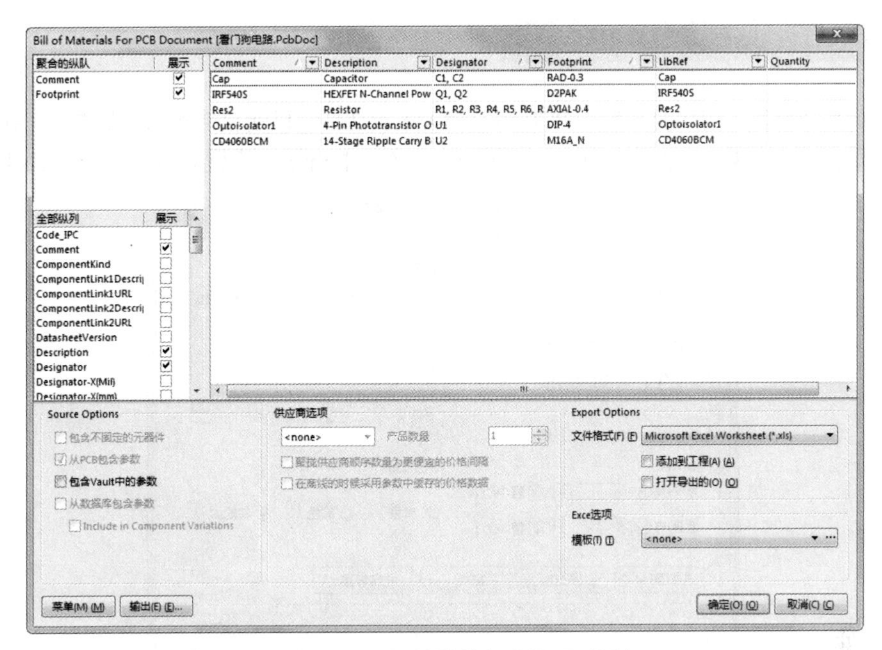

图 10-40　元器件清单报表设置对话框

设置完成后，单击对话框中的“输出”按钮，系统将弹出“Export For（输出为）”对话框。选择保存类型和保存路径，单击“保存”按钮，即可保存报表文件。

10.5.4　生成网络表状态报表

网络表状态报表主要用来显示当前 PCB 文件中的所有网络信息，包括网络所在的层面以及网络中导线的总长度。

执行“报告”→“网络表状态”菜单命令，系统生成网络表状态报表，如图 10-41 所示。

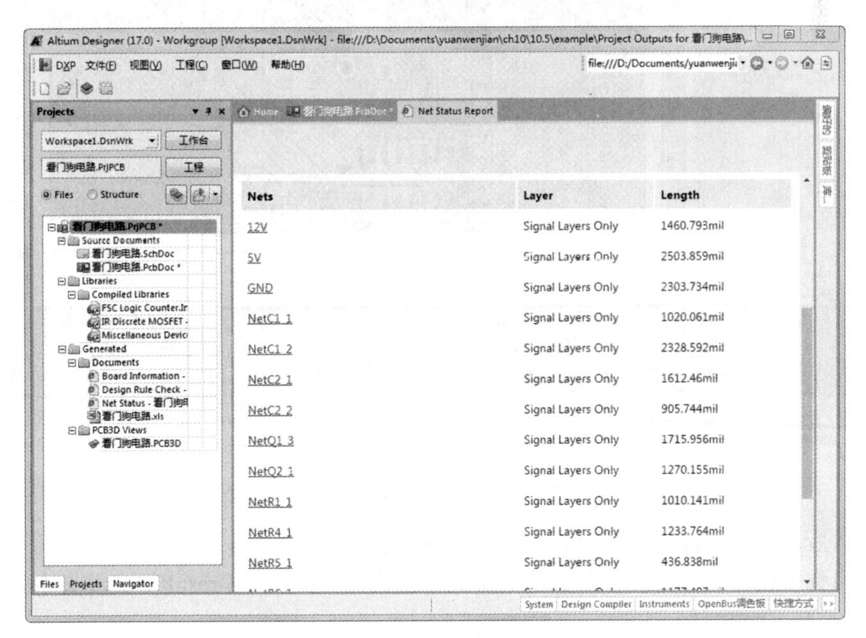

图 10-41　网络表状态报表

10.5.5 PCB 图及报表的打印输出

PCB 设计完成以后，可以打印输出 PCB 图及相关报表文件，以便存档和加工制作等。在打印之前，首先要进行页面设置。执行“文件”→“页面设置”命令，打开页面设置对话框，如图 10-42 所示。

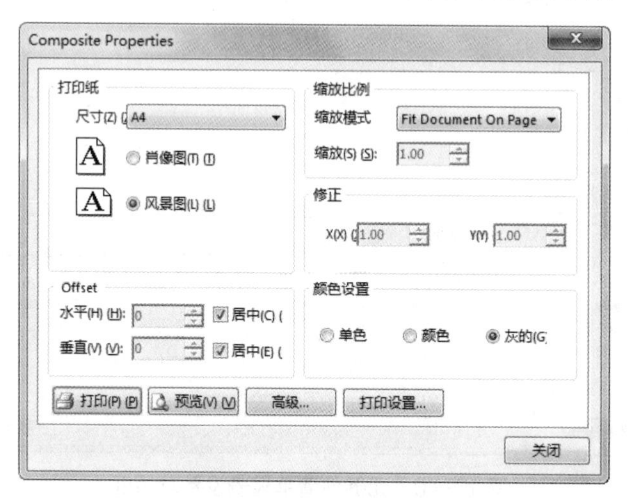

图 10-42 页面设置对话框

设置完成后，单击“预览”按钮，可以预览打印效果，如图 10-43 所示。

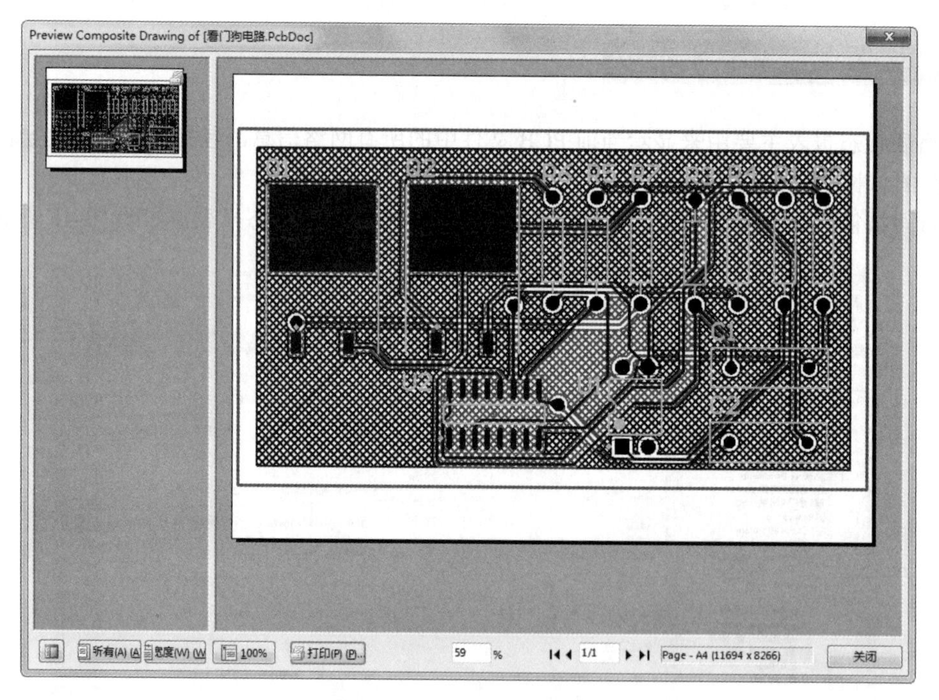

图 10-43 预览打印效果

预览满意后，单击“打印”按钮，即可将 PCB 图打印输出。

将“看门狗电路”项目文件保存到随书资源“源文件 \ch10\10.5\result”文件夹中。

11 Chapter

第 11 章 信号完整性分析

随着新工艺、新器件的迅猛发展，高速器件在电路设计中的应用已日趋广泛。在这种高速电路系统中，数据的传送速率、时钟的工作频率都相当高，而且由于功能的复杂多样，电路密集度也相当大。因此，设计的重点将与低速电路设计时截然不同，不再仅仅是元器件的合理放置与导线的正确连接，还应该对信号的完整性（Signal Integrity，SI）问题给予充分的考虑，否则，即使原理正确，系统可能也无法正常工作。

信号完整性分析是重要的高速 PCB 板极和系统级分析与设计的手段，在硬件电路设计中发挥着越来越重要的作用。Altium Designer 17 提供了具有较强功能的信号完整性分析器以及实用的 SI 专用工具，使 Altium Designer 17 用户在软件上就能模拟出整个电路板各个网络的工作情况，同时还提供了多种补偿方案，帮助用户进一步优化自己的电路设计。

11.1 信号完整性分析概述

11.1.1 信号完整性分析的概念

所谓信号完整性，顾名思义，就是指信号通过信号线传输后仍能保持完整，即仍能保持其正确的功能而未受到损伤的一种特性。具体来说，是指信号在电路中以正确的时序和电压做出响应的能力。当电路中的信号能够以正确的时序、要求的持续时间和电压幅度进行传送，并到达输出端时，说明该电路具有良好的信号完整性，而当信号不能正常响应时，就说明出现了信号完整性问题。

我们知道，一个数字系统能否正确工作，其关键在于信号定时是否准确，而信号定时与信号在传输线上的传输延迟以及信号波形的损坏程度等有着密切的关系。差的信号完整性不是由某一个单一因素导致的，而是由板级设计中的多种因素共同引起的。仿真证实：集成电路的切换速度过高、端接元器件的布设不正确、电路的互联不合理等都会引发信号完整性问题。

常见的信号完整性问题主要有如下几种。

1. 传输延迟（Transmission Delay）

传输延迟表明数据或时钟信号没有在规定的时间内以一定的持续时间和幅度到达接收端。信号延迟是由驱动过载、走线过长的传输线效应引起的，传输线上的等效电容、电感会对信号的数字切换产生延时，影响集成电路的建立时间和保持时间。集成电路只能按照规定的时序来接收数据，延时足够长会导致集成电路无法正确判断数据，则电路将工作不正常甚至完全不能工作。

在高频电路设计中，信号的传输延迟是一个无法完全避免的问题，为此引入了一个延迟容限的概念，即在保证电路能够正常工作的前提下，所允许的信号最大时序变化量。

2. 串扰（Crosstalk）

串扰是没有电气连接的信号线之间的感应电压和感应电流所导致的电磁耦合。这种耦合会使信号线起着天线的作用，其容性耦合会引发耦合电流，感性耦合会引发耦合电压，并且随着时钟速率的升高和设计尺寸的缩小而加大。这是由于信号线上有交变的信号电流通过时，会产生交变的磁场，处于该磁场中的其他信号线会感应出信号电压。

印制电路板层的参数、信号线的间距、驱动端和接收端的电气特性及信号线的端接方式等都对串扰有一定的影响。

3. 反射（Reflection）

反射就是传输线上的回波，信号功率的一部分经传输线传给负载，另一部分则向源端反射。在高速设计中，可以把导线等效为传输线，而不再是集总参数电路中的导线，如果阻抗匹配（源端阻抗、传输线阻抗与负载阻抗相等），则反射不会发生。反之，若负载阻抗与传输线阻抗失配，就会导致接收端的反射。

布线的某些几何形状、不适当的端接、经过连接器的传输及电源平面不连续等因素均会导致信号的反射。由于反射，会导致传送信号出现严重的过冲（Overshoot）或下冲（Undershoot）现象，致使波形变形、逻辑混乱。

4. 接地反弹（Ground Bounce）

接地反弹是指由于电路中较大的电流涌动而在电源与接地平面间产生大量噪声的现象。如大量芯片同步切换时，会产生一个较大的瞬态电流从芯片与电源平面间流过，芯片封装与电源间的寄生电感、电容和电阻会引发电源噪声，使得零电位平面上产生较大的电压波动（可能高达 2V），足以造成其他元器件误动作。

由于接地平面的分割（分为数字接地、模拟接地、屏蔽接地等），可能引起数字信号传到模拟接地区域时，产生接地平面回流反弹。同样，电源平面分割也可能出现类似危害。负载容性的增大、阻性的减小、寄生参数的增大、切换速度增高以及同步切换数目的增加，均可能导致接地反弹增加。

除此之外，在高频电路的设计中还存在其他一些与电路功能本身无关的信号完整性问题，如电路板上的网络阻抗、电磁兼容性等。

因此，在实际制作印制电路板之前进行信号完整性分析，以提高设计的可靠性，降低设计成本，应该说是非常重要和必要的。

11.1.2 信号完整性分析工具

Altium Designer 17 包一含个高级信号完整性仿真器，能分析 PCB 设计并检查设计参数，测试过冲、下冲、线路阻抗和信号斜率。如果 PCB 上任何一个设计要求（由 DRC 指定的）有问题，即可对 PCB 进行反射或串扰分析，以确定问题所在。

Altium Designer 17 的信号完整性分析和 PCB 设计过程是无缝连接的，该模块提供了极其精确的板级分析，能检查整板的串扰、过冲、下冲、上升时间、下降时间和线路阻抗等问题。在印制电路板制造前，用最小的代价来解决高速电路设计带来的问题和 EMC/EMI（电磁兼容性 / 电磁抗干扰）等问题。

Altium Designer 17 的信号完整性分析模块的设计特性如下。

- 设置简单，可以像在 PCB 编辑器中定义设计规则一样定义设计参数。
- 通过运行 DRC，可以快速定位不符合设计需求的网络。
- 无须特殊的经验，可以从 PCB 中直接进行信号完整性分析。
- 提供快速的反射和串扰分析。
- 利用 I/O 缓冲器宏模型，无须额外的 SPICE 或模拟仿真知识。
- 信号完整性分析的结果采用示波器形式显示。
- 采用成熟的传输线特性计算和并发仿真算法。
- 用电阻和电容参数值对不同的终止策略进行假设分析，并可对逻辑块进行快速替换。
- 提供 IC 模型库，包括校验模型。
- 宏模型逼近使得仿真更快、更精确。
- 自动模型连接。
- 支持 I/O 缓冲器模型的 IBIS 2 工业标准子集。
- 利用信号完整性宏模型可以快速地自定义模型。

11.2 信号完整性分析规则设置

Altium Designer 17 中包含了许多信号完整性分析的规则，这些规则用于在 PCB 设计中检测一些潜在的信号完整性问题。

在 Altium Designer 17 的 PCB 编辑环境中，执行“设计”→“规则”菜单命令，系统将弹出“PCB 规则及约束编辑器”对话框。在该对话框中单击“Design Rules”前面的⊞按钮，选择其中的“Signal Integrity”规则设置选项，即可看到如图 11-1 所示的各种信号完整性分析的选项，可以根据设计工作的要求选择所需的规则进行设置。

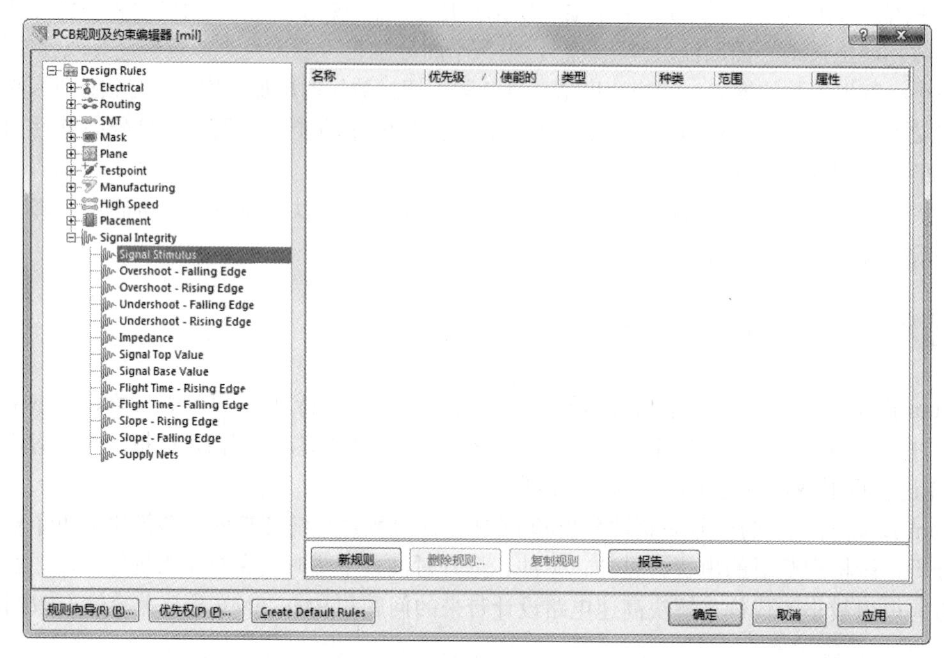

图 11-1 “PCB 规则及约束编辑器对话框

在“PCB 规则及约束编辑器”对话框中列出了 Altium Designer 17 提供的所有设计规则，但是这仅仅是列出可以使用的规则，要想在 DRC 校验时真正使用这些规则，还需要在第一次使用时，把该规则作为新规则添加到实际使用的规则库中。

在需要使用的规则上单击鼠标右键，弹出快捷菜单，在该菜单中选择“新规则”命令，即可把该规则添加到实际使用的规则库中。如果需要多次用到该规则，可以为它建立多个新的规则，并用不同的名称加以区别。

要想在实际使用的规则库中删除某个规则，选中该规则并在右键快捷菜单中执行“删除规则”命令即可。

在右键快捷菜单中执行“Export Rules（输出规则）”命令，可以把选中的规则从实际使用的规则库中导出。在右键快捷菜单中执行“Import Rules（输入规则）”命令，系统弹出如图 11-2 所示的“选择设计规则类型”对话框，可以从设计规则库中导入所需的规则。在右键快捷菜单中执行“报告”命令，则可以为该规则建立相应的报告文件，并可以打印输出。

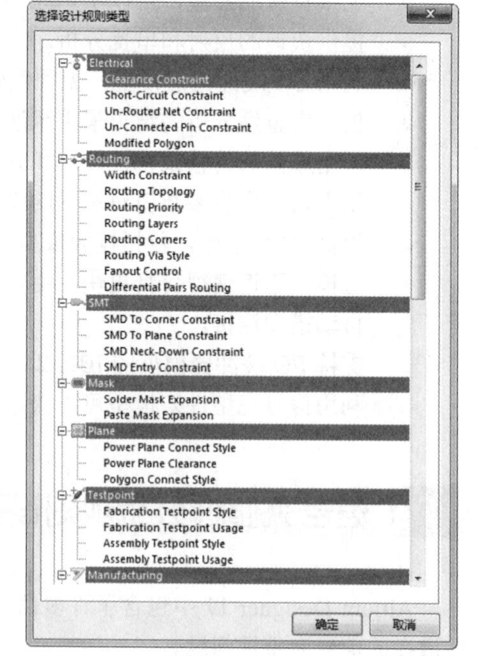

图 11-2 “选择设计规则类型”对话框

在 Altium Designer 17 中包含 13 条信号完整性分析的规则，下面分别介绍。

1. 激励信号（Signal Stimulus）规则

在“Signal Stimulus”上单击鼠标右键，系统弹出右键快捷菜单，选择“新规则”命令，生成“Signal Stimulus”规则选项，单击该规则，则出现如图 11-3 所示的激励信号设置对话框，可以在该对话框中设置激励信号的各项参数。

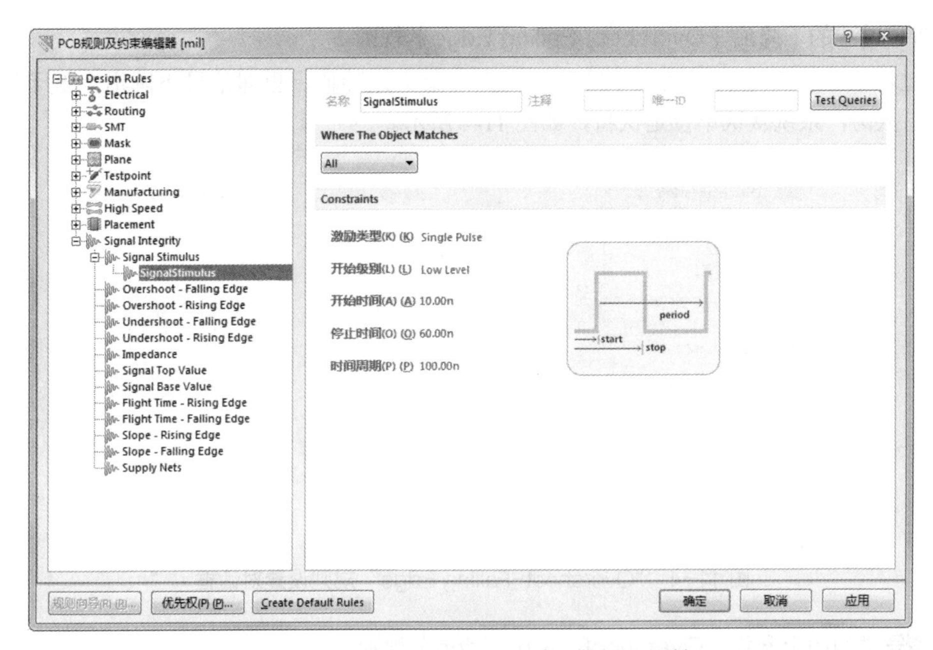

图 11-3　“Signal Stimulus”规则设置对话框

（1）名称：参数名称，用来为该规则设立一个便于理解的名字，在 DRC 校验中，当电路板布线违反该规则时，就将以该参数名称显示此错误。

（2）注释：该规则的注释说明。

（3）唯一 ID：为该参数提供的一个随机的 ID 号。

（4）Where The Object Matches（匹配对象的位置）：用来设置激励信号规则所适用的范围，一共有 6 种选项。

- All（所有）：规则在指定的 PCB 上都有效。
- Net（网络）：规则在指定的电气网络中有效。
- Net Class（网络类）：规则在指定的网络类中有效。
- Layer（层）：规则在指定的某一电路板层上有效。
- Net And Layer（网络和层）：规则在指定的网络和指定的电路板层上有效。
- Custom Query（自定义查询）：高级设置选项，选择该选项后，可以单击其下边的“查询构建器”按钮，自行设置规则使用范围。

（5）Constraints（约束）：用于设置激励信号规则。共有 5 个选项，其含义如下。

- 激励类型：设置激励信号的种类，包括 3 个选项，即 Constant Level（固定电平），表示激励信号为某个常数电平；Single Pulse（单脉冲），表示激励信号为单脉冲信号；Periodic Pulse（周期脉冲），表示激励信号为周期性脉冲信号。
- 开始级别：设置激励信号的初始电平，仅对“Single Pulse（单脉冲）”和“Periodic Pulse（周期脉冲）”有效。设置初始电平为低电平，则选择“Low Level（低电平）”；设置初始电平为高电平，则选择“High Level（高电平）”。
- 开始时间：设置激励信号电平脉宽的起始时间。
- 停止时间：设置激励信号电平脉宽的终止时间。
- 时间周期：设置激励信号的周期。

设置激励信号的时间参数，在输入数值的同时，要注意添加时间单位，以免设置出错。

2. 信号过冲的下降沿（Overshoot-Falling Edge）规则

信号过冲的下降沿定义了信号下降边沿允许的最大过冲值，也即信号下降沿上低于信号基值的最大阻尼振荡，系统默认单位是伏特，如图 11-4 所示。

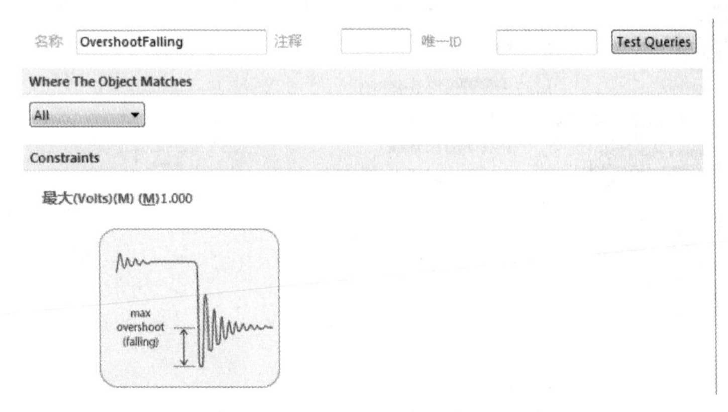

图 11-4 “Overshoot-Falling Edge”规则设置对话框

3. 信号过冲的上升沿（Overshoot-Rising Edge）规则

信号过冲的上升沿与信号过冲的下降沿是相对应的，它定义了信号上升边沿允许的最大过冲值，也即信号上升沿上高于信号上位值的最大阻尼振荡，系统默认单位是伏特，如图 11-5 所示。

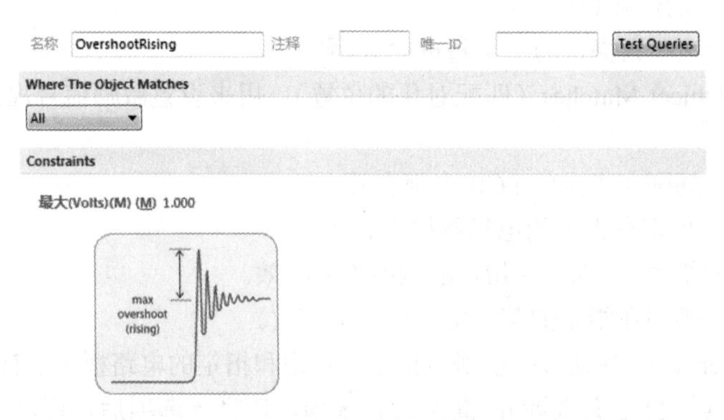

图 11-5 “Overshoot- Rising Edge”规则设置对话框

4. 信号下冲的下降沿（Undershoot-Falling Edge）规则

信号下冲与信号过冲略有区别。信号下冲的下降沿定义了信号下降边沿允许的最大下冲值，也即信号下降沿上高于信号基值的阻尼振荡，系统默认单位是伏特，如图 11-6 所示。

5. 信号下冲的上升沿（Undershoot-Rising Edge）规则

信号下冲的上升沿与信号下冲的下降沿是相对应的，它定义了信号上升边沿允许的最大下冲值，也即信号上升沿上低于信号上位值的阻尼振荡，系统默认单位是伏特，如图 11-7 所示。

6. 阻抗约束（Impedance）规则

阻抗约束定义了电路板上所允许的电阻的最大和最小值，系统默认单位是欧姆。阻抗与导体的几何外观、电导率、导体外的绝缘层材料、电路板的几何物理分布以及导体间在 Z 平面域的距离相关。上述的绝缘层材料包括板的基本材料、多层间的绝缘层以及焊接材料等。

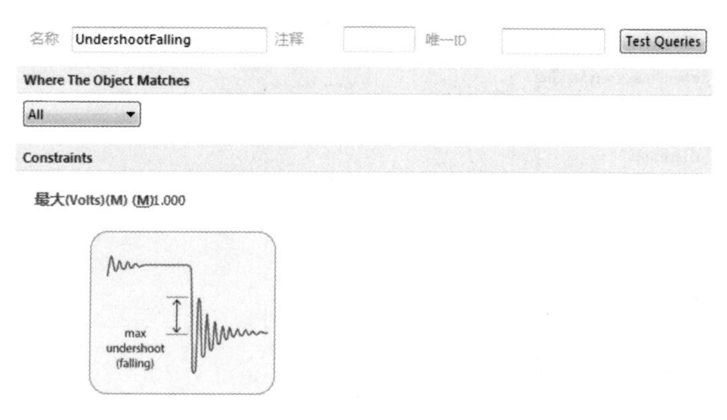

图 11-6　“Undershoot-Falling Edge”规则设置对话框

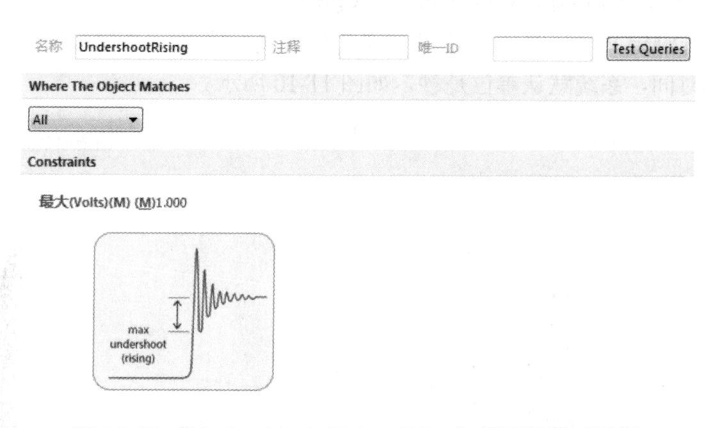

图 11-7　“Undershoot-Rising Edge”规则设置对话框

7. 信号高电平（Signal Top Value）规则

信号高电平定义了线路上信号在高电平状态下所允许的最小稳定电压值，是信号上位值的最小电压，系统默认单位是伏特，如图 11-8 所示。

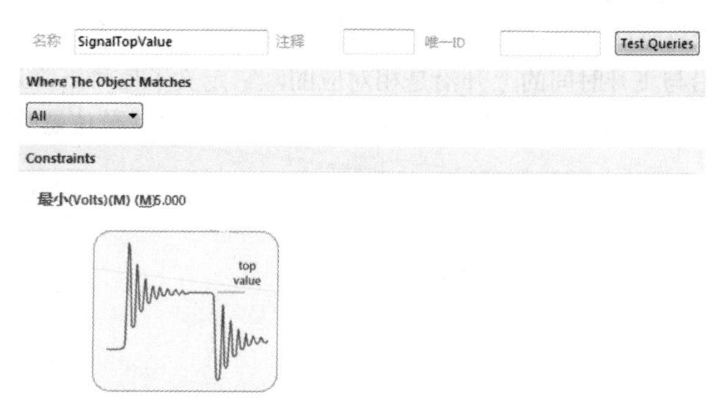

图 11-8　“Signal Top Value”规则设置对话框

8. 信号基值（Signal Base Value）规则

信号基值与信号高电平是相对应的，它定义了线路上信号在低电平状态下所允许的最大稳定电压值，是信号的最大基值，系统默认单位是伏特，如图 11-9 所示。

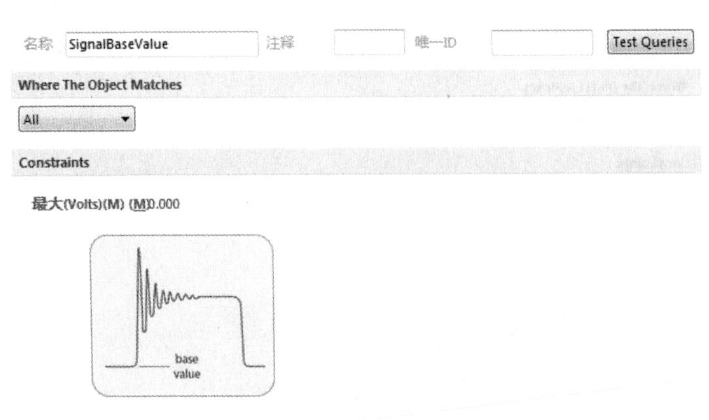

图 11-9 “Signal Base Value”规则设置对话框

9. 飞升时间的上升沿（Flight Time-Rising Edge）规则

飞升时间的上升沿定义了信号上升边沿允许的最大飞行时间，是信号上升边沿到达信号设定值的 50% 时所需的时间，系统默认单位是秒，如图 11-10 所示。

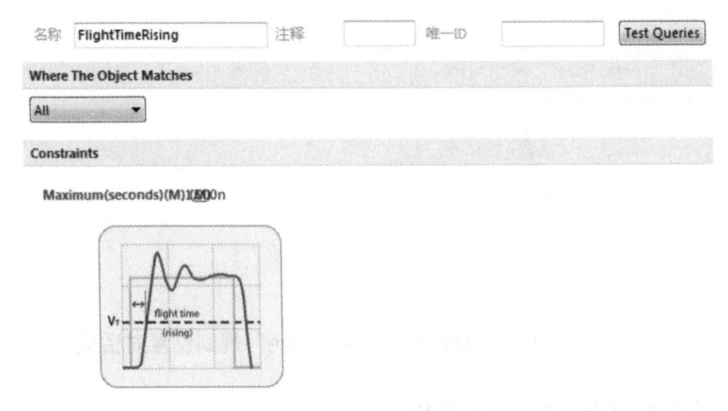

图 11-10 “Flight Time-Rising Edge”规则设置对话框

10. 飞升时间的下降沿（Flight Time-Falling Edge）规则

飞升时间的下降沿是相互连接的结构的输入信号延迟，它是实际的输入电压到门限电压之间的时间，小于这个时间将驱动一个基准负载，该负载直接与输出相连接。

飞升时间的下降沿与飞升时间的上升沿是相对应的，它定义了信号下降边沿允许的最大飞行时间，是信号下降边沿到达信号设定值的 50% 时所需的时间，系统默认单位是秒，如图 11-11 所示。

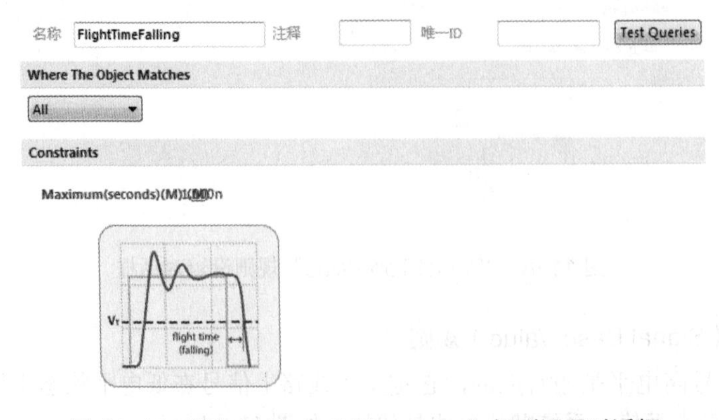

图 11-11 “Flight Time-Falling Edge”规则设置对话框

11. 上升边沿斜率（Slope-Rising Edge）规则

上升边沿斜率定义了信号从门限电压上升到一个有效的高电平时所允许的最大时间，系统默认单位是秒，如图 11-12 所示。

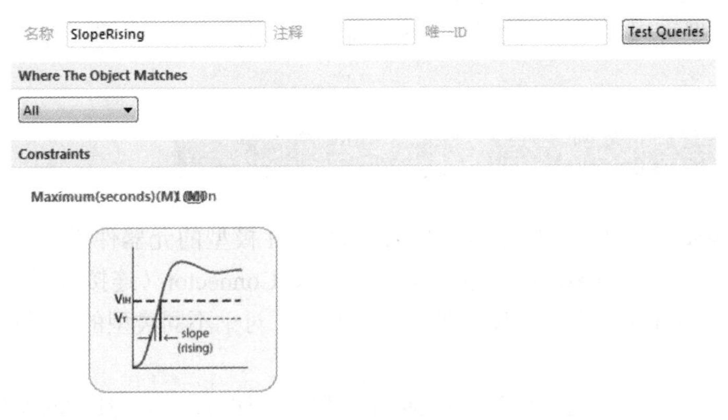

图 11-12　“Slope-Rising Edge”规则设置对话框

12. 下降边沿斜率（Slope-Falling Edge）规则

下降边沿斜率与上升边沿斜率是相对应的，它定义了信号从门限电压下降到一个有效的低电平时所允许的最大时间，系统默认单位是秒，如图 11-13 所示。

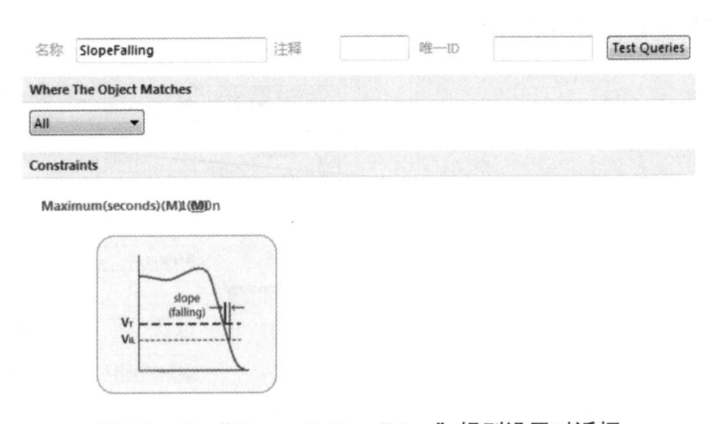

图 11-13　“Slope-Falling Edge”规则设置对话框

13. 电源网络（Supply Nets）规则

电源网络定义了电路板上的电源网络标号。信号完整性分析器需要了解电源网络标号的名称和电压位。

在设置好完整性分析的各项规则后，在工程文件中，打开某个 PCB 设计文件，系统即可根据信号完整性的规则设置进行 PCB 的板级信号完整性分析。

11.3 设定元件的信号完整性模型

与电路原理图仿真过程类似，使用 Altium Designer 17 进行信号完整性分析也是建立在模型基础之上的，这种模型就称为信号完整性（Signal Integrity）模型，简称 SI 模型。

与封装模型、仿真模型一样，SI 模型也是元器件的一种外在表现形式，很多元器件的 SI 模型与相应的原理图符号、封装模型、仿真模型一起，被系统存放在集成库文件中。因此，同设定仿真模型类似，也需要对元器件的 SI 模型进行设定。

元器件的 SI 模型可以在信号完整性分析之前设定，也可以在信号完整性分析的过程中进行设定。

11.3.1　在信号完整性分析之前设定元器件的 SI 模型

在 Altium Designer 17 中，提供了若干种可以设定 SI 模型的元器件类型，如 IC（集成电路）、Resistor（电阻类元器件）、Canacitor（电容类元器件）、Connector（连接器类元器件）、Diode（二极管类元器件）以及 BJT（双极型三极管类元器件）等，对于不同类型的元器件，其设定方法是不同的。

单个的无源元器件，如电阻、电容等，其 SI 模型设定比较简单。具体的操作步骤如下。

（1）在电路原理图中，双击所放置的某一无源元器件，打开相应的元器件属性对话框。

（2）单击元器件属性对话框下方的“Add(添加)”按钮，在系统弹出的“添加新模型”对话框中，选择“Signal Integrity（信号完整性）”选项，如图 11-14 所示。

（3）单击“确定”按钮后，系统弹出如图 11-15 所示的“Signal Integrity Model（信号完整性模型）”对话框。在对话框中，只需要在“Type（类型）”下拉列表中选择相应的类型，然后在下面的“Value（值）”文本框中输入适当的阻容值即可。

图 11-14　“添加新模型”对话框

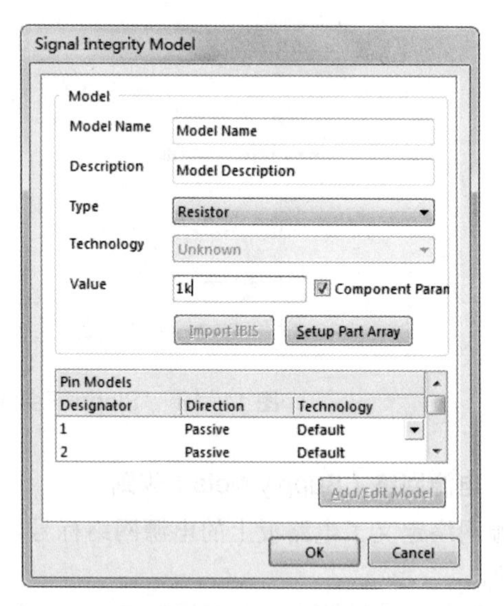

图 11-15　“Signal Integrity Model”设定对话框

（4）单击 OK 按钮，完成该无源元器件的 SI 模型设定。

对于 IC 类的元器件，其 SI 模型的设定同样是在“Signal Integrity Model”对话框中完成的。一般说来，只需要设定其技术特性就够了，如 CMOS、TTL 等。但是在一些特殊的应用中，为了更准确地描述引脚的电气特性，还需要进行一些额外的设定。

在“Signal Integrity Model”对话框的“Pin Models”列表框，列出了元器件的所有引脚，在这些引脚中，电源性质的引脚是不可编辑的。而对于其他引脚，则可以直接用后面的下拉列表完成简单功能的编辑。例如，在图 11-16 中，将某一 IC 元器件的某一输入引脚的技术特性设定为“AS”（Advanced Schottky Logic，高级肖特基晶体管逻辑）。

如果需要，可以新建一个引脚模型。具体的操作如下。

（1）单击“Signal Integrity Model”对话框中的“Add/Edit Model（添加 / 编辑模型）”按钮，系统会打开“Pin Model Editor（引脚模型编辑器）”对话框，如图 11-17 所示。

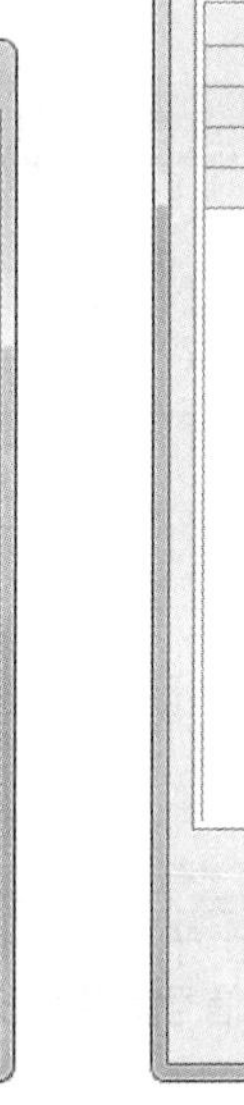

图 11-16　IC 元器件的引脚编辑　　图 11-17　“Pin Model Editor（引脚模型编辑器）对话框

（2）单击 OK 按钮后，返回“Signal Integrity Model”对话框，可以看到添加了一个新的输入引脚模型供用户选择。

另外，为了简化设定 SI 模型的操作，以及保证输入的正确性，对于 IC 类元器件，一些公司提供了现成的引脚模型供用户选择使用，这就是 IBIS（Input/Output Buffer Information Specification，输入输出缓冲器信息规范）文件，扩展名为“.ibs”。

使用 IBIS 文件的方法很简单，在 IC 类元器件的“Signal Integrity Model”对话框中，单击 Import IBIS 按钮，打开已下载的 IBIS 文件就可以了。

对元器件的 SI 模型设定之后，执行“设计”→“Update PCB Document（更新 PCB 文件）”菜单命令，即可完成相应 PCB 文件的同步更新。

11.3.2　在信号完整性分析过程中设定元器件的 SI 模型

具体操作步骤如下。

（1）打开一个要进行信号完整性分析的项目，这里打开一个简单的设计项目“SY.PrjPcb”，打开原理图“SY.PcbDoc”，如图 11-18 所示。

（2）执行“工具”→“Signal Integrity（信号完整性）”菜单命令后，系统开始运行信号完整性分析器，弹出如图 11-19 所示的信号完整性分析器，其具体设置下一节再详细介绍。

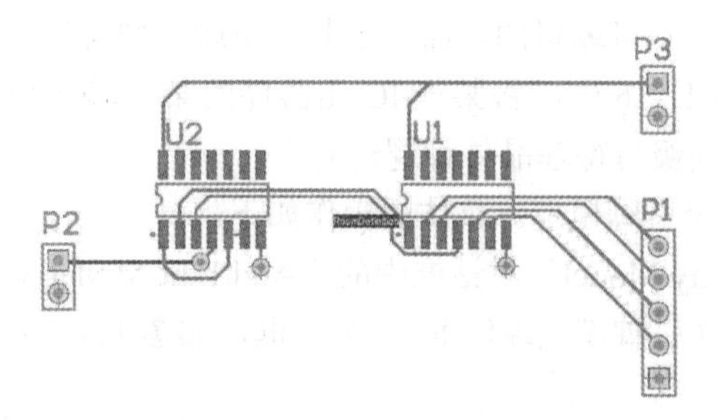

图 11-18　打开的项目文件

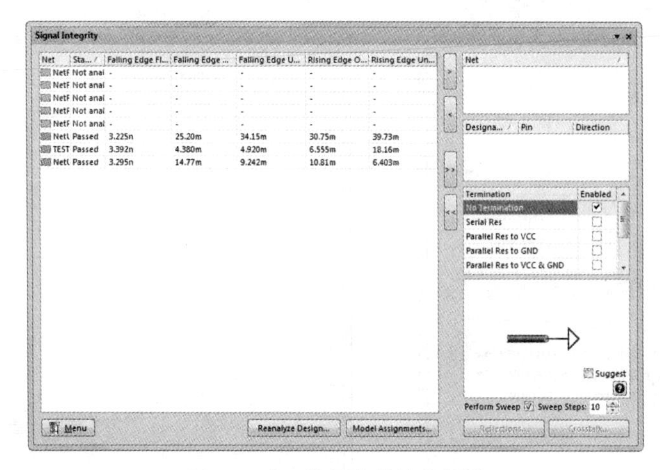

图 11-19　信号完整性分析器

（3）单击“Model Assignments（模型匹配）”按钮后，系统会打开 SI 模型设定对话框，显示所有元器件的 SI 模型设定情况，供用户参考或修改，如图 11-20 所示。

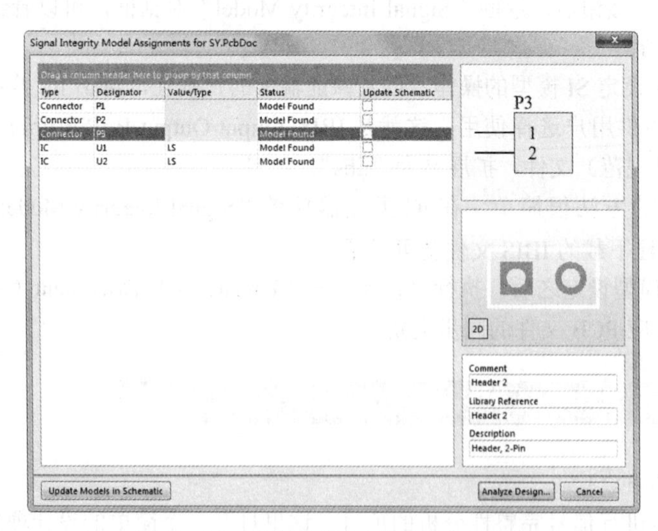

图 11-20　元器件的 SI 模型设定对话框

“Type（类型）”列显示的是已经为元器件选定的 SI 模型的类型，用户可以根据实际的情况，对不合适的模型类型直接单击进行更改。

对于 IC 类型的元器件，即集成电路，在对应的“Value/Type（值 / 类型）”列中显示了其工艺类型，该项参数对信号完整性分析的结果有着较大的影响。

在“Status（状态）”列中显示了当前模型的状态。实际上，在执行“工具”→“Signal Integrity”菜单命令，开始运行信号完整性分析器的时候，系统已经为一些没有设定 SI 模型的元器件添加了模型，这里的状态信息就表示了这些自动加入的模型的可信程度，供用户参考。状态信息一般有如下几种。

- Model Found（找到模型）：已经找到元器件的 SI 模型。
- High Confidence（高可信度）：自动加入的模型是高度可信的。
- Medium Confidence（中等可信度）：自动加入的模型可信度为中等。
- Low Confidence（低可信度）：自动加入的模型可信度较低。
- No Match（不匹配）：没有合适的 SI 模型类型。
- User Modified（用户修改的）：用户已修改元器件的 SI 模型。
- Model Saved（保存模型）：原理图中的对应元器件已经保存了与 SI 模型相关的信息。

完成了需要的设定以后，这个结果应该保存到原理图源文件中，以便下次使用。选中要保存元器件后面的复选框后，单击 Update Models in Schematic 按钮，即可完成 PCB 与原理图中 SI 模型的同步更新保存。保存了的模型状态信息均显示为“Model Saved”。

11.4 信号完整性分析器设置

在对信号完整性分析的有关规则以及元器件的 SI 模型设定有了初步了解以后，下面来看一下如何进行基本的信号完整性分析，在这种分析中，所涉及的一种重要工具就是信号完整性分析器。

信号完整性分析可以分为两大步进行：第 1 步是对所有可能需要进行分析的网络进行一次初步的分析。从中可以了解哪些网络的信号完整性最差；第 2 步是筛选出一些信号进行进一步的分析。这两步的具体实现都是在信号完整性分析器中进行的。

Altium Designer 17 提供了一个高级的信号完整性分析器，能精确地模拟分析已布好线的 PCB，可以测试网络阻抗、下冲、过冲、信号斜率等，其设置方式与 PCB 设计规则一样容易实现。

打开某一项目的某一 PCB 文件，执行“工具”→“Signal Integrity（信号完整性）”菜单命令，系统开始运行信号完整性分析器。

信号完整性分析器的界面主要由以下几部分组成，如图 11-21 所示。

1. Net 栏（网络列表）

网络列表中列出了 PCB 文件中所有可能需要进行分析的网络。在分析之前，可以选中需要进一步分析的网络，单击 > 按钮添加到右边的“Net”列表框中。

2. Status（状态）栏

用来显示相应网络进行信号完整性分析后的状态，有 3 种可能。

- Passed：表示通过，没有问题。
- Not analyzed：表明由于某种原因导致对该信号的分析无法进行。
- Failed：分析失败。

3. Designator（标识符）栏

显示“Net”列表框中所选中网络的连接元器件及引脚和信号的方向。

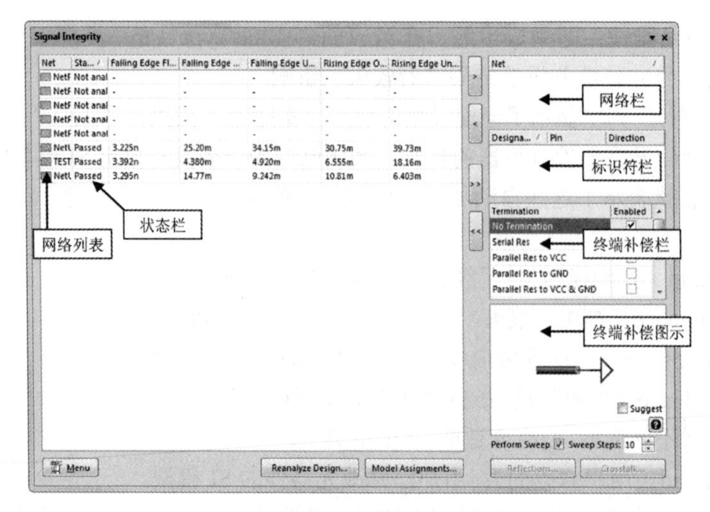

图 11-21　信号完整性分析器界面

4. Termination（终端补偿）栏

在 Altium Designer 17 中，对 PCB 进行信号完整性分析时，还需要对线路上的信号进行终端补偿的测试，目的是测试传输线中信号的反射与串扰，以便使 PCB 中的线路信号达到最优。

在“Termination”栏中，系统提供了 8 种信号终端补偿方式，相应的图示则显示在下面的图示栏中。

（1）No Termination（无终端补偿）。该终端补偿方式如图 11-22 所示，即直接进行信号传输，对终端不进行补偿，是系统的默认方式。

（2）Serial Res（串阻补偿）。该终端补偿方式如图 11-23 所示，即在点对点的连接方式中，直接串入一个电阻，以减少外来电压波形的幅值，合适的串阻补偿将使得信号正确终止，消除接收器的过冲现象。

图 11-22　“No Termination”终端补偿方式　　图 11-23　“Serial Res”终端补偿方式

（3）Parallel Res to VCC（电源 VCC 端并阻补偿）。在电源 VCC 输入端并联的电阻是和传输线阻抗相匹配的，对于线路的信号反射，这是一种比较好的补偿方式，如图 11-24 所示。只是由于该电阻上会有电流流过，因此，将增加电源的消耗，导致低电平阈值的升高，该阈值会根据电阻值的变化而变化，有可能会超出在数据区定义的操作条件。

（4）Parallel Res to GND（接地 GND 端并阻补偿）。该终端补偿方式如图 11-25 所示，在接地输入端并联的电阻是和传输线阻抗相匹配的，与电源 VCC 端并阻补偿方式类似，这也是终止线路信号反射的一种比较好的方法。同样，由于有电流流过，会导致高电平阈值的降低。

（5）Parallel Res to VCC & GND（电源端与接地端同时并阻补偿）。该终端补偿方式如图 11-26 所示，将电源端并阻补偿与接地端并阻补偿结合起来使用，适用于 TTL 总线系统，而对于 CMOS

总线系统则一般不建议使用。

图 11-24　“Parallel Res to VCC”终端补偿方式　图 11-25　“Parallel Res to GND”终端补偿方式

由于该方式相当于在电源与地之间直接接入了一个电阻，流过的电流将比较大，因此，对于两电阻的阻值分配应折中选择，以防电流过大。

（6）Parallel Cap to GND（接地端并联电容补偿）。该终端补偿方式如图 11-27 所示，即在接收输入端对地并联一个电容，可以减少信号噪声。该补偿方式是制作 PCB 时最常用的方式，能够有效地消除铜膜导线在走线的拐弯处所引起的波形畸变。最大的缺点是，波形的上升沿或下降沿会变得太平坦，导致上升时间和下降时间增加。

图 11-26　“Parallel Res to VCC & GND”终端补偿方式　图 11-27　“Parallel Cap to GND”终端补偿方式

（7）Res and Cap to GND（接地端并阻、并容补偿）。该终端补偿方式如图 11-28 所示，即在接收输入端对地并联一个电容和一个电阻，与接地端仅仅并联电容的补偿效果基本一样，只不过在终结网络中不再有直流电流流过。而且与接地端仅仅并联电阻的补偿方式相比，能够使得线路信号的边沿比较平坦。

在大多数情况下，当 RC 的时间常数大约为延迟时间的 4 倍时，这种补偿方式可以使传输线上的信号被充分终止。

（8）Parallel Schottky Diode（并联肖特基二极管补偿）。该终端补偿方式如图 11-29 所示，在传输线终结的电源和接地端并联肖特基二极管可以减少接收端信号的过冲和下冲值。大多数标准逻辑集成电路的输入电路都采用了这种补偿方式。

图 11-28　“Res and Cap to GND”终端补偿方式　图 11-29　“Parallel Schottky Diode”终端补偿方式

5. “Perform Sweep（执行扫描）”复选框

若选中该复选框，则信号分析时会按照用户所设置的参数范围，对整个系统的信号完整性进行扫描，类似于电路原理图仿真中的参数扫描方式。扫描步数可以在后面进行设置，一般应选中该复选框，扫描步数采用系统默认值即可。

6. “Menu（菜单）”按钮

单击该按钮，则系统会弹出如图 11-30 所示的菜单命令。

- Select Net（选择网络）：执行该命令，系统会将选中的网络添加到右侧的网络栏内。
- Details（详细资料）：执行该命令，系统会打开如图 11-31 所示的对话框，用来显示在网络列表中所选中的网络详细情况，包括元器件个数、导线个数，以及根据所设定的分析规则得出的各项参数等。

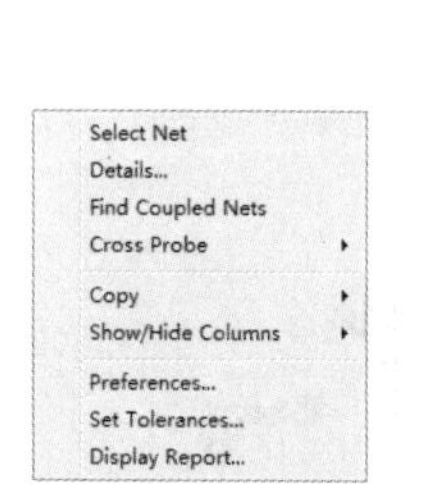

图 11-30　菜单命令

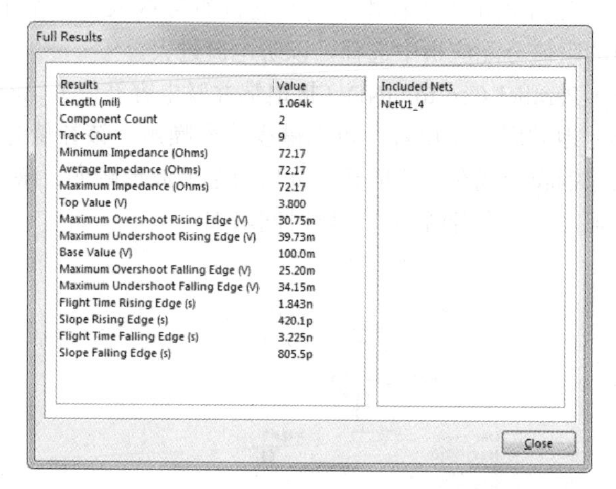

图 11-31　所选中网络的全部分析结果

- Find Coupled Nets（找到关联网络）：执行该命令，可以查找所有与选中的网络有关联的网络，并高亮显示。
- Cross Probe（通过探查）：包括“To Schematic（到原理图）”和“To PCB（到 PCB）”两个子命令，分别用于在原理图中和在 PCB 文件中查找所选中的网络。
- Copy（复制）：复制所选中的网络，包括“Select（选择）”和“All（所有）”两个子命令，分别用于复制选中的网络和复制所有网络。
- Show/Hide Columns（显示 / 隐藏纵队）：该命令用于在网络列表中显示或隐藏一些纵向栏，纵向栏的内容如图 11-32 所示。
- Preferences（参数）：执行该命令，用户可以在弹出的“Signal Integrity Preferences（信号完整性优先选项）”对话框中设置信号完整性分析的相关选项，如图 11-33 所示。

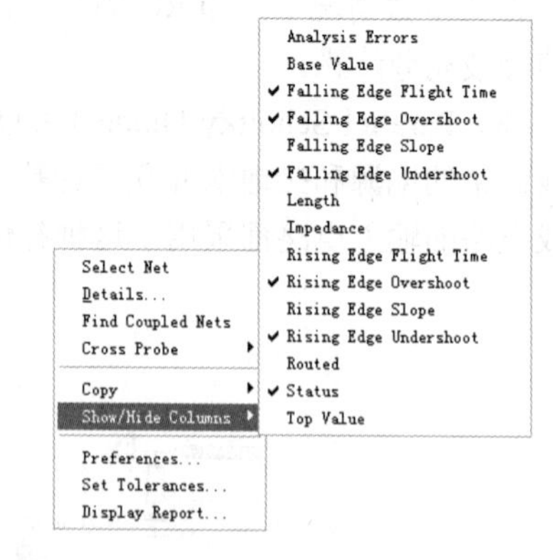

图 11-32　“Show/Hide Columns”栏

该对话框中有若干选项卡，不同的选项卡中设置的内容是不同的。在信号完整性分析中，用到的主要是“Configuration（配置）”选项卡，用于设置信号完整性分析的时间及步长。

- Set Tolerances（设置公差）：执行该命令后，系统会弹出如图 11-34 所示的“Set Screening Analysis Tolerances（设置屏蔽分析公差）”对话框。

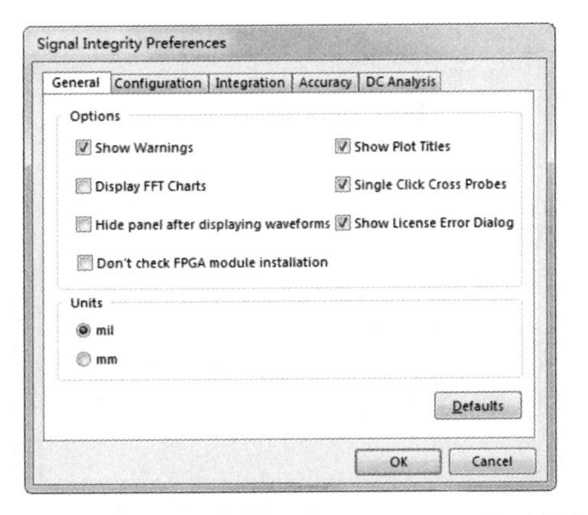

图 11-33 “Signal Integrity Preferences”对话框

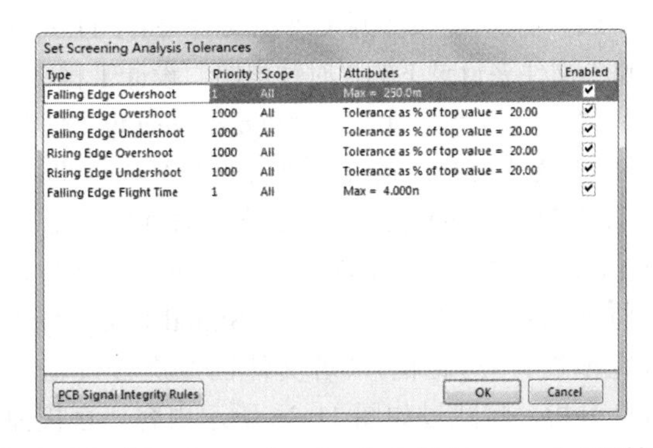

图 11-34 “Set Screening Analysis Tolerances”对话框

公差（Tolerance）被用于限定一个误差范围，代表了允许信号变形的最大值和最小值。将实际信号的误差值与这个范围相比较，就可以查看信号的误差是否合乎要求。

对于显示状态为“Failed”的信号，其主要原因就是信号超出了误差限定的范围。因此，在做进一步分析之前，应先检查一下公差限定是否太过严格。

- Display Report（显示报表）：显示信号完整性分析报表。

11.5 综合实例——时钟电路

随着 PCB 的日益复杂以及大规模、高速元器件的使用，对电路的信号完整性分析变得非常重要。本节将通过实例进行 PCB 信号完整性分析和串扰分析。

11.5.1 PCB 信号完整性分析

本例要进行信号完整性分析的是一个时钟电路，其电路原理图如图 11-35 所示。

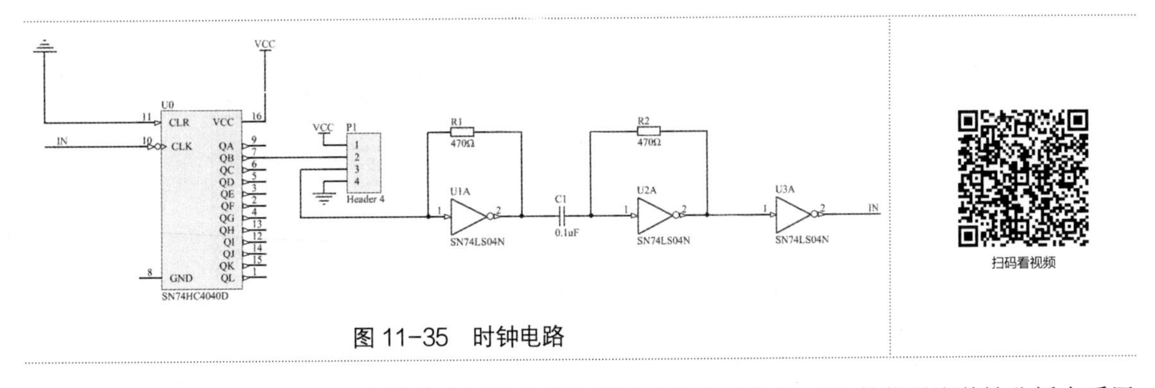

图 11-35 时钟电路

在本例中，主要学习信号完整性分析仿真器中缓冲器的使用和在 PCB 的信号完整性分析中采用阻抗匹配来对信号进行补偿的方法。

【绘制步骤】

（1）打开随书资源中“源文件\ch11\11.5\时钟电路”文件夹目录下的“时钟电路”设计工程文件。

（2）执行“工具”→“Signal Integrity（信号完整性）”菜单命令，系统将弹出如图 11-36、图 11-37 所示的“SI Setup Options（设置选项）”对话框和“Messages（信息）”面板，单击 Analyze Design 按钮，系统将弹出如图 11-38 所示的“Signal Integrity（信号完整性）”对话框。（若文件已经进行过信号完整性分析，将跳过如图 11-36 所示内容，直接弹出如图 11-37、图 11-38 所示内容。）在该对话框左侧列表框中列出了电路板中的网络和对它们进行信号完整性检查的结果。

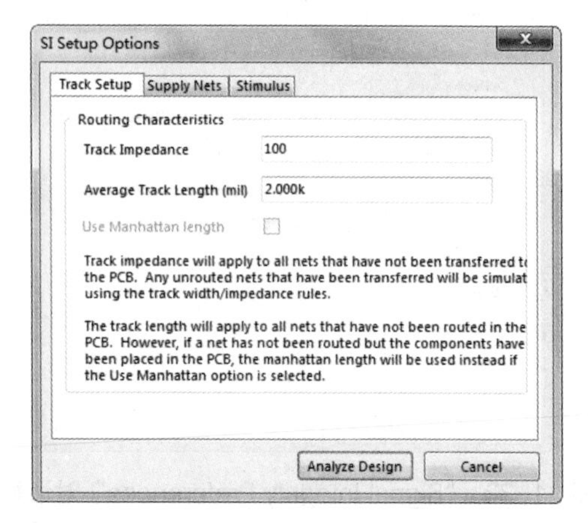

图 11-36 “SI Setup Options（设置选项）”对话框

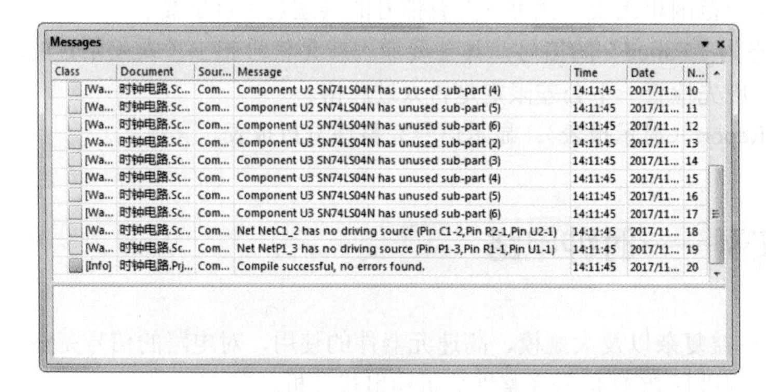

图 11-37 “Messages”面板

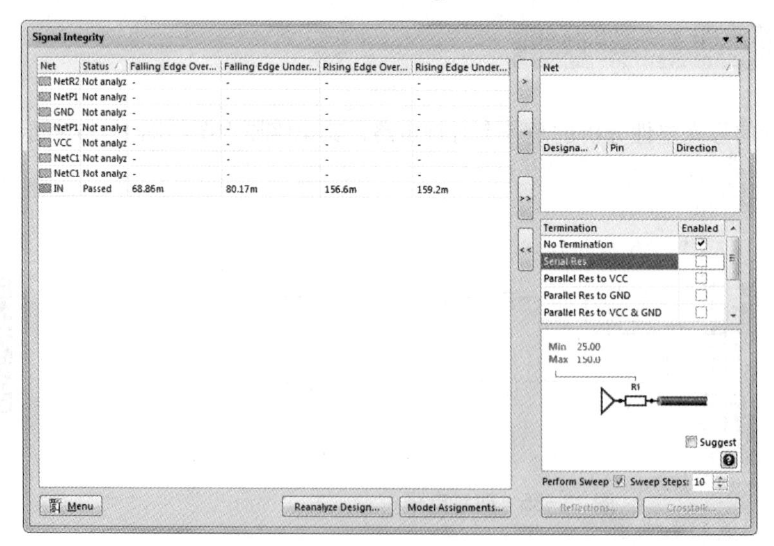

图 11-38 “Signal Integrity（信号完整性）”对话框

（3）右键单击对话框中通过验证的网络，然后在弹出的快捷菜单中选择“Details（细节）”命令，打开“Full Results（整个结果）”对话框，其中列出了该网络各个规则的分析结果，如图 11-39 所示。

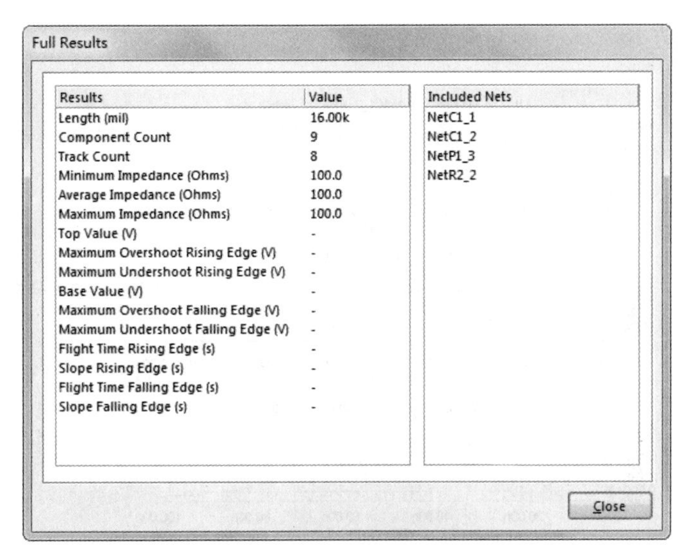

图 11-39 网络各个规则的分析结果

（4）在如图 11-38 所示的“Signal Integrity（信号完整性）”对话框中，选中网络 NetC1_1，然后单击 > 按钮将该网络添加到右边的“Net（网络）”列表框中，此时在“Designator（标识符）”栏列出了该网络中含有的元器件，如图 11-40 所示。

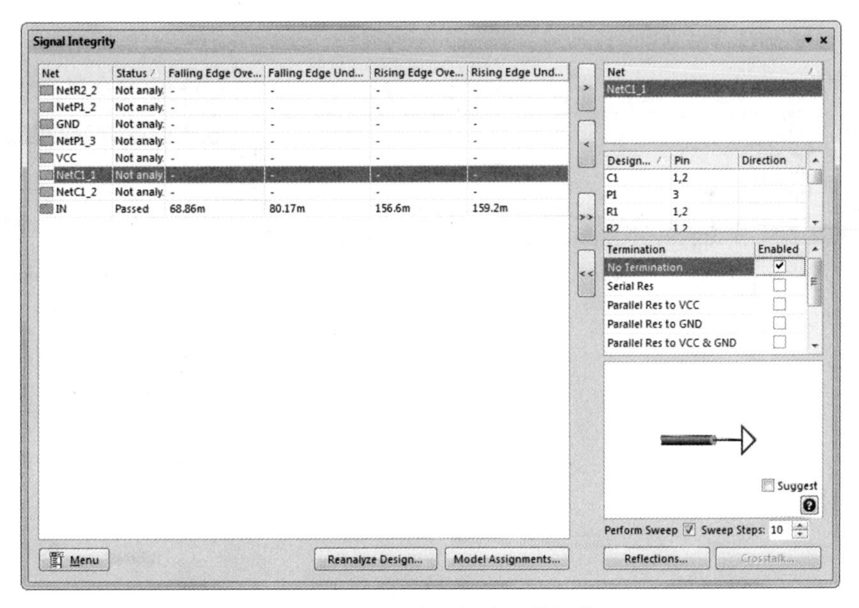

图 11-40 选中需要分析的网络

（5）单击 Reflections... 按钮，系统就会进行该网络信号的反射分析，最后生成如图 11-41 所示的分析波形“时钟电路 .sdf”。

（6）返回原理图编辑环境，在右下角单击“Signal Integrity（信号完整性）”按钮，打开“Signal Integrity（信号完整性）”对话框。在右边的“Net（网络）”列表框中显示选中的网络 NetC1_1，在“Designator（标识符）栏”列出了该网络中含有的元器件。右键单击元器件 U3，在弹出的快捷菜单中选择“Edit Buffer（编辑缓冲器）”命令，如图 11-42 所示，打开“Integrated Circuit（集成电路）”

对话框，如图 11-43 所示。

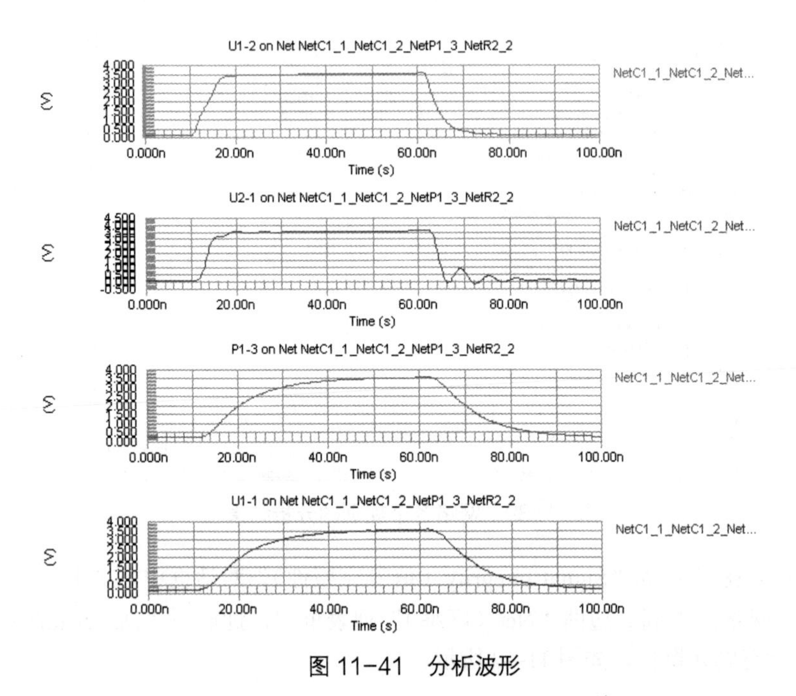

图 11-41　分析波形

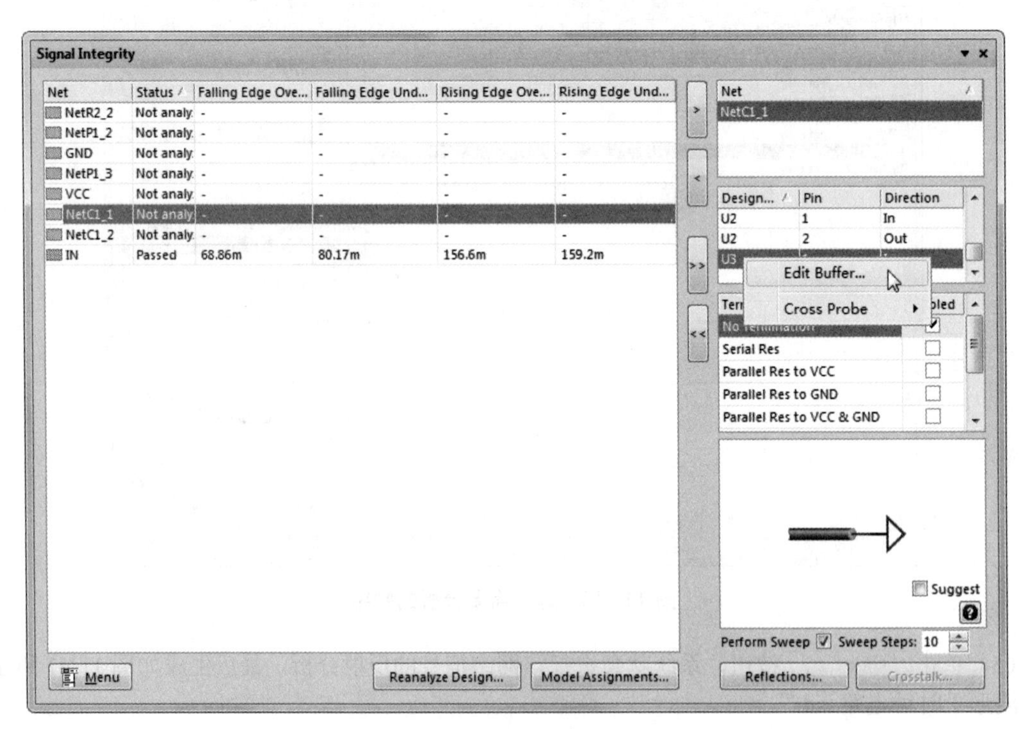

图 11-42　选择“Edit Buffer”命令

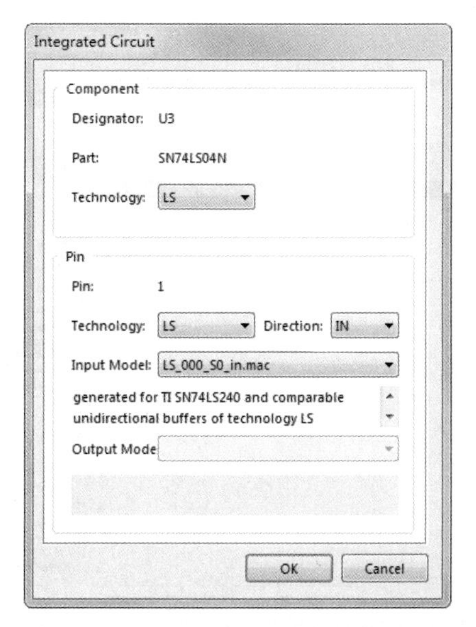

图 11-43 “Integrated Circuit（集成电路）”对话框

（7）在“Integrated Circuit（集成电路）”对话框中显示了该元器件的参数及编号信息。在“Technology（工艺）”下拉列表中可以选择元器件的制造工艺，在“Pin”选项组显示了该缓冲器对应元器件引脚的信息。在“Technology（工艺）”下拉列表中可以选择该缓冲器的另一种工艺，在“Direction（方向）”下拉列表中可以为缓冲器指定该引脚的电气方向，在“Input Model（输入模型）”下拉列表中可以选择输入模型。本例中选择默认设置。

提示

在 Altium Designer 17 中，一共提供了 8 种缓冲器，通过设置它们可以以不同的宏模型来逼近各类元器件。其中包括集成电路缓冲器、二极管缓冲器、晶体管缓冲器、电阻缓冲器、电感缓冲器、电容缓冲器等，每一种缓冲器的设置环境都有所不同。

（8）在“Signal Integrity（信号完整性）”对话框的“Termination（终端补偿）”栏列出了 8 种不同的阻抗匹配方式。一般来说，系统没有采用任何补偿方式。选中“Serial Res（串阻）”复选框，表示选择串阻补偿方式。串阻补偿方式是在点对点的连接中，直接串入一个电阻，采用这种方式可以起到分压的作用。可以在右下角的设置区中设置所串联电阻的最大电阻值和最小电阻值。

提示

根据需要可以选择一种阻抗匹配方式，也可以选择几种阻抗匹配方式一起搭配使用。

（9）选中“Parallel Res to GND（接地 GND 端并阻补偿）”复选框，在接地输入端并联的电阻是和传输线阻抗相匹配的，是终止线路信号反射的一种比较好的方法，如图 11-44 所示。

（10）单击 Reflections... 按钮，得到采用终端补偿后的信号完整性分析的波形图，如图 11-45 所示。其余补偿方式请读者自行练习。

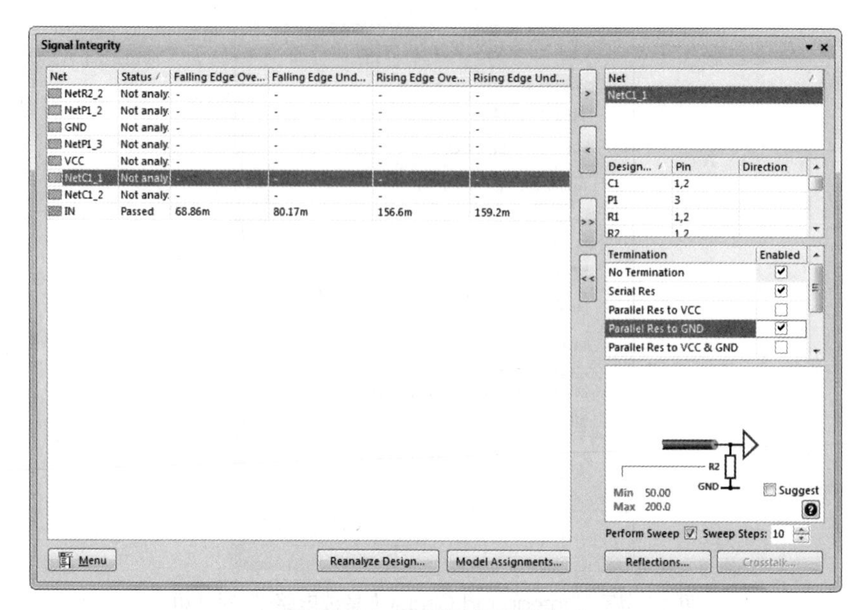

图 11-44　选择阻抗匹配方式

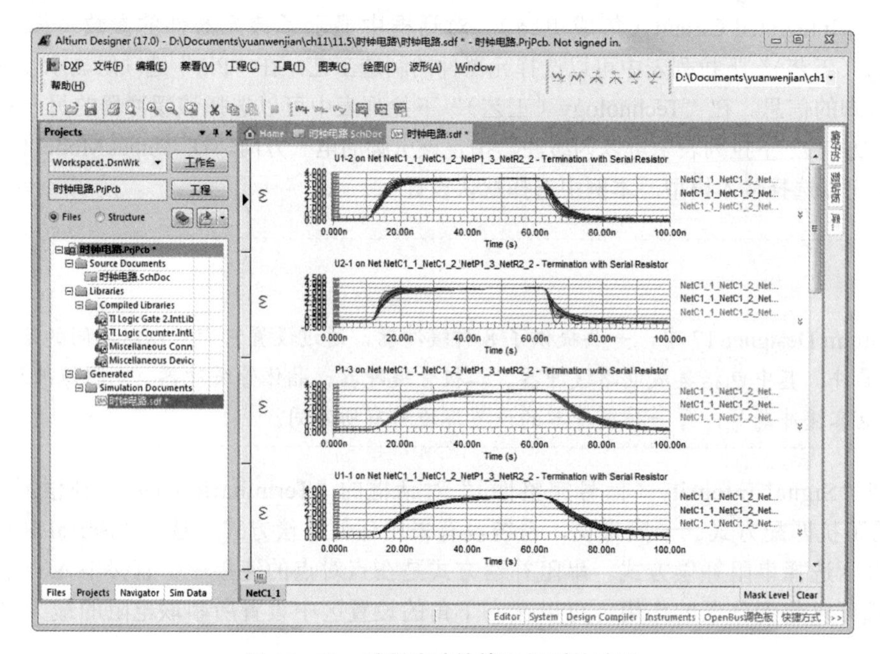

图 11-45　采用终端补偿后得到的波形

11.5.2　PCB 信号串扰分析

在本例中，主要学习如何进行信号完整性分析中的串扰分析。串扰分析就是分析 PCB 中不同网络之间的干扰情况，从而获得布线方面的建议。

扫码看视频

（1）打开随书资源中“源文件 \ch11\11.5\ 时钟电路”文件夹目录下的“时钟电路”

设计工程文件。

（2）在 PCB 编辑环境中，选择“工具”→“Signal Integrity（信号完整性）”菜单命令，打开“Signal Integrity（信号完整性）”对话框。

（3）在“Signal Integrity（信号完整性）”对话框中，选中网络 NetP1_3，单击鼠标右键，在弹出的快捷菜单中选择“Find Coupled Nets（寻找匹配网络）”命令，系统会将相互间有串扰影响的所有网络都选中，如图 11-46 所示。

（4）本例中只分析 NetC1_2 和 NetP1_3 之间的干扰情况，将这两个网络添加到右侧的“Net（网络”列表框中。

（5）设置信号。在“Net”列表框中右键单击 NetC1_2，然后在弹出的快捷菜单中选择“Set Victim（设置被干扰信号）”命令，将该网络设置为被干扰信号。接着右键单击 NetP1_3，在弹出的快捷菜单中选择“Set Aggressor（设置干扰源）”命令，将该网络设置为干扰源，如图 11-47 所示。

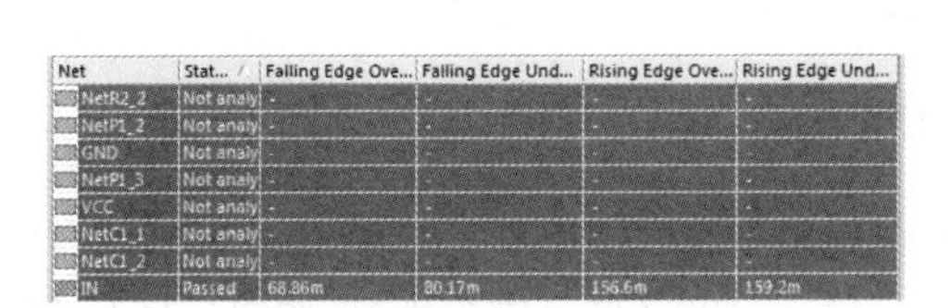

图 11-46　选择有串扰的网络

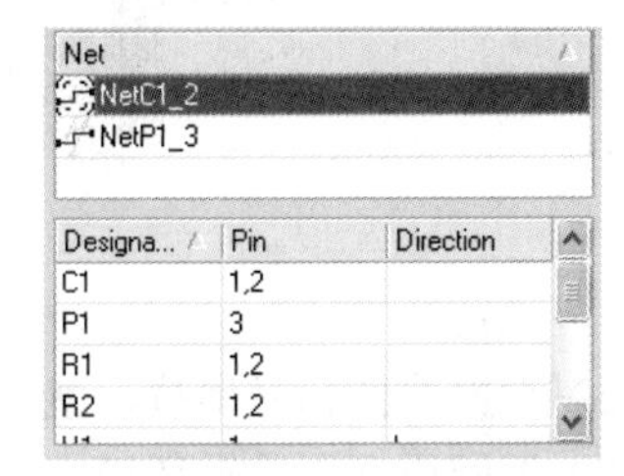

图 11-47　设置网络

提示

干扰源和被干扰信号都可以设置不止一个，因为可以是几个网络同时对一个网络产生串扰，也可以是一个网络同时对几个网络产生串扰。

（6）单击“Signal Integrity（信号完整性）”对话框右下角的 Crosstalk... 按钮，生成串扰分析波形，如图 11-48 所示。从得到的波形可以看到，当 NetP1_3 上有脉冲出现时，在被干扰的 NetC1_2 中会产生较大的振荡。

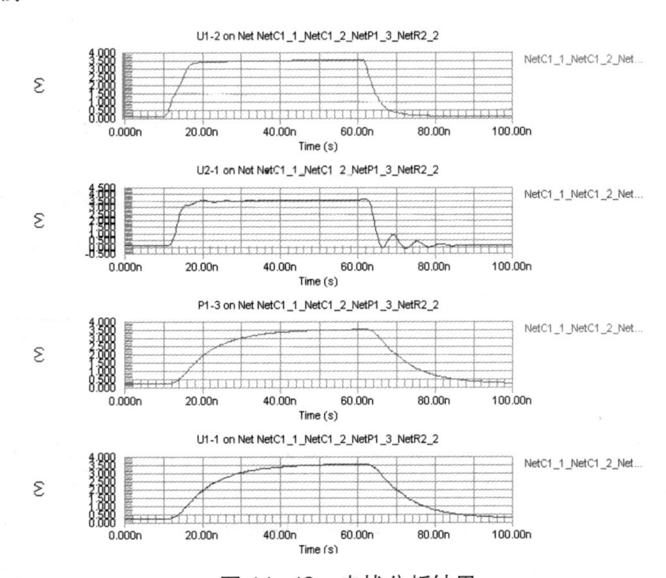

图 11-48　串扰分析结果

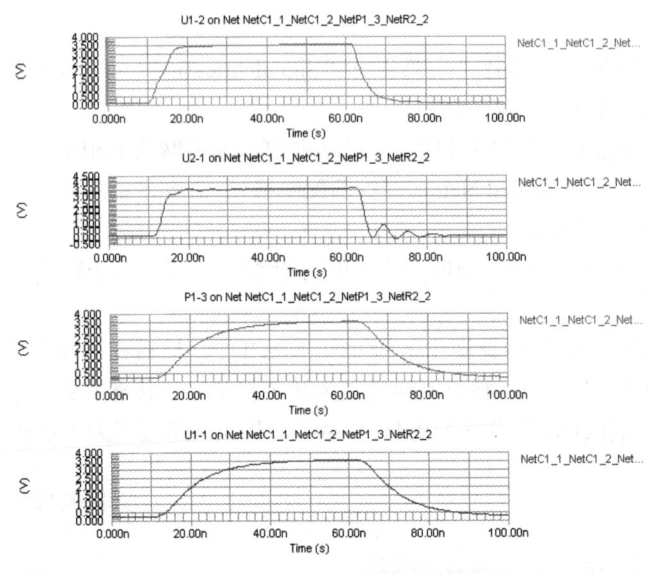

图 11-48　串扰分析结果（续）

要减少网络的信号串扰，就需要改变电路板的布局和布线，这里不再赘述。

（7）返回原理图编辑环境，在右下角单击“Signal Integrity（信号完整性）”按钮，打开“Signal Integrity（信号完整性）”对话框。选中“Serial Res（串阻）”和“Parallel Res to VCC & GND（并联电阻到 VCC 和 GND）”复选框，如图 11-49 所示。

（8）单击 Reflections... 按钮，得到采用终端补偿后的信号完整性分析的波形图，如图 11-50 所示。

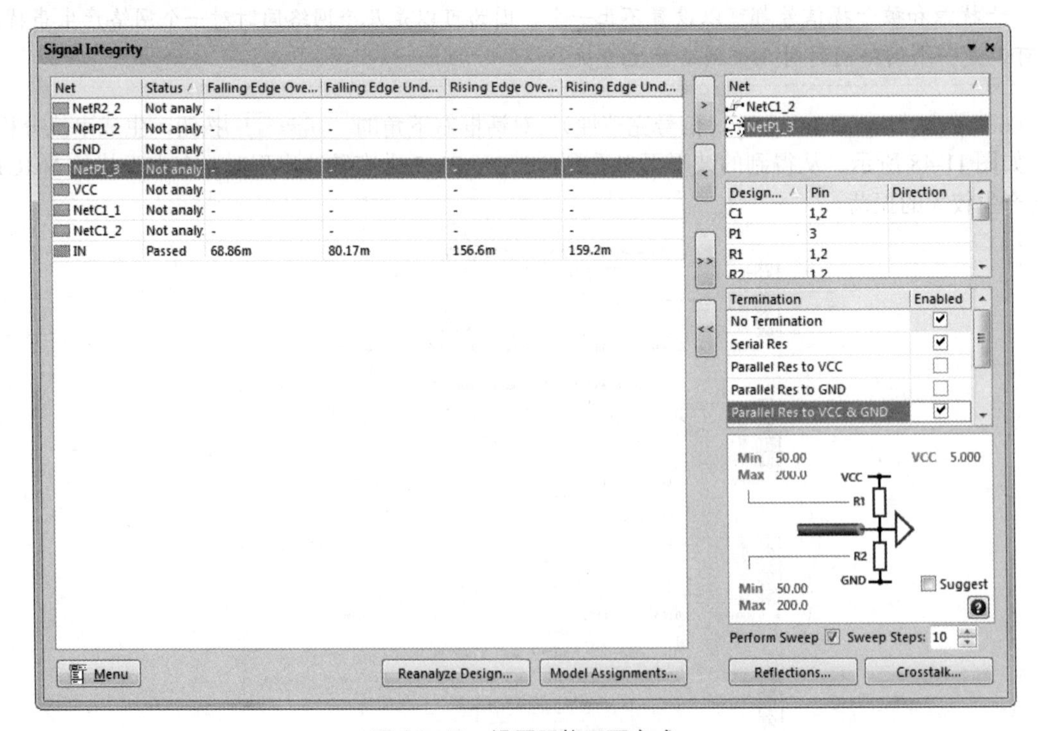

图 11-49　设置阻抗匹配方式

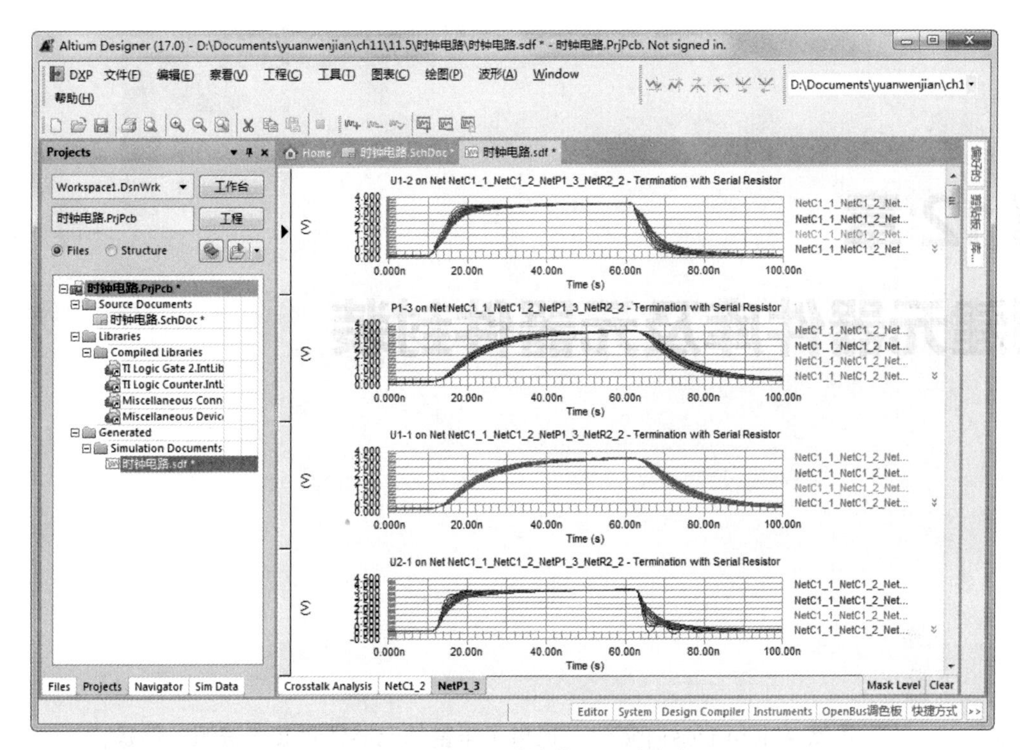

图 11-50　采用终端补偿后得到的波形

Chapter 12

第12章 创建元器件库及元器件封装

虽然 Altium Designer 17 提供了丰富的元器件封装库资源，但是，在实际的电路设计中，由于电子元器件技术的不断更新，在些特定的元件封装仍需自动制作。另外根据工程项目的需要，建立基于该项目的元器件封装库，更有利于在以后的设计中更加方便快速地调入元器件封装，管理工程文件。

本章将对元器件库的创建及元器件封装库，从而更好地为设计服务。

虽然 Altium Designer 17 提供了丰富的元器件封装库资源，但是，在实际的电路设计中，由于电子元器件技术的不断更新，有些特定的元器件封装仍需自行制作。另外，根据工程项目的需要，建立基于该项目的元器件封装库，有利于在以后的设计中更加方便快速地调入元器件封装，管理工程文件。

本章将对元器件库的创建及元器件封装进行详细介绍，并学习如何管理自己的元器件封装库，从而更好地为设计服务。

12.1 创建原理图元器件库

打开或新建一个原理图库文件，即可进入原理图库文件编辑器。例如，打开 Altium Designer 17 自带的“4 Port Serial Interface”工程中的项目元器件库“4 Port Serial Interface.SchLib”，如图 12-1 所示。

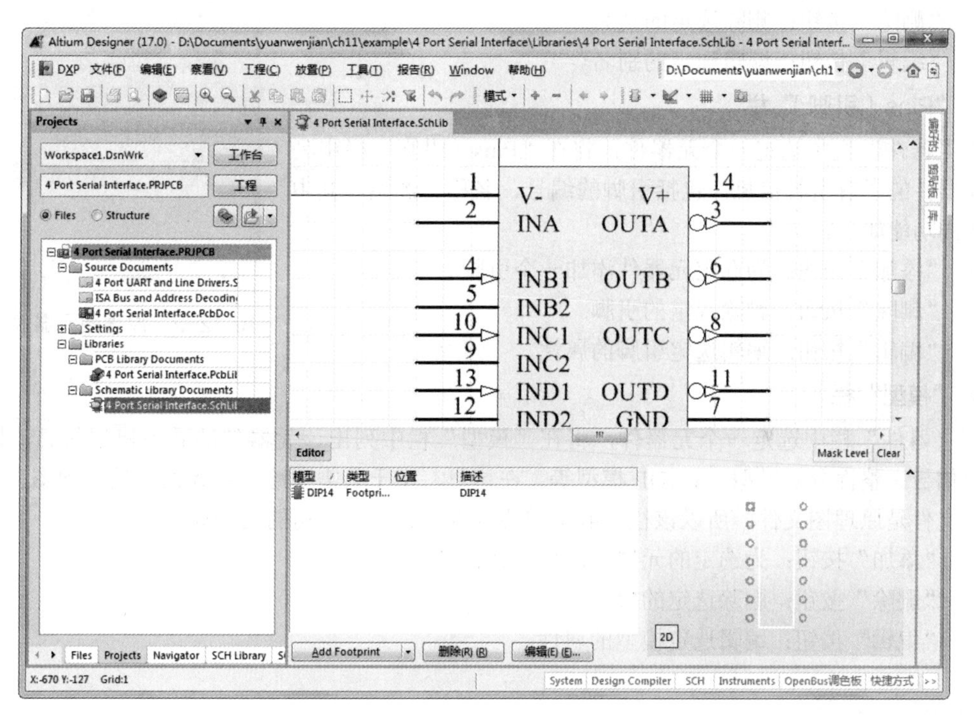

图 12-1　原理图库文件编辑器

12.1.1 原理图元器件库面板

进入原理图库文件编辑器之后，单击工作面板中的“SCH Library（原理图元器件库）”标签，即可显示“SCH Library（原理图元器件库）”面板。原理图元器件库面板是原理图库文件编辑环境中的专用面板，几乎包含了用户创建的库文件的所有信息，用来对元器件库进行编辑管理，如图 12-2 所示。

1. “器件”栏

在原理图元器件库面板上部的“器件”栏列出了当前所打开的原理图库文件中的所有元器件，包括原理图符号名称及相应的描述等。其中各按钮的功能如下。

- “放置”按钮：将选定的元器件放置到当前原理图中。
- “添加”按钮：在该库文件中添加一个元器件。
- “删除”按钮：删除选定的元器件。
- “编辑”按钮：编辑选定元器件的属性。

2. “别名”栏

在“别名”栏中可以为同一个库元器件的原理图符号设定另外的名称。比如，有些库元器件的功能、封装和引脚形式完全相同，但由于产自不同的厂家，其元器件型号并不完全一致。对于这样的库元器件，没有必要再单独创建一个原理图符号，只需要为已经创建的其中一个库元器件的原理图符号添加一个或多个别名就可以了。其中各按钮的功能如下。

- “添加”按钮：为选定元器件添加一个别名。
- “删除”按钮：删除选定的别名。
- “编辑”按钮：编辑选定的别名。

3. “Pins（引脚）”栏

在“器件”栏中选定一个元器件，将在“Pins（引脚）栏中列出该元器件的所有引脚信息，包括引脚的编号、名称、类型。其中各按钮的功能如下。

- “添加”按钮：为选定元器件添加一个引脚。
- “删除”按钮：删除选定的引脚。
- “编辑”按钮：编辑选定引脚的属性。

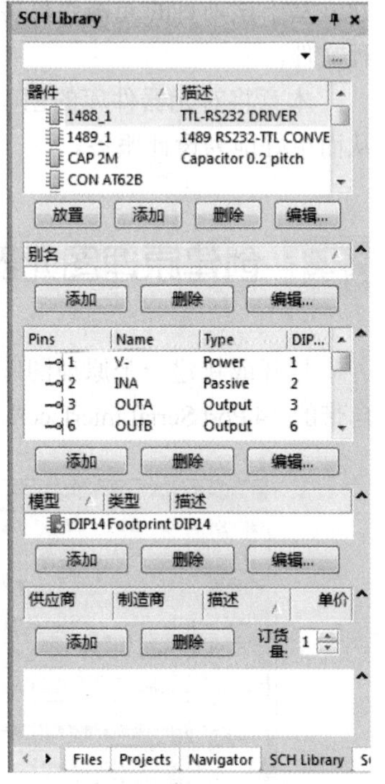

图 12-2　原理图元器件库面板

4. “模型”栏

在“器件”栏中选定一个元器件，将在“模型”栏中列出该元器件的其他模型信息，如 PCB 封装、信号完整性分析模型、VHDL 模型等。在这里，由于只需要绘制库元器件的原理图符号，相应的库文件是原理图文件，所以该栏一般不需要设置。其中各按钮的功能如下。

- “添加”按钮：为选定的元器件添加其他模型。
- “删除”按钮：删除选定的模型。
- “编辑”按钮：编辑选定模型的属性。

12.1.2　工具栏

对于原理图库文件编辑环境中的菜单栏及“原理图库标准”工具栏，由于功能和使用方法与原理图编辑环境中的基本一致，在此不再赘述。下面主要对“实用”工具栏中的原理图符号绘制工具栏、IEEE 符号工具栏及“模式”工具栏进行简要介绍，具体的使用操作在后面再逐步了解。

1. 原理图符号绘制工具栏

单击“实用”工具栏中的图标，则会弹出相应的原理图符号绘制工具栏，其中各个按钮的功能与“放置”菜单中的各项命令具有对应关系，如图 12-3 所示。

其中各个按钮的功能说明如下。

- ：绘制直线。
- ：绘制多边形。

- ：绘制椭圆弧线。
- ：绘制贝塞尔曲线。
- A：添加说明文字。
- ：放置文本框。
- ：绘制矩形。
- ：绘制圆角矩形。
- ：绘制椭圆。
- ：插入图片。
- ：在当前库文件中添加一个元器件。
- ：在当前元器件中添加一个元器件子部分。
- ：放置引脚。
- ：放置超链接。

这些工具与原理图编辑器中的工具十分相似，这里不再进行详细介绍。

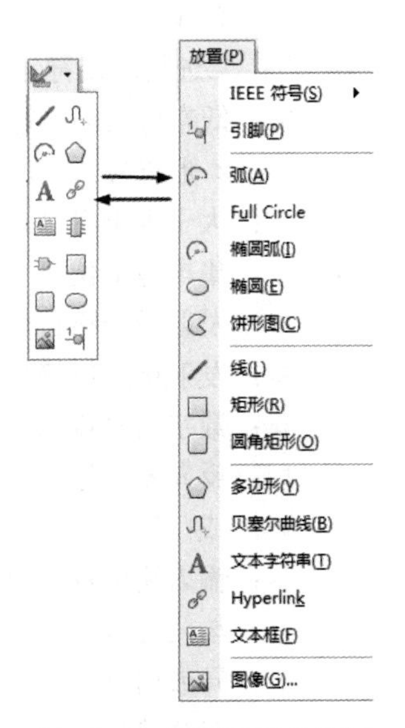

图 12-3 原理图符号绘制工具栏与“放置”菜单

2. “模式”工具栏

“模式”工具栏用来控制当前元器件的显示模式，如图 12-4 所示。

- 模式：单击该按钮，可以为当前元器件选择一种显示模式，系统默认为“Normal（正常）”模式。
- ：单击该按钮，可以为当前元器件添加一种显示模式。
- ：单击该按钮，可以删除元器件的当前显示模式。
- ：单击该按钮，可以切换到前一种显示模式。
- ：单击该按钮，可以切换到后一种显示模式。

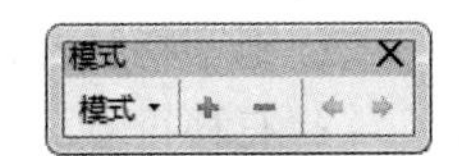

图 12-4 “模式”工具栏

3. IEEE 符号工具栏

单击“实用”工具栏中的图标，则会弹出相应的 IEEE 符号工具栏，这是符合 IEEE 标准的一些图形符号。同样，该工具栏中的各个按钮与“放置”→“IEEE 符号”子菜单中的各项命令具有对应关系，如图 12-5 所示。

其中各个按钮的功能说明如下。

- ○：低电平触发信号符号。
- ：左向信号流。
- ：时钟符号。
- ：低电平输入有效符号。
- ：模拟信号输入符号。
- ：无逻辑连接符号。
- ：延迟输出符号。
- ：集电极开路符号。
- ▽：高阻符号。
- ▷：大电流输出符号。
- ：脉冲符号。
- ：延迟符号。

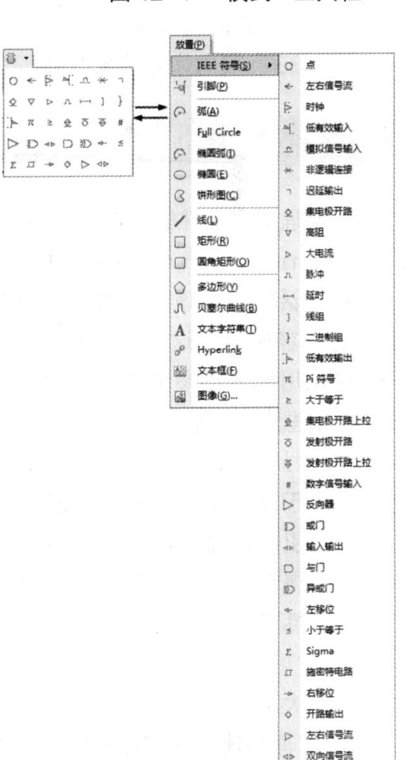

图 12-5 IEEE 符号工具栏与“IEEE 符号”子菜单

-]：总线符号。
- }：二进制总线符号。
- ⊣：低态有效输出符号。
- π：π 形符号。
- ≥：大于等于符号。
- ⊕：集电极上位符号。
- ▽：发射极开路符号。
- ▽：发射极上位符号。
- #：数字信号输入符号。
- ▷：反向器符号。
- ▷：或门符号。
- ◁▷：输入输出双向信号符号。
- D：与门符号。
- ▷：异或门符号。
- ←：左移符号。
- ≤：小于等于符号。
- Σ：求和符号。
- ⊓：施密特触发输入特性符号。
- →：右移符号。
- ◇：打开端口符号。
- ▷：右向信号流量符号。
- ◁▷：双向信号流量符号。

12.1.3　设置原理图库文件编辑器的参数

在原理图库文件的编辑环境中，执行“工具”→“文档选项”菜单命令，则弹出如图 12-6 所示的“Schematic Library Options（原理图库文件编辑器选项）”对话框，可以根据需要设置相应的参数。

该对话框与原理图编辑环境中的“文档选项”对话框的内容相似，这里只介绍其中个别选项的含义，其他选项用户可以参考原理图编辑环境中的“文档选项”对话框进行设置。

- “显示隐藏 Pin（显示隐藏管脚）”复选框：用于设置是否显示库元器件的隐藏引脚。隐藏引脚被显示出来后，并没有改变引脚的隐藏属性。要改变其隐藏属性，只能通过引脚属性对话框来完成。
- “习惯尺寸”选项组：用于用户自定义图纸的大小。

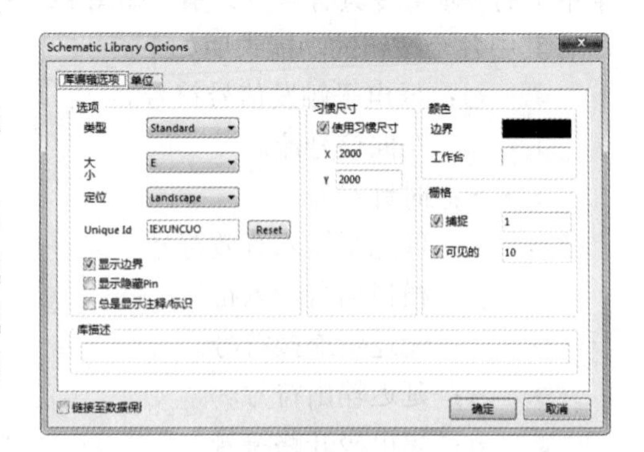

图 12-6　设置原理图库文件编辑器的参数

- “库描述”文本框：用于输入原理图元器件库文件的说明。在该文本框中输入必要的说明，可以为系统查找元器件库提供相应的帮助。

另外，执行“工具”→“设置原理图参数”菜单命令，则弹出如图 12-7 所示的“参数选择”

对话框，可以对其他的一些有关选项进行设置，设置方法与原理图编辑环境中完全相同，这里不再赘述。

图 12-7 “参数选择”对话框

12.1.4 绘制库元器件

下面我们以绘制美国 Cygnal 公司的一款 USB 微控制器芯片 C8051F320 为例，详细介绍原理图库元器件的绘制过程。

1. 绘制库元器件的原理图符号

（1）执行“文件”→“新建”→“库”→“原理图库”菜单命令，如图 12-8 所示，启动原理图库文件编辑器，并创建一个新的原理图库文件。执行“文件”→“保存为”菜单命令，将其保存为 NewLib.SchLib”。在创建了一个新的原理图库文件的同时，系统已自动为该库添加了一个默认原理图符号名为“Component_1”的库元器件。

（2）执行“工具”→“文档选项”菜单命令，在弹出的“Schematic Library Options”对话框中进行原理图库文件编辑器的参数设置。

（3）单击原理图符号绘制工具栏中的按钮□（放置矩形），则光标变成十字形状，并附有一个矩形符号。

（4）两次单击鼠标左键，在编辑窗口的第四象限内绘制一个矩形。

矩形用来作为库元器件的原理图符号外形，其大小应根据要绘制的库元器件引脚数的多少来决定。由于 C8051F320 采用 32 引脚 LQFP 封装形式，所以应画成正方形，并画得大一些，以便于引脚的放置，引脚放置完毕后，可以再调整为合适的尺寸。

2. 放置引脚

（1）单击原理图符号绘制工具栏中的按钮 （放置引脚），则光标变成十字形状，并附有一个引脚符号。

（2）移动光标到矩形边框处，单击鼠标左键完成引脚的放置，如图 12-9 所示。

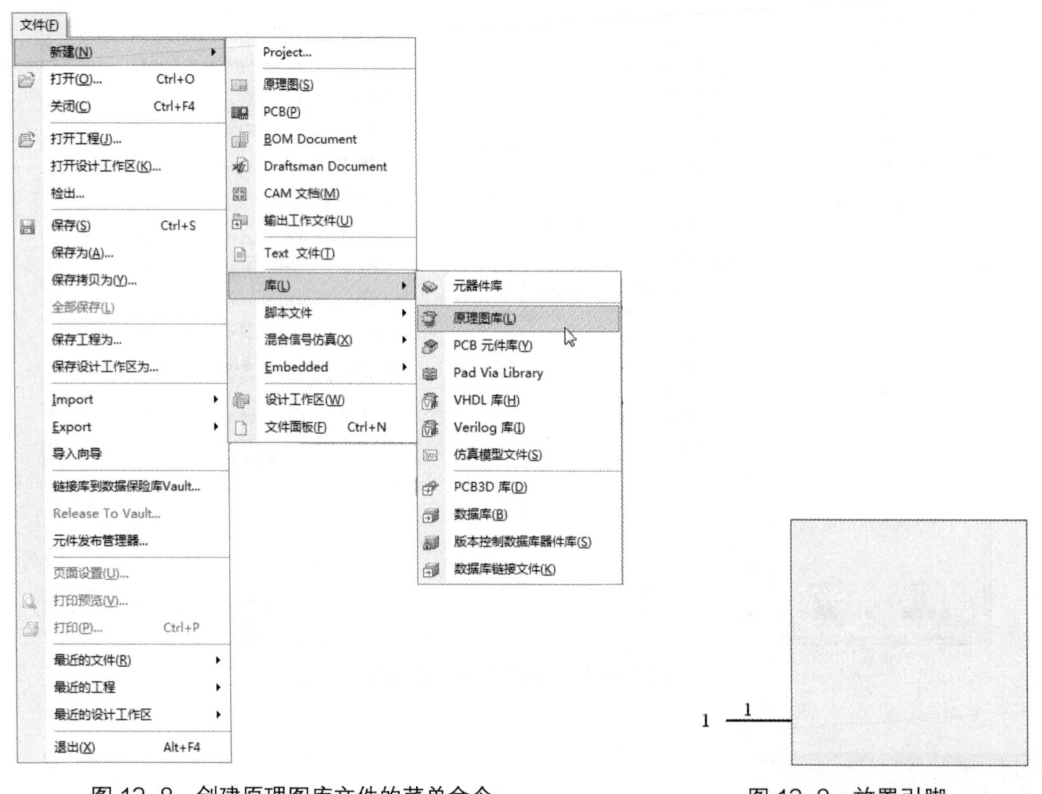

图 12-8 创建原理图库文件的菜单命令

图 12-9 放置引脚

放置引脚时，一定要保证具有电气特性的一端，即带有“×”号的一端朝外，这可以通过在放置引脚时按空格键旋转来实现。

（3）在放置引脚时按 Tab 键，或者双击已放置的引脚，系统弹出如图 12-10 所示的“管脚属性”对话框，在该对话框中可以完成引脚的各项属性设置。

“管脚属性”对话框中各选项的功能如下。

- “显示名字”文本框：用于设置库元器件引脚的名称。例如，可把该引脚设定为第 9 引脚。由于 C8051F320 的第 9 引脚是复位引脚，低电平有效，同时也是 C2 调试接口的时钟信号输入引脚；因此在这里输入名称“\RST/C2CK”，并勾选右侧的“可见的”复选框。
- “标识”文本框：用于设置库元器件引脚的编号，应该与实际的引脚编号相对应，这里输入“9”。

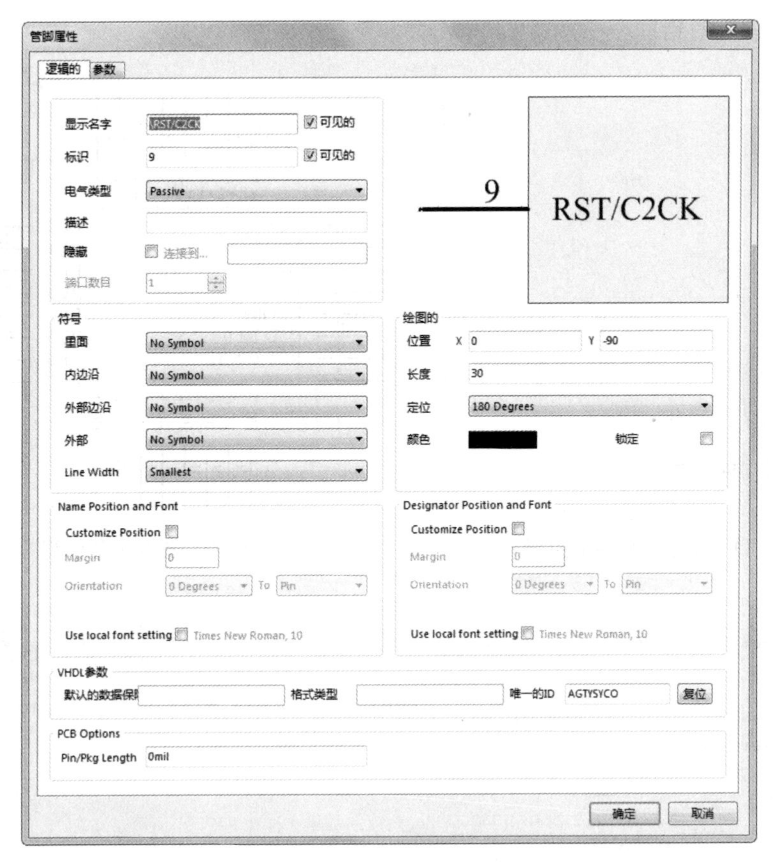

图 12-10　“管脚属性”对话框

- “电气类型”下拉列表：用于设置库元器件引脚的电气特性，有 Input（输入引脚）、I/O（输入输出双向引脚）、Output（输出引脚）、Open Collector（集电极开路引脚）、Passive（无源引脚）、HiZ（高阻引脚）、Open Emitter（发射极开路引脚）和 Power（电源或地线引脚）8 个选项。在这里，选择“Passive（无源引脚）”选项，表示不设置电气特性。
- “描述”文本框：用于填写库元器件引脚的特性描述。
- “隐藏”复选框：用于设置引脚是否为隐藏引脚。若勾选该复选框，则引脚将不会显示出来。此时，应在右侧的“连接到”文本框中输入与该引脚连接的网络名称。
- “符号”选项组：根据引脚的功能及电气特性为该引脚设置不同的 IEEE 符号，作为读图时的参考。可放置在原理图符号的内部、内部边沿、外部边沿或外部等不同位置，没有任何电气意义。
- “VHDL 参数”选项组：用于设置库元器件的 VHDL 参数。
- “绘图的”选项组：用于设置该引脚的位置、长度、方向、颜色等基本属性。

（4）设置完毕，单击“确定”按钮，关闭对话框，设置好属性的引脚如图 12-11 所示。

（5）按照同样的操作，或者使用队列粘贴功能，完成其余 31 个引脚的放置，并设置好相应的属性，如图 12-12 所示。

3. 编辑元器件属性

（1）双击“SCH Library”面板“器件”栏中的库元器件名称“C8051F320”，则系统弹出如图 12-13

所示的库元器件属性对话框。

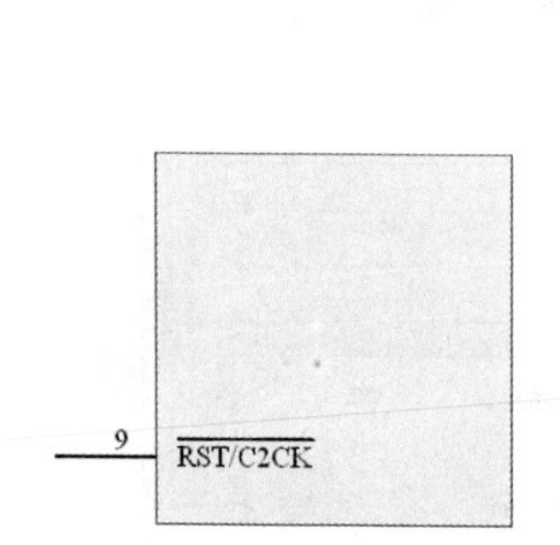

图 12-11　设置好属性的引脚

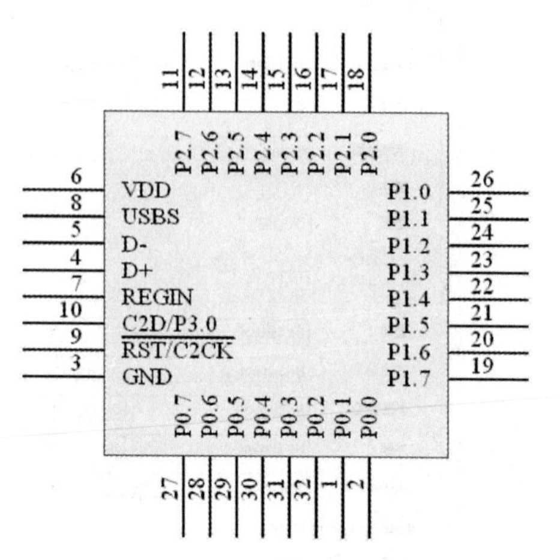

图 12-12　放置全部引脚

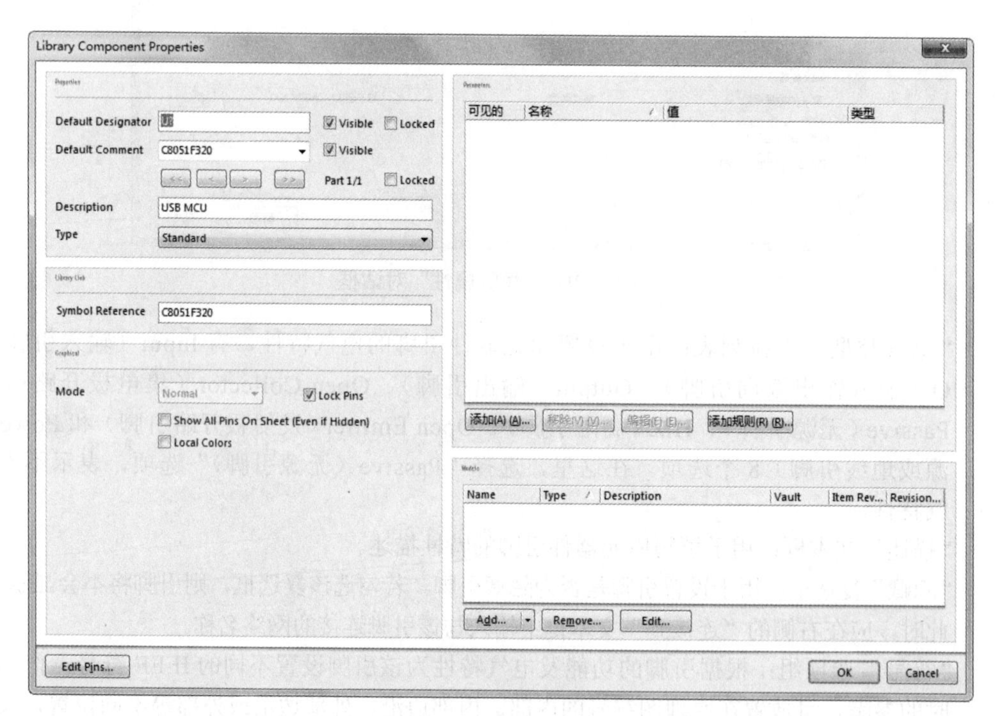

图 12-13　库元器件属性对话框

在该对话框中可以对自己所创建的库元器件进行特性描述，以及其他属性参数设置，主要设置如下几项。

- “Default Designator（默认符号）”文本框：默认库元器件标号，即把该元器件放置到原理图文件中时，系统最初默认显示的元器件标号。这里设置为“U？”，并勾选右侧的“Visible（可见的）”复选框，则放置该元器件时，标号“U？”会显示在原理图上。
- “Default Comment（默认注释）”下拉列表：用于说明库元器件的型号。这里设置为“C8051F320”，并勾选右侧的“Visible（可见的）”复选框，则放置该元器件时，“C8051F320”

会显示在原理图上。

- “Description（描述）”文本框：用于描述库元器件的功能。这里输入“USB MCU”。
- “Type（类型）”下拉列表：库元器件符号类型，可以选择设置。这里采用系统默认设置“Standard（标准）”。
- “Symbol Reference（参考符号）”文本框：库元器件在系统中的标识符。这里输入“C8051F320”。
- “Show All Pins On Sheet（Even if Hidden）（在原理图中显示全部引脚）”复选框：勾选该复选框后，在原理图上会显示该元器件的全部引脚。
- “Lock Pins（锁定引脚）”复选框：勾选该复选框后，所有的引脚将和库元器件成为一个整体，不能在原理图上单独移动引脚。建议用户勾选该复选框，这样对电路原理图的绘制和编辑会有很大好处，以减少不必要的麻烦。
- 在“Parameters(参数)”列表框中，单击 添加 按钮，可以为库元器件添加其他的参数，如版本、作者等。
- 在“Models（模型）”列表框中，单击 Add... 按钮，可以为库元器件添加其他的模型，如 PCB 封装模型、信号完整性模型、仿真模型、PCB 3D 模型等。
- 单击左下角的 Edit Pins... 按钮，则会打开“元件管脚编辑器”对话框，可以对该元器件的所有引脚进行一次性的编辑设置，如图 12-14 所示。

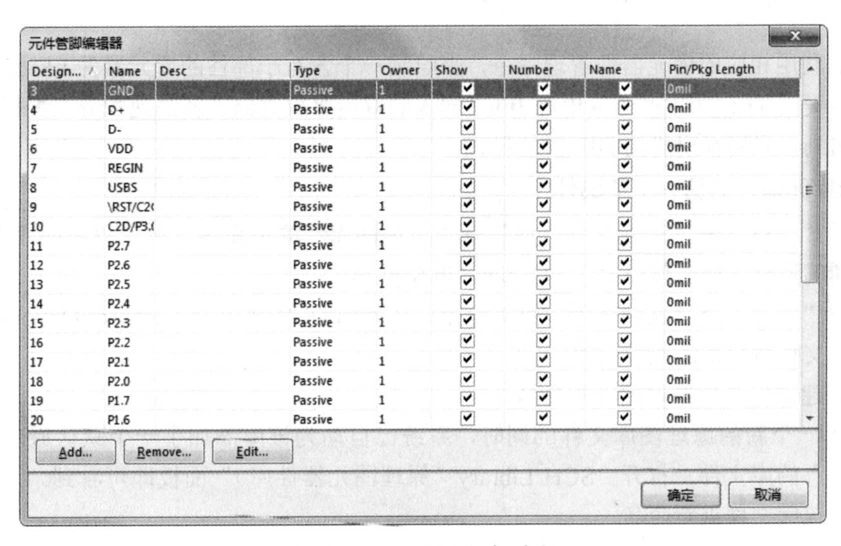

Design...	Name	Desc	Type	Owner	Show	Number	Name	Pin/Pkg Length
3	GND		Passive	1	✔	✔	✔	0mil
4	D+		Passive	1	✔	✔	✔	0mil
5	D-		Passive	1	✔	✔	✔	0mil
6	VDD		Passive	1	✔	✔	✔	0mil
7	REGIN		Passive	1	✔	✔	✔	0mil
8	USBS		Passive	1	✔	✔	✔	0mil
9	\RST/C2(		Passive	1	✔	✔	✔	0mil
10	C2D/P3.(		Passive	1	✔	✔	✔	0mil
11	P2.7		Passive	1	✔	✔	✔	0mil
12	P2.6		Passive	1	✔	✔	✔	0mil
13	P2.5		Passive	1	✔	✔	✔	0mil
14	P2.4		Passive	1	✔	✔	✔	0mil
15	P2.3		Passive	1	✔	✔	✔	0mil
16	P2.2		Passive	1	✔	✔	✔	0mil
17	P2.1		Passive	1	✔	✔	✔	0mil
18	P2.0		Passive	1	✔	✔	✔	0mil
19	P1.7		Passive	1	✔	✔	✔	0mil
20	P1.6		Passive	1	✔	✔	✔	0mil

图 12-14　设置所有引脚

（2）设置完毕后，单击 OK 按钮，关闭对话框。

（3）执行“放置”→“文本字符串”菜单命令，或者单击原理图符号绘制工具栏中的按钮 A（放置文本字符串），光标变成十字形状，并带有一个文本字符串。

（4）移动光标到原理图符号的中心位置处，此时按 Tab 键或双击字符串，则系统会弹出“标注”对话框。在该对话框的“文本”框内输入“SILICON”，如图 12-15 所示。

（5）单击 确定 按钮，关闭对话框。

至此，已完整地绘制了库元器件 C8051F320 的原理图符号，如图 12-16 所示。这样，在绘制电路原理图时，只需要将该元器件所在的库文件打开，就可以随时取用该元器件了。

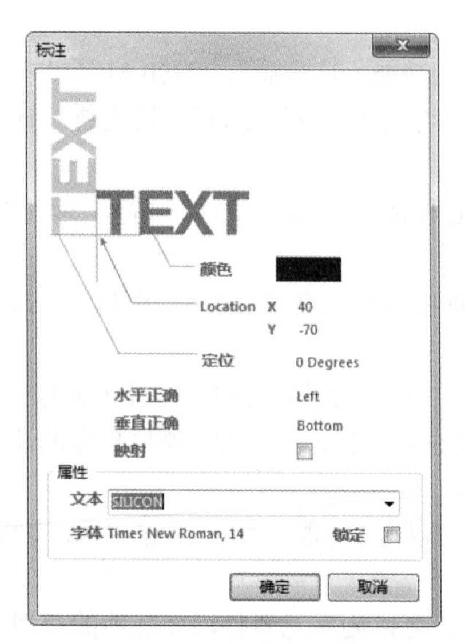

图 12-15　添加文本标注

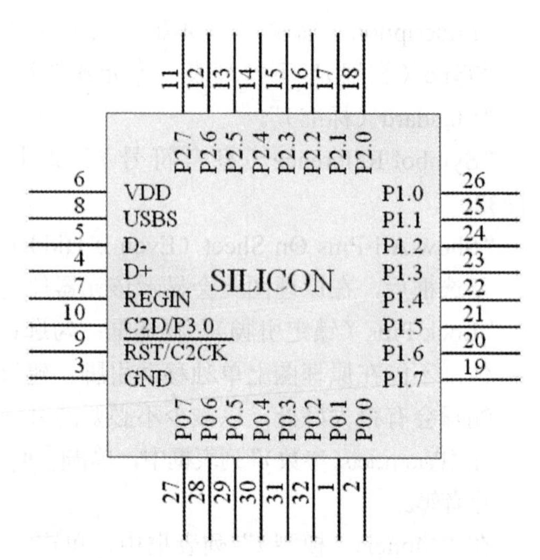

图 12-16　C8051F320 的原理图符号

12.1.5　绘制含有子部件的库元器件

下面我们利用相应的库元器件管理命令，来绘制一个含有子部件的库元器件 LF353。

LF353 是美国 TI 公司生产的双电源 JFET 输入的双运算放大器，在高速积分、采样保持等电路设计中常常用到，采用 8 引脚的 DIP 封装形式。

1. 绘制库元器件的第一个子部件

（1）执行“文件”→“新建”→“库”→“原理图库”菜单命令，启动原理图库文件编辑器，并创建一个新的原理图库文件，命名为“NewLib.SchLib”。

（2）执行“工具”→“文档选项”菜单命令，在弹出的“Schematic Library Options”对话框中进行原理图库文件编辑器的参数设置。

（3）为新建的库文件原理图符号命名。

在创建了一个新的原理图库文件的同时，系统已自动为该库添加了一个默认原理图符号名为“Component-1”的库文件，打开“SCH Library（原理图元器件库）”面板即可看到。通过下面两种方法，可以为该库文件重新命名。

- 单击原理图符号绘制工具栏中的按钮（产生器件），则弹出如图 12-17 所示的“New Component Name（新元器件名称）”对话框，可以在此对话框内输入自己要绘制的库元器件的名称。
- 在“SCH Library（原理图元器件库）”面板上，单击“器件”栏下面的添加按钮，也会弹出“New Component Name（新元器件名称）”对话框。

在这里，我们输入“LF353”，单击确定按钮关闭对话框。

（4）单击原理图符号绘制工具栏中的按钮（放置多边形），则光标变成十字形状，以编辑窗口的原点为基准，绘制一个三角形的运算放大器符号。

2. 放置引脚

（1）单击原理图符号绘制工具栏中的按钮（放置引脚），则光标变成十字形状，并附有一个引脚符号。

（2）移动光标到多边形边框处，单击鼠标左键完成引脚的放置。同样的方法，放置其他引脚，并设置好每一个引脚的相应属性，如图 12-18 所示。这样就完成了一个运算放大器原理图符号的绘制。

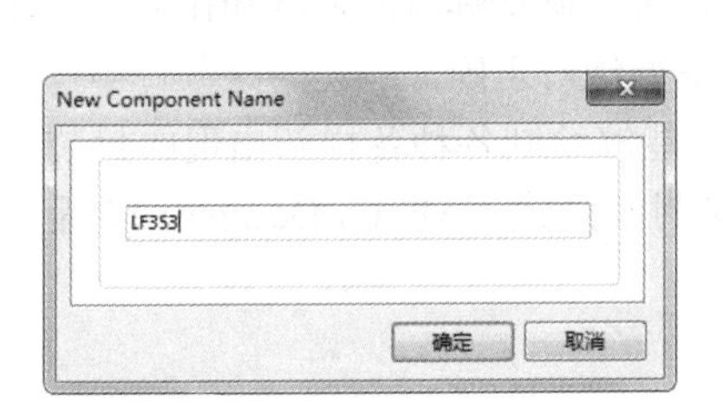

图 12-17 “New Component Name”对话框

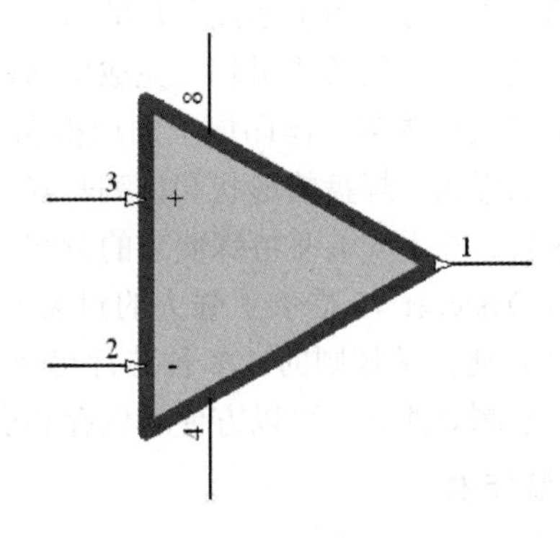

图 12-18 绘制库元器件的第一个子部件

其中，引脚 1 为输出引脚 OUT1，引脚 2、引脚 3 为输入引脚 IN1（-）、IN1（+），引脚 8、引脚 4 为公共的电源引脚 VCC+、VCC-。这两个电源引脚的属性可以设置为“隐藏”，这样，执行菜单命令“察看”→“显示隐藏引脚”，可以切换进行显示查看。

3. 创建库元器件的第二个子部件

（1）执行“编辑”→“选中”→“内部区域”菜单命令，或者单击“原理图库标准”工具栏中的按钮（选择区域内部的对象），将如图 12-18 所示的子部件原理图符号选中。

（2）单击“原理图库标准”工具栏中的按钮（复制），复制选中的子部件原理图符号。

（3）执行“工具”→“新器件”菜单命令。

执行该命令后，在“SCH Library”面板上库元器件“LF353”的名称前多了一个⊞符号，单击⊞符号打开，可以看到该元器件中有两个子部件，刚才绘制的子部件原理图符号系统已经命名为“Part A”，还有一个子部件“Part B”是新创建的。

（4）单击“原理图库标准”工具栏中的按钮（粘贴），将复制的子部件原理图符号粘贴在“Part B”中，并改变引脚序号：引脚 7 为输出引脚 OUT2，引脚 6、引脚 5 为输入引脚 IN2（-）、IN2（+），引脚 8、引脚 4 仍为公共的电源引脚 VCC+、VCC-，如图 12-19 所示。

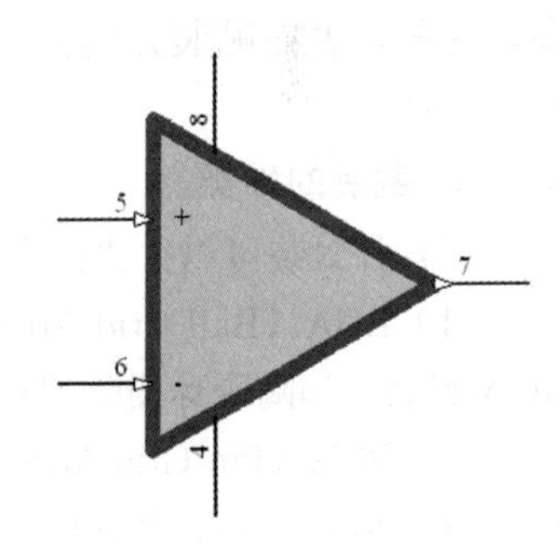

图 12-19 绘制库元器件的第二个子部件

这样，一个含有两个子部件的库元器件就建立好了。使用同样的方法，可以创建含有多于两个子部件的库元器件。

12.2 创建 PCB 元器件封装

电子元器件种类繁多，相应地，其封装形式也五花八门。芯片的封装不仅起着安放、固定、密封、保护芯片和增强电热性能的作用，而且还是沟通芯片内部世界与外部电路的桥梁。

12.2.1 封装概述

1. 封装的组成

芯片的封装在PCB上通常表现为一组焊盘、丝印层上的边框及芯片的说明文字。焊盘是封装中最重要的组成部分，用于连接芯片的引脚，并通过印制板上的导线连接印制板上的其他焊盘，进一步连接焊盘所对应的芯片引脚，完成电路板的功能。在封装中，每个焊盘都有唯一的标号，以区别于封装中的其他焊盘。丝印层上的边框和说明文字主要起指示作用，指明焊盘组所对应的芯片，方便印制板的焊接。焊盘的形状和排列是封装的关键部分，确保焊盘的形状和排列正确才能正确地建立一个封装。对于安装有特殊要求的封装，边框也需要绝对正确。

Altium Designer 17提供了强大的封装绘制功能，能够绘制各种各样新出现的封装。考虑到芯片的引脚排列通常是规则的，多种芯片可能有同一种封装形式，Altium Designer 17提供了封装库管理功能，绘制好的封装可以方便地保存和引用。

2. 封装技术

总体上讲，根据元器件采用安装技术的不同，封装技术可分为插入式封装技术（Through Hole Technology，THT）和表面贴装式封装技术（Surface Mounted Technology，SMT）。

插入式封装的元器件安装时，元器件安置在PCB的一面，将引脚穿过PCB焊接在另一面上。插入式元器件需要占用较大的空间，并且要为每只引脚钻一个孔，所以它们的引脚会占据两面的空间，焊点也比较大。但从另一方面来说，插入式元器件与PCB连接较好，机械性能好。例如，排线的插座、接口板插槽等类似的界面都需要一定的耐压能力，因此，通常采用插入式封装技术。

表面贴装式封装的元器件，引脚焊盘与元器件在同一面。表面贴装元器件一般比插入式元器件体积要小，而且不必为焊盘钻孔，甚至还能在PCB的两面都焊上元器件。因此，与使用插入式元器件的PCB比起来，使用表面贴装元器件的PCB上元器件布局要密集很多，体积也就小很多。此外，表面贴装元器件也比插入式元器件要便宜一些，所以现今的PCB上广泛采用表面贴装元器件。

3. 封装的种类

元器件封装可以大致分成以下种类。

（1）BGA（Ball Grid Array）：球栅阵列封装。因其封装材料和尺寸的不同还细分成不同的BGA封装，如陶瓷球栅阵列封装（CBGA）、小型球栅阵列封装（μBGA）等。

（2）PGA（Pin Grid Array）：插针栅格阵列封装。这种封装的芯片内外有多个方阵形的插针，每个方阵形插针沿芯片的四周间隔一定距离排列，根据引脚数目的多少，可以围成2～5圈。安装时，将芯片插入专门的PGA插座。该封装一般用于插拔操作比较频繁的场合，如个人计算机CPU。

（3）QFP（Quad Flat Package）：方形扁平封装，为当前芯片使用较多的一种封装形式。

（4）PLCC（Plastic Leaded Chip Carrier）：有引线塑料芯片载体。

（5）DIP（Dual In-line Package）：双列直插封装。

（6）SIP（Single In-line Package）：单列直插封装。

（7）SOP（Small Out-line Package）：小外形封装。

（8）SOJ（Small Out-line J-Leaded Package）：J形引脚小外形封装。

（9）CSP（Chip Scale Package）：芯片级封装，较新的封装形式，常用于内存条中。在CSP的封装方式中，芯片是通过一个个锡球焊接在 PCB 上，由于焊点和 PCB 的接触面积较大，所以内存芯片在运行中所产生的热量可以很容易地传导到 PCB 上并散发出去。另外，CSP 封装芯片采用中心引脚形式，有效地缩短了信号的传导距离，其衰减随之减少，芯片的抗干扰、抗噪性能也能得到大幅提升。

（10）Flip-Chip：倒装焊芯片，也称为覆晶式组装技术，是一种将 IC 与基板相互连接的先进封装技术。在封装过程中，IC 会被翻覆过来，让 IC 上面的焊点与基板的接合点相互连接。由于成本与制造因素，使用 Flip-Chip 接合的产品通常根据 I/O 数多少分为两种形式，即低 I/O 数的 FCOB（Flip Chip on Board）封装和高 I/O 数的 FCIP（Flip Chip in Package）封装。Flip-Chip 技术应用的基板包括陶瓷、硅芯片、高分子基层板及玻璃等，其应用范围包括计算机、PCMCIA 卡、军事设备、个人通信产品、钟表及液晶显示器等。

（11）COB（Chip on Board）：板上芯片封装。即芯片被绑定在 PCB 上，这是一种现在比较流行的生产方式。COB 模块的生产成本比 SMT 低，并且还可以减小模块体积。

12.2.2　PCB 库编辑器的界面

执行“文件”→“新建”→“库”→“PCB 元件库”菜单命令，如图 12-20 所示，即可打开 PCB 库编辑器，并新建一个空白 PCB 库文件“PcbLib1.PcbLib”，如图 12-21 所示。

图 12-20　新建 PCB 元器件库的菜单命令

PCB 库编辑器和 PCB 编辑器基本相同，只是菜单栏中少了“设计”和“自动布线”两个菜单，工具栏中也减少了相应的工具按钮。另外，在这两个编辑器中，可用的工作面板也有所不同。在 PCB 库编辑器中独有的“PCB Library（PCB 元器件库）”面板，提供了对封装库内元器件封装统一编辑、管理的接口。

“PCB Library”面板如图 12-22 所示，面板共分成“面具”“元件”“元件的图元”和“缩略图显示框”4 个区域。

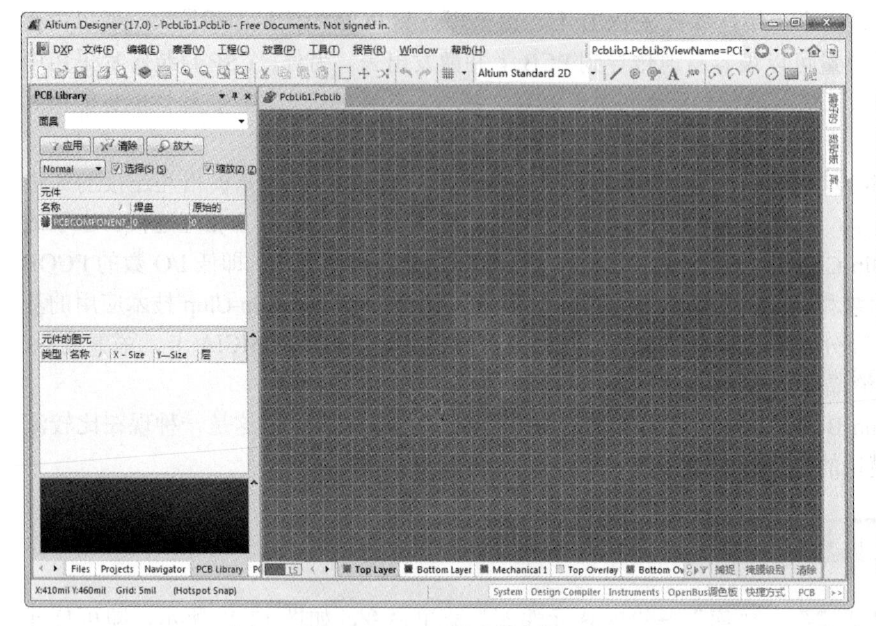

图 12-21 PCB 库编辑器

图 12-22 “PCB Library”面板

“面具”栏对该库文件内的所有元器件封装进行查询，并将符合条件的元器件封装列出。

“元件”栏列出该库文件中所有符合“面具”栏条件的元器件封装名称，并注明其焊盘数、图元数等基本属性。单击“元件”栏内的元器件封装名，工作区内显示该封装，即可进行编辑操作。双击“元件”栏内的元器件封装名，工作区内显示该封装，并且弹出如图 12-23 所示的“PCB 库元件”对话框，在该对话框内可以修改元器件封装的名称和高度，高度是供 PCB 3D 仿真时用的。

在“元件”栏中单击鼠标右键，弹出快捷菜单，如图 12-24 所示。通过该菜单可以进行元器件库的各种编辑操作。

图 12-23 “PCB 库元件”对话框

图 12-24 “元件”栏快捷菜单

12.2.3 PCB 库编辑器的环境设置

进入 PCB 库编辑器后，同样需要根据要绘制的元器件封装类型对编辑器环境进行相应的设置。

PCB 库编辑环境的设置内容包括“器件库选项”“板层颜色”“层叠管理”和“参数选项”。

1. “器件库选项”设置

执行“工具”→“器件库选项”菜单命令，或在工作区单击鼠标右键，在弹出的快捷菜单中选择“器件库选项”命令，即可打开“板选项”对话框，如图 12-25 所示。在该对话框中主要设置以下几项。

- “度量单位”选项组：PCB 中单位的设置。
- “标识显示”选项组：用于进行显示设置。
- “布线工具路径”选项组：用于设置布线所在的层。
- “捕获选项”选项组：用于进行捕捉设置。
- “图纸位置”选项组：用于设置 PCB 图纸的 x、y 坐标和长、宽。

其他选项保持默认设置，单击 确定 按钮，退出对话框，完成“板选项”对话框的属性设置。

图 12-25　“板选项”对话框

2. “板层和颜色”设置

执行“工具”→“板层和颜色”菜单命令，或在工作区单击鼠标右键，在弹出的快捷菜单中选择“选项”→“板层颜色”命令，即可打开“视图配置”对话框，如图 12-26 所示。

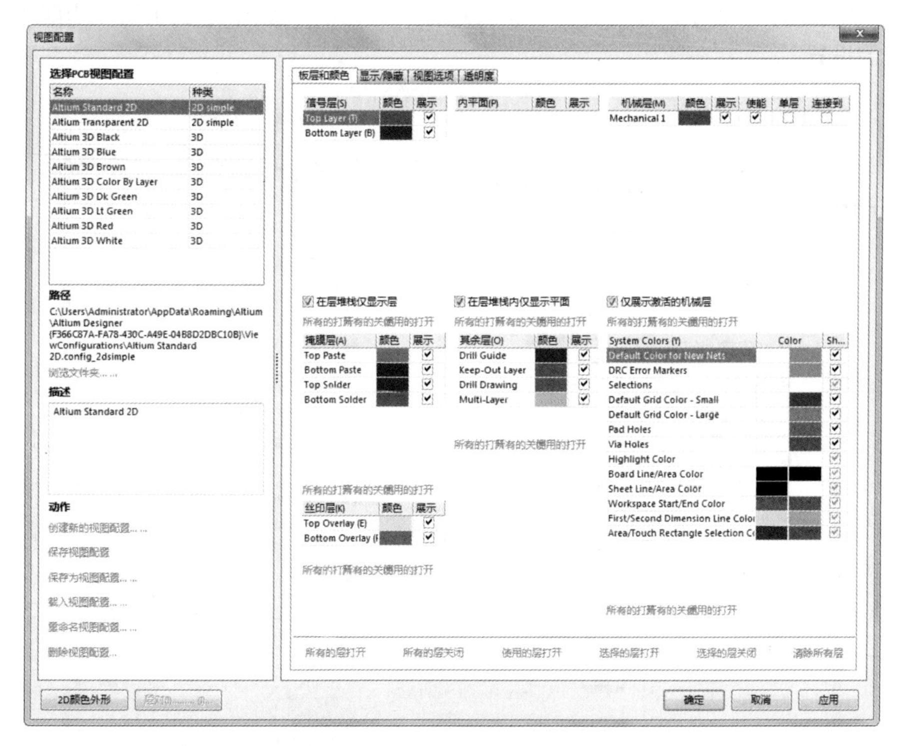

图 12-26　“视图配置”对话框

在机械层内，将 Mechanical 1 的“连接到方块电路”复选框选中，其他选项保持默认设置不变。单击 确定 按钮，退出对话框，完成“视图配置”对话框的属性设置。

3. “层叠管理”设置

执行“工具”→“层叠管理”菜单命令，或在工作区单击鼠标右键，在弹出的快捷菜单中选择“选项”→“层叠管理”命令，即可打开“Layer Stack Manager(层叠管理)”对话框，如图 12-27 所示。用户可以根据需要进行相应的设置。

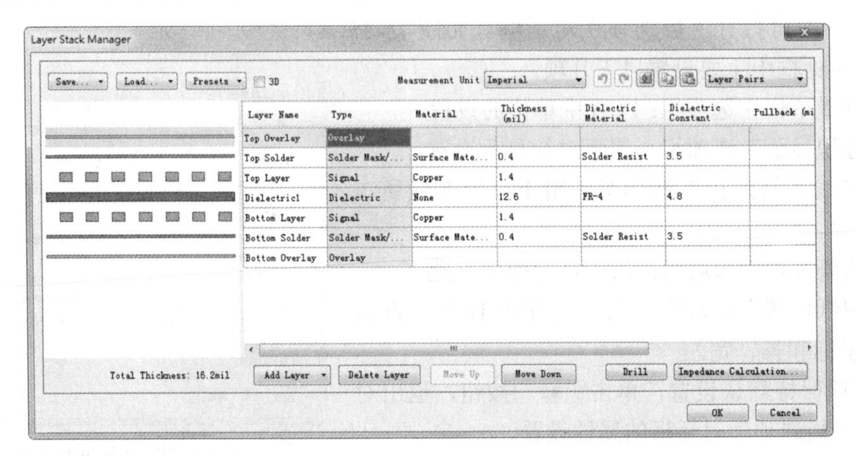

Layer Name	Type	Material	Thickness (mil)	Dielectric Material	Dielectric Constant	Pullback (mi
Top Overlay	Overlay					
Top Solder	Solder Mask/...	Surface Mate...	0.4	Solder Resist	3.5	
Top Layer	Signal	Copper	1.4			
Dielectric1	Dielectric	None	12.6	FR-4	4.8	
Bottom Layer	Signal	Copper	1.4			
Bottom Solder	Solder Mask/...	Surface Mate...	0.4	Solder Resist	3.5	
Bottom Overlay	Overlay					

图 12-27 “Layer Stack Manager”对话框

4. “参数选择”设置

执行“工具”→“优先选项”菜单命令，或在工作区单击鼠标右键，在弹出的快捷菜单中选择“选项”→“优先选项”命令，即可打开“参数选择”对话框，如图 12-28 所示。用户可以根据需要进行相应的设置。

图 12-28 “参数选择”对话框

12.2.4　用 PCB 元器件向导创建 PCB 元器件规则封装

下面用 PCB 元器件向导来创建 PCB 元器件的规则封装。PCB 元器件向导通过一系列对话框来让用户输入参数，最后根据这些参数自动创建一个封装。这里要创建的封装尺寸信息为：外形轮廓为矩形 10mm×10mm，引脚数为 16×4，引脚宽度为 0.22mm，引脚长度为 1mm，引脚间距为 0.5mm，引脚外围轮廓为 12mm×12mm。

具体操作步骤如下。

（1）执行“工具”→“元器件向导”菜单命令，系统弹出 PCB 元器件向导对话框，如图 12-29 所示。

（2）单击“下一步”按钮，进入元器件封装模式选择界面，在模式列表框中列出了各种封装模式。

这里选择“Quad Packs（QUAD)”封装模式。另外，在下面的“选择单位”下拉列表中，选择公制单位“Metric（mm)”，如图 12-30 所示。

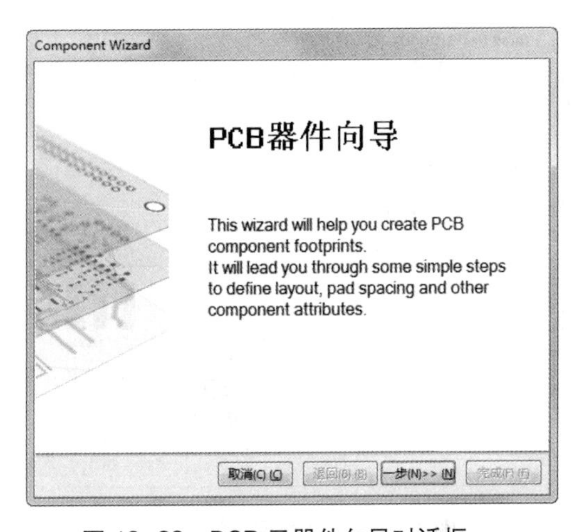

图 12-29　PCB 元器件向导对话框

图 12-30　元器件封装模式选择界面

（3）单击“下一步”按钮，进入焊盘尺寸设置界面。在这里输入焊盘的尺寸值，长为 1mm，宽为 0.22mm，如图 12-31 所示。

（4）单击“下一步”按钮，进入焊盘形状设置界面。在这里使用默认设置，令第 1 脚为圆形，其余脚为方形，以便于区分，如图 12-32 所示。

（5）单击“下一步”按钮，进入轮廓宽度设置界面。这里使用默认设置“0.2mm”，如图 12-33 所示。

（6）单击“下一步”按钮，进入焊盘间距设置界面。在这里将焊盘间距设置为“0.5mm”，根据计算，将行列间距均设置为“1.75mm”，如图 12-34 所示。

（7）单击“下一步”按钮，进入焊盘起始位置和命名方向设置界面。单击单选按钮可以确定焊盘起始位置，单击箭头可以改变焊盘命名方向。在这里采用默认设置，将第一个焊盘设置在封装左上角，命名方向为逆时针方向，如图 12-35 所示。

（8）单击“下一步”按钮，进入焊盘数目设置界面。将 x、y 方向的焊盘数目均设置为 16，如图 12-36 所示。

图 12-31　设置焊盘尺寸

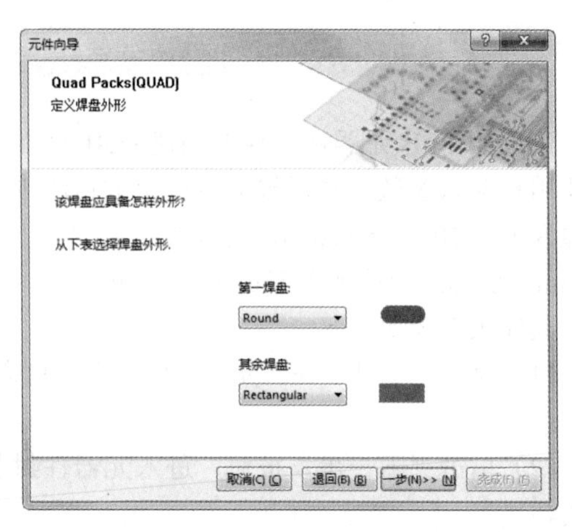

图 12-32　设置焊盘形状

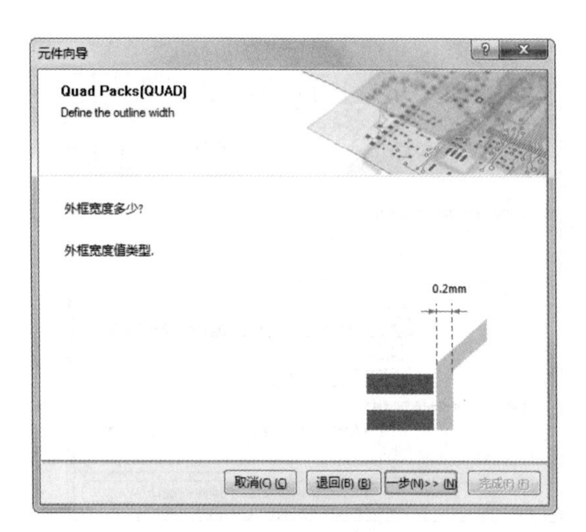

图 12-33　设置轮廓宽度

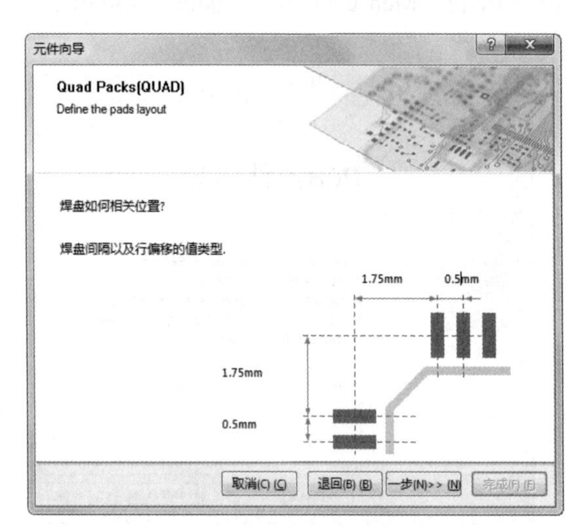

图 12-34　设置焊盘间距

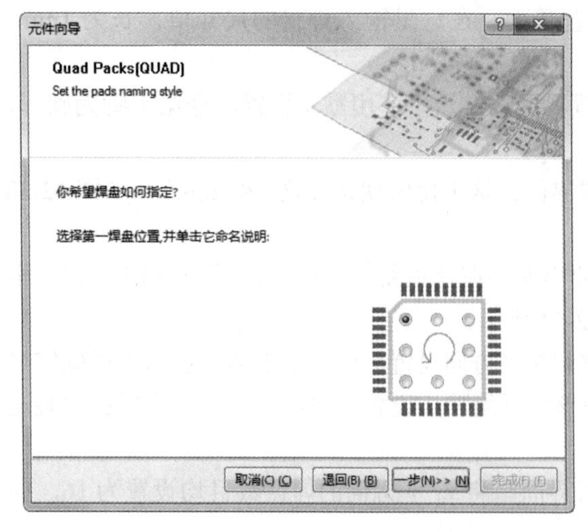

图 12-35　设置焊盘起始位置和命名方向

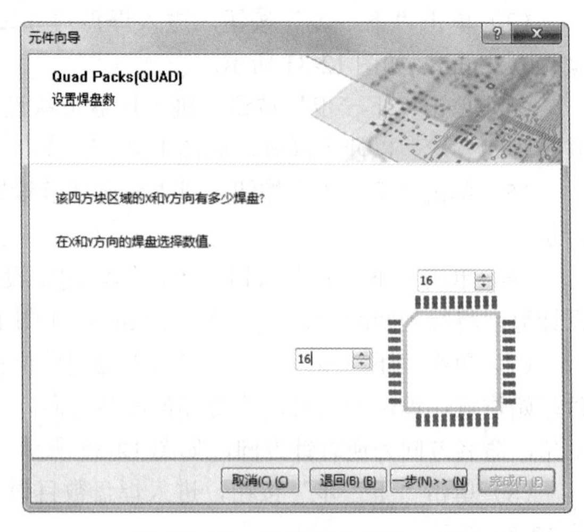

图 12-36　设置焊盘数目

（9）单击“下一步”按钮，进入封装命名界面。将封装命名为“TQFP64”，如图 12-37 所示。

（10）单击“下一步”按钮，进入封装制作完成界面，如图 12-38 所示。单击“完成”按钮，退出封装向导。

图 12-37　封装命名

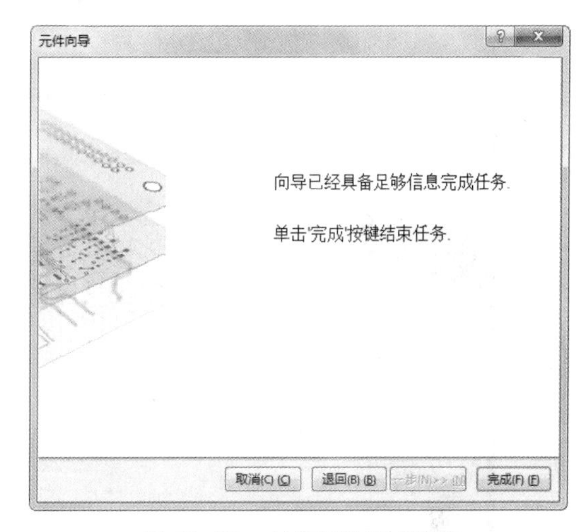

图 12-38　封装制作完成界面

至此，TQFP64 的封装制作就完成了，工作区内显示出封装图形，如图 12-39 所示。

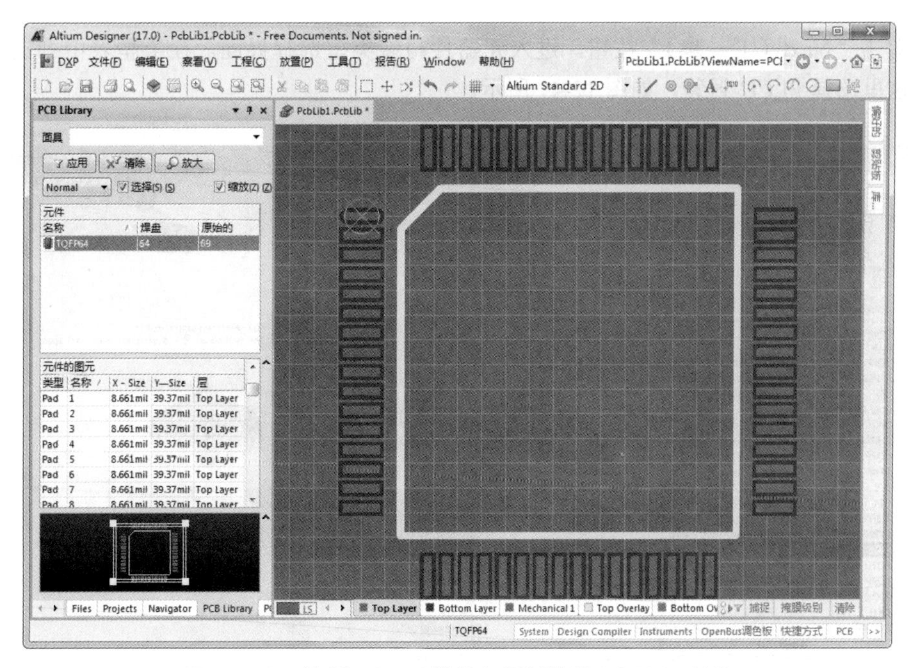

图 12-39　使用 PCB 元器件向导制作的 TQFP64 封装

11.2.5　用 IPC 兼容封装向导创建 3D 元器件封装

（1）单击菜单栏中的“工具”→“IPC Compliant Footprint Wizard（IPC 兼容封装向导）”命令，

系统将弹出如图 12-40 所示的“IPC Compliant Footprint Wizard（IPC 兼容封装向导）”对话框。

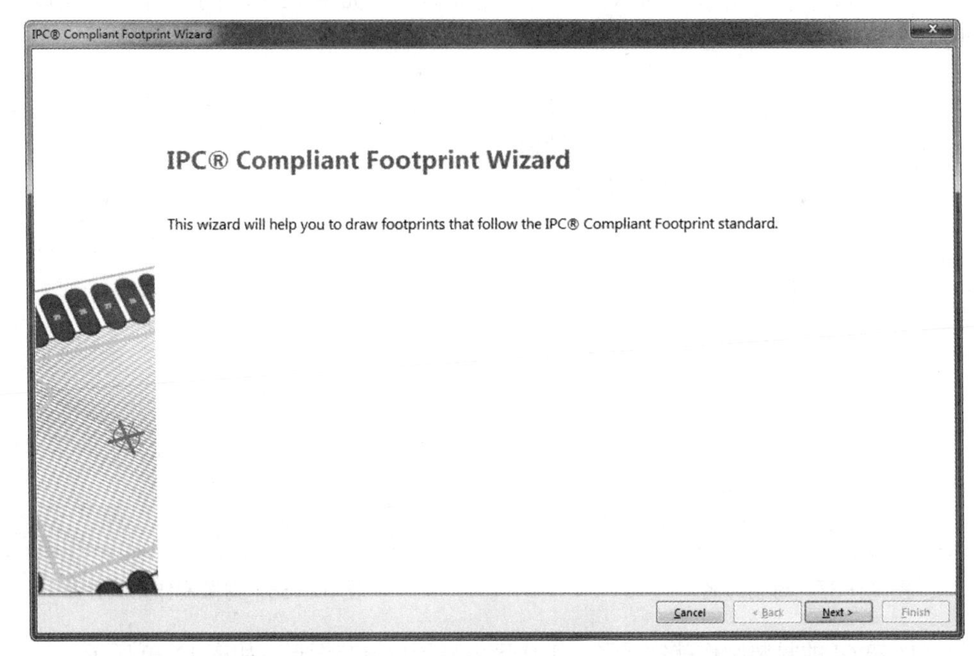

图 12-40 “IPC Compliant Footprint Wizard（IPC 兼容封装向导）”对话框

（2）单击“Next（下一步）”按钮，进入元器件封装类型选择界面。在类型表中列出了各种封装类型，这里选择 PLCC 封装，如图 12-41 所示。

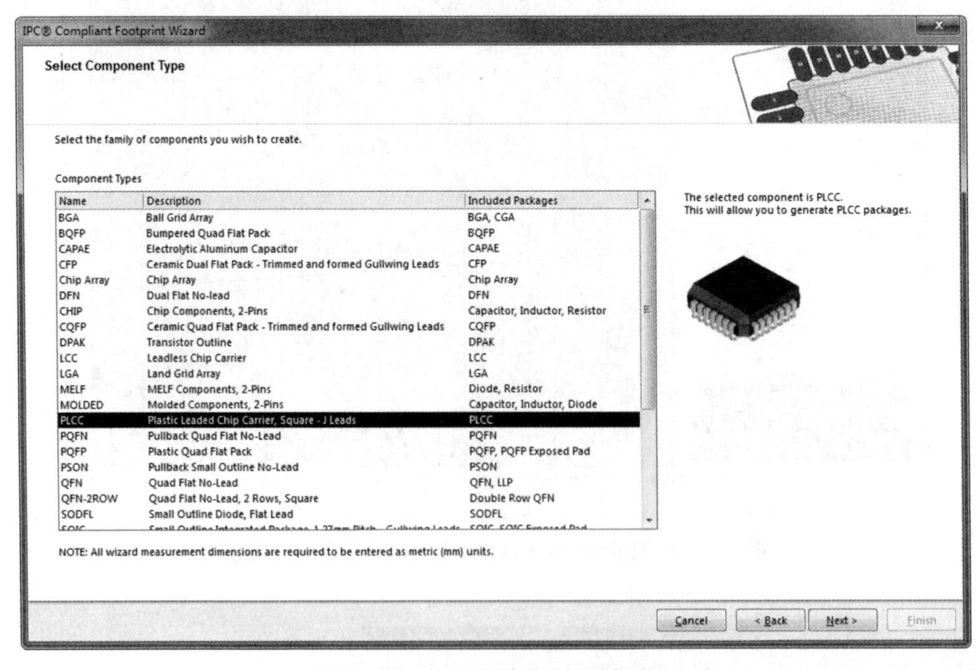

图 12-41 元器件封装类型选择界面

（3）单击“Next（下一步）”按钮，进入 PLCC 封装外形总体尺寸设定界面。在这里使用默认参数，如图 12-42 所示。

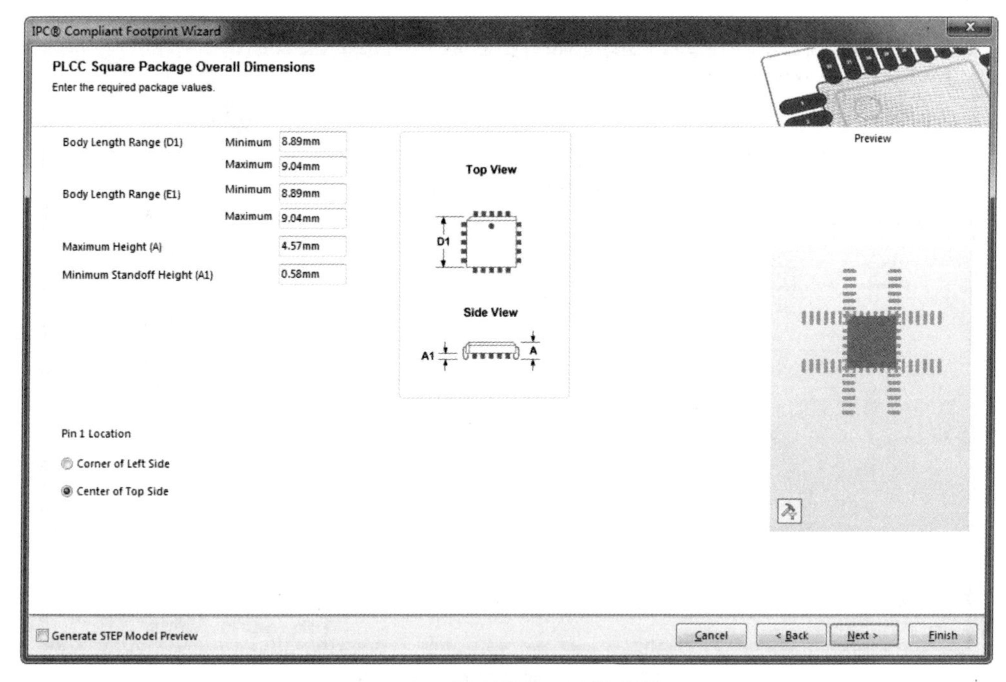

图 12-42　外形总体尺寸设定界面

（4）单击“Next（下一步）”按钮，进入引脚尺寸设定界面。在这里使用默认设置，如图 12-43 所示。

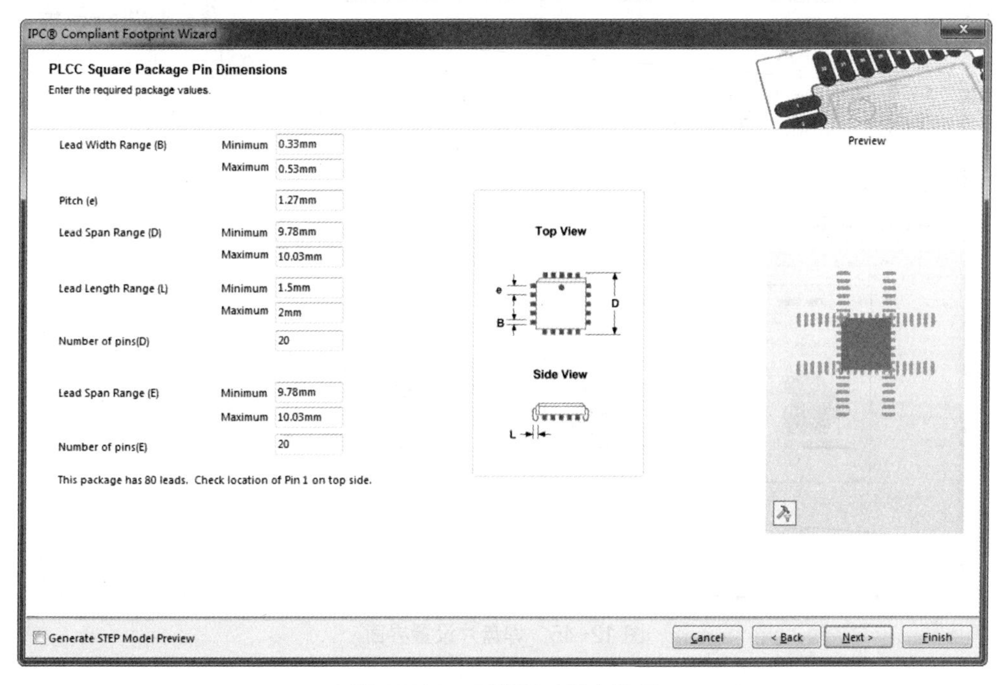

图 12-43　引脚尺寸设定界面

（5）单击“Next（下一步）”按钮，进入 PLCC 封装轮廓宽度设置界面。这里默认勾选“Use

calculated values（使用估计值）”复选框，如图 12-44 所示。

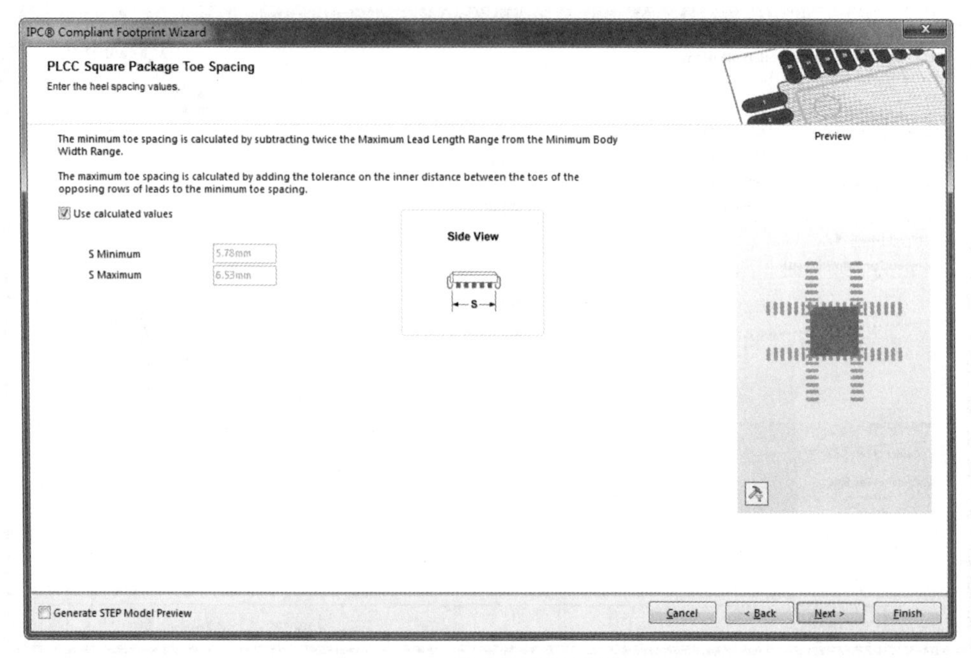

图 12-44　轮廓宽度设置界面

（6）单击“Next（下一步）”按钮，进入焊盘片设置界面。在这里使用默认设置，如图 12-45 所示。

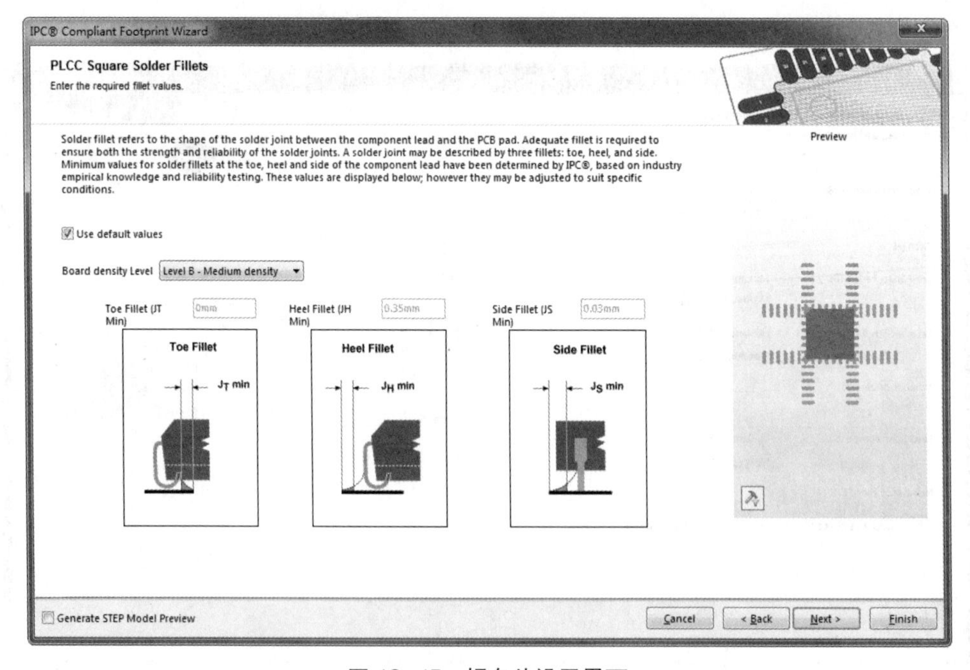

图 12-45　焊盘片设置界面

（7）单击“Next（下一步）”按钮，进入焊盘间距设置界面。在这里使用默认设置，如图 12-46 所示。

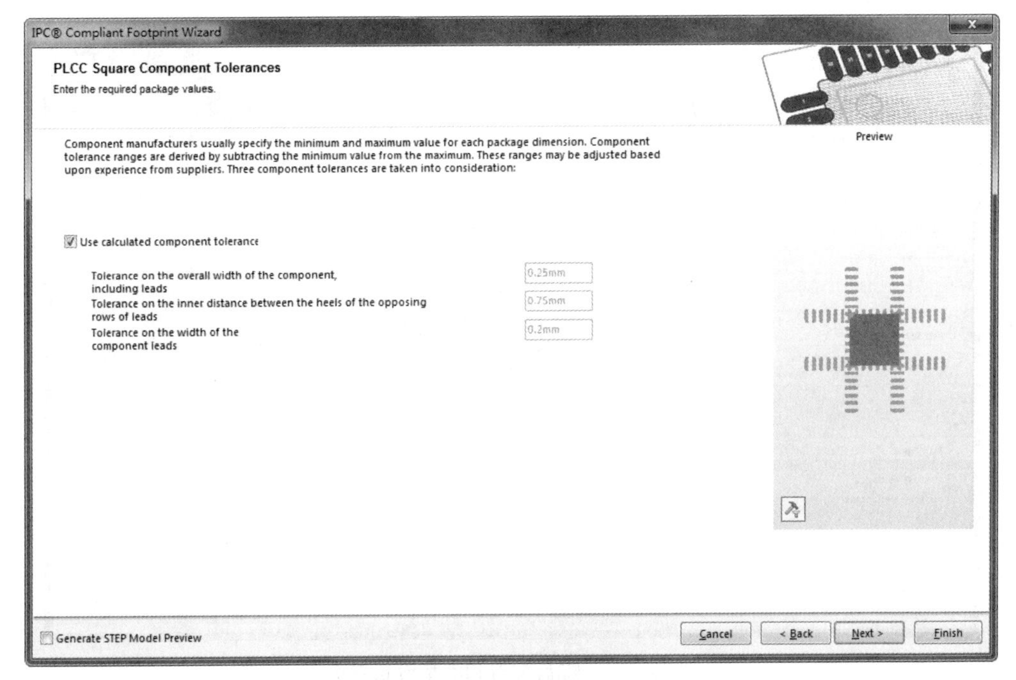

图 12-46　焊盘间距设置界面

（8）单击“Next（下一步）”按钮，进入元器件公差设置界面。在这里使用默认设置，如图 12-47 所示。

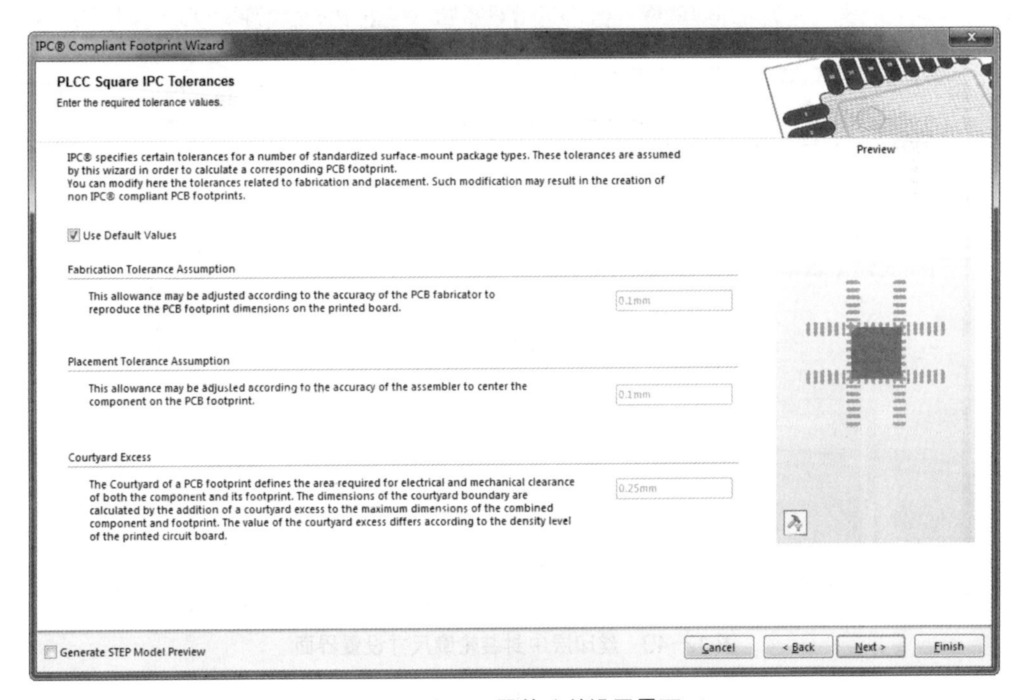

图 12-47　元器件公差设置界面

（9）单击“Next（下一步）”按钮，进入焊盘位置和类型设置界面。在这里采用默认设置，如图 12-48 所示。

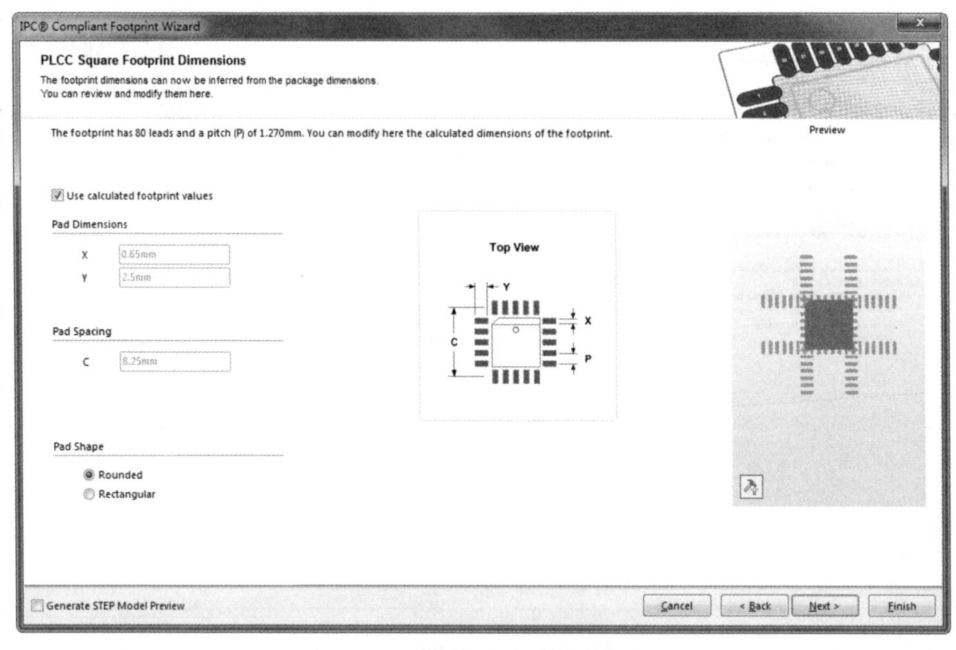

图 12-48　焊盘位置和类型设置界面

（10）单击“Next（下一步）”按钮，进入丝印层中封装轮廓尺寸设置界面。在这里使用默认设置，如图 12-49 所示。

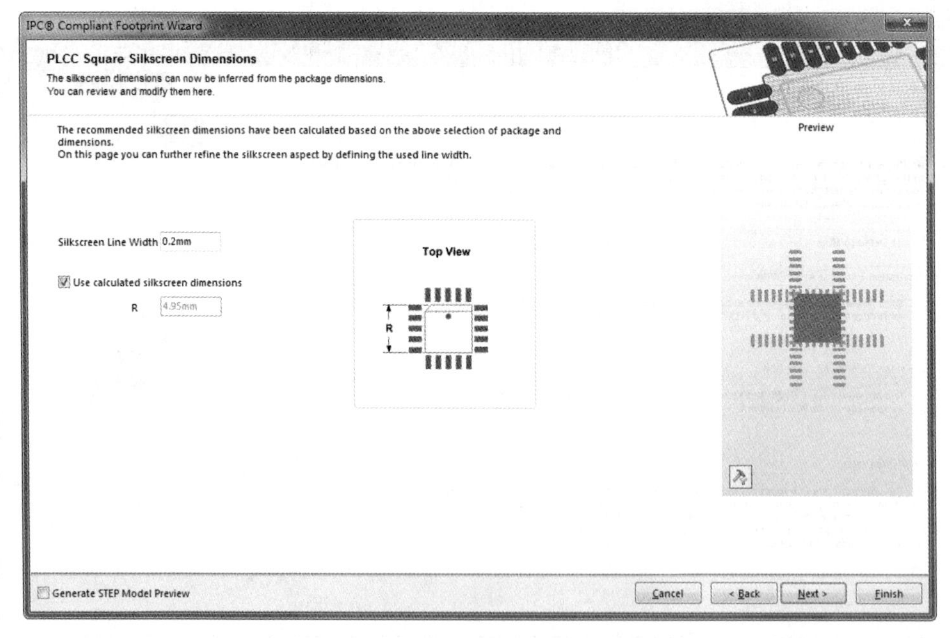

图 12-49　丝印层中封装轮廓尺寸设置界面

（11）单击“Next（下一步）”按钮，进入封装命名界面。若取消勾选“Use suggested values（使用建议值）”复选框，则可自定义命名元器件。在这里使用系统默认名称 PLCC127P990X990X457-80N，如图 12-50 所示。

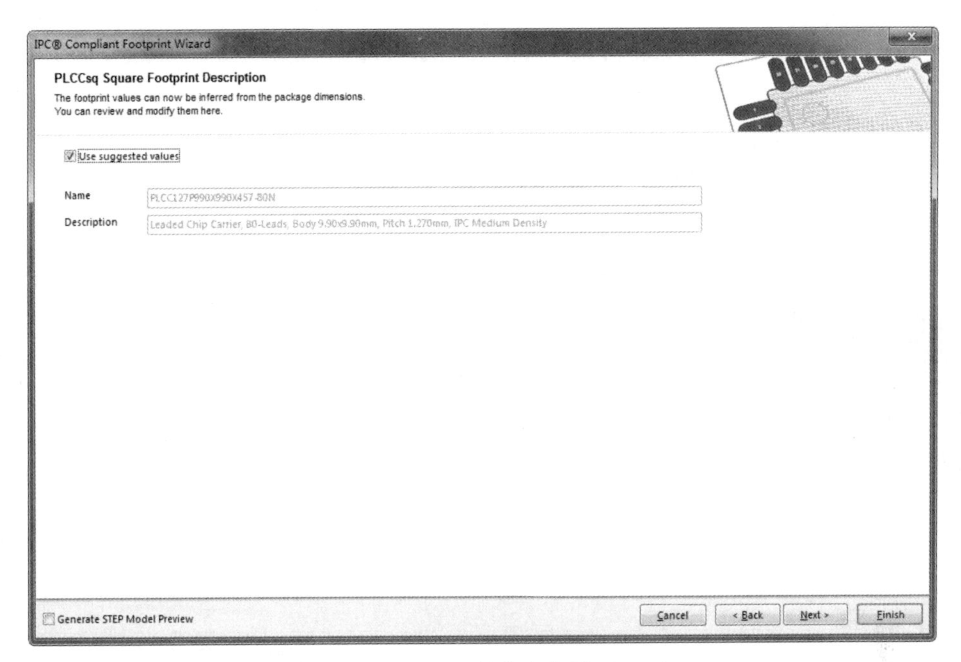

图 12-50　封装命名界面

（12）单击“Next（下一步）”按钮，进入封装路径设置界面，如图 12-51 所示。

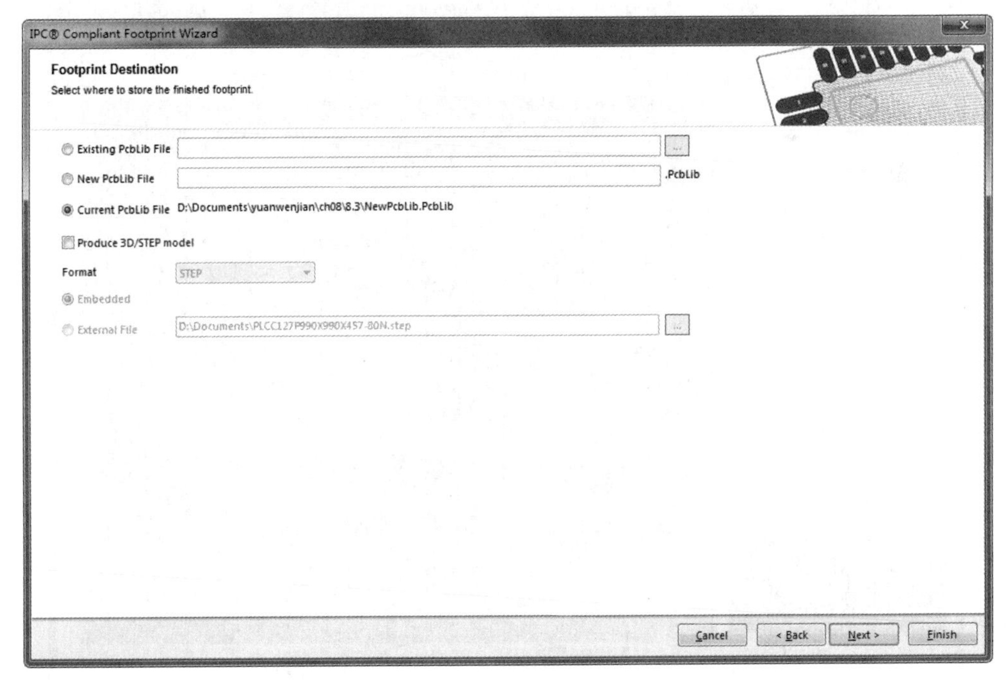

图 12-51　设置封装路径

（13）单击“Next（下一步）”按钮，进入封装制作完成界面，如图 12-52 所示。单击“Finish（完成）”按钮，退出封装向导。

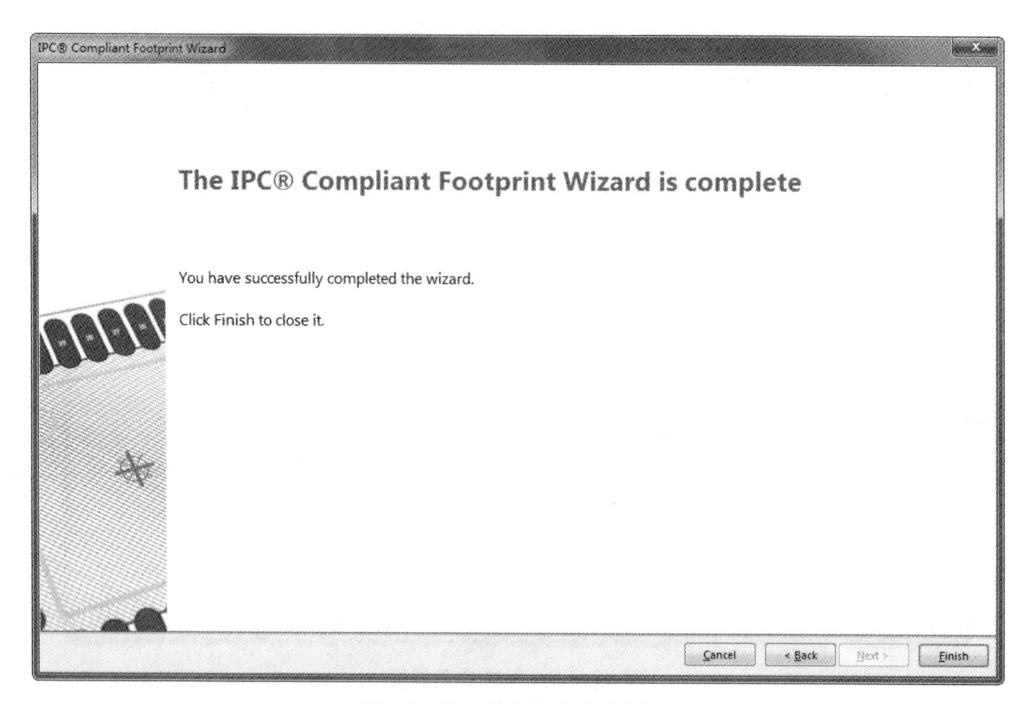

图 12-52　封装制作完成界面

至此，PLCC127P990X990X457-80N 就制作完成了，工作区内显示的封装图形如图 12-53 所示。

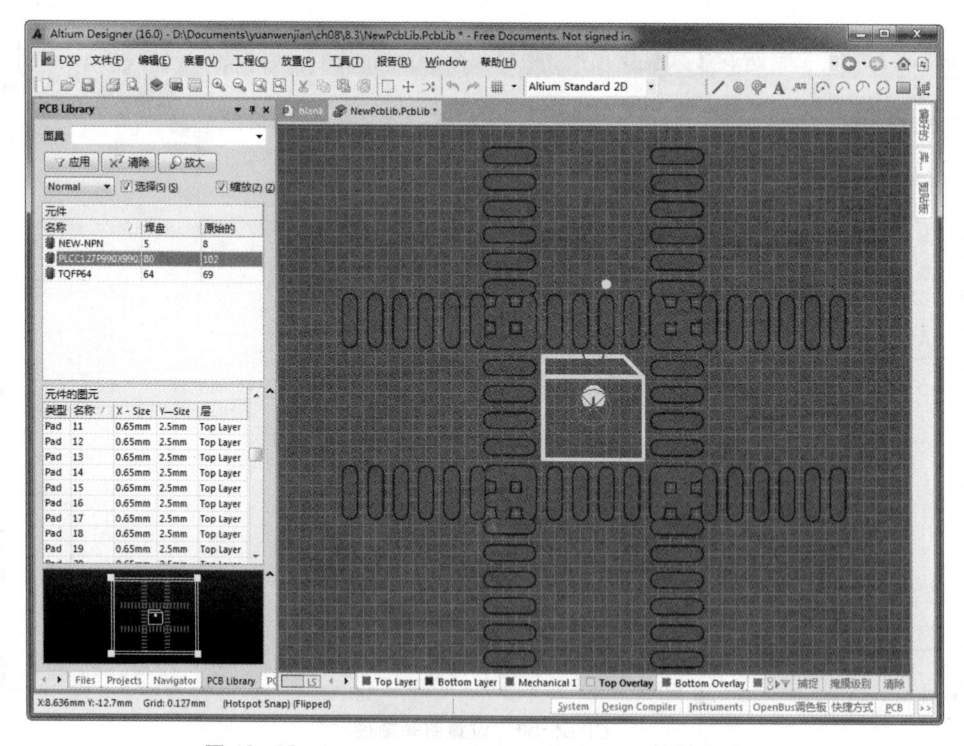

图 12-53　PLCC127P990X990X457-80N 的封装图形

与使用 PCB 元器件向导创建的封装符号相比，IPC 模型不单单是线条与焊盘组成的平面符号，而是实体与焊盘组成的三维模型。按数字键“3”，切换到三维界面，显示如图 12-54 所示的三维 IPC 模型。

图 12-54　显示三维 IPC 模型

12.2.6　手工创建 PCB 元器件不规则封装

某些电子元器件的引脚非常特殊，或者遇到了一个最新的电子元器件，那么用 PCB 元器件向导将无法创建新的封装。这时，可以根据该元器件的实际参数手工创建引脚封装。手工创建元器件引脚封装，需要用直线或曲线来表示元器件的外形轮廓，然后添加焊盘来形成引脚连接。元器件封装的参数可以放置在 PCB 的任意图层上，但元器件的轮廓只能放在顶端覆盖层上。当在 PCB 文件上放置元器件时，元器件引脚封装的各个部分将分别放置到预先定义的图层上。

下面详细介绍如何手工创建 PCB 元器件封装。

1. 创建新的元器件文档

执行“文件”→“新建”→“库”→“PCB 元件库”菜单命令，新建一个 PCB 库文件，将其保存为“NewPcbLib.PcbLib”，这时在“PCB Library”面板的“元件”栏内会出现一个新的元器件 PCBCOMPONENT_1。双击 PCBCOMPONENT_1，在弹出的“PCB 库元件”对话框中将元器件名称改为“New-NPN”，如图 12-55 所示。

2. 编辑工作环境设置

执行“工具”→“器件库选项”菜单命令，或在工作区单击鼠标右键，在弹出的快捷菜单中选择“器件库选项”命令，即可打开“板选项”对话框，如图 12-56 所示。

用户可以根据需要进行相应的设置。单击[确定]按钮，退出对话框。

3. 工作区颜色设置

颜色设置由自己来把握，这里不再详细叙述。

4. “参数选择”属性设置

执行“工具”→“优先选项”菜单命令，或在工作区单击鼠标右键，在弹出的快捷菜单中选择“选项”→“优先选项”命令，即可打开“参数选择”对话框，如图 12-57 所示。

用户可以根据需要进行相应的设置。单击[确定]按钮，退出对话框。

5. 放置焊盘

在“Top Layer（顶层）”执行“放置”→“焊盘”菜单命令，光标上悬浮一个焊盘，单击鼠标左键确定焊盘的位置。按照同样的方法放置另外两个焊盘。

图 12-55　重新命名元器件

图 12-56　“板选项”对话框

图 12-57　“参数选择”对话框

6. 编辑焊盘属性

双击其中一个焊盘，弹出“焊盘”对话框，在“位置”选项组的“X”文本框中输入“0mil”，在“Y”文本框中输入“100mil”，在“属性”选项组的“标识”文本框中输入“b”，如图 12-58 所示。单击“确定”按钮，完成第一个焊盘的属性设置。

用同样的方法，将另外两个焊盘的引脚名称分别设置为 c、e，坐标分别为 c（-100，0）和 e（100，0），设置完毕后如图 12-59 所示。

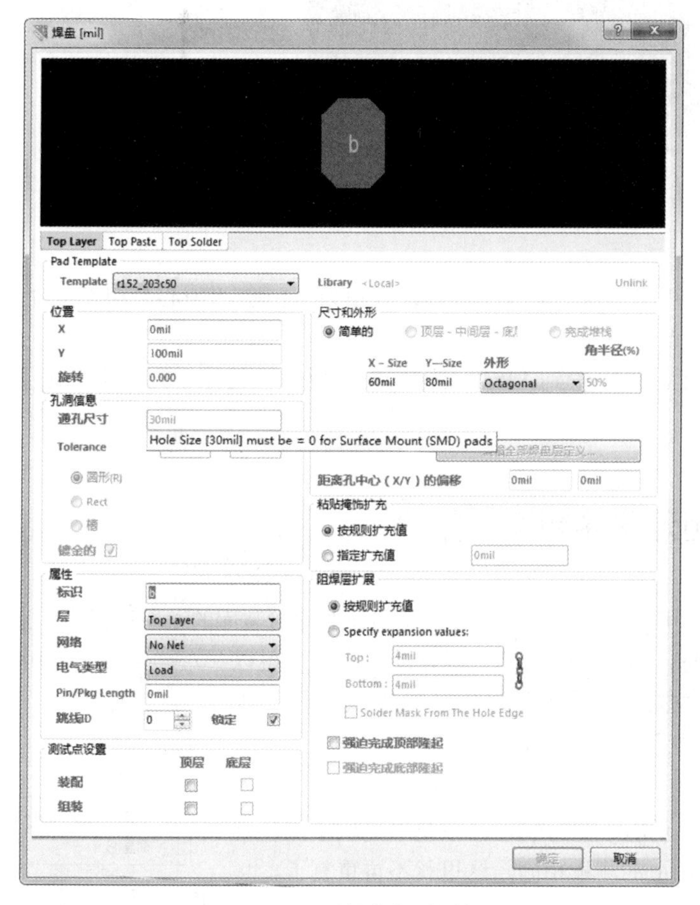

图 12-58　“焊盘”对话框

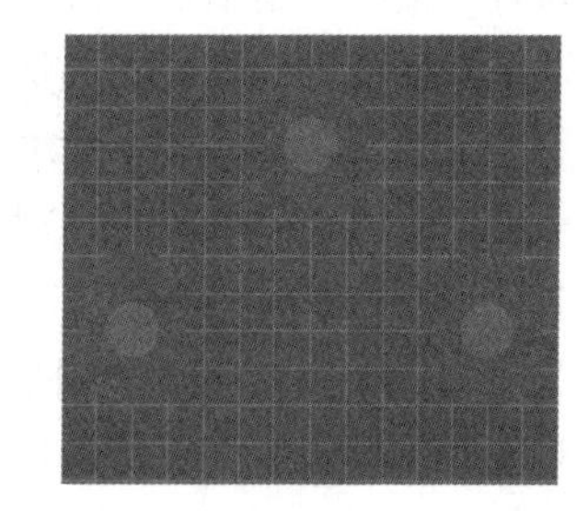

图 12-59　放置的 3 个焊盘

放置焊盘完毕后，需要绘制元器件的轮廓线。所谓元器件轮廓线，就是该元器件封装在电路板上占据的空间大小，轮廓线的形状和大小取决于实际元器件的形状和大小，通常需要测量实际元器件。

7. 绘制一段直线

单击工作区窗口下方的“Top Overlay（顶端覆盖层）”标签，将其设置为活动层。执行“放置”→“走线”菜单命令，光标变为十字形状，单击鼠标左键确定直线的起点，移动光标就可以拉出一条直线，在合适位置单击鼠标左键确定直线终点。单击鼠标右键或按 Esc 键结束绘制直线，结果如图 12-60 所示。

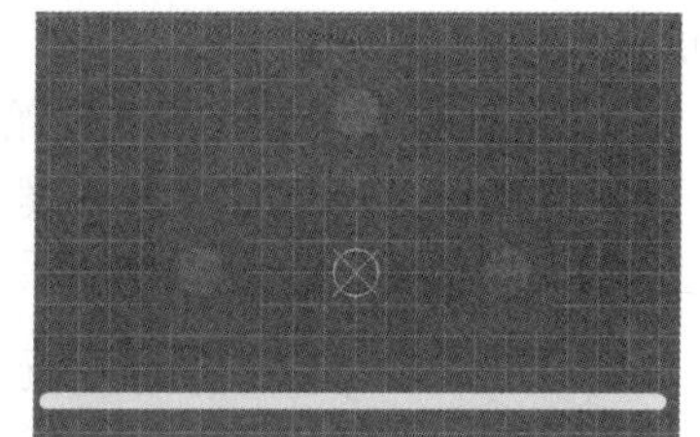

图 12-60　绘制一段直线

8. 绘制一条弧线

执行“放置”→“圆弧（中心）”菜单命令，光标变为十字形状，将光标移至坐标原点，单击鼠标左键确定弧线的圆心，然后将光标移至直线的任一个端点，单击鼠标左键确定圆弧的半径，再在直线两个端点两次单击鼠标左键确定该弧线，结果如图 12-61 所示。单击鼠标右键或按 Esc 键结束绘制弧线。

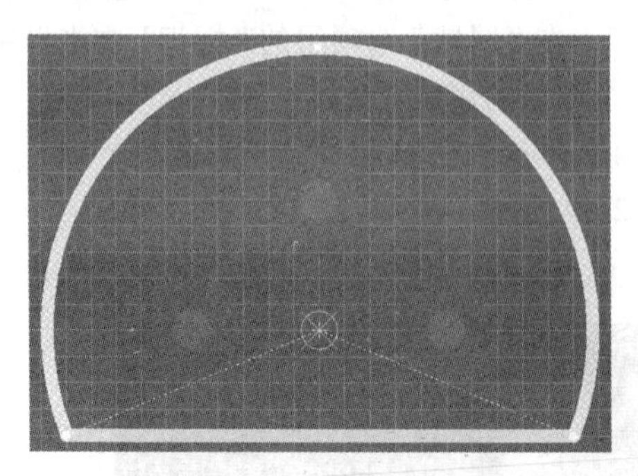

图 12-61　绘制弧线

9. 设置元器件参考点

在“编辑”菜单的“设置参考”子菜单中有 3 个选项，分别为“1 脚”“中心”和“定位”，用户可以自己选择合适的元器件参考点。

至此，手工封装制作就完成了，可以看到“PCB Library”面板的“元件”列表中多出了一个 New-NPN 的元器件封装。

12.3 元器件封装检错和元器件封装库报表

执行“报告”菜单中的命令，可以生成元器件封装信息和元器件封装库的一系列报表，通过报表可以了解某个元器件封装的信息，对元器件封装进行自动检查，也可以了解整个元器件库的信息。此外，为了检查绘制好的封装是否正确，“报告”菜单还提供了测量功能。“报告”菜单如图 12-62 所示。

器件(C)
库列表(L)
库报告(T)...
元件规则检查(R)...
测量距离(M)　Ctrl+M
测量(P)

图 12-62　“报告”菜单

1. 元器件封装的测量

为了检查元器件封装绘制是否正确，在封装设计系统中提供了测量功能。对元器件封装的测量和在 PCB 上的测量相同，这里就不再重复了。

2. 元器件封装信息报表

在“PCB Library”面板的“元件”列表中选中一个元器件后，执行“报告”→“器件”菜单命令，系统将自动生成该元器件的封装信息报表，工作窗口中将自动打开生成的报表，以便用户马上查看报表，如图 12-63 所示。

在元器件封装信息报表中给出了元器件名称、所在的元器件库、创建日期和时间，并给出了元器件封装中各个组成部分的详细信息。

3. 元器件规则检查报表

Altium Designer 17 提供了元器件规则检查的功能。执行“报告”→“元件规则检查”菜单命令，系统将弹出如图 12-64 所示的“元件规则检查”对话框，在该对话框中可以设置元器件检测的规则。

各项规则的意义如下。

（1）“副本”选项组。

- “焊盘”复选框：用于检查元器件封装中是否有重名的焊盘。

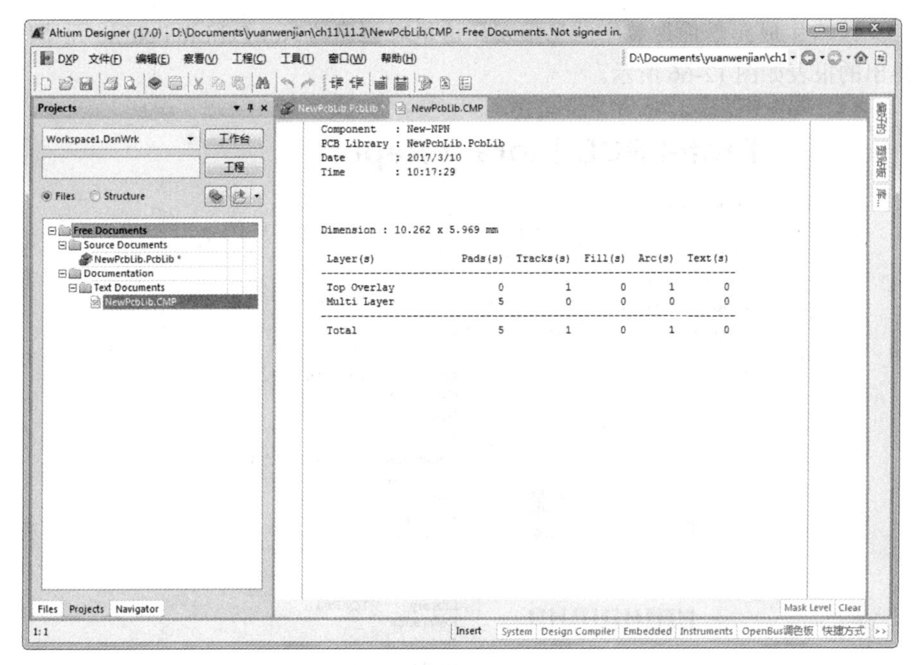

图 12-63　元器件封装信息报表

- “原始的”复选框：用于检查元器件封装中是否有重名的边框。
- “封装”复选框：用于检查元器件封装库中是否有重名的封装。

（2）“约束”选项组。

- “丢失焊盘名”复选框：用于检查元器件封装中是否缺少焊盘名称。
- “镜像的元件”复选框：用于检查元器件封装库中是否有镜像的元器件封装。
- “元件参考点偏移量”复选框：用于检查元器件封装中元器件参考点是否偏离元器件实体。
- “短接铜”复选框：用于检查元器件封装中是否存在导线短路。
- “非相连铜”复选框：用于检查元器件封装中是否存在未连接铜箔。
- “检查所有元件”复选框：用于确定是否检查元器件封装库中的所有封装。

保持默认设置，单击 确定 按钮，将自动生成如图 12-65 所示的元器件规则检查报表。可见，绘制的所有元器件封装没有错误。

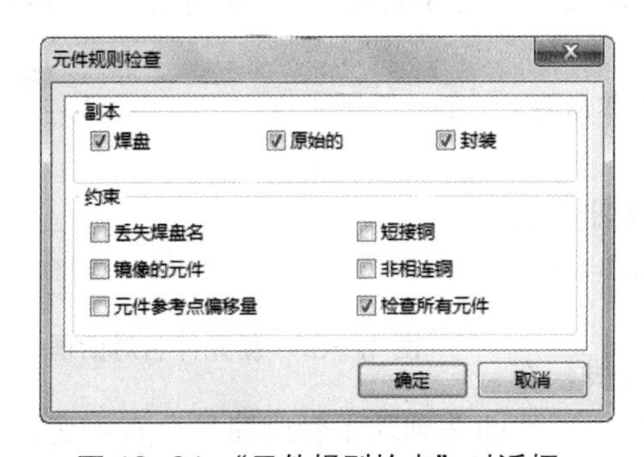

图 12-64　“元件规则检查”对话框

```
Altium Designer System: Library Component Rule Check
PCB File : NewPcbLib
Date     : 2014-5-19
Time     : 9:37:52


Name              Warnings
--------------------------------------------------------------------
```

图 12-65　元器件规则检查报表

4. 元器件封装库信息报表

执行“报告”→“库报告”菜单命令，弹出“库报告设置”对话框，采用默认设置，单击“确定”按钮，系统将生成元器件封装库信息报表。这里对创建的 NewPcbLib.PcbLib 元器件封装库进行分析，得出的报表如图 12-66 所示。

Protel PCB Library Report

Library File Name	D:\Backup\我的文档\yuanwenjian\ch11\example\New_IntLib\NewPcbLib.PcbLib
Library File Date/Time	2009 年 4 月 19 日星期日 14:21:24
Library File Size	39936
Number of Components	2
Component List	New-NPN, TQFP64

Library Reference	New-NPN
Description	
Height	0mil
Dimension	440.813mil x 305.407mil
Number of Pads	3
Number of Primitives	5

Library Reference	TQFP64
Description	
Height	0mil
Dimension	480.44mil x 480.44mil
Number of Pads	64
Number of Primitives	69

图 12-66　元器件封装库信息报表

在该报表中，列出了封装库所有的封装信息。

12.4 创建含有多个部件的原理图元器件

要创建一个新的包含 4 个部件的元件，两输入与门，命名为 74F08SJX。也要利用一个 IEEE 标准符号为例子创建一个可替换的外观模式。

（1）在原理图库编辑器中执行“工具”→“新器件”命令。新元件名对话框弹出。如图 12-67 所示。

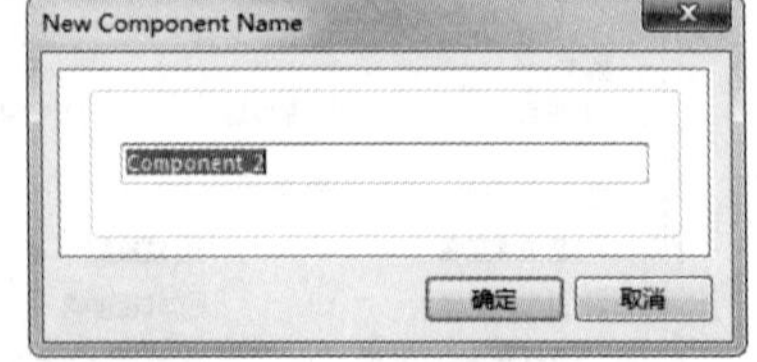

图 12-67　新元件名对话框

（2）输入新元件的名字，例如：74F08SJX，单击“确定”按钮。新的元件名字出现在原理图库面板的元件列表中同时一个新的元件图纸打开，一条十字线穿过图纸原点。

（3）现在创建元件的第 1 个部件，包括它自己的管脚，在后面会逐条详细叙述。在本例中第 1 个部件将会作为其他部件的基础除了管脚编号会有所变化。

12.4.1 创建元件外形

此元件的外形由多条线段和一个圆弧构成。确定元件图纸的原点在工作区的中心。同时也确定栅格可视。

1. 画线

（1）执行“放置”→“线”命令或单击“放置线”工具条按钮“╱”。光标变为十字状，进入多重布线模式。

（2）按 Tab 键设置线属性。在线型对话框中设置线宽为“Small”，如图 12-68 所示。

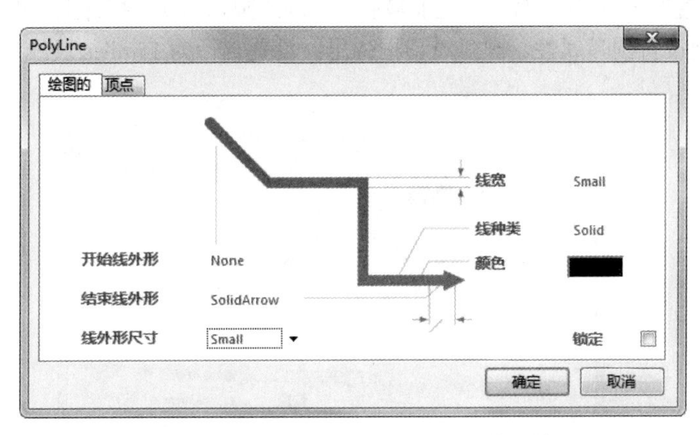

图 12-68　按下 <Tab > 键设置线属性

（3）在起点坐标（25，-5）处单击鼠标左键或按 Enter 键。检查设计浏览器左下角的 x，y 轴联合坐标状态条。移动鼠标单击鼠标左键定义线段顶点（0，−5；0，−35；25，−35），如图 12-69 所示。

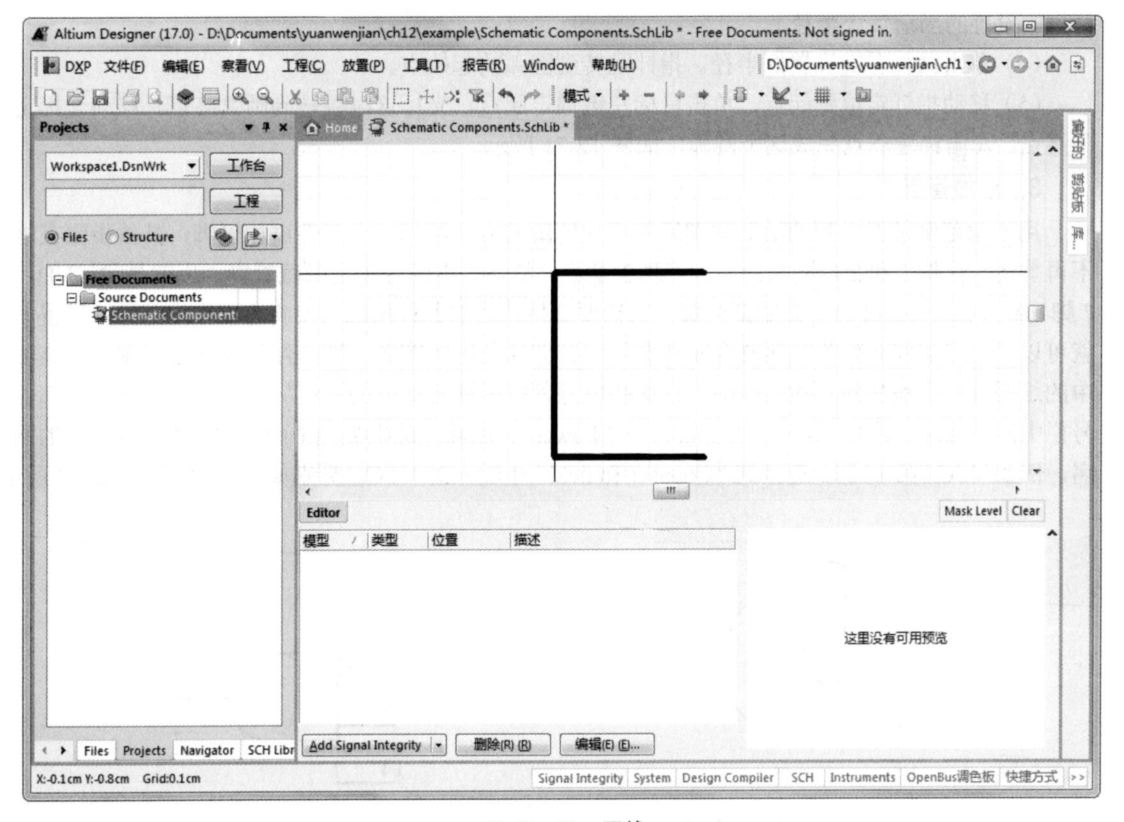

图 12-69　画线

（4）完成画线后，单击鼠标右键或按 Esc 按钮。再次单击鼠标右键或按 Esc 按钮退出走线模式。存储元件。

2. 画一个圆弧

画一个圆弧有 4 个步骤，设置圆弧的中心，半径，起点和终点。可以用按 Enter 键来代替鼠标左击完成圆弧。

（1）执行“放置”→“圆弧”命令。之前最后一次画的圆弧出现在指针上，现在处于圆弧摆放模式。

（2）按 Tab 键设置圆弧属性。圆弧对话框弹出。设置半径为 15miles 及线宽为 Small，如图 12-70 所示。

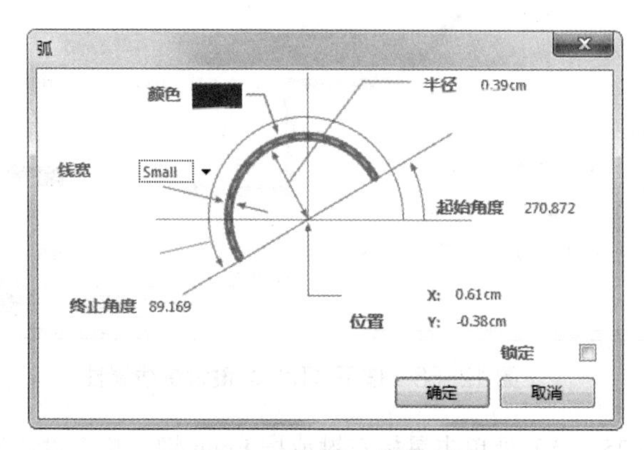

图 12-70 “弧”对话框弹出

（3）移动光标定位到圆弧的圆心（25，-20），单击鼠标左键。光标跳转到先前已经在圆弧对话框中设置的当前默认半径上。

（4）单击鼠标左键设置好半径。指针跳转到圆弧的起始点。

（5）移动指针定位到起点，单击鼠标左键锚定起点。光标这时跳转到圆弧终点。移动光标定位到终点，左击锚定终点完成这个圆弧，如图 12-71 所示。

3. 添加管脚

用本章范例前面讲到的给原理图元件添加管脚的方法给第 1 个部件添加管脚，具体步骤在这里不再赘述。管脚 1 和 2 是输入特性，管脚 3 是输出特性。电源管脚是隐藏管脚，也就是说 GND（第 7 脚）和 VCC（第 14 脚）是隐藏管脚。它们要支持所有的部件所以只要将它们作为部件 0 设置一次就可以了。将部件 0 简单的摆放为元件中的所有部件公用的管脚，当元件放置到原理图中时该部件中的这类管脚会被加到其他部件中。在这些电源管脚属性对话框的属性标签下，确定他们在部件编号栏中被设置为部件 0，其电气类型设置为“Power”，隐藏复选框被选中而且管脚连接到正确的网络名，例如 VCC（第 14 脚）连接到“Connect To field”中输入的 VCC。分别如图 12-72 和图 12-73 所示。

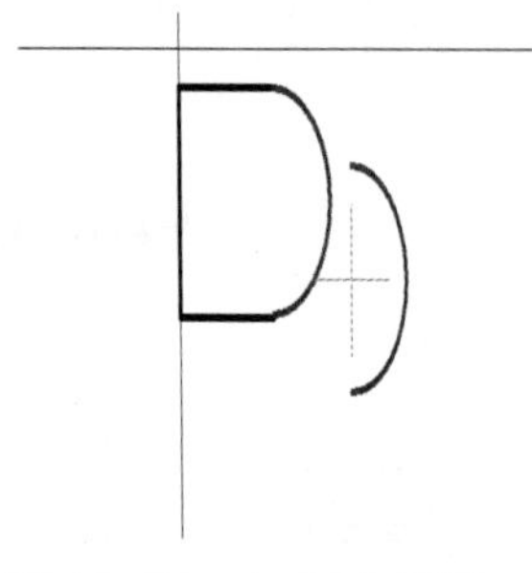

图 12-71 完成圆弧操作

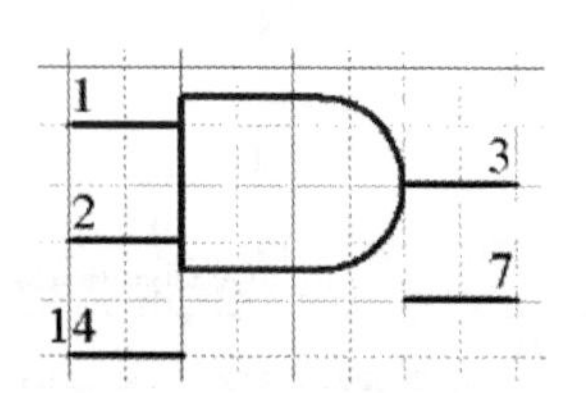

图 12-72 元件管脚标识

图 12-73　隐藏元件管脚

单击鼠标右键或按 Esc 键，退出圆弧摆放模式。

12.4.2　创建一个新的部件

（1）执行“编辑”→“选中”→“全部”命令，将元件全部选中。

（2）执行编辑复制命令。光标会变成十字状。单击原点或元件的左上角确定复制的参考点（当你粘贴时光标会抓住这个点）复制选中对象到粘贴板上。

（3）执行“工具”→“新部件”命令。一个新的空白元件图纸被打开。如果点开原理图库面板中元件列表里元件名字旁边的“+”号可以看到，原理图库面板中的部件计数器会更新元件使其拥有 Part A 和 Part B 两个部件。

（4）执行编辑粘贴命令。指针上出现一个元件部件外形以参考点为参考附在指针上。移动被复制的部件直到它定位到和源部件相同的位置。单击鼠标左键粘贴这个部件，如图 12-74 所示。

（5）双击新部件的每一个管脚，在管脚属性对话框中修改管脚名字和编号以更新新部件的管脚信息。

（6）重复上面 3 ～ 5 创建剩下的两个部件，存储库，如图 12-75 所示。完成操作后的库文件如图 12-76 所示。

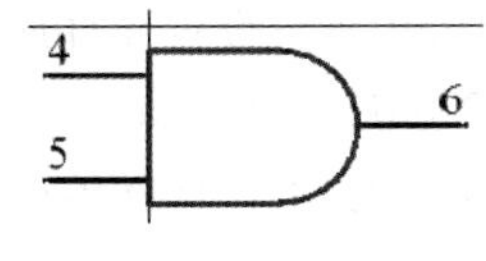

图 12-74　Part B 元件符

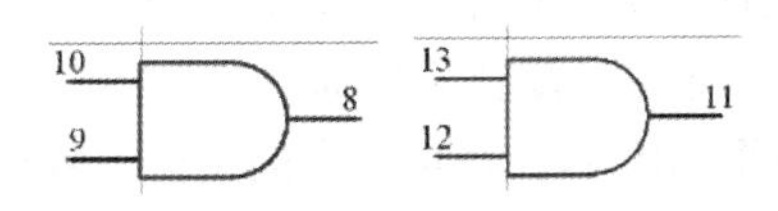

图 12-75　剩余的两个部件符号

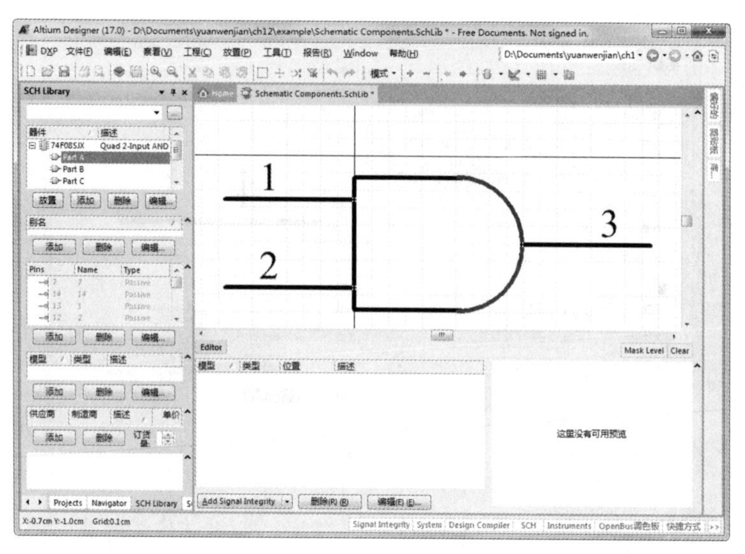

图 12-76　库文件

12.4.3　创建部件的另一个可视模型

可以同时对一个部件加入 255 种可视模型。这些可视模型可以包含任何不同的元件图形表达方式，如 DeMorgan 或 IEEE 符号。IEEE 符号库在原理图库 IEEE 工具条中。

如果添加了任何同时存在的可视模型，这些模型可以通过选择原理图库编辑器中的“Mode”按钮中的下拉框里选择另外的外形选项来显示。当已经将这个器件放置在原理图中时，通过元件属性对话框中图形栏的下拉框选择元件的可视模型。

当被编辑元件部件出现在原理图库编辑器的设计窗口时，按下面步骤可以添加新的原理图部件可视模型：

（1）执行“工具”→“模式”→“添加”命令，一个用于画新模型的空白图纸弹出。

（2）为已经建好的且存储的库放置一个可行的 IEEE 符号，如图 12-77 所示。

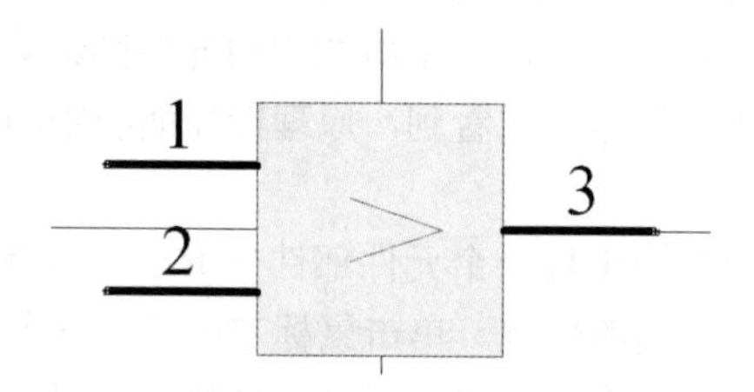

图 12-77　元件的 IEEE 符号的视图

12.4.4　设置元件的属性

（1）在原理图库面板中元件列表里选中这个元件然后点击 Edit 按钮设置元件属性。在元件属性对话框中填入定义的默认元件标识符如？，元件描述如 Quad 2-Input AND Gate，然后在模型列表中添加封装模型 DIP-14。在接下来的指南中我们将用 PCB 元件向导建立一个 DIP-14 的封装，如图 12-78 和图 12-79 所示。

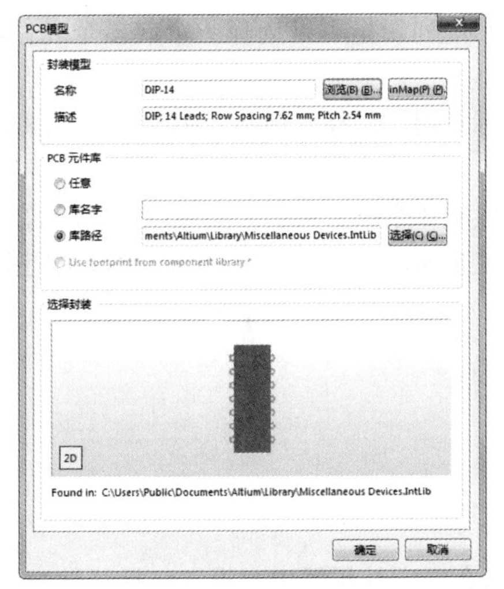

图 12-78　添加 DIP14 封装

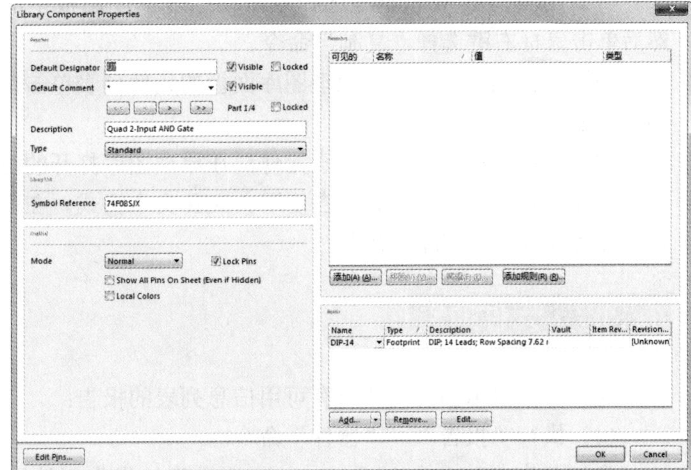

图 12-79　设置元件属性

（2）存储这个元件到库中。

12.4.5　从其他库中添加元件

另外还可以将其他打开的原理图库中的元件加入到自己的原理图库中，然后编辑其属性。如果元件是一个集成库的一部分，需要打开这个 .IntLib，然后选择 yes 提出源库，然后从项目面板中打开产生的库。

（1）在原理图库面板中的元件列表里选择需要复制的元件，它将显示在设计窗口中。

（2）执行“工具”→“拷贝器件”命令将元件从当前库复制到另外一个打开的库文件中。目标库对话框弹出并列出所有当前打开的库文件，如图 12-80 所示。

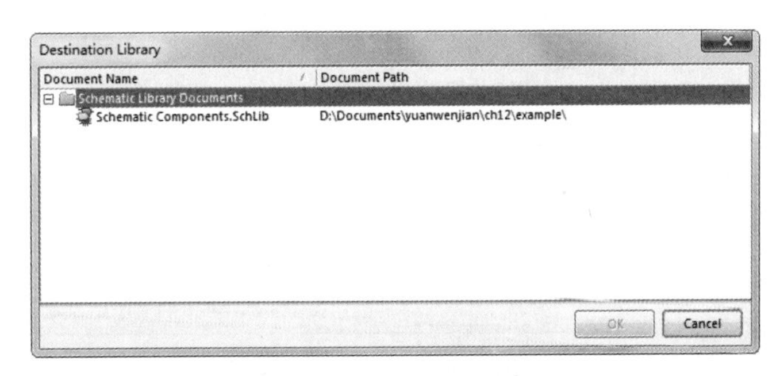

图 12-80　将元件从一个库复制到另一个库

（3）选择需要复制文件的目标库。单击“OK（确定）”，一个元件的复制将放置到目标库中，可以在这里进行编辑。

12.4.6　复制多个元件

使用原理图库面板你可以复制一个或多个库元件在一个库里或者复制到其他打开的原理图库中。

（1）用典型的 Windows 选择方法在原理图库面板中的元件列表里可以选择一个或多个元件。然后单击鼠标右键选择“复制”命令。

（2）切换到目标库，在原理图库面板的元件列表单击鼠标右键，选择“粘贴”命令将元件添加到列表中。

（3）使用原理图库报告检查元件。在原理图库打开的时候有 3 个报告可以产生用以检查新的元件是否被正确建立。所有的报告使用 ASCII 文本格式。在产生报告时确信库文件已经存储。关闭报告文件返回到原理图库编辑器。

12.4.7　元件报告

建立一个显示当前元件所有可用信息列表的报告：

（1）执行“报告”→“器件”命令。

（2）名为“Schematic Components.cmp”的报告文件显示在文本编辑器中，报告包括元件中的部件编号以及部件相关管脚的详细信息，如图 12-81 所示。

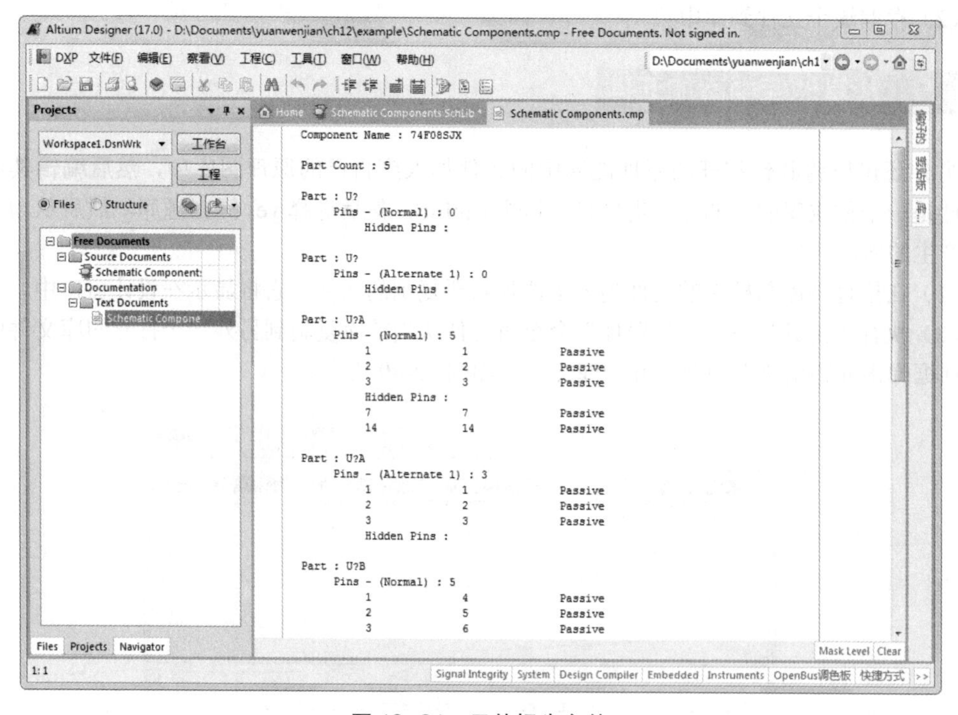

图 12-81　元件报告文件

12.4.8　库报告

建立一个显示库中器件及器件描述的报告步骤：

（1）执行“报告”→“库报告”命令，出现如图 12-82 所示对话框。

（2）名为 Schematic Components.doc 的报告显示在文本编辑器中，如图 12-83 所示。

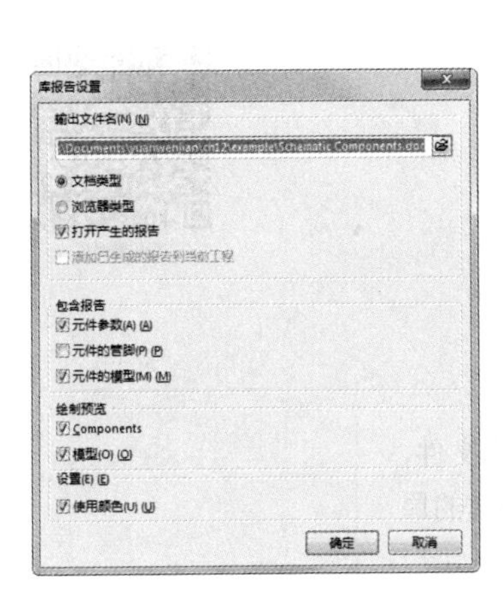

图 12-82　库报告设置对话框

图 12-83　报告文件

12.4.9　元件规则检查器

元件规则检查器检查测试如重复的管脚及缺少的管脚。

（1）执行菜单命令"报告"\"器件规则检查"命令。弹出库元件规则检查对话框，如图 12-84 所示。

（2）设置需要检查的属性特征，单击"确定"按钮。名为 libraryname.err 的文件显示在文本编辑器，显示出任何与规则检查冲突的元件，如图 12-85 所示。

图 12-84　库元件规则检查对话框

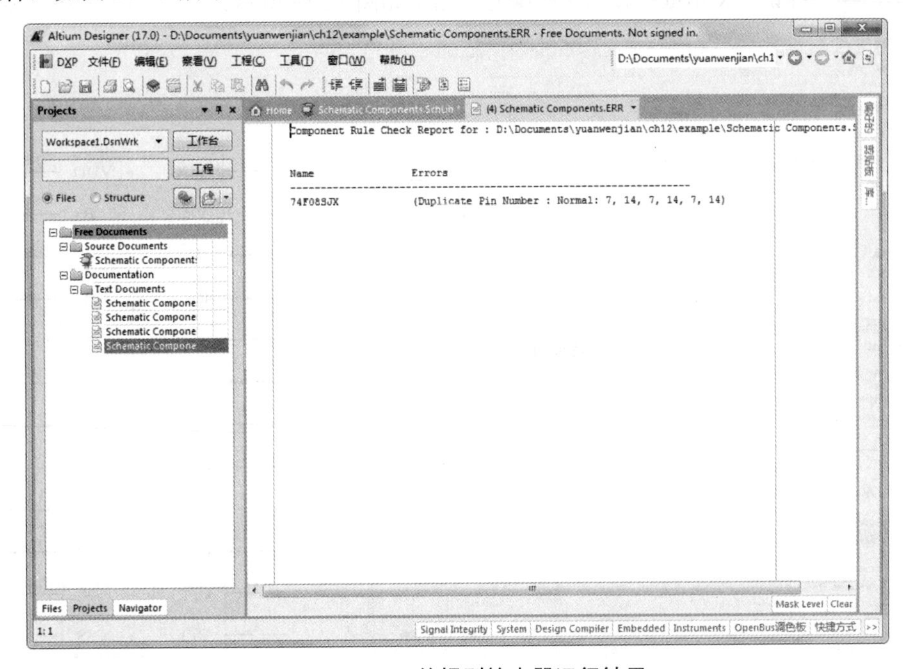

图 12-85　元件规则检查器运行结果

（3）根据建议对库作必要的修改，再执行该报告。

12.5 综合实例——芯片的绘制及检查报表

【绘制步骤】

扫码看视频

12.5.1 绘制芯片 CC14488

1．新建元器件

执行“文件”→“新建”→“库”→“原理图库”命令，新建原理图库文件，名称为“Schlib1.SchLib”。选择“文件”→“保存为”菜单命令，将新建的原理图库文件保存为“My Chip.SchLib”。

系统在“SCH Library”面板的“器件”栏中已自动新建了一个名为Component_1 的元器件。

2．绘制原理图符号

（1）执行“放置”→“矩形”菜单命令，或单击原理图符号绘制工具栏中的□（放置矩形）按钮，这时光标变成十字形状。在图纸上绘制一个矩形，如图 12-86 所示。

图 12-86　放置矩形

（2）执行“放置”→“引脚”菜单命令，或单击原理图符号绘制工具栏中的按钮（放置引脚），绘制 24 个引脚。双击所放置的引脚，打开“管脚属性”对话框，如图 12-87 所示。在该对话框中，修改“显示名字”文本框中的名称，在“标识”文本框中输入引脚编号，结果如图 12-88 所示。

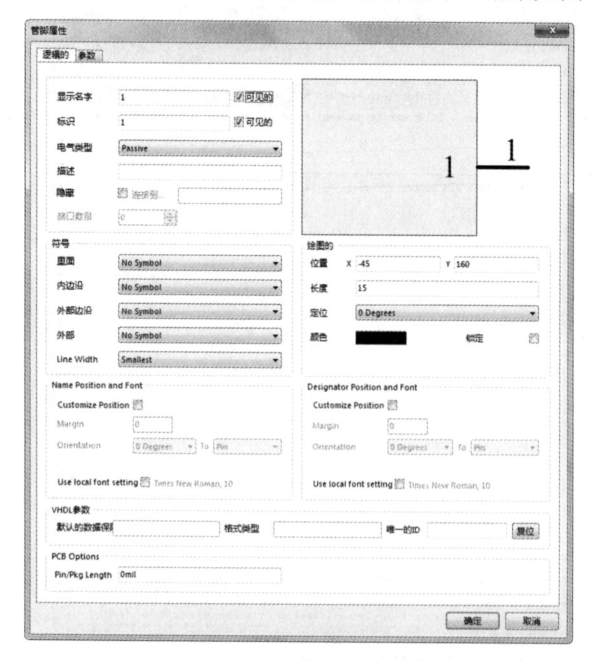

图 12-87　“管脚属性”对话框

引脚	名称	名称	引脚
1	VCG	VDD	24
2	VR	B3	23
3	VX	B2	22
4	R1	B1	21
5	RL/C1	B0	20
6	C1	DS1	19
7	CD1	DS2	18
8	CD2	DS3	17
9	DL1	DS4	16
10	CP1	DR	15
11	CP2	EDC	14
12	VEE	VSS	13

图 12-88　芯片绘制结果

3. 编辑元器件属性

执行“工具”→“器件属性”菜单命令，或单击“SCH Library（原理图库）”面板里“器件”栏下的编辑...按钮，打开“Library Component Properties（库元器件属性）”对话框。在“Default Designator（默认的标识符）”文本框中输入元器件标号“U？”，在“Default Comment（默认的注释）”文本框中输入“CC14488”，在“Symbol Reference（参考符号）”文本框中输入库元器件名称“CC14488”，如图 12-89 所示。单击 OK 按钮，完成元器件属性设置。

4. 添加封装

（1）单击“SCH Library”面板中“模型”栏下的“添加”按钮，弹出“添加新模型”对话框，在下拉列表中选择“Footprint”选项，如图 12-90 所示。

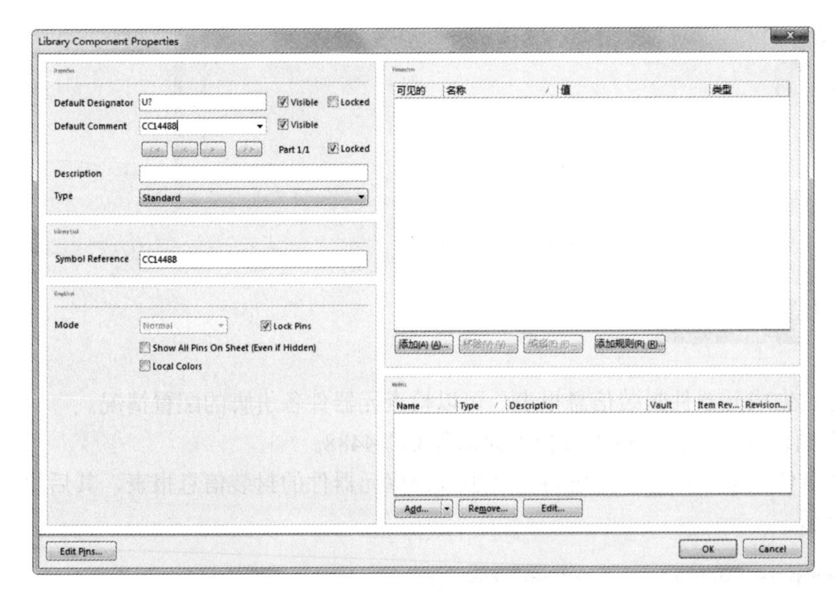

图 12-89　设置元器件属性

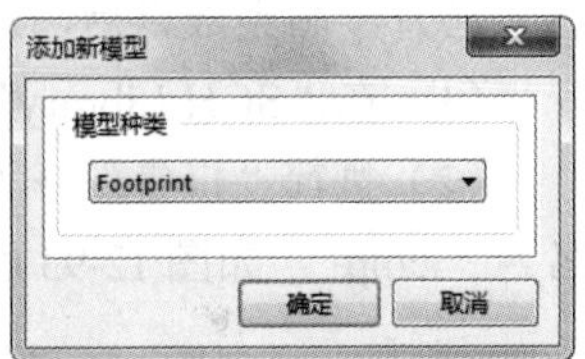

图 12-90　“添加新模型”对话框

（2）单击 确定 按钮，弹出“PCB 模型”对话框。单击浏览(B) (B)...按钮，弹出“浏览库”对话框。单击发现...按钮，弹出“搜索库”对话框，在“值”文本框中输入“DIP24”，单击查找...(S)按钮，在“浏览库”对话框显示要加载的模型。完成搜索后，选中要加载的对象，单击“确定”按钮，弹出确认信息对话框，单击“是”按钮，加载封装所在的元器件库，同时在“PCB 模型”对话框中显示完成封装添加的结果，如图 12-91 所示。

（3）单击 确定 按钮，芯片 CC14488 就创建完成了，如图 12-92 所示。

5. 保存原理图库文件

执行菜单栏中的“文件”→“保存”命令，或单击“原理图库标准”工具栏中的（保存）按钮，保存原理图库文件。

图 12-91　“PCB 模型”对话框

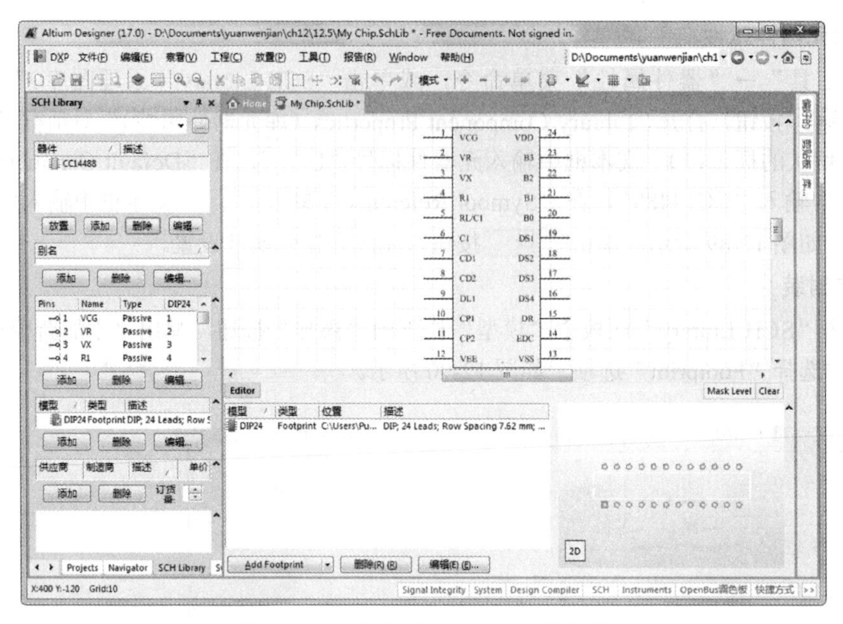

图 12-92　芯片 CC14488 绘制完成

12.5.2　生成元器件封装信息报表

芯片绘制完成以后，通过生成元器件封装信息报表，可以检查元器件各引脚的配置情况。

（1）在“SCH Library”面板的“器件”栏中选择库元器件 CC14488。

（2）执行“报告”→“器件”菜单命令，系统将自动生成该库元器件的封装信息报表，其后缀名为“.cmp”，如图 12-93 所示。

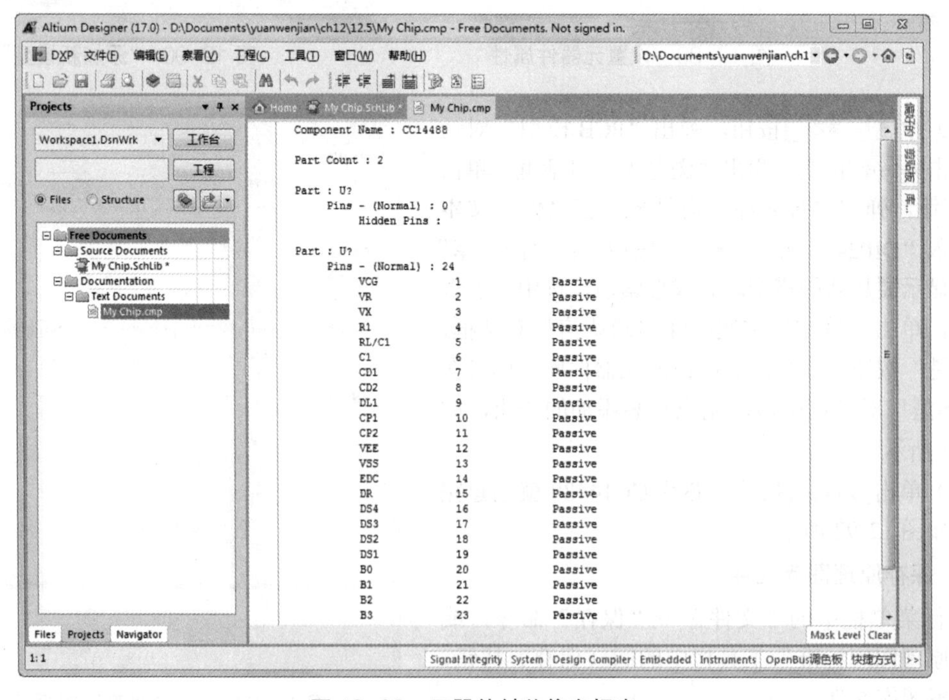

图 12-93　元器件封装信息报表

12.5.3　生成元器件库报表

芯片绘制完成以后，除了检查元器件各引脚的配置情况，还可以查看当前元器件库中的所有元器件及其属性。

（1）在“Projects（工程）”面板上选中原理图库文件。

（2）执行“报告”→“库列表”菜单命令，系统将自动生成该元器件库的报表，分别以“.csv”和“.rep”为后缀名，如图 12-94、图 12-95 所示。

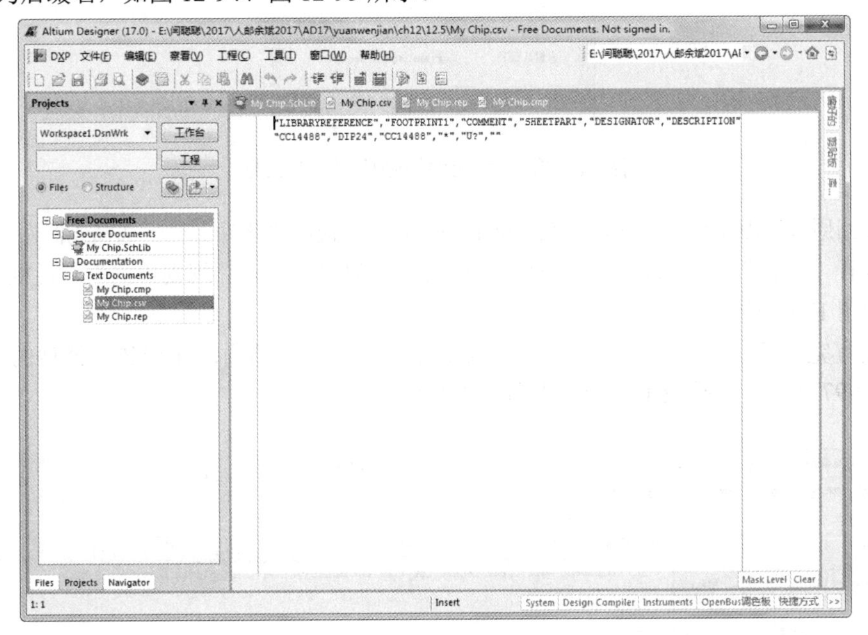

图 12-94　元器件库报表“. csv”文件

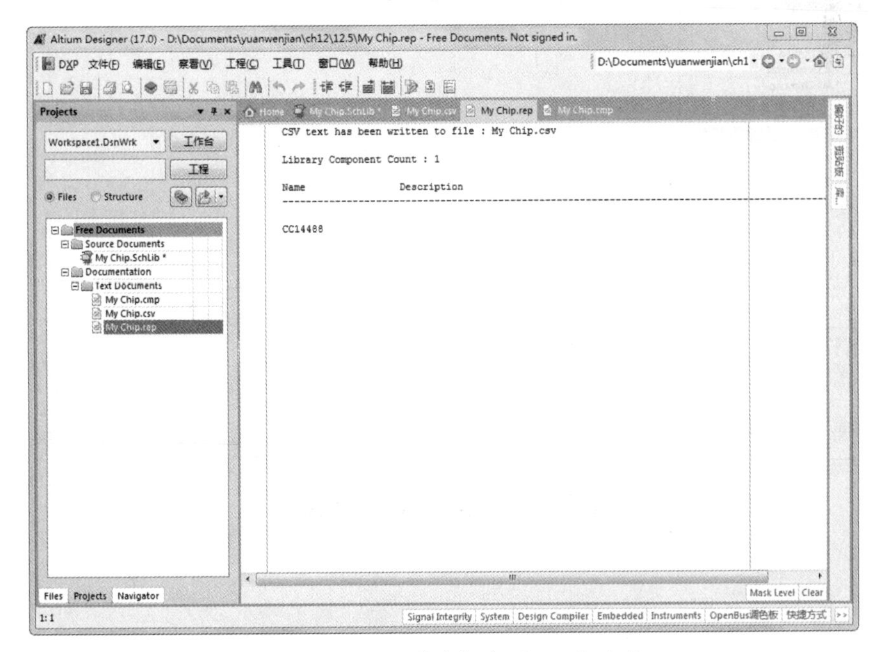

图 12-95　元器件库报表“. rep”文件

12.5.4 生成元器件规则检查报表

对原理图的检查只是罗列元器件信息是不够的，还需要检查元器件库中的元器件规则是否有错。

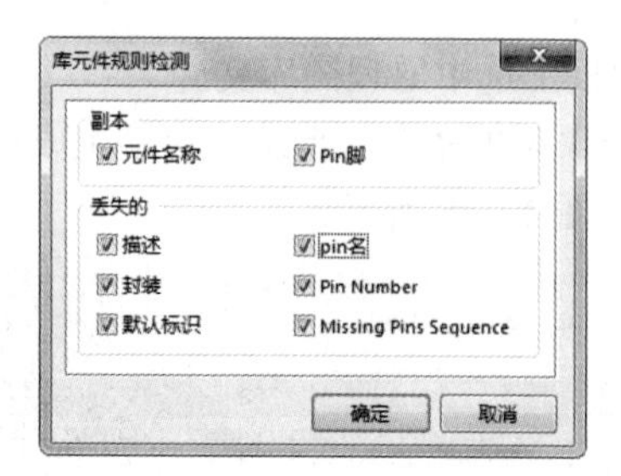

图 12-96 “库元件规则检测”对话框

（1）返回原理图库文件编辑环境，在“SCH Library”面板的“器件”栏下选择元器件 CC14488。

（2）执行“报告”→“器件规则检查”菜单命令，弹出“库元件规则检测”对话框，勾选所有复选框，如图 12-96 所示。

（3）设置完成后，单击 确定 按钮，关闭该对话框，系统将自动生成该元器件的规则检查报表，如图 12-97 所示。该报表是一个后缀名为“.ERR”的文本文件。

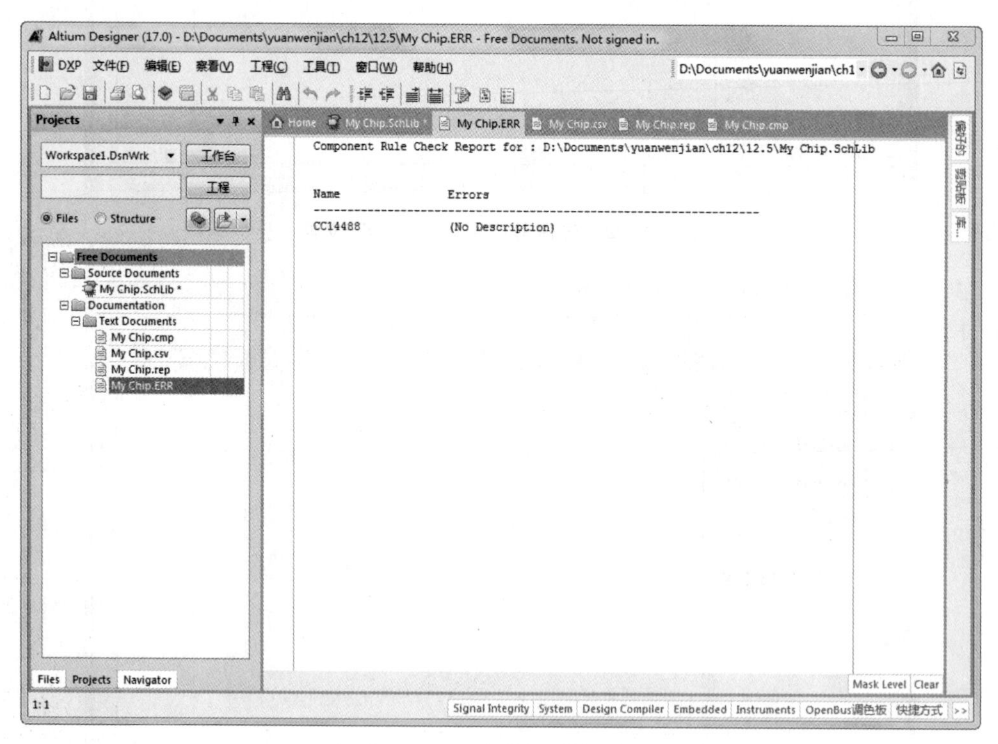

图 12-97 元器件规则检查报表

13 Chapter

第 13 章 可编程逻辑器件设计

当今时代是一个数字化的时代，各种数字新产品层出不穷，广泛应用到我们的日常生活当中。与此同时，作为数字产品基础的数字集成电路本身也在日新月异地发展和更新，由早期的电子管、晶体管、各种规模的集成电路发展到今天的超大规模集成电路和具有特定功能的专用集成电路。

目前的数字系统设计可以直接面向用户需求，根据系统的行为和功能要求，自上而下地逐层完成相应的描述、综合、优化、仿真和验证，直到生成器件。上述设计过程除了系统行为和功能描述以外，其余所有设计过程几乎都可以用计算机自动完成。大规模可编程逻辑器件（PLD）、EDA 工具软件及系统编程设计方法为数字系统的设计提供了非常灵活的工具和手段，大规模可编程逻辑器件和 EDA 工具的快速发展是 EDA 技术发展的基础。

Altium Designer 17 支持基于 FPGA 和 CPLD 符号库的原理图设计、VHDL 语言及 CUPL 语言设计，它用集成的 PLD 编译器编译设计结果，同时支持仿真。

13.1 可编程逻辑器件及其设计工具

传统的数字系统设计中采用 TTL、CMOS 电路和专用数字集成电路设计，器件功能是固定的，用户只能根据系统设计的要求选择器件，而不能定义或修改其逻辑功能。在现代的数字系统设计中，基于芯片的设计方法正在成为电子系统设计方法的主流。在可编程逻辑器件设计中，设计人员可以根据系统要求定义芯片的逻辑功能，将功能程序模块放到芯片中，使用单片或多片大规模可编程器件即可实现复杂的系统功能。

可编程逻辑器件（Programmable Logic Device,PLD）其实就是一系列的与门、或门，再加上一些触发器、三态门、时钟电路。它有多种系列，最早的可编程逻辑器件有 GAL、PAL 等，它们都是简单的可编程逻辑器件，而现在的 FPGA、CPLD 都属于复杂的可编程逻辑器件，可以在一个芯片上实现一个复杂的数字系统。

Altium Designer 17 把可编程逻辑器件内部的数字电路的设计集成到软件里来，提高了电子电路设计的集成度。在 Altium Designer 17 中集成了 FPGA 设计系统，它就是可编程逻辑器件的设计软件。采用 Altium Designer 17 的 FPGA 设计系统，可以对世界上大多数可编程逻辑器件进行设计，最后形成 EDIF-FPGA 网络表文件，把这个文件输入该系列可编程逻辑器件厂商提供的录制软件中，就可以直接对该系列可编程逻辑器件进行编程。

13.2 PLD 设计概述

PLD 是一种由用户根据需要而自行构造逻辑功能的数字集成电路，目前主要有两大类型：CPLD（Complex Programmable Logic Device）和 FPGA（Field Programmable Gate Array）。它们的基本设计方法是借助于 EDA 软件，用原理图、状态机、布尔表达式、硬件描述语言等方法生成相应的目标文件，最后用编程器或下载电缆将设计文件配置到目标文件中，这时 PLD 就可作为满足用户要求的专用集成电路使用了。

PLD 是一种可以完全替代 74 系列芯片及 GAL、PAL 的新型电路，只要有数字电路基础，会使用计算机，就可以进行 PLD 的开发。PLD 的在线编程能力和强大的开发软件，使工程师在几天，甚至几分钟内就可完成以往几周才能完成的工作，并可将数百万门的复杂设计集成在一个芯片内。PLD 技术在发达国家已成为电子工程师必备的技术。

PLD 设计可分为如下几个步骤。

1. 明确设计构思

必须总体了解所需要的设计，设计可用的布尔表达式、状态机和真值表，以及最适合的语法类型。总体设计的目的是简化结构、降低成本、提高性能，因此在进行系统设计时，要根据实际电路的要求，确定用 PLD 器件实现的逻辑功能部分。

2. 创建源文件

创建源文件有如下两种方法。

（1）利用原理图输入法创建源文件。在完成原理图输入法设计以后，需要编译，在系统内部仍然要转换为相应的硬件描述语言。

（2）利用硬件描述语言创建源文件。硬件描述语言有 VHDL、Verilog HDL 等，Altium Designer 17 支持 VHDL 和 CUPL，在程序设计后进行编译。

3. 选择目标器件并定义引脚

选择能够加载设计程序的目标器件，检查器件定义和未定义的输出引脚是否满足设计要求。然后定义器件的输入 / 输出引脚，参考生产厂家的技术说明，并确认正确定义。

4. 编译源文件

经过一系列设置，包括定义所需下载逻辑器件和仿真的文件格式后，需要再次对源文件进行编译。

5. 硬件编程

完成逻辑设计后，必须把设计的逻辑功能编译为器件的配置数据，然后通过编程器或者下载电缆完成对器件的编程和配置。器件经过编程之后，就能完成设计的逻辑功能。

6. 硬件测试

对编程的器件进行逻辑验证工作，这一步是保证器件的逻辑功能正确性的最后一道保障，经过逻辑验证的功能就可以进行加密来保证设计的正确性。

13.3 综合实例——VHDL 应用设计

所谓硬件描述语言（Hardware Description Language,HDL），就是可以描述硬件电路的功能、信号连接关系及时序关系的语言，现已广泛应用于各种数字电路系统，包括 FPGA 和 CPLD 的设计。常用的硬件描述语言有 VHDL、Verilog HDL、AHDL 等。其中，AHDL 是 Altera 公司自己开发的硬件描述语言，其最大特点是容易与本公司的产品兼容。而 VHDL 和 Verilog HDL 的应用范围更为广泛，设计者可以使用它们完成各种级别的逻辑设计，也可以进行数字逻辑系统的仿真验证、时序分析和逻辑综合等。

在 Altium Designer 17 系统中，提供了完善的使用 VHDL 语言进行可编程逻辑电路设计的环境。首先从系统级的功能设计开始，使用 VHDL 语言对系统的高层次模块进行行为描述，之后通过功能仿真完成对系统功能的具体验证，再将高层次设计自顶向下逐级细化，直到完成与所用的可编程逻辑器件相对应的逻辑描述。

扫码看视频

13.3.1 VHDL 中的描述语句

在 VHDL 中，将一个能够完成特定独立功能的设计称为设计实体（Design Entity）。一个基本的 VHDL 设计实体的结构模型如图 13-1 所示。一个有意义的设计实体中至少包含库（或程序包）、实体和结构体 3 个部分。

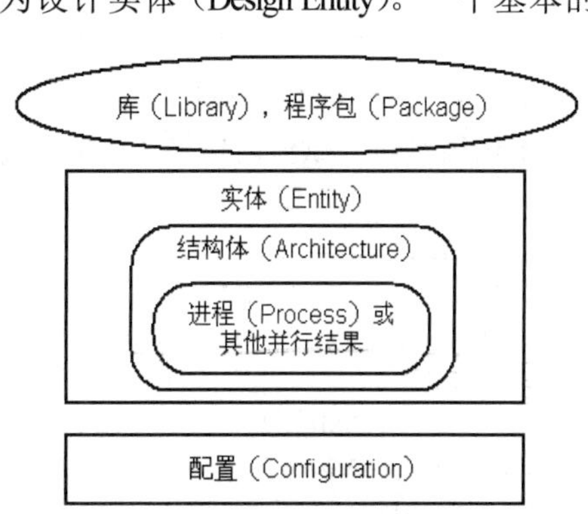

图 13-1　VHDL 设计实体的结构模型

在描述电路功能的时候，仅有对象和运算操作符是不够的，还需要描述语句。对结构体的描述语句可以分成并行描述语句（Concurrent Statements）和顺序描述语句（Sequential Statements）两种类型。

并行描述语句是指能够作为单独的语句直接出现在结构体中的描述语句，结构体中的所有语句都是并行执行的，与语句的前后次序无关。这是因为 VHDL 所描述的实际系统在工作时，许多操作都是并行执行的。顺序描述语句可以描述一些具有一定步骤或者按顺序执行的操作和行为。顺序描述语句的实现在硬件上依赖于具有次序性的结构，如状态机或者具有操作优先权的复杂组合逻辑。顺序描述语句只能出现在进程（Process）或者子程序（Sub Programs）中。通常过程（Procedure）和函数（Function）统称为子程序。

1. 并行描述语句

常用的并行描述语句有以下几种。

- 进程（Process）语句。
- 简单信号赋值（Simple Signal Assignment）语句。
- 条件信号赋值（Conditional Signal Assignment）语句。
- 选择信号赋值（Selected Signal Assignment）语句。
- 过程调用（Procedure Calls）语句。
- 生成（Generate）语句。
- 元器件实例化（Component Instantiation）语句。

（1）进程语句是最常用的并行语句。在一个结构体中，可以出现多个进程语句，各个进程语句并行执行，进程语句内部可以包含顺序描述语句。

进程语句的语法格式如下。

```
[进程标号:] PROCESS [(灵敏度参数列表)]
[变量声明项]
BEGIN
顺序描述语句;
END PROCESS [进程标号:];
```

进程语句由多个部分构成。其中，“[ ]”内为可选部分；进程标号作为该进程的标识符号，便于区别其他进程；灵敏度参数列表（Sensitivity List）内为信号列表，该列表内信号的变化将触发进程执行（所有触发进程变化的信号都应包含到该表中）；变量声明项用来定义在该进程中需要用到的变量；顺序描述语句即一系列顺序执行的描述语句，具体语句将在下面的顺序描述语句中介绍。

为了启动进程，需要在进程结构中包含一个灵敏度参数列表，或者包含一个 WAIT 语句。要注意的是，灵敏度参数列表和 WAIT 语句是互斥的，只能出现一个。

（2）简单信号赋值语句是最常用的简单并行语句，它确定了数字系统中不同信号间的逻辑关系。简单信号赋值语句的语法格式如下。

```
赋值目标信号 <= 表达式;
```

其中，“<=”是信号赋值语句的标志符，它表示将表达式的值赋给目标信号。例如，下面这段程序采用简单信号赋值语句描述与非门电路。

```
ARCHITECTURE arch1 OF nand_circuit IS
SIGNAL   A, B: STD_LOGIC;
SIGNAL   Y1, Y2: STD_LOGIC;
BEGIN
Y1<=NOT(A AND B);
Y2<=NOT(A AND B);
END arch1;
```

（3）条件信号赋值语句即根据条件的不同，将不同的表达式赋值给目标信号。条件信号赋值语句与普通软件编程语言中的 If-Then-Else 语句类似。条件信号赋值语句的语法格式如下。

```
[ 语句标号 ] 赋值目标信号 <= 表达式 WHEN 赋值条件 ELSE
{ 表达式 WHEN 赋值条件 ELSE}
表达式;
```

当 WHEN 后的赋值条件表达式为“真”时，即将其前面的表达式赋给目标信号，否则继续判断下一个条件表达式。当所有赋值条件均不成立时，则将最后一个表达式赋值给目标信号。在使用条件信号赋值语句时要注意，赋值条件表达式要具备足够的覆盖范围，尽可能地包括所有可能的情况，避免因条件不全出现死锁。

例如，下面这段程序采用条件信号赋值语句描述多路选择器电路。

```
ENTITY my_mux IS
PORT (Sel:          IN STD_LOGIC_VECTOR (0 TO 1);
      A, B, C, D:    IN STD_LOGIC_VECTOR (0 TO 3);
Y:          OUT STD_LOGIC_VECTOR (0 TO 3));
END my_mux ;

ARCHITECTURE arch OF my_mux IS
BEGIN
Y<=A WHEN Sel="00"ELSE
    B WHEN Sel="01"ELSE
C WHEN Sel="10"ELSE
D WHEN OTHERS ;
END arch ;
```

（4）选择信号赋值语句是根据同一个选择表达式的不同取值，为目标信号赋予不同的表达式。选择信号赋值语句和条件信号赋值语句相似，所不同的是其赋值条件表达式之间没有先后关系，类似于 C 语言中的 Case 语句。在 VHDL 中也有顺序执行的 CASE 语句，功能与选择信号赋值语句类似。选择信号赋值语句的语法格式如下。

```
[ 语句标号 ] WITH 选择表达式 SELECT
赋值目标信号 <= 表达式 WHEN 选择式,
{ 表达式 WHEN 选择值, }
表达式 WHEN 选择值;
```

例如，下面这段程序采用选择信号赋值语句描述多路选择器电路。

```
ENTITY my_mux IS
PORT (Sel:          IN STD_LOGIC_VECTOR (0 TO 1);
      A, B, C, D:  IN STD_LOGIC_VECTOR (0 TO 3);
Y:        OUT STD_LOGIC_VECTOR (0 TO 3));
END my_mux ;

ARCHITECTURE arch OF my_mux IS
BEGIN
WITH Sel SELECT
```

```
Y<=A WHEN Sel="00",
    B WHEN Sel="01",
C WHEN Sel="10",
D WHEN OTHERS ;
END arch ;
```

（5）过程调用语句是在并行区域内调用过程语句，与其他并行语句一起并行执行。过程语句本身是顺序执行的，但它可以作为一个整体出现在结构体的并行描述中。与进程语句相比，过程调用的好处是过程语句主体可以保存在其他区域内，如程序包内，并可以在整个设计中随时调用。过程调用语句在某些系统中可能不能执行，需视条件使用。

过程调用语句的语法格式如下。

```
过程名（实参，实参）;
```

下面是一个过程 dff 在结构体并行区域内调用的实例。

```
ARCHITECTURE arch OF SHIFT IS
SIGNAL D, Qreg: STD_LOGIC_VECTEOR (0 TO 7);
BEGIN
D<= Data WHEN (Load='1') ELSE
    Qreg (1 TO 7) & Qreg (0);
Dff (Rst, Clk, D, Qreg);
Q<= Qreg ;
END arch ;
```

（6）生成语句。在进行逻辑设计时，有时需要多次复制同一个子元器件，并且将复制的元器件按照一定规则连接起来，构成一个功能更强的元器件。生成语句为执行上述逻辑操作提供了便捷的实现方式。生成语句有两种形式，即 IF 形式和 FOR 形式。IF 形式的生成语句对其包含的并行语句进行条件性地一次生成，而 FOR 形式的生成语句对于它所包含的并行语句则采用循环生成。

FOR 形式生成语句的语法格式如下。

```
生成标号: FOR 生成变量 IN 变量范围 GENERATE
        {并行语句;}
         END GENERATE ;
```

IF 形式生成语句的语法格式如下。

```
生成标号: IF 条件表达式 GENERATE
        {并行语句;}
         END GENERATE ;
```

其中，生成标号是生成语句所必需的，条件表达式是一个结果为布尔值的表达式。下面举例说明它们的使用方式。

例如，下面这段程序采用生成语句描述由 8 个 1 位的 ALU 构成的 8 位 ALU 模块。

```
LIBRARY IEEE ;
USE IEEE.STD_LOGIC_1164.ALL ;
```

```
PACKAGE reg_pkg IS
   CONSTANT size: INTEGER: =8;
   TYPE reg IS ARRAY (size-1 DOWNTO 0) OF STD_LOGIC;
   TYPE bit4 IS ARRAY (3 DOWNTO 0) OF STD_LOGIC;
END reg_pkg

LIBRARY IEEE;
USE IEEE.STD_LOGIC_1164.ALL;
USE work.reg_pkg.ALL;

ENTITY alu IS
   PORT (sel: IN bit4;
       rega, regb: IN reg;
       c, m: IN STD_LOGIC;
       cout: OUT STD_LOGIC;
       result: OUT reg);
END alu;

ARCHITECTURE gen_alu OF alu IS
   SIGNAL carry: reg;
   COMPONENT alu_stage
   PORT (s3, s2, s1, s0, a1, b1, c1, m: IN STD_LOGIC;
        c2, f1: OUT STD_LOGIC);
   END COMPONENT;

   BEGIN
   GN0: FOR i IN 0 TO size-1 GENERATE
      GN1: IF i=0 GENERATE;
         U1: alu_stage PORT MAP (sel (3), sel (2), sel (1), sel (0),
           rega (i), regb (i), c, m, carry (i), result (i));
            END GENERATE;
GN2: IF i>0 AND i<size-1 GENERATE;
         U2: alu_stage PORT MAP (sel (3), sel (2), sel (1), sel (0),
           rega (i), regb (i), carry (i-1), m, carry (i), result (i));
            END GENERATE;
GN3: IF i=size-1 GENERATE;
         U3: alu_stage PORT MAP (sel (3), sel (2), sel (1), sel (0),
           rega (i), regb (i), carry (i-1), m, cout, result (i));
            END GENERATE;
      END GENERATE;
END gen_alu;
```

（7）元器件实例化语句是层次设计方法的一种具体实现。元器件实例化语句使用户可以在当前工程设计中调用低一级的元器件，实质上是在当前工程设计中生成一个特殊的元器件副本。元器件实例化时，被调用的元器件首先要在该结构体的声明区域或外部程序包内进行声明，使其对于当前工程设计的结构体可见。元器件实例化语句的语法格式如下。

```
实例化名: 元器件名:
    GENERIC MAP (参数名: > 参数值, ..., 参数名: > 参数值);
      PORT MAP (元器件端口 => 连接端口, ..., 元器件端口 => 连接端口);
```

其中，实例化名为本次实例化的标号；元器件名为底层模板元器件的名称；类属映射（GENERIC MAP）用于给底层元器件实体声明中的类属参数常量赋予实际参数值，如果底层实体没有类属声明，那么元器件声明中也就不需要类属声明一项，此处的类属映射可以省略；端口映射（PORT MAP）用于将底层元器件的端口与顶层元器件的端口对应起来，“=>”左侧为底层元器件端口名称，“=>”右侧为顶层元器件端口名称。

上述的端口映射方式称为名称关联，即根据名称将相应的端口对应起来，此时，端口排列的前后位置不会影响映射的正确性；还有一种映射方式称为位置关联，即当顶层元器件和底层元器件的端口、信号或参数排列顺序完全一致时，可以省略底层元器件的端口、信号、参数名称，即将“=>”左边的部分省略。其语法格式可简化成如下格式。

```
实例化名：元器件名：
    GENERIC MAP（参数值，...，参数值）；
      PORT MAP（连接端口，...，连接端口）；
```

例如，下面这段程序采用元器件实例化语句用半加器和全加器构成一个两位加法器。

```
ARCHITECTURES structure OF adder2 IS
  COMPONENT half_adder IS
      PORT（A，B：IN STD_LOGIC；Sum，Carry：OUT STD_LOGIC）；
   END COMPONENT；
   COMPONENT full_adder IS
      PORT（A，B：IN STD_LOGIC；Sum，Carry：OUT STD_LOGIC）；
   END COMPONENT；
   SIGNAL C：STD_LOGIC_VECTOR（0 TO 2）；

BEGIN
   A0：half_adder PORT MAP（A>=A（0），B>=B（0），Sum>=S（0），Carry>=C（0））；
   A1：full_adder PORT MAP（A>=A（1），B>=B（1），Sum>=S（1），Carry>=Cout）；
END structure；
```

2. 顺序描述语句

顺序描述语句有以下几种。

- 信号和变量赋值（Signal and Variable Assignment）语句。
- IF-THEN-ELSE 语句。
- CASE 语句。
- LOOP 语句。

（1）信号和变量赋值语句。前面讲述的信号赋值也可以出现在进程或子程序中，其语法格式不变；而变量赋值只能出现在进程或子程序中。需要注意的是，进程内的信号赋值与变量赋值有所不同。进程内，信号赋值语句一般都会隐藏一个时间延迟，因此紧随其后的顺序语句并不能得到该信号的新值；变量赋值时，无时间延迟，在执行了变量赋值语句之后，变量就获得了新值。了解信号赋值和变量赋值的区别，有助于我们在设计中正确选择数据类型。变量赋值的语法格式如下。

```
变量名：=表达式；
```

（2）IF-THEN-ELSE 语句是 VHDL 语言中最常用的控制语句，它根据条件表达式的值决定执行哪一个分支语句。IF-THEN-ELSE 语句的语法结构如下。

```
IF 条件 1 THEN
  顺序语句
{ELSEIF 条件 2 THEN
顺序语句 }
[ELSE
顺序语句 ]
END IF ;
```

其中，“{ }”内是可选并可重复的结构，“[ ]”内的内容是可选的，条件表达式的结果必须为布尔值，顺序语句部分可以是任意的顺序执行语句，包括 IF-THEN-ELSE 语句，即可以嵌套执行该语句。下面举例说明其使用。

例如，下面这段程序采用 IF-THEN-ELSE 语句描述 4 选 1 多路选择器。

```
ENTITY mux4 IS
   PORT (Din: IN STD_LOGIC_VECTOR (3 DOWNTO 0);
      Sel: IN STD_LOGIC_VECTOR (1 DOWNTO 0);
        y: OUT STD_LOGIC);
END mux4;

ARCHITECTURE rt1 OF mux4 IS
BEGIN
   PROCESS (Din, Sel)
   BEGIN
     IF (Sel=" 00") THEN
      y<=Din (0);
     ELSEIF (Sel=" 01") THEN
      y<=Din (1);
     ELSEIF (Sel=" 10") THEN
      y<=Din (2);
     ELSE
      y<=Din (3);
     END IF ;
   END PROCESS ;
END rt1;
```

（3）CASE 语句也是通过条件判断进行选择执行的语句。CASE 语句的语法格式如下。

```
CASE 控制表达式 IS
   WHEN 选择值 1 =>
       顺序语句
   {WHEN 选择值 2 =>
顺序语句 }
END CASE ;
```

其中，“{ }”内是可选并可重复的结构，条件选择值必须是互斥的，即不能有两个相同的选择值出现，并且选择值必须覆盖控制表达式所有的值域范围，必要时可以用 OTHERS 代替其他可能值。

在 CASE 语句中，各个选择值之间的关系是并列的，没有优先权之分。而在 IF 语句中，总是先处理写在前面的条件，前面的条件不满足时，才处理下一个条件，即各个条件间在执行顺序上是有优先级的。

例如，下面这段程序采用 CASE 语句描述 4 选 1 多路选择器。

```
ENTITY mux4 IS
   PORT(Din: IN STD_LOGIC_VECTOR(3 DOWNTO 0);
      Sel: IN STD_LOGIC_VECTOR(1 DOWNTO 0);
       y: OUT STD_LOGIC);
END mux4;

ARCHITECTURE rtl OF mux4 IS
BEGIN
   PROCESS(Din, Sel)
   BEGIN
     CASE SEL IS
      WHEN"00" => y<=Din(0);
      WHEN"01" => y<=Din(1);
      WHEN"10" => y<=Din(2);
      WHEN OTHERS => y<=Din(3);
      END CASE
   END PROCESS;
END rtl;
```

（4）LOOP 语句。使用循环（LOOP）语句可以实现重复操作和循环的迭代操作。LOOP 语句有 3 种基本形式，即 FOR LOOP、WHILE LOOP 和 INFINITE LOOP。LOOP 语句的语法格式如下。

```
[循环标号:] FOR 循环变量 IN 离散值范围 LOOP
顺序语句;
END LOOP [循环标号];
[循环标号:] WHILE 判别表达式 LOOP
顺序语句;
END LOOP [循环标号];
```

FOR 循环是指定执行次数的循环方式，其循环变量不需要预先声明，且变量值能够自动递增，IN 后的离散值范围说明了循环变量的取值范围，离散值范围的取值不一定为整数值，可以是其他类型的范围值。WHILE 循环是以判别表达式值的真伪作为循环与否的依据，当表达式值为真时，继续循环，否则退出。INFINITE 循环不包含 FOR 或 WHILE 关键字，但在循环语句中加入了停止条件，其语法格式如下。

```
[循环标号:] LOOP
顺序语句;
EXIT WHEN(条件表达式);
END LOOP [循环标号];
```

例如，下面这段程序是 LOOP 语句的一个应用。

```
ARCHITECTURE looper OF myentity IS
   TYPE stage_value IS init, clear, send, receive, erro;
 BEGIN
```

```
    …
    PROCESS(a)
   BEGIN
      FOR stage IN stage_value LOOP
        CASE stage IS
           WHEN init=>
           …
           WHEN clear=>
           …
           WHEN send=>
           …
           WHEN receive=>
           …
           WHEN erro=>
           …
         END CASE;
      END LOOP;
   END PROCESS;
   …
END looper;
```

3. NEXT 语句

NEXT 语句用于 LOOP 语句中的循环控制，它可以跳出本次循环操作，继续下一次的循环。NEXT 语句的语法格式如下。

```
NEXT [标号] [WHEN 条件表达式];
```

4. RETURN 语句

RETURN 语句用在函数内部，用于返回函数的输出值。例如，下面这段程序是 RETURN 语句的一个应用。

```
FUNCTION and_func(x, y: IN BIT) RETURN BIT IS
  BEGIN
     IF x=' 1' AND y=' 1' THEN
       RETURN '1';
     ELSE
       RETURN '0';
     END IF;
  END and_func;
```

在了解了 VHDL 的基本语法结构以后，就可以进行一些基础的 VHDL 设计了。

13.3.2　创建 FPGA 工程

对 VHDL 硬件描述语言有了初步的了解之后，下面将通过一个具体实例来向读者详细介绍如何利用 VHDL 语言，在 Altium Designer 17 系统所提供的集成设计环境中完成 FPGA 工程的设计。

这里直接使用系统自带的一个例子，位于“...\Altium\Examples\VHDL Simulation\BCD Counter”

路径下面，是一个关于4位BCD码计数器的设计工程。为了便于读者的实际学习操作，可将文件保存在随书资源“源文件\ch13\13.3”中。

与使用原理图方式设计FPGA类似，利用VHDL语言进行FPGA工程设计，采用与前面章节中相同的方法，创建一个FPGA工程“BCD_Counter.PrjFpg”。

13.3.3 创建VHDL设计文件

利用VHDL语言设计可编程逻辑器件的内部数字电路时，需要在创建的FPGA工程中追加两类文件，一类是VHDL设计文件，用于编辑VHDL语句，对内部的数字电路进行描述；另一类是电路原理图文件，用于描述内部数字电路与可编程逻辑器件引脚之间的对应关系。

创建VHDL设计文件的步骤如下。

（1）在“BCD_Counter.PrjFpg”上单击鼠标右键，在弹出的快捷菜单中执行“给工程添加新的”→“VHDL Document（VHDL文件）”命令，则在工程中出现了一个VHDL设计文件，默认名为“VHDL1.vhd”。

（2）在“VHDL1.vhd”上单击鼠标右键，在弹出的快捷菜单中执行“保存为”命令，选择合适的路径保存该文件，并重新命名为“BCD.vhd”。

在创建新的VHDL设计文件的同时，系统进入了VHDL的设计环境，如图13-2所示。

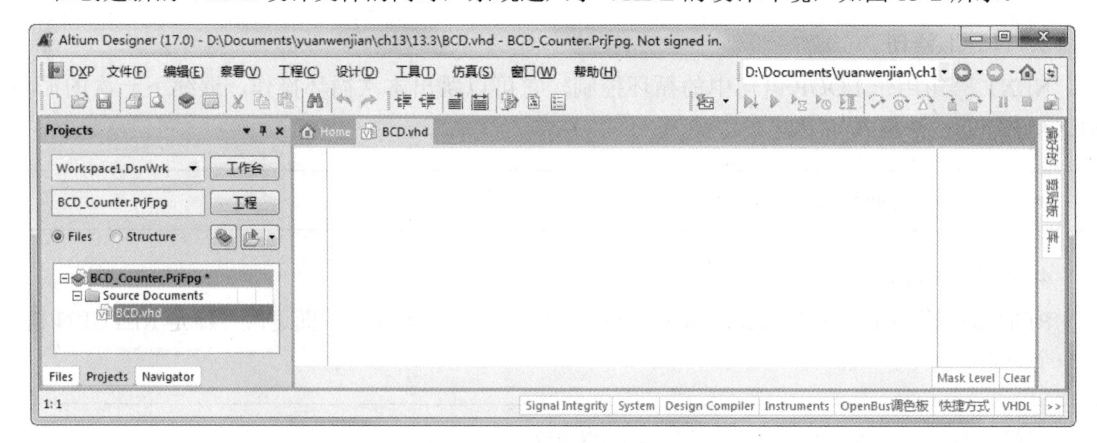

图13-2 VHDL的设计环境

VHDL设计环境实际是一个文本编辑环境，用户也可以使用自己熟悉的文本编辑环境进行代码的编辑输入工作，然后将其加入VHDL设计环境中。

13.3.4 创建电路原理图文件

在这里之所以要创建电路原理图文件，是为了让读者了解复杂电路的FPGA设计方法，当然读者可以单独使用VHDL文件完成一个FPGA工程的设计。电路原理图文件的创建与前面章节中讲解的完全相同，具体操作步骤如下。

（1）在“BCD_Counter.PrjFpg”上单击鼠标右键，在弹出的快捷菜单中执行“给工程添加新的”→“Schematic（原理图）”命令，则在工程中出现了一个电路原理图文件，默认名为“Sheetl.SchDoc”。

（2）在“Sheetl.SchDoc”上单击鼠标右键，在弹出的快捷菜单中执行“保存为”命令，选择合适的路径保存该文件，并重新命名为“BCD8.SchDoc”，如图13-3所示。

（3）按照前面有关章节中的介绍，完成该电路原理图相关参数的设置。

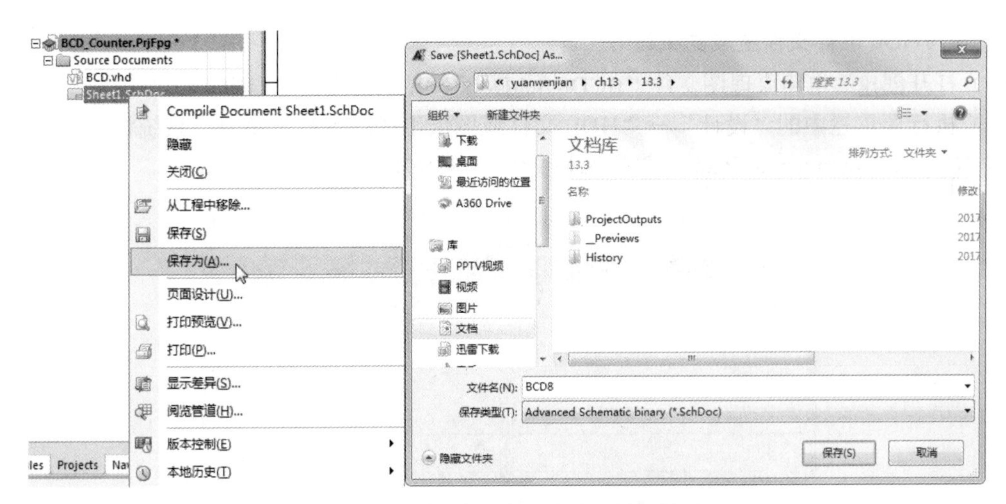

图 13-3　重命名并保存电路原理图文件

13.3.5　顶层电路原理图的设计

如上所述，在当前所创建的 FPGA 工程中既有 VHDL 设计文件，也有电路原理图文件。其中，VHDL 文件属于底层文件，电路原理图文件属于顶层文件，两者之间通过图纸符号建立连接。

1. 编辑 VHDL 设计文件

由于本章所介绍的内容主要是使用 VHDL 语言进行 FPGA 工程的设计，对于 VHDL 语言的具体编写过程则不再赘述。因此，在这里直接使用系统提供的 VHDL 设计文件“BCD.vhd”，读者可自行参考相关书籍练习编写。

在“Projects（工程）”面板中，双击“BCD.vhd”打开该文件，如图 13-4 所示，这是一个结构化的 VHDL 文件。

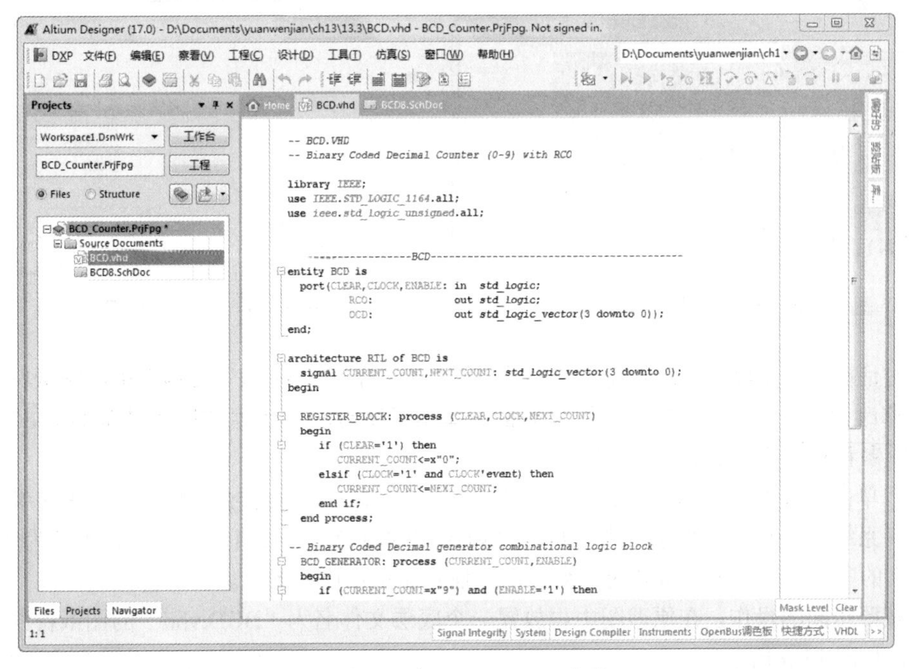

图 13-4　打开 BCD.vhd 文件

2. 由 VHDL 设计文件生成图纸符号

（1）打开创建的电路原理图文件“BCD8.SchDoc”，显示在设计窗口中。

（2）执行菜单栏中的“设计”→“HDL 文件或图纸生成图表符”命令，系统将弹出如图 13-5 所示的“Choose Document to Place（放置选择文件）”对话框。

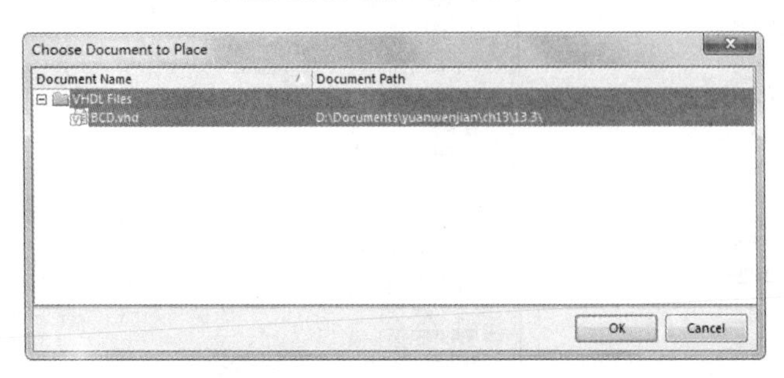

图 13-5 打开“Choose Document to Place”对话框

（3）在该对话框中选择文件“BCD.vhd”，单击“OK（确定）”按钮。此时，由 VHDL 设计文件生成的图纸符号出现在原理图上，如图 13-6 所示。

（4）双击所放置的图纸符号，系统将弹出相应的对话框来设置图纸符号属性，如图 13-7 所示。

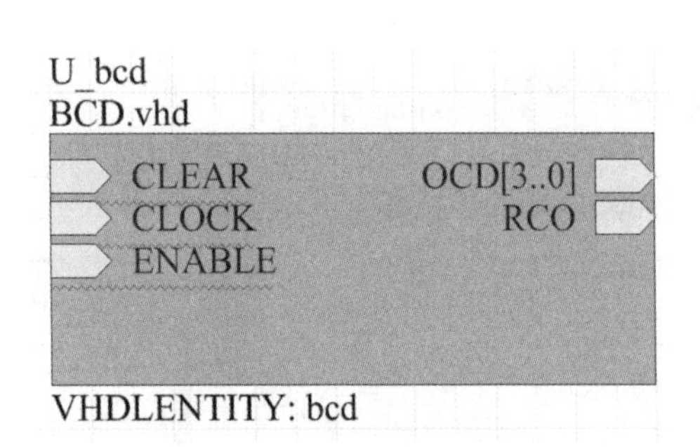

图 13-6 图纸符号

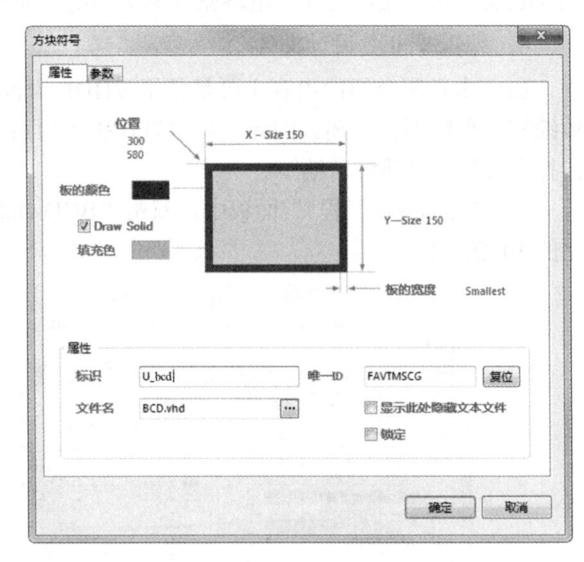

图 13-7 设置图纸符号属性

在该对话框中，可以设置图纸符号的有关参数。例如，在“标识”文本框中将图纸符号的名称“U_bcd”修改为“H1”，在“文件名”文本框中显示了所对应的底层文件名“BCD.vhd”，其他参数设置可以参看前面章节中的有关介绍。

另外，单击“参数”选项卡中的“添加”按钮，可以为图纸符号添加其他需要的参数。如图 13-8 所示，系统已经自动添加了一个名称为“VHDLENTITY”、数值为“bcd”、类型为“STRING（字符串）”的参数，并勾选“可见的”复选框，使其显示在原理图上。

（5）按照相同的操作，在原理图中再放置一个底层文件名为“BCD.vhd”的图纸符号，并进行相关设置，如图 13-9 所示。

图 13-8　“参数”选项卡

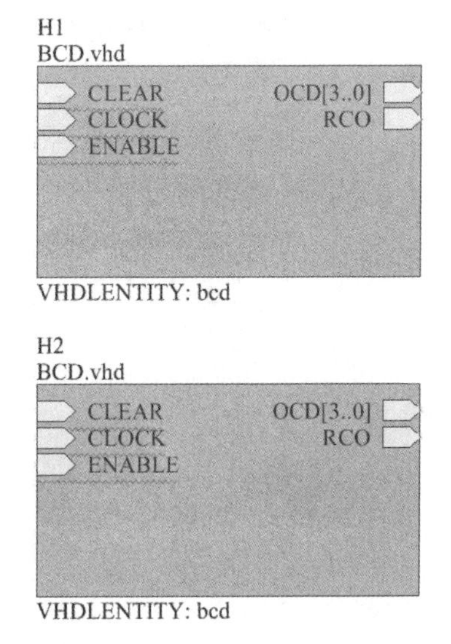

图 13-9　放置两个图纸符号

3. 放置其他元器件

在顶层电路原理图中，除了由 VHDL 源文件所生成的图纸符号以外，还需要放置其他的元器件。元器件的放置方法与普通电路原理图中一样，只是为了后续的仿真操作，在这里所放置的元器件应具有仿真属性，或者是在 VHDL 库文件中存在的 VHDL 库元器件。

本例中所要用到的其他元器件存放在系统提供的库文件“Bcd.SchLib”中，我们可以将该库文件添加到前面创建的工程“BCD_Counter.PrjFpg”中。

（1）在“BCD_Counter.PrjFpg”上右击，在弹出的快捷菜单中执行“添加现有的文件到工程”命令，系统弹出文件选择对话框。

（2）选择“...\ Altium\Examples\VHDL Simulation\BCD Counter \SCH Library\”路径下的库文件“Bcd.SchLib”，为操作方便，将其复制到源文件文件夹下，单击“打开”按钮，完成对该库的添加。该库文件将出现在工程“BCD_Counter.PrjFpg”下面的“Schematic Library Documents”文件夹中，如图 13-10 所示。

（3）打开“库”面板，可以看到在“Bcd.SchLib”库中只有两个 VHDL 元器件，即“BUFGS”和“PARITY”，如图 13-11 所示。

（4）分别选中这两个元器件，并单击“Place BUFGS（放置 BUFGS）”和“Place PARITY（放置 PARITY）”按钮，将两个库元器件放置在顶层电路原理图中，并完成相应参数的设置。

放置好元器件的顶层电路原理图如图 13-12 所示。

4. 放置端口

在顶层电路原理图中，需要使用输入 / 输出端口，把用 VHDL 语言所描述的内部逻辑电路的输入、输出与可编程逻辑器件的引脚对应连接起来。

对于端口的放置方法，在前面层次原理图的绘制中我们已经详细讲过，这里不再重复。

本例中需要 3 个输入端口：CLEAR、CLOCK、ENABLE；两个单线输出端口：URCO、PARITY；两个总线输出端口：UPPER[3..0]、LOWER[3..0]。放置好端口的顶层电路原理图如图 13-13 所示。

5. 电气连接

完成了元器件、端口的放置及参数的设置以后，调整好它们之间的相互位置，根据设计要求，可以使用导线、总线或者网络标签完成电气连接。连接好的电路原理图如图 13-14 所示。

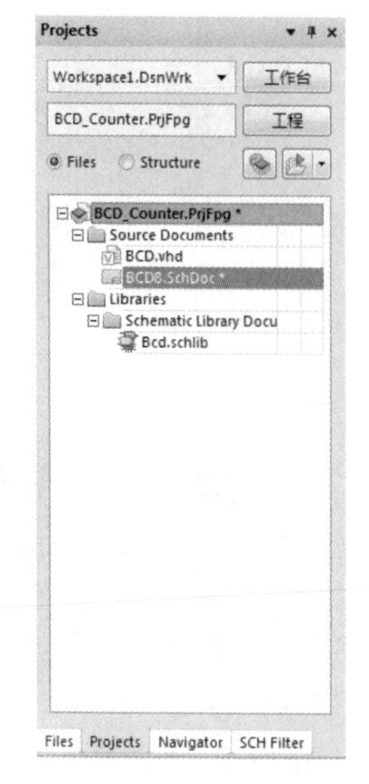

图 13-10　添加库文件

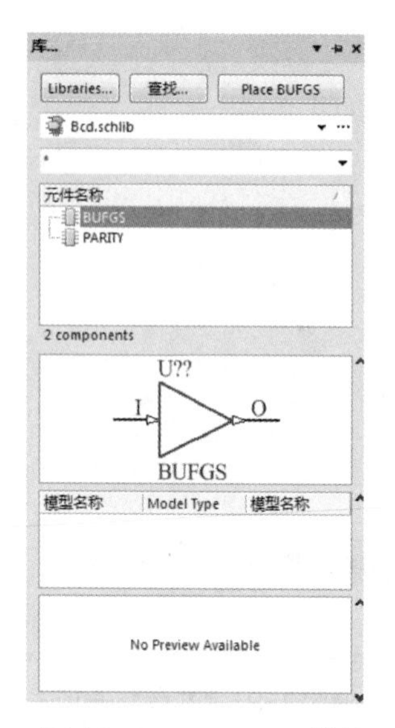

图 13-11　VHDL 元器件

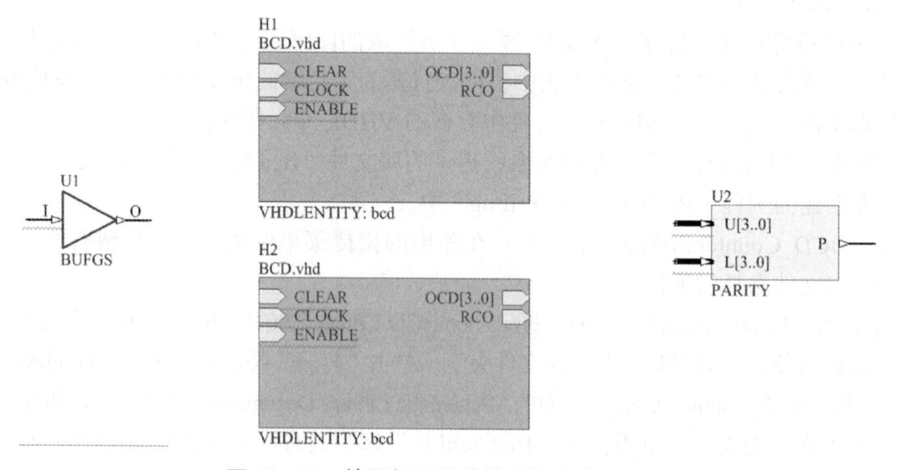

图 13-12　放置好元器件的顶层电路原理图

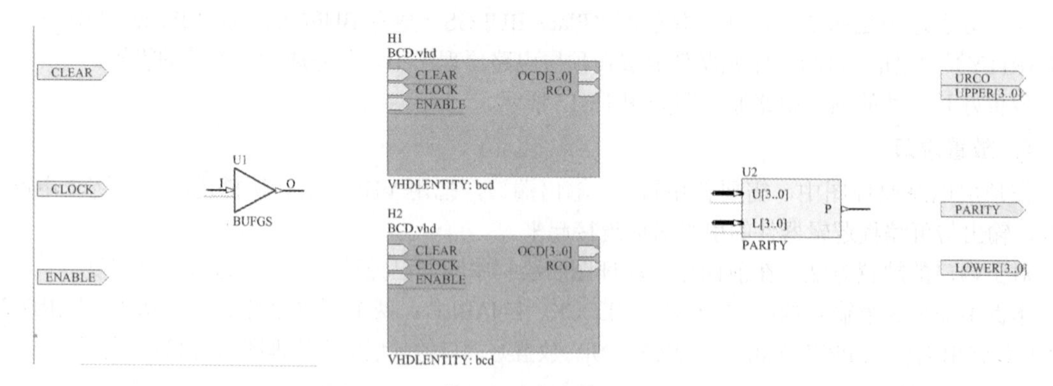

图 13-13　放置好端口的顶层电路原理图

只有在 FPGA 工程的设计中，才能使用总线端口代表一组联系紧密的电路端口，并且使用总线进行电气连接，这一点与普通电路原理图的设计是不同的。

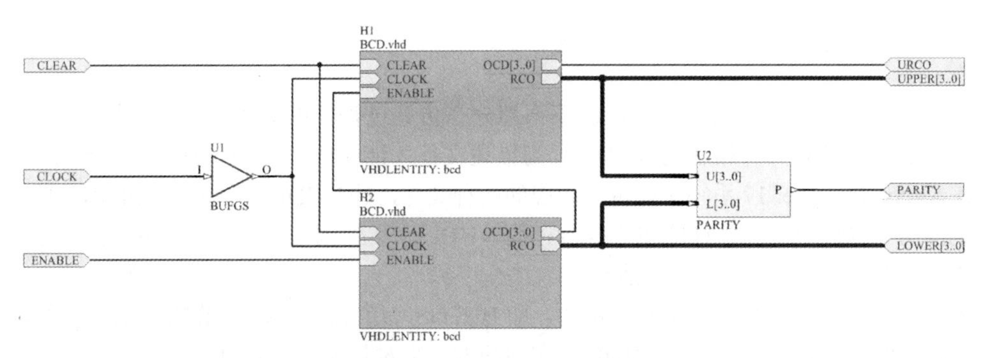

图 13-14　连接好的电路原理图

13.3.6　创建 VHDL 测试文件

在使用 VHDL 语言进行 FPGA 设计的过程中，仿真是一个必不可少的阶段。通过仿真，可以完成对可编程逻辑器件内部电路的测试。Altium Designer 17 对此类 FPGA 工程的仿真需要涉及两个文件，一个是关于整个工程的 VHDL 测试文件（VHDL Testbench Document），另一个是关于原理图中各个元器件的 VHDL 行为描述文件。

VHDL 测试文件是一种用来描述顶层电路需要运行的一系列仿真测试的 VHDL 源文件，它不包含在任何网络表文件和层次结构文件中。下面为前面绘制完成的顶层电路原理图建立一个 VHDL 测试文件，其操作步骤如下。

（1）执行“文件”→“新建”→“Embedded（植入）”→“VHDL TestBench（VHDL 测试文件）”菜单命令，创建一个 VHDL 测试文件，默认名为“VHDL Testbenchl.vhdtst”，显示在“Projects（工程）”面板中。

（2）在“VHDL Testbenchl.vhdtst”上单击鼠标右键，在弹出的快捷菜单中执行“保存为”命令，选择合适的路径保存该文件，并重新命名为“TestBCD.vhdtst”。

在创建 VHDL 测试文件的同时，系统进入了 VHDL 的文本编辑环境，在该环境中可以编辑测试文件，如图 13-15 所示。

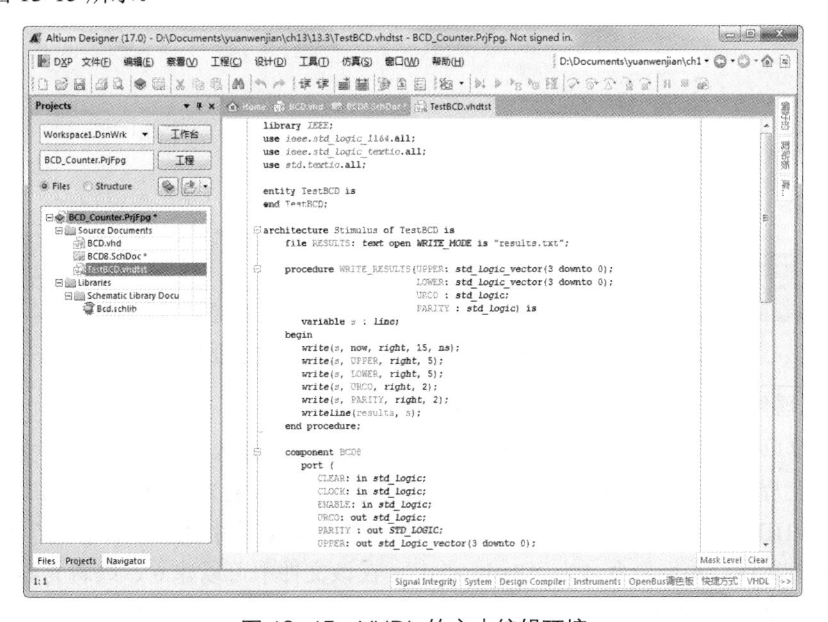

图 13-15　VHDL 的文本编辑环境

13.3.7 创建 VHDL 行为描述文件

VHDL 行为描述文件用来描述设计的每一部分在仿真过程中的具体行为。顶层电路原理图中的每一个元器件都必须具有相应的 VHDL 行为描述文件才能完成最终的仿真。对于元器件的行为描述，在 Altium Designer 17 系统中提供了相应的两种文件，即 VHDL 文件和 VHDL 库文件。其中，VHDL 文件用于描述单个元器件的仿真行为，而 VHDL 库文件则是一系列 VHDL 文件的组合，包括不同的元器件名称、不同的行为描述等。

在本例中，用到了两个自定义的元器件，即 BUFGS（缓冲器）和 PARITY（奇偶分辨器）。对于这两个元器件，我们将采用建立 VHDL 库文件的方式来对其电路行为加以描述。

1. 建立元器件 BUFGS 的 VHDL 文件

（1）执行菜单栏中的“文件”→“新建”→“Embedded（植入）”→“VHDL 文件”命令，则在“Projects（工程）”面板中出现了一个 VHDL 设计文件，默认名为“VHDL1.vhd”。

（2）在“VHDL1.vhd”上单击鼠标右键，在弹出的快捷菜单中执行“保存为”命令，选择合适的路径保存该文件，并重新命名为“Bufgs.vhd”。在该文件中可以建立、编辑元器件 BUFGS 的 VHDL 文件，如图 13-16 所示。

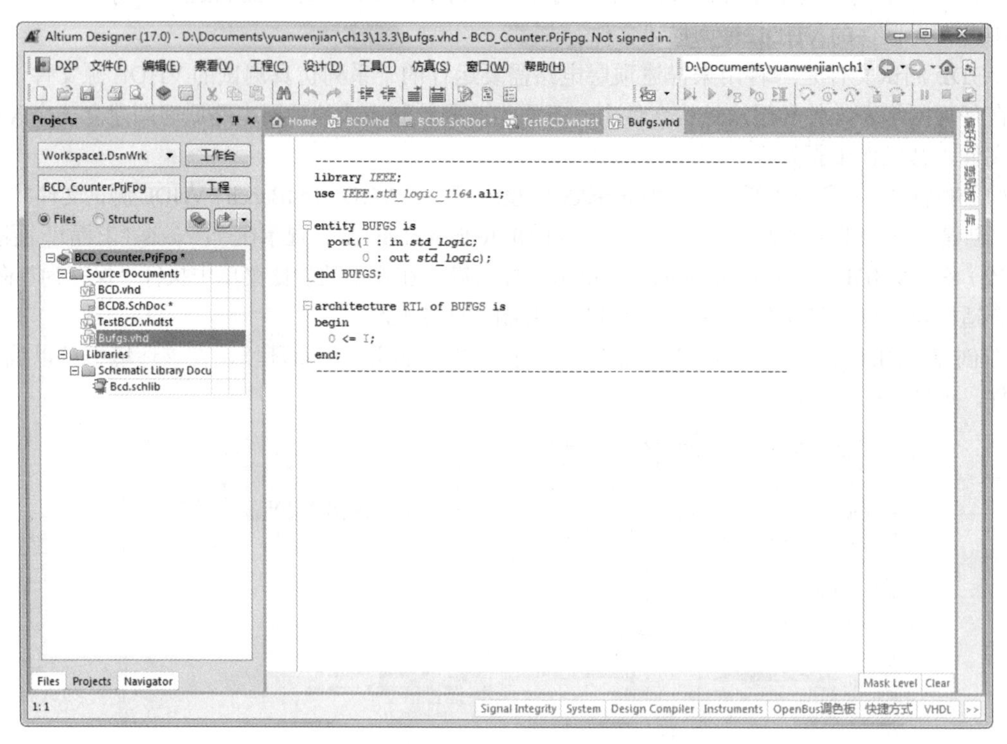

图 13-16 建立元器件 BUFGS 的 VHDL 文件

2. 建立元器件 PARITY 的 VHDL 文件

（1）执行菜单栏中的“文件”→“新建”→“Embedded（植入）”→“VHDL 文件”命令，则在“Projects（工程）”面板中出现了一个 VHDL 设计文件，默认名为“VHDL1.vhd”。

（2）在“VHDL1.vhd”上单击鼠标右键，在弹出的快捷菜单中执行“保存为”命令，选择合适的路径保存该文件，并重新命名为“Parity.vhd”。在该文件中可以建立、编辑元器件 PARITY 的 VHDL 文件，如图 13-17 所示。

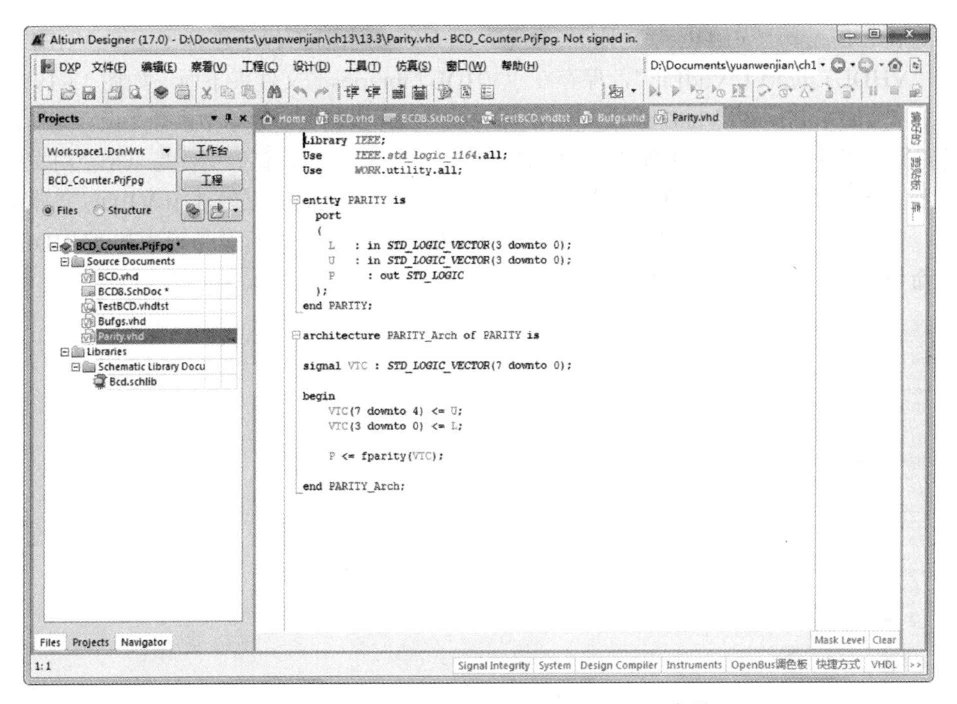

图 13-17　建立元器件 PARITY 的 VHDL 文件

在文件 Parity.vhd 的建立过程中，用到一个程序包 Utility，该程序包的建立、编辑过程同上面的操作类似，如图 13-18 所示。

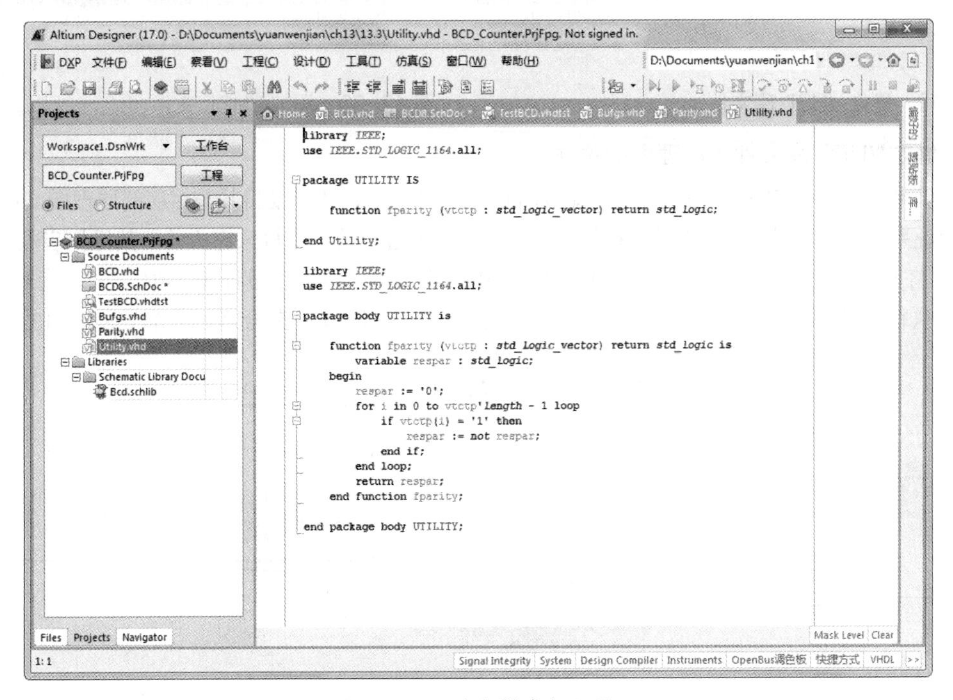

图 13-18　建立程序包 Utility

3. 建立 VHDL 库文件

（1）在“BCD_Counter.PrjFpg”上单击鼠标右键，在弹出的快捷菜单中执行“给工程添加新的”→“VHDL Library（VHDL 库文件）”命令，则系统在当前工程下创建了一个 VHDL 库文件，默认名为“VHDL Library1. VhdLib”，保存在“VHDL Libraries”文件夹下面，如图 13-19 所示。

（2）在“VHDL Library1.VhdLib”上单击鼠标右键，在弹出的快捷菜单中执行“保存为”命令，选择合适的路径保存该文件，并重新命名为“BCD_LIB.VhdLib”。此时，该库文件是一个空白文件。

（3）执行菜单栏中的“VHDL”→“添加文件”命令，将上面建立的 3 个 VHDL 文件添加到该库文件中，如图 13-20 所示。此时如果显示的是文件的绝对路径，执行菜单栏中的“VHDL”→“切换路径”命令，可以只显示文件的相对路径。

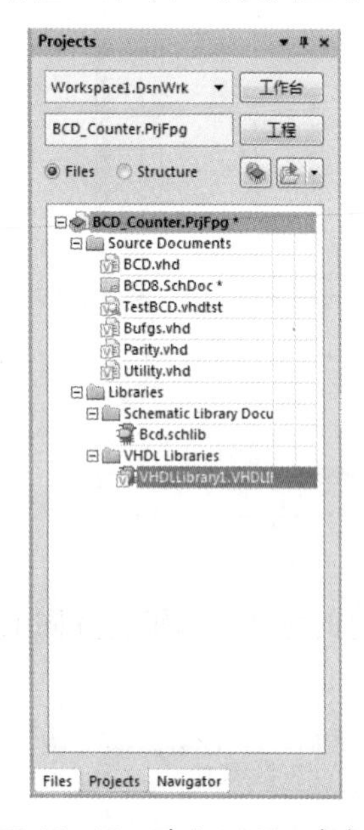

图 13-19　建立 VHDL 库文件

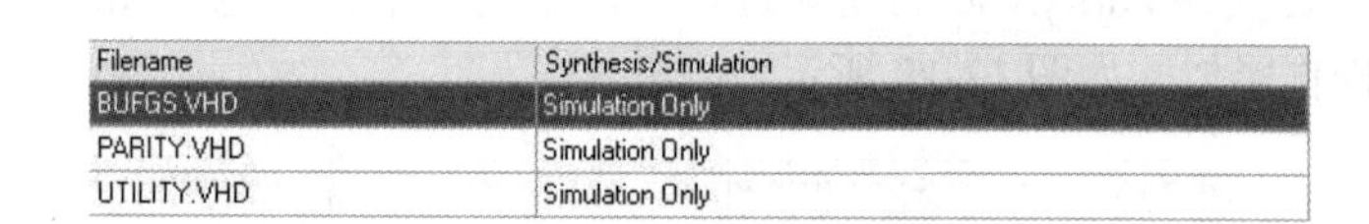

Filename	Synthesis/Simulation
BUFGS.VHD	Simulation Only
PARITY.VHD	Simulation Only
UTILITY.VHD	Simulation Only

图 13-20　添加 VHDL 文件

4. 建立 VHDL 库文件与原理图的关联

在为工程建立了 VHDL 行为描述文件即 VHDL 库文件以后，还需要将其与对应的原理图文件建立关联，以保证系统的编译器与仿真器的正确识别。该过程是通过放置文本框来完成的，其操作步骤如下。

（1）打开创建的顶层电路原理图“BCD8.SchDoc”，将其显示在设计窗口中。

（2）执行菜单栏中的“放置”→“文本框”命令，将文本框放置在合适的位置，如图 13-21 所示。

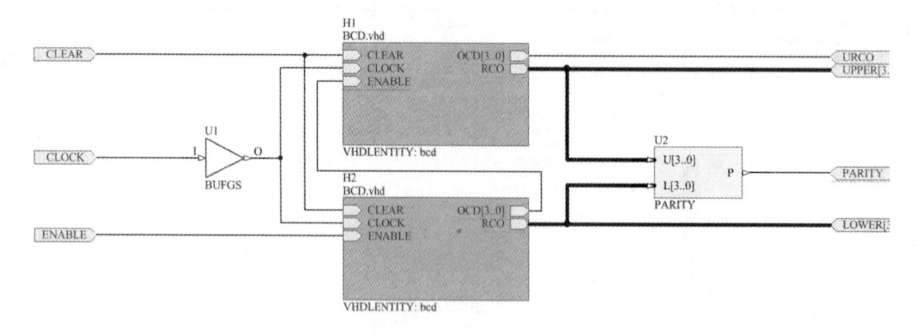

图 13-21　放置文本框

（3）双击所放置的文本框，系统弹出相应的对话框来设置文本框属性，如图 13-22 所示。在该对话框中，可以设置位置、颜色等参数。

（4）单击文本框属性对话框中的“改变”按钮，系统将弹出文本编辑器。

我们可以通过添加特定的头文本来建立 VHDL 库文件与原理图的关联。在这里，添加头文本“VHDL_ENTITY_HEADER”，之后输入如图 13-23 所示的文本内容。

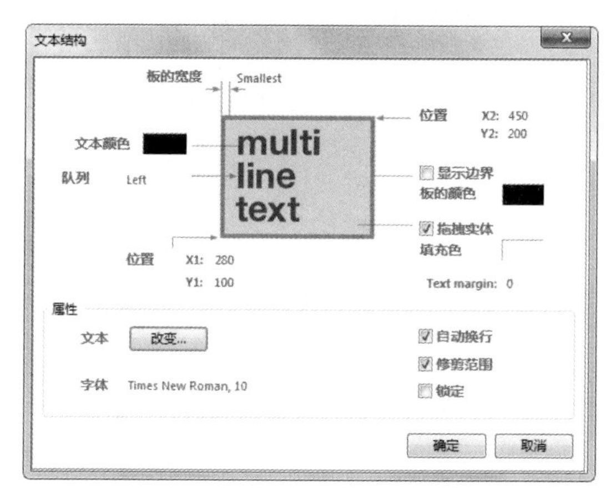

图 13-22　设置文本框属性

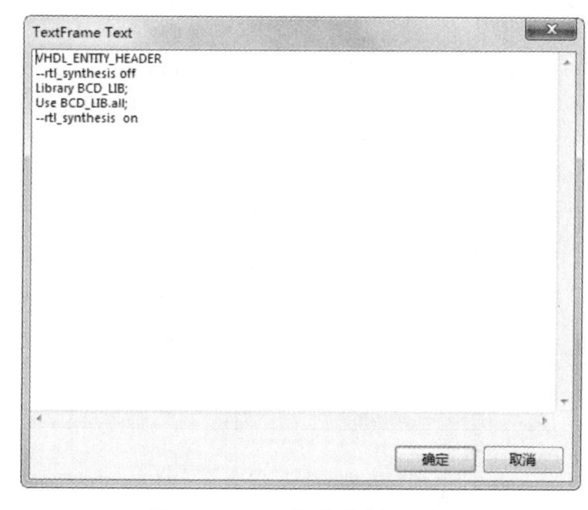

图 13-23　文本编辑器

（5）单击“确定”按钮，返回文本框属性对话框，单击“确定”按钮，返回原理图窗口。

13.3.8　FPGA 工程的设置

在上面的操作中，我们完成了顶层电路原理图的绘制和相关 VHDL 文件的编辑，包括 VHDL 测试文件及 VHDL 库文件的建立。在进行下面的编译、仿真之前，还需要对 FPGA 工程的有关属性进行设置。

（1）打开当前工程“BCD_Counter.PrjFpg”中的任一文件，如原理图文件“BCD8.SchDoc”。

（2）执行菜单栏中的“工程”→“工程序列”命令，系统将弹出如图 13-24 所示的“Project Order（工程序号）”对话框。在该对话框中列出了当前工程中的所有源文件及库文件。由于仿真器在编译时是按照自下而上的顺序进行编译的，因此，通过单击“Move Up（上移）”按钮，可将后编译的文件向上移动，单击“Move Down（下移）”按钮，可将需要先编译的文件向下移动。设置完毕后，单击“OK（确定）”按钮，关闭对话框。如果工程中包含了较多的文件，用户也可以不必手动安排编译的顺序，而是由系统在编译过程中自动调整。

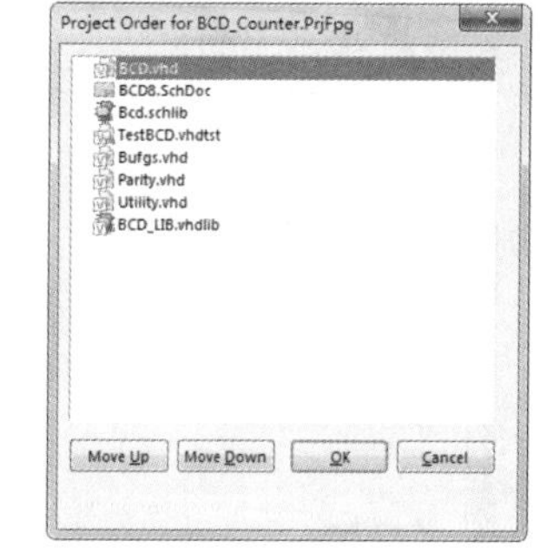

图 13-24　“Project Order”对话框

（3）执行菜单栏中的“工具”→“FPGA 参数”命令，系统将弹出 FPGA 仿真编译选项标签页。只需勾选“智能回归编译”复选框，则系统在编译时会自动调整工程中的文件编译顺序，如图 13-25 所示。

（4）执行菜单栏中的“工程”→“工程参数”命令，系统将弹出工程选项设置对话框。单击其中的“仿真”选项卡，设置电路仿真时的各项属性。单击“添加”按钮，在弹出的“选择 Testbench 设置”对话框中选择“Testbench 文件（测试文档）”为“TestBCD.vhdtst”，在“顶层元件”文本框中输入“TestBCD”，在“结构体系”文本框中输入“Stimulus（激励）”，单击“确定”按钮，退出对话框。设置“SDF 优化”为“Min”，选择“VHDL 标准”为“VHDL93”，如图 13-26 所示。

图 13-25　FPGA 仿真编译选项标签页

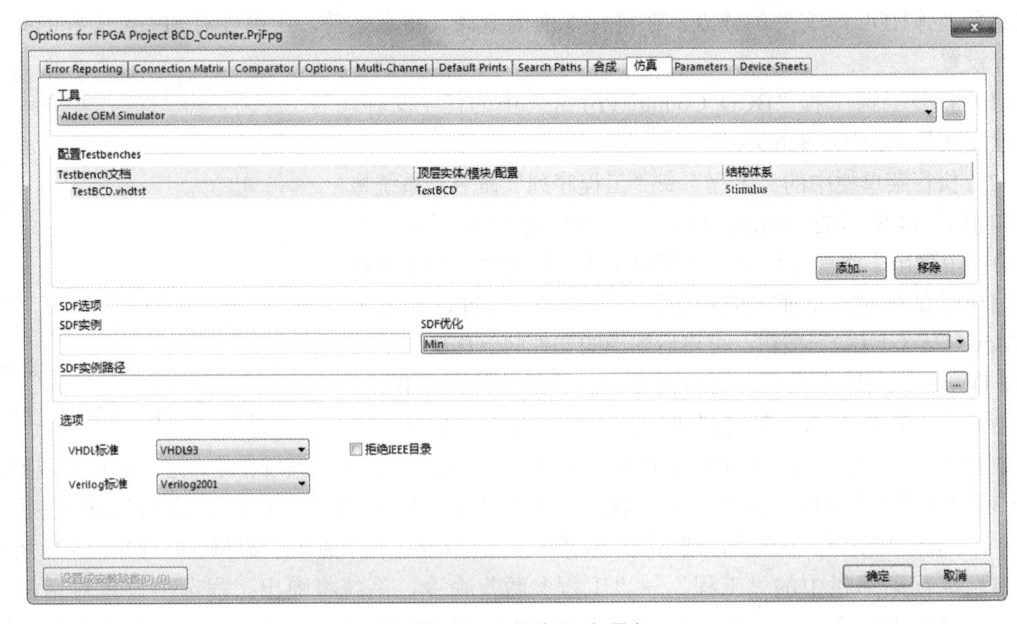

图 13-26　“仿真”选项卡

（5）单击“合成”选项卡，该选项卡中各选项均采用系统默认设置。设置完毕后，单击“确定”按钮，关闭对话框。

13.3.9 FPGA 工程的编译

在整个 FPGA 工程的编译过程中，系统是先编译所有的库文件，然后编译用户所设计的源文件。而对于电路原理图文件，仿真器会先将其转换为相应的 VHDL 文件，然后进行编译。具体的操作步骤如下。

（1）打开当前工程“BCD_Counter.PrjFpg”中的 VHDL 文件“BCD.vhd”，执行菜单栏中的“工程”→“Compile Document BCD.vhd（编译文件）”命令，系统对该 VHDL 文件进行编译。

（2）编译完成后，在“Messages（信息）”面板中列出了编译的详细信息，如图 13-27 所示。

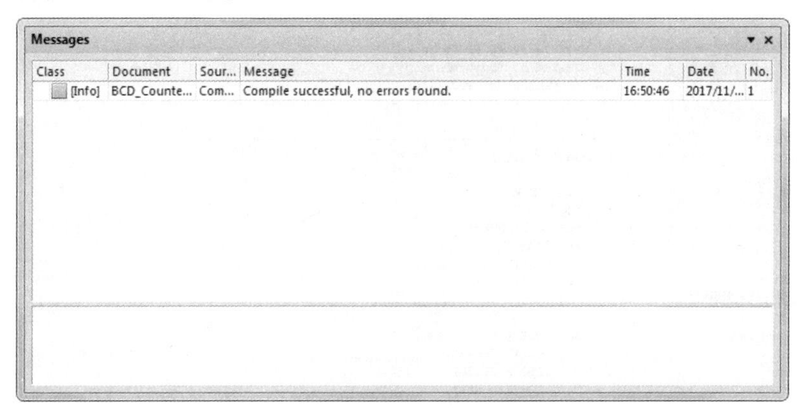

图 13-27 “Messages”面板

（3）打开原理图文件“BCD8.SchDoc”，执行菜单栏中的“仿真器”→“创建 VHDL 测试平台”命令，系统开始编译整个工程。编译完成后，系统自动在当前工程下的“Source Documents”文件夹里面放置了编译后的 VHDTST 文件“Test_BCD8.VHDTST”，如图 13-28 所示。

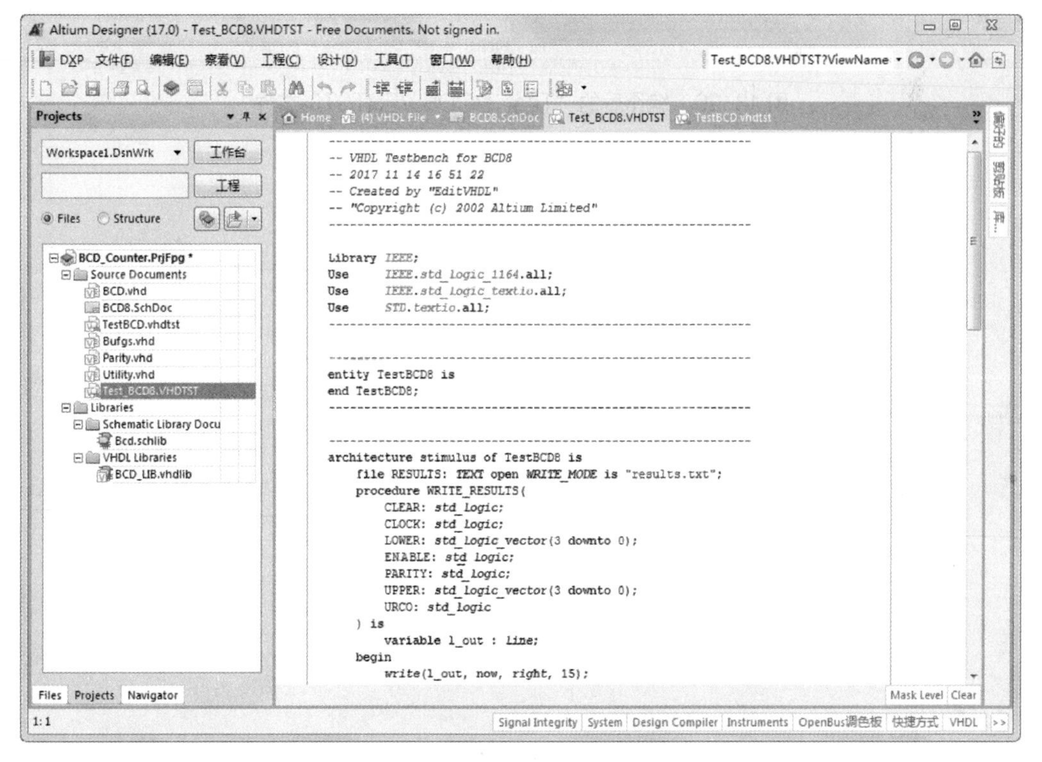

图 13-28 编译后的“Test_BCD8.VHDTST”文件

（4）打开原理图文件“BCD8.SchDoc”，执行菜单栏中的“仿真器”→“创建 Verilog 测试平台”命令，系统开始编译整个工程。编译完成后，系统自动在当前工程下的“Source Documents”文件夹里面放置了编译后的 VERTST 文件“Test_BCD8.VERTST”，如图 13-29 所示。

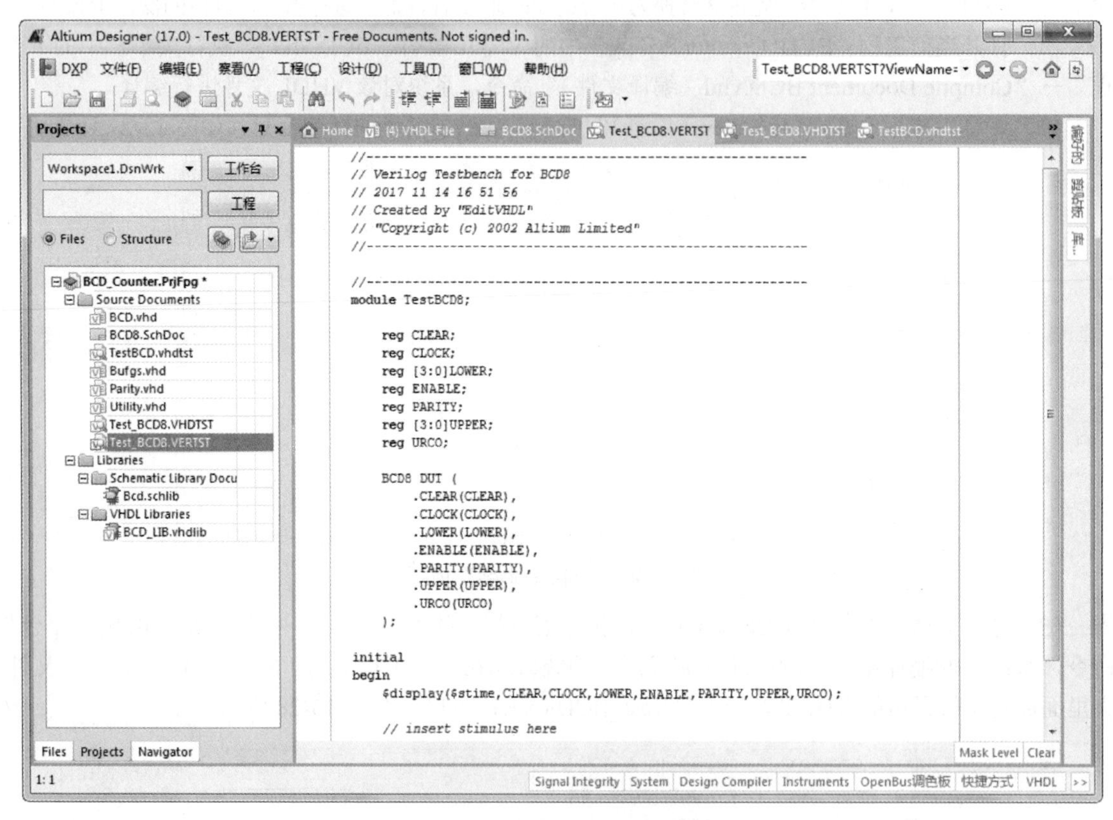

图 13-29　编译后的“Test_BCD8.VERTST”文件